FUNDAMENTOS DE ÓPTICA

BRUNO ROSSI
Departamento de Física
Massachusetts Institute of Technology

FUNDAMENTOS DE ÓPTICA

UN ESTUDIO SISTEMÁTICO DE LOS FENÓMENOS DE LA ÓPTICA FÍSICA, ELECTROMAGNÉTICA Y CUÁNTICA

EDITORIAL REVERTÉ, S. A.
Barcelona - Bogotá - Buenos Aires - Caracas - México - Rio de Janeiro

Título de la obra original:
Optics

Edición original en lengua inglesa publicada por:
Addison-Wesley Publishing Company, Inc., Reading Massachusetts

Versión española por:
Enrique A. D'Alessio
Licenciado en Física. Universidad de Buenos Aires

Revisada por:
Dr. Juan T. D'Alessio
Profesor de Termodinámica y Fisicoquímica de la
Escuela Superior Técnica del Ejército.
Jefe de la División Física y Química de Radiaciones
de la Comisión Nacional de Energía Atómica.
Buenos Aires

Propiedad de:
EDITORIAL REVERTÉ, S. A.
Loreto, 13-15, Local B
08029 Barcelona
Tel: (34) 93 419 33 36
Fax: (34) 93 419 51 89
E-mail: reverte@reverte.com
Internet: http://www.reverte.com

Edición en español

REIMPRESIÓN: Octubre de 2003

Impreso en España - Printed in Spain

ISBN: 84-291-4140-5

Depósito legal SE-3616-2003

Impreso por Publicaciones Digitales, S.A.
www.publidisa.com – (+34) 95.458.32.25 (Sevilla)

PREFACIO

El propósito de este libro es acercar al lector a los más importantes hechos concernientes al fenómeno de la luz y con los conceptos físicos básicos que señalan su interpretación.

Este libro se basa en el modelo ondulatorio de luz. Se distribuye en sucesión con varios grupos de fenómenos ópticos, cuyo estudio lleva, paso a paso, al descubrimiento de las propiedades cinemáticas y a la naturaleza física de las ondas de luz. Los capítulos 1 y 2 introducen las leyes de la propagación rectilínea, reflexión y refracción que explica la gran mayoría de los más obvios efectos ópticos. Un modelo ondulatorio describiendo las ondas luminosas fluctuar como una sucesión de muy cortos pulsos, sin especificar en detalle la forma y carácter de dichas ondas, se encuentra que es adecuado a la interpretación de esas leyes.

Los capítulos 3 y 4 tratan acerca del fenómeno de interferencia y difracción cuyo análisis resulta de la identificación de la luz monocromática con ondas sinusoidales.

Después de una breve disertación acerca de la velocidad de la luz (Cap. 5), el capítulo 6 versa sobre el fenómeno de polarización y doble refracción que prueba el carácter transversal de las ondas luminosas. Esto completa lo que puede llamarse la descripción cinemática del fenómeno óptico, y conduce al problema «dinámico», o el problema de la naturaleza física de las ondas luminosas, que es seguido en el capítulo 7. Aquí se muestra cómo el valor numérico de la velocidad de la luz tanto como el carácter transversal de las ondas luminosas lleva naturalmente a la conclusión que esas ondas son un fenómeno electromagnético.

En el capítulo 8 las propiedades ópticas de la materia son interpretadas en base a la teoría electromagnética de la luz y de un modelo simple que describe a los átomos como osciladores microscópicos.

El capítulo 9 explora los límites de la validez de la clásica descripción electromagnética de las ondas luminosas y, usando la luz como un ejemplo, ilustra el carácter complementario de la descripción de la onda y partícula de todo el fenómeno de radiación.

Varias razones han conducido a la elección del orden lógico subrayado anteriormente en preferencia a uno en el que la luz es tratada en principio como un fenómeno electromagnético.

En primer lugar, sucede que el fenómeno óptico común, como la sombra formada por un objeto opaco, es el más difícil de explicar en base a la rigurosa teoría de las ondas electromagnéticas por cuanto ellas pueden ser fácilmente interpretadas, al menos en forma semicuantitativa, por medio de los principios generales que se aplican a todo fenómeno de onda.

En segundo lugar, pienso que el tema de óptica ofrece una oportunidad casi única de ilustrar el valor y limitaciones de modelos físicos que desempeñan un papel tan importante en el desenvolvimiento del pensamiento científico.

El libro subraya especialmente este aspecto del método científico, presentando, primero, un modelo muy general de ondas de luz que pueden fácilmente ser visualizadas en términos de analogías mecánicas concretas, y luego procediendo a incrementar específicos modelos los cuales involucran conceptos físicos constantemente en incremento, abstractos y sofisticados. A cada paso se muestra cómo la introducción de un nuevo modelo no invalida los resultados obtenidos previamente, pero establece definitivamente límites al campo de su aplicabilidad.

En tercer lugar, creo que un orden de presentación siguiendo ampliamente el devenir histórico del pensamiento científico en un tema específico, puede ayudar al lector a apreciar las razones y limitaciones del método científico. Puede clarificar el siempre cambiante significado de las verdades científicas presentando una visión dinámica más que estática de la materia tratada, y luego subrayado el carácter evolucionario de la ciencia.

Se sobreentiende que el lector tiene algún conocimiento de cálculo elemental. Simples ecuaciones diferenciales son usadas ocasionalmente, pero son presentadas de modo que pueden ser entendidas por el lector que no está al tanto de ellas. Procedimientos matemáticos levemente más avanzados son usados sólo en algunas de las secciones marcadas con asterisco, que pueden ser omitidas sin pérdida de continuidad. Un curso introductorio de electromagnetismo llevando a las cuatro ecuaciones de Maxwell en su forma integral, es un prerrequisito para los capítulos 7 y 8, que tratan de la teoría electromagnética de la luz, pero no para el resto del libro. No me he permitido usar las limitaciones de los medios matemáticos a mi disposición como una excusa para evitar temas dificultosos pero fundamentalmente importantes. Un ejemplo es el principio de Huygens, que es la fundamentación de toda la teoría cinemática de la luz. Sin un entendimiento claro del principio de Huygens, tal fenómeno óptico básico como la propagación rectilínea, difracción y doble refracción permanecen en el misterio. Todavía muchos autores reducen el principio de Huygens a unas pocas frases y no pretenden justificarlo matemáticamente o explicar su profundo y amplísimo significado. En este libro, por el contrario, el principio de Huygens es discutido en forma muy detallada desde un punto de vista rigurosamente lógico, y luego es usado consistentemente en sus varias formas para la explicación de los distintos grupos de fenómenos ópticos.

He procurado reducir las dificultades materiales y he utilizado largos recursos para clarificar e ilustrar con ejemplos los sutiles conceptos físicos poniendo énfasis en este principio. De cualquier forma, un cierto esfuerzo será necesario por parte del lector para apreciar totalmente su significado y sus aplicaciones. No veo por qué el estudiante deba evitar este esfuerzo compensatorio. Otros ejemplos son la propagación de ondas electromagnéticas y la radiación desde una carga acelerada. La teoría de estos fenómenos de la solución al problema dinámico de la óptica, constituye la base para la interpretación de la interacción entre luz y materia. Aquí otra vez he evitado el uso de matemática compleja, pero no dejo atrás la labor que es necesaria para clarificar totalmente la naturaleza de los procesos físicos y para obtener su exacta descripción matemática.

Los problemas forman una parte esencial del libro. La dificultad varía desde simples ejemplos numéricos, apuntando al desarrollo de una captación cuantitativa del fenómeno en discusión, a preguntas hechas para probar la profundidad de la comprensión de las teorías subrayando la interpretación de este fenómeno. En los problemas, el lector encontrará también muchas de las aplicaciones prácticas de la óptica, que son omitidas del texto a causa de la brevedad y mayor coherencia.

Es un placer expresar mi cálido aprecio a mis muchos colegas y estudiantes que han ayudado en la preparación de este libro ofreciendo sus sugerencias y su crítica constructiva.

Cambridge, Massachusetts
Diciembre, 1956

Bruno Rossi

CAPÍTULO 1

PRINCIPIO DE HUYGENS Y LA APROXIMACIÓN DE LA ÓPTICA GEOMÉTRICA

1-1. Las tres leyes de la óptica geométrica. Una casa o un árbol proyectando sombra en un día soleado, un espejo o la superficie de un estanque devolviendo nuestra propia imagen, la apariencia quebrada de una varilla parcialmente sumergida en agua, la ilusión de presencia de agua sobre el asfalto recalentado, el arco iris cruzando el cielo después de una tormenta, el brillo de las piedras preciosas, las imágenes cinematográficas y fotográficas, las formadas en la retina de nuestro ojo, el haz de los reflectores escudriñando el cielo nocturno, la estructura de la célula viviente revelada por el microscopio, son parte de las incontables experiencias visuales que responden a tres simples leyes empíricas.

Estas leyes forman la base de la llamada *óptica geométrica.* Son ellas la ley de *propagación rectilínea,* la ley de *reflexión* y la ley de *refracción.*

La ley de propagación rectilínea, como su nombre ya lo sugiere, establece que en un medio homogéneo la luz se propaga según trayectorias rectilíneas. En consecuencia, un objeto opaco A colocado entre una *fuente puntual* de luz S y una pantalla Σ, proyectará sobre ella una sombra con borde nítidamente definido (Fig. 1-1): esta línea del borde es la intersección de la pantalla con la superficie cónica que toca al objeto y que tiene su vértice en la fuente luminosa. Sin embargo, una fuente puntual es una simple abstracción matemática, mientras que una fuente luminosa real siempre tiene dimensiones finitas de manera que la transición entre oscuridad completa y plena luz no está nitidamente definida.

Entre ambas zonas hay una región de sombra parcial, llamada penumbra, que recibe luz de sólo una parte de la fuente (Fig. 1-2).

Un eclipse de sol sucede cuando la tierra penetra en el cono de sombra de la luna y la luna es eclipsada cuando entra en la sombra de la tierra. Estas son demostraciones de la validez de la ley de propagación rectilínea en una escala astronómica.

Entre otros efectos, la propagación rectilínea de la luz explica el funcionamiento de la *cámara clara.* Entre un objeto fuertemente iluminado y una pantalla blanca (o película fotográfica) se coloca una pantalla opaca con un pequeño orificio. Los rayos luminosos provenientes de diferentes puntos del objeto iluminado pasan a través del agujero y forman en la pantalla una imagen invertida del objeto.

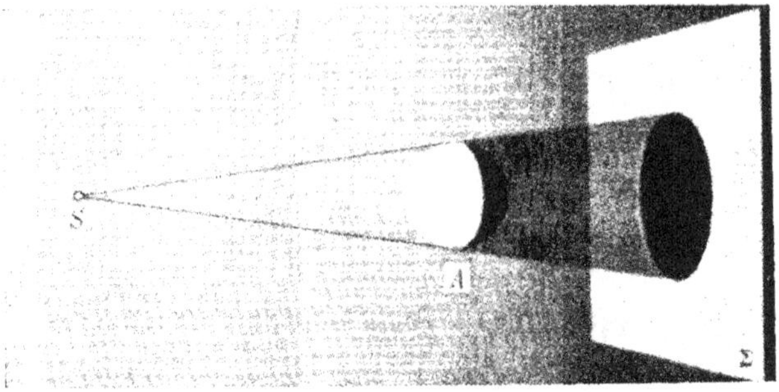

FIG. 1-1. Sombra de un objeto opaco con una fuente luminosa puntual.

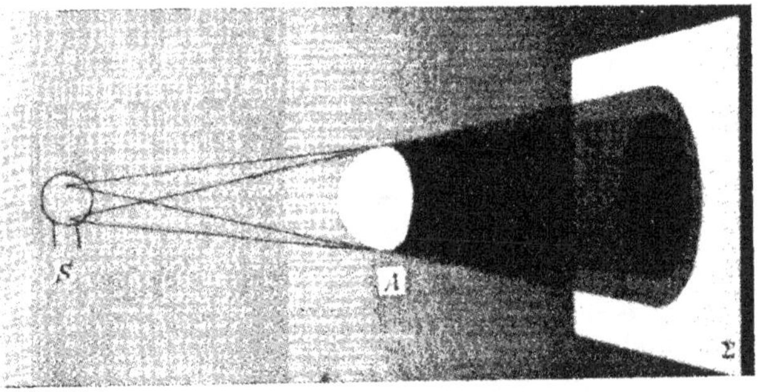

FIG. 1-2. Sombra de un objeto opaco con una fuente luminosa extendida.

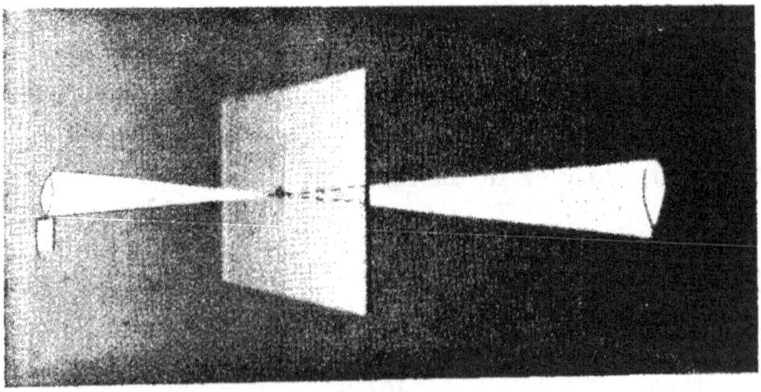

FIG. 1-3. Cámara hecha con un minúsculo orificio.

Para formular las leyes de reflexión y refracción, consideremos un rayo de luz incidiendo sobre una superficie plana de separación entre dos sustancias transparentes, 1 y 2; por ejemplo, aire y agua (Fig. 1-4). Supongamos que ambas sustancias sean *homogéneas* e *isotrópicas*, significando esta última denominación que las propiedades son idénticas en todas direcciones. (La propagación de la luz en medios no isótropos tales como los cristales, será discutida en el capítulo 6.) En general, encontramos que el rayo incidente se separa en dos: un rayo reflejado, que retorna al medio del cual provino el rayo incidente, y uno refractado, que penetra en el otro medio. Además observamos que:

(1) el rayo incidente *AO*, el reflejado *OA′* y el refractado *OB* yacen en un plano perpendicular a la superficie de separación, llamado *plano de incidencia.*

(2) el rayo incidente y el reflejado forman ángulos iguales con la normal *NN′* a la superficie de separación.

(3) si φ_1 es el ángulo entre el rayo incidente y *NN′* (ángulo de incidencia), y φ_2 es el ángulo entre el rayo refractado y *NN′* (ángulo de refracción) el cociente sen φ_1/sen φ_2 es independiente del ángulo de incidencia φ_1; se trata, pues, de una constante característica de ambos medios.

Esta última condición, llamada ley de Snell, tiene como expresión analítica

$$\frac{\text{sen}\,\varphi_1}{\text{sen}\,\varphi_2} = n_{12} \qquad \text{(1-1)}$$

La constante n_{12} se denomina *índice de refracción* del segundo medio respecto del primero.

La experiencia ha mostrado que el índice de refracción del medio 1 respecto del medio 2 es el recíproco del índice del medio 2 respecto del 1; o sea, $n_{12}=1/n_{21}$. Esto implica afirmar que si un rayo luminoso sigue el camino *AOB* al pasar de un medio a otro, recorrerá el camino *BOA* al pasar del segundo medio al primero.

Nótese que la refracción acerca el rayo refractado a la normal o lo aleja según sea n_{12} mayor o menor que la unidad. Si $n_{12} < 1$, el ángulo de refracción resulta igual a $\pi/2$ cuando sen $\varphi_1 = n_{12}$. Para dicho ángulo de incidencia, el rayo refractado sale en forma rasante. Con un ángulo de incidencia mayor, la ecuación (1-1) no puede ser satisfecha para ningún valor de φ_2; el rayo refractado desaparece y la luz es completamente reflejada hacia el medio del cual provino.

Este fenómeno es conocido como *reflexión total.* Por ejemplo, el índice de refracción del agua respecto del aire es (aproximadamente) 1,33, y el del aire respecto del agua 1/1,33. El ángulo cuyo seno es 1/1,33 es 49°. Rayos provenientes de una fuente bajo el agua son totalmente reflejados si sus ángulos de incidencia son mayores de 49°.

La reflexión total explica los curiosos efectos que se observan cuando se colocan luces en el interior de un estanque. Los rayos luminosos permanecen «atrapados» en la columna ascendente de agua hasta que ésta se rompe en infinidad de gotitas, de manera que ellas aparecen brillantemente iluminadas por el haz emergente. Análogamente, una varilla de vidrio o material plástico transparente funciona como un «caño luminoso»: la luz que entra por un extremo con un ángulo suficientemente pequeño sufre una reflexión total múltiple en las paredes sin experimentar pérdidas, salvo las eventuales debidas a absorción. No hay necesidad que la varilla sea recta; conducirá la luz aun cuando esté curvada en forma arbitraria, con la condición de que las curvas no sean quebradas.

La reflexión total interna en un prisma de vidrio es a menudo usada para deflectar rayos luminosos en un ángulo de 90° sin *pérdida de intensidad* apreciable (Fig. 1-5). La sección transversal de tales prismas (llamados prismas de

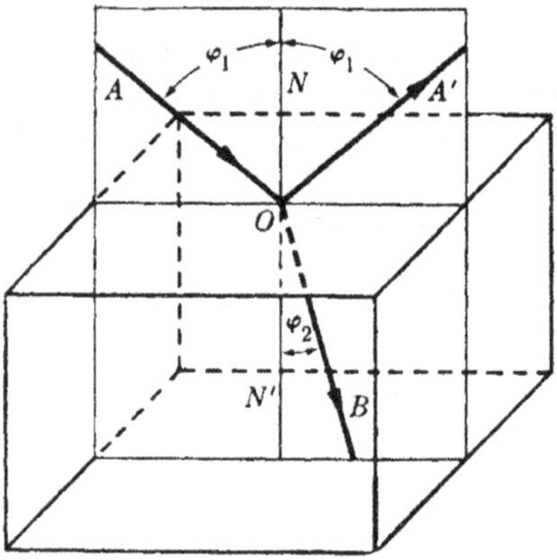

FIG. 1-4. Reflexión y refraccion de un rayo de luz en los límites entre dos medios transparentes distintos.

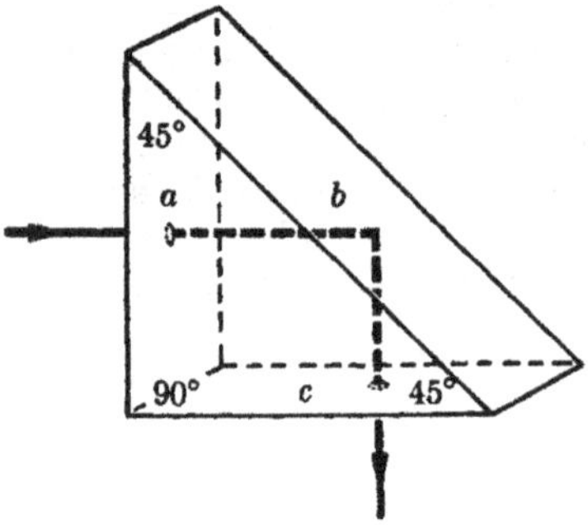

FIG. 1-5. El prisma de refracción total.

reflexión total) es un triángulo isósceles. Los rayos luminosos penetran perpendicularmente a la cara *a*, golpean en la hipotenusa *b* con un ángulo de 45°, que es mayor que el ángulo límite de reflexión total para cualquier clase de vidrio. La reflexión total en *b* obliga a los rayos a emerger perpendicularmente a la cara c.

Nótese que la reflexión total en la superficie límite entre dos medios diferentes puede ocurrir solamente si el segundo medio tiene un cierto espesor mínimo (del orden de algunas milésimas de milímetro). Por ejemplo, una delgada película de aire entre dos trozos de vidrio transmitirá parcialmente el haz luminoso incidente aun si el ángulo de incidencia es mayor que el ángulo límite de reflexión total. Postergaremos hasta la sección 8-7 una discusión cuantitativa de este fenómeno.

Experimentalmente se encuentra que el índice de refracción es levemente diferente para luz de distintos colores; esto da lugar al fenómeno llamado de *dispersión*. Por ejemplo, un rayo de luz azul que entra en el agua desde el aire sufre una deflexión algo mayor que uno de luz roja, o sea, que el índice de refracción del agua respecto del aire es mayor para el azul que para el rojo. Un rayo de luz blanca, después de la refracción da lugar a un haz en forma de abanico, indicando que la luz blanca resulta de la superposición de luces de diferentes colores. Más tarde volveremos sobre este fenómeno; por ahora supondremos que hacemos nuestras experiencias con luz *monocromática* (esto es, luz de un solo color), de manera que podemos despreciar o ignorar el fenómeno de dispersión.

Consideremos nuevamente dos medios, 1 y 2, separados por una superficie plana, como se muestra en la figura 1-7. Por la ley de reflexión se ve que los rayos provenientes de la fuente S en el medio 1 y que son parcialmente reflejados en la superficie de separación, si son prolongados se intersectarán mutuamente

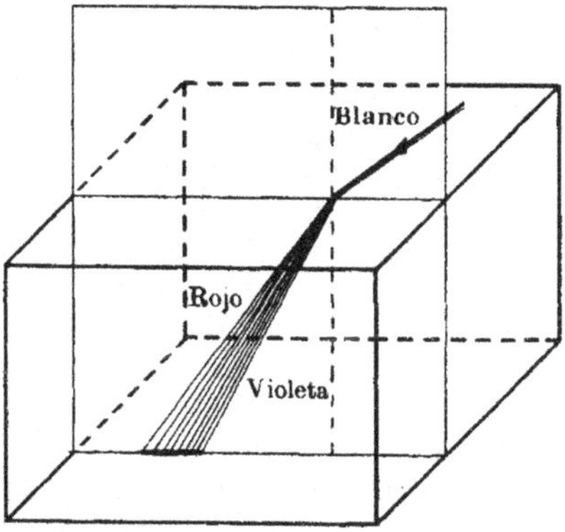

FIG. 1-6. Dispersión de un rayo de luz blanca.

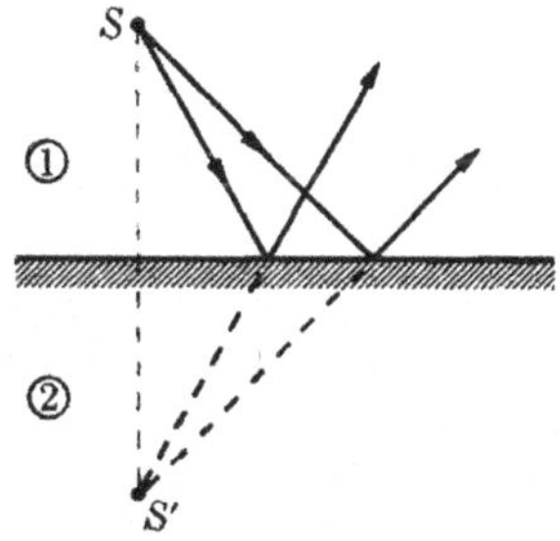

FIG. 1-7. Formación de imagen por reflexión.

en el punto S' en el medio 2 (S y S' están ubicados simétricamente respecto de la superficie reflectora). Para el ojo de un observador, estos rayos reflejados parecen provenir, a lo largo de trayectorias rectilíneas, de la fuente luminosa S'. El punto S' se denomina la *imagen especular* de S.

Es bien sabido que la reflexión no ocurre solamente en la superficie de separación de dos sustancias transparentes, sino también entre medios transparentes y ciertas sustancias opacas. Efectivamente, la superficie pulida de muchos metales refleja casi el 100 % de la luz incidente. Una superficie altamente reflectante es comúnmente llamada *espejo*.

1-2. Modelos corpuscular y ondulatorio de la luz. Para interpretar las propiedades empíricas de la luz mencionadas en el parágrafo precedente han sido propuestos dos modelos.

En el modelo corpuscular, la luz es considerada como una multitud de diminutas partículas emitidas a gran velocidad por la fuente luminosa. En sustancias homogéneas y transparentes no están sujetas a ningún tipo de fuerza, de manera que se mueven en trayectorias rectilíneas. Cerca de la superficie de separación entre dos medios, fuerzas repulsivas y atractivas de corto alcance que actúan sobre las partículas provocan la reflexión y la refracción; para explicar por qué algunas partículas del haz son repelidas (o sea, reflejadas) mientras que otras son atraídas (y por consiguiente refractadas) se requieren algunas suposiciones artificiales.

El modelo ondulatorio fue probablemente sugerido por la observación cotidiana de las ondas sobre la superficie del agua que se expanden en círculos a partir de un punto donde ha ocurrido una perturbación. De acuerdo a este modelo, una fuente puntual de luz se considera como el origen de la perturbación que (en medios homogéneos) da lugar a ondas esféricas.

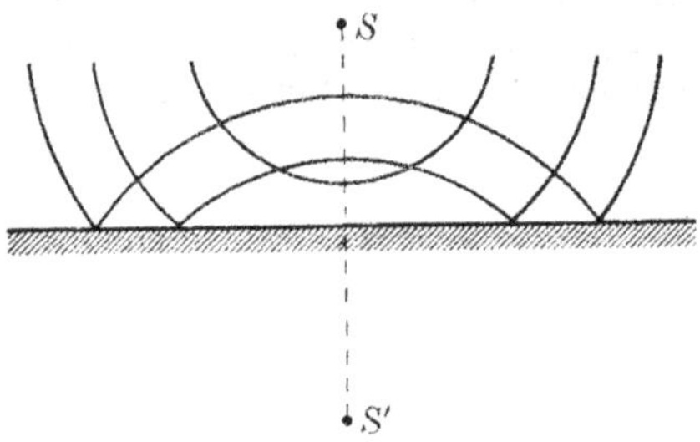

FIG. 1-8. Reflexión de una onda de agua contra una pared sólida.

Como se ilustra en la figura 1-8 una onda circular de agua, después de alcanzar una pared plana sólida, se refleja como otra cuya forma es un arco de círculo. El centro S' de la onda reflejada y el punto S, lugar de la perturbación original están simétricamente colocados respecto de la pared; un observador que mira solamente una porción de la onda reflejada no podrá distinguirla de un fragmento de la onda original proveniente de una perturbación en S'. Este fenómeno tiene una analogía evidente con la formación de imágenes de fuentes puntuales por medio de espejos.

A primera vista parece difícil darse cuenta del fenómeno de propagación rectilínea por medio del modelo ondulatorio; más aún, sabemos que las ondas de agua se curvan alrededor de pequeños obstáculos que encuentran en su camino. Dos observaciones superan esta dificultad: (1) un obstáculo colocado en el camino de ondas de agua proyecta una «sombra» *si sus dimensiones son grandes comparadas con la distancia entre dos crestas consecutivas*, aunque el borde de esta sombra es considerablemente difuso, y (2) una inspección más a fondo de la sombra óptica de un objeto opaco muestra que ésta tampoco tiene límites infinitamente nítidos, independientemente de las dimensiones de la fuente luminosa (véase cap. 4). La segunda observación muestra que la ley de propagación rectilínea no es rigurosamente cierta, y la primera sugiere que podemos dar cuenta de esta aproximada validez suponiendo que las ondas luminosas consisten en una sucesión de pulsos muy cortos.

Se verá más adelante que, en efecto, esto puede hacerse. Además, también resultará que la teoría ondulatoria de la luz, usada y desarrollada correctamente, da cuenta de todos los fenómenos ópticos, mientras que el modelo corpuscular carece de utilidad fuera de la óptica geométrica. Por consiguiente, en este libro basaremos nuestro estudio de la luz con la suposición específica de que se trata de un fenómeno ondulatorio.

1-3. Algunos conceptos sobre ondas mecánicas en una dimensión. Como ya lo hemos señalado, el concepto de ondas luminosas apareció inicialmente por ciertas semejanzas entre el comportamiento de la luz y el de las ondas mecánicas. El modelo ondulatorio mecánico tuvo un papel importante en el desarrollo histórico de la teoría de la luz, y no perdió su utilidad aun después que fue evidente que la luz no era un fenómeno mecánico. Más aún, muchos conceptos de óptica son comunes a todos los fenómenos ondulatorios, y pueden ser comprendidos más fácilmente considerando ondas mecánicas.

(a) *Ondas transversales en una cuerda.* Para comenzar con un ejemplo familiar, supongamos que una cuerda larga, flexible e inextensible es sujetada en un extremo O y mantenida a tensión constante, por ejemplo, mediante un resorte unido al otro extremo. Cuando por medio de una fuerza externa desplazamos rápidamente el extremo O en una dirección perpendicular a la dirección de la cuerda y luego lo hacemos retornar a su posición original, observamos que la perturbación originada en O, recorre la cuerda con una cierta velocidad v. Podemos describir la perturbación especificando, en un instante dado, el *desplazamiento* s de cada punto de la cuerda desde su posición de equilibrio (Fig. 1-9). Si la deformación de la cuerda es suficientemente pequeña, el desplazamiento es muy aproximadamente *perpendicular* a la dirección de propagación. En este caso, la perturbación es descrita como una *onda transversal.*

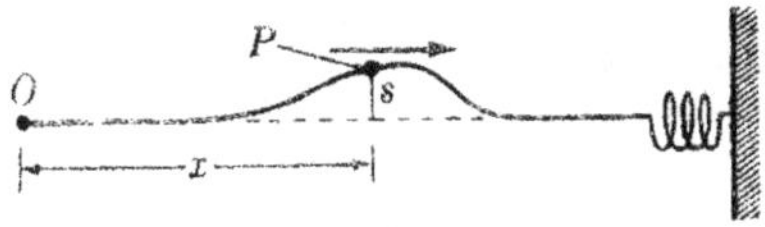

FIG. 1-9. Onda en una cuerda.

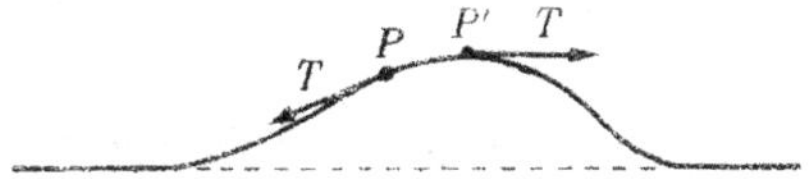

FIG. 1-10. Fuerzas actuando en el elemento PP' durante el pasaje de la onda.

El desplazamiento s de un punto arbitrario P de la cuerda es una función de dos variables: la distancia x del punto P a un origen arbitrario y fijo O y el tiempo t:

$$s = s\,(t, x) \tag{1-2}$$

Para un valor dado de t, s es una función de x solamente, describiendo la deformación instantánea de la cuerda. Para un valor fijo de x, s será una función de t solamente, describiendo el movimiento de un punto dado de la cuerda. En lo que sigue, la forma de la curva que representa esta función, será llamada la *forma de la onda* en el punto x.

Si consideramos un elemento PP' de la cuerda (Fig. 1-10) encontramos que la porción de cuerda a izquierda de P actúa sobre PP' con una cierta fuerza tangencial a la cuerda y apuntando hacia la izquierda, mientras que la parte de cuerda a la derecha de P' actúa sobre PP' con una fuerza también tangencial pero apuntando hacia la derecha. Cada una de estas fuerzas es igual en magnitud a la tensión T de la cuerda. Sin embargo, las fuerzas no son exactamente opuestas una a otra, porque el elemento PP' tiene una cierta curvatura. Por consiguiente, ambas fuerzas tienen una resultante distinta de cero que produce una *aceleración* del elemento PP'. Estas consideraciones forman la base de la teoría del fenómeno ondulatorio discutido aquí [véase apéndice 2 (a)]. Con la expresa suposición de que los desplazamientos respecto de la posición de equilibrio son pequeños, la teoría muestra que (a) la cuerda propaga ondas de una forma arbitraria, sin deformarlas, y (b) la velocidad de propagación v es una constante, relacionada a la masa por unidad de longitud μ y a la tensión T mediante la ecuación

$$v = \sqrt{\frac{T}{\mu}} \tag{1-3}$$

El enunciado (a) significa que dos puntos de la cuerda ubicados en $x = x_1$ y $x = x_2$ realizan idénticos, aunque no simultáneos, movimientos. La conclusión (b) muestra que el movimiento en $x = x_2$ ocurre con un retardo igual a $(x_2 - x_1)/v$ respecto del movimiento en $x = x_1$.

Podemos formular los resultados precedentes en lenguaje matemático suponiendo que el desplazamiento s obedece a una ecuación de la forma

$$s = f\left(t - \frac{x}{v}\right) \tag{1-4}$$

donde el símbolo $f(t - x/v)$ indica que se trata de una función arbitraria de $(t - x/v)$. Para probar esta afirmación, consideremos dos instantes de tiempo t_1 y t_2, relacionados entre sí y con las abscisas x_1 y x_2 mediante

$$x_2 - x_1 = v(t_2 - t_1) \tag{1-5}$$

Si reescribimos esta ecuación como:

$$t_2 - \frac{x_2}{v} = t_1 - \frac{x_1}{v}$$

vemos inmediatamente que

$$f\left(t_2 - \frac{x_2}{v}\right) = f\left(t_1 - \frac{x_1}{v}\right)$$

esto es,

$$s(t_2, x_2) = s(t_1, x_1)$$

Esta última ecuación expresa matemáticamente el hecho de que el desplazamiento del punto x_2 es igual al desplazamiento del punto x_1, en el instante anterior $t_1 = t_2 - (x_2 - x_1)/v$.

Podemos extraer otra conclusión de la ecuación (1-4). Si dibujamos los desplazamientos

$$s\,(t_1, x) = f\left(t_1 - \frac{x}{v}\right) \quad \text{y} \quad s\,(t_2, x) = f\left(t_2 - \frac{x}{v}\right)$$

como funciones de x (Fig. 1-11), obtendremos dos curvas que representan las deformaciones reales de la cuerda en los instantes $t = t_1$ y $t = t_2$. De nuestras consideraciones precedentes surge que el desplazamiento del punto P_2 al tiempo t_2 es idéntico al desplazamiento del punto P_1 al tiempo t_1, con la condición de que la distancia $x_2 - x_1$ entre P_2 y P_1 esté relacionada al intervalo de tiempo $t_2 - t_1$ mediante la ecuación (1-5). En otras palabras, obtendremos la curva que representa la deformación de la cuerda en el instante t_2 de la representación de la deformación de la cuerda en t_1 mediante una traslación rígida de longitud $v\,(t_2 - t_1)$ en la dirección de las x positivas.

Esta es otra forma de decir que la perturbación viaja con una velocidad uniforme v en la dirección del eje positivo de las x.

Un argumento similar muestra que si $g\,(t + x/v)$ es una función arbitraria de $(t + x/v)$ *la ecuación*

$$s = g\left(t + \frac{x}{v}\right) \tag{1-6}$$

describe una perturbación que viaja con velocidad uniforme v y sin cambio de forma en dirección de las x decrecientes. En otras palabras, las ecuaciones (1-4) y (1-6) representan ondas que recorren la cuerda en *direcciones opuestas,* cada una de las cuales describe una perturbación posible.

Más aún, la teoría muestra que la solución más general del problema es una función del tipo

$$s = f\left(t - \frac{x}{v}\right) + g\left(t + \frac{x}{v}\right) \tag{1-7}$$

que representa *dos perturbaciones atravesando simultáneamente la cuerda, una en la dirección positiva y otra en la negativa.*

La forma particular de la función $s\,(t, x)$ correspondiente a un dado problema físico, depende de la manera en que la perturbación ha sido producida. Supongamos que, como en nuestro ejemplo inicial, excitamos la onda forzando al extremo en $x = 0$ a reálizar un cierto movimiento perpendicular al eje x, de forma que $s\,(0, t)$ es una función *dada* del tiempo. Hasta el instante en que la

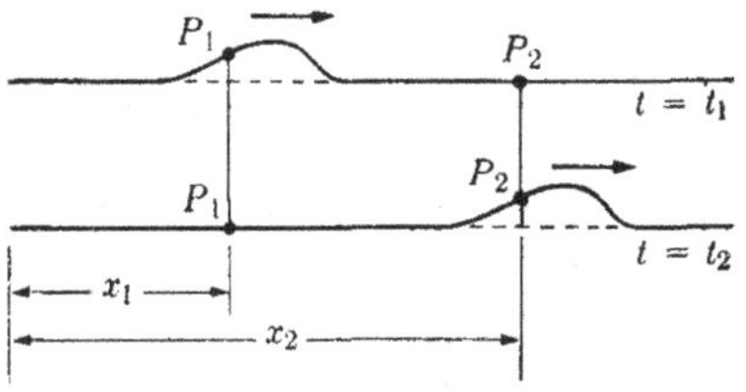

FIG. 1-11. Forma de la cuerda en dos momentos distintos

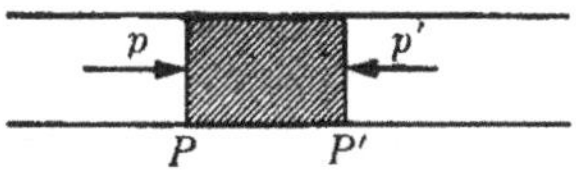

FIG. 1-12. Fuerza de presión actuando sobre un fluido en un tubo.

perturbación alcanza el otro extremo de la cuerda, habrá solamente una onda, viajando en la dirección positiva y la solución será del tipo representado por la ecuación (1-4). Como $f\,(t - x/v)$ se reduce a $f\,(t)$ para $x = 0$, la forma de la función que describe a la onda estará determinada por la condición

$$f\,(t) = s\,(0, t) \tag{1-8}$$

(b) *Ondas sonoras en un tubo cilíndrico.* Como segundo ejemplo discutiremos la propagación de una onda sonora a lo largo de un tubo cilíndrico que contiene algún fluido. Viscosidad y fuerzas de frotamiento en las paredes son despreciadas. El pasaje de la onda sonora obliga a cada elemento de fluido a oscilar en una dirección paralela al eje del tubo, que tomaremos como nuestro eje x. Esto también provoca un cambio de *presión* en el fluido. Supondremos también que todos los puntos *ubicados* en un plano perpendicular al eje x sufren idénticos y simultáneos desplazamientos. De esta manera, tomaremos el valor instantáneo de la presión como función solamente de x.

Consideremos ahora los puntos que, en el estado de reposo se hallan a una distancia x del origen fijado y denotemos con $s\,(x,\,t)$ el *desplazamiento* de estos puntos al tiempo t respecto de la situación de reposo. Llamamos $p\,(x,\,t)$ a la *diferencia* entre la presión real existente en x y t y la presión del estado de reposo. Por consiguiente, en ausencia de perturbaciones $s\,(x,\,t)$ y $p\,(x,\,t)$ son ambas cero. Nótese que en el presente ejemplo el desplazamiento s es paralelo a la dirección de propagación. En este caso, la perturbación es una *onda longitudinal.*

Si consideramos un elemento de fluido PP' (Fig. 1-12) encontramos que sobre él actúan dos fuerzas opuestas provenientes de la presión ejercida sobre sus dos superficies terminales. Si para un valor dado de t la presión varía a lo largo del tubo (o sea, si p varía con x), las dos fuerzas no son iguales en magnitud y su resultante produce una aceleración del elemento PP'. Expresando este hecho físico en lenguaje matemático llegamos a una ecuación diferencial análoga a la que describe las perturbaciones en una cuerda. De ello extraemos como conclusión que las ondas sonoras recorren el tubo con velocidad constante v y sin cambio de forma. Como ya hemos visto, esto significa que el cambio de presión p está representado por alguna de las siguientes ecuaciones:

$$p\,(t, x) = F\left(t - \frac{x}{v}\right) \tag{1-9}$$

para una onda moviéndose en la dirección positiva;

$$p\,(t, x) = G\left(t + \frac{x}{v}\right) \tag{1-10}$$

para una onda viajando en la dirección negativa; o

$$p\,(t, x) = F\left(t - \frac{x}{v}\right) + G\left(1 + \frac{x}{v}\right) \tag{1-11}$$

para la propagación simultánea de dos ondas en direcciones opuestas. También hallamos que si ρ_0 es la densidad del fluido no perturbado y K la compresibilidad del gas (esto es, el cambio fraccional en volumen dividido por el correspondiente cambio en la presión), la velocidad de propagación está dada por

$$v = \sqrt{\frac{1}{K\rho_0}} \tag{1-12}$$

Los resultados anteriores valen en las condiciones establecidas, o sea, que la viscosidad y las fuerzas de frotamiento pueden ser despreciadas y que los cambios de presión son pequeños en relación a la presión estática.

(c) *Energía en ondas.* Para generar una onda se requiere una cierta cantidad de energía, que queda asociada a la onda misma. La energía viaja con la onda y, en un instante dado, está localizada en la región perturbada del medio. La energía de la onda es parcialmente potencial [correspondiente, por ejemplo, a la deformación de la cuerda en la onda de movimiento discutida en (a)] y parcialmente cinética (correspondiente a la velocidad de los distintos elementos de la cuerda). En el caso de ondas unidimensionales tales como las consideradas anteriormente, la teoría muestra que la energía *total* almacenada en un dado elemento del medio en cualquier instante es *dos veces* la energía cinética del elemento [ver apéndice 2 (c)]. Esto significa que la energía cinética y la energía potencial de la onda son iguales, resultado que puede verificarse por cálculo directo.*

Asimismo, debe señalarse que los resultados anteriores se aplican solamente a ondas individuales, tales como aquella representada, por ejemplo, por la ecuación $s = f(t - x/v)$ o por la ecuación $s = g(t + x/v)$. No se aplican al caso más general de ondas de movimiento, representadas por la ecuación $s = f(t - x/v) + g(t + x/v)$ que, como sabemos, corresponde a la superposición de dos ondas viajando en direcciones opuestas.

Para el caso de una onda recorriendo una cuerda, sea $u(t, x) = \partial s/\partial t$ la velocidad instantánea transversal del punto de abscisa x (esta velocidad no debe confundirse con la velocidad de propagación v de la onda), y sea $U(t, x)\,dx$ la energía presente al tiempo t en el elemento dx de la cuerda. Este elemento tiene una masa $\mu\,dx$, su energía cinética es $\frac{1}{2}(\mu\,dx)\,u^2$ y su energía total:

$$U\,dx = 2\left(\tfrac{1}{2}\,\mu\,u^2\,dx\right)$$

Obtenemos entonces la expresión

$$U = \mu\,u^2 \tag{1-13}$$

que relaciona la *energía por unidad de longitud* U a la masa por unidad de longitud μ y a la velocidad u de las partículas del medio a través del cual la onda se propaga. Una ecuación similar vale para ondas sonoras.

Otra magnitud importante es el *flujo de energía*, o sea, la energía que pasa a través de un punto de la cuerda o una sección del tubo en la unidad de tiempo. Si Φ es el flujo de energía, la cantidad de energía que pasa por el punto x en el intervalo de tiempo comprendido entre t y $t + dt$ es $\Phi\,dt$. Como la onda se mueve con una velocidad v, en el instante t esta energía está localizada en el segmento comprendido entre x y $x - v\,dt$. Por consiguiente, $\Phi\,dt$ debe ser igual a $U\,v\,dt$; obtenemos así la siguiente relación entre flujo y energía por unidad de longitud:

$$\Phi = U\,v \tag{1-14}$$

* Puede ser necesaria una advertencia en lo referente a la energía potencial. Podemos deformar una cuerda sujeta a tensión constante aplicando una fuerza adicional externa en varios puntos de la misma. Si estas fuerzas cambian lenta y gradualmente, la cuerda puede ser llevada de su estado inicial de reposo a cualquier forma deseada, pasando por una sucesión de estados intermedios, próximos al equilibrio. El trabajo total realizado por las fuerzas externas depende solamente del estado final de la cuerda, y entonces puede definirse como la energía potencial de la cuerda deformada. Sin embargo, el trabajo hecho *sobre cada elemento* de la misma depende de los estados intermedios por los que pasó. Por consiguiente, en este caso no podemos hablar de energía potencial de *cada* segmento. Por otra parte, en el caso de una onda que se desplaza, es posible dar un significado perfectamente definido a la energía total de la onda adscrita a un segmento de la cuerda y es efectivamente dos veces la energía cinética. Para mayores detalles, véase apéndice 2 (*c*).

(d) *Absorción, dispersión, polarización y birrefringencia.* Hasta ahora hemos discutido ejemplos de ondas en una dimensión que viajan sin cambio de forma. En el caso de la cuerda, la deformación se mueve de una porción a otra sin variar su perfil en ningún instante, o sea, que todos los puntos de la cuerda realizan sucesivamente los mismos movimientos. Para estas ondas la velocidad de propagación tiene un valor perfectamente definido que no depende de la forma de la misma.

Sin embargo, esto no siempre sucede. Por ejemplo, una onda desplazándose en una cuerda *sumergida en un medio viscoso* es gradualmente *amortiguada* debido a que parte de la energía se transforma en calor. Tal onda puede ser considerada como el modelo mecánico de una perturbación luminosa que se propaga en un medio *absorbente.*

Hay casos en que no hay pérdidas de energía mientras la perturbación viaja y, sin embargo, cambia de forma, de manera que los movimientos de diferentes puntos están descritos por diferentes funciones. Por ejemplo, podemos construir sistemas mecánicos que propaguen solamente *ondas sinusoidales* sin cambio de forma, o sea, ondas producidas por una perturbación sinusoidal como función del tiempo [apéndice 2 (d)]. En estos sistemas (que pueden ser pensados como modelos mecánicos de medios *ópticamente dispersivos,* discutidos en las secciones 2-14 y 8-4) la velocidad de propagación es distinta para diferentes frecuencias.

En la discusión de las ondas transversales en una cuerda hemos supuesto que un punto dado de la misma se mueve a lo largo de una recta fija, perpendicular a la dirección de propagación. Encontramos entonces que otros puntos se mueven a lo largo de líneas paralelas a la anterior; así vemos que en un instante dado todos ellos yacen en un plano que *no* cambia con el tiempo. Ondas de este tipo se llaman *linealmente polarizadas,* y el plano en el cual yacen los desplazamientos es el *plano de vibración.*

Los distintos planos que pasan por la cuerda en reposo son físicamente equivalentes; en consecuencia, la cuerda propaga con iguales velocidades ondas con planos arbitrarios de vibración. Sin embargo, podemos también construir modelos mecánicos en el cual diferentes direcciones perpendiculares a la dirección de propagación no son físicamente similares [véase apéndice 2 (e)]. Tal sistema puede transmitir una onda linealmente polarizada sólo si el plano de vibración de ella coincide con alguno de dos planos mutuamente perpendiculares. Las velocidades de propagación de las ondas que vibran en estos dos planos son diferentes.

Sistemas de este tipo pueden ser considerados como modelos mecánicos de medios *ópticamente birrefringentes* (véase sección 6-5).

(e) *Reflexión y transmisión.* Consideremos dos trozos de cuerda de distinta masa por unidad de longitud, unidos en el punto *O* y mantenidos a tensión constante. Un agente externo provoca una perturbación que se traslada de izquierda a derecha en la primera cuerda (Fig. 1-13). La experiencia muestra que al alcanzar el punto *O,* ella se divide en dos, una que viaja hacia el punto de origen *(onda reflejada)* y otra hacia adelante, en el segundo segmento *(onda transmitida).* Ambas tienen la misma forma que la incidente, pero distinta magnitud, o sea, que las funciones que describen la dependencia temporal de los desplainversa a r. En consecuencia, las ecuaciones que dan, por ejemplo s y p, en función de r y t, tendrán la siguiente forma:

$$p = \frac{F\,(t - r/v)}{r} \tag{1-16}$$

$$s = \frac{f\,(t - r/v)}{r} \tag{1-17}$$

En el apéndice 2 (g) se encontrará una justificación de estos resultados. Con una teoría desarrollada más rigurosamente se ve que en la expresión para s existe un término adicional que varía con $1/r^2$; este término, para valores grandes de r se hace despreciable frente al que contiene $1/r$. En la expresión de p no aparece un término equivalente.

Hasta ahora hemos supuesto una fuente de simetría esférica. Consideremos ahora el caso en que esto no es así, pero en que dicha fuente tiene dimensiones muy pequeñas comparadas con la distancia al punto de observación, de manera que puede ser supuesta como puntual. Una perturbación emitida en un instante dado desde O, punto en que está ubicada la fuente, alcanzará simultáneamente todos los puntos de una esfera centrada en O. Sin embargo, la perturbación no tendrá el mismo valor en todos los puntos de esta esfera. En otras palabras, las cantidades (tales como p y s) que describen a la perturbación serán funciones no solamente de la distancia r, sino también de los ángulos que determinan la orientación de la recta que une a O con el punto de observación.

Puede demostrarse que si estas funciones varían poco con dicha orientación, ellas pueden escribirse como productos de un factor q que depende solamente de la orientación, por la función de r y t que describe a una onda esféricamente simétrica [ecs. (1-16) y (1-17)]. Por ejemplo tendría una expresión de la forma

$$p = \frac{F\,(t - r/v)}{r}\,q \tag{1-18}$$

1-5. Perturbación óptica. Principio de superposición. Podemos usar los ejemplos de ondas mecánicas discutidos en las dos secciones anteriores para ilustrar algunos conceptos generales, que se aplican a todos los fenómenos ondulatorios y, por consiguiente, también a las ondas luminosas. Cualquier fenómeno de ondas implica la existencia de un medio cuyo estado físico se altera por el pasaje de la perturbación. Matemáticamente, una onda es descrita por el cambio en alguna propiedad del medio tal como, por ejemplo, el desplazamiento s o el cambio de presión p. Entonces, para describir una onda luminosa, introduciremos alguna magnitud que represente algún tipo de perturbación del medio responsable de la propagación de la luz. Sin preguntarnos por ahora acerca de la naturaleza de esta magnitud nos referiremos a ella con el nombre genérico de *perturbación óptica.*

La velocidad de variación de las propiedades físicas en un punto dado del medio que conduce a una onda está exclusivamente determinada por las condiciones existentes en los puntos vecinos. En el ejemplo de la onda sonora en el tubo, la aceleración del volumen infinitesimal de fluido comprendido entre P y P'

(Fig. 1-12) está determinada por la diferencia de presión existente entre los dos extremos de este volumen. En el ejemplo de ondas en una cuerda la aceleración de un segmento infinitesimal está determinado por la resultante de dos fuerzas de igual magnitud T, pero de diferentes direcciones y aplicadas en los extremos del segmento (Fig. 1-10).

Esto muestra que las ondas se propagan progresivamente de punto a punto del medio, cada punto recibiendo la perturbación del vecino inmediato de un lado y transmitiéndola al vecino inmediato del otro lado. Para aclarar este punto, consideremos una deformación que recorre a la cuerda de izquierda a derecha y concentremos nuestra atención en un punto A de la misma (Fig. 1-16). A medida que la perturbación pasa por el punto considerado, éste realiza algún tipo de movimiento oscilatorio y nuevamente queda en reposo. Podemos ver el movimiento de A como el origen de la perturbación que se propaga más allá de A. En verdad, producimos exactamente la misma perturbación en la porción que se halla a derecha de A forzándolo a moverse de la misma manera que lo hace

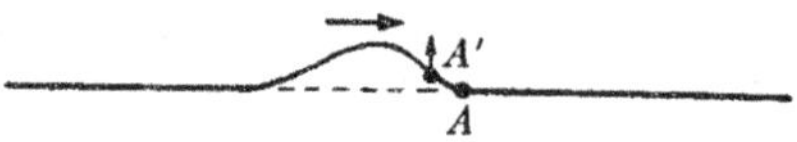

FIG. 1-16. Ilustración de la propagación de una perturbación entre punto y punto.

realmente durante el pasaje de la onda. Sin embargo, en este caso habría una onda partiendo de A hacia la izquierda, mientras que en el caso anterior la porción izquierda queda inmóvil después que la onda ha pasado por A. La razón de esta diferencia es fácil de entender. En el momento en que A es alcanzado por la onda que avanza (véase Fig. 1-16) el punto A' inmediatamente a la izquierda de A es desplazado «hacia arriba» y tiene velocidad también hacia arriba; mientras la fuerza ejercida por A' sobre A lo desplaza de la posición de equilibrio, la reacción de A sobre A' se opone al movimiento de A'.

Podemos adoptar el punto de vista de que cada punto arbitrario A de la cuerda, cuando es alcanzado por la perturbación, se convierte en el origen de dos ondas que se desplazan en direcciones opuestas. La onda que viaja hacia adelante representa la continuación de la incidente, mientras que la que se desplaza hacia atrás cancela a la perturbación de la onda incidente y lleva a la cuerda a la posición de equilibrio. Nótese, sin embargo, que si las propiedades físicas de la cuerda cambian bruscamente en A (por ejemplo, si A es el punto donde se unen dos cuerdas diferentes) ya no ocurre una cancelación total entre ambas ondas. Si la segunda cuerda tiene menos masa por unidad de longitud que la primera, hay solamente cancelación parcial y aparece una onda reflejada de igual signo que la incidente. Por otra parte, si la segunda tiene mayor masa por unidad de longitud que el primer segmento, hay sobrecompensación y la onda reflejada tiene signo opuesto a la incidente [véase sección 2-3 (e)].

El modelo mecánico ilustra otra propiedad importante de los fenómenos ondulatorios. Esta propiedad es el *principio de superposición,* el cual establece que cuando varias perturbaciones se propagan simultáneamente en el mismo medio, la perturbación resultante en un punto dado y en un instante dado es la suma de las perturbaciones correspondientes a las ondas individuales. Por supuesto, la suma es un escalar o un vector según las perturbaciones sean escalares (como el cambio de presión) o vectoriales (como los desplazamientos). Por ejemplo, consideremos dos perturbaciones que parten simultáneamente de los extremos de una cuerda y viajan en direcciones opuestas (Fig. 1-17). Ambas se encontrarán en el centro de la misma y sobrepasarán la región de cruce cada una sin haber sido afectada por la presencia de la otra. En la región en que ambas se superponen, el desplazamiento en cada instante es la suma de los desplazamientos que hubieran producido las dos ondas separadamente.

El principio de superposición es consecuencia del hecho que la ecuación diferencial de las ondas es lineal [apéndice 1 (a)]. Si dos funciones separadamente satisfacen una ecuación diferencial lineal dada, la suma de ambas funciones es también solución de la misma ecuación. Obsérvese que la ecuación diferencial que describe a una onda mecánica es lineal solamente en el límite de muy pequeñas perturbaciones, por consiguiente el principio de superposición tiene solamente una validez aproximada en el caso de ondas mecánicas. Por otro lado, las ondas luminosas son descritas exactamente por una ecuación diferencial lineal, como veremos en el capítulo 7. Por consiguiente, el principio de superposición es rigurosamente válido para ellas.

1-6. Principio de Huygens. Importantes y a menudo insolubles dificultades matemáticas aparecen al intentar calcular rigurosamente la propagación de la luz en medios no homogéneos o en un medio que es parcialmente obstruido por cuerpos opacos. Además, la solución exacta de tales problemas requiere un conocimiento detallado de la naturaleza física de las ondas luminosas, tal como el que se adquirirá solamente en una etapa posterior de nuestro estudio. Sin embargo, en la mayoría de los casos de importancia práctica es posible encontrar una respuesta aproximada, aunque perfectamente útil al problema mediante el uso de métodos que requieren solamente algunas suposiciones de carácter ge-

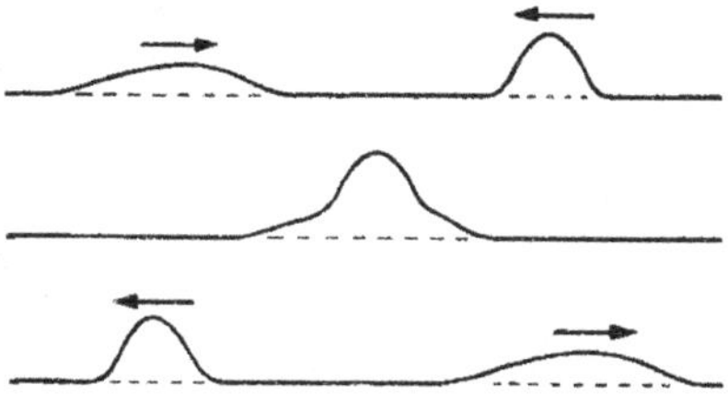

FIG. 1-17. Ilustración del principio de superposición.

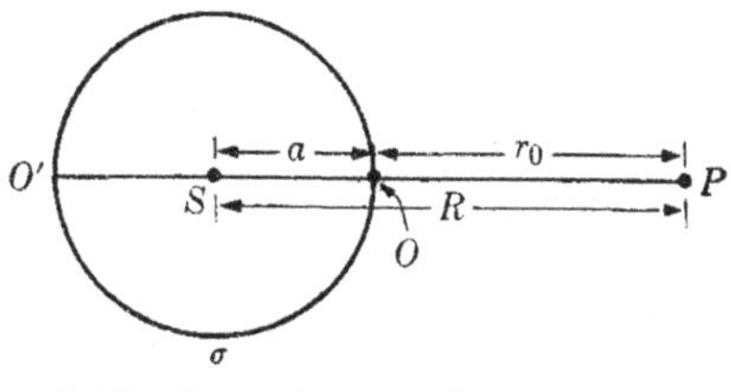

FIG. 1-18. Superficie auxiliar para la aplicación del principio de Huygens.

neral acerca de la naturaleza de las ondas luminosas y que no entraña dificultades matemáticas serias. Tales métodos están basados en el llamado principio de Huygens, formulado por primera vez en el siglo XVII. Debido a su importancia fundamental, lo discutiremos aquí con algún detalle.

El principio de Huygens tuvo origen en el conocimiento general de que las ondas se propagan gradualmente, de punto a punto de un medio, como se explicó en la sección precedente. Por consiguiente, si una fuente S es rodeada por una superficie cerrada σ (Fig. 1-18), la perturbación originada en S podrá alcanzar la región del espacio exterior a σ solamente atravesando dicha superficie. Es entonces natural considerar a la perturbación en la región exterior como *causada* por la perturbación en la superficie σ; esto es, suponer que *los diferentes puntos σ, cuando son alcanzados por la onda, se convierten en el origen de ondas secundarias y que la perturbación observada más allá de la superficie σ resulta de la superposición de estas ondas secundarias.* Éste es el enunciado del principio de Huygens en su forma más general.

Resta por demostrar que el punto de vista aquí adoptado es válido en el sentido de que podemos realmente reconstruir la onda conocida más allá de σ, combinando los efectos de un conjunto apropiado de ondas secundarias que emanan de los distintos elementos de σ. La prueba general y rigurosa del principio de Huygens fue dada por Kirchhoff y es conocida como el *teorema de Kirchhoff.* Para evitar dificultades matemáticas, nos limitaremos aquí a un tratamiento aproximado, válido bajo ciertas condiciones que se especificarán más adelante.

Como superficie auxiliar σ tomamos una esfera de radio a y centro en la fuente S (Fig. 1-18). Sea P un punto a una distancia arbitraria $R > a$ de S, O y O' los puntos de intersección de la recta PS con la superficie σ y $r_0 = \overline{OP} = R - a$ la distancia mínima de P a σ. Suponemos que S es la fuente de una onda esférica, a la que consideraremos específicamente como una onda luminosa.

Sea $E(R, t)$ la perturbación óptica al tiempo t y en el punto P. En un instante dado, E tiene el mismo valor en todos los puntos de la esfera σ, de manera que podemos escribir

$$E(a, t) = f(t) \tag{1-19}$$

donde f es una función dada, solamente del tiempo. La expresión general para $E(R, t)$ en una onda esférica es de la forma señalada por las ecuaciones (1-16) y (1-17):

$$E(R, t) = \frac{\varphi(t - R/v)}{R} \tag{1-20}$$

Cuando $R = a$, (1-20) resulta

$$E(a, t) = \frac{\varphi(t - a/v)}{a}$$

y, con (1-19) obtenemos:

$$\varphi\left(t - \frac{a}{v}\right) = a f(t)$$

La ecuación anterior vale para todo tiempo t. Podemos entonces reemplazar en ambos lados t por $(t - r_0/v)$ y resulta ahora

$$\varphi\left(t - \frac{r_0}{v} - \frac{a}{v}\right) = a f\left(t - \frac{r_0}{v}\right)$$

o (como $r_0 + a = R$)

$$\varphi\left(t - \frac{R}{v}\right) = a f\left(t - \frac{r_0}{v}\right)$$

La ecuación (1-20) queda entonces:

$$E(R,t)=E(a+r_0,t)=\frac{a}{a+r_0}f\left(t-\frac{r_0}{v}\right) \qquad (1\text{-}21)$$

Suponemos ahora que la perturbación sobre la superficie σ *dura un corto intervalo de tiempo* desde $t=0$ a $t=t_1$ y está representada, por ejemplo, por una curva del tipo de la señalada en la figura 1-19 (a). Por consiguiente, en cual-

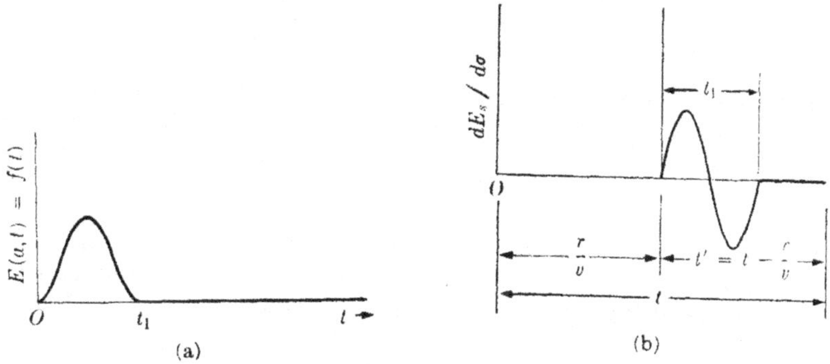

FIG. 1-19. Perturbación primaria en σ (a); y (b) perturbación secundaria desde una zona infinitesimal a *P*.

quier instante la perturbación está confinada a una capa esférica de espesor $v\,t$, que suponemos pequeño comparado con a y con r_0:

$$v\,t_1 \ll a \quad \text{y} \quad v\,t_1 \ll r_0 \qquad (1\text{-}22)$$

De acuerdo al principio de Huygens, suponemos que cada elemento $d\sigma$ de la superficie σ emite una onda secundaria durante el intervalo de tiempo que transcurre entre 0 y t_1. Sea dE_s la perturbación producida por esta onda secundaria en el punto *P*. Es natural suponer que dE_s es proporcional a $d\sigma$. Como no hay razón para que la perturbación que emana del área (en contraste con lo que

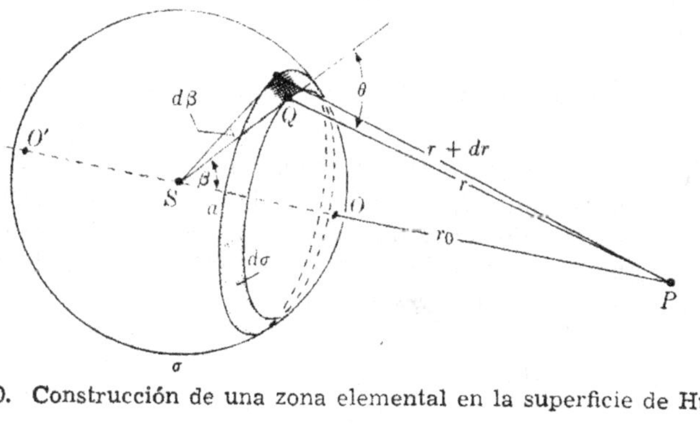

FIG. 1-20. Construcción de una zona elemental en la superficie de Huygens.

ocurre en un punto) tenga la misma intensidad en todas direcciones, consideraremos a dE_s como una función del tiempo y las coordenadas, con una ecuación similar a la ecuación (1-18), que describe una onda esférica producida por una fuente asimétrica. Sin embargo, supondremos que el factor direccional q que aparece en esta ecuación depende solamente del ángulo θ entre la perpendicular al elemento de área $d\sigma$ y la recta que une a este elemento con P (Fig. 1-20). Entonces, siendo r la distancia de $d\sigma$ a P, probamos para dE_s una expresión de la siguiente forma:

$$dE_s = \frac{\psi\,(t - r/v)}{r}\, q\,(\theta)\, d\sigma \tag{1-23}$$

Nos referiremos a $q\,(\theta)$ como el *factor de oblicuidad*. Sin ninguna pérdida de generalidad, podemos definir a q de manera que sea igual a la unidad en la dirección de S a P; o sea,

$$q\,(0) = 1 \tag{1-24}$$

Debemos probar ahora que es realmente posible determinar las funciones ψ y q de forma tal que la superposición de las perturbaciones secundarias descritas por la ecuación (1-23) reproduzca la perturbación representada por (1-21), esto es,

$$\int_\sigma dE_s = E\,(a + r_0, t) \tag{1-25}$$

Con este fin, comenzamos señalando que si r es la distancia de P a un punto Q de la superficie σ, y β es el ángulo entre SQ y SP (Fig. 1-20), se cumple la siguiente relación:

$$r^2 = a^2 + (a + r_0)^2 - 2\,a\,(a + r_0)\cos\beta$$

La diferenciación de esta ecuación nos da

$$r\,dr = a\,(a + r_0)\operatorname{sen}\beta\, d\beta \tag{1-26}$$

Consideremos ahora la zona circular determinada por la intersección de la superficie σ con dos conos de semiabertura β y $\beta + d\beta$; sean además r y $r + dr$ las distancias de P a los dos círculos determinados por las intersecciones (Fig. 1-20). El área de esta zona es

$$d\sigma = (2\,\pi\, a \operatorname{sen}\beta)\cdot(a\, d\beta) = 2\,\pi\, a^2 \operatorname{sen}\beta\, d\beta = 2\,\pi\,\frac{a}{a + r_0}\, r\, dr \tag{1-27}$$

Desechando cantidades infinitesimales, la distancia r y el ángulo θ son constantes en la zona infinitesimal anteriormente delimitada. Ahora estamos en condiciones de calcular la contribución de esta zona a la perturbación observada en P simplemente sustituyendo el área de la zona [como fue dada por la ec. (1-27)] por la cantidad $d\sigma$ que aparece en (1-23). Obtenemos

$$dE_s = 2\,\pi\,\frac{a}{a + r_0}\,\psi\left(t - \frac{r}{v}\right) q\,(\theta)\, dr \tag{1-28}$$

La siguiente etapa es sumar las contribuciones de las diferentes zonas infinitesimales tales como la considerada anteriormente. Como ya se mencionó, la emisión de ondas secundarias comienza en $t = 0$ y termina en $t = t_1$; matemáticamente, esto significa que ψ es cero, excepto para $0 < t - r/v < t_1$. Como las ondas viajan a una velocidad finita v, y además las distintas regiones de σ están a diferentes distancias de P, este punto, en un instante dado, recibirá ondas secundarias solamente de una porción limitada de σ, a la cual denominaremos *región activa.* En la suma de contribuciones de las diferentes zonas que forman una región activa encontraremos conveniente considerar separadamente cinco períodos de tiempo:

(a) *Primer período.* Consideremos un instante de tiempo $t < r_0/v$. En este instante, ni la onda primaria ni las ondas secundarias originadas en σ han alcanzado aún el punto P. La ecuación (1-25) representa entonces una identidad trivial porque ambos miembros son idénticamente nulos.

(b) *Segundo período.* Consideremos el intervalo de tiempo $r_0/v < t < r_0/v + t_1$, durante el cual la onda primaria pasa por el punto P. En este intervalo, P recibe ondas secundarias de la porción de esfera que se halla en la vecindad

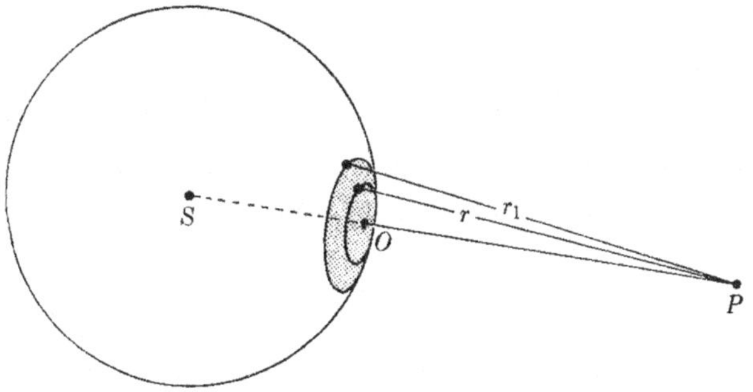

FIG. 1-21. La región activa para $r_0/v < t < r_0/v + t_1$.

de O (la «región activa» definida anteriormente; véase Fig. 1-21) cuyo límite es el círculo a una distancia r_1 determinada por la ecuación

$$r_1 = v\,t \tag{1-29}$$

Expresando la perturbación original como la suma de perturbaciones producidas en las zonas infinitesimales incluidas en la región activa, obtenemos

$$E\,(a + r_0, t) = 2\,\pi \frac{a}{a + r_0} \int_{r_0}^{r_1} q\,(\theta)\,\psi\left(t - \frac{r}{v}\right) dr \tag{1-30}$$

Debido a que el valor de t_1 es pequeño [véanse las desigualdades (1-22)], la región activa es una porción muy pequeña de la superficie esférica σ. En consecuencia, el ángulo θ de emisión de las ondas secundarias es próximo a cero para todos los puntos de la región activa. Como el factor de oblicuidad es una función que varía poco con θ y vale uno en $\theta = 0$ podemos poner $q\,(\theta) = 1$ en la ecuación (1-30).

Cambiemos ahora la variable de integración de r a t' poniendo

$$t' = t - \frac{r}{v} \tag{1-31}$$

Notemos que aquí t es el tiempo (fijado) en que las ondas secundarias alcanzan el punto P, y t' es el tiempo (variable) en que esta onda deja al punto de la superficie σ que se halla a una distancia r de P (véase fig. 1-21). Sabiendo que $dr = -v\,dt'$, que $t' = 0$ para $r = r_1$ [véase ec. (1-29)] y que $t' = t - r_0/v$ para $r = r_0$, obtenemos de (1-21) y (1-30):

$$\frac{a}{a + r_0} f\left(t - \frac{r_0}{v}\right) = E\,(a + r_0, t)$$

$$= 2\pi \frac{a}{a + r_0} \int_{t - r_0/v}^{0} \psi\,(t')\,(-v\,dt')$$

$$= 2\pi \frac{a}{a + r_0} v \int_{0}^{t - r_0/v} \psi\,(t')\,dt',$$

o sea,

$$f\left(t - \frac{r_0}{v}\right) = 2\pi v \int_{0}^{t - r_0/v} \psi\,(t')\,dt' \tag{1-32}$$

Como f es conocida, esta ecuación *determina unívocamente la función* ψ. Asimismo, diferenciando con respecto a t nos da *

$$\psi\left(t - \frac{r}{v}\right) = \frac{1}{2\pi v} \dot{f}\left(t - \frac{r}{v}\right) \tag{1-33}$$

donde hemos indicado con $\dot{f}$ la derivada de un integral con respecto a su argumento al cual hemos escrito como $t - r$ en lugar de $t - r_0$.

Llegamos, pues, a la conclusión que en el intervalo de tiempo $r_0/v < t < r_0/v + t_1$, es posible ver a la perturbación original como la resultante de ondas secundarias originadas en los diferentes elementos de la superficie esférica σ. Estas ondas secundarias están descritas por

$$dE_s = \frac{1}{2\pi v r} \dot{f}\left(t - \frac{r}{v}\right) q\,(\theta)\,d\sigma \tag{1-34}$$

o por la ecuación equivalente

$$dE_s = \frac{1}{2\pi v r} \left(\frac{\partial E\,(a, t)}{\partial t}\right)_{t - r/v} q\,(\theta)\,d\sigma \tag{1-34 a}$$

(c) *Tercer período.* Durante el intervalo de tiempo siguiente

$$r_0/v + t_1 < t < (r_0 + 2\,a)/v$$

* El lector recordará que la derivada de una integral con respecto al límite superior de integración es igual al valor del integrando en ese límite.

la región activa de la superficie σ es una zona (Fig. 1-22) cuyos límites interiores y exteriores son círculos definidos respectivamente por

$$r_1 = v\,t, \qquad r_2 = v\,(t - t_1) \tag{1-35}$$

De acuerdo al principio de Huygens debería ser posible representar la perturbación en P por una ecuación de la siguiente forma:

$$E\,(r_0 + a, t) = 2\,\pi \frac{a}{a + r_0} \int_{r_2}^{r_1} q\,(\theta)\,\psi \left(t - \frac{r}{v}\right) dr \tag{1-36}$$

[Nótese que en esta ecuación ψ ya no es una función incógnita, sino aquella determinada previamente; véase ec. (1-33).] Por otra parte, sabemos que para todo

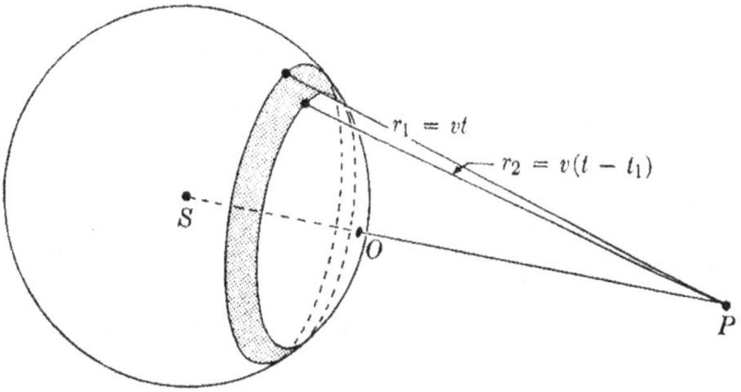

FIG. 1-22. La región activa para $r_0/v + t_1 < t < (r_0 + 2\,a)/v$.

tiempo mayor que $r_0/v + t_1$, la perturbación en P es nula (o sea, $E\,(r_0 + a, t) = 0$ para $t > r_0/v + t_1$). Entonces, si el principio de Huygens es válido, la integral del miembro derecho de (1-36) debe anularse.

Para demostrar que esto ocurre realmente, consideremos de nuevo $q\,(\theta)$ como constante y cambiemos de variable de integración de r a t' [ec. (1-31)] y notemos que $t' = 0$ para $r = r_1$ y $t' = t_1$ para $r = r_2$ [ec. (1-35)]. Resulta ser:

$$\int_{r_2}^{r_1} q\,(\theta)\,\psi \left(t_1 - \frac{r}{v}\right) dr = q\,(\bar{\theta})\,v \int_0^{t_1} \psi\,(t')\,dt' \tag{1-36 a}$$

donde $\bar{\theta}$ es un valor promedio de θ para la zona definida por $r_1 > r > r_2$ (fig. 1-22). Cuando la integral es escrita en esta forma se ve claramente que debe anularse, porque por la definición de ψ [ec. (1-33)] y debido al hecho que $f\,(t)$ difiere de cero solamente para $0 < t < t_1$, se ve que

$$\int_0^{t_1} \psi\,(t')\,dt' = \frac{1}{2\,\pi\,v}\,[f\,(t_1) - f\,(0)] = 0$$

(d) *Cuarto período.* La perturbación secundaria proveniente del «antipolo» O' llega a P al tiempo $(r_0 + 2\,a)/v$, y dura hasta $(r_0 + 2\,a)/v + t_1$. Por consiguiente, en el intervalo de tiempo $(r_0 + 2a)/v < t < (r_0 + 2a)/v + t_1$, la región activa incluye al punto O'; el borde de esta región es el círculo definido por

$$r_2 = v(t - t_1) \tag{1-37}$$

(Fig. 1-23). El principio de Huygens da la siguiente expresión para la perturbación óptica en P:

$$E(r_0 + a, t) = 2\pi \frac{a}{a + r_0} \int_{r_2}^{r_0 + 2a} q(\theta)\, \psi\left(t - \frac{r}{v}\right) dr$$

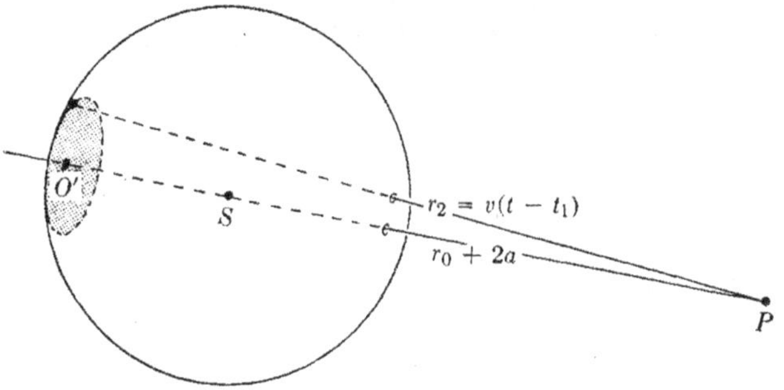

FIG. 1-23. La región activa para $r_0 + 2a/v < t < (r_0 + 2a)/v + t_1$.

Un procedimiento similar al utilizado en los casos anteriores transforma esta ecuación en

$$E(r_0 + a, t) = 2\pi \frac{a}{a + r_0} q(\pi)\, v \int_{t - (r_0 + 2a)/v}^{t_1} \psi(t')\, dt' \tag{1-38}$$

donde $q(\pi)$ representa el valor del factor de oblicuidad $q(\theta)$ en $\theta = \pi$. Sabemos que en el intervalo de tiempo considerado aquí, $E(r_0 + a, t) = 0$. Por otra parte, la integral del miembro de la derecha de (1-38) es en general distinta de cero. Entonces, para satisfacer (1-38) debemos tomar

$$q(\pi) = 0 \tag{1-39}$$

(e) *Quinto período.* Para $t > (r_0 + 2a)/v + t_1$, el punto P ya no recibe ondas secundarias de ninguna porción de la esfera σ. La ecuación (1-25) que expresa el principio de Huygens de nuevo resulta una identidad trivial porque ambos miembros son idénticamente nulos.

Hemos probado así que la ecuación (1-25) se satisface para todo instante t si tomamos como dE_s el valor dado por (1-34) o (1-34a) y si suponemos que el factor de oblicuidad $q(\theta)$ que aparece en esas ecuaciones es una función que varía poco con θ y cuyo valor es uno en $\theta = 0$ y cero en $\theta = \pi$. Este resultado prueba la validez del principio de Huygens (por lo menos en el caso de cortas perturbaciones considerado aquí); y determina el carácter de las ondas secundarias. Nuestro tratamiento aproximado no permite determinar completamente el factor de oblicuidad. El conocimiento exacto de la forma de la función $q(\theta)$ no se necesitará para los problemas discutidos en el presente volumen. Sin embargo, puede señalarse que una teoría más rigurosa obtiene la siguiente expresión para $q(\theta)$:

$$q(\theta) = \frac{1 + \cos\theta}{2} \tag{1-40}$$

Podemos ahora esbozar un resumen de nuestros resultados:

Mientras una onda primaria pasa a través de la superficie σ, durante un intervalo de tiempo de cero a t_1, los distintos elementos de σ emiten ondas esféricas secundarias representadas por la ecuación (1-34) o por (1-34a) donde el factor de oblicuidad $q(\theta)$ decrece gradualmente de 1 a 0 a medida que θ aumenta de 0 a π.

Las formas de las funciones que describen la dependencia temporal de la perturbación primaria E en σ y la perturbación secundaria dE_s en P se hallan comparadas en la figura 1-19 (a) y (b). Como dE_s es proporcional [ec. (1-34a)] a la derivada temporal de E, y $E(a, t) = 0$ para $t = 0$ y $t = t_1$, el área total bajo la curva que representa a dE_s es cero. Consecuentemente, la perturbación secundaria es a veces positiva y a veces negativa, aunque la perturbación primaria tenga el mismo signo en todo instante.

En un instante dado, un punto P a una distancia $r_0 \gg v\,t_1$ recibe ondas secundarias de una pequeña porción de la superficie a la cual hemos llamado la «región activa». La región activa comienza a aparecer en el instante $t = r_0/v$ cuando las ondas secundarias emitidas por O alcanzan a P. Desde este instante hasta $t = r_0/v + t_1$, la región activa se expande hasta convertirse en un disco cuyo borde exterior está a una distancia $r_0 + v\,t_1$ de P. Durante este intervalo de tiempo la superposición de las ondas secundarias emitidas por los puntos de la región activa da lugar a una perturbación resultante finita. Para $t > r_0/v + t_1$, la región activa adquiere la forma de una zona anular que se desplaza gradualmente desde la vencidad del polo O a la del antipolo O' a medida que t aumenta. La perturbación resultante es ahora cero debido a que las perturbaciones negativas recibidas en P desde una porción de la región activa cancelan a las perturbaciones positivas provenientes de otra parte de esta región. Al tiempo $t = r_0 + 2\,a/v$, el punto P comienza a recibir la onda secundaria emitida por el antipolo O' lo que significa que en este instante el borde exterior de la región activa ha alcanzado al punto O'. Para $t > r_0 + 2\,a/v$, la región activa es un disco centrado en O'. El radio de este disco decrece a medida que t aumenta y se hace nulo en $t = r_0 + 2\,a/v + t_1$ cuando el extremo final de la onda emitida por O' llega a P. Durante el intervalo de tiempo comprendido entre $t = r_0 + 2\,a/v$ y $t = r_0 + 2\,a/v + t_1$ las porciones positivas y negativas de la región activa no se anulan mutuamente. Sin embargo, la perturbación resultante en P es cero debido a que la intensidad de las ondas secundarias emitidas «hacia atrás» es nula.

Como ya se ha señalado, puede demostrarse que el principio de Huygens tiene validez general. Sin embargo, nuestras conclusiones acerca de la formación de las ondas secundarias [ec. (1-34)] están basadas en la suposición de que la perturbación dura solamente un corto intervalo de tiempo, de manera que el espesor de la capa esférica en la cual la perturbación está localizada en cualquier instante es pequeño comparado con la distancia de la superficie auxiliar σ al punto de observación. Podríamos también esperar que estas conclusiones sean válidas cuando la perturbación consiste en una sucesión de pulsos cortos. Un análisis detallado muestra que esto ocurre realmente con la condición que dichos pulsos sean alternativamente positivos y negativos de forma tal que el promedio temporal de la función f sobre numerosos pulsos se anule. En particular, los resultados obtenidos en esta sección pueden aplicarse a *ondas sinusoidales,* como se verificará mediante un cálculo directo en la sección 4-2.

Como se indicó al comienzo de esta sección el principio de Huygens proporciona un poderoso método para el estudio de los fenómenos que ocurren cuando la propagación de las ondas es obstruida parcialmente por obstáculos «opacos». Supongamos, por ejemplo, que parte de la superficie σ es cubierta por un obstáculo que no permite la transmisión de la perturbación incidente. Como buena aproximación podemos suponer que las ondas secundarias que llegan a P provenientes de la parte no obstruida de σ no se modifican por la presencia del obstáculo. Podemos calcular entonces la perturbación óptica en P sumando las contribuciones de dichas ondas secundarias.

EJEMPLO 1. *Considérese una onda plana que produce en un plano σ una perturbación óptica representada por la función $f(t)$, donde*

$$
\begin{aligned}
f(t) &= 0 && \text{para} \quad t < 0 \\
f(t) &= \frac{2A}{t_1}\, t && \text{para} \quad 0 < t < \frac{t_1}{2} \\
f(t) &= \frac{2A}{t_1}\, t_1 - t && \text{para} \quad \frac{t_1}{2} < t < t_1 \\
f(t) &= 0 && \text{para} \quad t > t_1
\end{aligned}
$$

(Fig. 1-24 *a*). *Mediante el principio de Huygens, calcular la perturbación óptica E en el punto P, ubicado más allá del plano σ* (Fig. 1-25).

La perturbación óptica P originada por las ondas secundarias provenientes de un elemento de área $d\sigma$ ubicado a una distancia r de P [ec. (1-34)] es:

$$dE_s = \frac{1}{2\pi v r}\, \dot{f}\left(t - \frac{r}{v}\right) q(\theta)\, d\sigma$$

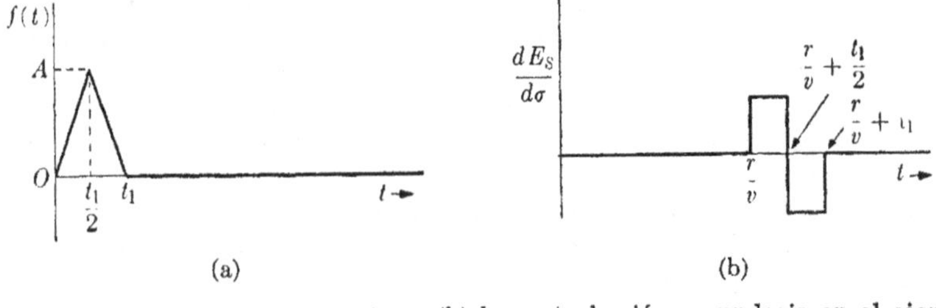

FIG. 1-24. (a) Perturbación primaria, y (b) la perturbación secundaria en el ejemplo 1.

Entonces

$$dE_s = 0 \qquad \text{para} \quad t - \frac{r}{v} < 0$$

$$dE_s = \frac{A\, d\sigma}{\pi\, v\, t_1\, r}\, q(\theta) \qquad \text{para} \quad 0 < t - \frac{r}{v} < \frac{t_1}{2}$$

$$dE_s = \frac{A\, d\sigma}{\pi\, v\, t_1\, r}\, q(\theta) \qquad \text{para} \quad \frac{t_1}{2} < t - \frac{r}{v} < t_1$$

$$dE_s = 0 \qquad \text{para} \quad t - \frac{r}{v} > t_1$$

(Fig. 1-24 b).

Si $r_0 = \overline{OP}$ es la distancia de P a σ (figura 1-25), una región activa comienza a aparecer en el instante $t = r_0/v$, en que la perturbación secundaria emitida desde 0 en $t = 0$ alcanza a P. Así, resulta para $t < r_0/v$:

$$E_P = 0$$

En un instante posterior t, sea r_1 la distancia de P al límite exterior de la región activa. Nótese que las perturbaciones secundarias que llegan a P desde los puntos de este círculo son emitidas en el instante $t = 0$; por consiguiente, $r_1 = v\,t$ [ecuación (1-29)]. Por otra parte, la perturbación secundaria que llega al tiempo t a P, partió de O en un instante $t - r_0/v$. Si $t - r_0/v < t_1$, la región activa incluye al punto O. Si además $t - r_0/v < t_1/2$ (Fig. 1-25 *a*), el tiempo de partida de las ondas secundarias que llegan a P se halla comprendido entre cero y $t_1/2$. En consecuencia [con $q(\theta) = q(0) = 1$] tenemos $dE_s = A\, d\sigma/\pi\, v\, t_1\, r$. Teniendo en cuenta que para una superficie plana la ecuación (1-27) nos da $d\sigma = 2\,\pi\, r\, dr$, obtenemos:

$$E_P = \frac{A}{\pi\, v\, t_1} \int_{r_0}^{r_1} \frac{d\sigma}{r} = \frac{2\,A}{v\, t_1} \int_{r_0}^{r_1} dr$$

$$= \frac{2\,A}{v\, t_1}(r_1 - r_0) = \frac{2\,A}{t_1}\left(t - \frac{r_0}{v}\right)$$

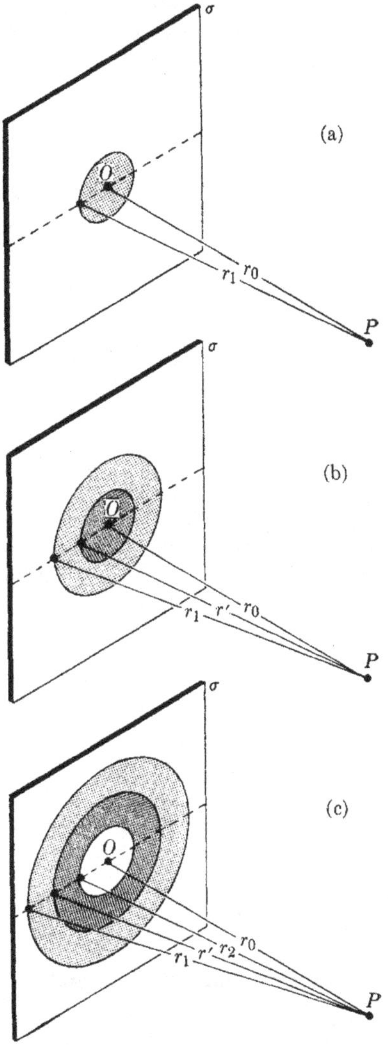

FIG. 1-25. Regiones activas (positivas y negativas) en el ejemplo 1, señaladas en tres momentos.

Consideremos a continuación el caso en que $t_1/2 < t - r_0/v < t_1$. Dividamos la región activa en dos partes mediante un círculo a la distancia $r' = r_1 - v\, t_1/2$ a partir de P (Fig. 1-25 *b*). Los tiempos de partida $t - r/v$ de las perturbaciones secundarias originadas en los puntos comprendidos entre el borde exterior de la región activa y el círculo definido por $r = r'$ están comprendidos entre cero y $t_1/2$. Por otra parte, los tiempos de partida de las perturbaciones provenientes de la zona comprendida entre este círculo y el punto O yacen en el intervalo $t_1 = 2$; t_1. La primera subregión contribuye con un término positivo y la segunda con un término negativo a la perturbación resultante. Poniendo $q(\theta) = q(0) = 1$ obtenemos:

$$E_P = \frac{2A}{v\,t_1}(r_1 - r') - \frac{2A}{v\,t_1}(r' - r_0)$$

Como

$$r_1 - r' = \frac{v\,t_1}{2}$$

$$r' - r_0 = r_1 - \frac{v\,t_1}{2} - r_0 = v\,t - \frac{v\,t_1}{2} - r_0$$

la ecuación anterior se convierte en

$$E_P = \frac{2A}{t_1}\left[t_1 - \left(t - \frac{r_0}{v}\right)\right]$$

Para $t - r_0/v > t_1$, la región activa ya no contiene a O; su borde interior es un círculo a una distancia $r_2 = r_1 - v\,t_1$ de P. Dividimos nuevamente la región activa en dos subregiones mediante un círculo a una distancia $r' = r - v\,t_1/2$ de P (Figura 1-25 c). Vemos en este caso que la contribución negativa de la subregión interior cancela a la contribución positiva de la exterior. Así es

$$E_P = 0$$

Finalmente resulta

$$E_P = 0 \qquad \text{para} \quad t < \frac{r_0}{v}$$

$$E_P = \frac{2A}{t_1}\left(t - \frac{r_0}{v}\right) \qquad \text{para} \quad \frac{r_0}{v} < t < \frac{r_0}{v} + \frac{t_1}{2}$$

$$E_P = \frac{2A}{t_1}\left[t_1 - \left(t - \frac{r_0}{v}\right)\right] \qquad \text{para} \quad \frac{r_0}{v} + \frac{t_1}{2} < t < \frac{r_0}{v} + t_1$$

$$E_P = 0 \qquad \text{para} \quad t > \frac{r_0}{v} + t_1$$

y, por consiguiente, se cumple para todo valor de t

$$E_P(t) = f\left(t - \frac{r_0}{v}\right)$$

Por supuesto, ésta es la conocida ecuación de la onda plana.

EJEMPLO 2. *Referido al problema anterior y suponiendo que la superficie σ es cubierta por una pantalla con un agujero circular, calcular la perturbación óptica E_P en un punto P que pertenece a la perpendicular a σ trazada por el centro O del orificio* (Fig. 1-26).

Como en el ejemplo previo, la perturbación comienza a aparecer en P en el instante r_0/v. Si r_s es la distancia del borde del agujero a P, ninguna parte de la región activa es cubierta por la pantalla hasta el tiempo r_s/v. En consecuencia, de $t = r_0/v$

a $t = r_3/v$ la perturbación es exactamente la misma que en ausencia de pantalla. Supongamos, por ejemplo, que $r_3 - r_0 > v\,t_1$. Entonces E_P aumenta linealmente de cero a A en el intervalo de tiempo $r_0/v < t < r_0/v + t_1/2$, y disminuye linealmente de A a cero en el intervalo $r_0/v + t_1/2 < t < r_0/v + t_1$ (Fig. 1-27).

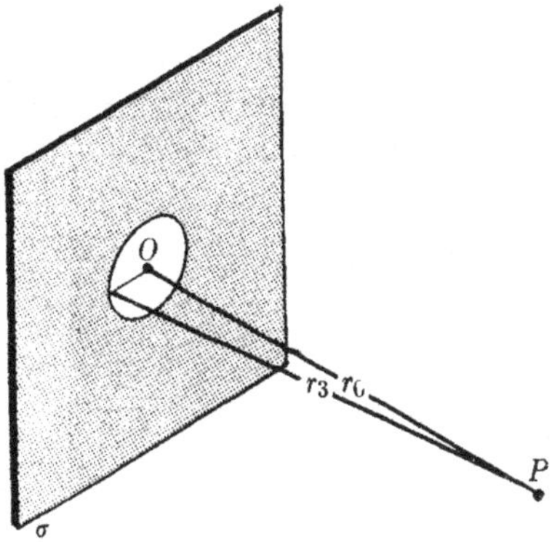

FIG. 1-26. Propagación de una perturbación detrás de una pantalla con un orificio circular.

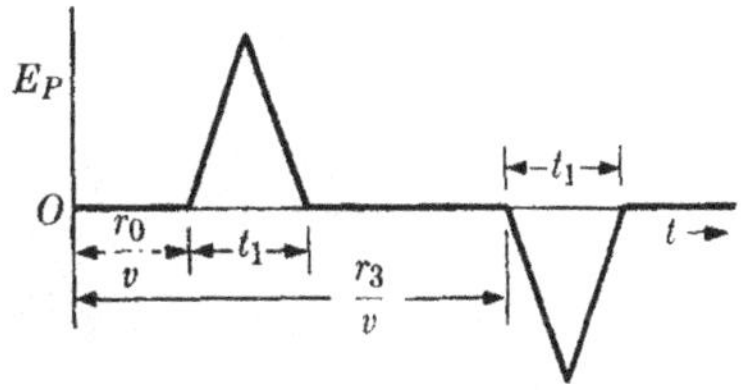

FIG. 1-27. Perturbación en P en el ejemplo 2.

Sin embargo, en $t = r_3/v$ el extremo exterior de la región activa alcanza al borde del orificio y la subregión «positiva» comienza a ser cubierta. En consecuencia, en P aparece una perturbación *negativa* que alcanza su máximo valor absoluto cuando el borde coincide con el círculo límite entre las subregiones «positivas» y «negativas» descritas en el problema anterior. Esto ocurre al tiempo $t = r_3/v + t_1/2$. A continuación, la subregión «negativa» también se comienza a oscurecer progresivamente. Después de un tiempo $r_3/v + t_1$ el orificio yace afuera de la región activa y la perturbación resultante en P es cero. Un cálculo sencillo muestra que la disminución y subsecuente aumento de la perturbación son lineales, de forma tal que E_P queda representado por una función del tipo mostrado en la figura 1-27. Nótese que si el orificio es suficientemente pequeño como para considerar al factor de oblicuidad constante, los pulsos tienen la misma amplitud en valor absoluto.

1-7. Propagación rectilínea de la luz. Como se señaló en la sección 1-2, algunas observaciones sugieren que una onda luminosa consiste en una sucesión de pulsos de muy corta duración. Es, pues, natural para nosotros comenzar nuestro estudio investigando las propiedades de las ondas *en el caso límite de pulsos infinitamente cortos.* Encontraremos en este límite que la propagación de las ondas obedece a las tres leyes de la óptica geométrica enunciadas en la sección 1-1. Además, se hará evidente que dichas leyes describen los fenómenos ópticos con una aproximación aceptable cuando las condiciones experimentales son tales que la duración finita de los pulsos luminosos pueda ser despreciada.

En esta sección nos proponemos investigar la propagación de la luz en presencia de obstáculos opacos. Sea S una fuente puntual y σ una superficie esférica de radio a, con centro en S. Supongamos que parte de la superficie σ es cubierta por una pantalla opaca. Deseamos ahora determinar la iluminación en un punto tal como el P' que yace en la región de sombra geométrica y en un punto como el P, que se halla fuera de esa región (véase Fig. 1-28).

(a) *Punto exterior a la región de sombra geométrica.* Calculamos la perturbación en P siguiendo paso a paso el método desarrollado en la sección 1-6, es decir, considerando a la perturbación en P como producida por ondas secundarias originadas durante un corto intervalo de 0 a t_1 en la región activa de la superficie σ. Sea r_3 la mínima distancia de P al borde de la pantalla opaca. Para $t < r_3/v$, ninguna porción de la región activa es obstruida, de manera que para todo instante anterior a $t = r_3/v$ la perturbación óptica en P es idéntica

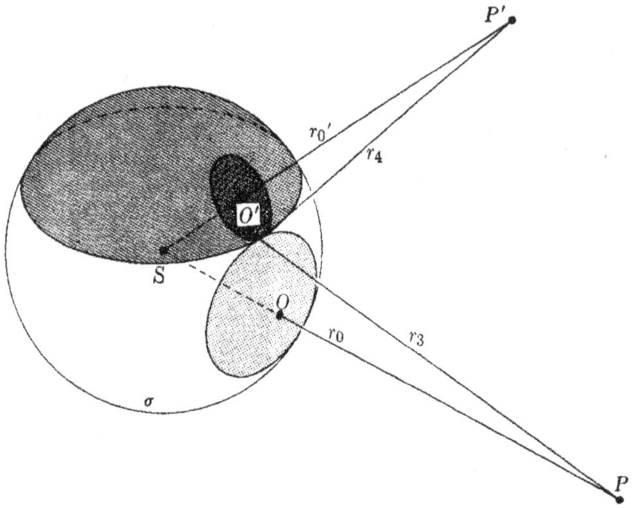

FIG. 1-28. Propagación detrás de un objeto opaco.

con el caso en que no hay pantalla. Sea $r_0 = \overline{OP}$ la distancia mínima de P a σ. Sabemos que en ausencia de pantalla la perturbación óptica comienza a aparecer en P en el tiempo $t = r_0/v$ y cesa en $t = r_0/v + t_1$. La presencia de la pantalla no altera este resultado porque es arbitrariamente pequeño y, en consecuencia, podemos suponer que $t_1 < (r_3 - r_0)/v$; esto es, la perturbación óptica en P cesa antes que el borde exterior de la región activa alcance la pantalla.

Para $t > r_3/v$ la región activa tiene forma de zona anular, bloqueada ahora parcialmente por la pantalla (Fig. 1-29). Supongamos que la función f que representa la perturbación óptica en σ mantiene la forma señalada en la figura 1-19a, alcanza un máximo en $t = t_1/2$ y cae nuevamente a cero en $t = t_1$. La función ψ que describe a la onda secundaria tiene entonces la forma mostrada en la figura 1-19b, siendo positiva para $0 < t' < t_1/2$ y negativa para $t_1/2 < t' < t_1$. La mitad de la región activa contribuye con un término positivo a la perturbación observada en P, mientras que la otra mitad contribuye con uno negativo. En ausencia de pantalla, los términos positivo y negativo se cancelan exactamente. Con una pantalla obstruyendo parcialmente la región activa ya no hay una cancelación exacta debido a que, en general, la pantalla no bloquea porciones iguales de ambas zonas. Sin embargo, la *diferencia fraccional* entre ambas tiende a cero para $t_1 = 0$, y por consiguiente la perturbación resultante desaparece en el caso límite de pulsos infinitamente cortos. En este límite, la perturbación óptica en P es análoga a la que tiene lugar en ausencia de pantalla.

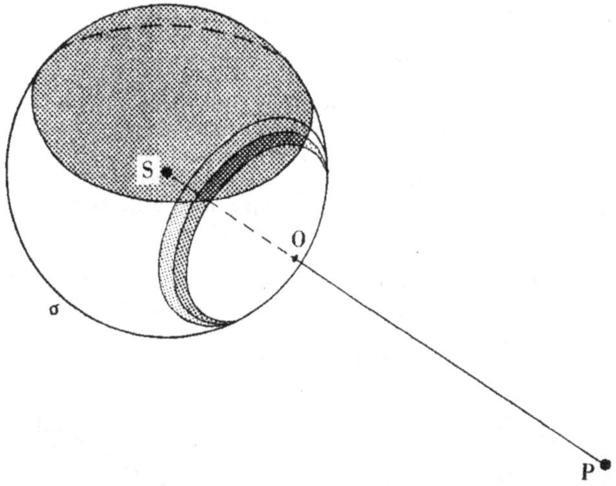

FIG. 1-29. La región activa vista desde P (Fig. 1-28).

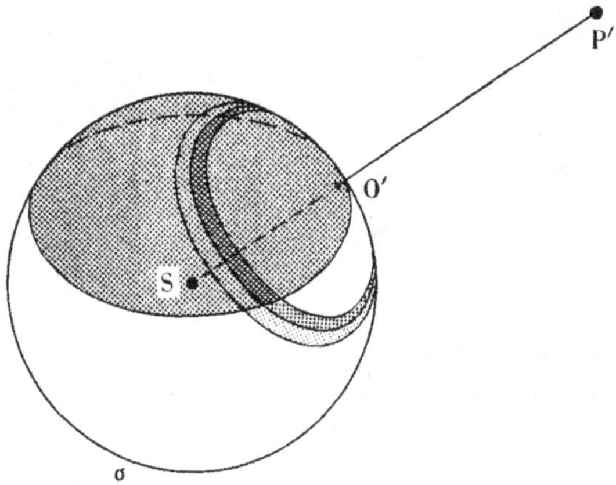

FIG. 1-30. La región activa vista desde P' (Fig. 1-28).

(b) *Punto dentro de la región de sombra geométrica.* Consideremos ahora la perturbación en P', ubicado dentro de la región de zona geométrica. Si r_4 es la mínima distancia de P' al borde de la pantalla opaca (Fig. 1-28), ninguna porción de la región activa está expuesta en un instante anterior a $t = r_4/v$. Hasta este instante la perturbación es idénticamente nula. Para $t > r_4/v$ la región activa es una zona anular, parte de la cual aparece en la región descubierta (Fig. 1-30). Para un pulso de longitud finita, las ondas secundarias originadas en la parte expuesta de la región activa producen una perturbación finita en P. Sin embargo, con el mismo argumento utilizado anteriormente, vemos que la perturbación se anula cuando la duración del pulso tiende a cero. Llegamos así a la conclusión que en el límite de pulsos infinitamente cortos, la distribución de luz y sombra es la predicha por la ley de propagación rectilínea.*

EJEMPLO. *Una onda plana incide perpendicularmente sobre una pantalla plana opaca limitada por un borde recto. Supóngase que, en el plano de la pantalla, la perturbación óptica consiste en un pulso «triangular» de duración* t_1, *como en el ejemplo 1, sección 1-6 (véase fig. 1-24). Estudie la propagación de la perturbación después de la pantalla y muestre que se cumple la ley de propagación rectilínea en el límite* $t_1 = 0$.

Tomemos un punto P (Fig. 1-31) y construyamos la región activa relativa a este punto en un instante t. Esta región activa consta de una parte «positiva» [entre los círculos $r = r_1 = v\,t$ y $r = r' = v\,(t - t_1/2)$] y una parte «negativa» [entre los círculos $r = r'$ y $r = r_2 = v\,(t - t_1)$]. Consideremos el círculo ubicado a una dis-

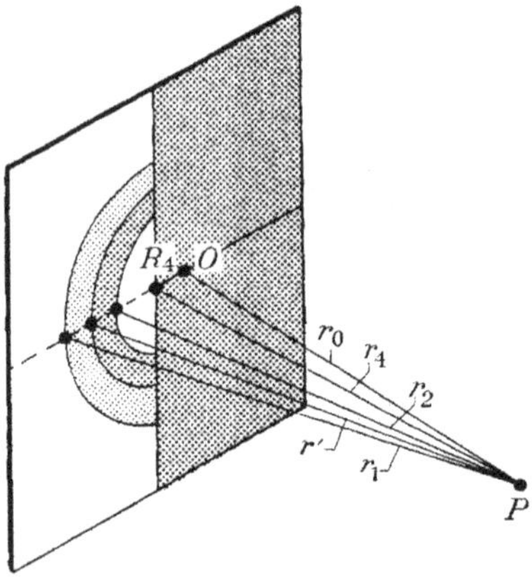

FIG. 1-31. Propagación detrás de una pantalla plana opaca con un filo liso. Punto de observación en la región de la sombra geométrica.

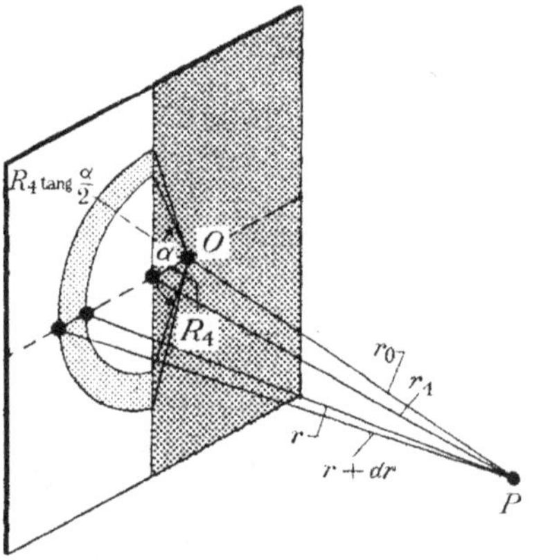

FIG. 1-32.

tancia r de P; sea α el ángulo subtendido respecto del centro por el arco de círculo no cubierto por la pantalla (Fig. 1-32). Supongamos primero que P se halla en la región de sombra geométrica a una distancia R_4 del borde de sombra y r_4 del plano de la pantalla (Figs. 1-31 y 1-32).

* Todo este razonamiento no es válido para puntos ubicados en el eje de una pantalla perfectamente circular o de un agujero perfectamente circular cuando la onda luminosa es esférica con centro en el eje o cuando es plana con dirección de propagación paralela al mismo eje (véase ejemplo 2, sección 1-6).

El ángulo α queda determinado por la ecuación

$$R_4^2 \tan^2 \frac{\alpha}{2} = r^2 - r_4^2$$

Cuando $r - r_4 \ll r_4$, α es pequeño y con buena aproximación podemos poner

$$\alpha(r) = 2\sqrt{2}\frac{\sqrt{r_4}}{R_4}\sqrt{r - r_4}$$

En el límite $r = \infty$, α es igual a π. Por consiguiente, $\alpha(r)$ es una función del tipo representado en la figura 1-33.

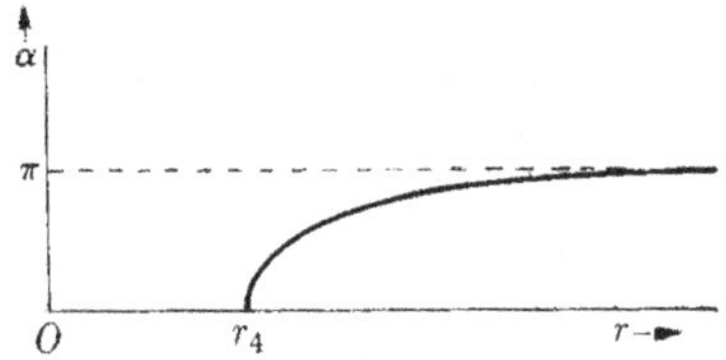

FIG. 1-33. La función $\alpha(r)$ (esquemática).

Despreciando el factor de oblicuidad vemos que la contribución de la zona infinitesimal comprendida entre r y $r + dr$ (Fig. 1-32) tiene los siguientes valores:

si la zona pertenece a la parte «positiva» de la región activa,

$$dE_s = \frac{A}{\pi}\frac{d\sigma}{v\,t_1\,r}\frac{\alpha(r)}{2\pi} = \frac{A}{\pi\,v\,t_1}\alpha(r)\,dr$$

si la zona pertenece a la parte «negativa» de la región activa,

$$dE_s = -\frac{A}{\pi\,v\,t_1}\alpha(r)\,dr$$

si la zona no pertenece a la región activa,

$$dE_s = 0$$

La perturbación es nula hasta el instante r_4/v. Como t_1 es arbitrariamente pequeño, podemos elegir un intervalo de tiempo T tal que $t_1 \ll T \ll r_4/v$. Para $r_4/v < t < r_4/v + T$, vale la desigualdad $r - r_4 \ll r_4$ para todos los puntos de la región activa y la expresión aproximada de $\alpha(r)$ es aplicable. Para $r_4/v < t < r_4/v + t_1/2$ sólo una porción de la subregión «positiva» se halla expuesta y la perturbación resultante en P es

$$E_P = \frac{A}{\pi\,v\,t_1}\int_{r_4}^{r_1}\alpha(r)\,dr = 2\sqrt{2}\frac{A}{\pi\,v\,t_1}\frac{\sqrt{r_4}}{R_4}\int_{r_4}^{r_1}\sqrt{r - r_4}\,dr$$

$$= \frac{4}{3}\sqrt{2}\frac{A}{\pi\,v\,t_1}\frac{\sqrt{r_4}}{R_4}(r_1 - r_4)^{3/2}$$

Si introducimos la variable

$$\tau = \frac{t - r_4/v}{t_1} = \frac{r_1 - r_4}{v\,t_1}$$

podemos expresar la perturbación como

$$E_P = \frac{4}{3}\sqrt{2}\frac{A}{\pi}\frac{r_4^{1/2}(v\,t_1)^{1/2}}{R_4}\tau^{3/2}$$

En el intervalo de tiempo siguiente $r_4/v + t_1/2 < t < r_4/v + t_1$, se cumple que $r_2 < r_4 < r'$ y la perturbación en P es:

$$E_P = \frac{A}{\pi v t_1} \left[\int_{r'}^{r_1} \alpha(r)\, dr - \int_{r_4}^{r'} \alpha(r)\, dr \right] = \frac{A}{\pi v t_1} \left[\int_{r_4}^{r_1} \alpha(r)\, dr - 2 \int_{r_4}^{r'} \alpha(r)\, dr \right]$$

$$= \frac{4}{3} \sqrt{2} \frac{A}{\pi v t_1} \frac{\sqrt{r_4}}{R_4} \left[(r_1 - r_4)^{3/2} - 2 \left(r_1 - \frac{v t_1}{2} - r_4 \right)^{3/2} \right]$$

o sea

$$E_P = \frac{4}{3} \sqrt{2} \frac{A}{\pi} \frac{r_4^{1/2} (v t_1)^{1/2}}{R_4} \left[\tau^{3/2} - 2 \left(\tau - \frac{1}{2} \right)^{3/2} \right]$$

Para $t > r_4/v + t_1$ tenemos que $r_2 > r_4$ y E_P está dado por la expresión:

$$E_P = \frac{A}{\pi v t_1} \left[\int_{r'}^{r_1} \alpha(r)\, dr - \int_{r_2}^{r'} \alpha(r)\, dr \right]$$

$$= \frac{A}{\pi v t_1} \left[\int_{r_4}^{r_1} \alpha(r)\, dr - 2 \int_{r_4}^{r'} \alpha(r)\, dr + \int_{r_4}^{r_2} \alpha(r)\, dr \right]$$

$$= \frac{4}{3} \sqrt{2} \frac{A}{\pi v t_1} \frac{\sqrt{r_4}}{R_4} \left[(r_1 - r_4)^{3/2} - 2 \left(r_1 - \frac{v t_1}{2} - r_4 \right)^{3/2} + (r_1 - v t_1 - r_4)^{3/2} \right]$$

o

$$E_P = \frac{4}{3} \sqrt{2} \frac{A}{\pi} \frac{r_4^{1/2} (v t_1)^{1/2}}{R_4} \left[\tau^{3/2} - 2 \left(\tau - \frac{1}{2} \right)^{3/2} + (\tau - 1)^{3/2} \right]$$

Definamos la función $F(\tau)$ tal que cumpla

$$F(\tau) = \tau^{3/2} \qquad \text{para} \quad 0 < \tau < \tfrac{1}{2}$$
$$F(\tau) = \tau^{3/2} - 2 (\tau - \tfrac{1}{2})^{3/2} \qquad \text{para} \quad \tfrac{1}{2} < \tau < 1$$
$$F(\tau) = \tau^{3/2} - 2 (\tau - \tfrac{1}{2})^{3/2} + (\tau - 1)^{3/2} \qquad \text{para} \quad \tau > 1$$

Vemos entonces que para $t < r_4/v + T$, E_P está dado por

$$E_P = \text{const.}\ (v t_1)^{1/2} F(\tau) \tag{1-41}$$

Por otra parte, surge de la condición $t_1 \ll T$ que para todo instante posterior a $r_4/v + T$, la función $\alpha(r)$ cambia muy poco a medida que r varía de r_2 a r' o de r' a r_1. Por consiguiente, podemos desarrollar $\alpha(r)$ en serie de Taylor en el contorno de r', reteniendo solamente el término lineal. Obtenemos así para E_P la expresión

$$E_P = \frac{A}{\pi v t_1} \left[\int_{r'}^{r_1} \alpha(r') + (r - r') \left(\frac{d\alpha}{dr} \right)_{r=r'} \right] dr - \int_{r_2}^{r'} \left[\alpha(r') + (r - r') \left(\frac{d\alpha}{dr} \right)_{r=r'} \right] dr$$

$$= \frac{A}{\pi v t_1} \left(\frac{d\alpha}{dr} \right)_{r=r'} \left[\frac{(r_1 - r')^2}{2} + \frac{(r' - r_2)^2}{2} \right]$$

o sea

$$E_P = \frac{A}{\pi} \left(\frac{d\alpha}{dr} \right)_{r=r'} \left(\frac{v t_1}{4} \right) \tag{1-42}$$

De las ecuaciones (1-41) y (1-42) se ve que E_P está representado por una función de t del tipo mostrado en la figura 1-34. De las mismas ecuaciones, también surge que E_P se anula cuando t_1 tiende a cero para $t < r_4/v+T$ y también para $t > r_4/v+T$. En conclusión, vemos que en el límite de pulsos infinitamente cortos la perturbación en P es nula en todo instante.

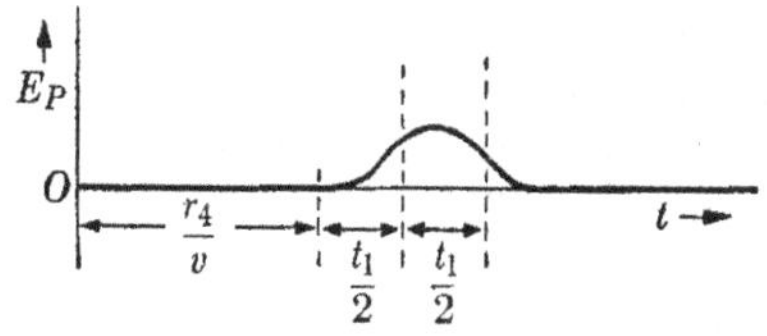

FIG. 1-34. La perturbación en P (Fig. 1-31).

A continuación, supongamos que P se halla fuera de la región de sombra geométrica a una distancia R_3 del borde de sombra y r_3 del borde de la pantalla. Consideremos nuevamente la región activa respecto de P y sus subregiones «positiva» y «negativa» extendiéndose de r_1 a r' y de r' a r_2 respectivamente (Fig. 1-35). Hasta el instante $t = r_3/v$ en que r_3 es igual a r_1, la perturbación es la misma que en ausencia de pantalla. Por consiguiente, E_P crece de cero a A en el intervalo de tiempo $r_0/v < t < r_0/v + t_1/2$; decrece nuevamente hasta cero en el intervalo $r_0/v + t_1/2 < t < r_0/v + t_1$ y se mantiene nulo hasta el instante r_3/v (Fig. 1-36).

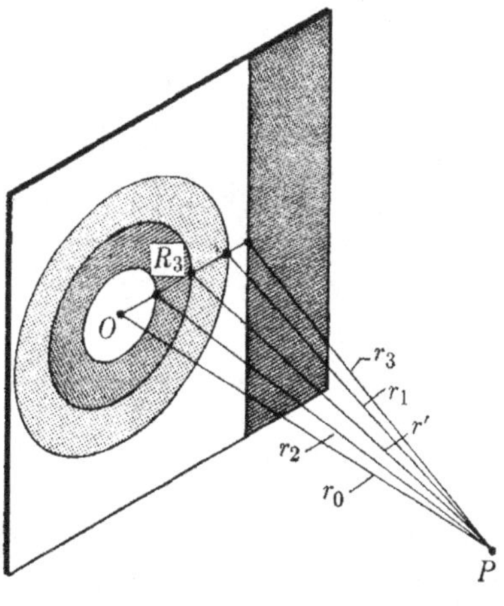

FIG. 1-35. Perturbación detrás de una pantalla opaca con un filo recto; punto de observación fuera de la región de la zona geométrica.

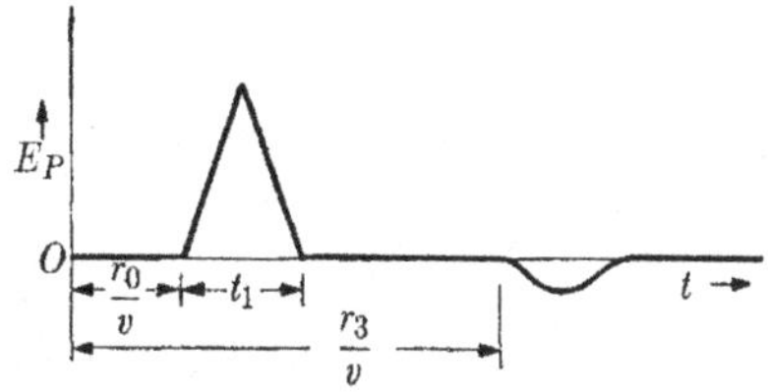

FIG. 1-36. Perturbación en P (Fig. 1-35).

A medida que la región activa se va expandiendo, la subregión «positiva» comienza a cubrirse y aparece en P una perturbación *negativa*. A continuación, también parte de la zona «negativa» es cubierta por la pantalla. Para todo tiempo mayor que r_3/v, la perturbación en P es igual y de signo opuesto a la que se observaría si las regiones transparentes y opacas fuesen intercambiadas. De los resultados precedentes extraemos como conclusión que E_P está representado por una función tal como la dibujada en la figura 1-36 y que el pulso negativo que comienza en $t = r_3/v$ desaparece a medida que t_1 tiende a cero. De esta manera, en el límite de pulsos muy cortos, la perturbación en P es idéntica a la observada en ausencia de pantalla.

1-8. Construcción de Huygens. Volvamos a examinar los resultados anteriores, pero ahora desde un punto de vista algo diferente.

(a) *Propagación libre de una onda esférica.* Consideremos ante todo la *propagación libre* de una onda esférica que parte de una fuente puntual S, la cual emite un pulso de radiación de muy corta duración. En un instante dado, que podemos tomar arbitrariamente como $t = 0$, el frente de onda ha alcanzado una capa de un pequeño espesor δ, detrás de la superficie σ (Fig. 1-37). En el corto lapso que transcurre de $t = 0$ a $t = t_1 = \delta/v$, la perturbación pasa a través de la superficie σ. Durante este intervalo, los puntos de σ actúan como fuentes de ondas secundarias. En un instante posterior t, los frentes de onda secundarios son esferas de radio $v\,t$. La perturbación óptica correspondiente a cada onda secun-

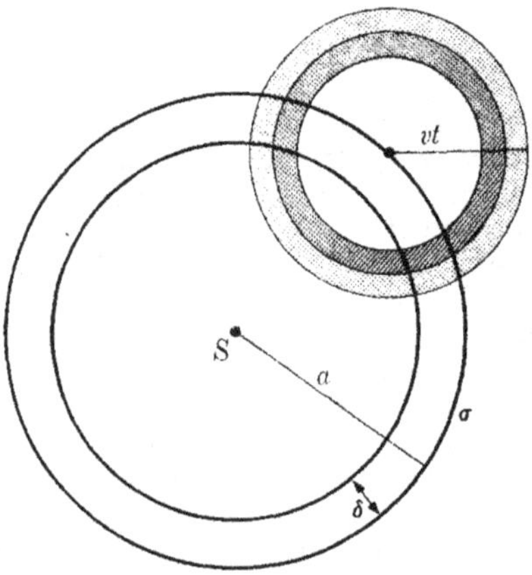

Fig. 1-37. Ilustración de la construcción de Huygens.

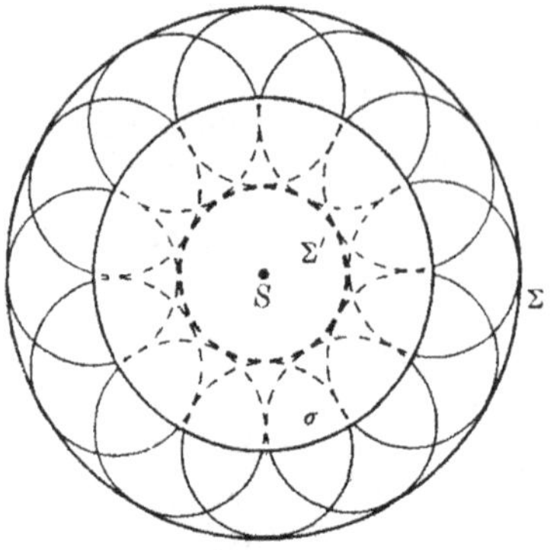

Fig. 1-38. Propagación de una onda esférica de acuerdo con la construcción de Huygens.

daria está confinada a una capa esférica del mismo espesor δ; es positiva en algunas partes de este volumen y negativo en otras. Por ejemplo, si la onda primaria consiste en un único pulso positivo, la perturbación secundaria es positiva en la parte exterior del frente de onda y negativa en la parte interior.

En el instante t, los frentes de onda secundarios forman una familia de esferas cuya envolvente geométrica consiste en dos esferas: Σ, de radio $a + v\,t$ y Σ' de radio $a - v\,t$ (Fig. 1-38). El volumen que hay entre ambas es la región del espacio en que las ondas secundarias se superponen.

En una capa de espesor δ detrás de la superficie Σ, la superposición de las ondas secundarias da lugar a una perturbación equivalente a la onda primaria al tiempo t. Aparentemente, debiera aparecer también una perturbación en una capa adyacente a Σ' porque allí no ocurre exacta cancelación de las contribuciones positivas y negativas de los frentes de ondas secundarios, tal como acontece en el resto del volumen.

El siguiente argumento ayuda a entender por qué la cancelación ocurre en todo punto del espacio, excepto en la capa adyacente a Σ. Como Σ es tangente a todos los frentes de onda secundarios, un punto tal como el M, que se halla a una distancia infinitesimal de Σ, está también próximo al borde exterior de todos los frentes de onda activos en M (Fig. 1-39). Por lo tanto, en un instante dado, estos frentes contribuyen con perturbaciones del mismo signo. Sin embargo, en un punto como el N, ubicado a una distancia finita de Σ, recibe un número igual de contribuciones positivas y negativas de las ondas secundarias que se superponen en ese punto.

(b) *Propagación de una onda esférica, obstruida por una pantalla.* Consideremos a continuación el caso en que la superficie esférica es parcialmente cu-

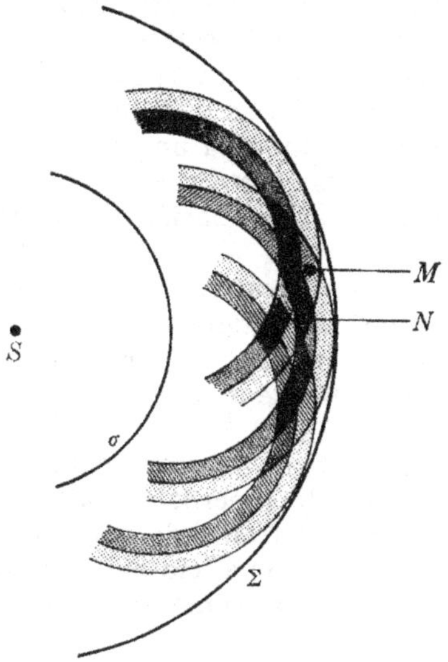

FIG. 1-39. Demostración de cómo las ondas secundarias se refuerzan en M y se anulan en N.

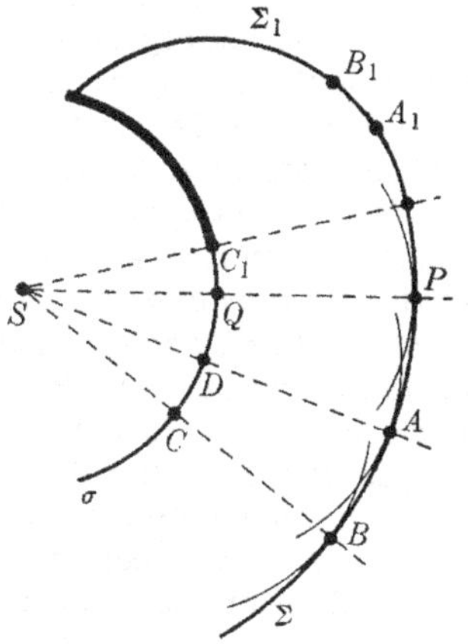

FIG. 1-40. Propagación rectilínea deducida de la construcción de Huygens.

bierta mediante una pantalla opaca (Fig. 1-40). Solamente puntos de la porción descubierta de σ son ahora centros activos de emisión secundaria. Como en el caso precedente, esos puntos dan lugar a ondas esféricas cuyos radios en el instante t valen todos $v\,t$. Examinemos la esfera con centro S y radio $a + v\,t$. Sea Σ la parte de la misma que se halla fuera de la zona de sombra geométrica (Fig. 1-40). La superficie Σ representa la envolvente geométrica de los frentes secundarios al tiempo t. En otras palabras, a cada punto P de Σ corresponde un punto Q en la región expuesta de σ, tal que el frente de onda secundario originado en Q es tangente a Σ en P en el instante t.

Dentro de la zona de sombra geométrica, la porción de espacio alcanzada por las ondas secundarias hasta el instante t, está limitada por una superficie Σ_1, que es tangente a los frentes de onda que parten de los puntos del borde de la pantalla opaca. Nótese que uno de esos frentes toca a Σ_1, a lo largo de un arco de círculo.

El argumento siguiente será utilizado para justificar el hecho de que en el caso límite de pulsos infinitamente cortos, la magnitud de la perturbación óptica sobre la superficie Σ_1 se hace nula, mientras que sobre Σ se mantiene finita. Tomemos dos áreas finitas, una en Σ y la otra en Σ_1 (en la Fig. 1-40 estas áreas están representadas por los arcos AB y A_1B_1). La perturbación sobre el área AB se origina en una porción de la superficie σ cuyas dimensiones permanecen finitas aunque la duración del pulso tienda a cero (esa porción está representada por el arco CD en la Fig. 1-40). La perturbación sobre el área A_1B_1, sin embargo, se origina en una porción de σ que se reduce a una línea (representada en la figura por el punto C_1) en el límite de un pulso infinitamente corto. Es, pues, comprensible que la proporción entre las magnitudes de las perturbaciones sobre las áreas A_1A_1 y AB tienda a cero para pulsos infinitamente cortos.

Las consideraciones anteriores establecen una conexión directa entre el hecho que Σ sea la envolvente geométrica de las ondas secundarias y el que sólo sobre esa superficie la superposición de ondas secundarias produzca una perturbación finita. Ello sugiere un método general, conocido como la *construcción de Huygens,* para el estudio de la propagación de la luz, en la aproximación de la óptica geométrica. Este método puede formularse así:

Cuando los puntos de una superficie arbitraria son alcanzados por un frente de onda, se convierten en centros emisores de ondas secundarias. La envolvente geométrica de esas ondas en un instante posterior representa la posición instantánea del frente de onda. El volumen barrido por el frente de onda determina la región iluminada del espacio.

Nótese que en la formulación anterior hemos quitado las restricciones innecesarias de que el frente de onda sea esférico y que la superficie auxiliar σ en que se originan las ondas secundarias, coincida con el frente de onda. Esta es una generalización importante porque la forma de la superficie auxiliar queda a menudo determinada por la naturaleza del problema, como se verá en los ejemplos a discutir más adelante.

1-9. Rayos luminosos. Leyes de refracción y reflexión a partir del principio de Huygens. Hemos visto en las secciones anteriores que la propagación rectilínea de la luz puede explicarse en base a la teoría ondulatoria. La construcción de Huygens considera que la luz se propaga a lo largo de líneas rectas, perpendiculares al frente de onda. Llamaremos a esas líneas *rayos luminosos,* aunque no tengan el significado concreto de trayectorias de partículas, como en el modelo corpuscular. Por supuesto, la ley de propagación rectilínea se aplica no sólo a medios homogéneos en que la velocidad de propagación es la misma en toda dirección. En tales medios, una fuente puntual genera frentes de onda esféricos y los rayos correspondientes son líneas rectas que parten de la fuente. Una porción de onda esférica a gran distancia de la fuente es aproximadamente una onda plana: los rayos correspondientes son mutuamente paralelos y perpendiculares a la superficie de la onda.

Procederemos ahora a demostrar que las leyes de *refracción* y *reflexión* pueden obtenerse a partir de la construcción de Huygens.

Consideremos una onda plana que incide sobre una superficie plana de separación entre dos medios homogéneos. Supondremos que los dos medios tienen propiedades ópticas diferentes y, más específicamente, que la luz viaja en ambos con velocidades diferentes. De acuerdo al principio de Huygens, a medida que los puntos de σ son alcanzados por la onda luminosa se convierten en emisores de ondas secundarias. Una analogía con el caso mecánico [véase sección 1-3c] sugiere que como las propiedades ópticas cambian discontinuamente al cruzar la superficie σ, las ondas secundarias se propagan hacia adelante y hacia atrás, dando lugar a ondas reflejadas y refractadas.

Primero investigaremos la onda reflejada. Las ondas se propagan hacia atrás, con la misma velocidad que la onda incidente. En la figura 1-41, AB es la intersección de la onda incidente con un plano perpendicular a la superficie reflectante y al frente de onda incidente mismo. Se le ha dibujado en el instante en

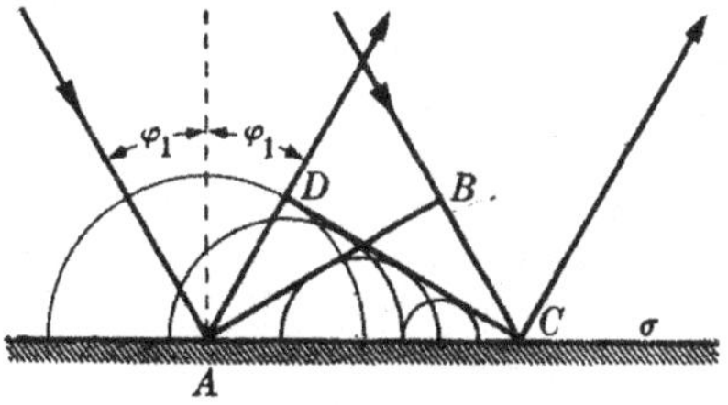

FIG. 1-41. La ley de reflexión deducida de la construcción de Huygens.

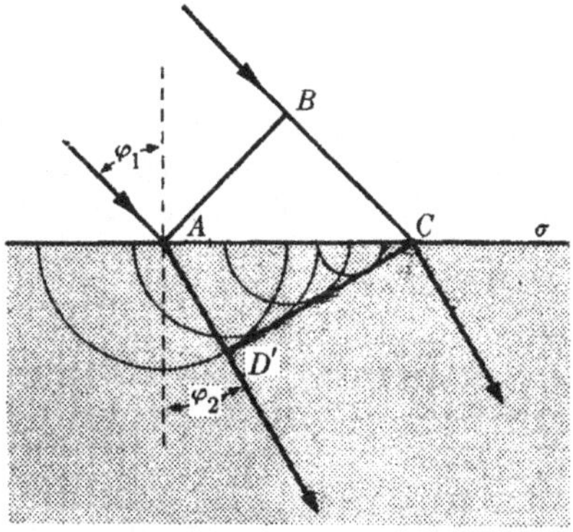

FIG. 1-42. La ley de refracción deducida de la construcción de Huygens.

que el frente de onda intersecta a la superficie reflectante σ, a lo largo de una línea recta perpendicular al plano de la figura y que pasa por A. En este instante, el frente está aún a una distancia BC del punto C de σ. Cuando el mismo llega a C, las ondas originadas en A y en otros puntos de la línea recta que pasa por A y es perpendicular al plano de la figura, tiene radios iguales a BC. Las ondas originadas en puntos entre A y C tienen radios proporcionales a sus respectivas distancias a C. La envolvente de todas estas ondas, o sea, la *onda reflejada,* es una superficie plana, perpendicular al plano de la figura y a quien intersecta a lo largo de la línea CD. Los triángulos ABC y CDA son semejantes. En consecuencia, los ángulos que la onda incidente y reflejada forman con una superficie reflectante son iguales ($< BAC = < DCA$). El ángulo BAC es también igual al ángulo entre el rayo incidente (perpendicular a AB) y la normal a la superficie reflectante; o sea, $< BAC$ representa el ángulo de incidencia φ_1. Análogamente, $< DCA$ representa el ángulo de reflexión. Vemos pues que los ángulos de incidencia y reflexión son iguales. Además, por la construcción realizada, extraemos como conclusión que ambos rayos yacen en un plano perpendicular a la superficie reflectante. En conclusión, la ley de la reflexión se obtiene a partir del principio de Huygens.

Para interpretar el fenómeno de la refracción, consideremos nuevamente una onda plana AB que incide sobre la superficie σ de separación entre dos medios transparentes y construyamos las ondas que se propagan dentro del segundo medio, generadas en puntos de σ (Fig. 1-42). Hemos supuesto que la velocidad de la luz es diferente en ambos medios. Sea v_1 la velocidad en el primer medio y v_2 la velocidad en el segundo.

En el instante en que el frente de onda alcanza a la superficie refractante en *A*, está aún a una distancia *BC* del punto *C*. Mientras la onda incidente recorre esta distancia, el punto *A* y los restantes puntos de una línea recta que pasa por *A* y es perpendicular al plano de la figura dan lugar a ondas secundarias cuyos radios *AD'* conservan la misma relación con *BC* que v_2 con v_1:

$$\frac{\overline{AD'}}{\overline{BC}} = \frac{v_2}{v_1} \tag{1-43}$$

Ondas originadas en puntos intermedios entre *A* y *C* tienen radios proporcionales a sus respectivas distancias a *C*. Por consiguiente, la envolvente de las ondas secundarias es una superficie plana *CD'* perpendicular al plano de la figura. Resulta así que el rayo incidente (perpendicular al frente de onda incidente *AB*) y el rayo refractado (perpendicular al frente de onda refractado *CD'*) yacen en un plano perpendicular a la superficie refractante σ. Además, nótese que el ángulo de incidencia φ_1 es igual al ángulo *BAC* y que el ángulo de refracción φ_2 es igual al ángulo *ACD'*. De la figura se ve que

$$\overline{BC} = \overline{AC} \operatorname{sen} \varphi_1 \qquad \overline{AD'} = \overline{AC} \operatorname{sen} \varphi_2 \tag{1-44}$$

De estas ecuaciones y de la (1-43), resulta que

$$\frac{\operatorname{sen} \varphi_1}{\operatorname{sen} \varphi_2} = \frac{v_1}{v_2} \tag{1-45}$$

Así, el cociente entre el ángulo de incidencia y el de refracción es una constante, en concordancia con la ley empírica de refracción. Más aún, la teoría ondulatoria, tal como se halla incorporada en el principio de Huygens, especifica que esta constante que es por definición el índice de refracción n_{12} del segundo medio respecto del primero es igual al cociente entre las velocidades de la luz entre el primero y el segundo medio:

$$n_{12} = \frac{v_1}{v_2} \tag{1-46}$$

Es interesante señalar que la teoría corpuscular llega a un resultado completamente diferente. De acuerdo a este modelo, la refracción ocurre debido a que en la proximidad de la superficie refractante, las partículas luminosas sufren fuerzas perpendiculares a la misma. Estas fuerzas no pueden modificar la componente de la velocidad paralela a la superficie refractante. Por lo tanto

$$v_1 \operatorname{sen} \varphi_1 = v_2 \operatorname{sen} \varphi_2,$$

o sea,

$$\frac{\operatorname{sen} \varphi_1}{\operatorname{sen} \varphi_2} = \frac{v_2}{v_1} \tag{1-47}$$

Vemos que con el modelo corpuscular, sen φ_1/sen φ_2 es aún una constante, pero ahora representa la velocidad de la luz *en el segundo medio* medida en unidades de la velocidad de la luz *en el primer medio*. Por ejemplo, como al pasar del aire al agua, un rayo luminoso es refractado hacia la normal a la superficie refractante; el modelo ondulatorio predice que la velocidad de la luz es mayor en el aire que en el agua, mientras que el modo corpuscular predice que la velocidad de la luz es mayor en el agua que en el aire. Estos resultados sugieren una prueba directa de ambos modelos. Como se verá más tarde (secc. 5-6), las mediciones están en concordancia con el modelo ondulatorio.

Para luz visible, se encuentra que el índice de refracción respecto del vacío de todos los materiales es mayor que 1 (para gases, es muy cercano a 1). Esto significa que la velocidad de la luz en cualquier material es menor que en el vacío. El índice de refracción de un material respecto del vacío es usualmente llamado su *índice de refracción*, sin otro aditamento. Es definido mediante la relación

$$n = \frac{c}{v} \tag{1-48}$$

donde c es la velocidad de la luz en el vacío y v la velocidad de la luz en el material en consideración. El índice de refracción n_{12} de un medio 2 respecto de un medio 1 puede expresarse entonces en términos de los índices de refracción de los dos medios:

$$n_{12} = \frac{n_2}{n_1} \tag{1-49}$$

Problemas

1-1. Los diámetros del Sol, Tierra y Luna, son respectivamente: $D_1 = 864\,000$ millas, $D_0 = 7920$ mi, y $D_2 = 2160$ mi. Sea R_1 la distancia de la Tierra al Sol y R_2 la distancia de la Tierra a la Luna. R_1 y R_2 no son exactamente constantes debido a la excentricidad de la órbita de la Tierra alrededor del Sol y de la órbita de la Luna alrededor de la Tierra. *a*) Calcular la relación entre R_1 y R_2 que debe satisfacerse para que ocurra un eclipse total de Sol en algún punto de la Tierra. *b*) Un eclipse solar ocurre cuando la distancia de la tierra al Sol es de 92 900 000 mi y la distancia de la Tierra a la Luna es de 226 000 mi. Calcular los diámetros de las zonas de sombra completa y de penumbra sobre la superficie terrestre y comparar estos diámetros con el diámetro de la Tierra.

1-2. Un hombre de altura *h* está a una distancia *d* de un espejo plano vertical. ¿Qué altura debe tener el espejo para que el hombre vea su imagen completa?

1-3. Dos espejos planos forman entre sí un ángulo recto. Una fuente puntual *S* se halla a 3 metros de *M* y 6 metros de *N* (Fig. 1-43). *a*) Hallar las posiciones de las imágenes de *S* debidas a reflexiones simples y múltiples en los espejos. *b*) Trazar los rayos que llegan al punto *P*, ubicado a 6 metros de *M* y 8 metros de *N*, después sufrir una o dos reflexiones (suponer que *S* y *P* se hallan en un plano perpendicular a los espejos).

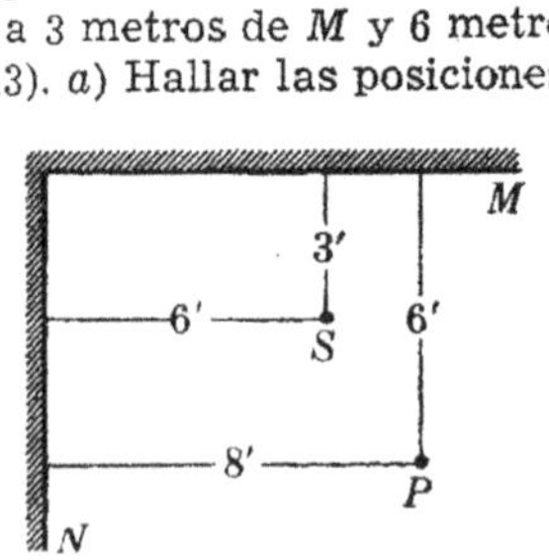

FIG. 1-43.

1-4. Dos espejos planos *M* y *N* forman un ángulo α (Fig. 1-44). Un rayo luminoso que incide en dirección perpendicular a la intersección de ambos espejos se refleja primero en un espejo y luego en el otro. Calcular el ángulo β entre el rayo incidente y el segundo rayo reflejado.

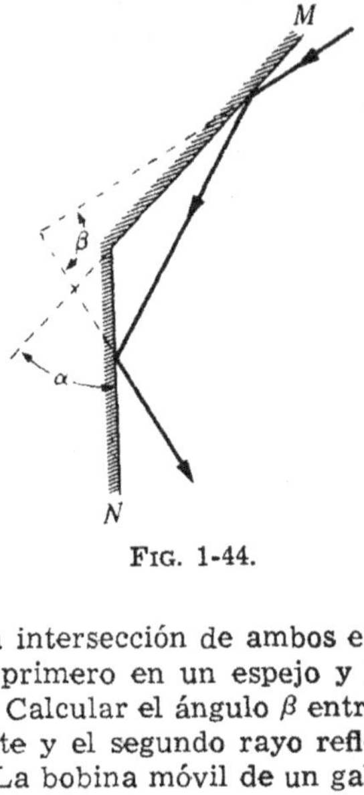

FIG. 1-44.

1-5. La bobina móvil de un galvanómetro lleva adosado un pequeño espejo cuyo plano contiene al eje de rotación. Un haz de luz incidente en dirección perpendicular al eje de rotación es reflejado mediante el espejo sobre una escala ubicada a 2 m. *a*) Probar que si la bobina rota un ángulo α el haz rota un ángulo 2α. *b*) Calcular el ángulo de rotación correspondiente al desplazamiento de un centímetro del haz sobre la escala.

1-6. Calcular el desplazamiento lateral de un rayo luminoso que atraviesa una placa de vidrio de 1 pulgada de espesor si el ángulo de incidencia es de 45° y el índice de refracción del vidrio es 1,55.

1-7. Una balsa cuadrada de 10 pies de lado flota en una superficie de líquido en reposo. Calcular el volumen bajo la balsa en el cual un pez puede nadar sin ser visto desde arriba del agua. El índice de refracción del agua es 1,33.

1-8. Un rayo luminoso incide con un ángulo φ sobre la cara superior de un cubo de material transparente de índice

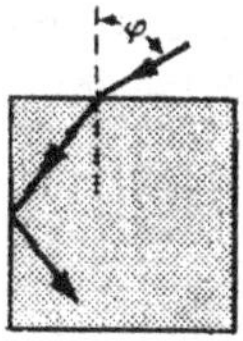

FIG. 1-45.

de refracción n (Fig. 1-45). *a*) ¿Para qué valores de φ sufrirá el rayo reflexión total en la cara vertical del cubo? *b*) ¿Cuál es el máximo valor de n para el que un rayo que incide en forma rasante sale por la cara vertical? (Supóngase que el plano de incidencia es perpendicular a la intersección entre las caras vertical y horizontal.)

1-9. La figura 1-46 ilustra el principio en que se basa un método muy preciso para la medición de índices de refracción. El material transparente a investigar (por ejemplo, una gota de líquido) se coloca sobre una cara de un prisma de vidrio cuyo índice de refracción n es co-

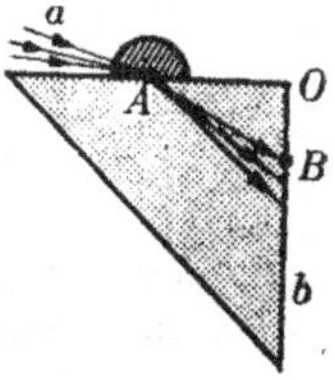

FIG. 1-46.

nocido. Un haz de luz convergente es enfocado sobre un punto A de la cara a de forma tal que algunos rayos llegan al prisma en forma rasante. Sobre la cara b en que el haz luminoso emerge se observa un nítido límite entre luz y oscuridad. Supóngase que la sección del prisma es un triángulo rectángulo. *a*) Calcular el índice de refracción n' de la sustancia en términos del índice de refracción n y de las distancias $x = \overline{OA}$, $y = \overline{OB}$. *b*) Para un valor dado de n, ¿cuál es el valor mínimo de n' para el cual rayos que entran rasantes por a salen por la cara b?

1-10. Una varilla de vidrio de sección rectangular es curvada en la forma señalada en la figura 1-47. Un haz de rayos paralelos incide perpendicularmente sobre la cara A. Calcular el valor mínimo de R/d para el que toda la luz

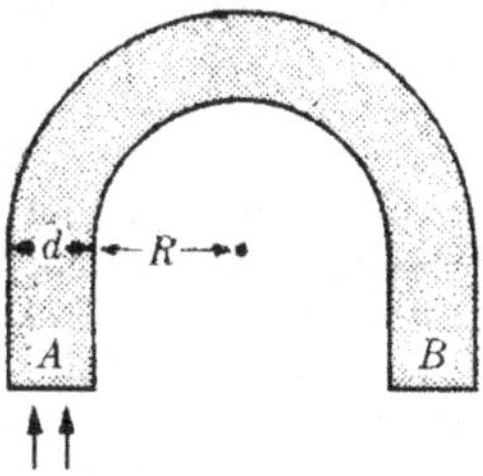

FIG. 1-47.

que pasa por esta cara salga por la superficie B. El índice de refracción del vidrio es 1,5.

1-11. Un pez mira hacia el cielo a través de un estanque de agua quieta. En el cielo hay 4 estrellas que forman ángulos de 25°, 45°, 65° y 85° con el cenit. Calcular los ángulos aparentes que forman estas estrellas con el cenit, tal como son vistas por el pez.

1-12. Escribir las ecuaciones que dan el ángulo cenital aparente θ' y el azimut aparente φ' de un estrella vista desde abajo de una superficie de agua, como función de los verdaderos valores de θ y φ (Fig. 1-48). Considérense dos estrellas separadas por una pequeña distancia angular $\Delta\alpha$, y sea $\Delta\alpha'$ la distancia angular aparente vista desde abajo del agua. Calcular el cociente $\Delta\alpha'/\Delta\alpha$ en términos de θ y del índice de refracción n del agua para los dos casos siguientes: *a*) las dos estrellas tienen el mismo azimut, pero ángulos cenitales algo diferentes (como A y B en la Fig. 1-48); b) las dos estrellas tienen el mismo ángulo cenital y azimut algo diferente (como A y C en la Fig. 1-48). Mostrar

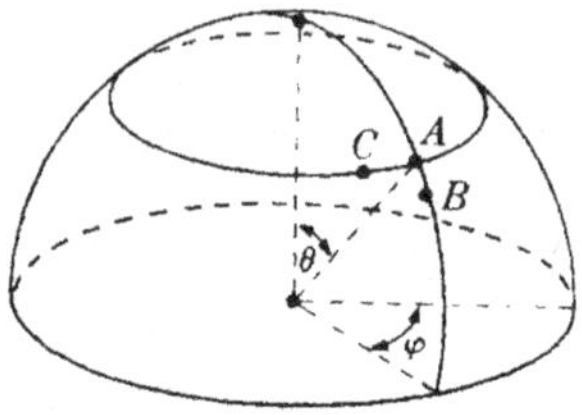

Fig. 1-48.

que en el caso a), cuando una de las estrellas está en el horizonte, se cumple la relación $\Delta\alpha' = (\Delta\alpha)^2/(2\sqrt{n^2-1})$.

1-13. El Sol tiene de diámetro 864 000 millas, y está a una distancia de la Tierra de 92 900 000 millas. Haciendo uso de los resultados del problema anterior, describir la apariencia del disco solar para un observador que se encuentra sumergido en el agua: a) cuando el Sol está en el cenit; b) cuando está a 40° del cenit; c) cuando está a 80° del cenit, y d) cuando el borde inferior del disco solar toca el horizonte. En todos los casos determinar la altura angular aparente y el ancho del disco solar.

1-14. Una cuerda larga de un gramo de masa por metro es sostenida en tensión en posición horizontal por medio de una polea y un peso M de 1,02 kg, tal como puede verse en la figura 1-49. El extremo O es desplazado hacia arriba y luego

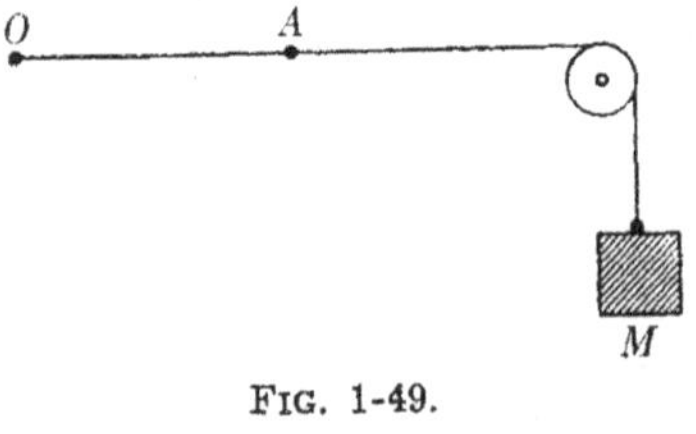

Fig. 1-49.

nuevamente hacia abajo hasta su posición original; su desplazamiento s_0 está representado por la siguiente función del tiempo: $s_0 = 0$ para $t < 0$, $s_0 = 10^{-2}$ [1 — cos $(200\pi t)$] para $0 < t < 1/100$, $s_0 = 0$ para $t > 1/100$, donde s_0 está medido en metros y t en segundos.

a) Determine la velocidad de propagación de la perturbación. b) Escriba la ecuación de la onda. c) Haga un dibujo de la forma de la cuerda en los instantes $t = 0{,}1$ seg y $t = 0{,}2$ seg. d) Calcule y represente la velocidad transversal u de los diferentes puntos de la cuerda como función de distancia x hasta O en $t = 0{,}1$ segundos y $t = 0{,}2$ seg.

1-15. Con referencia al problema anterior, calcule y represente el flujo de energía por unidad de tiempo a través del punto A, ubicado a 10 m de O, como función de t.

1-16. Considere las ondas en una cuerda descrita por las siguientes ecuaciones:

a) $$s_a = A \exp\left[-\frac{(t - x/v)^2}{t_1^2}\right]$$

b) $$s_b = A \exp\left[-\frac{(t + x/v)^2}{t_1^2}\right]$$

c) $$s_c = \tfrac{1}{2} A \left(\exp\left[-\frac{(t - x/v)^2}{t_1^2}\right] + \exp\left[-\frac{(t + x/v)^2}{t_1^2}\right]\right)$$

d) $$s_d = \tfrac{1}{2} A \left(\exp\left[-\frac{(t - x/v)^2}{t_1^2}\right] - \exp\left[-\frac{(t + x/v)^2}{t_1^2}\right]\right)$$

Calcule las velocidades transversales correspondientes; para cada onda haga un croquis de s vs. x en $t = 0$ y $t = 3\,t_1$, con flechas que indiquen las direcciones y magnitudes de las velocidades transversales en los diferentes puntos de la cuerda.

1-17. Considere en un fluido una onda esférica de presión que emana de una fuente puntual S, con una velocidad de propagación v. La presión a la distancia r_1 de la fuente está dada por $p = p_0 + p_1$ sen ωt, donde p_0 es la presión en condiciones de equilibrio y $p_1 \ll p_0$. Calcule la presión como una función del tiempo a una distancia $r_2 > r_1$ de la fuente.

1-18. Considere una onda plana que viaja a una velocidad v en la dirección del eje x, y suponga que la perturbación en el plano yz ($x = 0$) está representada por las siguientes ecuaciones:

$$E(t, 0) = 0 \quad \text{para } t < 0$$

$$E(t, 0) = 1 - \cos\left(2\pi \frac{t}{t_1}\right) \quad \text{para } 0 < t < t_1$$

$$E(t, 0) = 0 \quad \text{para } t > t_1$$

a) Escriba las ecuaciones que describen la propagación libre de la onda. *b*) Suponga que el plano yz está cubierto por una pantalla opaca de extensión infinita con un orificio circular de radio R centrado en el origen. Calcule la perturbación en el punto P de coordenadas $x = x_0$, $y = 0$, $z = 0$, suponiendo que $R \ll v\, t_1$, $x_0 \gg v\, t_1$.

1-19. Con referencia al problema 1-18, *a*) Suponga que en vez de un orificio, la pantalla opaca tiene una abertura en forma de una estrecha corona circular con centro en el origen. Sea R el radio interior de la zona, ΔR su ancho y supongamos que $R \ll x_0$ y que $\Delta R \ll v\, t_1$. Calcule la perturbación en P bajo estas nuevas condiciones (desprecie el factor de oblicuidad). *b*) Calcule la perturbación cuando el orificio central y la zona circular están abiertos simultáneamente. Considere $x_0 = 10^4\, v\, t_1$. Suponga que el orifi-

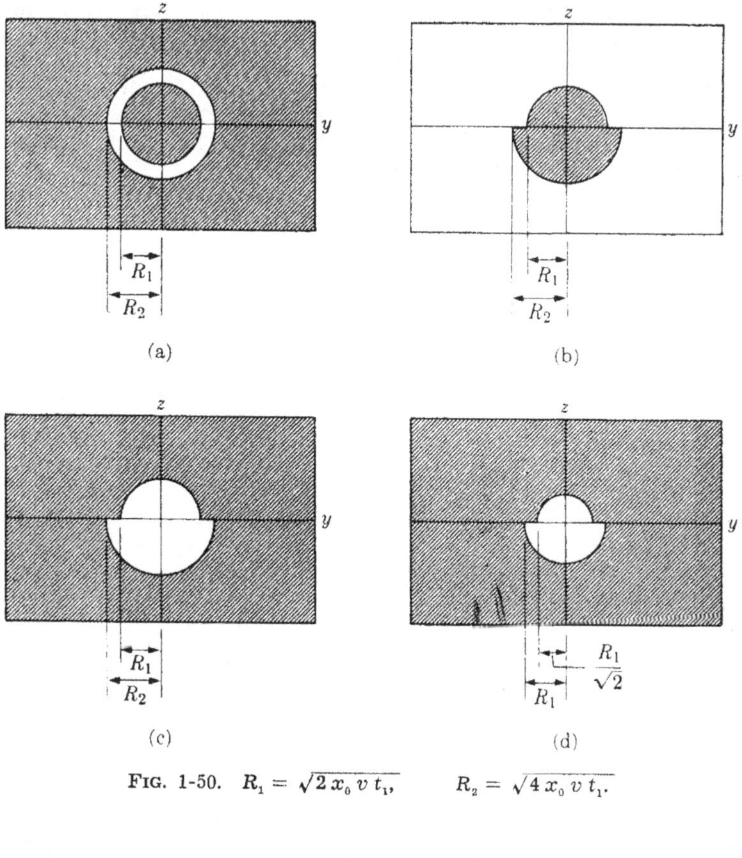

FIG. 1-50. $R_1 = \sqrt{2\, x_0\, v\, t_1}$, $R_2 = \sqrt{4\, x_0\, v\, t_1}$.

cio central posee un radio igual a $v\,t_1/20$, y que la corona circular tiene un radio interior de $R = 100\ v\,t_1$ y un ancho $\Delta R = 1{,}25 \times 10^{-5}\, v\,t_1$.

1-20. Referido al problema 1-18. Calcule la perturbación en P en la ausencia de una pantalla considerando esta perturbación como el resultado de ondas secundarias provenientes de los diferentes puntos del plano yz. Discuta separadamente los intervalos de tiempo: *a*) $t < x_0/v$, *b*) $x_0/v < t < x_0/v + t_1$, y c) $t > x_0/v + t_1$.

1-21. Referido al problema 1-18. Calcule la perturbación en P, suponiendo que una pantalla circular opaca de radio $R \ll x_0$ con centro en el origen se encuentra en el plano yz.

1-22. Referido al problema 1-18. Calcule la perturbación en P suponiendo que el plano yz está cubierto por una pantalla opaca infinitamente extendida que posee un orificio circular de radio R centrado en el origen. Calcule y dibuje la perturbación en P para los siguientes valores de R: *a*) $R = \sqrt{4\,x_0\,v\,t_1}$, b) $R = \sqrt{2\,x_0\,v\,t_1}$, y c) $R = \sqrt{x_0\,v\,t_1}$.

1-23. Considere una onda plana que viaja con velocidad v en la dirección del eje x y suponga que la perturbación en el plano yz está representada por las ecuaciones:

$$E(t, 0) = 0 \qquad \text{para } t < 0$$

$$E(t, 0) = (2\,A/t_1)\,t \qquad \text{para } 0 < t < t_1/2$$

$$E(t, 0) = (2\,A/t_1)\,(t_1 - t) \qquad \text{para } t_1/2 < t < t_1$$

$$E(t, 0) = 0 \qquad \text{para } t > t_1$$

(véase ejemplo 1 en la sección 1-6). Calcule y represente la perturbación en el punto P de coordenadas $x = x_0$, $y = 0$, $z = 0$, cuando diferentes pantallas opacas, tales como las que se muestran en la figura 1-50, son colocadas en el plano yz. Suponga $x_0 \gg v\,t_1$. Muestre que la suma de las perturbaciones observadas con las dos pantallas «complementarias» b) y c) es equivalente a la perturbación observada en ausencia de toda pantalla.

CAPÍTULO 2

ALGUNAS APLICACIONES DE LA ÓPTICA GEOMÉTRICA

Un estudio sistemático de los numerosos problemas que pueden tratarse dentro de la óptica geométrica está fuera de los objetivos del presente volumen. El lector encontrará un tratamiento simple pero exhaustivo de tales problemas en *Optics* de Francis W. Sears (Reading, Mass.: Addison-Wesley Publishing Company, Inc., 1949); para una discusión de los mismos problemas en un nivel más avanzado debe consultarse *Fundamentals of Optics,* de Francis A. Jenkins y Harvey E. White (New York: McGraw Hill Book Company, Inc., 1950) o *Applied Optics and Optical Design* de A. E. Conrady (New York: Oxford University Press, 1929). Deseamos considerar aquí solamente algunas pocas aplicaciones que tienen un interés intrínseco particular o que son esenciales para la comprensión de los fenómenos ópticos que se encontrarán más adelante en nuestro estudio.

2-1. Reflexión y refracción de ondas en una superficie de forma arbitraria. Comenzaremos estudiando la reflexión de una onda esférica en una superficie de forma arbitraria, tal como la que se ilustra en la figura 2-1, donde S es la fuente de una onda incidente sobre la superficie reflectante σ. De acuerdo al principio de Huygens, a medida que los puntos de σ son alcanzados por el frente de onda que avanza, se convierten en emisores de ondas esféricas secundarias; después de un tiempo t de haber sobrepasado a σ, la posición del frente de onda está dada por la envolvente de dichas ondas secundarias. Evidentemente, pueden construirse dos envolventes posibles. Una, que llamaremos Σ y que es la más alejada de S, corresponde al frente de onda que existiría si σ fuera una superficie imaginaria y el medio fuese totalmente homogéneo. La otra, Σ', corresponde al verdadero frente de onda reflejado.

Lo dicho anteriormente sugiere un método para encontrar Σ' en cualquier instante: primero, dejamos de lado σ y construimos el frente de onda Σ; después, tomando como centros puntos de σ dibujamos ondas tangentes a Σ y trazamos la segunda envolvente, Σ'.

Podemos tratar en forma similar la refracción de una onda esférica en una superficie de forma arbitraria que separa dos medios homogéneos con diferentes índices de refracción. Consideremos una onda proveniente de una fuente puntual S, colocada en el primer medio (Fig. 2-2) y que es refractada por la superficie σ. Para determinar la forma del frente de onda en el segundo medio en el instante t, imaginemos que el primer medio ocupa todo el espacio y construyamos el frente de onda Σ en el instante t. La porción de Σ que yace más allá de la

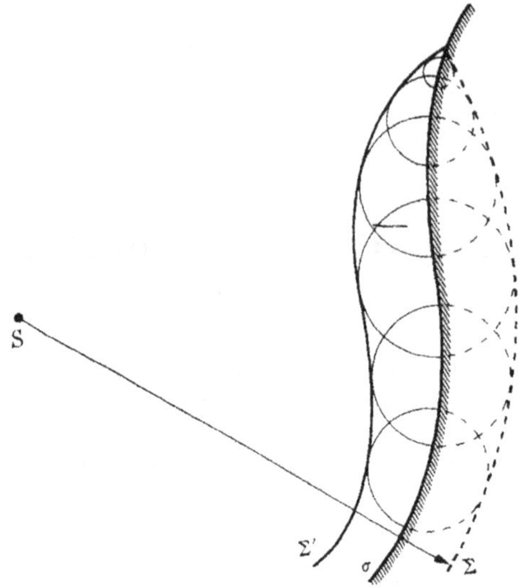

FIG. 2-1. Reflexión de una onda esférica en una superficie σ de forma arbitraria.

superficie σ puede considerarse como la envolvente de las ondas secundarias originadas en puntos de σ y que viajan con velocidad c/n_1, donde n_1 es el índice de refracción del primer medio. Sin embargo, la verdadera velocidad de propa-

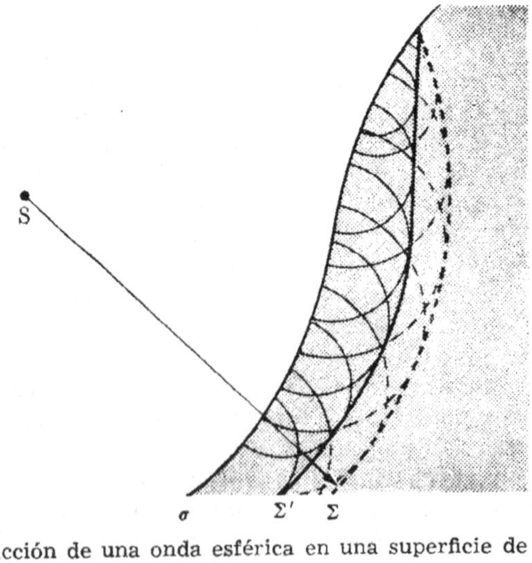

FIG. 2-2. Refracción de una onda esférica en una superficie de forma arbitraria.

gación en el segundo medio es c/n_2, donde n_2 es el índice de refracción del segundo medio. De acuerdo a esto, cambiamos el radio de cada onda secundaria mediante un factor de escala n_1/n_2 y obtenemos un nuevo conjunto de ondas cuya envolvente Σ' es el frente de onda refractado en el instante t.

2-2. Propagación de la luz en medios inhomogéneos. En un medio inhomogéneo, la velocidad de la propagación de las ondas luminosas varía de punto a punto, de manera que debemos describir las propiedades ópticas de un medio dando el índice de refracción n como función de las coordenadas: $n = n\,(x, y, z)$. Si suponemos que n varía en forma continua, podemos considerarlo constante en un volumen infinitesimal, como lo sugiere el hecho de que una onda emitida por una fuente puntual es esférica en las inmediaciones de la misma. Sin embargo, en general la onda adquirirá una forma diferente a medida que continúa su expansión y, aunque aún es lícito usar la construcción de Huygens, debemos proceder, etapa por etapa, entre frentes de onda separados por distancias infinitesimales.

Como ejemplo, en la figura 2-3 sea Σ el frente de onda en el instante t y alrededor de cada punto de Σ construyamos ondas semiesféricas de radios $v\,\Delta t = (c/n)\,\Delta t$ en la dirección de propagación. Como n (y, en consecuencia, la velocidad c/n) varía de punto a punto, estas ondas tendrán diferentes radios en diferentes puntos. La envolvente representa el frente de onda Σ' en el instante $t+\Delta t$. En forma análoga podemos determinar los frentes Σ'', Σ''', etc., en instantes posteriores. Los rayos luminosos son una familia de líneas que intersectan a las superficies en ángulo recto y son, en general, curvadas; por consiguiente, la ley de propagación rectilínea no se aplica a medios no homogéneos. La figura 2-3 ilustra la propagación de una onda inicialmente plana en un medio cuyo índice de refracción aumenta gradualmente de izquierda a derecha; vemos que la concavidad de los rayos está dirigida hacia la zona de mayor índice de refracción.

De la aplicación del principio de Huygens surgen dos resultados importantes. El primero es el *principio de reversibilidad de los caminos ópticos.* Si en el intervalo Δt el frente se mueve de Σ a Σ' (Fig. 2-3), encontramos, invirtiendo la dirección de propagación, que durante el mismo intervalo de tiempo el frente se moverá de Σ' a Σ. En rigor, si Σ' es la envolvente de esferas de radios $(c/n)\Delta t$ con centros en Σ, entonces Σ es la envolvente de las esferas con radios $(c/n)\Delta t$ con centros en Σ'. En consecuencia, la luz recorre los mismos caminos, en direcciones opuestas. En la sección 1-1 hemos discutido un caso especial de la reversibilidad óptica, aplicada al pasaje de rayos luminosos a través de la superficie de separación entre dos medios homogéneos.

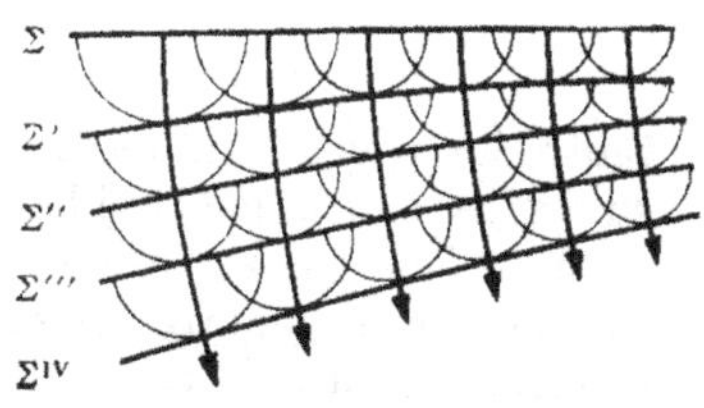

FIG. 2-3. Propagación de una onda luminosa en un medio inhomogéneo.

El segundo principio, que es evidente por sí mismo, establece que la luz tarda igual tiempo para viajar de un frente de onda Σ_1, a otro frente Σ_2, a lo largo de cualquier camino luminoso. Podemos expresar este principio en forma algo diferente introduciendo el concepto de *camino óptico*, que es a menudo útil en la discusión de problemas ópticos. El camino óptico l de un punto A a otro B a lo largo de una dada tranyectoria representa la distancia que recorrería la luz en el vacío en el tiempo que ella tardaría en cubrir la distancia de A a B a lo largo del camino fijado. La expresión matemática para el camino óptico es

$$l = \int_A^B \frac{c}{v}\, ds = \int_A^B n\, ds \tag{2-1}$$

donde ds es el elemento de camino a lo largo de la trayectoria. Utilizando el concepto de camino óptico, podemos reformular nuestro segundo principio como sigue; todos los rayos luminosos que conectan dos frentes de onda Σ_1 y Σ_2 recorren caminos ópticos iguales.

El hecho que en medios inhomogéneos los rayos luminosos sean curvos explica interesantes efectos ópticos en la atmósfera. En condiciones normales la densidad de la atmósfera disminuye gradualmente con la altura sobre el nivel del mar; el índice de refracción también disminuye correspondientemente. Por lo

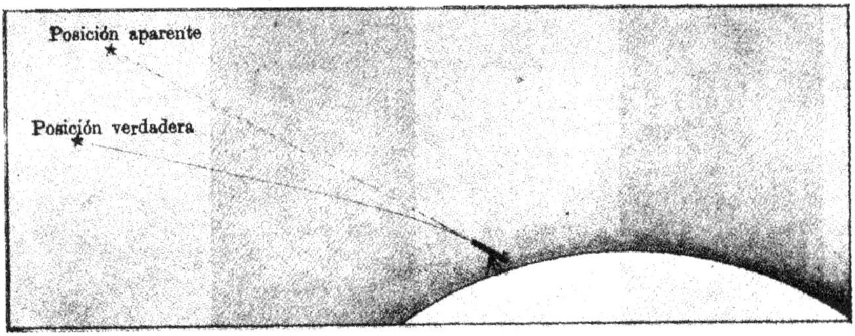

FIG. 2-4. Refracción atmosférica.

tanto, los rayos luminosos provenientes de las estrellas siguen trayectorias algo curvadas, con la concavidad dirigida hacia la tierra (Fig. 2-4). Un observador en la superficie terrestre «ve» la estrella en la dirección de la tangente al rayo luminoso que penetra en su ojo (o en el telescopio) y, para este observador, la estrella estará más cerca del cenit que en la realidad. Por supuesto este efecto es mayor para estrellas próximas al horizonte (donde la diferencia es aproximadamente de 0,5°) y nulo para estrellas ubicadas en el cenit.

Ocasionalmente, cuando la superficie terrestre se calienta fuertemente por radiación solar, las capas de aire más próximas a la tierra se hallan mucho más calientes que las que se hallan a alturas mayores. Esta situación produce una condición de equilibrio inestable en que, en lugar de decrecer, la densidad del aire aumenta con la altitud al menos hasta una cierta altura. En consecuencia el índice de refracción aumenta también con la altura y los rayos luminosos se curvan con la concavidad hacia arriba en la proximidad de la superficie. Bajo estas condiciones, los rayos luminosos provenientes de objetos situados en la proximidad de la superficie terrestre pueden llegar al ojo del observador ya sea por una trayectoria que no se aproxima a la superficie terrestre o por una trayectoria curvilínea que pasa cerca de la superficie (véase fig. 2-5). Así, el observador verá al objeto aproximadamente en su posición correcta y además

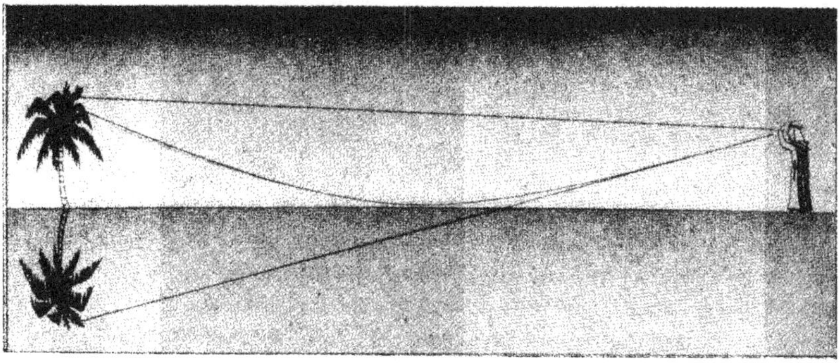

FIG. 2-5. Espejismo.

una imagen invertida del mismo como si fuera reflejado por una superficie de agua. Este fenómeno, conocido como espejismo, es visto frecuentemente en el desierto, creando la ilusión de presencia de un depósito de agua. El mismo fenómeno se suele ver en pavimentos calientes.*

Un efecto similar, llamado *curvamiento*, ocurre cuando la densidad del aire disminuye mucho más rápidamente que bajo condiciones normales, como suele

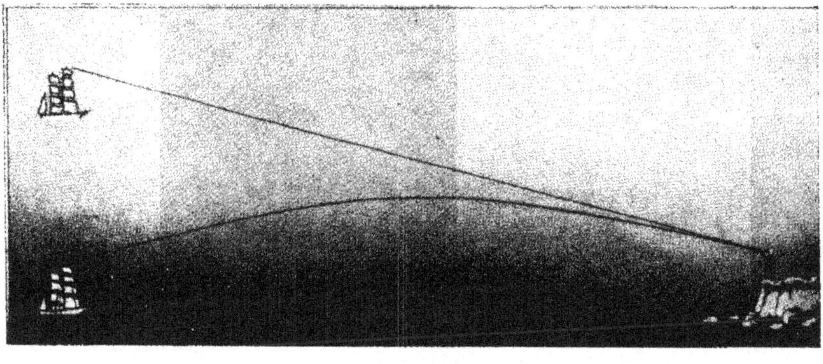

FIG. 2-6. Curvamiento.

suceder en las proximidades de la superficie fría de un lago o mar. Los rayos luminosos se curvan, pues, con la concavidad hacia abajo, y objetos que flotan en la superficie aparecen suspendidos en el aire (Fig. 2-6).

Es fácil escribir la ecuación diferencial de los rayos cuyo índice de refracción

* La reflexión especular de luz rasante también suele crear la impresión de pavimento húmedo.

varía en una sola dirección. Tomemos esta dirección como eje x de nuestro sistema cartesiano de referencia, de manera que n sea una función de x solamente y dividamos el medio en delgadas capas perpendiculares al eje x. Si se considera constante el índice de refracción de cada capa, cualquier rayo podrá ser aproximado por una sucesión de segmentos de recta. Por las leyes de refracción, el rayo se halla en un plano, que tomamos como plano xy (Fig. 2-7). También se ve que cuando el rayo pasa de una capa cuyo índice de refracción es n_1 a la capa vecina, con índice de refracción n_2, su dirección cambia de tal manera que se cumple

$$\frac{\operatorname{sen}\varphi_1}{\operatorname{sen}\varphi_2}=\frac{n_2}{n_1}$$

donde φ_1 y φ_2 son los ángulos del rayo en la primera y segunda capa con el eje x. La ecuación anterior indica que la cantidad n sen φ permanece constante al pasar de una capa a la otra; lo mismo acontece en el límite de capas infini-

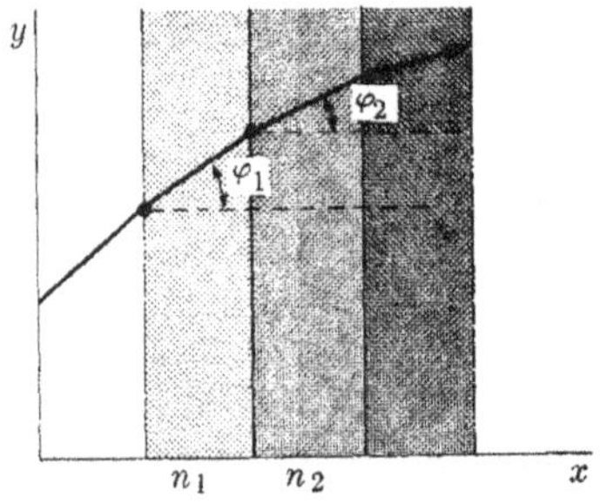

FIG. 2-7. Trayectoria de un rayo de luz en un medio estratificado.

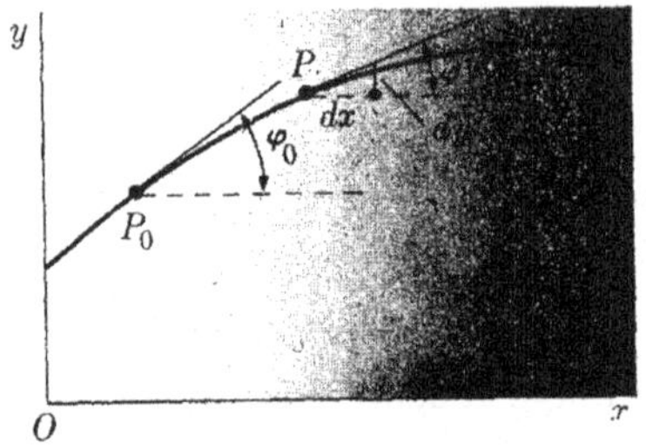

FIG. 2-8. Trayectoria de un rayo de luz cuyo índice de refracción es función de x.

tamente delgadas. Por lo tanto, si n es el índice de refracción en un punto arbitrario y φ es el ángulo que forma la tangente al rayo con el eje x en ese mismo punto, si n_0 y φ_0 son los valores en un punto fijo P_0 del rayo (Fig. 2-8), vale la siguiente ecuación:

$$n\operatorname{sen}\varphi=n_0\operatorname{sen}\varphi_0 \tag{2-2}$$

Sea ds la longitud de un elemento de rayo, de forma tal que:

$$ds^2=dx^2+dy^2 \quad \text{o} \quad \left(\frac{ds}{dy}\right)^2=\left(\frac{dx}{dy}\right)^2+1 \tag{2-3}$$

Como sen $\varphi=dy/ds$, la ecuación (2-2) tiene como equivalente

$$n\frac{dy}{ds}=n_0\operatorname{sen}\varphi_0 \tag{2-4}$$

que, combinada con la ecuación (2-3) nos da:

$$\left(\frac{dx}{dy}\right)^2+1=\frac{n^2}{n_0{}^2\operatorname{sen}^2\varphi_0} \tag{2-5}$$

La solución de (2-5) da la ecuación del rayo que pasa por el punto P_0 del medio y forma en este punto un ángulo φ_0 con el eje x.

Diferenciando respecto de y en la ecuación (2-5) obtenemos

$$2\frac{dx}{dy}\frac{d^2x}{dy^2}=\frac{1}{n_0^{\,2}\operatorname{sen}^2\varphi_0}\frac{d(n^2)}{dx}\frac{dx}{dy}$$

$$\frac{d^2x}{dy^2}=\frac{1}{2\,n_0^{\,2}\operatorname{sen}^2\varphi_0}\frac{d(n^2)}{dx} \tag{2-6}$$

que puede también usarse como punto de partida para obtener la ecuación del rayo.

EJEMPLO. *Obtener la ecuación del rayo en un medio cuyo índice de refracción es*

$$n^2=h+k\,x$$

donde h y k son constantes.

Reemplazando el valor de n^2 en la ecuación (2-6) resulta

$$\frac{d^2x}{dy^2}=\frac{1}{2\operatorname{sen}^2\varphi_0}\frac{k}{n_0^{\,2}}$$

y por sucesivas integraciones, obtenemos

$$\frac{dx}{dy}=\frac{1}{2\operatorname{sen}^2\varphi_0}\frac{k}{n_0^{\,2}}\,y+a$$

$$x=\frac{1}{2\operatorname{sen}^2\varphi_0}\frac{k}{n_0^{\,2}}\frac{y^2}{2}+a\,y+b$$

donde a y b son constantes de integración, n_0 es el índice de refracción en un punto dado P_0 del rayo, y φ_0 el ángulo entre la tangente al rayo en P_0 y el eje x. Tomemos nuestro eje x de manera que pase por P_0 y sea x_0 la abscisa de este punto. De la condición $x=x_0$ para $y=0$, obtenemos $b=x_0$. De la condición $n=n_0$ en $x=x_0$ resulta $n_0^{\,2}=h+k\,x_0$. La definición de φ_0 nos conduce a la relación

$$\operatorname{cotg}\varphi_0=\left(\frac{dx}{dy}\right)_{y=0}=a$$

Por consiguiente, la ecuación del rayo que pasa por P_0 formando un ángulo φ_0 con el eje x es

$$x=\frac{1}{\operatorname{sen}^2\varphi_0}\frac{k}{h+k\,x_0}\frac{y^2}{4}+(\operatorname{cotg}\varphi_0)\,y+x_0$$

***2-3. Ecuaciones generales de propagación de la luz en medios inhomogéneos.** A fin de hallar la ecuación general que describe la propagación de un frente de onda en un medio inhomogéneo, supongamos que en el instante inicial el frente de onda está presentado por una dada superficie Σ_0; definamos además una

* Las secciones marcadas con asterisco pueden omitirse sin pérdida de continuidad.

función L de x, y y z, tal que el valor de L en un punto P es igual al camino óptico que hay de Σ_0 a P para un rayo que pasa por este punto. En consecuencia, la ecuación de un frente de onda arbitrario es

$$L(x, y, z) = l = \text{constante} \tag{2-7}$$

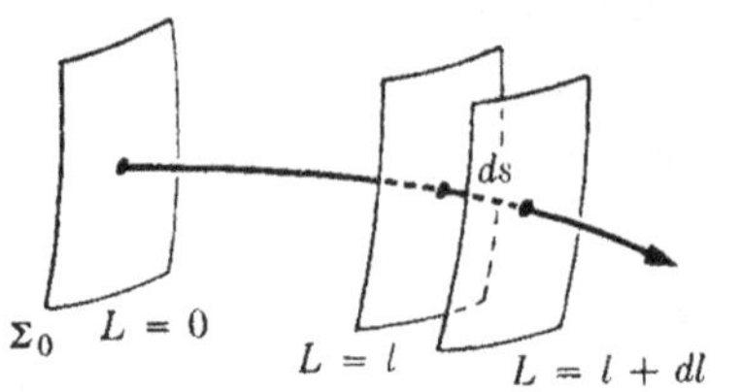

FIG. 2-9. Propagación de un frente de onda en un medio inhomogéneo.

En un punto dado, sea ds la distancia entre dos frentes de onda correspondientes a l y $l + dl$ (Fig. 2-9). La ecuación (2-7) nos da

$$|\text{grad } L| \, ds = dl$$

donde $|\text{grad } L|$ es el módulo del vector grad L [véase apéndice **1(a)**]. Como por la ecuación (2-1), $dl/ds = n$, obtenemos:

$$|\text{grad } L|^2 = n^2 \tag{2-8}$$

o en coordenadas cartesianas,

$$\left(\frac{\partial L}{\partial x}\right)^2 + \left(\frac{\partial L}{\partial y}\right)^2 + \left(\frac{\partial L}{\partial z}\right)^2 = n^2 \tag{2-9}$$

Esta ecuación diferencial a derivadas parciales es la formulación matemática del principio de Huygens. Su solución, sujeta a la condición de contorno que la ecuación $L(x, y, z) = 0$ represente el frente de onda inicial Σ_0, determina al frente de onda en todo instante posterior. Así, la ecuación del frente de onda al tiempo t es

$$L(x, y, z) = ct \tag{2-10}$$

Los rayos luminosos son las trayectorias normales a las superficies $L =$ cte.

La ecuación que satisfacen los rayos luminosos puede también obtenerse directamente de la siguiente manera. Sea $\boldsymbol{\tau}$ un vector unitario tangente al rayo luminoso; consideremos un vector $n\boldsymbol{\tau}$, donde como de costumbre n es el índice de refracción. Por la ley de Snell, se ve que cuando un rayo luminoso pasa a través de la superficie de separación entre dos medios, cambia la dirección de tal manera que la camponente de $n\boldsymbol{\tau}$ paralela a la superficie permanece constante. Supongamos que tenemos dos superficies correspondientes a dos valores constantes de n, que difieren en una pequeña cantidad Δn; consideremos ahora un rayo luminoso que cruza a las superficies en los puntos P y P' (Fig. 2-10). De la evidente identidad

$$(n\boldsymbol{\tau}) \cdot (n\boldsymbol{\tau}) = n^2 \tag{2-11}$$

obtenemos por diferenciación

$$(n\boldsymbol{\tau}) \cdot \Delta(n\boldsymbol{\tau}) = n \, \Delta n = n \, \text{grad } n \cdot \Delta \mathbf{s} = n \, \Delta s \, \text{grad } n \cdot \boldsymbol{\tau}$$

donde $\Delta \mathbf{s}$ es el vector PP', Δs es el módulo de dicho vector y $\Delta(n\boldsymbol{\tau})$ representa el vector diferencia entre los vectores $n\boldsymbol{\tau}$ en P' y P, respectivamente. De la ecuación anterior deducimos

$$\frac{d(n\,\boldsymbol{\tau})}{ds}\cdot\boldsymbol{\tau} = \text{grad}\, n\cdot\boldsymbol{\tau} \tag{2-12}$$

La ecuación (2-12) indica que los vectores $d(n\,\boldsymbol{\tau})/ds$ y grad n tienen proyecciones iguales a lo largo de la tangente al rayo. Además, grad n es perpendicular a la superficie $n=$ cte; también lo es el vector $d(n\,\boldsymbol{\tau})/ds$ debido a que, como ya lo mencionamos, la componente de $n\,\tau$ paralela a la superficie refractante es igual a ambos lados de dicha superficie. Por consiguiente, se obtiene:

$$\frac{d(n\,\boldsymbol{\tau})}{ds} = \text{grad}\, n \tag{2-13}$$

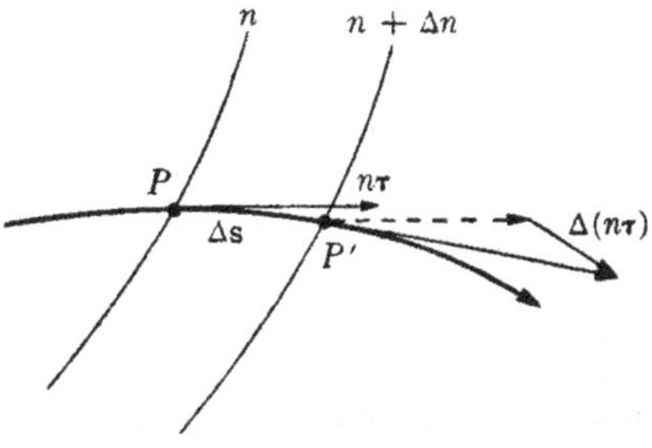

FIG. 2-10. Trayectoria de un rayo en un medio con n variable.

Esta es la ecuación diferencial del rayo en forma vectorial.

Es interesante comparar las ecuaciones que describen la propagación de la luz en medios inhomogéneos con las ecuaciones que describen el movimiento de una masa puntual en un campo potencial. Supongamos para mayor simplicidad, que trabajamos con un campo cuya energía potencial U depende solamente de x. Entonces, sólo la componente x de la fuerza es distinta de cero, y si el vector velocidad inicial yace en el plano xy, la partícula permanecerá en él. La componente y de la velocidad es una constante, de manera que podemos escribir

$$\frac{dy}{dt} = v_0 \operatorname{sen} \varphi_0 \tag{2-14}$$

donde v_0 es la velocidad en un punto P_0 de la trayectoria de la partícula y φ_0 el ángulo que la trayectoria hace con esa partícula en ese punto.

La velocidad v está dada por:

$$\left(\frac{dx}{dt}\right)^2 + \left(\frac{dy}{dt}\right)^2 = v^2$$

que también puede escribirse como

$$\left(\frac{dx}{dy}\frac{dy}{dt}\right)^2 + \left(\frac{dy}{dt}\right)^2 = v^2$$

o, haciendo uso de la ecuación (2-14), como

$$\left(\frac{dx}{dy}\right)^2 + 1 = \frac{[v\,(x)]^2}{v_0^{\,2} \operatorname{sen}^2 \varphi_0} \tag{2-15}$$

Aquí hemos escrito $v\,(x)$ para recalcar que v es una función conocida de x. Podemos obtener a partir de la ecuación que expresa la conservación de la energía,

$$\tfrac{1}{2} m v^2 + U = \tfrac{1}{2} m v_0{}^2 + U_0 \tag{2-16}$$

donde U_0 representa el valor de U en P_0. La solución de la ecuación (2-15) nos da la trayectoria de la partícula. Nótese que (2-15) es igual a (2-5) si ponemos

$$\frac{n(x)}{n_0} = \frac{v(x)}{v_0} \tag{2-17}$$

o, utilizando (2-16),

$$\frac{[n(x)]^2}{n_0{}^2} = 1 + 2\frac{U_0 - U(x)}{m v_0{}^2} \tag{2-18}$$

En consecuencia, a cada medio refringente cuyo índice de refracción está definido por una función $n(x)$, le podemos asociar un campo de fuerzas descrito por una función $U(x)$, de tal manera que las trayectorias de los rayos en el medio refringente son análogas a las que describirían partículas en el campo de fuerzas asociado.

La discusión anterior es un ejemplo de similitud existente entre el problema del trazado de trayectorias de rayos en un medio de índice de refracción variable y el problema de la determinación de trayectorias de partículas sometidas a un campo de fuerzas. Esta similitud no es meramente accidental; por el contrario, es el punto de partida para la formulación de la mecánica ondulatoria.

2-4. Principio de Fermat. — Podemos obtener la ley de propagación rectilínea de la luz en medios homogéneos a partir de suponer que la luz viaja de un punto A a otro B por el camino más corto posible entre esos dos puntos; es decir, por la trayectoria que requiere menor tiempo o que tiene el menor camino óptico. Las leyes de la refracción y reflexión pueden formularse de manera análoga. Verificaremos estos hechos en algunos ejemplos particulares.

En la figura 2-11, un rayo va de A a B luego de reflejarse en el punto D de la superficie σ. Consideremos otro punto E de la superficie reflectora y el camino formado por los segmentos AE y EB. Como hemos visto en la sección 1-1, cuando el rayo reflejado DB es prolongado hacia atrás de la superficie reflectora, pasa por un punto A' tal que A y A' se hallan ubicados simétricamente respecto de la superficie σ. De la figura, podemos comprobar la validez de las siguientes relaciones:

$$\overline{A'E} + \overline{EB} > \overline{A'B},$$

$$\overline{A'E} + \overline{EB} = \overline{AE} + \overline{EB},$$

$$\overline{A'B} = \overline{A'D} + \overline{DB} = \overline{AD} + \overline{DB},$$

de las que obtenemos

$$\overline{AE} + \overline{EB} > \overline{AD} + \overline{DB};$$

con lo que vemos que el camino seguido por la luz para ir de A a B es más corto que cualquier otro camino que, tocando la superficie reflectora, conecta los mismos puntos.

La situación para el caso de la refracción se ilustra en la figura 2-12, la cual muestra dos medios con índices de refracción n_1 y n_2, separados por la superficie

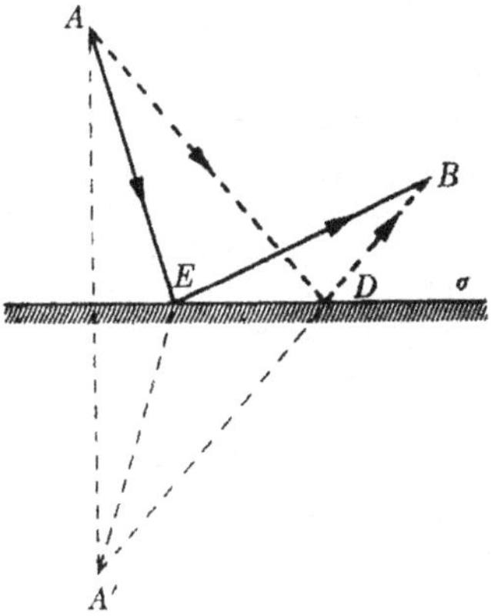

FIG. 2-11. Aplicación del principio de Fermat a la reflexión en una superficie plana.

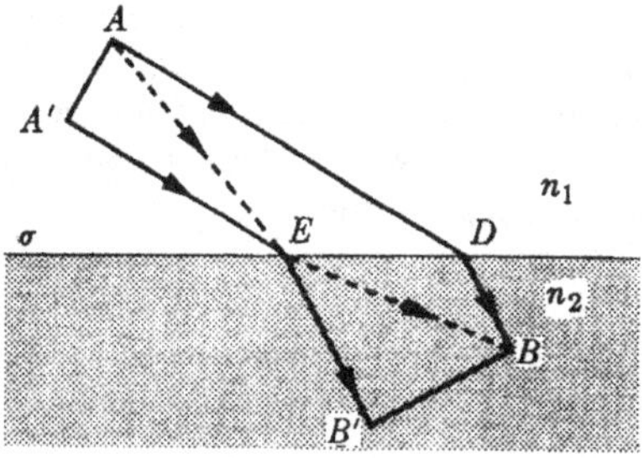

FIG. 2-12. Aplicación del principio de Fermat a la refracción en una superficie plana.

plana σ. Supóngase que un rayo que va del punto A del primer medio al punto B del segundo, pasa por el punto D de σ. El camino óptico recorrido es, por definición:

$$l = n_1 \overline{AD} + n_2 \overline{DB}$$

Supongamos ahora un recorrido diferente entre A y B, tal como el AEB. El camino óptico es

$$l' = n_1 \overline{AE} + n_2 \overline{EB};$$

deseamos probar ahora que $l < l'$. Para este fin, centremos nuestra atención en el frente de onda plano que pasa por A; sea A' su intersección con un rayo paralelo a AD y que pasa por E. Análogamente, sea B' la intersección del frente de onda refractado y que pasa por B, con el rayo que pasa por E, paralelo a DB. Como hemos visto en la sección 2-2, el camino óptico entre las dos superficies de onda AA' y BB' es el mismo, ya sea medido a lo largo de la trayectoria ADB o de la trayectoria $A'EB'$; por consiguiente,

$$n_1 \overline{AD} + n_2 \overline{DB} = n_1 \overline{A'E} + n_2 \overline{EB'}$$

Por otra parte, es obvio que

$$\overline{AE} > \overline{A'E}; \qquad \overline{EB} > \overline{EB'},$$

luego:

$$n_1 \overline{AD} + n_2 \overline{DB} < n_1 \overline{AE} + n_2 \overline{EB},$$

o sea,

$$l < l'$$

Aquí nuevamente la trayectoria del rayo de luz es aquella con camino óptico mínimo aunque no necesariamente con distancia geométrica mínima.

Finalmente, llegamos a la conclusión que la luz, ya sea que se propague en medios homogéneos, se refleje o se refracte en una superficie plana, sigue un camino óptico mínimo. Estos son ejemplos particulares de un principio más general de la óptica geométrica conocido como el *principio de Fermat*, que establece que en todos los casos (incluyendo reflexión y refracción en superficies curvas y propagación en medios inhomogéneos), la luz viaja desde un punto fijo a otro según una trayectoria cuyo camino óptico es máximo o mínimo, comparado con los caminos vecinos.

En un lenguaje más riguroso, lo dicho anteriormente significa que el camino óptico entre dos puntos, medido primeramente a lo largo del camino efectivo recorrido por la luz y luego a lo largo de otro que es infinitamente próximo a él en todo

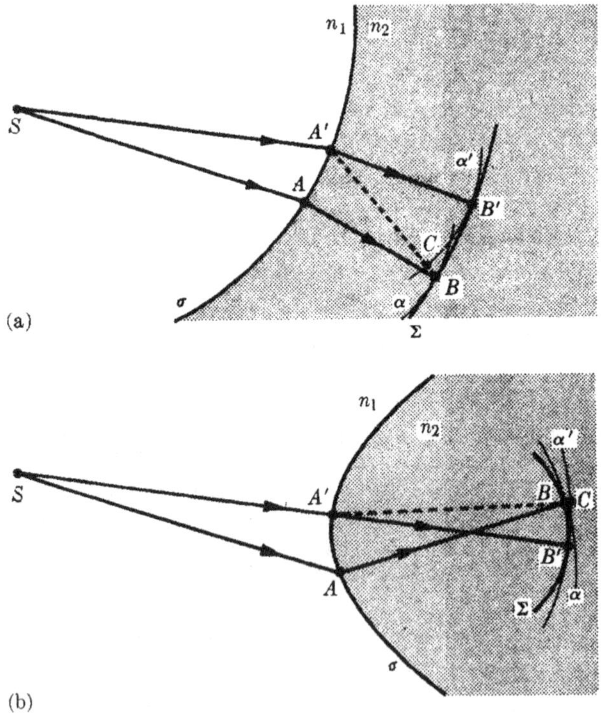

FIG. 2-13. El camino óptico del rayo *SAB* es: (a) un mínimo, y (b) un máximo.

punto, difieren en una cantidad infinitesimal de orden superior a la distancia entre los dos caminos. Matemáticamente, el principio de Fermat queda expresado por la ecuación

$$\delta \int n\, ds = 0$$

que puede probarse es equivalente a la ecuación diferencial del rayo luminoso (ecuación 2-13). Omitiremos la demostración; sin embargo, con el ejemplo siguiente se verá la identidad entre el principio de Fermat y la construcción de Huygens.

Consideremos la refracción de la luz proveniente de una fuente puntual S en la superficie curva σ que separa dos medios con índices de refracción n_1 y n_2 (Fig. 2-13). Cuando dos puntos de σ, tales como A y A', son alcanzados por la onda incidente, se convierten en centros de ondas secundarias cuya envolvente Σ en un instante dado representa el frente de onda refractado. Sean B y B' los puntos de contacto entre Σ y las ondas secundarias α y α' centradas en A y A' respectivamente. SAB y $SA'B'$ son dos rayos, cuyos caminos ópticos son iguales. Sea C la intersección de $A'B$ con α'. En consecuencia, $\overline{A'C} = \overline{A'B'}$, y tenemos

$$(n_1 \overline{SA} + n_2 \overline{AB}) - (n_1 \overline{SA'} + n_2 \overline{A'B}) =$$

$$= (n_1 \overline{SA} + n_2 \overline{AB}) - (n_1 \overline{SA'}) + (n_2 \overline{A'B'}) - (n_2 \overline{A'B} - n_2 \overline{A'C}) = \mp n_2 \overline{CB}$$

Por lo tanto, vemos que $n_2 \overline{CB}$ representa la diferencia entre los caminos ópticos de las trayectorias SAB y $SA'B$. Esta diferencia puede ser negativa (Fig. 2-13 *a*) o positiva (Fig. 2-13 *b*). En ambos casos, como la onda α' es tangente a Σ en B', $\overline{CB}$ es una distancia infinitesimal de orden superior a $\overline{AA'}$. Por esta razón, el cociente $n_2 \overline{CB}/\overline{AA'}$ tiende a cero a medida que A' se aproxima a A.

2-5. Imágenes reales y virtuales. El ojo «ve» un punto luminoso cuando parte de la onda esférica emitida por este punto penetra en el ojo (véase sección 2-15). A menudo sucede que una porción de onda esférica proveniente de una fuente puntual S, después de sufrir un cierto número de reflexiones y refracciones, se

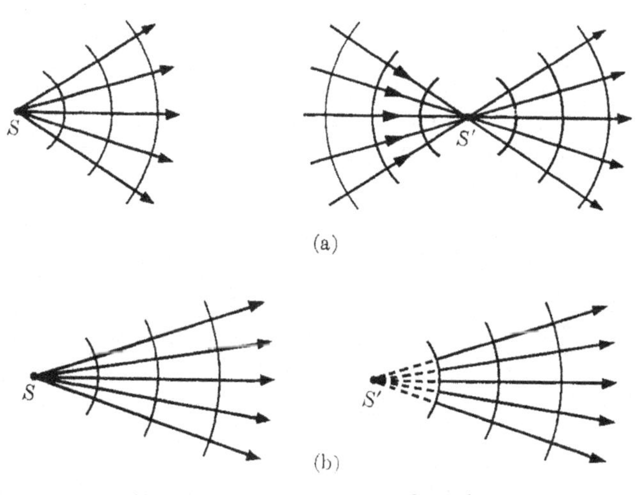

FIG. 2-14. Formación de, (a) una imagen real, y (b) una imagen virtual.

convierte en una porción de otra onda esférica centrada en un punto distinto de S'. Si la onda es cóncava, convergerá en S' y divergerá nuevamente (Figura 2-14a); un ojo que reciba la onda divergente «verá» una fuente puntual en S', y si colocamos una pantalla que pase por S', aparecerá allí un punto luminoso. La fuente aparente S' se llama la *imagen real* de la fuente puntual S. Por otra parte, la onda centrada en S' puede ser convexa (Fig. 2-14b), en cuyo caso el ojo también «verá» una fuente puntual en el centro S' de la onda divergente, pero en ningún punto del espacio la onda luminosa se concentrará. En este caso, la fuente aparente S' es llamada la *imagen virtual* de la fuente puntual S.

Si deseamos hablar de rayos en lugar de superficies de onda, diremos que un sistema óptico forma una imagen cuando cambia un haz de rayos divergentes desde, o convergentes a una fuente puntual S en otro haz de rayos que pasan por un punto diferente S'. La imagen es real si los rayos emergentes del sistema óptico forman un haz convergente, virtual si forman un haz divergente.

Podemos usar los principios enunciados en la sección 2-2 para establecer algunos hechos obvios pero importantes en la formación de imágenes. Por el principio de reversibilidad óptica se ve que si una fuente puntual en S (Fig. 2-15)

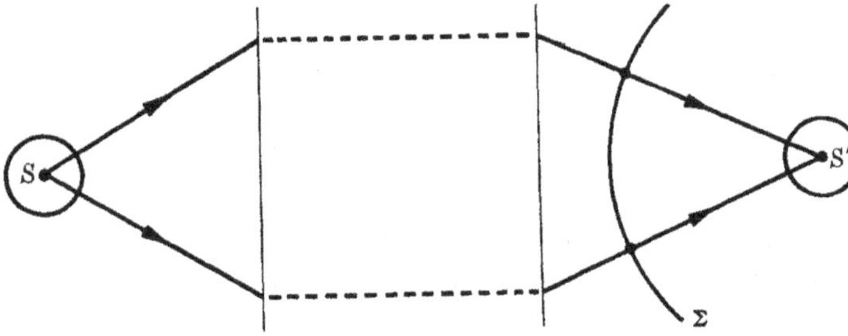

Fig. 2-15. Los caminos ópticos de todos los rayos que van de S a S' son iguales.

tiene una imagen real en S', entonces una fuente puntual en S' tiene una imagen real en S; se dice que dos puntos con las propiedades de S y S' son ópticamente *conjugados*. Como podemos considerar a la fuente puntual S y a su imagen real S' como dos frentes de onda esféricos de radios infinitamente

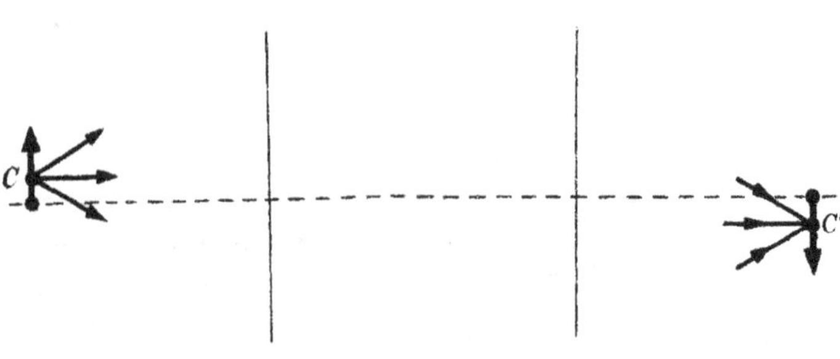

Fig. 2-16. Imagen de un objeto extenso.

pequeños, extraemos como conclusión del segundo principio establecido en la sección 2-2 que los caminos ópticos de todos los rayos que conectan S con S' son iguales y que si Σ está en algún punto intermedio entre S y S' los caminos ópticos de todos los rayos que conectan Σ con S' son iguales.

Si la fuente en S no es puntual, sino que tiene dimensiones finitas (Fig. 2-16), definimos su imagen como el conjunto de las imágenes puntuales tales como el C', correspondientes a todos los puntos, tales como el C, de la fuente. Tal imagen puede ser real o virtual; en general su tamaño y forma diferirán de los de la fuente. En las secciones siguientes investigaremos las características de las imágenes formadas por sistemas ópticos de varios tipos.

2-6. Formación de imágenes mediante espejos planos, parabólicos, elípticos e hiperbólicos. Comenzaremos considerando la reflexión de una onda esférica es un espejo plano (Fig. 2-17). Aplicando el método de la sección 2-1, encon-

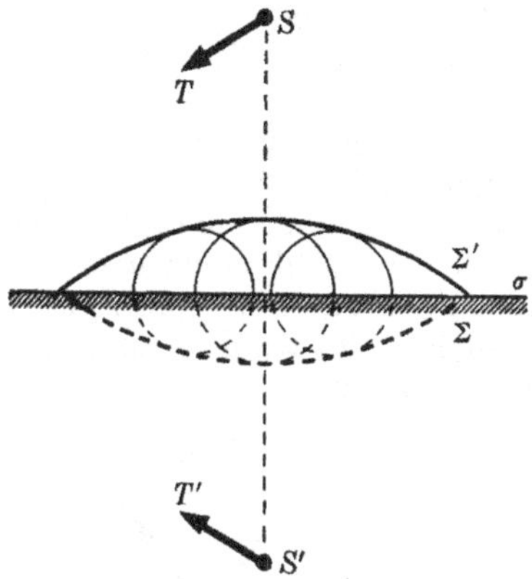

FIG. 2-17. Reflexión de una onda esférica por un espejo plano.

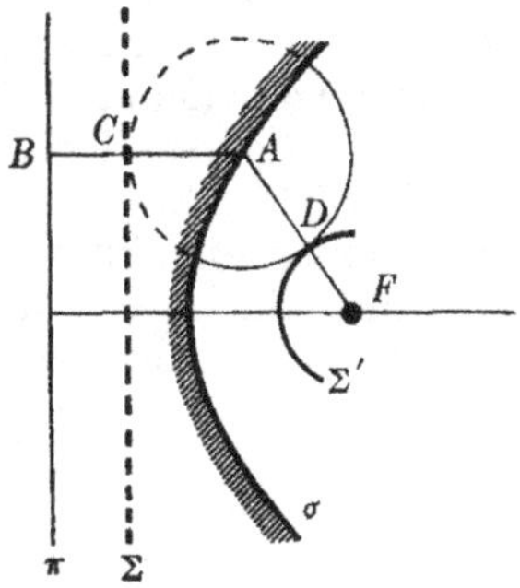

FIG. 2-18. Reflexión de una onda esférica por un espejo parabólico.

tramos que la onda reflejada también es esférica y que los centros S y S' de las ondas incidente y reflejada están colocados simétricamente respecto del espejo. Entonces, *un espejo plano forma una imagen virtual de una fuente colocada en cualquier punto frente al espejo.* Si la fuente puntual S describe un recorrido de forma arbitraria ST, la imagen S' describirá una figura idéntica $S'T'$ en la que, sin embargo, derecha e izquierda están intercambiadas. Estos resultados son idénticos a los obtenidos en la sección 1-1 en la que se consideró rayos reflejados provenientes de una fuente puntual.

Consideramos a continuación la reflexión de una onda plana que incide sobre la superficie cóncava de un espejo con forma de paraboloide de revolución (Figura 2-18). Supongamos que la onda incidente viaja en la dirección del eje del paraboloide; es fácil en este caso demostrar que la onda reflejada es esférica y converge en el foco F. Para probarlo, recordemos que existe un plano Π perpendicular al eje del paraboloide, tal que cada punto del paraboloide es equidistante de este plano y del foco F. Sea Σ la posición que ocuparía el frente de onda al tiempo t si no estuviera el espejo y consideremos una onda secundaria con centro en A y tangente a Σ en C y que intersecta al segmento AF en D. Sea B la intersección de AC con Π. De la propiedad del paraboloide enunciada anteriormente, es evidente que $\overline{AB} = \overline{AF}$; como además es obvio que $\overline{AC} = \overline{AD}$, obtenemos en consecuencia que $\overline{DF} = \overline{CB}$. Ahora examinemos la superficie esférica Σ' centrada en F, cuyo radio es igual a la distancia $\overline{CB}$ que hay de Σ a Π. La superficie Σ' es tangente en D a la onda que tiene centro en A; es entonces tangente a toda onda secundaria originada en puntos de la superficie reflectora σ. Así, Σ' representa el frente de onda reflejado.

Podemos expresar este resultado diciendo que los rayos paralelos al eje de un espejo parabólico cóncavo se reflejan como rayos que pasan por su foco. En otras palabras, *el espejo parabólico produce en su foco la imagen real de una fuente puntual ubicada a gran distancia en dirección de su eje.* Por esta razón los espejos parabólicos son utilizados en la construcción de telescopios astronómicos. Por el principio de reversibilidad óptica, un espejo parabólico refleja rayos originados en el foco en dirección paralela a su eje. Esta propiedad es utilizada en la construcción de faros.

En forma similar puede demostrarse que un espejo cóncavo con forma de elipsoide de revolución alrededor de su eje mayor cambia una onda esférica que proviene de uno de sus focos F_1 en otra onda esférica que converge en el otro foco, F_2 (Fig. 2-19). En otras palabras *una fuente puntual ubicada en uno de los focos de un espejo elipsoidal tiene una imagen real en el otro foco.* La prueba se basa en el hecho de que la suma de las distancias a los focos es una constante para todos los puntos de una elipse. Los detalles se dejan para el lector.

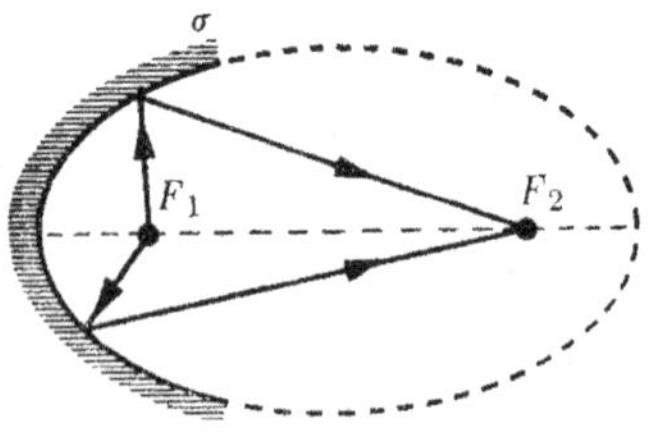

FIG. 2-19. Espejo elíptico.

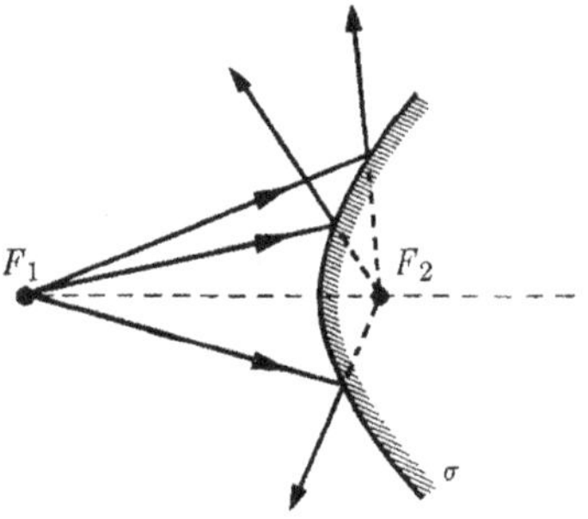

FIG. 2-20. Espejo hiperbólico.

Finalmente, señalamos sin demostración que un espejo convexo con forma de hiperboloide de revolución alrededor del eje que pasa por los focos produce en el foco interior F_2 una imagen virtual de una fuente puntual ubicada en el foco exterior F_1 (Fig. 2-20).

2-7. Espejos esféricos. Los espejos parabólicos, elípticos e hiperbólicos producen imágenes solamente si la fuente puntual se halla en uno u otro de los puntos conjugados. En este aspecto difieren del espejo plano, que produce imágenes de fuentes ubicadas en puntos arbitrarios. En un sentido estricto, solamente los espejos planos tienen más de un par de puntos conjugados: así, sólo un espejo plano puede producir la imagen de un objeto extenso. Sin embargo, en ciertas condiciones, un espejo curvo de dimensiones suficientemente pequeñas reflejará una porción de onda esférica originada en cualquier punto de una región limitada del espacio, en otra que es aún aproximadamente esférica. Para todos los propósitos prácticos, el espejo es entonces capaz de producir imágenes de objetos extensos.

De los diferentes tipos de espejos curvos, los esféricos son los más importantes desde un punto de vista práctico; en las próximas secciones estudiaremos con algún detalle las imágenes formadas por estos espejos. Consideremos primeramente el caso en que la superficie reflectora σ es una *porción grande* de esfera. En la figura 2-21 sea S la posición de la fuente, O el centro de curvatura (esto es, el centro de la esfera de la cual la superficie del espejo es parte), y A la intersección de la línea SO con la superficie del espejo. En la figura se muestra la construcción Σ' de la onda reflejada. Pero, con excepción del caso en que la fuente S está ubicada en el centro de curvatura O, la onda reflejada *no es esférica*; en otras palabras, los rayos reflejados no se intersectarán mutuamente en un único punto. Sin embargo, si la onda reflejada es cóncava, los rayos convergerán, antes de divergir nuevamente, en una superficie en que la concentración de luz alcanza su máximo. Dicha superficie es llamada la *cáustica*.

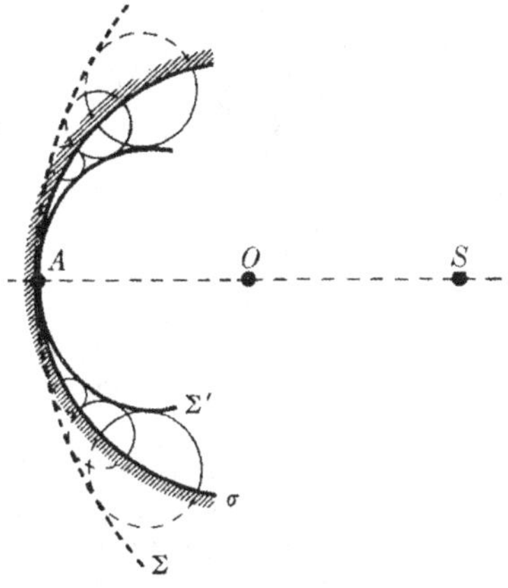

Fig. 2-21. Reflexión de una onda esférica en un espejo esférico.

La cáustica puede definirse en términos más precisos como sigue. Consideremos la intersección de la superficie σ del espejo con el plano que contiene a la fuente puntual S y al centro de curvatura O (fig. 2-22). Consideremos que la porción de superficie esférica σ es simétrica alrededor de la línea recta SO que intersecta σ en A. La onda reflejada es entonces una superficie de revolución alrededor de esta línea. Consideremos ahora dos rayos en el plano de la figura y que inciden sobre la superficie del espejo en dos puntos P y P' separados por una distancia muy pequeña. Los rayos reflejados correspondientes se cruzarán en un punto C. Todos los rayos reflejados en puntos del espejo intermedios entre P y P' se intersectarán prácticamente en el mismo punto C. (Rigurosamente, estos rayos pasan en un entorno ϵ de C, que es una cantidad infinitesimal de orden superior a la distancia $\overline{PP'}$; o sea, el cociente entre ϵ y $\overline{PP'}$ tiende a cero a medida que P' se aproxima a P). A medida que el par de puntos PP' se mueve a lo largo del arco de intersección entre el plano del dibujo y la superficie σ, el punto C describe una curva con un punto singular en S'.* La cáustica es la superficie de revolución obtenida rotando esta curva alrededor de la línea SA.

* Esta curva también puede definirse como el lugar geométrico de los centros de curvatura de la línea a lo largo de la cual el frente de onda reflejado Σ' intersecta al plano de la figura (véase fig. 2-21).

Procederemos ahora a investigar qué ocurre cuando la superficie reflectora se limita a una *pequeña porción* de esfera. Para este fin, imaginemos que la figura 2-22 es rotada un pequeño ángulo $\Delta\varphi$ alrededor de la línea SA. El pequeño arco PP' «barre» un elemento «rectangular» de la superficie esférica (Figura 2-23). Las dimensiones del rectángulo son $y\,\Delta\varphi$ y $\overline{PP'}$, donde y representa la distancia de P a SA. Al mismo tiempo, el punto C describe un pequeño arco

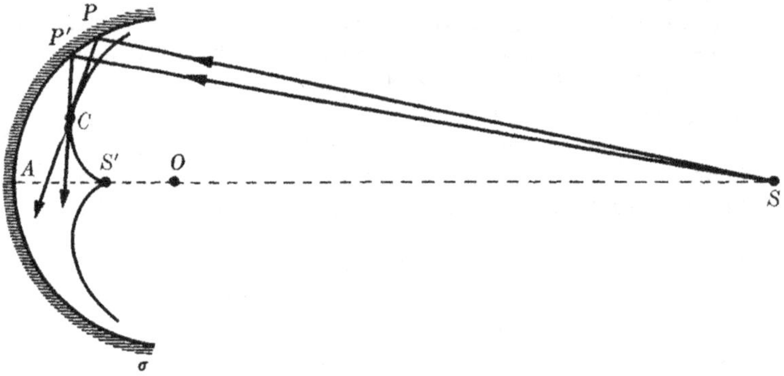

FIG. 2-22. Construcción de la cáustica.

de círculo, que, para los fines prácticos, puede ser considerado como un segmento de recta perpendicular al plano de la figura 2-22. Si z es la distancia de C a SA, la longitud de este segmento es $z\,\Delta\varphi$. Los rayos reflejados por el elemento rectangular generado por PP' se intersectan a lo largo de ese segmento. Supongamos que sólo esa pequeña porción de esfera es reflectora; en conse-

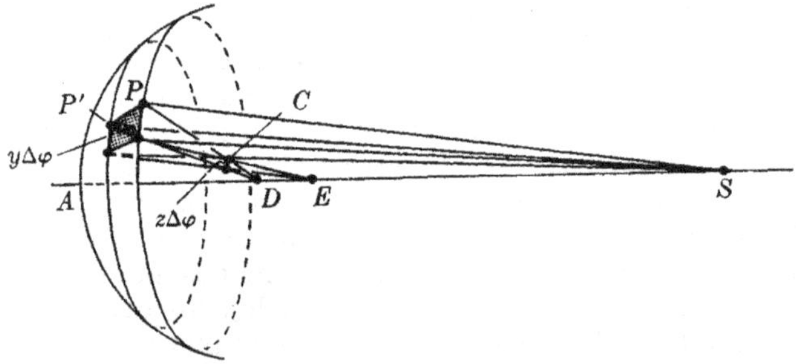

FIG. 2-23. Reflexión de rayos de una fuente puntual en una superficie esférica.

cuencia, en una pantalla que pase por C, aparecerá un segmento corto y brillante de longitud $z\,\Delta\varphi$. A medida que el elemento de superficie reflectora se mueve hacia el punto A, la longitud de este segmento tiende a cero; o sea, el segmento se reduce a un punto. Esto significa que, para todo fin práctico, una onda reflejada por un elemento de superficie cercano al eje SA, puede ser considerada como esférica. Expresamos este resultado diciendo que *un espejo esférico formará una imagen puntual de una fuente si las dimensiones del espejo son pequeñas comparadas con su radio de curvatura y si la fuente es colocada de tal manera que la reflexión sea casi perpendicular.*

2-8. Construcción de imágenes producidas por espejos esféricos. En lo que sigue supondremos que se satisfacen las condiciones para la formación de imágenes y procederemos a determinar su ubicación.

Supondremos primeramente que el espejo es cóncavo y que la fuente puntual se halla en S, entre el centro de curvatura O y la superficie reflectora (Figuras 2-24, 2-25). En este caso, el primer punto del espejo que es alcanzado por la onda incidente es A, punto de intersección de la línea SO con la superficie del espejo. En algún instante posterior, la onda habrá alcanzado todos los puntos de una región del espejo limitada por un círculo de un cierto radio $h = \overline{HK}$; este círculo es la intersección de la superficie esférica Σ (que representaría al frente de onda si el espejo estuviese ausente) con el espejo σ y también con la superficie Σ' (que representa el frente de onda reflejado). Si h es suficientemente pequeño, podemos suponer que Σ' es parte de una superficie esférica, como se explicó en la sección anterior. El centro S' de esta esfera es la imagen de S y S,

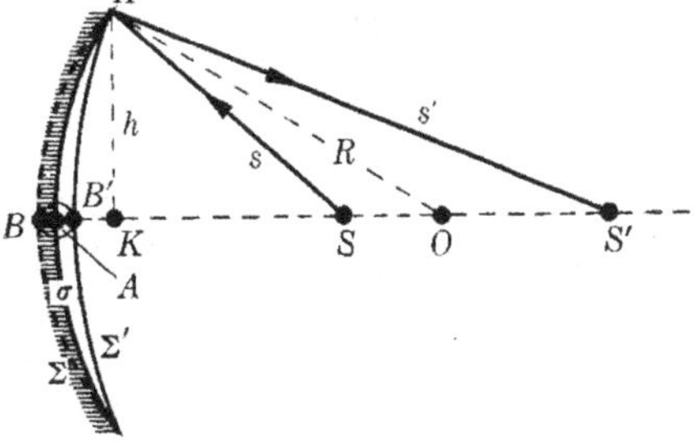

FIG. 2-24. Formación de una imagen real mediante un espejo cóncavo.

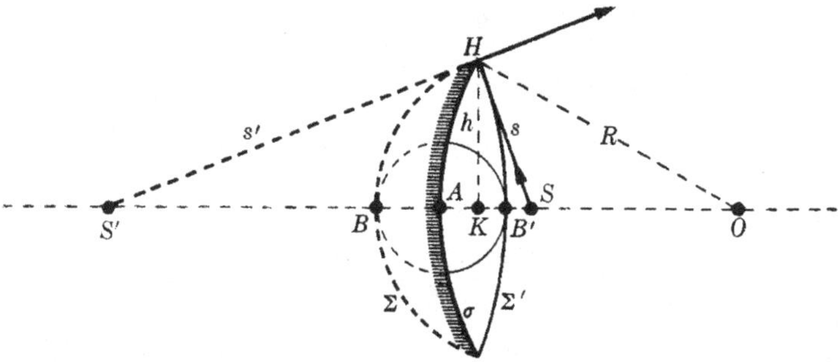

FIG. 2-25. Formación de una imagen virtual mediante un espejo esférico cóncavo.

S' y O son evidentemente colineales. Σ' puede ser cóncavo (Fig. 2-24) o convexo (Fig. 2-25) según la posición de la fuente y, en consecuencia, la imagen podrá ser real o virtual. En uno u otro caso, valen las siguientes relaciones:

$$\overline{BK} \cdot (2\,\overline{SB} - \overline{BK}) = h^2$$

$$\overline{AK} \cdot (2\,\overline{OA} - \overline{AK}) = h^2$$

$$\overline{B'K} \cdot (2\,\overline{S'B'} - \overline{B'K}) = h^2$$

donde B y B' son las intersecciones de Σ y Σ' con OA [estas ecuaciones son una consecuencia del «teorema de la flecha»; ver apéndice 1(d)].

Hemos supuesto que el espejo es una pequeña fracción de la superficie esférica. Si posteriormente suponemos que S no está demasiado próximo al espejo. las distancias $\overline{BK}$, $\overline{AK}$ y $\overline{B'K'}$ son muy pequeñas comparadas con $\overline{SB}$, $\overline{OA}$ y $\overline{S'B'}$. En consecuencia, las ecuaciones anteriores pueden ser escritas con suficiente aproximación como

$$2\,\overline{SB}\cdot\overline{BK}=h^2$$

$$2\,\overline{OA}\cdot\overline{AK}=h^2$$

$$2\,\overline{S'B'}\cdot\overline{B'K}=h^2 \tag{2-19}$$

Como $\overline{AB}=\overline{AB'}$, encontramos que en el caso de imagen real (Fig. 2-24) valen las siguientes ecuaciones:

$$\overline{BK}+\overline{B'K}=\overline{AK}+\overline{AB}+\overline{AK}-\overline{AB'}=2\,\overline{AK} \tag{2-20}$$

mientras que en caso de imagen virtual tenemos

$$\overline{BK}-\overline{B'K}=\overline{AK}+\overline{AB}-\overline{AB'}+\overline{AK}=2\,\overline{AK} \tag{2-21}$$

Si ahora denotamos con R el radio de curvatura $\overline{OA}$ del espejo, con s el radio $\overline{SB}$ de la onda incidente y con s' el radio $\overline{S'B'}$ de la onda reflejada (sea cóncava o convexa), encontramos, después de tener en cuenta las ecuaciones (1-19), que ambas (2-20) y (2-21) combinadas den:

$$\frac{1}{s}+\frac{1}{s'}=\frac{2}{R} \tag{2-22}$$

Como las distancias de B y B' al espejo son muy pequeñas comparadas con s y s', podemos considerar que *s y s' son las distancias de la fuente y la imagen a la superficie del espejo.*

Podemos usar la ecuación (2-22) para determinar cómo varía la posición de la imagen con la posición de la fuente. Así para $s=R$ (2-22) nos da $s'=R$, que expresa el hecho ya conocido de que rayos provenientes del centro de curvatura del espejo se concentran en el mismo punto. A medida que s disminuye desde R hasta $R/2$, s' se mantiene positiva y aumenta sin límite; esto es, la imagen es *real* y se mueve alejándose de O a lo largo de la línea SO. Para $s=R/2$, obtenemos $s'=\infty$, lo cual significa que rayos provenientes de un punto a mitad de distancia entre el centro de curvatura y el espejo se reflejan en un haz paralelo. Por el principio de reversibilidad óptica, concluimos que un espejo esférico concentra un haz de rayos paralelos en un punto F ubicado a mitad de distancia entre el centro de curvatura y la superficie del espejo (Fig. 2-26). Este punto se llama el *punto focal* del espejo correspondiente a una dirección dada del haz incidente; su distancia a la superficie del espejo es llamada la *distancia focal*. Denotando esta distancia con f, tenemos:

$$f = \frac{R}{2} \tag{2-23}$$

y podemos escribir como sigue la ecuación (2-22):

$$\frac{1}{s} + \frac{1}{s'} = \frac{1}{f} \tag{2-24}$$

Para $s < R/2$, (2-22) nos da $s' < 0$. En este caso, la imagen es virtual, o sea, la onda reflejada es convexa.

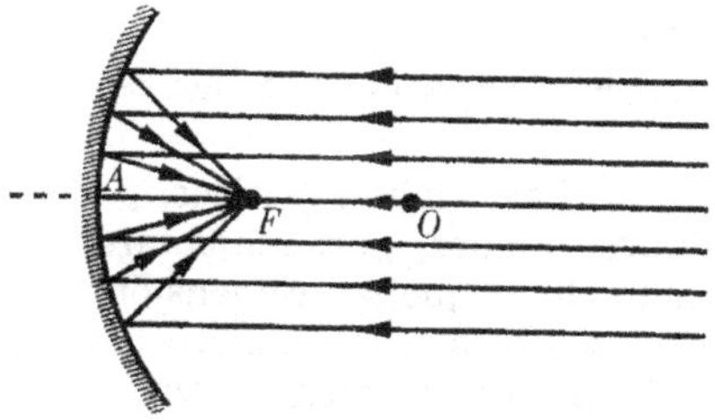

FIG. 2-26. Punto focal real de un espejo cóncavo esférico.

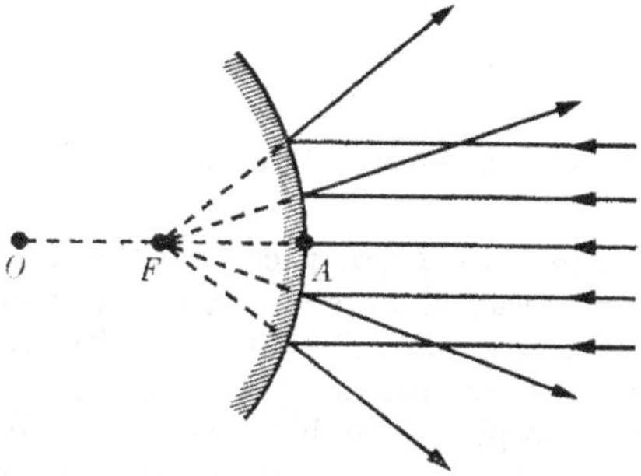

FIG. 2-27. Punto focal virtual de un espejo esférico convexo.

Para obtener la ecuación (2-22) hemos supuesto $s < R$. Sin embargo, los principios de reversibilidad y simetría de (2-22) con respecto a s y s' aseguran la validez de esta ecuación para todo valor de s. En consecuencia, cada punto del segmento de recta FO tiene un conjugado en el segmento que se extiende de O a infinito, y viceversa.

La ecuación (2-22) también es válida en el caso de *objetos virtuales*, o sea, cuando la onda esférica que incide sobre el espejo es cóncava. s representa nuevamente la distancia de A al centro de la onda incidente, pero ahora tomada con signo negativo.

Puede demostrarse también que (2-22) es válida para espejos convexos si el radio de curvatura R es tomado con signo negativo. En este caso, para cualquier valor positivo de s se obtiene un valor negativo de s'. Físicamente esto significa que un espejo convexo forma siempre una imagen virtual de un objeto real. En particular, un espejo convexo tiene distancia focal *negativa*; es decir, su punto focal está ubicado detrás de la superficie del espejo. De este punto divergen los rayos que inciden paralelos al eje del espejo (Fig. 2-27).

Ya hemos señalado que la fuente S y su imagen S' son colineales con el centro de curvatura O del espejo (véanse Figs. 2-24 y 2-25). A medida que la fuente se mueve de S a T sobre la superficie de la esfera centrada en O, la imagen se desplaza de S' a T' sobre la superficie de otra esfera, también centrada en O. De esta manera, un objeto bidimensional ubicado en la superficie de la primera esfera tendrá una imagen bidimensional en la superficie de la segunda esfera (Fig. 2-28). La condición para la producción de imágenes nítidas establecida al final de la sección precedente requiere que la superficie reflectora σ, el objeto ST y la imagen $S'T'$ se encuentren dentro de un cono doble de

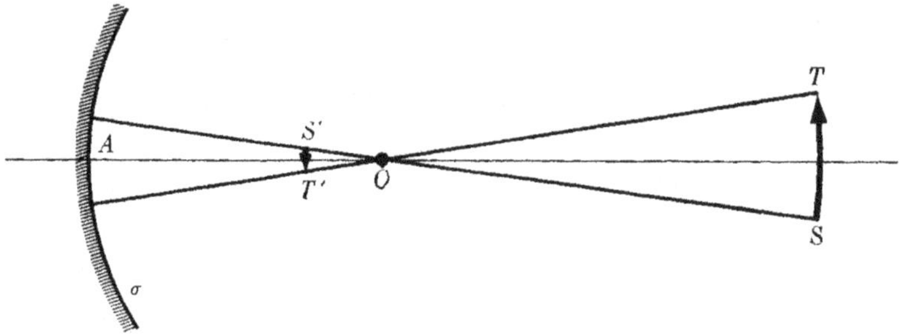

FIG. 2-28. Formación de la imagen de un objeto extenso mediante un espejo esférico.

pequeña abertura y con vértice en O (Fig. 2-28). Para fines prácticos, podemos considerar al objeto y a su imagen como figuras planas, perpendiculares a la recta OA. En definitiva, resulta que un objeto de pequeñas dimensiones que yace en un plano perpendicular a OA y cercano a esta línea, tiene su imagen en otro plano, también perpendicular a OA. El objeto y su imagen son semejantes, aunque en general de dimensiones diferentes. El cociente entre las dimensiones lineales de la imagen y del objeto es el aumento lateral; observemos en la figura 2-28 que el aumento lateral es igual al cociente de las distancias de la imagen y del objeto al punto O.

Para terminar esta sección, mostramos en la figura 2-29 una construcción sencilla para encontrar gráficamente la posición de la imagen. Consideremos una fuente puntual en S, a una distancia pequeña de la recta OF que une el foco F y el centro de curvatura O. Dibujamos los tres rayos siguientes: (a) SO, que

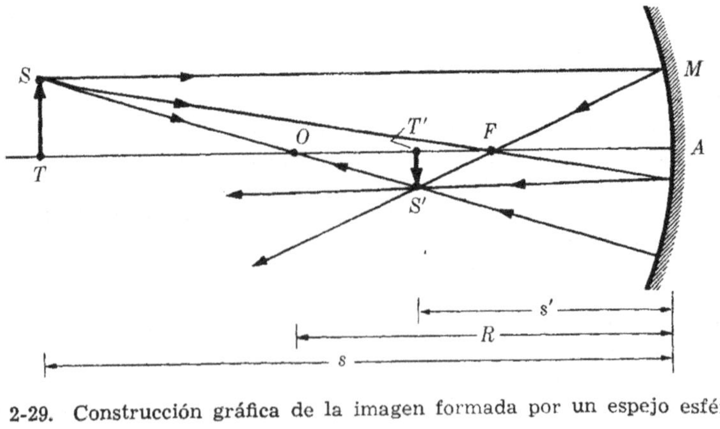

FIG. 2-29. Construcción gráfica de la imagen formada por un espejo esférico.

pasa por el centro de curvatura del espejo, (b) SM, paralelo al eje del espejo, (c) SF, que pasa por el punto focal. Utilizando las propiedades focales del centro de curvatura y del punto focal, dibujamos como sigue los tres rayos reflejados: (a) SO se refleja sobre sí mismo, (b) SM se refleja pasando por el punto focal F, (c) SF se refleja como un rayo paralelo a OF. La imagen de la fuente puntual es el punto común de intersección de los tres rayos reflejados. Si, en lugar de una fuente puntual tenemos una fuente extensa tal como ST, perpendicular a OA, podemos repetir el proceso para otros puntos de la fuente y obtenemos la imagen extensa $S'T'$, también perpendicular a OA. Para el caso particular dibujado en la figura 2-29, vemos que la imagen es real e invertida y tiene un aumento lateral menor que 1.

2-9. Aberraciones de espejos esféricos. Los resultados de la sección precedente se aplican solamente para el caso en que las dimensiones del espejo son pequeñas comparadas con el radio de curvatura y, en consecuencia, con su distancia focal. Para espejos esféricos que son circulares, definimos la *abertura relativa* como el cociente entre el diámetro del círculo y la distancia focal del

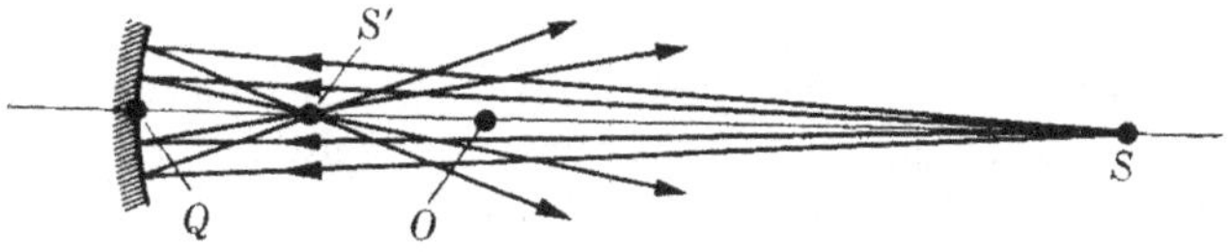

FIG. 2-30. Fuente ubicada en el eje de un espejo esférico de pequeña abertura.

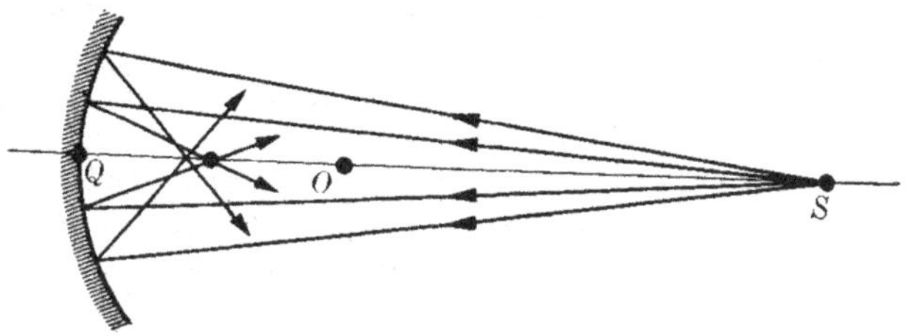

FIG. 2-31. Fuente ubicada en el eje de un espejo esférico de gran abertura.

mismo; podemos ahora expresar la condición anterior diciendo que un espejo esférico producirá imágenes nítidas de fuentes puntuales solamente si tiene una abertura relativa pequeña. Además, la fuente debe estar cerca de la línea QO que conecta el centro Q del espejo con el centro O de curvatura (Fig. 2-30). En esta sección describiremos brevemente las aberraciones que se observan cuando no se cumplen las condiciones mencionadas.

Si el espejo tiene una abertura relativa grande, la cáustica no se reducirá a un único punto; en lugar de ella aparecerá una mancha difusa con un punto brillante en su centro. Este indeseable efecto es llamado *aberración esférica.* Si la fuente se halla sobre la recta QO (Fig. 2-31), el disco iluminado es circular. Si la fuente no se halla sobre esta recta, el disco tiene forma elongada y a este efecto se le denomina *coma.* A pesar de que un espejo esférico de gran abertura no forma imágenes nítidas, éstas aparecerán nítidas (aunque distorsionadas) para un observador ubicado en el cilindro circular determinado por el espejo. La razón es que la pupila del ojo limita a un delgado pincel la luz recibida de cada punto de la fuente, de manera que sólo una pequeña porción de la superficie total del espejo es usada para formar la imagen de un punto dado.

Si el espejo tiene una pequeña abertura relativa pero la fuente está ubicada lejos de la línea *QO* (Fig. 2-32) se observa una aberración denominada *astigmatismo*. Como ya hemos visto, sobre una pantalla colocada apropiadamente (en el

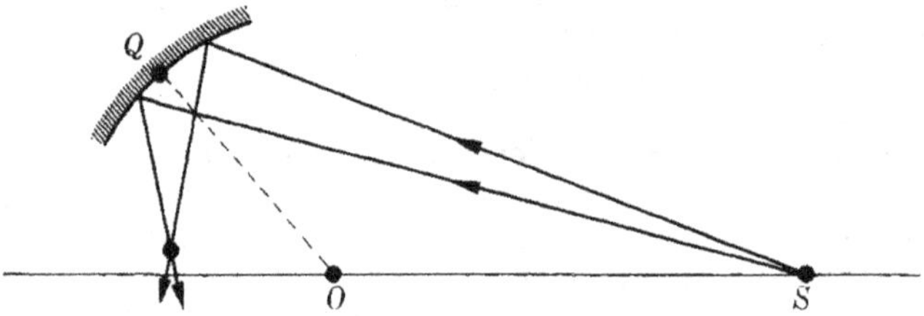

FIG. 2-32. Fuente ubicada fuera del eje de un espejo de pequeña abertura.

punto C de la Fig. 2-22), el espejo formará la imagen de una fuente puntual como un corto segmento perpendicular al plano que contiene a la fuente y a la línea *QO*. Puede demostrarse que a medida que la pantalla se aleja del espejo, la imagen varía desde el segmento mencionado a un pequeño círculo y luego nuevamente a un segmento, perpendicular al anterior.

2-10. Formación de imágenes por refracción en superficies planas y esféricas. Dijimos en la sección 1-9 que una onda plana que incide sobre una superficie plana de separación entre dos medios da lugar a la formación de una onda plana refractada. Sin embargo, la refracción de una onda esférica en una superficie plana no produce una onda esférica; podemos percibir objetos ubicados bajo el agua sólo debido a que la porción de onda refractada que pasa por la pupila del ojo es una fracción tan pequeña del frente de onda total que es indistinguible de una porción de esfera. En el caso de superficies de refracción esféricas, una onda plana o esférica en el primer medio no produce en general una onda plana o esférica en el segundo medio.* La onda refractada puede ser cóncava o convexa, dependiendo esto de la posición de la fuente, la curvatura de la superficie de separación y los índices de refracción de los dos medios. Una onda cóncava refractada da lugar a la formación de una cáustica similar a la producida por un espejo esférico de gran abertura.

Supóngase, sin embargo, que la onda esférica está convenientemente limitada de manera tal que todos los rayos incidentes y refractados forman pequeños ángulos con la línea que conecta la fuente con el centro de curvatura de la superficie refractante. Encontramos entonces que la onda refractada es práctica-

* Puede demostrarse que para cada superficie esférica de separación entre dos medios de índices de refracción dados, hay solamente dos puntos, llamados *puntos aplanáticos*, tales que una onda esférica centrada en uno de los puntos es cambiada por la refracción en otra onda esférica centrada en el otro punto (véase problema 2-23). En el caso límite de una superficie plana, los dos puntos aplanáticos se hallan en el infinito.

mente una esfera y podemos tomar a la imagen de la fuente como el centro de esta esfera. La imagen puede ser real (Fig. 2-33) o virtual (Fig. 2-34). Para determinar su posición, procedemos prácticamente como en el caso de la reflexión.

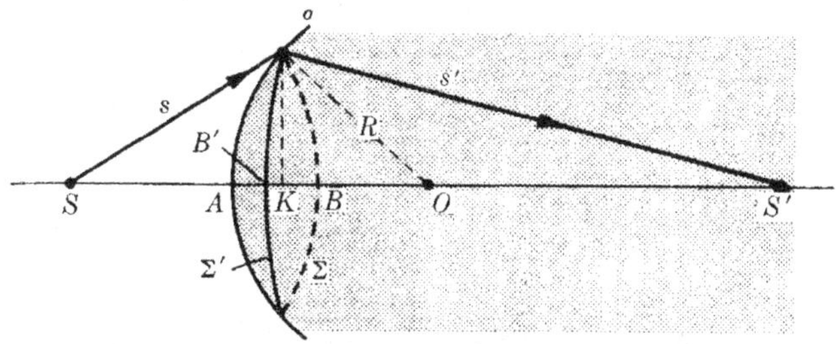

FIG. 2-33. Formación de una imagen real por refracción en una superficie esférica.

Consideremos, en un instante dado, el frente de onda refractado Σ' y la superficie Σ en la que se hallaría el frente de onda si no existiese la superficie y el medio fuese homogéneo.

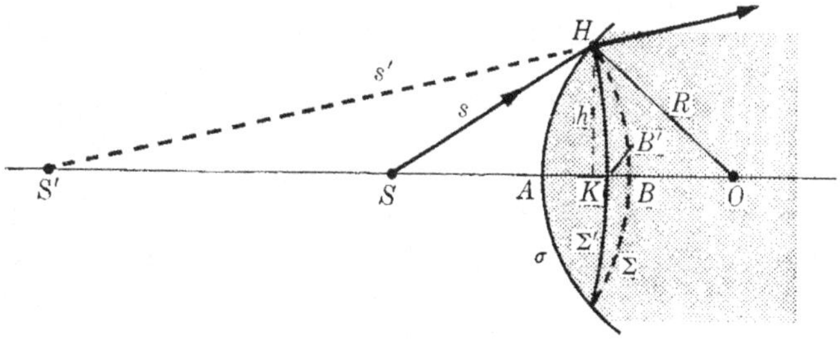

FIG. 2-34. Formación de una imagen virtual por refracción en una superficie esférica.

La superficie Σ es esférica con centro en S; Σ' puede considerarse también como esférica y cuyo centro S' representa la posición de la imagen. Ambas superficies se intersectan a lo largo de un círculo de radio $h = \overline{HK}$ que yace sobre la superficie refractante σ. Sean A, B y B' las intersecciones de σ, Σ y Σ' con la línea recta que une la fuente S con el centro de curvatura O de la superficie refractante σ. Valen las siguientes ecuaciones:

$$\frac{\overline{AB}}{\overline{AB'}} = \frac{n_2}{n_1} \tag{2-25}$$

$$\overline{BK} \cdot (2\,\overline{SB} - \overline{BK}) = h^2$$

$$\overline{AK} \cdot (2\,\overline{OA} - \overline{AK}) = h^2$$

$$\overline{B'K} \cdot (2\,\overline{S'B'} - \overline{B'K}) = h^2$$

Si $\overline{BK}$, $\overline{AK}$ y $\overline{B'K}$ son pequeños comparados con $\overline{SB}$, $\overline{OA}$ y $\overline{S'B}$, respectivamente, las últimas tres ecuaciones se convierten en:

$$2\,\overline{SB}\cdot\overline{BK}=h^2$$
$$2\,\overline{OA}\cdot\overline{AK}=h^2 \qquad (2\text{-}26)$$
$$2\,\overline{S'B'}\cdot\overline{B'K}=h^2$$

Vemos de las figuras 2-33 y 2-34 que

$$\overline{AB}=\overline{AK}+\overline{BK}$$

Además, si la onda refractada es cóncava (Fig. 2-33), tomemos

$$\overline{AB'}=\overline{AK}-\overline{B'K}$$

mientras que si la onda refractada es convexa (Fig. 2-34) se cumple

$$\overline{AB'}=\overline{AK}+\overline{B'K}$$

En ambos casos valen las siguientes ecuaciones:

$$\overline{AB}=\frac{h^2}{2}\left(\frac{1}{R}+\frac{1}{s}\right) \qquad \overline{AB'}=\frac{h^2}{2}\left(\frac{1}{R}-\frac{1}{s'}\right)$$

donde $R=\overline{OA}$ es el radio de curvatura de la superficie refractada, $S=\overline{SB}$ es el radio de la onda incidente y $s'=\overline{S'B'}$ es el radio de la onda refractada, positivo si la onda es cóncava y negativo si es convexa. Utilizando la ecuación (2-25), obtenemos entonces:

$$n_1\frac{h^2}{2}\left(\frac{1}{R}+\frac{1}{s}\right)=n_2\frac{h^2}{2}\left(\frac{1}{R}-\frac{1}{s'}\right)$$

o

$$\frac{n_1}{s}+\frac{n_2}{s'}=\frac{n_2-n_1}{R} \qquad (2\text{-}27)$$

Como las distancias desde B y B' al punto A de la superficie refractante son muy pequeñas comparadas con s y s', podemos considerar a s y s' como las distancias de la fuente y de la imagen a la superficie.

La ecuación (2-27) nos permite encontrar la posición de la imagen para cualquier posición de la fuente; la imagen es real si s' es positiva y virtual cuando s' es negativa. Esta ecuación se aplica también cuando la onda incidente es cóncava, o sea cuando la fuente es virtual. En este caso la distancia s debe considerarse negativa.

Al obtener la ecuación (2-27) hemos supuesto implícitamente que la superficie refractante σ es convexa hacia la fuente S. La ecuación es también válida para una superficie refractante cóncava si el radio de curvatura R es tomado con signo negativo.

Una onda plana incidente que es en el primer medio paralela a la recta OA se torna, después de la refracción, en esférica, con centro F_2 sobre dicha recta. A F_2 se lo denomina *segundo punto focal* correspondiente a una dada dirección. Si la onda refractada es cóncava, de manera que converge hacia F_2 (Fig. 2-35 a), el punto focal es *real*; si la onda refractada es convexa (Fig. 2-35 b), el punto

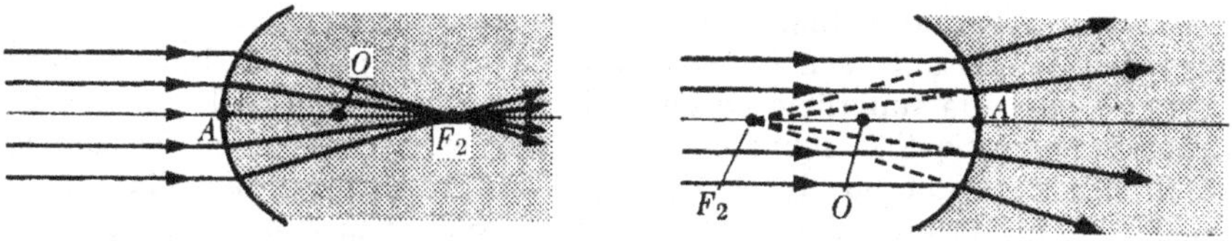

(a) (b)

Fig. 2-35. Puntos focales, (a) real y (b) virtual de una superficie refractora esférica.

focal es *virtual*. Análogamente, una onda plana que proviene del segundo medio y en dirección paralela a la recta AO se convierte, después de la refracción, en una onda esférica con centro en un punto F_1 ubicado sobre esta recta. F_1 es llamado el primer punto focal. Las distancias f_1 y f_2 de F_1 y F_2 a la superficie refractante son las *primera y segunda distancias focales*, respectivamente. Si reemplazamos $s = \infty$ y $s' = f_2$ en la ecuación (2-27) obtenemos la siguiente expresión para la distancia focal:

$$f_2 = \frac{n_2}{n_2 - n_1} R \tag{2-28}$$

Análogamente, la primera distancia focal resulta:

$$f_1 = \frac{n_1}{n_2 - n_1} R \tag{2-29}$$

En consecuencia, se cumple la relación $f_1/f_2 = n_1/n_2$. Nótese que siempre f_1 y f_2 tienen el mismo signo, o sea, que ambos son simultáneamente reales o virtuales. En el primer caso, la superficie refractante es *convergente* y en el segundo, *divergente*.

A partir de las ecuaciones (2-28) y (2-29) podemos escribir la (2-27) de la siguiente manera:

$$\frac{f_1}{s} + \frac{f_2}{s'} = 1 \tag{2-30}$$

Si $R = \infty$, o sea, si la superficie límite es plana, la (2-27) se convertirá en

$$\frac{s'}{s} = -\frac{n_2}{n_1} \tag{2-31}$$

Por ejemplo, como el índice de refracción del agua respecto del aire es del orden de 4/3, un observador que mira perpendicularmente a la superficie del agua verá a un objeto aproximadamente a 3/4 de su profundidad real. El signo menos en el miembro de la derecha de la ecuación (2-31) significa que en el caso aquí considerado la imagen de un objeto real es siempre virtual, o sea, que la refracción en una superficie plana no puede cambiar una onda divergente en convergente.

Volviendo al caso general de una superficie refractante esférica se ve de las figuras 2-33 y 2-34 que la fuente S, la imagen S' y el centro de curvatura O de la superficie refractante son colineales. Si la fuente puntual describe una trayectoria ST sobre la superficie de una esfera con centro en O, la imagen describirá una trayectoria $S'T'$ sobre otra superficie esférica, concéntrica con la primera (Fig. 2-36). Como en el caso del espejo esférico discutido en la sección 2-8, la imagen es nítida en todo punto sólo si ST, $S'T'$ y la superficie refractante σ

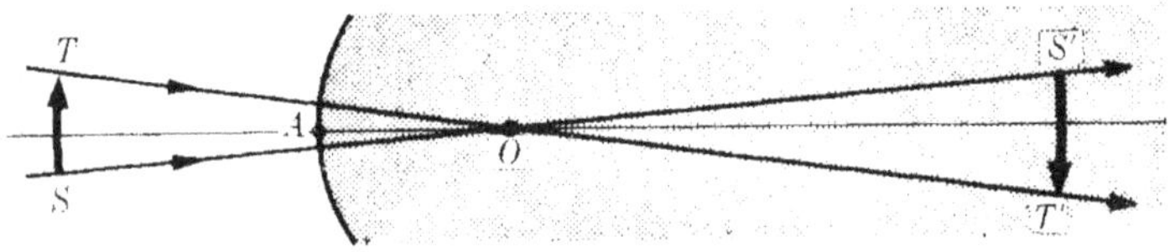

FIG. 2-36. Formación de la imagen de un objeto extenso mediante una superficie refractora.

yacen dentro de un cono doble de pequeña abertura con vértice en O. De esta manera podemos considerar a ST y $S'T'$ como figuras planas perpendiculares a cualquier línea recta tal como la AO que conecta al punto A de la superficie refractante con el centro de curvatura O. Además, se ve que el objeto y su imagen son geométricamente semejantes aunque, en general, de diferentes dimensiones y que el aumento lateral es igual al cociente de las distancias de la imagen y del objeto al punto O.

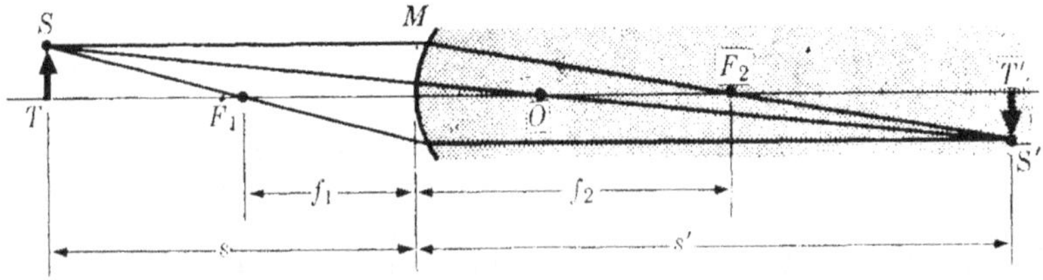

FIG. 2-37. Construcción de la imagen formada por una superficie refractora.

Como en el caso de la superficie reflectora, podemos determinar la posición de la imagen formada por la superficie refractante por medio de una simple construcción geométrica, una vez conocidas las posiciones de los puntos focales. Sean F_1 y F_2 los puntos focales correspondientes a una dada dirección y consideremos una fuente S ubicada en el primer medio cerca de la línea recta que pasa por F_1, F_2 y O (Fig. 2-37). De las propiedades de F_1, F_2 y O podemos notar que, (a) *el rayo SO dirigido hacia el centro de curvatura de la superficie refractante atraviesa esta superficie sin deflexión,* (b) *el rayo SM paralelo a* F_1F_2 *se refracta pasando por* F_2, (c) *el rayo* SF_1 *que pasa por* F_1 *se refracta paralelamente a* F_1F_2. La intersección de cualquier par de estos rayos determina la posición de la imagen.

2-11. Algunas propiedades generales de los sistemas ópticos. Consideremos un sistema óptico compuesto por una sucesión de medios de diferentes índices de refracción separados por superficies esféricas. Supongamos que los centros de curvatura de todas las superficies yacen sobre la misma línea recta, llamada el *eje* del sistema; además supongamos que el haz está limitado mediante diafragmas adecuados de manera que el sistema es atravesado sólo por *rayos paraxiales* (o sea, rayos cercanos al eje y aproximadamente paralelos a él). Así, para todos los fines prácticos, una onda esférica incidente permanece esférica cuando pasa a través de las sucesivas superficies refractantes y emerge del sistema como otra onda esférica cuyo centro es la imagen (real o virtual), producida por el sistema óptico.

La posición de la imagen puede determinarse mediante el siguiente procedimiento. Dada la posición de la imagen producida por la primera superficie refractante, usando el método descrito en la sección 2-10. Luego tratamos a esta imagen como si fuese una fuente colocada en el segundo medio y construimos la correspondiente imagen producida por la segunda superficie refractante. Repetimos este proceso con cada superficie, en el orden en que se hallan ubicadas. Nótese que algunas de las «fuentes» secundarias pueden ser virtuales, esto es el frente de onda puede ser *cóncavo*, en alguna de las superficies refractantes. Como ya lo hemos señalado, la ecuación (2-27) también se aplica en este caso, con el único aditamento que la distancia *s* de la fuente a la superficie debe tomarse con signo negativo.

En la práctica, no es necesario usar el engorroso procedimiento descrito anteriormente cuando deseamos determinar la posición de la imagen de una fuente puntual. Si consideramos solamente rayos paraxiales, las propiedades del sistema quedan completamente determinadas especificando la posición de cuatro puntos a lo largo del eje, llamados los dos *puntos focales* y los dos *puntos principales.*

Los dos puntos focales se determinan como sigue. Considérese una onda plana incidente del primer medio y en la dirección del eje óptico. La onda emergerá del sistema como onda esférica, cuyo centro es el *segundo punto focal* F_2 del sistema óptico. Este punto puede definirse como la imagen real o virtual de una fuente puntual ubicada en el infinito y en la dirección del eje óptico. Análogamente definimos el *primer punto focal* F_1 como la imagen real o virtual de una fuente puntual situada en el último medio, a una distancia infinita y en dirección del ojo. Los planos que pasan por F_1 y F_2 y que son perpendiculares al eje, se llaman *planos focales.*

Los dos puntos principales se definen de la manera siguiente (Fig. 2-38). Considérese una línea recta arbitraria *BB'* paralela al eje. Un rayo que se origina en el primer medio e incide sobre el sistema óptico en dirección paralela a *BB'* emerge del mismo modo como un rayo coplanar con *BB'* y pasando por el segundo punto focal F_2. Sea Q_2 la intersección de este rayo (o de su prolongación) con la línea BB'. Análogamente, un rayo originado en el segundo medio y que incide paralelo a BB', emerge pasando por el primer punto focal F_1. Sea Q_1 la intersección de este rayo (o su prolongación) con la línea BB'. Construimos dos planos perpendiculares al eje y que pasan por Q_1 y Q_2; sean P_1 y P_2 las intersecciones de estos planos con el eje. Estos dos planos se denominan *planos principales* y los puntos P_1 y P_2, *puntos principales*. La distancia $f_1 = \overline{F_1P_1}$ del primer punto focal al primer punto principal es la *primera distancia focal*, y la distancia $f_2 = \overline{F_2P_2}$ del segundo punto focal al segundo punto principal es la *segunda distancia focal*.

Podemos demostrar fácilmente que Q_1 y Q_2 son puntos mutuamente conjugados. Consideremos un haz de rayos que inciden desde la izquierda sobre el sistema óptico, pasando por el punto Q_1. Los rayos formarán un haz convergente si el punto Q_1 está a la derecha de la superficie refractante, como se muestra en

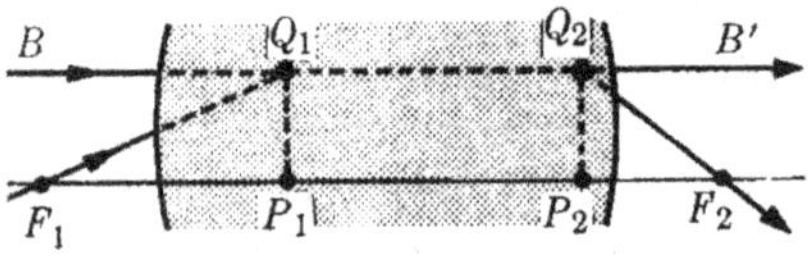

FIG. 2-38. Puntos focales (F_1, F_2) y puntos principales (P_1, P_2) de un sistema óptico.

la figura 2-38, y divergente si Q_1 está a la izquierda de la primera superficie; en ambos casos emergerán del sistema como rayos que pasan por un único punto, que es la imagen (real o virtual) de Q_1. Para ubicar la posición de la imagen es suficiente encontrar la intersección de dos rayos emergentes cualesquiera. Sabemos que el rayo incidente BQ_1 emerge del sistema a lo largo de la línea Q_2F_2 y que el rayo incidente F_1Q_1 emerge a lo largo de Q_2B'. Estos dos rayos emergentes se intersectan en Q_2; o sea, que Q_2 es la imagen de Q_1, resultando entonces Q_1 y Q_2 puntos ópticamente conjugados. En general, un punto del primer plano principal tiene su imagen en el segundo plano principal. Un punto y su imagen son coplanares con el eje.

Supóngase ahora que se conocen los puntos focales y principales de un sistema óptico; deseamos probar que con ellos todas las propiedades ópticas del sistema quedan completamente determinadas. Sea una fuente puntual ubicada en S (Fig. 2-39). Desde S dibujamos dos líneas rectas: una, paralela al eje, intersecta al primer plano principal en Q_1 y al segundo plano principal en Q_2; la

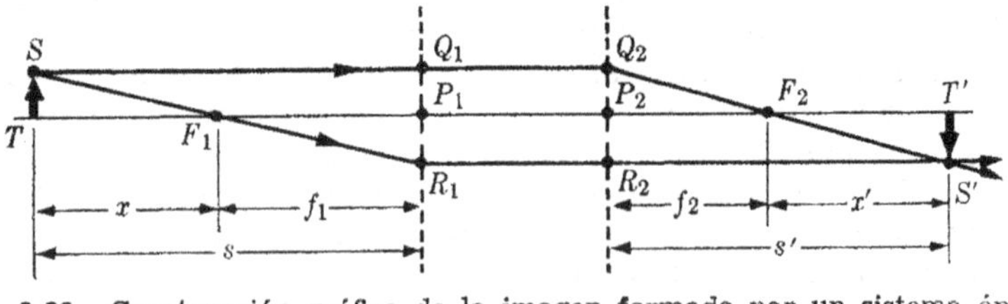

FIG. 2-39. Construcción gráfica de la imagen formada por un sistema óptico.

otra pasa por F_1 e intersecta al primer plano principal en R_1; a partir de R_1 dibujamos una recta paralela al eje; sea R_2 su intersección con el segundo plano principal. Finalmente, desde Q_2 trazamos una recta que pase por F_2. La imagen de la fuente S se halla ubicada en la intersección de las rectas Q_2F_2 y R_1R_2, que son obviamente coplanares. Para reconocer la validez del procedimiento anterior basta recordar que: (a) a cualquier rayo incidente que pase por F_1 y R_1, le corresponde un rayo emergente paralelo al eje y que pasa por R_2 (imagen de R_1), y (b), a cualquier rayo incidente paralelo al eje y que pase por Q_1 le corresponde un rayo emergente que pasa por F_2 y Q_2 (imagen de Q_1).

Designemos con s y s' las distancias de S y S' al primer y segundo plano principal respectivamente. De la figura 2-39 vemos que

$$\frac{f_1}{s}=\frac{\overline{P_1R_1}}{\overline{Q_1R_1}} \qquad \frac{f_2}{s'}=\frac{\overline{Q_2P_2}}{\overline{Q_2R_2}}$$

y, como $\overline{P_1R_1}+\overline{Q_2P_2}=\overline{Q_1R_1}=\overline{Q_2R_2}$, obtenemos

$$\frac{f_1}{s}+\frac{f_2}{s'}=1 \tag{2-32}$$

Si denotamos con x y x' las distancias de S y S' al primer y segundo planos focales respectivamente resulta

$$s=f_1+x, \qquad s'=f_2+x'$$

Sustituyendo estas expresiones en la ecuación (2-32), y después de algunas transformaciones algebraicas, obtenemos

$$xx'=f_1f_2 \tag{2-33}$$

Esta ecuación es a menudo llamada la *fórmula de Newton* para puntos conjugados.

Las ecuaciones (2-32) y (2-33) también se aplican para sistemas que además contienen superficies reflectoras; algunas de éstas pueden ser planas y perpendiculares al eje. Las superficies reflectoras simples (secc. 2-8) y las superficies refractoras simples (secc. 2-10) son casos particulares del sistema óptico general tratado aquí. En estos casos especiales, ambos planos principales coinciden en uno solo, que es tangente a la superficie reflectante o refractante respectivamente. Por lo tanto, las definiciones que hemos dado previamente para la distancia focal de una superficie reflectora esférica y para las dos distancias focales de una superficie refractora esférica concuerdan con la definición más general de f_1 y f_2 dadas en esta sección. Nótese que la ecuación (2-32) es formalmente idéntica a la ecuación (2-30) y resulta equivalente a la (2-24) si se coloca $f_1=f_2=f$. En el caso de una superficie refractora simple, la ecuación (2-33) se aplica sin ningún cambio; para una superficie reflectora simple es

$$xx'=f^2$$

Al discutir las propiedades de un sistema óptico es muy importante considerar el efecto de los *diafragmas* que limitan el haz de luz que atraviesa dicho sistema. Aunque no se coloquen pantallas exteriores en el camino del haz, cada superficie reflectora o refractante, debido a sus dimensiones finitas, actúa como un diafragma. La presencia de diafragmas tiene dos efectos distintos. El primero es limitar el ángulo sólido subtendido en la fuente por el haz que pasa por el sistema. El diafragma que controla este ángulo sólido determina qué fracción de la luz emitida por la fuente puede ser transmitida por el sistema; de esta manera, controla el brillo de la imagen. Se le denomina *freno de abertura.* El segundo efecto es limitar el campo de visión; o sea, las dimensiones de un objeto del cual el sistema puede producir una imagen completa. A este diafragma se le denomina *freno de campo.* En la sección 2-15 se encontrarán algunos ejemplos de la forma de trabajo de estos diafragmas.

2-12. Lentes. Un trozo de vidrio u otro material transparente limitado por dos superficies esféricas (o una superficie plana y otra esférica) forma un sistema óptico llamado *lente simple.* Cuando la distancia entre ambas superficies es pequeña respecto de los radios de curvatura, la lente se llama *delgada*; si esto no ocurre, la lente es *gruesa.*

La teoría de lentes delgadas en el aire es particularmente fácil de formular. Sea n el índice de refracción del material de la lente; tomemos además el índice de refracción del aire como unitario. Llamemos R_1 y R_2 (Fig. 2-40) a los radios de curvatura de las superficies de la lente, considerados como positivos o negativos según que las superficies sean convexas o cóncavas hacia la dirección de llegada de la onda luminosa. Supóngase que hay una fuente luminosa en S'

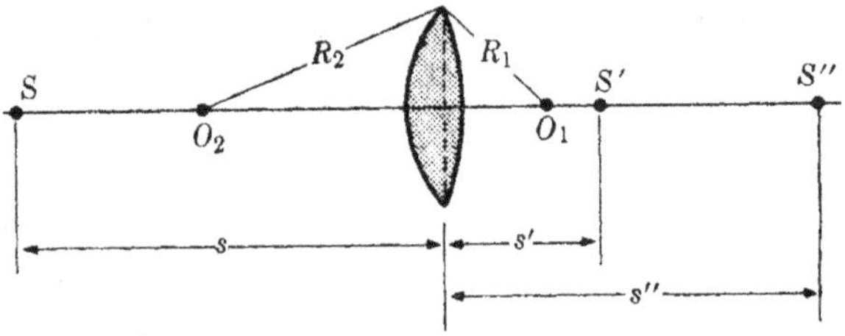

Fig. 2-40. Formación de imágenes mediante una lente delgada.

sobre el eje de la lente (o sea, sobre la línea recta que une O_1 y O_2, centros de curvatura de las superficies). Como la lente es delgada, podemos considerar que S está a la misma distancia s de ambas superficies; a s la denominamos «distancia a la lente». La refracción en la primera superficie esférica produce una imagen de la fuente en S'', cuya distancia s'' a la lente está determinada por el siguiente caso especial de la ecuación (2-27):

$$\frac{1}{s} + \frac{n}{s''} = \frac{n-1}{R_1} \qquad (2\text{-}34)$$

A continuación tratamos a la primera imagen como si fuera una fuente secundaria ubicada a una distancia $-s''$ de la superficie (notar que esta fuente es virtual si la primera imagen es real y real si la primera imagen es virtual), y consideremos la imagen de esta fuente, producida por la segunda superficie esférica. Esta imagen se halla a una distancia s' de la lente, dada por la ecuación

$$-\frac{n}{s''}+\frac{1}{s'}=\frac{1-n}{R_2} \tag{2-35}$$

Combinando las ecuaciones (2-34) y (2-35) obtenemos:

$$\frac{1}{s}+\frac{1}{s'}=(n-1)\left(\frac{1}{R_1}-\frac{1}{R_2}\right) \tag{2-36}$$

Para determinar las distancias focales f_1 y f_2 hacemos tender a infinito s o s' y resolvemos para la otra; con esto obtenemos

$$\frac{1}{f_1}=\frac{1}{f_2}=(n-1)\left(\frac{1}{R_1}-\frac{1}{R_2}\right) \tag{2-37}$$

Se ve, pues, que ambos puntos focales están a la misma distancia de la fuente. Si a esta distancia la señalamos con f, podemos escribir (2-36) así:

$$\frac{1}{s}+\frac{1}{s'}=\frac{1}{f} \tag{2-38}$$

A la magnitud $1/f$ se la denomina *poder dióptrico* de la lente; si la distancia focal se expresa en metros, el poder dióptrico queda medido en *dioptrías.*

La figura 2-41 ilustra la construcción geométrica de la imagen de una fuente puntual S que se halla cerca del eje de la lente delgada. El rayo SP que es paralelo al eje e intersecta al plano de la lente en P, se refracta como un rayo que pasa por PF_2, siendo F_2 el segundo punto focal. El rayo SF_1 que pasa por

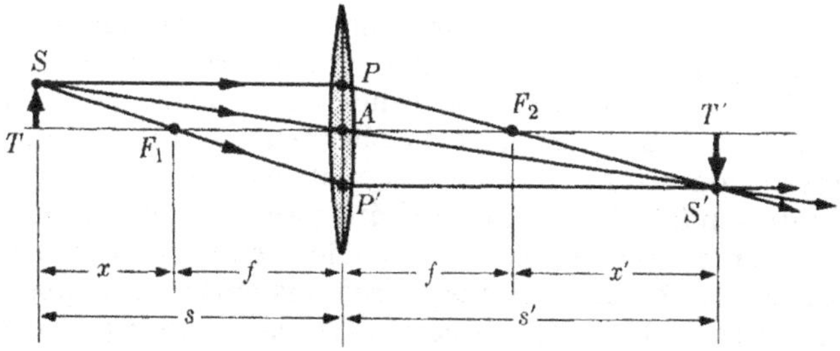

FIG. 2-41. Construcción gráfica de la imagen formada por una lente delgada.

el primer punto focal e intersecta al plano de la lente en P' se refracta como un rayo que pasa por P' y es paralelo al eje. Los dos rayos refractados se intersectan en S', lugar donde se halla la imagen; puede probarse fácilmente que la línea recta SS' pasa por el centro A de la lente. Si ahora consideramos una fuente extensa ST perpendicular al eje y su imagen $S'T'$ también como si fuese perpendicular al eje, vemos que *el aumento lateral es igual al cociente entre las distancias de la imagen y del objeto a la lente.* Nótese que para lentes delgadas, los dos planos principales coinciden con el plano de la lente.

Las lentes son convergentes o divergentes según que las distancias focales sean positivas o negativas; la figura 2-42 muestra los perfiles de varias lentes convergentes y divergentes. La ecuación (2-38) nos muestra que una lente divergente siempre nos da una imagen virtual de una fuente real y que una lente convergente, sin embargo, da una imagen real o virtual según que el objeto esté a una distancia de la lente mayor o menor que la distancia focal. Para $s=2f$, la

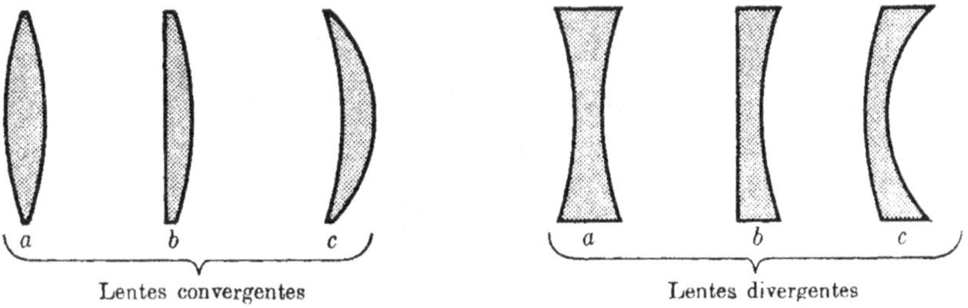

FIG. 2-42. Distintas clases de lentes. Convergentes: (a) doble convexa (biconvexa), (b) plano-convexa, (c) menisco convergente. Divergentes: (a) doble cóncava (bicóncava), (b) plano-cóncava, (c) menisco divergente.

ecuación (2-38) nos da $s'=2f=s$. En consecuencia, un objeto ubicado a una distancia de la lente igual al doble de la distancia focal, tiene una imagen real ubicada también a una distancia doble de la distancia focal. En este caso el objeto y la imagen tienen igual tamaño. A medida que el objeto se mueve de $s=2f$ a $s=f$, la imagen se mueve de $s'=2f$ a infinito y se agranda progresivamente. Cuando el objeto se mueve de $s=2f$ a $s=\infty$, la imagen se mueve de $s'=2f$ a $s'=f$ y se va achicando progresivamente hasta reducirse a un punto.

La abertura relativa de una lente se define como el diámetro dividido por la distancia focal. La teoría de las lentes delgadas desarrolladas anteriormente es válida solamente para lentes de pequeña abertura relativa y para fuentes próximas al eje. Si la abertura relativa es grande o las fuentes se hallan lejos del eje, una lente simple exhibirá las mismas aberraciones que afectan a los espejos esféricos (aberración esférica, coma, astigmatismo). Además, a diferencia de los espejos, la lente tendrá *aberración cromática* (véase sección 2-14). Tales aberraciones pueden ser corregidas en gran medida, aunque no completamente, mediante el uso de *lentes compuestas,* o sea, sistemas de lentes colocadas unas después de las otras a lo largo del camino de la luz. Sin embargo, aun después que las aberraciones mencionadas han sido corregidas, quedan otros efectos indeseables. A menudo la imagen de un objeto plano yace sobre una superficie curva *(curvatura de campo)*. Otras veces, aunque la imagen de un objeto plano perpendicular al eje esté en un plano perpendicular al eje, el objeto y su imagen no son figuras geométricamente semejantes; por ejemplo, la imagen de una línea recta puede ser una curva *(distorsión)*. El estudio detallado de las aberraciones y de los diferentes métodos que se usan para corrección está fuera del alcance de este libro.

2-13. El prisma. Otro simple y bien conocido instrumento de óptica es el *prisma*. Un haz de rayos paralelos que atraviesa a un prisma sufre dos refracciones, una en la cara de entrada y otra en la de salida; como la refracción de una onda plana por una superficie plana da lugar a otra onda plana, el haz emerge nuevamente paralelo.

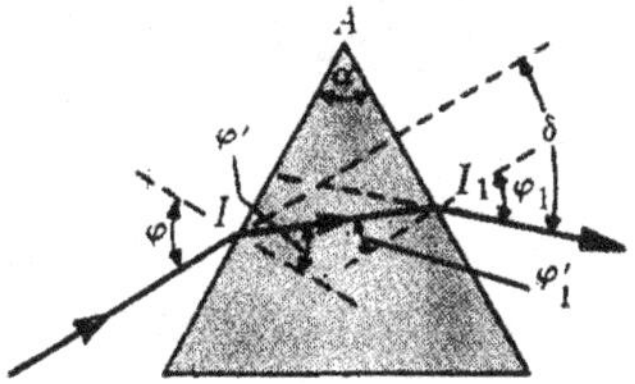

FIG. 2-43. Prisma.

Sea δ el ángulo de desviación (o sea, el ángulo entre el haz incidente y el emergente); si suponemos que el prisma está sumergido en aire, este ángulo depende del índice de refracción n del material del prisma, del ángulo α entre las dos superficies refractantes y del ángulo de incidencia φ. Para calcular δ, nos referiremos a la figura 2-43, en la cual vemos que

$$\delta = (\varphi - \varphi') + (\varphi_1 - \varphi'_1) \tag{2-39}$$

Consideremos el triángulo AII_1 y señalemos las siguientes relaciones angulares:

$$< AII_1 = \frac{\pi}{2} - \varphi', \qquad < AI_1I = \frac{\pi}{2} - \varphi'_1, \qquad < IAI_1 = \alpha$$

de las cuales se ve que

$$\left(\frac{\pi}{2} - \varphi'\right) + \left(\frac{\pi}{2} - \varphi'_1\right) + \alpha = \pi$$

o sea,

$$\varphi' + \varphi'_1 = \alpha \tag{2-40}$$

La ecuación (2-40), junto con la (2-39), da la relación

$$\delta = \varphi + \varphi_1 - \alpha \tag{2-41}$$

Las ecuaciones (2-40) y (2-41), junto con las conocidas relaciones

$$\frac{\operatorname{sen}\varphi}{\operatorname{sen}\varphi'} = n, \qquad \frac{\operatorname{sen}\varphi_1}{\operatorname{sen}\varphi'_1} = n, \tag{2-42}$$

determinan δ como función de φ. No escribiremos la solución explícita para el caso general. Notemos sin embargo, que cuando φ, φ_1 y α son suficientemente pequeños, las ecuaciones (2-42) se convierten en

$$\varphi = n\varphi', \qquad \varphi_1 = n\varphi'_1 \tag{2-43}$$

Eliminando φ' y φ'_1 entre estas ecuaciones y la (2-40) obtenemos

$$\varphi + \varphi_1 = n\alpha \tag{2-44}$$

y de (2-41) obtenemos finalmente

$$\delta = (n-1)\alpha \tag{2-45}$$

En este caso especial que estudiamos la desviación es independiente del ángulo de incidencia.

En el caso general, encontramos que a medida que el ángulo de incidencia decrece a partir de 90°, el ángulo de desviación disminuye y luego aumenta, pasando por un mínimo. La desviación mínima ocurre cuando el haz de luz atraviesa al prisma en una dirección perpendicular al plano que bisecta al ángulo α formado por las dos superficies refractantes; el ángulo de incidencia es igual al de emergencia. En este caso las ecuaciones (2-40) y (2-41) darán:

$$\varphi' = \varphi'_1 = \frac{\alpha}{2} \qquad \varphi = \varphi_1 = \frac{\delta + \alpha}{2}$$

de las cuales obtenemos

$$\frac{\text{sen}\,[\frac{1}{2}(\delta + \alpha)]}{\text{sen}\,(\alpha/2)} = n \tag{2-46}$$

Esta ecuación sugiere un método simple y preciso para la determinación experimental del índice de refracción de una sustancia transparente.

2-14. Dispersión. Como ya se mencionó en la sección 1-1, el índice de refracción de una sustancia es levemente distinto para diferentes colores, siendo mayor para la luz azul, y menor para la roja, e intermedio para la amarilla. Este efecto, llamado *dispersión,* es el responsable del espectro coloreado que se observa cuando la luz blanca pasa por un prisma.*

El instrumento utilizado para observar espectros luminosos es el *espectroscopio*; sus partes esenciales se señalan en la figura 2-44. S es una ranura iluminada, paralela al borde del prisma y ubicada en el primer plano focal de la lente L_1; L_2 es una segunda lente convergente, y D es una pantalla blanca ubicada en el segundo plano focal de la lente L_2. Si la luz incidente es monocromática, este sistema óptico producirá una imagen real sobre la pantalla de

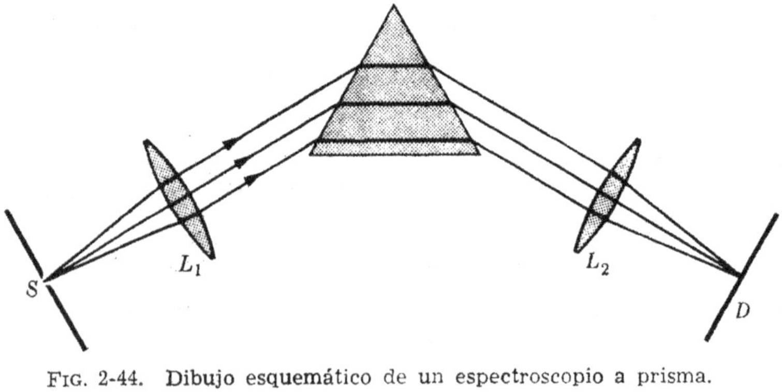

FIG. 2-44. Dibujo esquemático de un espectroscopio a prisma.

* Veremos más adelante (sección 3-6) que los diferentes colores corresponden a diferentes longitudes de onda de las ondas luminosas sinusoidales emitidas por una fuente. Un medio dispersivo es aquel en que el índice de refracción (y, en consecuencia, la velocidad de propagación) es función de la frecuencia; para una analogía mecánica, véase la sección 1-3 d) y el apéndice 2 d).

la ranura S; si la luz contiene más de un color, aparecerá un correspondiente número de imágenes separadas. En el caso de luz blanca, se observa una banda continua formada por colores que van del rojo en el extremo más próximo a la dirección del haz no desviado, al azul en el extremo más lejano. Esta banda es en realidad una serie de imágenes de la ranura, cada una de color distinto y desviada un ángulo diferente.

Consideremos un prisma con ángulo suficientemente pequeño de manera que se cumpla la ecuación (2-45). Mediante ella vemos que el *ancho* del espectro es proporcional a la diferencia de los índices de refracción para la luz roja y para la luz azul, mientras que la deflexión media depende del valor medio del índice de refracción n y en consecuencia es proporcional a $n-1$. La tabla 2-1 nos da la cantidad $n-1$ para dos diferentes clases de vidrio (flint y crown) para tres colores diferentes conocidos como la línea C de Fraunhofer (rojo), la línea D de Fraunhofer (amarillo) y la línea F de Fraunhofer (azul).

TABLA 2-1

VALORES DE $n-1$ PARA TRES LÍNEAS ESPECTRALES DIFERENTES

	C	D	F
Flint	0,644	0,650	0,665
Crown	0,517	0,520	0,527

Vemos que el valor medio de $n-1$ es alrededor de 20 % mayor para el vidrio flint que para el crown; sin embargo, la diferencia entre los valores de n correspondientes a las líneas azul y roja es aproximadamente el doble para el flint que para el crown. Entonces un prisma de vidrio flint produce un espectro de un ancho aproximadamente doble al producido por un prisma crown de la misma forma, aunque la deflexión media sea sólo un 20 % mayor. Este fenómeno se utiliza en la construcción de *prismas acromáticos*, esto es, de prismas que deflectan un haz de luz blanca sin separarlo en rayos de diferentes colores. Un prisma crown de ángulo refractante α seguido de un prisma flint de ángulo aproximado a $\alpha/2$ formarán un prisma acromático si están dispuestos de tal manera que deflecten el haz incidente en direcciones opuestas, porque el prisma flint compensará la dispersión del prisma crown mientras que sólo parte de la deflexión producida por el prisma flint será compensada por la deflexión opuesta del prisma crown. (Estrictamente, mediante una elección apropiada de los dos ángulos refractantes podemos obtener deflexiones *idénticas* para dos líneas espectrales arbitrarias; por ejemplo, para las líneas C y F, pero deflexiones *aproximadamente* iguales para rayos de otros colores.)

Un método similar se utiliza para corregir la *aberración cromática* de las lentes. La distancia focal de una lente es inversamente proporcional a $n-1$ [ver ec. (2-37)] y por consiguiente distinta para diferentes colores; así pues, la lente formará una serie de imágenes separadas de una fuente monocromática, una para cada color. Consideremos sin embargo, un sistema formado por una lente convergente crown y una lente divergente flint, siendo además el poder dióptrico de la segunda lente mitad del de la primera. El sistema será convergente; su distancia focal aproximadamente la misma para todos los colores y de un valor algo mayor que la de la lente crown sola.

La dispersión explica el arco iris que aparece en el cielo cuando las nubes se abren y a través de ellas el sol ilumina las gotitas de agua suspendidas en el aire. La teoría del fenómeno es muy complicada, pero podemos dar aquí un breve resumen de sus resultados cualitativos. Consideremos un haz de rayos paralelos que golpea sobre una gota esférica de agua (Fig. 2-45). Parte del haz penetra en la gota y emerge después de haber sufrido una o más reflexiones internas; concentremos nuestra atención en los rayos que experimentan una sola reflexión. El ángulo de desviación δ, o sea el ángulo entre el rayo incidente y el emergente, depende del

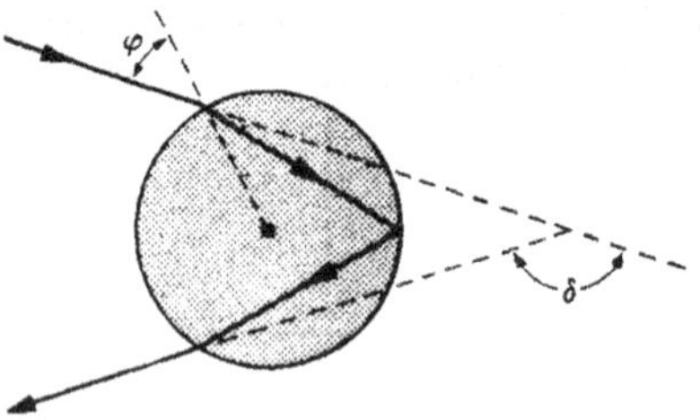

FIG. 2-45. Refracción y reflexión interna de la luz en una gota de agua.

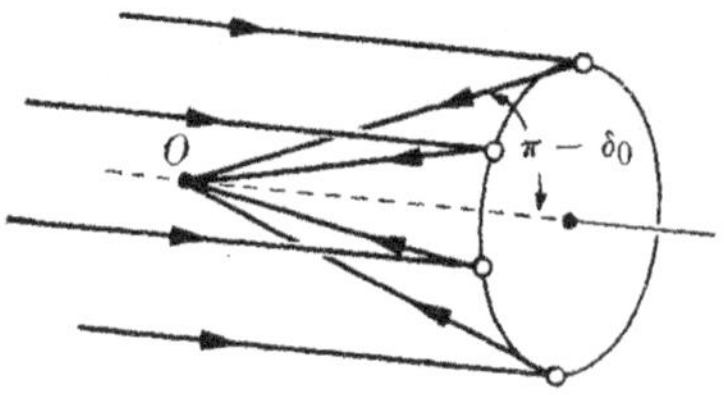

FIG. 2-46. Formación del arco iris.

ángulo de incidencia φ; la teoría muestra que para un cierto valor φ_0 del ángulo de incidencia, δ tiene un valor máximo δ_0 que es función del índice de refracción, es decir, es diferente para diferentes colores. El haz de rayos paralelos golpea los diferentes puntos de la superficie de la gota con ángulos diversos, de manera que el haz incidente se dispersa en distintas direcciones; sin embargo, habrá un máximo de concentración de luz en las direcciones correspondientes al ángulo máximo de desviación δ_0. Esta aseveración puede justificarse de la manera siguiente. Para dos rayos que inciden con ángulos levemente diferentes φ y $\varphi + \Delta\varphi$, corresponden dos rayos que emergen con ángulos también levemente diferentes δ y $\delta + \Delta\delta$. $\Delta\delta$ y $\Delta\varphi$ son cantidades infinitesimales del mismo orden excepto en $\varphi = \varphi_0$, donde δ es un máximo, de manera que su derivada respecto de φ es nula. En $\varphi = \varphi_0$, $\Delta\delta$ es una cantidad infinitesimal de orden superior a $\Delta\varphi$, lo que significa que el cociente $\Delta\delta/\Delta\varphi$ tiende a cero con $\Delta\varphi$; en consecuencia, dos rayos que inciden con ángulos apreciablemente diferentes, sufrirán prácticamente la misma desviación.

Investiguemos ahora cómo aparecerá la luz refractada por las gotitas para un observador situado en algún punto O. Consideremos un cono circular que tiene su vértice en O y su eje en la dirección de los rayos solares (Fig. 2-46); sea $\pi - \delta_0$ el semiángulo de este cono, donde δ_0 es el ángulo de desviación máxima para rayos de un color dado, por ejemplo, el rojo. La luz roja del sol será entonces fuertemente refractada en dirección al observador sólo por gotas que yacen en la superficie de este cono; consecuentemente, el observador verá en el cielo un ángulo circular rojo, que tiene centro en la dirección opuesta al sol y que subtiende un ángulo igual a $\pi - \delta_0$. Arcos semejantes, de diferentes colores, aparecerán con ángulos algo diferentes. Los cálculos muestran que es $\delta_0 = 138°$ para la luz roja, y 140° para la luz violeta; es, pues, de 41° el ángulo medio subtendido por el arco iris y de 2° su ancho angular. Los colores siguen la sucesión espectral, con el violeta en el interior y el rojo en el exterior.

Hemos considerado solamente rayos que sufren una sola reflexión interna en las gotas de agua. Rayos que han tenido dos reflexiones internas dan lugar a un arco mucho más angosto, concéntrico con el principal, pero de radio mayor y con los colores con el orden invertido.

2-15. Instrumentos ópticos. El ojo. En gran medida, la ciencia de la óptica geométrica consiste en el diseño de instrumentos ópticos y en el estudio de sus modos de operación; en esto se incluye la discusión detallada de las distintas aberraciones de espejos y lentes y los métodos utilizados para minimizar estos efectos indeseables. En esta sección discutiremos brevemente los aspectos de estos tópicos que se necesitan para entender claramente los experimentos en que se utilizan instrumentos de óptica.

(a) *El ojo.* En muchos aspectos, el ojo es el más notable de los instrumentos ópticos. En la figura 2-47 se muestra esquemáticamente un corte del ojo humano. El ojo está protegido del exterior por una membrana pesada y opaca, de forma aproximadamente esférica; la parte de esta membrana que se halla en el frente del ojo, llamada la *córnea,* es transparente y tiene un radio de curvatura menor que el resto. Detrás de la córnea hay un diafragma llamado *iris* y que es el freno de abertura (véase sección 2-11) del ojo; la *pupila,* un agujero en el centro del iris, automáticamente se contrae o dilata según que la luz aumente o disminuya. Inmediatamente detrás del iris está la *lente cristalina,* que consiste en una sustancia elástica y gelatinosa, cuyo índice de refracción aumenta continuamente del exterior al interior y con un valor medio algo mayor que el del agua. La curvatura de las dos caras de esta lente es controlada por el *músculo ciliar,* unido a ella mediante ligamentos. El espacio entre la córnea y la lente cristalina está lleno de una sustancia líquida y clara llamada *humor acuoso*; el espacio que hay detrás de la lente cristalina está ocupado por otra sustancia clara, suave y gelatinosa, llamada *humor vítreo.* Ambas sustancias tienen prácticamente el mismo índice de refracción que el agua.

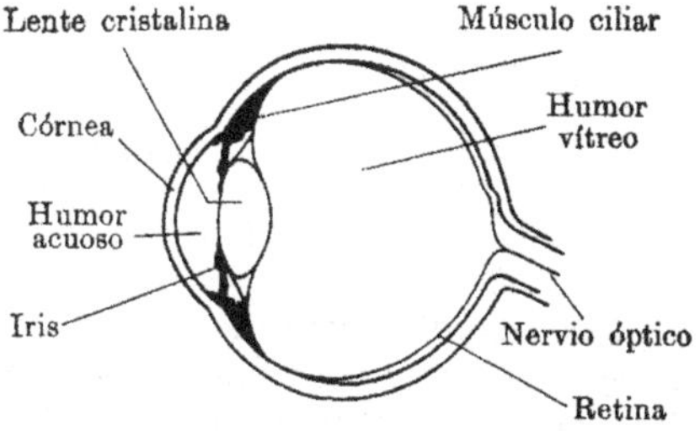

FIG. 2-47. El ojo.

La córnea, el humor acuoso, la lente cristalina y el humor vítreo forman un sistema óptico que produce imágenes reales de los objetos exteriores sobre la *retina,* un film que recubre la mayor parte de la superficie interna del ojo. La retina está compuesta por los extremos terminales del nervio óptico y las imágenes formadas sobre la misma son transmitidas al cerebro mediante dicho nervio. (Sin embargo, sólo una pequeña región de la retina es capaz de producir sensaciones visuales nítidas.)

En el ojo normalmente relajado, el segundo punto focal del sistema óptico yace sobre la retina, de manera que el ojo está enfocado en objetos en el infinito. La percepción de objetos próximos es hecha posible por la contracción de los músculos ciliares, que aumentan la curvatura y consecuentemente el poder dióptrico de la lente cristalina; este proceso se llama *acomodación.* La posición más cercana de un objeto cuya imagen nítida puede ser formada sobre la retina es llamada el *punto cercano* o próximo del ojo; debido a una pérdida progresiva de elasticidad del cristalino (condición conocida como *presbicia*), la distancia del punto cercano aumenta gradualmente con la edad desde aproximadamente 7 cm a los 10 años hasta 200 cm a los 60 años. En un adulto joven con visión normal, es de unos 25 cm.

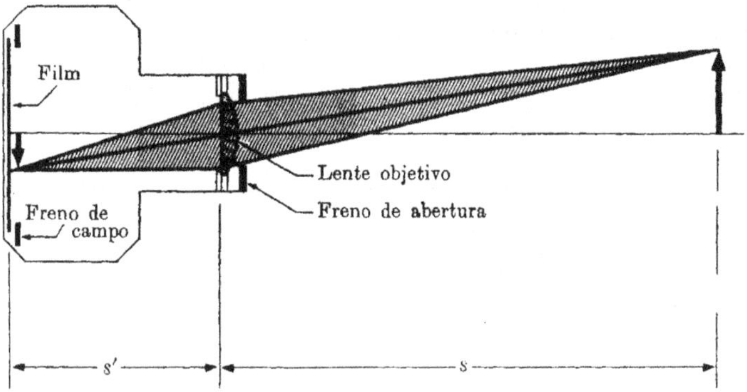

FIG. 2-48. Cámara fotográfica.

Dos defectos comunes de la visión son la *miopía* y la *hipermetropía*. El ojo miope es más largo que el normal, de manera que en la posición relajada la imagen de un objeto en el infinito se forma delante de la retina; el ojo hipermétrope es más corto que el normal y la imagen de un objeto en el infinito se forma detrás de la retina. La miopía puede corregirse con una lente divergente y la hipermetropía con una convergente.

(b) *La cámara fotográfica.* Entre los instrumentos ópticos, el que más se asemeja al ojo por su modo de operación es la cámara fotográfica. Lo esencial de la parte óptica de una cámara es una lente convergente, el *objetivo*, que forma una imagen real de los objetos externos sobre un film sensible. El campo de visión está determinado por un diafragma rectangular colocado inmediatamente delante del film; este diafragma es el *freno de campo*, como ya se definió en la sección 2-11. El *freno de abertura* es un diafragma de abertura variable colocado inmediatamente delante o inmediatamente detrás del objetivo, o algunas veces, cuando el objetivo es compuesto, entre los componentes del mismo.

La cantidad de luz que llega a la lente proveniente de una fuente dada es proporcional al brillo * de la fuente y al ángulo sólido subtendido por el freno de abertura en la fuente. Si D es el diámetro del freno de abertura y si la fuente está próxima al eje de la lente y a una distancia $s \gg D$ de ella, este ángulo sólido es igual a $D^2/4s^2$. El brillo de la imagen está determinado por la cantidad de luz *por unidad de área* que incide. Para un brillo dado de la fuente, el brillo de la imagen es pues inversamente proporcional a su área, es decir, inver-

* El *brillo* de una fuente es el número de lúmenes emitidos por estereorradián y por área unitaria; la *iluminación* de una superficie es el número de lúmenes por unidad de área que inciden sobre la superficie.

samente proporcional a su aumento lateral. Como el aumento es igual a s'/s (véase sección 2-12), concluimos finalmente que el brillo de la imagen es proporcional a

$$\frac{D^2}{s^2}\cdot\frac{s^2}{s'^2}=\frac{D^2}{s'^2}$$

Para objetos distantes, s' es prácticamente igual a la distancia focal; el valor máximo de D es el diámetro del objetivo. Por consiguiente, el brillo de la imagen obtenida con la mayor abertura del diafragma es proporcional al cuadrado del diámetro del objetivo dividido por el cuadrado de la distancia focal. El cociente D/f es la abertura relativa de la lente, tal como se la definió en la sección 2-12; a su inversa se la conoce como el número $f/$. Así, por ejemplo, un objetivo $f/3$ es uno cuya distancia focal es tres veces el diámetro. El brillo de la imagen determina la velocidad de la cámara, o sea, el tiempo mínimo de exposición necesario para impresionar sobre la placa una imagen para un brillo dado del objeto; así pues, la velocidad de la cámara aumenta inversamente con el número f.

(c) *Linterna de proyección.* La linterna de proyección (Fig. 2-49) es en principio similar a la cámara fotográfica en el sentido que emplea una lente convergente *(lente de proyección)* para producir una imagen real de un objeto iluminado. En este caso, sin embargo, el objeto (slide o diapositivo) yace cerca de la lente y la imagen amplificada se proyecta sobre una pantalla distante. Una parte esencial de la linterna de proyección en la *lente condensadora,* una lente convergente (o un sistema convergente de lentes) de grandes dimensiones, colocada inmediatamente delante del diapositivo. La lente condensadora está dispuesta de manera tal de formar una imagen $A'B'$ de la fuente luminosa AB sobre

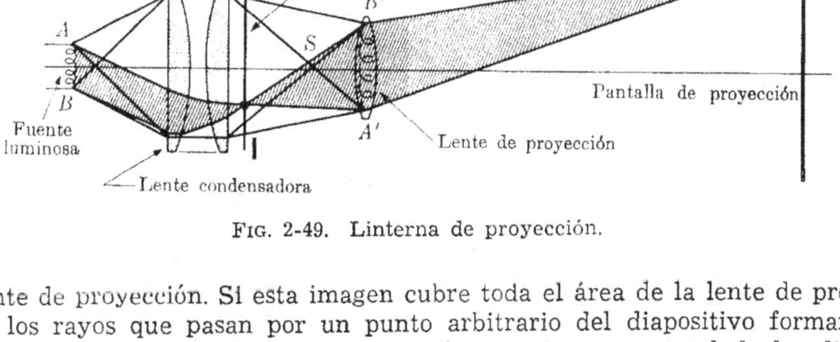

FIG. 2-49. Linterna de proyección.

la lente de proyección. Si esta imagen cubre toda el área de la lente de proyección, los rayos que pasan por un punto arbitrario del diapositivo forman un cono que contiene a la lente de proyección y se hace uso total de las dimensiones de esta lente. Es evidente que sin la lente condensadora sólo una pequeña porción del centro del diapositivo podría ser proyectada sobre la pantalla y la imagen sería muy débil y de brillo no uniforme. El freno de campo de la linterna de proyección está dado por la montura o marco del diapositivo.

(d) *El microscopio.* El tamaño de la imagen retineana de un objeto es proporcional al ángulo visual, o sea, el ángulo subtendido por el objeto en el ojo. Un objeto no puede percibirse en forma distinta si su distancia al ojo es menor que la distancia d_0 del punto próximo; por consiguiente el máximo ángulo visual

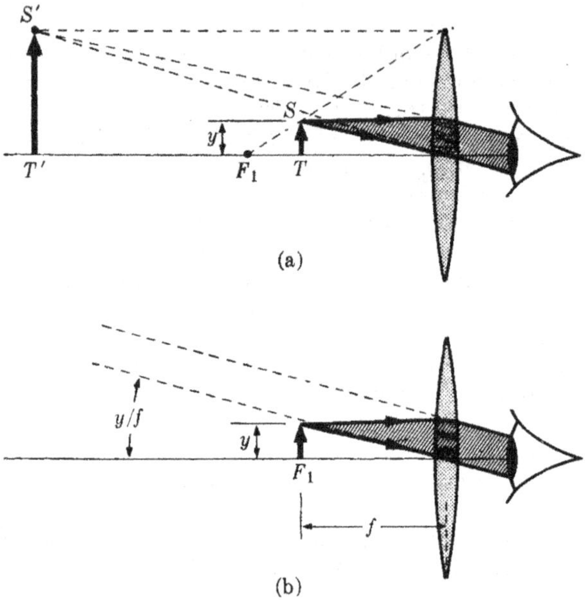

FIG. 2-50. La lupa.

subtendido por un objeto de dimensión lineal y, cuando es visto directamente por el ojo es y/d_0 (aquí se supone que y es pequeño en comparación con d_0). Los *microscopios* son instrumentos ópticos diseñados para aumentar el ángulo visual y consecuentemente incrementar la imagen retineana de objetos pequeños. El

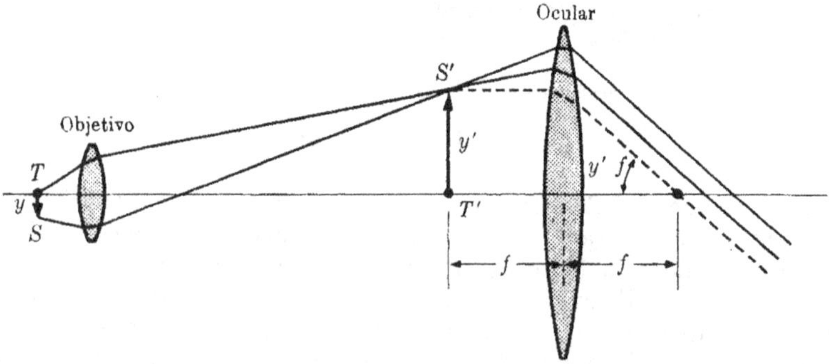

FIG. 2-51. Microscopio compuesto.

tipo más sencillo de microscopio es una lente convergente colocada delante del ojo (Fig. 2-50). Si el objeto ST se halla entre la lente y el primer punto focal, la lente produce una imagen virtual y agrandada $S'T'$ más alejada del ojo que

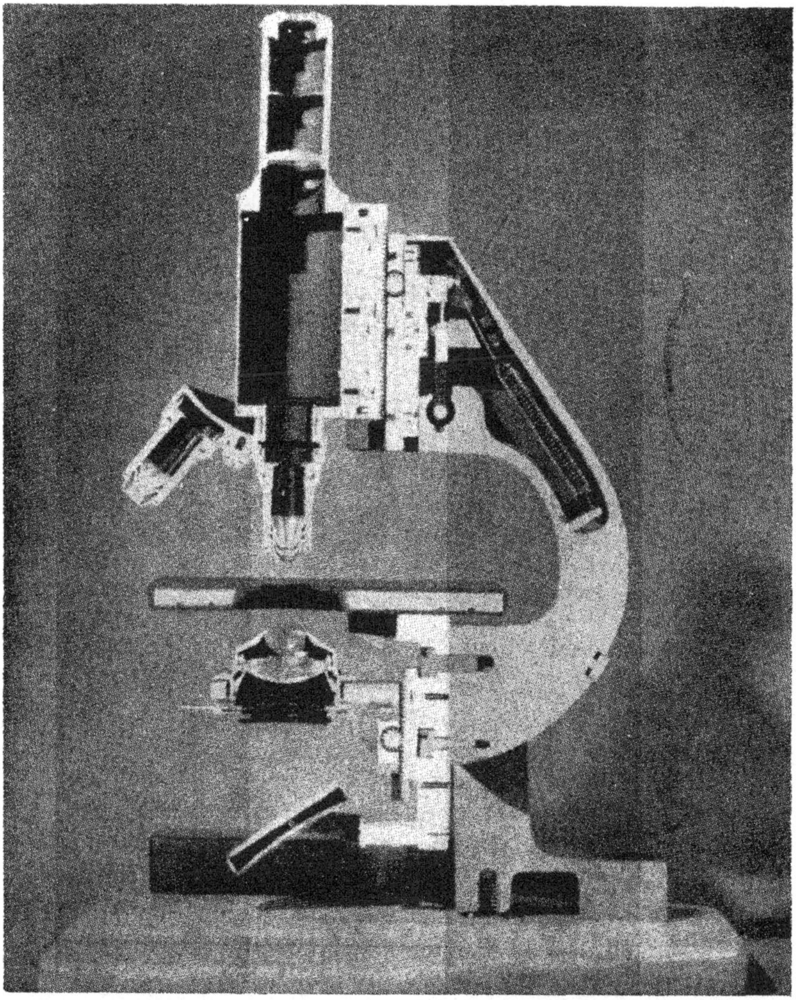

FIG. 2-52. Vista en corte de un microscopio compuesto.

el mismo objeto. Como el ojo normal cuando está relajado enfoca al infinito, es conveniente colocar al objeto en el primer plano de la lente. El ángulo visual es entonces y/f, donde f es la distancia focal de la lente. Este ángulo es d_0/f veces mayor que el máximo ángulo visual al cual el ojo desnudo puede percibir el mismo objeto. El cociente d_0/f es el *aumento angular*.

Como las aberraciones son más importantes a medida que la distancia focal disminuye, no es práctico usar lentes simples con distancias focales menores de 5 cm, que dan un aumento angular de aproximadamente 5. Si se desea mayor aumento es necesario utilizar un sistema de lentes especialmente diseñado para minimizar aberraciones, pero aun así, es difícil obtener aumentos mayores de 20. Mucho mayor aumento puede obtenerse con un *microscopio compuesto* (Fig. 2-51), que consiste esencialmente en dos lentes compuestas y corregidas, el *objetivo* y el *ocular*. El objetivo, lente convergente de muy corta distancia focal forma una imagen aumentada del objeto en el plano focal del ocular; el ocular es usado para ver esta imagen. El aumento angular total es el producto del aumento lateral del objetivo y el aumento angular del ocular. Además, se utilizan un espejo y una lente condensadora para iluminar el objeto a ser visto a través del microscopio; aquí, análogamente al caso de la linterna de proyección, el condensador sirve para utilizar la abertura total del objetivo. En la figura 2-52 se muestra una vista en corte del microscopio y su montura.

(e) *El telescopio.* El telescopio es un instrumento utilizado para observar objetos distantes. Como el microscopio, consiste en un objetivo que forma una imagen real del objeto y un ocular para ver esta imagen. Sin embargo, a diferencia del microscopio, el objetivo del telescopio tiene una distancia focal grande. Cuando el telescopio es enfocado a un objeto muy distante, el segundo foco del objetivo yace en el primer plano focal del ocular; el aumento angular del telescopio es entonces igual al cociente entre las distancias focales del objetivo y del ocular.

La figura 2-53 es un dibujo esquemático del sistema óptico del *telescopio astronómico*. Ambas lentes, el objetivo y el ocular, son convergentes; de esta manera, forma imágenes invertidas. La montura del objetivo sirve de diafragma de abertura; el freno de campo es habitualmente el diafragma colocado en el plano focal común de ambas lentes.

La figura 2-54 muestra el *telescopio de Galileo*, llamado así por haber sido Galileo su inventor. En este sistema el objetivo es una lente convergente y el ocular una lente divergente, de manera que forma imágenes en posición correcta. Sin embargo, esta ventaja está contrabalanceada por el hecho de ser su campo

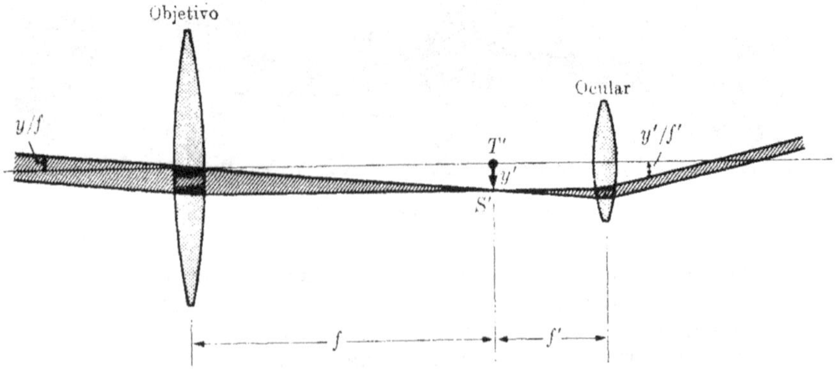

Fig. 2-53. Anteojo astronómico.

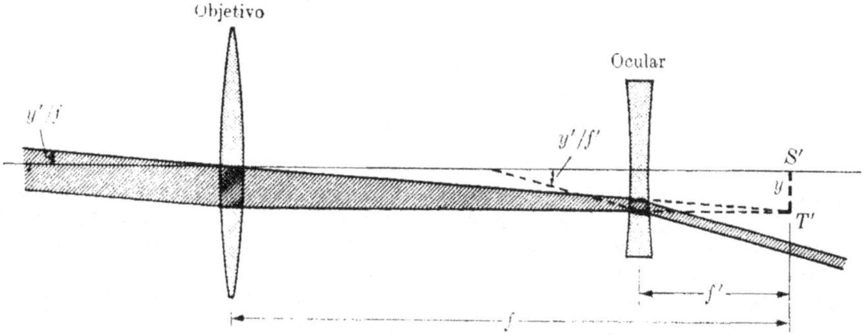

FIG. 2-54. Telescopio de Galileo.

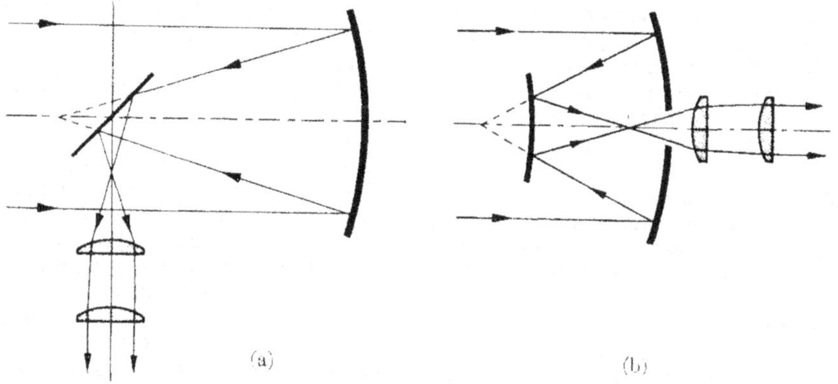

FIG. 2-55. Telescopio reflector: (a) montaje de Newton, (b) montaje de Cassegrain.

de visión menor que el del telescopio astronómico descrito anteriormente; además las imágenes son menos nítidas porque no es posible poner un diafragma de campo en el plano de la imagen formada por el objetivo.

Existen otros tipos de telescopios que no forman imágenes invertidas y además no tienen las desventajas del telescopio de Galileo; aquí se omitirá la descripción de tales sistemas ópticos. Sin embargo, debe mencionarse que muchos de los telescopios usados para la observación astronómica tienen un espejo cóncavo (parabólico) en lugar de una lente, como objetivo. Tales telescopios se conocen con el nombre genérico de *telescopios reflectores*. Dos sistemas diferentes ilustrados en las figuras 2-55 (a) y (b) se utilizan para observar la imagen. En el montaje *Newtoniano*, los rayos reflejados por el espejo cóncavo inciden sobre un pequeño espejo plano montado sobre el eje y formando un ángulo de 45°. La imagen es vista mediante un ocular montado con su eje perpendicular al eje del telescopio. En el montaje de *Cassegrain*, los rayos reflejados por el espejo parabólico se reflejan nuevamente en un pequeño espejo convexo hiperbólico, cuyo eje coincide con el eje del telescopio. Este espejo refleja los rayos hacia un agujero practicado en el centro del espejo parabólico, detrás del cual se halla montado el ocular.

Problemas

2-1. El índice de refracción del aire es $n = 1 + 0{,}00029\,(\rho/\rho_0)$, donde ρ es la densidad efectiva del aire y ρ_0 la densidad a presión normal ($p_0 = 76$ cm Hg) y 15°C de temperatura (temperatura absoluta $T_0 = 288°$). Sea θ el ángulo cenital correcto de una estrella y $\theta - \Delta\theta$ el ángulo cenital aparente para un observador que mira la estrella a través de la atmósfera. *a*) Escribir la ecuación que da $\Delta\theta$ como función de θ, de la presión atmosférica p y de la temperatura T. *b*) Calcular $\Delta\theta$ al nivel del mar para una estrella con $\theta = 45°$ y suponiendo una temperatura $T = T_0$.

2-2. Un hombre se halla parado sobre una carretera horizontal; sus ojos a una altura de 5′ 6″ respecto del pavimento. A esta altura, la temperatura del aire es de 15°C. El espejismo hace que el pavimento aparezca húmedo a una distancia de 600 pies. Calcular la temperatura del aire en contacto con el pavimento.

2-3. La trayectoria de un rayo en un medio inhomogéneo está representada por la ecuación $x = A$ sen (y/B). Calcular el índice de refracción n en el espacio comprendido entre los planos $x = A$ y $x = -A$, suponiendo que n depende solamente de x y vale n_0 en $x = 0$.

2-4. El índice de refracción de un cierto medio está dado por $n = h + kx$. Calcular la trayectoria de un rayo que pasa por el origen de coordenadas y forma en este punto un ángulo φ_0 con el eje x. Dibujar la trayectoria del rayo suponiendo $h = 1$, $k = 1$, $\varphi_0 = 45°$

2-5. Sean s y s' las distancias del objeto y de la imagen respectivamente, a la superficie de un espejo *cóncavo* esférico de radio de curvatura R. Dibujar s'/R en función de s/R para valores de s comprendidos entre $-2R$ y $+2R$. Discutir el significado de los signos de s y s'.

2-6. Sean s y s' las distancias del objeto y de la imagen, respectivamente, a la superficie de un espejo esférico *convexo* de radio de curvatura R. Dibujar s'/R en función de s/R para valores de s comprendidos entre $-2R$ y $+2R$. Discutir el significado de los signos s y s'.

2-7. El diámetro de la Luna es de 2160 millas, y la distancia a la Tierra es de 240 000 millas. Calcular el diámetro de la imagen de la Luna formada por un espejo cóncavo de 10 pies de distancia focal.

2-8. Determinar la posición y las dimensiones de la imagen del Sol en una esfera de acero de 1/4 de pulgada de diámetro. Suponer que el Sol se halla detrás del observador. (El diámetro del Sol es de 864 000 millas, y su distancia a la Tierra 92 900 000 millas.)

2-9. Probar que si las cantidades $u = s - R$ y $u' = s' - R$ se utilizan para definir las posiciones del objeto y de la imagen respectivamente, con respecto a un espejo esférico, la ecuación para el espejo es

$$\frac{1}{u} + \frac{1}{u'} = -\frac{2}{R}$$

(Esta forma de la ecuación del espejo es útil cuando uno de los datos es el aumento.)

2-10. Un espejo esférico cóncavo tiene un radio de curvatura de 80 cm. Determinar las posiciones de un objeto cuya imagen es: *a*) real y aumentada en un factor de cuatro; *b*) virtual y aumentada en un factor de cuatro.

2-11. Dos espejos esféricos cóncavos M_1 y M_2 tienen sus caras útiles enfrentadas y a una distancia de 2 m. El radio de curvatura de M_1 es de 0,5 m, y el de M_2 de 2 m. Una fuente puntual se halla ubicada sobre la línea que conecta los centros de curvatura de ambos espejos y a una distancia de 3/11 m de M_1. Hallar las posiciones de las imágenes formadas por los rayos que han sufrido: *a*) una reflexión en M_1, *b*) una reflexión en M_1 y una reflexión en M_2, *c*) una reflexión en M_1, una reflexión en M_2 y una segunda reflexión en M_1.

2-12. Resolver las partes *a*) y *b*) del problema anterior mediante el método gráfico.

2-13. Para una persona que mira perpendicularmente a la superficie de un estanque, el fondo aparece a una profundidad de 4 pies. ¿Cuál es la profundidad real del estanque?

2-14. Una varilla rectilínea es sumergida en agua formando un ángulo de 45° con la vertical. Calcular el ángulo que las porciones de varilla que se hallan encima y debajo del agua parecen formar entre sí para un observador que mira de arriba hacia abajo (Fig. 2-56).

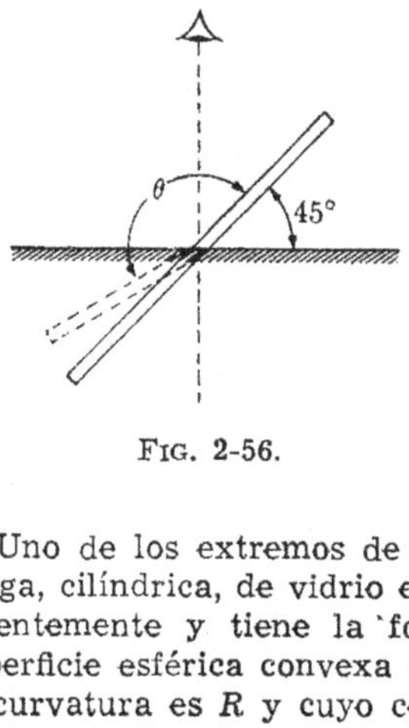

FIG. 2-56.

2-15. Uno de los extremos de una varilla larga, cilíndrica, de vidrio es pulido convenientemente y tiene la forma de una superficie esférica convexa cuyo radio de curvatura es R y cuyo centro de curvatura se halla sobre el eje de la varilla. Sean S y S' dos puntos mutuamente conjugados del eje respecto de la superficie esférica y sean s y s' sus respectivas distancias al vértice. Dibujar s'/R en función de s/R para valores de s comprendidos entre $2R$ y $-2R$. El índice de refracción del vidrio es 1,5. Discutir el significado de los signos entre s y s'.

2-16. Repetir el problema de 2-15 para una varilla que termina en una superficie esférica cóncava.

2-17. Una esfera de vidrio de 2 cm de diámetro contiene una pequeña burbuja de aire ubicada a 0,5 cm del centro. Encontrar la posición y el aumento de la imagen de la burbuja, tal como la vería una persona que mire en cualquiera de las dos direcciones opuestas, a lo largo de la línea que une la burbuja con el centro de la esfera.

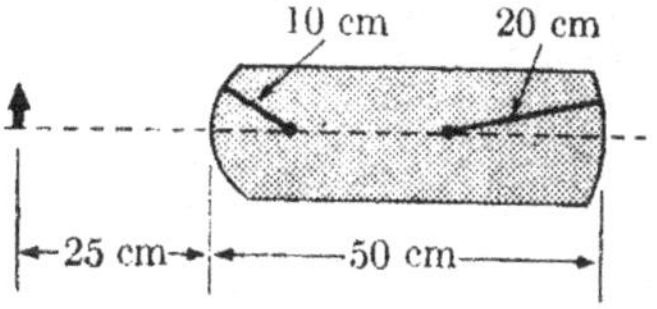

FIG. 2-57.

2-18. Una varilla cilíndrica de vidrio de índice de refracción 1,5 termina en dos superficies esféricas convexas de radios de curvatura 10 y 20 cm respectivamente (Fig. 2-57). La longitud de la varilla, medida entre los vértices, es de 50 cm. Una flecha de 1 mm de longitud se halla ubicada frente a la primera superficie, formando ángulo recto con el eje de la varilla y a una distancia de 25 cm del vértice. Calcular: *a*) la posición y longitud de la imagen de la flecha formada por la primera superficie, y *b*) la posición y longitud de la imagen de la flecha formada por ambas superficies. Especificar si las imágenes son reales o virtuales.

2-19. Determinar los puntos focales de las dos superficies esféricas terminales de la varilla de vidrio descrita en el problema 2-18 y resolver este problema gráficamente.

2-20. Una esfera sólida de vidrio de radio R e índice de refracción 1,5 es plateada sobre un hemisferio. Una fuente puntual S se halla sobre la recta que pasa por el centro de la esfera y por el polo del hemisferio no plateado, a una distancia $2R$ de este polo. Hallar la posición de la imagen final formada por la superficie refractora y la superficie reflectora.

2-21. Calcular las distancias focales de las siguientes lentes delgadas:

a) Planoconvexa, radio de curvatura 100 cm.

b) Biconvexa, radios de curvatura 100 y 200 cm.

c) Planocóncava, radio de curvatura 250 cm.

d) Menisco; radios de curvatura: cara convexa 100 cm, cara cóncava 200 cm.

e) Menisco; radios de curvatura: cara convexa 300 cm, cara cóncava 100 cm.

Tomar un valor de 1,5 para el índice de refracción. Hacer dibujo mostrando secciones de cada lente y especificar si cada lente es convergente o divergente.

2-22. La distancia focal de una lente delgada convergente es 1,5 m. Frente a la lente se coloca un objeto de 2 mm de altura, primero a una distancia de 0,5 m, después a una distancia de 1 m, y finalmente a 3 m de distancia. Calcular las posiciones y tamaños de las tres imágenes. Especificar si se trata de imágenes reales o virtuales.

2-23. Resolver el problema 2-22 para una lente divergente.

2-24. Probar que dos lentes delgadas de distancias focales f_1 y f_2 puestas en contacto son equivalentes a una lente simple de distancia focal

$$f = f_1 f_2/(f_1 + f_2)$$

2-25. Calcular el ángulo de desviación mínima para un prisma de vidrio cuyas superficies refractantes forman entre sí un ángulo de 60°. El índice de refracción del vidrio es 1,6.

2-26. Un prisma de vidrio crown y otro de vidrio flint están dispuestos de tal manera que desvían la luz en direcciones opuestas. El ángulo de refracción del prisma crown es 10 y el del prisma flint es tal que la desviación total del haz luminoso para las líneas espectrales *C* y *F* (véase tabla 2-1) sean iguales. Calcular: *a*) el ángulo de refracción del prisma flint, *b*) la desviación total de las líneas *C* y *F*, *c*) la diferencia entre las desviaciones de las líneas *C* y *D*.

2-27. El ángulo de refracción del prisma flint del problema anterior es elegido de tal manera que cancele la desviación producida por el prisma crown sobre la línea *D*. Calcular las desviaciones producidas sobre las líneas *S* y *F* por los dos prismas.

2-28. Dos lentes, una de vidrio flint y otra de vidrio crown, están dispuestas tal como lo muestra la figura 2-58, formando un *doblete acromático*. ¿Qué lente es de vidrio flint y cuál es de vidrio crown? Suponer que el radio de curvatura de la primera superficie de la lente convergente es de 1 m. Calcular el radio de curvatura de la superficie esférica que separa ambas lentes, usando la condición que el doblete debe tener la misma distancia focal para las líneas *C* y *F*.

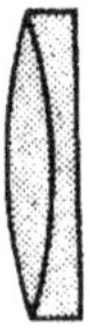

FIG. 2-58.

De acuerdo con el principio de Fermat, todos los rayos que conectan dos puntos conjugados recorren el mismo camino óptico. Inversamente decimos que dos puntos son mutuamente conjugados si hay un número infinito de trayectorias de igual camino óptico que conectan a ambos puntos. En el texto hemos discutido sistemas ópticos (tales como los espejos esféricos y las superficies refractoras esféricas) que forman imágenes sólo en forma aproximada. Los puntos conjugados respecto de estos sistemas pueden definirse de la siguiente manera. Consideremos la trayectoria del rayo que conecta los puntos P y Q y tomemos también otra trayectoria que se halla en todo punto a una distancia menor que δ de la anterior. En general (de acuerdo con el principio de Fermat), la diferencia de camino óptico entre ambas *trayectorias es del orden de δ^2. Sin embargo, si P y Q son puntos conjugados, la diferencia entre los caminos ópticos es proporcional a una potencia de δ mayor que la segunda. Los siguientes problemas ilustran estos resultados.*

2-29. Considérese un espejo cóncavo con forma de elipsoide de revolución alrededor del eje que pasa por dos focos (véase Fig. 2-19 del texto). Probar que una fuente puntual colocada en uno de los focos tiene su imagen real en el otro foco. Hacer la demostración usando: *a*) el principio de Fermat, y *b*) la construcción de Huygens. (Recordar que la suma de las distancias de un punto cualquiera de una elipse a los dos focos es constante.)

2-30. Considérese un espejo cóncavo con forma de hiperboloide de revolución alrededor del eje que pasa por los focos (véase Fig. 2-20 del texto). Probar que una fuente puntual colocada en el foco exterior tiene su imagen virtual en el otro foco. Hacer la demostración usando: *a*) el principio de Fermat, y *b*) la construcción de Huygens. (Recordar que la diferencia enre las distancias desde un punto cualquiera de la hipérbola a los dos focos es constante.)

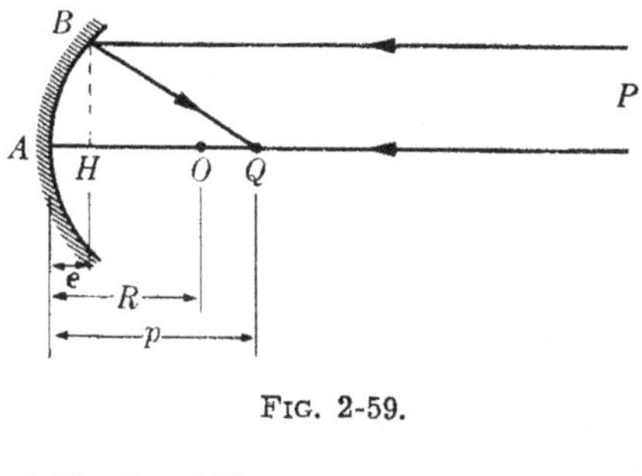

FIG. 2-59.

2-31. Considérese un espejo cóncavo esférico de radio de curvatura R y centro de curvatura O. Sea P un punto a distancia infinita y sobre la recta OA (Figura 2-59) y Q otro punto sobre esta recta y a una distancia p del espejo. El rayo proveniente de P y que incide sobre el espejr a lo largo de la recta OA se refleja sobre sí mismo y pasa por Q. Otra trayectoria, tal como la PBQ, también conecta P con Q, después de haber tocado al espejo. Sea Δl la longitud de esta trayectoria (PBQ) menos la trayectoria real que conecta P con Q (PAQ). Sea además BH la perpendicular a OA que pasa por B, $h = \overline{BH}$ y $\epsilon = \overline{AH}$.

a) Probar que Δl satisface la ecuación

$$(\Delta l)^2 + \epsilon^2 + 2\,\Delta l\,(p + \epsilon) + 2\,\epsilon\,(2p - R) = 0$$

b) Usando esta ecuación, mostrar que la trayectoria real que conecta P con Q tiene una longitud mínima en comparación con sus trayectorias vecinas según sea $p < R/2$ o $p > R/2$.

c) ¿Qué sucede cuando $p = R/2$?

2-32. Referente al problema 2-31, suponer $R = 100$ cm. Entre las trayectorias tales como la PBQ que unen P con Q después de haber tocado el espejo, considerar aquellas que satisfacen la condición $\Delta l < 10^{-5}$ cm. Estas trayectorias forman un haz de sección transversal $\Sigma = \pi h^2$, donde $h^2 = \epsilon\,(2R - \epsilon)$. Dibujar Σ en función de p para $R/4 < p < R$. Mostrar que la curva tiene un máximo nítido en $p = R/2$, o sea cuando Q es el punto focal del espejo. Interpretar este resultado.

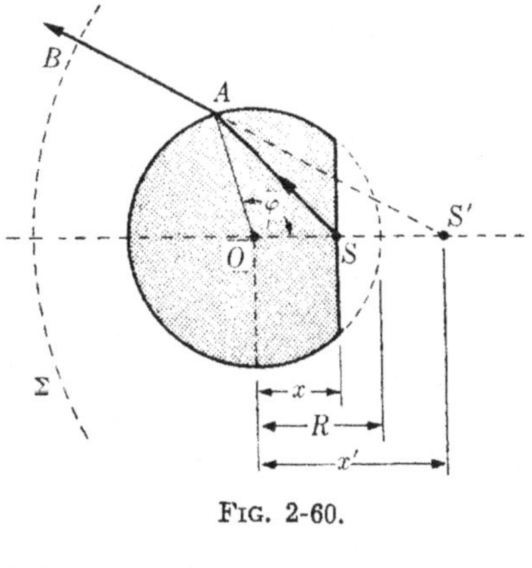

FIG. 2-60.

2-33. Una esfera de vidrio de radio R e índice de refracción n, está cortada por un plano que pasa por un punto S a una distancia x del centro O y perpendicular a OS (Fig. 2-60). Mostrar que si $x = R/n$, todos los rayos que entran a la esfera de vidrio provenientes de una fuente puntual ubicada en S emergerán de la misma a lo largo de trayectorias que divergen de un punto S', colinear con O y S y a una distancia $x' = nR$ de O; esto significa que S y S' son puntos *aplanáticos* respecto de la superficie esférica. (*Sugerencia*: considere una esfera Σ de radio arbitrario r y centrada en S'. Si S' es la imagen virtual de S, por el principio de Fermat se ve que el camino óptico l entre S y Σ de un rayo arbitrario, tal como el SAB, es constante. Expresar este camino óptico en términos de r, R, x, x', φ. De la condición que la derivada con respecto a φ debe anularse para todo valor de φ, obtenemos dos ecuaciones con las que pueden determinarse x y x'.

CAPÍTULO 3

INTERFERENCIA

3-1. Consideraciones generales. Todos hemos visto alguna vez la variedad de colores que aparecen en una pompa de jabón o en una delgada capa de aceite flotando sobre agua. Éstas son quizá las manifestaciones más comunes de la *interferencia,* fenómeno que se observa cuando dos o más haces de luz provenientes de una misma fuente llegan, a lo largo de diferentes caminos, a la misma región del espacio. En los dos ejemplos precedentes, los haces que interfieren son aquellos reflejados en las dos superficies de una delgada lámina —una lámina jabonosa en el aire o una lámina de aceite entre aire y agua.

El modelo corpuscular de la luz no nos provee de una explicación sencilla del fenómeno de interferencia. El modelo ondulatorio sugiere una explicación natural y sencilla. En efecto, el fenómeno observado cuando se superponen dos haces luminosos es muy análogo al que se produce cuando se arrojan dos guijarros en una piscina con agua. Un observador cuidadoso verá que en ciertas regiones donde la cresta de una onda llega simultáneamente con el valle de la otra, los efectos de las dos ondas prácticamente se cancelan, mientras que en otras regiones, donde una cresta encuentra a una cresta y un valle a otro valle, la superposición de las dos ondas produce una perturbación más pronunciada que las ondas individuales. Análogamente, en la región en que dos haces de luz *coherente* (véase sec. 3-7) monocromática se superponen, hay puntos en que la intensidad de la luz es prácticamente cero y otros en que es particularmente fuerte. La situación es más complicada cuando se usa una luz blanca. Como ya se señaló, la luz blanca es una superposición de haces de diferentes colores; cada color produce un conjunto separador de máximos y mínimos y éstos se combinan para dar los efectos mencionados antes.

A fin de interpretar los fenómenos de interferencia, es necesario expresar el modelo ondulatorio de la luz en términos más precisos de lo que lo hemos hecho hasta ahora. En el capítulo 1 encontramos que podíamos dar cuenta adecuadamente de los fenómenos de la óptica geométrica suponiendo que las ondas luminosas consisten en una sucesión de pulsos de muy corta duración, sin particularizar acerca de la forma de los mismos. Sin embargo, el conocimiento de la forma de las ondas luminosas, conocimiento que la óptica geométrica no necesita, es esencial para la interpretación de los fenómenos de interferencia; más aún, es a través de la observación de estos fenómenos que puede determinarse experimentalmente la forma de la función $E(x, t)$ que describe a la perturbación óptica.

Nuestro análisis de los fenómenos de interferencia se fundamentará en el *Principio de superposición* discutido en la sección 1-5 y que puede formularse de la manera siguiente: *La perturbación óptica instantánea en un punto en que pasan dos o más ondas luminosas es la suma de las perturbaciones ópticas que produciría cada onda separadamente.* Este enunciado implica afirmar que la propagación de una onda luminosa no se ve afectada por la presencia de otras ondas en el mismo medio; la evidencia de que dos haces luminosos cuyas trayectorias se cruzan en un punto del espacio continúan sin perturbarse, es una prueba experimental del principio de superposición. La rigurosa validez del principio de superposición está garantizada en la teoría electromagnética de la luz debido a la linealidad de las ecuaciones de Maxwell (véanse secciones 7-2 y 7-3).

Por ahora consideraremos a E como una magnitud escalar, aunque más tarde veremos que la perturbación óptica tiene en realidad carácter vectorial. Sin embargo, también veremos (secc. 6-3) que este hecho no invalida las conclusiones del presente capítulo.

Ante todo, debe señalarse un hecho importante. Las perturbaciones ópticas no pueden observarse directamente como hacíamos en el caso del desplazamiento en una onda de superficie o del cambio de presión en una onda sonora; esto se debe a que, como veremos en seguida, E varía con el tiempo a extraordinaria velocidad. En consecuencia, a fin de asignarle un significado físico definido, debemos relacionar a E con la *intensidad luminosa* I, que mide los efectos observables de la luz.

La luz produce muchos efectos diferentes; forma imágenes visuales en la retina del ojo, genera corriente eléctrica en una fotocélula, produce imágenes latentes en la emulsión fotográfica, desarrolla calor cuando incide sobre una superficie absorbente. Consecuentemente, la intensidad de la luz puede definirse de muchas maneras diferentes. En lo que sigue, la definiremos en términos de respuesta de un detector de luz, tal como un bolómetro o una termocupla, sensibles a los efectos térmicos de la luz; estos efectos son proporcionales a la cantidad de energía por unidad de tiempo absorbida por el detector. Otros efectos (tales como la corriente fotoeléctrica o el ennegrecimiento de una emulsión fotosensible) serán funciones de la intensidad definida anteriormente, aunque no necesariamente proporcionales a ella.

Dos observaciones deben hacerse: (1) el detector no debe perturbar apreciablemente la propagación de las ondas luminosas. Sólo en este caso podremos hablar de la intensidad luminosa como una propiedad de las ondas, sin hacer explícita referencia al tipo de detector usado para medir esta intensidad. El postulado de existencia de detectores luminosos cuya presencia tiene efectos despreciables sobre la propagación de las ondas, es consistente con la filosofía general de la física clásica; en ella se supone que la influencia del observador sobre el objeto a observar puede hacerse arbitrariamente pequeña. (2) Nuestra definición de intensidad deja indeterminado un factor constante. Ésta no es una objeción importante porque, por lo menos por ahora, trabajaremos con valores relativos de intensidad.

Debemos ahora determinar la relación que existe entre la intensidad luminosa I y la perturbación óptica E. Con este fin, consideremos el caso especial de una sola onda. En nuestra discusión de ondas mecánicas, encontramos que el valor instantáneo del flujo de energía por unidad de área es proporcional al cuadrado de la perturbación o, más exactamente, al cuadrado de la velocidad u de las partículas del medio [secciones 1-3 (c) y 1-4 (a)]. Una vez más haremos uso de la analogía mecánica y supondremos que el flujo de energía por unidad de área de una onda luminosa que viaja es proporcional al cuadrado de la perturbación óptica; esta suposición estará plenamente justificada por la teoría electromagnética de la luz (véase sección 7-5).

Por otra parte, una onda que incide sobre una superficie absorbente, entrega una energía por unidad de tiempo igual al flujo de energía a través de toda la superficie útil del absorbente. Los efectos térmicos observables son proporcionales a la velocidad *promedio* de absorción de energía, dependiendo del instrumento utilizado para medir los efectos térmicos el intervalo de tiempo durante el cual se debe promediar. En consecuencia, en una onda la intensidad es proporcional al flujo *promedio* de energía por unidad de tiempo, o sea, al *valor cuadrático medio* de la perturbación óptica. Finalmente, vemos que I y E están relacionados mediante la ecuación

$$I = \text{const.}\ (E^2)_{\text{pr}} \tag{3-1}$$

Hemos obtenido este resultado considerando el caso de ondas aisladas. Sin embargo, por la definición de perturbación óptica, una dada perturbación óptica debe producir siempre los mismos efectos observables, independientemente que esa sea una onda simple o el resultado de la superposición de varias ondas. Queda pues justificado suponer que la ecuación (3-1) expresa la relación general existente entre intensidad luminosa y perturbación óptica.

Del resultado precedente, surge que en el caso especial de una sola onda, la intensidad y el flujo promedio por unidad de área son proporcionales y podrían hacerse numéricamente iguales mediante una elección apropiada de unidades. No obstante, en regiones del espacio en que dos o más ondas que viajan en diferentes direcciones se superponen, la intensidad no es proporcional al flujo por unidad de área. Más aún, el flujo neto de energía puede ser cero en un punto en que la perturbación óptica no lo es, y donde, por consiguiente, un detector luminoso dará una respuesta definida. Como en el ejemplo mecánico, el lector debe recordar las ondas estacionarias producidas por dos ondas de igual frecuencia y amplitud que viajan en direcciones opuestas a lo largo de una cuerda. Aquí, el flujo a través de un punto arbitrario de la cuerda es cero. La superposición de las dos ondas produce sin embargo una perturbación resultante cuya amplitud es distinta de cero en todo punto excepto en los nodos. Es entonces importante separar claramente los conceptos de intensidad luminosa y flujo de energía.

3-2. Ondas sinusoidales. En óptica, como en muchos otros capítulos de la física, las *ondas sinusoidales* (esto es, ondas en las cuales la perturbación óptica en cualquier punto es una función sinusoidal del tiempo) juegan un papel particularmente importante. Una onda plana sinusoidal que viaja con velocidad v en la dirección del eje x positivo está representada por una ecuación de la forma general

$$E = A \cos \left[\omega \left(t - \frac{x}{v} \right) + \varphi \right] \tag{3-2}$$

si la onda viaja en la dirección negativa, la expresión $t - x/v$ es reemplazada por $t + x/v$. Las cantidades A, ω y φ son constantes que dependen de la fuente de la perturbación óptica.

A es la *amplitud* de la onda; representa el máximo en valor absoluto de la perturbación óptica.

ω es la *frecuencia angular*. Para un incremento de tiempo igual a $2\pi/\omega$, el argumento del coseno aumenta en 2π y la función coseno recorre un período completo. El período T está relacionado con la frecuencia ω por la ecuación

$$T = \frac{2\pi}{\omega} \tag{3-3}$$

La cantidad

$$\nu = \frac{1}{T} = \frac{\omega}{2\pi} \tag{3-4}$$

es llamada *frecuencia* de la onda; representa el número de oscilaciones por unidad de tiempo.

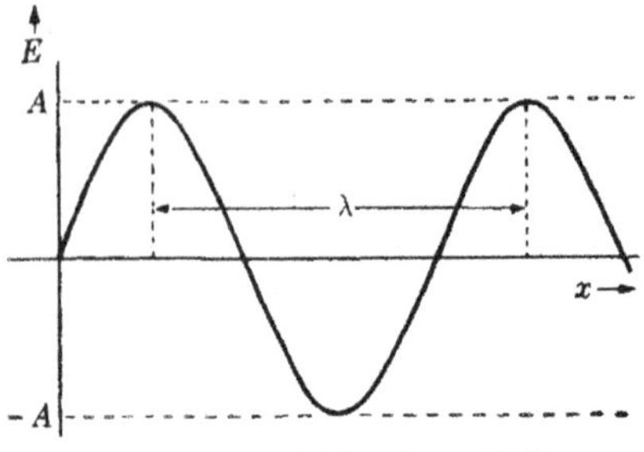

FIG. 3-1. Onda sinusoidal.

La cantidad $-\omega x/v + \varphi$, cuyo valor depende obviamente del origen elegido para el tiempo, es la *fase* de la onda en x.

En un instante dado, E es una función sinusoidal de x. La distancia λ entre dos máximos o mínimos sucesivos (Figura 3-1) es la *longitud de onda* y satisface la ecuación

$$\frac{\omega \lambda}{v} = 2\pi$$

que nos da dos expresiones equivalentes para

$$\lambda = vT; \qquad \lambda = \frac{v}{\nu} \tag{3-5}$$

La ecuación (3-2) puede escribirse ahora de tal manera que aparezcan explícitamente el período y la longitud de onda:

$$E = A \cos \left[2\pi \left(\frac{t}{T} - \frac{x}{\lambda} \right) + \varphi \right] \tag{3-6}$$

Nótese que, de acuerdo a la definición, una onda plana sinusoidal se extiende de menos infinito a más infinito tanto en tiempo como en el espacio. Por supuesto, que en la realidad una onda luminosa siempre tiene extensión finita; sin embargo, los resultados que obtendremos considerando ondas infinitas se aplican con buena aproximación a trenes de onda cuya longitud total es muy grande en comparación con la longitud de onda. Volveremos más tarde sobre este punto.

Como se explicó en la sección precedente, la intensidad I de la onda luminosa es proporcional al valor cuadrático medio de la perturbación óptica E.

El tiempo durante el cual se promedia, que previamente fue dejado indeterminado, será supuesto ahora largo en comparación con el período de la onda. Utilizando la relación trigonométrica $\cos^2 \alpha = \frac{1}{2}(1 + \cos 2\alpha)$, obtenemos de la ecuación (3-6):

$$(E^2)_{pr} = \frac{A^2}{t_0} \int_t^{t+t_0} \cos^2 \left[2\pi \left(\frac{t'}{T} - \frac{x}{\lambda} \right) + \varphi \right] dt'$$

$$= \frac{A^2}{2} + \frac{A^2 T}{8\pi t_0}$$

$$\times \left\{ \operatorname{sen} \left[4\pi \left(\frac{t}{T} + \frac{t_0}{T} - \frac{x}{\lambda} \right) + 2\varphi \right] - \operatorname{sen} \left[4\pi \left(\frac{t}{T} - \frac{x}{\lambda} \right) + 2\varphi \right] \right\}$$

Vemos que para un valor dado de T, $(E^2)_{pr}$ es una función del tiempo de promedio t_0. La expresión para $(E^2)_{pr}$ contiene un término constante $A^2/2$ y un término fluctuante cuyo valor absoluto es menor que $(A^2/4\pi)(T/t_0)$; el segundo término resulta despreciable cuando $t_0 \gg T$ y obtenemos en ese caso:

$$(E^2)_{pr} = \frac{A^2}{2} \tag{3-7}$$

Observamos, pues, que la intensidad I es proporcional al cuadrado de la amplitud A y podemos escribir en consecuencia

$$I = K A^2 \tag{3-8}$$

donde K es una constante.

Hemos tácitamente supuesto que el medio en que se propagan las ondas es transparente; es decir, que no absorbe una proporción apreciable de la energía transportada por la onda. En este caso la amplitud A y la intensidad I de una onda plana tal como la representada por la ecuación (3-2) son constantes a lo largo de la dirección de propagación. Sin embargo, si la onda no es plana su energía en general variará a lo largo de la dirección de propagación aun si el medio es perfectamente transparente. Por ejemplo, en una onda puntual originada en una fuente puntual la intensidad es inversamente proporcional a r^2 y la amplitud inversamente proporcional a r [véase sec. 1-4 (b)] así pues, una onda esférica sinusoidal en un medio perfectamente transparente se representa por una ecuación de la forma

$$E = \frac{B}{r} \cos \left[2\pi \left(\frac{t}{T} - \frac{r}{\lambda} \right) + \varphi \right] \tag{3-9}$$

donde B es una constante.

3-3. Propagación de ondas sinusoidales. Como una onda sinusoidal puede ser considerada como una sucesión de pulsos positivos y negativos, deberíamos esperar que la propagación de ondas sinusoidales obedezca a las leyes de la óptica geométrica, con la condición que los objetos que encuentren en sus trayectorias sean grandes en comparación con la longitud de onda.

En la sección 4-3 verificaremos que esta conclusión es correcta. Por ahora aceptaremos su validez y supondremos que las condiciones de experimentación son tales que garantizan el uso de la óptica geométrica como correcto. Podemos, pues, usar la construcción de Huygens para estudiar la propagación de cada onda individual.

Nótese que la construcción de Huygens permite determinar no sólo las regiones del espacio que pueden ser alcanzadas por una onda luminosa particular, sino también la fase relativa de la misma en cada punto. Supongamos que la onda sinusoidal tiene una fase constante φ en todos los puntos de una dada superficie Σ_0; por ejemplo, si la onda se origina en un punto de una región homogénea del medio, una esfera centrada en la fuente y contenida íntegramente en la región homogénea es una superficie de este tipo. La ecuación de la perturbación óptica en la superficie Σ_0 tiene la forma

$$E = A\,(x, y, z) \cos\left(2\pi \frac{t}{T} + \varphi\right) \tag{3-10}$$

donde hemos escrito la amplitud A como función de las coordenadas espaciales x, y, z para indicar que, en general, A varía de punto a punto de la superficie Σ_0. Ahora consideremos que Σ_0 es un frente de onda en un instante dado; por medio del principio de Huygens construimos el frente de onda Σ correspondiente a algún instante posterior. Por la definición misma de frente de onda, el tiempo requerido por un rayo para ir de Σ_0 a Σ es constante. En consecuencia, Σ también es una superficie de fase constante y vemos que *las superficies previamente definidas como posiciones sucesivas del frente de onda pueden interpretarse ahora como superficies de fase constante.*

Si l es el camino óptico de Σ_0 a Σ, la perturbación en Σ está atrasada, respecto de la perturbación en Σ_0, en un intervalo de tiempo constante l/c y la perturbación óptica en Σ está dada por

$$E = A\,(x, y, z) \cos\left[2\pi \left(\frac{t}{T} - \frac{l}{c\,T}\right) + \varphi\right] \tag{3-11}$$

o, si definimos

$$\lambda_0 = c\,T$$

como la *longitud de onda en el vacío*, la perturbación óptica está representada por

$$E = A\,(x, y, z) \cos\left[2\pi \left(\frac{t}{T} - \frac{t}{\lambda_0}\right) + \varphi\right] \tag{3-12}$$

3-4. Amplitud y relaciones de fases en la reflexión y refracción. Sabemos que una onda luminosa que incide sobre la superficie de separación entre dos medios diferentes se divide en una onda reflejada y otra refractada. La construcción de Huygens determina la dirección de propagación de estas ondas pero no provee información acerca de sus amplitudes y fases; para esta información debemos remitirnos a la teoría electromagnética de la luz, que discutiremos en un capítulo posterior. Mediante esta teoría, sabemos que la onda transmitida está siempre en fase en la superficie límite con la onda incidente, mientras que la onda reflejada tiene una fase igual u opuesta a la incidente según que la velocidad de propagación en el segundo medio sea mayor o menor que en el primero (esto es válido suponiendo que el ángulo de incidencia no excede cierto valor; véanse secciones 8-5 y 8-6). El lector recordará que hemos arribado a una conclusión similar en nuestra discusión acerca de la reflexión y transmisión de ondas en el punto de unión de dos cuerdas de diferentes masas por unidad de longitud [véase sección 1-3 (e)]. La teoría electromagnética de la luz predice también que la reflexión en la superficie de separación entre un medio transparente y un metal produce, en general, un cambio de fase distinto de cero o π (véase sección 8-11).

Algunos importantes resultados concernientes a las amplitudes relativas de la onda incidente, reflejada y refractada pueden obtenerse a partir de los principios generales, sin hacer referencia específica a ningún modelo o teoría. Presentaremos aquí un argumento basado en el *principio de reversibilidad*, del cual el principio de reversibilidad óptica mencionado en la sección 2-2 no es más que un caso especial.

Es bien sabido que si el sentido de la velocidad de cada punto de un sistema mecánico es invertido, el sistema volverá atrás y pasará por todos los estados ya recorridos; esto es válido sólo si el sistema no está sujeto a fuerzas de fricción que conviertan parte de su energía mecánica en calor. Con una limitación análoga, este principio de reversibilidad puede aplicarse a todos los fenómenos físicos. Podemos formularlo en lenguaje matemático diciendo que en un fenómeno físico, si éste no involucra disipación de energía en forma de calor, las ecuaciones que lo describen siguen siendo válidas aun cuando cambiemos el signo del tiempo.

Para aplicar el principio de reversibilidad a nuestro problema, consideremos un rayo luminoso *MO* (Fig. 3-2) que se origina en el medio 1 y se divide en un rayo reflejado *ON* y en un rayo refractado *OP* al alcanzar la superficie de separación entre el medio 1 y el medio 2. Sean v_1 y v_2 las velocidades de propagación en los dos medios y sean x_m, x_n, x_p las distancias a O medidas a lo largo del rayo incidente, del reflejado y del refractado, respectivamente. Representamos al rayo incidente (que viaja en la dirección de x_m decreciente) mediante la ecuación

$$E_i = A \cos \left[\omega \left(t + \frac{x_m}{v_1} \right) \right]$$

Para mayor simplicidad, dejamos de lado la posibilidad de cambios de fase distintos de cero o π en la superficie límite. Las ondas reflejadas y transmitidas quedarán representadas por funciones del tipo

$$E_r = \rho A \cos \left[\omega \left(t - \frac{x_n}{v_1} \right) \right]$$

$$E_t = \tau A \cos \left[\omega \left(t - \frac{x_p}{v_2} \right) \right]$$

Aquí ρ es la proporción de amplitud reflejada en la superficie límite entre 1 y 2 en relación con la amplitud incidente; es positiva si no hay cambio de fase, y negativa si la fase se invierte. Análogamente, τ es la proporción de amplitud transmitida respecto de la amplitud incidente; además cumple la misma convención de signos.

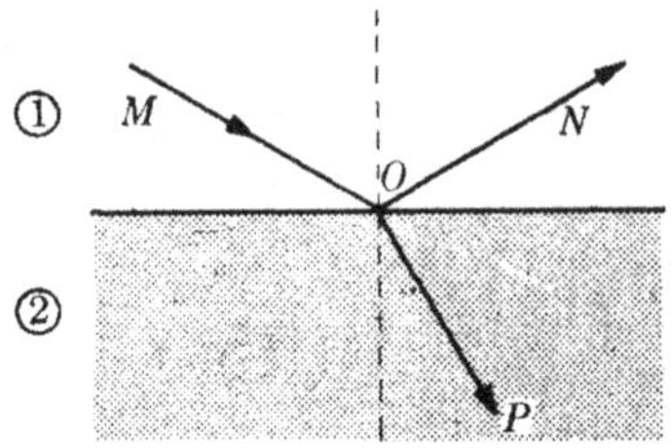

FIG. 3-2.

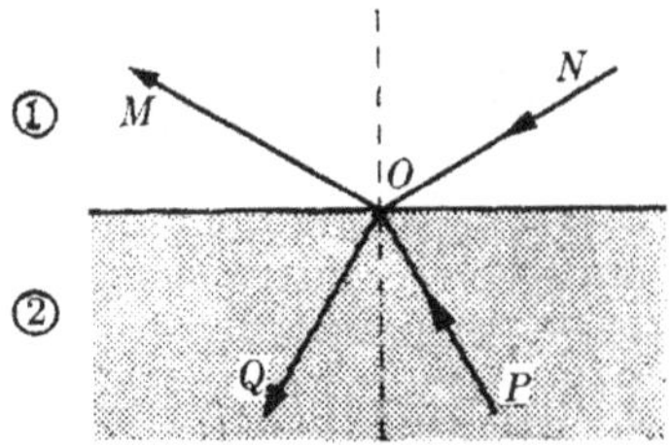

FIG. 3-3.

Ahora invertimos la marcha de los rayos reflejados y refractados. El rayo reflejado invertido NO (Fig. 3-3) está representado por

$$E_r' = \rho A \cos\left[\omega\left(-t - \frac{x_n}{v_1}\right)\right] = \rho A \cos\left[\omega\left(t + \frac{x_n}{v_1}\right)\right]$$

y da lugar a un rayo reflejado que viaja en la dirección OM, representado por

$$\rho^2 A \cos\left[\omega\left(t - \frac{x_n}{v_1}\right)\right]$$

y a uno refractado viajando en la dirección OQ, representado por

$$\rho\tau A \cos\left[\omega\left(t - \frac{x_q}{v_2}\right)\right]$$

donde x_q es la distancia a partir de O, medida a lo largo de OQ. Análogamente, el rayo refractado invertido PO está representado por

$$E_t' = \tau A \cos\left[\omega\left(t + \frac{x_b}{v_2}\right)\right]$$

Éste da lugar a un rayo refractado en la dirección OM, dado por

$$\tau\tau' A \cos\left[\omega\left(t - \frac{x_m}{v_1}\right)\right]$$

y a un rayo reflejado en la dirección OQ, dado por

$$\tau\rho' A \cos\left[\omega\left(t - \frac{x_q}{v_2}\right)\right]$$

En las expresiones precedentes, ρ' y τ' son los porcentajes de amplitud reflejada y transmitida en la superficie de separación entre los medios 2 y 1.

Los dos rayos que viajan en la dirección *OM* deben reproducir el rayo incidente invertido, mientras que los dos rayos que viajan en la dirección *OQ* deben cancelarse mutuamente. Estas dos condiciones proveen las siguientes ecuaciones:

$$\rho^2 A \cos\left[\omega\left(t-\frac{x_m}{v_1}\right)\right]+\tau\tau' A \cos\left[\omega\left(t-\frac{x_m}{v_1}\right)\right]=A \cos\left[\omega\left(t-\frac{x_m}{v_1}\right)\right]$$

$$\rho\tau A \cos\left[\omega\left(t-\frac{x_q}{v_2}\right)\right]\tau\rho' A \cos\left[\omega\left(t-\frac{x_q}{v_2}\right)\right]=0$$

que nos dan:

$$\rho^2+\tau\tau'=1 \qquad (3\text{-}13)$$

$$\rho=-\rho' \qquad (3\text{-}14)$$

La última ecuación muestra que ρ y ρ' son de igual magnitud y signo opuesto. Ello significa que si no hay cambio de fase en la reflexión de 1 a 2, hay un cambio de fase en la reflexión de 2 a 1, y viceversa; en ambos casos, la proporción de amplitud reflejada es idéntica.

Nótese que la cantidad $\rho^2=(\rho')^2$ representa el porcentaje reflejado de la intensidad incidente. Esta magnitud es conocida como *reflectancia.*

En numerosos instrumentos de óptica se utilizan espejos *semiplateados*; son vidrios planos cubiertos con un tenue depósito de plata que aumenta la reflexión, pero permite pasar la luz a través de él. Debe señalarse explícitamente que los resultados precedentes no se aplican a la transmisión y reflexión en superficies semiplateadas debido a que la absorción de luz en el depósito metálico cambia las condiciones impuestas del principio de reversibilidad.

3-5. Suma de funciones sinusoidales. Como la teoría de interferencia de ondas sinusoidales se basa en las reglas de adición de funciones sinusoidales, pasaremos revista brevemente a estas reglas antes de continuar nuestro estudio.

Es bien sabido que la suma de dos o más funciones sinusoidales de una frecuencia dada es una función sinusoidal de la misma frecuencia y cuya amplitud y fase tiene una relación definida con las amplitudes y frecuencias de las funciones componentes. En lenguaje matemático,

$$A_1\cos(\omega t+\alpha_1)+A_2\cos(\omega t+\alpha_2)+\ldots=A\cos(\omega t+\alpha) \qquad (3\text{-}15)$$

Podemos probar este resultado y determinar la amplitud A y la fase α de la función resultante por alguno de los tres métodos que a continuación se describen.

(a) *Método directo.* La ecuación (3-15) puede describirse del modo siguiente:

$$(A_1\cos\alpha_1+A_2\cos\alpha_2+\ldots)\cos\omega t-(A_1\operatorname{sen}\alpha_1+A_2\operatorname{sen}\alpha_2+\ldots)\operatorname{sen}\omega t=$$
$$=A\cos\alpha\cos\omega t-A\operatorname{sen}\alpha\operatorname{sen}\omega t$$

que puede satisfacerse para todo instante t sólo si los coeficientes de $\cos\omega t$ de ambos lados de la ecuación son idénticos y si lo mismo se cumple para $\operatorname{sen}\omega t$. Esta condición nos da las dos ecuaciones:

$$\begin{aligned} A_1 \cos \alpha_1 + A_2 \cos \alpha_2 + \ldots &= A \cos \alpha_1 \\ A_1 \operatorname{sen} \alpha_1 + A_2 \operatorname{sen} \alpha_2 + \ldots &= A \operatorname{sen} \alpha_1 \end{aligned} \tag{3-16}$$

que pueden resolverse para las dos incógnitas A y α.

(b) *Representación vectorial.* Consideremos un vector de longitud A_1, que rota con velocidad angular ω, sea α_1, el ángulo que forma este vector con un eje fijo Ox en el instante $t = O$; en el instante t la proyección del vector rotante sobre el eje Ox tiene una expresión $A_1 \cos(\omega t + \alpha_1)$. Podemos usar este vector rotante para representar la función sinusoidal $A_1 \cos(\omega t + \alpha_1)$; las otras funciones sinusoidales $A_2 \cos(\omega t + \alpha_2) \ldots$, pueden representarse de manera análoga (Fig. 3-4). El vector suma de estos vectores es un vector de módulo constante A, que rota con la misma velocidad angular ω que los vectores componentes (Fig. 3-5).

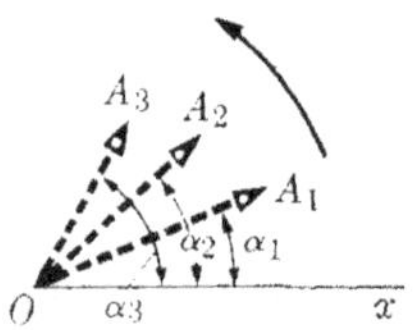

FIG. 3-4. Representación de funciones sinusoidales mediante vectores rotantes.

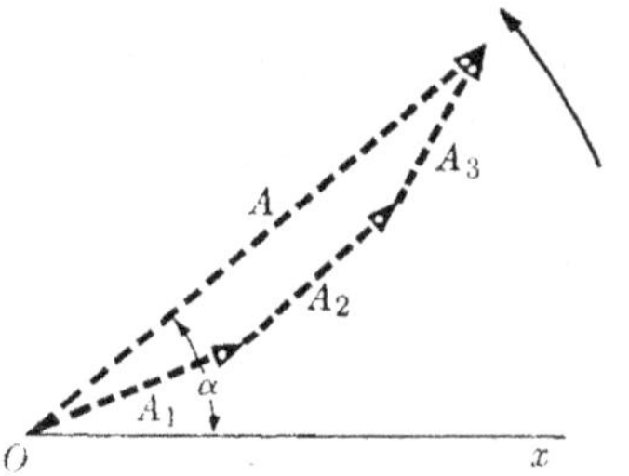

FIG. 3-5. Método vectorial para sumar funciones sinusoidales.

Su proyección sobre el Ox representa la suma de las funciones sinusoidales $A_1 \cos(\omega t + \alpha_1)$, $A_2 \cos(\omega t + \alpha_2) \ldots$ pues la proyección de un vector con eje fijo es igual a la suma algebraica de sus componentes. Vemos, pues, que el vector que representa la suma de dos o más funciones sinusoidales resulta de la suma vectorial de los vectores que representan las funciones individuales.

(c) *Representación con funciones complejas.* La función sinusoidal $A_1 \cos(\omega t + \alpha_1)$, es la parte real de la función compleja $A_1 e^{i(\omega t + \alpha_1)}$ [véase Apéndice 1 (b)]. Como la parte real de una suma de números complejos es igual a la suma de las partes reales de sus términos, los valores de A y α que satisfacen la ecuación

$$A_1 e^{i(\omega t + \alpha_1)} + A_2 e^{i(\omega t + \alpha_2)} + \ldots = A e^{i(\omega t + \alpha)} \tag{3-17}$$

también satisfacen la ecuación (3-15). Entonces, en lugar de sumar las funciones sinusoidales $A_1 \cos(\omega t + \alpha_1)$, $A_2 \cos(\omega t + \alpha_2) \ldots$, podemos sumar las correspondientes funciones exponenciales $A_1 e^{i(\omega t + \alpha_1)}$, $A_2 e^{i(\omega t + \alpha_2)}$ y luego tomar la parte real de la suma. Dividiendo la ecuación (3-17) por el factor común $e^{i\omega t}$ podemos escribir:

$$A_1 e^{i\alpha_1} + A_2 e^{i\alpha_2} + \ldots = A e^{i\alpha} \tag{3-18}$$

donde ya no aparece el tiempo. De aquí vemos que la amplitud y fases resultantes están dadas respectivamente por el valor absoluto por el argumento del complejo que representa la suma $A_1 e^{i\alpha_1} + A_2 e^{i\alpha_2} \ldots$

Para calcular efectivamente A, podemos usar el teorema bien conocido que expresa que el valor absoluto de un número complejo es igual al producto del número mismo por su *complejo conjugado*. Sustituyendo $-i$ por i en la ecuación (3-18) obtenemos

$$A_1 e^{-i\alpha_1} + A_2 e^{-i\alpha_2} + \ldots = A e^{-i\alpha} \tag{3-19}$$

y (3-18) y (3-19) nos dan:

$$(A_1 e^{i\alpha_1} + A_2 e^{i\alpha_2} + \ldots)\cdot(A_1 e^{-i\alpha_1} + A_2 e^{-i\alpha_2} + \ldots) = (A e^{i\alpha})(A e^{-i\alpha}) = A^2 \tag{3-20}$$

Por supuesto, hay una estrecha conexión entre los métodos (b) y (c) para la representación de funciones sinusoidales. Sabemos que los números complejos pueden representarse por puntos en el llamado plano complejo [véase Apéndice 1 (b)].

Como una aplicación de las reglas de adición, calculemos la suma de dos funciones sinusoidales, $A_1 \cos(\omega t + \alpha_1)$ y $A_2 \cos(\omega t + \alpha_2)$ por medio del método vectorial. Con este fin, construimos dos vectores de módulos A_1 y A_2 y que forman ángulos α_1 y α_2 respectivamente, con el eje OX (Fig. 3-6); el ángulo entre los vectores es entonces $\alpha_2 - \alpha_1$. El módulo A del vector suma satisface la ecuación:

$$A^2 = A_1^2 + A_2^2 + 2 A_1 A_2 \cos(\alpha_2 - \alpha_1) \tag{3-21}$$

Vemos de esta ecuación que la amplitud A tiene su máximo cuando la diferencia de fase $\alpha_2 - \alpha_1$, es cero o un múltiplo par de π, o sea, cuando las oscilaciones *están en fase*. En este caso, A es la suma de A_1 y A_2. La amplitud resultante es mínima cuando $\alpha_2 - \alpha_1$ es π o un múltiplo impar de π, esto es, cuando las dos oscilaciones tienen *fases opuestas*. En este caso, la amplitud resultante es la diferencia entre A_1 y A_2. En el caso general, la amplitud resultante satisface las ecuaciones

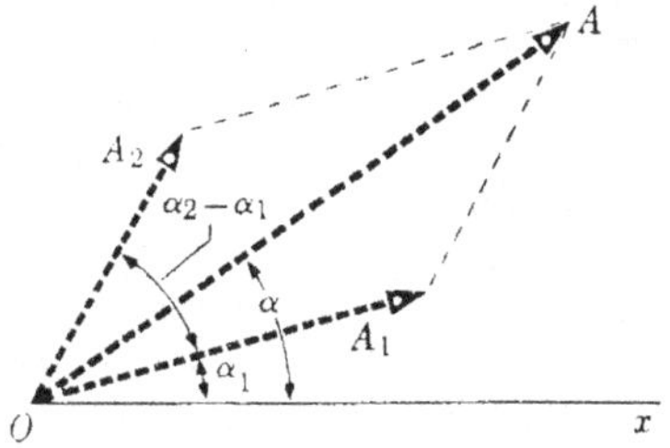

FIG. 3-6. Suma de dos funciones sinusoidales.

$$\begin{aligned} A \cos\alpha &= A_1 \cos\alpha_1 + A_2 \cos\alpha_2 \\ A \operatorname{sen}\alpha &= A_1 \operatorname{sen}\alpha_1 + A_2 \operatorname{sen}\alpha_2 \end{aligned} \tag{3-22}$$

que surgen inmediatamente de una inspección de la figura 3-6 y son idénticas a las ecuaciones (3-16). Dividiendo estas ecuaciones:

$$\tan\alpha = \frac{A_1 \operatorname{sen}\alpha_1 + A_2 \operatorname{sen}\alpha_2}{A_1 \cos\alpha_1 + A_2 \cos\alpha_2} \tag{3-23}$$

3-6. Interferencia de dos ondas esféricas. Consideremos un medio homogéneo en el cual hay dos fuentes puntuales de ondas sinusoidales esféricas, S_1 y S_2 (Fig. 3-7) con el mismo período T. Sean E_1 y E_2 las perturbaciones ópticas que llegan de las dos fuentes a un punto P; éstas pueden escribirse como

$$E_1 = A_1 \cos\left[2\pi\left(\frac{t}{T} - \frac{r_1}{\lambda}\right) + \varphi_1\right]$$
$$E_2 = A_2 \cos\left[2\pi\left(\frac{t}{T} - \frac{r_2}{\lambda}\right) + \varphi_2\right] \qquad (3\text{-}24)$$

donde r_1 y r_2 son las distancias de s_1 y s_2 a P y A_1 y A_2 dependen de la potencia de las fuentes y de las distancias r_1 y r_2. Por los teoremas de la sección precedente, vemos que la perturbación óptica resultante en P es una función sinusoidal de período T y amplitud A, dada por:

$$A^2 = A_1^2 + A_2^2 + 2A_1A_2 \cos\left[\frac{2\pi}{\lambda}(r_2 - r_1) - (\varphi_2 - \varphi_1)\right] \qquad (3\text{-}25)$$

Haciendo uso de la definición de intensidad (ec. 3-8) obtenemos, para la distribución de intensidad luminosa en la región del espacio que rodea a las fuentes

$$I = I_1 + I_2 + 2\sqrt{I_1 I_2} \cos\left[\frac{2\pi}{\lambda}(r_2 - r_1) - (\varphi_2 - \varphi_1)\right] \qquad (3\text{-}26)$$

donde I_1 e I_2 son las intensidades que se observan cuando una u otra de las fuentes se hallan solas, e I es la intensidad que se observa cuando ambas fuentes están presentes simultáneamente. Podemos observar que la intensidad resultante I es mayor o menor que la suma de las dos intensidades tomadas separadamente $I_1 + I_2$ según que el tercer término del miembro de la derecha de (3-26) sea positivo o negativo; este término representa el efecto de interferencia. Los máximos de interferencia se encuentran en aquellos puntos en que ambas ondas están en fase; o sea en los puntos en que las dos perturbaciones ópticas son simultáneamente positivas y negativas. Los mínimos de intensidad se encuentran en los puntos en que las dos ondas tienen fases opuestas, o sea, donde llegan simultáneamente el máximo positivo de una onda con el máximo negativo de la otra. Los fenómenos de interferencia tienen un efecto considerable sobre la distribución local de la intensidad luminosa en el espacio que rodea a las fuentes. Ellos no cambian, sin embargo, el promedio espacial de la intensidad, que sigue

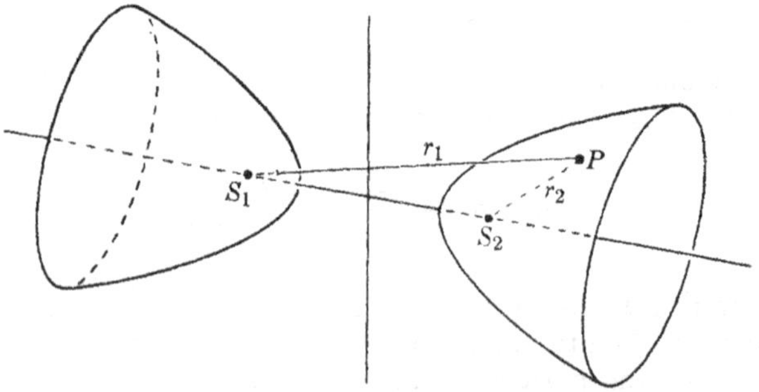

FIG. 3-7. Interferencia de ondas esféricas de dos fuentes puntuales coherentes.

siendo igual al promedio espacial de $I_1 + I_2$, como lo asegura el principio de conservación de la energía; vemos que esto se cumple por ser cero el promedio espacial del término de interferencia de la ecuación (3-26).

En muchos casos, la distancia entre las dos fuentes puntuales es una fracción muy pequeña de la distancia de cada fuente al punto de observación y los efectos de interferencia se observan en una región del espacio cuyas dimensiones son pequeñas comparadas con r_1 y r_2; I_1 e I_2 pueden considerarse entonces como independientes de la posición. Si además las dos fuentes tienen igual intensidad, de manera que podemos escribir $I_1 = I_2$, la ecuación (3-26) se convertirá en

$$I = 2I_1 \left\{ 1 + \cos\left[\frac{2\pi}{\lambda}(r_2 - r_1) - (\varphi_2 - \varphi_1)\right] \right\} \tag{3-27}$$

En este caso, la intensidad es cero en los mínimos y $4I_1$, o dos veces la suma de las intensidades separadas, en los máximos. Nótese que si I_0 representa la intensidad en los máximos (de manera que $I_0 = 4I_1$), podemos escribir (3-27) como:

$$I = I_0 \cos^2\left[\frac{\pi}{\lambda}(r_2 - r_1) - \frac{\varphi_2 - \varphi_1}{2}\right] \tag{3-28}$$

Los mínimos y máximos de intensidad satisfacen las ecuaciones:

Mínimos de intensidad:

$$\frac{r_2 - r_1}{\lambda} - \frac{\varphi_2 - \varphi_1}{2\pi} = k + \frac{1}{2} \tag{3-29}$$

Máximos de intensidad:

$$\frac{r_2 - r_1}{\lambda} - \frac{\varphi_2 - \varphi_1}{2\pi} = k \tag{3-30}$$

donde k es cero o entero (positivo o negativo). Las superficies definidas por (3-29) y (3-30) son hiperboloides de revolución con sus focos en las dos fuentes puntuales (Fig. 3-7).

Si colocamos una pantalla difusora en el camino de ondas de interferencia, aparecerán en la pantalla una serie de bandas alternadas claras y oscuras. Estas bandas son llamadas *franjas de interferencia*; las líneas de iluminación son las intersecciones con la pantalla de los hiperboloides descritos por las ecuaciones (3-29) y (3-30). Si el plano de la pantalla es perpendicular a la línea que conecta las dos fuentes S_1 y S_2, las franjas de interferencias son circulares, mientras que si el plano de la pantalla es paralelo a S_1, S_2, son hiperbólicas. Sin embargo, si los fenómenos de interferencia son observados cerca del plano $r_1 - r_2$, y si las dimensiones de la pantalla son pequeñas comparadas con su distancia a las fuentes, las franjas son prácticamente rectas y perpendiculares a la línea $S_1 S_2$. Sus posiciones pueden ser determinadas por medio del procedimiento elemental ilustrado en la figura 3-8, en donde se representa al plano de observación perpendicular al plano del dibujo. Supongamos a fin de simplificar que las dos fuentes están en fase, es decir que $\varphi_1 = \varphi_2$. Entonces en el punto P_0, equidistante de

S_1 y S_2, las dos ondas estarán en fase, y la intensidad resultante será máxima. Consideremos ahora un punto P, a una distancia y de P_0. Sea H el pie de la perpendicular a través de S_1 a la línea recta S_2P (Fig. 3-8). Desde que $\overline{S_1H}$ es muy pequeña comparada con $\overline{S_1P}$, el triángulo PS_1H es prácticamente isósceles y podremos escribir con aproximación suficiente:

$$r_2 - r_1 = \overline{S_2P} - \overline{S_1P} = \overline{S_2H}$$

Sea $h = \overline{S_1S_2}$ la distancia entre las dos fuentes, O el punto medio del segmento S_1S_2, $D = \overline{OP_0}$ la distancia desde las fuentes a la pantalla y ϑ el ángulo POP_0. A este ángulo se le supone muy pequeño, de manera que podemos escribir:

$$y = \overline{P_0P} = D\,\vartheta$$

El ángulo ϑ es casi idéntico al ángulo comprendido entre S_2P y la perpendicular a S_1S_2 que es igual al ángulo S_2S_1H. En consecuencia obtendremos:

$$r_2 - r_1 = \overline{S_2H} = h\,\vartheta$$

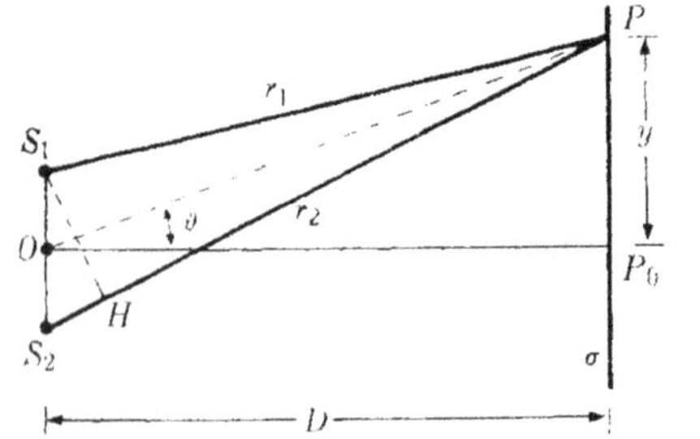

FIG. 3-8. Cálculo de la diferencia de fase entre ondas de dos fuentes puntuales.

De las dos últimas ecuaciones se infiere que:

$$y = \frac{D\,(r_2 - r_1)}{h} \tag{3-31}$$

Como el máximo de interferencia aparece cuando $r_2 - r_1$ es un múltiplo entero de λ y el mínimo cuando $r_2 - r_1$ es un múltiplo impar de $\lambda/2$, la ecuación (3-31) da los siguientes valores de y en los centros de las franjas:

Franjas claras:

$$y = 0,\quad \lambda\frac{D}{h},\quad 2\lambda\frac{D}{h},\quad \ldots,\quad k\lambda\frac{D}{h},\quad \ldots,$$

Franjas oscuras: (3-32)

$$y = \frac{\lambda}{2}\frac{D}{h},\quad \frac{3\lambda}{2}\frac{D}{h},\quad \ldots,\quad (k+\tfrac{1}{2})\,\lambda\frac{D}{h},\quad \ldots$$

Las franjas claras y oscuras se hallan igualmente espaciadas entre sí. La distancia entre dos franjas vecinas claras u oscuras, es $\lambda D/h$. Vemos, pues, que esta distancia es proporcional a la longitud de onda, de modo tal que si λ es muy pequeña será necesario utilizar fuentes muy cercanas entre sí para producir franjas de interferencia de ancho suficiente como para ser observadas fácilmente.

Entre un máximo y un mínimo la intensidad varía de una manera gradual, como puede observarse por la curva de la figura 3-9, que se aplica a dos fuentes con la misma intensidad y fase. La ecuación de esa curva se deduce inmediatamente de las ecuaciones (3-28) y (3-31); ésta es:

$$I = I_0 \cos^2\left(\frac{\pi h y}{D\lambda}\right)$$

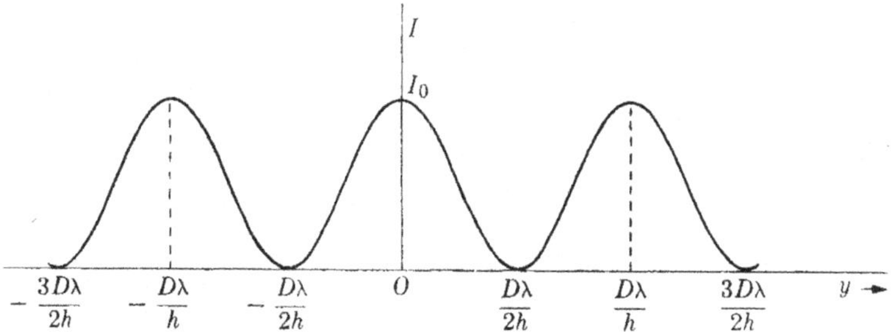

FIG. 3-9. Distribución de intensidad en las franjas producidas por interferencia de dos ondas.

3-7. Espejo doble de Fresnel, biprisma de Fresnel, espejo de Lloyd. Como se mencionó en la sección 3-1, la observación de efectos de interferencia puede utilizarse como medio para investigar experimentalmente la forma de las ondas luminosas, porque para cualquier posición de las fuentes, la distribución espacial de la interferencia tiene una relación definida con la función que describe la dependencia temporal de la perturbación óptica. Por ejemplo, en las franjas de interferencia discutidas al final de la sección anterior, el espaciamiento es proporcional al período de la onda, y la distribución de la intensidad de luz entre los máximos y mínimos es una consecuencia del carácter sinusoidal de la función que describe la dependencia temporal de la perturbación óptica.

Antes de discutir los resultados de las experiencias de interferencia, debemos afirmar explícitamente que es imposible observar efectos de interferencia entre ondas luminosas emitidas por fuentes independientes. Podemos comprender fácilmente por qué esto es así. Si tomamos en cuenta el hecho que toda fuente luminosa utilizada en experimentos de óptica, tal como un filamento incandescente o un tubo de descarga (de gas), consiste en un gran número de fuentes microscópicas no relacionadas, cada una de las cuales es activa por un corto período de tiempo e inactiva el tiempo restante. Supongamos, para simplificar el problema, que todas las fuentes microscópicas emiten durante su período activo trenes de ondas sinusoidales de la misma longitud de onda. La perturbación óptica resultante producida por la fuente total puede ser representada como una función sinusoidal del tiempo cuya fase y amplitud cambia cada vez que una de las fuentes microscópicas aparece o desaparece. Consecuentemente, la perturbación óptica producida por dos fuentes microscópicas, no importa cuán similares puedan ser, tendrá una diferencia de fase $\varphi_2 - \varphi_1$, que varía rápida e irregularmente con el tiempo; diremos en este caso que las dos fuentes son *incoherentes*. Las posiciones de las franjas de interferencia cambiarán como cambia la diferencia de fase; en un momento dado un máximo de intensidad aparecerá en un punto donde un mínimo estuvo presente corto tiempo antes, y viceversa. Como ni el ojo ni los instrumentos ópticos pueden detectar tan rápidas fluctuaciones de intensidad, el resultado observable será una iluminación uniforme de la pantalla.

Resulta claro de lo anterior que, a fin de observar fenómenos de interferencia, es necesario utilizar fuentes de luz *coherentes*, es decir, fuentes cuya diferencia de fase permanezca constante a través del tiempo. Es posible crear tales fuentes ya sea utilizando una fuente S y una imagen óptica S', o utilizando dos imágenes diferentes S_1 y S_2 de la misma fuente. De este modo observamos interferencia entre rayos de luz en la misma fuente y que se encuentran nuevamente en una región dada del espacio después de haber seguido caminos diferentes.

La figura 3-10 ilustra esquemáticamente el principio de un método bien conocido, el *experimento del espejo doble de Fresnel*, por medio del cual los fenómenos de interferencia pueden ser observados.

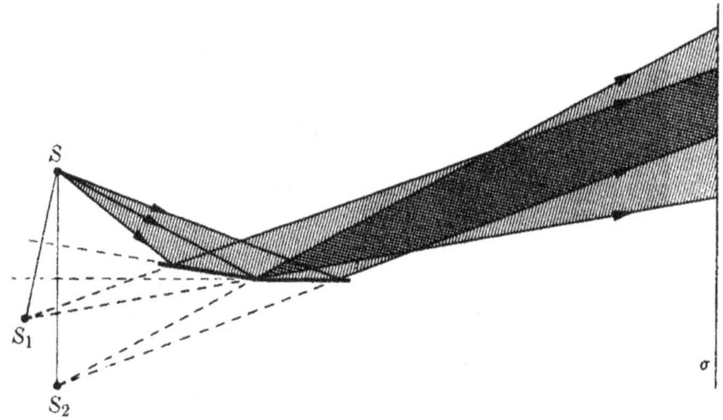

FIG. 3-10. Dibujo esquemático de la experiencia de los espejos de Fresnel.

Un rayo de luz proveniente de una fuente puntual S (que puede ser por ejemplo un pequeño orificio en una pantalla opaca iluminada con luz amarilla de un arco de sodio),* es reflejada por dos espejos cuyos planos forman un ángulo muy pequeño. Los rayos reflejados aparecen como teniendo origen en dos imágenes virtuales del espejo S_1 y S_2 de S. En la región del espacio en la que los dos rayos se encuentran, aparecen los fenómenos de interferencia y aparece una serie de bandas claras y oscuras igualmente espaciadas tales como las descritas al final de la sección anterior, en una pantalla difusora paralela a la intersección de los espejos.

Medidas cuidadosas muestran además que la variación de intensidad a través de la franja de interferencia sigue la ley derivada de la hipótesis que las ondas de interferencia son sinusoidales (ec. 3-28); por esto concluiremos que la luz emitida por el sodio consiste en ondas muy semejantes a las sinusoidales.

* Puede obtenerse un arco de sodio mediante un arco común de carbón en el que se ha practicado un orificio en el extremo del electrodo positivo y se lo ha rellenado con sal común.

Obtenemos resultados similares utilizando otras fuentes de luz tales como tubos de descarga o arcos de carbón común con filtros de luz apropiados. Cuando las figuras de interferencia tienen la apariencia característica predicha para el caso de las ondas sinusoidales, encontramos que la luz producida tiene un color definido. También encontramos que el ancho de las franjas de interferencia cambia con el color; por ejemplo, las franjas observadas con luz roja tienen un ancho doble al que poseen aquéllas observadas con luz azul. Estos resultados nos llevarán a asociar ondas sinusoidales de diferentes longitudes de onda con luces de colores puros diferentes. El ojo, por supuesto, es un instrumento bastante rudimentario, incapaz de distinguir entre formas de ondas con pequeñas diferencias entre sí, de aquí que nosotros adoptemos una definición física de color más que una fisiológica, y cuando nos refiramos a una onda *monocromática*, o a una onda luminosa de un solo color, entenderemos por tal una onda de luz perfectamente sinusoidal. Por supuesto como una onda perfectamente sinusoidal de longitud infinita no existe en la Naturaleza, el concepto de una luz perfectamente monocromática es una abstracción. Retornaremos a este tema más adelante.

Los espejos de Fresnel producen franjas de interferencia fácilmente observables solamente cuando los dos espejos forman un ángulo muy pequeño, de modo que las dos fuentes virtuales S_1 y S_2 están muy próximas entre sí; esto indica que las ondas de luz tienen una longitud muy pequeña. Midiendo el ángulo entre los espejos, podemos determinar la distancia h entre las dos fuentes en un experimento dado, y de esta cantidad una vez conocidas la distancia de la pantalla y la que existe entre las franjas, podemos computar la longitud de onda de la luz utilizada en el experimento (véase ec. 3-32). La tabla 3-1 muestra las longitudes de onda correspondientes a los diferentes colores, expresados en angstroms [1 angstrom (1 A) $= 10^{-8}$ cm $= 10^{-10}$ m]. Los valores que aparecen en la tabla tienen una significación aproximada porque un color descrito genéricamente como «rojo» o «azul» corresponde a un amplio rango de longitudes de onda.

En el capítulo 5 describiremos algunos experimentos para la determinación de la velocidad de la luz. Anticipando los resultados obtenidos allí, adelantaremos que la velocidad de la luz en el vacío o en aire es aproximadamente 3×10^{10} cm/seg. De la relación $\lambda = cT$ y conocida la longitud de onda, podemos calcular el período T de las ondas de luz; este resultado también se incluye en la tabla 3-1. Vemos que el período es un intervalo extremadamente corto en cualquier escala ordinaria de tiempo.

TABLA 3-1

Color	*Rojo*	*Amarillo*	*Verde*	*Azul*	*Violeta*
(A)	6500	5800	5000	4500	4000
T (10^{-15} seg)	2,2	1,9	1,7	1,5	1,3

Consideremos dos rayos que llegan al mismo punto P en el espacio después de ser reflejados por dos espejos diferentes. Como los dos rayos están en fase cuando dejan la fuente resulta claro que su diferencia de fase es en P

$2\pi(r_2 - r_1)/\lambda$, donde r_1 y r_2 representan las distancias recorridas por los dos rayos entre S y P. De las leyes de la reflexión se deduce que r_1 y r_2 también representan las distancias entre las dos fuentes virtuales S_1 y S_2 y P. Los puntos que son equidistantes de S_1 y S_2 (es decir, puntos tales que cumplen $r_1 = r_2$) son alcanzados simultáneamente por rayos que han dejado la fuente S en el mismo instante. En estos puntos la intensidad tiene un máximo llamado el *máximo de interferencia de orden cero*. Similarmente la interferencia máxima de orden uno, dos, ..., k, son definidas como aquellas en que ocurren en puntos tales que $r_2 - r_1 = \lambda$, 2λ, ..., $k\lambda$. Dos rayos que llegan simultáneamente al máximo de interferencia de orden k han dejado S en instantes tales que uno está retardado k períodos con respecto al otro.

Es interesante señalar el siguiente detalle: si la fuente puntual S se mueve en una dirección paralela a la intersección de los espejos, las franjas de interferencia, que son también paralelas a esta dirección, se desplazan a lo largo de ellas mismas. Cuando se llevan a cabo desplazamientos moderados, no hay cambio apreciable en las figuras de interferencia observadas desde la pantalla. En consecuencia, podemos utilizar una fuente lineal en vez de una puntual en el experimento discutido precedentemente, lo que hace posible aumentar la intensidad de iluminación.

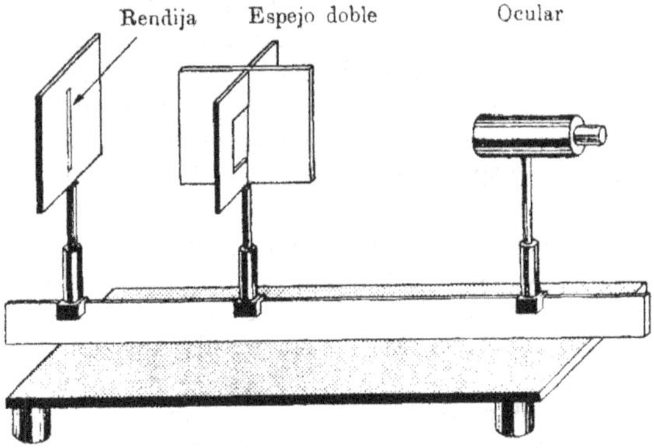

FIG. 3-11. Método experimental para la experiencia de los espejos de Fresnel.

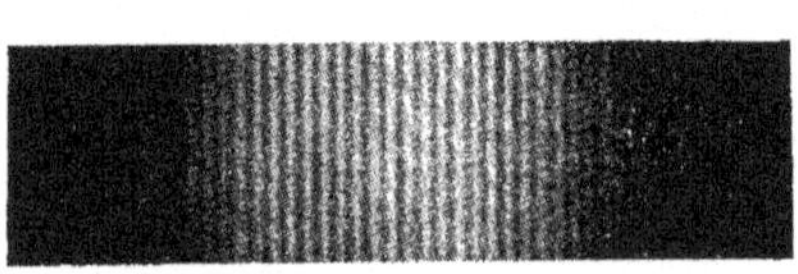

FIG. 3-12. Fotografía de las franjas de interferencia producidas por los espejos de Fresnel.

La figura 3-11 muestra cómo la experiencia del espejo doble de Fresnel puede ser efectuada. La figura 3-12 es una fotografía de las franjas de interferencia obtenidas con esta experiencia.

Consideremos qué ocurre si efectuamos la experiencia del doble espejo con luz blanca en vez de monocromática. La luz blanca, como ya hemos dicho, es el resultado de la superposición de luz de muchos colores diferentes, es decir de muchas longitudes de onda diferentes. Cada longitud de onda produce un sis-

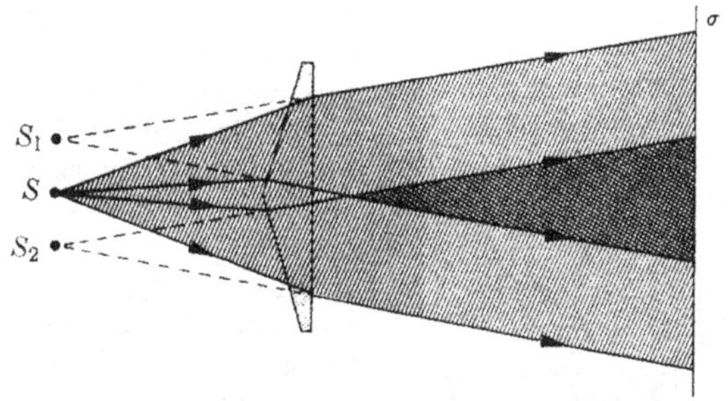

FIG. 3-13. Biprisma de Fresnel.

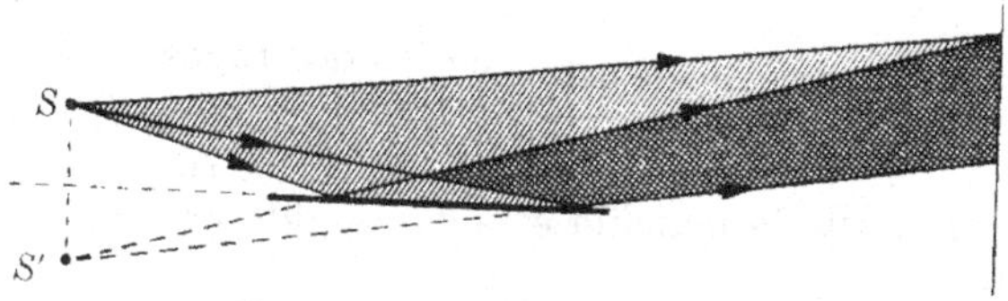

FIG. 3-14. Espejo de Lloyd.

tema distinto de franjas. El orden de interferencia máximo cero es común a todas las longitudes de onda, porque ocurre en puntos equidistantes de S_1 y S_2; en consecuencia, la línea que satisfaga la ecuación $r_1 = r_2$ aparecerá en la pantalla como una franja blanca brillante. Esta franja está bordeada a ambos lados por franjas de diferentes colores, causadas por la superposición de franjas de interferencia correspondientes a longitudes de onda diferentes. Por ejemplo el lugar donde la luz violeta produce el máximo de interferencia no es lejano al lugar donde la luz roja interfiere destructivamente. El debilitamiento de las longitudes de onda larga y el reforzamiento de las cortas produce un tinte azulado (una discusión más amplia de interferencia con luz blanca aparecerá en la sección 3-14).

Pueden observarse fenómenos de interferencia similares a los producidos por los espejos de Fresnel utilizando otros dispositivos tales como el *biprisma de Fresnel* y el *espejo de Lloyd.* El biprisma de Fresnel, que se ilustra esquemáticamente en la figura 3-13, produce dos imágenes virtuales coherentes de una fuente puntual o lineal colocada en su plano de simetría. Por medio del espejo de Lloyd (fig. 3-14) obtenemos interferencia entre ondas de luz provenientes de una fuente puntual y de su imagen en un espejo plano.

3-8. Interferencia en películas delgadas. La reflexión de la luz en las dos superficies de una película delgada transparente produce fenómenos de interferencia que son observables fácilmente. Para interpretar estos fenómenos haremos referencia a la figura 3-15. La luz monocromática de una fuente puntual S da una película delgada y es reflejada hacia la lente convergente L que forma una imagen en la pantalla σ. Consideremos el rayo SPA que se refleja en el punto P de la superficie superior de la película, y el rayo $SCEPB$ que pasa a través del mismo punto P después de haberse reflejado en el punto E de la superficie inferior. La lente L reúne nuevamente los dos rayos en P', que es la imagen de P. Como ya hemos visto en la sección 2-5, la longitud de los caminos ópticos de los dos rayos que unen P y P' son iguales; en consecuencia los dos rayos arriban a P' con la misma diferencia de fase que tenían en P. Para calcular esta diferencia de fase, debemos señalar que la longitud de los caminos ópticos de los dos rayos de S a P son $l_1 = n_0 \overline{SP}$ y $l_2 = n_0 \overline{SC} + n_0 (\overline{CE} + \overline{EP})$, donde n es el índice de refracción de la película y n_0 el del medio en el que la película está sumergida ($n_0 = 1$ si el medio es aire). En consecuencia

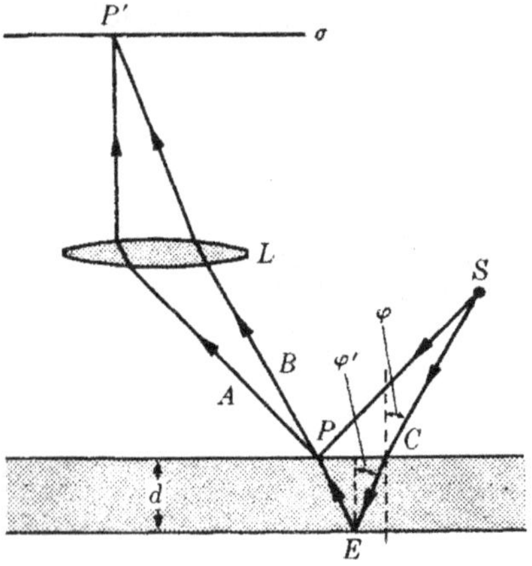

FIG. 3-15. Interferencia en una lámina delgada, observada por reflexión.

$$l_2 - l_1 = -n_0 (\overline{SP} - \overline{SC}) + n (\overline{CE} + \overline{EP})$$

Sea d el espesor de la película, y φ y φ' los ángulos de incidencia y refracción del rayo SC. Haciendo uso de la ley de Snell ($n_0 \operatorname{sen} \varphi = n \operatorname{sen} \varphi'$) y considerando que como la película es muy delgada, $\overline{PC}$ es muy pequeño comparado con $\overline{SC}$, obtenemos con una buena aproximación

$$n_0 (\overline{SP} - \overline{SC}) = n_0 \overline{PC} \operatorname{sen} \varphi = 2\, d\, n_0 \tan \varphi' \operatorname{sen} \varphi =$$

$$= 2\, n\, d \frac{\operatorname{sen}^2 \varphi'}{\cos \varphi'}$$

$$n (\overline{CE} + \overline{EP}) = \frac{2\, d\, n}{\cos \varphi'}$$

y, por lo tanto,

$$l_2 - l_1 = 2\, d\, n \left(-\frac{\operatorname{sen}^2 \varphi'}{\cos \varphi'} + \frac{1}{\cos \varphi'} \right) = 2\, d\, n \cos \varphi' \tag{3-34}$$

La diferencia de fase que corresponde a esta diferencia en las longitudes de camino óptico (véase sección 3-3) es $2\pi (l_2 - l_1)/\lambda_0$, donde λ_0 es la longitud de onda en el vacío. Hay, sin embargo, una diferencia de fase adicional debida a que el rayo SPA es reflejado en la superficie superior de la película, donde el índice de refracción cambia de n_0 a n, mientras el rayo *SCEPB* es reflejado en la superficie inferior, donde el índice de refracción cambia de n a n_0 (véase sección 3-4). En consecuencia, los dos rayos reflejados se encuentran en P y luego nuevamente en P' con una diferencia de fase dada por:

$$\alpha = 2\pi \frac{l_2 - l_1}{\lambda_0} - \pi, \quad \text{ó} \quad \alpha = 2\pi\left(\frac{2nd\cos\varphi'}{\lambda_0} - \frac{1}{2}\right) \tag{3-35}$$

En particular, si las lentes están colocadas de modo de recoger los rayos que son reflejados por el film en una dirección casi perpendicular, el $\cos\varphi'$ es muy cercano a la unidad, y (3-35) se reduce a:

$$\alpha = 2\pi\left(\frac{2nd}{\lambda_0} - \frac{1}{2}\right) \tag{3-36}$$

La interferencia de los dos rayos en P' producirá un máximo de intensidad si α es un múltiplo entero de 2π; es decir, si se satisface la condición

$$\frac{2nd}{\lambda_0} = k + \frac{1}{2}, \quad k = 0, 1, 2 \ldots, \tag{3-37}$$

La interferencia producirá un mínimo de intensidad si α es múltiplo impar de π, o sea:

$$\frac{2nd}{\lambda_0} = k, \quad k = 0, 1, 2, \ldots, \tag{3-38}$$

Si hacemos que $\lambda = \lambda_0/n$ sea la longitud de onda en la película, podremos reescribir (3-37) y (3-38) como:

Máximo de interferencia:

$$d = (2k + 1)\frac{\lambda}{4} \tag{3-39}$$

Mínimo de interferencia:

$$d = k\frac{\lambda}{2} \tag{3-40}$$

De esto concluimos que los máximos de interferencia aparecen cuando el espesor d es un múltiplo impar de $\lambda/4$ y los mínimos cuando es un múltiplo par de $\lambda/4$. Si la película no tiene el mismo espesor en todas partes, la imagen de la película formada en la pantalla por las lentes mostrará brillo diferente en diversos lugares.

Debemos puntualizar que pueden observarse fenómenos de interferencia en películas delgadas sin que sea necesario utilizar lentes, meramente mirando a la película directamente. En estos casos, el sistema óptico del ojo forma en la retina una imagen real de la película. En una película de espesor variable iluminada con luz monocromática, podrá observarse un sistema de franjas de interferencia claras y oscuras; las líneas para las cuales el espesor de la película satisface la ecuación (3-39) surgirán como líneas de claridad máxima, y aquellas donde el grosor de la película satisface (3-40) surgirán como líneas de igual luminosidad.

Las franjas de interferencia con una fuente puntual como la considerada hasta ahora, son observadas sólo en aquella porción de la película que refleja los rayos de luz provenientes de la fuente en las lentes (o la pupila del ojo). Esta porción será más pequeña a medida que el diámetro de la lente disminuye; en cambio, si el diámetro de la lente es suficientemente pequeño comparado con la distancia entre la película y la lente, podemos utilizar una fuente más amplia y observar franjas de interferencia en toda la película. La razón por la que esto sucede es que con lentes de diámetro pequeño, el ángulo de reflexión φ' es prácticamente idéntico para todos los rayos reflejados en las lentes desde un punto dado de la película, y consecuentemente para todos los pares de rayos que pueden llegar a las lentes (Fig. 3-15), coseno φ' y d son constantes y la diferencia de fase α (ec. 3-35) tiene un valor constante. En particular la pupila del ojo es suficientemente pequeña de modo tal que la condición descrita anteriormente se satisface siempre que observamos a la película directamente.

El caso de incidencia cercana a la perpendicular es especialmente interesante. En aquel supuesto, las franjas de interferencia permanecen nítidas, aun si las lentes tienen un diámetro bastante grande, debido a que cos φ' cambia muy lentamente en las cercanías de $\varphi' = 0$. Para observar las franjas puede utilizarse la experiencia de la figura 3-16: La luz que proviene de una fuente colocada a un lado de la película es reflejada parcialmente en él por una placa de vidrio semiplateada cuyo plano forma un ángulo de 45° con el plano de la película, y una fracción de la luz reflejada por la película pasa a través de la placa hasta alcanzar la lente o el ojo del observador.

Puede ser útil considerar desde un punto de vista algo diferente el fenómeno analizado anteriormente. Los rayos provenientes de un punto dado de una fuente extensa y que son reflejados en las dos caras de un film delgado, producen un dado sistema de franjas de interferencia en un plano de observación arbitrario. En general, las figuras de interferencia que corresponden a puntos diferentes de la fuente no se superponen. En cada punto del plano de observación los rayos originados en ciertos puntos de la fuente interferirán constructivamente, mientras que rayos originados en otros puntos interferirán destructivamente; el efecto resultante será una iluminación prácticamente uniforme. Sin embargo, si la fuente no es muy extensa, y si los rayos de la fuente tocan a la película en dirección que no está muy alejada de la perpendicular, habrá un plano de observación, esto es, el plano mismo de la película, en que los diferentes sistemas de franjas de interferencia son casi exactamente coincidentes. Esto no ocurrirá en ningún otro plano excepto el plano en el cual una lente convergente puede formar una imagen real de la película. Para describir esta situación diremos que las franjas de interferencia producidas por una película de espesor variable iluminada por una fuente extensa son *localizadas en el plano de la película.*

Haremos notar que los resultados anteriores son válidos tanto para películas cuyo índice de refracción es mayor que el del medio que lo rodea (por ejemplo, una capa delgada de vidrio o una película de agua enjabonada en aire) como para aquellas en que el índice de refracción es menor que el del medio (por ejemplo, una pequeña capa de aire entre dos vidrios). En este último caso, la inversión de fase no sucede en la reflexión de luz en la superficie de entrada de la película, sino que ocurre en la segunda superficie. La situación es diferente si la película está situada entre dos medios de los cuales uno tiene un índice de refracción mayor y otro menor que el suyo. En este caso o bien hay inversión de fase en ambas superficies, o bien no hay inversión en ambas, y por consiguiente la ecuación (3-39) se transforma en la condición para interferencia mínima y (3-40) aquélla para interferencia máxima. Por supuesto, en todos los casos n representa el índice de refracción del film y λ la longitud de onda en él.

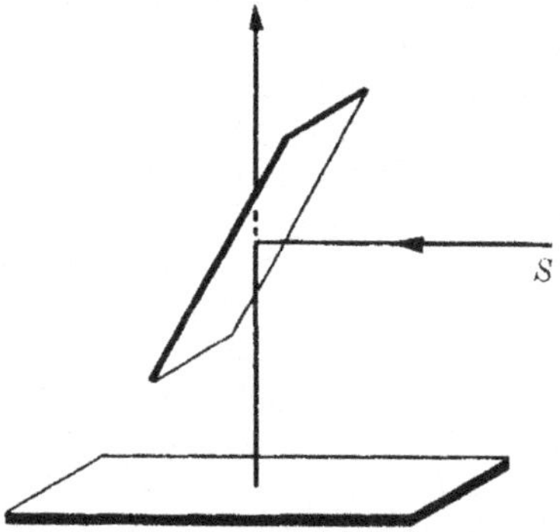

Fig. 3-16. Observación de las franjas de interferencia en una lámina delgada, cuando la luz incide perpendicularmente.

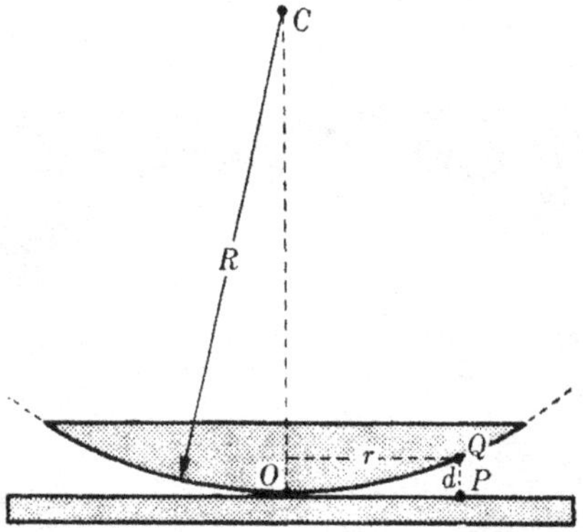

Fig. 3-17. Dibujo esquemático de la experiencia de los anillos de Newton.

La figura 3-17 ilustra un experimento histórico de interferencia en películas delgadas. Una lente plano-convexa de gran distancia focal yace con su superficie curvada sobre una placa de vidrio plana. El espacio de aire entre las lentes y la placa es equivalente a una película de espesor variable, que produce las franjas de interferencia descritas anteriormente. Si la luz proveniente de una fuente extensa cae sobre la película con un ángulo prácticamente recto respecto de sus superficies, las franjas son circulares con un centro común y un punto de contacto entre las lentes y la placa (Fig. 3-18). Las franjas de interferencia observadas por este método fueron descritas en detalle por Newton, y son conocidas como los anillos de Newton; fueron probablemente los primeros fenómenos de interferencia estudiados cuantitativamente.

Sea R el radio de curvatura de la lente, y $d = \overline{PQ}$ el espesor de la capa de aire a la distancia $r = \overline{OP}$ desde el punto de contacto. Del teorema de la «sagitta» [véase Apéndice 1 (d)] obtenemos:

$$(2R - d)\,d = r^2$$

o como $d \ll R$

$$r^2 = 2Rd \qquad (3\text{-}41)$$

Esta ecuación, junto a (3-39) y (3-40), conduce por los radios de los círculos de intensidad máxima y mínima:

Máximos de interferencia:

$$r^2 = \frac{2k+1}{2} R\lambda \tag{3-42}$$

Mínimos de interferencia:

$$r^2 = k R \lambda$$

En particular, el punto de contacto ($r=0$) aparece oscuro por reflexión. Por supuesto, esto es natural porque una capa de espesor cero es equivalente a la ausencia de la película.

Si la placa de vidrio plano y la lente son alejados, decrecerá el radio del círculo formado por los puntos donde el espesor de la capa tiene un valor dado. En consecuencia, los anillos de interferencia se confundirán unos con otros en el centro, mientras que en la periferia aparecerán nuevos anillos. Cada vez que la separación entre las lentes y la placa cambia en un cuarto de longitud de onda, una franja de interferencia clara tomará el lugar de una oscura y viceversa. En particular, el centro común de los anillos, que es oscuro cuando la lente está en contacto directo con la placa, se transforma alternativamente en claro y oscuro, el máximo de intensidad se observa en este punto cuando la distancia mínima entre las lentes y placa es $\lambda/4$, $3\lambda/4$, o, en general, un múltiplo impar de $\lambda/4$. El efecto descrito anteriormente puede ser utilizado como un método preciso y sensible para medir desplazamientos muy pequeños, del orden de la longitud de onda de la luz.

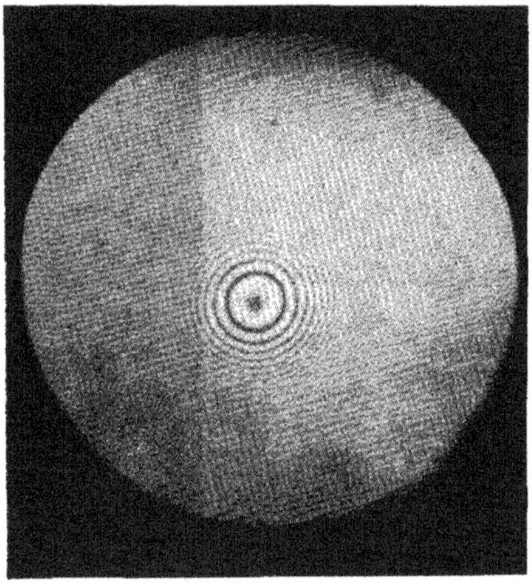

FIG. 3-18. Fotografía de los anillos de Newton.

Por las razones explicadas anteriormente, los diferentes dispositivos utilizados para la observación de anillos de Newton producen franjas localizadas en el plano de la capa de aire si la fuente es extensa, y fenómenos de interferencia no localizados si la fuente posee dimensiones muy pequeñas. Los últimos fenómenos pueden ser analizados cuantitativamente en el caso presente. Las superficies planas y esféricas que limitan la película de aire forman dos imágenes especulares virtuales S_1 y S_2 de una fuente puntual S, y las ondas esféricas reflejadas centradas en S_1 y S_2 se encuentran, produciendo los efectos de interferencia descritos en la sección 3-6. Las superficies de intensidad máxima y mínima son hiperboloides de revolución alrededor de la línea $S_1 S_2$. Supongamos que la fuente se halla situada sobre una línea recta que pasa por el centro de curvatura de la superficie esférica y a través de su punto de contacto con la superficie plana; luego, aparecerá un sistema de franjas de interferencia en todo plano perpendicular a esta línea. Las franjas son idénticas a los anillos de Newton si el plano de observación coincide con el plano de la película.

Esta discusión de interferencia en películas delgadas ilustra la regla general de que fuentes localizadas originan efectos de interferencia no localizados, mientras que fuentes no localizadas sólo pueden producir efectos de interferencia localizados.

Los fenómenos de interferencia en películas delgadas pueden ser observados no sólo por reflexión, sino también por transmisión. En el segundo caso, la interferencia ocurre entre el rayo de luz que atraviesa la película directamente y el

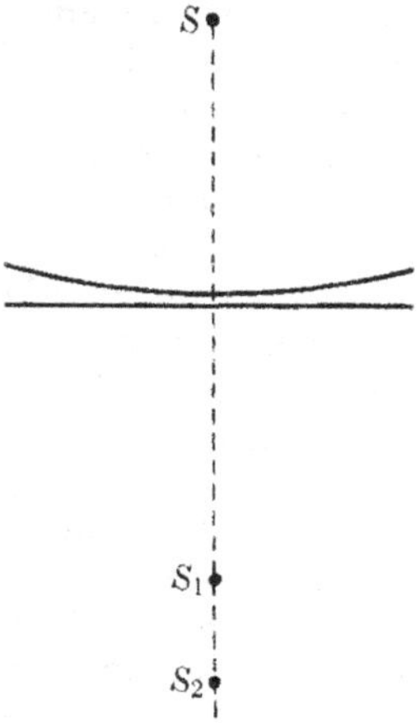

FIG. 3-19.

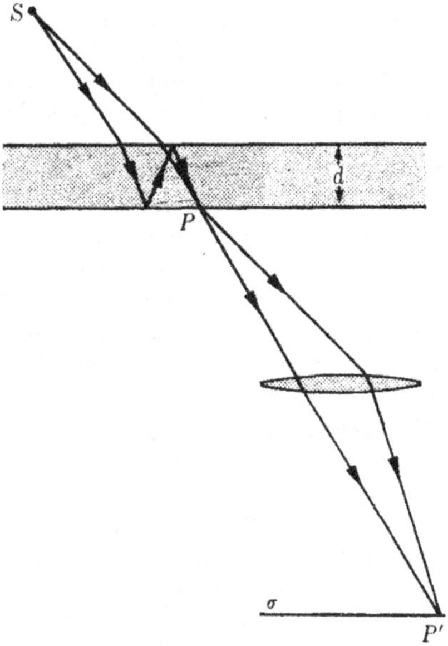

FIG. 3-20. Interferencia en una lámina delgada, observada por transmisión.

que emerge de la película después de dos reflexiones internas. El segundo rayo no sufre cambio de fase en la reflexión si el índice de refracción de la película es mayor que el del medio ambiente, mientras que invierte su fase dos veces si el índice de refracción de la película es menor que el del medio; como un cambio de fase de 2π es equivalente al no-cambio, el resultado es el mismo en ambos casos. Podemos ver fácilmente que la ecuación (3-39) aparece ahora como la condición para los mínimos de interferencia y la (3-40) como la condición para los máximos; por lo tanto, las franjas de interferencia observadas por transmisión son complementarias de aquéllas observadas por reflexión. Notemos, sin embargo, que las franjas observadas por transmisión son mucho más débiles que las observadas por reflexión. Esto se debe a que la onda de luz reflejada tiene una amplitud mucho menor que la onda de luz transmitida directamente, de manera que las dos ondas no se anulan ni siquiera aproximadamente en los mínimos. Por otra parte, en el caso discutido previamente, las dos ondas reflejadas por las caras opuestas de la película tienen casi la misma intensidad.

Para un examen más riguroso y completo de fenómenos de interferencia en películas delgadas, sería necesario considerar también las ondas que han sufrido múltiples reflexiones dentro de la película (véase la sección siguiente). Sin embargo, a menos que las superficies de la película se hagan sumamente reflectoras por medio de un tenue depósito metálico, la intensidad decrece rápidamente a medida que aumenta el número de reflexiones, de modo que la contribución de las ondas que sufren reflexiones múltiples es despreciable.

En el examen precedente hemos supuesto que la fuente de luz es monocromática. Con una fuente de luz blanca, la interferencia en películas delgadas producirá franjas de diferentes colores en lugar de franjas de diferente luminosidad. Este efecto, análogo al discutido en la sección 3-8, explica, por ejemplo, los colores brillantes de las pompas de jabón.

3-9. Franjas de interferencia observadas con placas planas paralelas. Interferencia múltiple. En la sección anterior hemos considerado los efectos de interferencia que aparecen en el plano de una película de espesor variable. Ahora investigaremos un tipo de fenómenos de interferencia relacionado pero algo diferente. En lugar de una película de espesor variable, usamos una película o placa con superficies rigurosamente planas y paralelas, y en vez de mirar directamente a la película, recibimos los rayos reflejados o transmitidos en un telescopio enfocado al infinito. De este modo podemos observar la interferencia entre los rayos paralelos que provienen de un único rayo por reflexión en las superficies de la placa y se unen otra vez en el plano focal de la lente del objetivo del telescopio.

Como en el caso anterior, usamos una fuente extensa, de manera que la placa se ilumina con rayos que inciden en distintas direcciones. La diferencia de fase entre rayos en interferencia es función del ángulo en el que los rayos son reflejados o transmitidos por la placa, y los rayos que entran en el telescopio en un cierto ángulo en relación con su eje son enfocados por la lente del objetivo en puntos de un círculo que descansa en su plano focal. En consecuencia, si el eje del telescopio es perpendicular a la placa, las franjas de interferencia tienen forma circular. Estas franjas de interferencia se denominan *localizadas en el infinito.*

Si las superficies de la placa no son azogadas, podríamos, como antes, no tomar en cuenta los rayos que han sido reflejados internamente más de dos veces, y estudiar los fenómenos de interferencia como si fueran debidos a la superposición de sólo dos ondas. Ahora trataremos el problema de un modo más general, tomando en cuenta múltiples reflexiones internas, de modo tal que la validez de los resultados no quedará restringida a los casos en donde es pequeña la reflectividad de la superficie de la placa. Cada rayo incidente sobre la placa (tales como el SR_0 de la fig. 3-22) da lugar a un número infinito de rayos paralelos transmitidos T_1 T'_1, T_2 T'_2, T_3 T'_3, etc.); el primero ha pasado directamente a través de la placa, el segundo ha sufrido dos reflexiones internas, el tercero cuatro, etc. Análogamente, los rayos incidentes producen un número infinito de rayos paralelos reflejados (R_0 R'_0, R_1 R'_1, R_2 R'_2, etc.); el primero se ha reflejado en la superficie superior de la placa, el segundo ha sufrido una reflexión interna, el tercero tres, etc.

Consideremos en primer lugar los rayos transmitidos que son reunidos en el punto P del plano focal de la lente del telescopio. Dos rayos vecinos (por ejemplo, $T_1\, T'_1$ y $T_2\, T'_2$) llegarán a P con la misma diferencia de fase que poseían

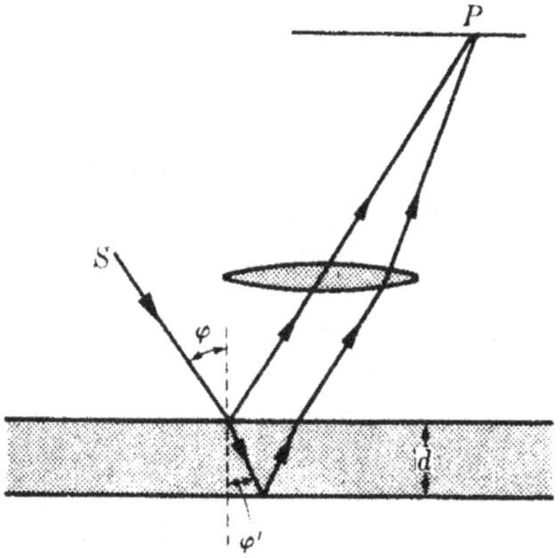

FIG. 3-21. Observación de franjas de interferencia localizadas en el infinito.

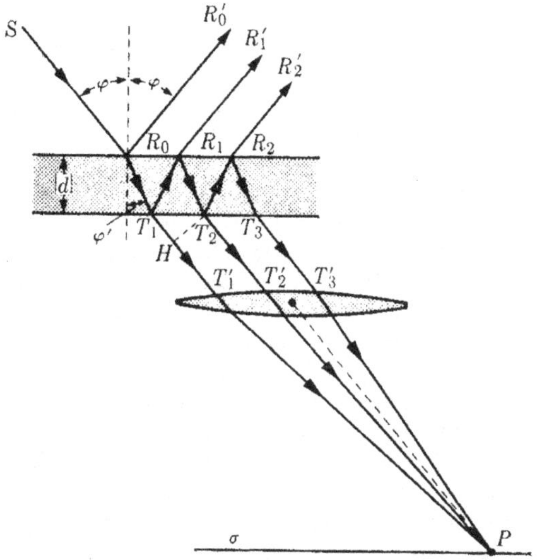

FIG. 3-22. Interferencia múltiple.

en los puntos H y T_2, donde H es el pie de la perpendicular a $T_1\, T'_1$ a través de T_2. Si l_1 y l_2 son los caminos ópticos entre la fuente y los puntos H y T_2, encontramos que

$$l_2 - l_1 = 2\,n\,R_0T_1 - n_0\,T_1H,$$

donde n es el índice de refracción de la placa, y n_0 el del medio que la rodea. Si d es el espesor de la placa, φ el ángulo de incidencia, y φ' el ángulo de refracción, obtendremos de la ecuación anterior

$$l_2 - l_1 = 2\,n\,\frac{d}{\cos\varphi'} - n_0\,2\,d\,\tan\varphi'\,\mathrm{sen}\,\varphi$$

o

$$l_2 - l_1 = 2\,d\,n\cos\varphi' \tag{3-43}$$

Esta ecuación nos da la diferencia en camino óptico entre dos rayos vecinos transmitidos desde la fuente hasta el punto de convergencia. Debe notarse que la ecuación (3-43) es idéntica a la ecuación (3-34); sin embargo, (3-43) es válida rigurosamente mientras que (3-34) es válida sólo para el caso de películas de pequeño espesor.

Si las superficies de la placa no están plateadas, las reflexiones internas se sucederán sin cambio de fase cuando sea $n > n_0$ y con un cambio de fase de π

cuando sea $n < n_0$. El cambio de fase debido a la doble reflexión interna es cero en el primer caso y 2π en el segundo. En ambos casos la diferencia de fase entre rayos vecinos se debe exclusivamente a la diferencia en los caminos ópticos y, en consecuencia, está dada por

$$\alpha = 2\pi \frac{l_2 - l_1}{\lambda_0}$$

o

$$\alpha = 2\pi \frac{2\,d \cos \varphi'}{\lambda} \qquad (3\text{-}44)$$

donde λ_0 es la longitud de onda en el medio circundante y $\lambda = \lambda_0/n$ es la longitud de onda en la placa. Si las superficies de la placa están ligeramente plateadas, las reflexiones internas pueden producir un cambio de fase distinto de cero o de π y la diferencia de fase entre rayos vecinos puede diferir en una cantidad constante del valor dado antes.

Cuando el ángulo de incidencia es tal que α es cero o un múltiplo entero de 2π, todos los rayos transmitidos están en fase, de manera que los vectores rotantes que representan los diferentes rayos en el diagrama vectorial (Fig. 3-23) son paralelos. Sus longitudes forman una serie geométrica infinita, porque cada reflexión interna reduce la amplitud en un factor constante; los términos de la serie decrecen lentamente en magnitud si la reflectividad de las superficies de la placa es elevada, y rápidamente si es baja. La suma de estos vectores (que se encuentra dibujándolos de manera que la cabeza del vector m coincida con la cola del $(m+1)$, es un vector de longitud finita, que representa la amplitud máxima.

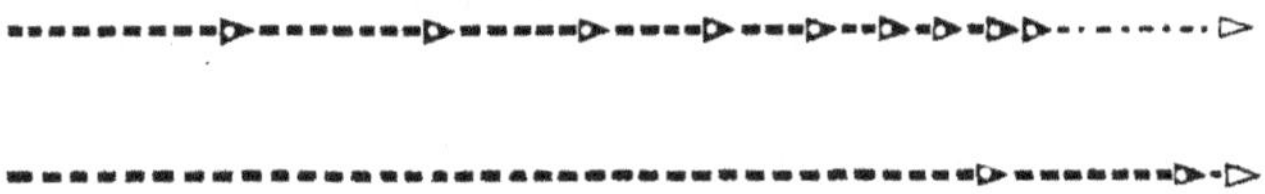

(a)

(b)

FIG. 3-23. Interferencia múltiple, $\alpha = 2k\pi$; (a) alta reflectividad, (b) baja reflectividad.

Consideremos ahora un ángulo de incidencia ligeramente diferente, tal que la diferencia de fase entre rayos vecinos difiera de un múltiplo entero de 2π en una pequeña cantidad $\Delta\alpha$. En el caso de reflectividad elevada, el segmento de recta formado por los vectores representativos se cambia en una línea quebrada, acercándose a la forma de una espiral. Esta línea consiste en un número infinito de segmentos de longitud lentamente decreciente, cada una a un ángulo $\Delta\alpha$ de la precedente. El vector que conecta el extremo final del primer vector con el punto asintótico de la «espiral» representa la perturbación óptica resultante. Su longitud decrece rápidamente al principio, con el aumento de $\Delta\alpha$. Luego, como $\Delta\alpha$ continúa creciendo, la «espiral» se enrolla en un creciente número de vueltas, pero la longitud del vector resultante permanece siempre muy pequeña comparada con la longitud estirada de la «espiral» hasta que $\Delta\alpha$ se acerca a 2π. Cuando $\Delta\alpha$ iguala a 2π los rayos están todos otra vez en fase y la amplitud resultante adquiere nuevamente su valor máximo.

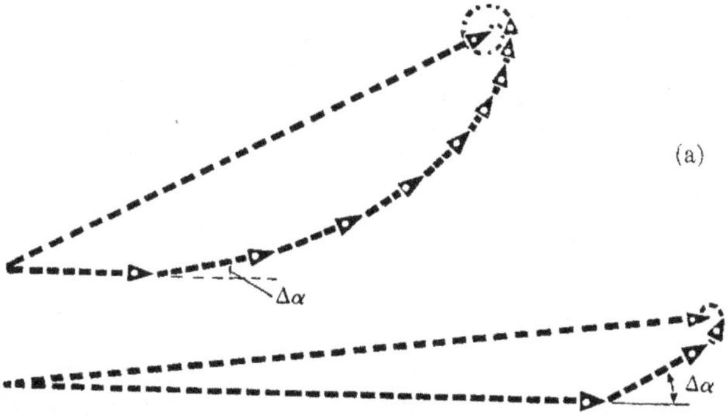

FIG. 3-24. Interferencia múltiple, $\alpha = 2k\pi + \Delta\alpha$; (a) alta reflectividad, (b) baja reflectividad.

Vemos que la intensidad de la luz será siempre pequeña, excepto cuando la diferencia de fase entre rayos vecinos está cerca de un múltiplo entero de 2π. De esto se concluye que las franjas de interferencia observadas por transmisión a través de una placa plana paralela con superficies altamente reflejantes consisten en *líneas delgadas brillantes sobre un fondo oscuro.*

Si, por otra parte, la reflectividad es baja, la perturbación óptica resultante es prácticamente igual a la suma vectorial de los vectores que representan los dos primeros rayos transmitidos ($T_1 T'_1$, $T_2 T'_2$). Su amplitud cambia lentamente a medida que crece $\Delta\alpha$ y nunca se aproxima a cero. En estas condiciones, las franjas de interferencia son anchas y débiles.

En ambos casos, la posición de los máximos es la determinada por la ecuación

$$\alpha = 2k\pi$$

o por la ecuación (3-44)

$$d \cos \varphi' = \frac{k}{2} \lambda \tag{3-45}$$

Usando la ley de Snell, podemos escribir la ecuación anterior en términos del ángulo de incidencia φ y la longitud de onda λ_0 en el medio circundante, como

$$d \sqrt{n^2 - n_0^2 \operatorname{sen}^2 \varphi} = \frac{k}{2} \lambda_0 \tag{3-46}$$

Para hacer nuestra discusión cuantitativa, supongamos que el espesor de la placa sea tal que haga aparecer en el centro el máximo de orden k_0, es decir, en el punto correspondiente a $\varphi = 0$, $\varphi' = 0$. Esta condición produce

$$d = \frac{k_0}{2} \lambda$$

El máximo de orden k corresponde entonces al ángulo φ'_k dado por

$$\cos \varphi'_k = \frac{k}{k_0}$$

Si φ'_k es pequeño, de modo tal que podemos considerar $\cos\varphi'_k = 1 - (\varphi'_k)^2/2$ obtenemos

$$\varphi'_k = \sqrt{\frac{2}{k_0}}\,\sqrt{k_0 - k} = \sqrt{\frac{\lambda}{d}}\,\sqrt{k_0 - k} \tag{3-47}$$

El ángulo de incidencia (y de emergencia) correspondiente es:

$$\varphi_k = \frac{n}{n_0}\varphi'_k = \frac{n}{n_0}\sqrt{\frac{\lambda_0}{dn}}\,\sqrt{k_0 - k} \tag{3-48}$$

Así, por ejemplo, el primer anillo brillante (es decir, el anillo correspondiente al máximo de interferencia de orden $k = k_0 - 1$) está formado por rayos que emergen de la placa a un ángulo igual a $(n/n_0)\sqrt{\lambda_0/dn}$ con respecto a la normal.

Vemos que el ancho de las franjas disminuye a medida que el espesor de las placas aumenta. Varios anillos serán visibles a través del telescopio sólo si $\sqrt{\lambda/d}$ es una pequeña fracción de radián; por lo tanto, para observar las franjas de interferencia que hemos descrito, debemos usar placas de espesor grande comparado con la longitud de onda.* El lector recordará que, por el contrario, se observan franjas de interferencias de igual espesor con películas de espesor comparable a la longitud de onda.

Hemos supuesto hasta aquí que α está dado por la ecuación (3-44). Como ya lo hemos señalado, si hay un depósito metálico en las superficies de las placas, α difiere del valor dado por (3-44) en un término aditivo esencialmente constante. La presencia de este término no altera significativamente los resultados.

Si investigamos las franjas de interferencia producidas por los rayos reflejados, encontramos que cuando las superficies de las placas tienen elevada reflectividad, las franjas aparecen como anillos oscuros sobre un fondo luminoso, mientras que cuando la reflectividad es baja, los máximos de intensidad son anchos. Si las superficies de las placas están descubiertas, las figuras de interferencia observadas por reflexión son exactamente complementarias de las figuras de interferencia observadas por transmisión, como lo requiere el principio de conservación de la energía. Esto no es válido cuando las superficies de la placa están cubiertas con una delgada película metálica que, mientras aumenta la reflectividad, también absorbe parcialmente los rayos de luz.

***3-10. Tratamiento matemático de interferencia múltiple.** Para desarrollar una teoría más completa y rigurosa de los fenómenos de interferencia observados con placas planas paralelas, es conveniente usar la representación compleja de funciones sinusoidales discutida en la sección 3-5 (c). Supongamos, para simplificar, que no hay depósito metálico en la superficie de las placas, de modo que no hay cambios de fase diferentes de cero o π en la reflexión o refracción. Denotaremos con τ la proporción entre la amplitud incidente y la transmitida cuando la onda pasa de la placa al medio que la rodea, y por τ' esta relación cuan-

* Hay, sin embargo, un límite máximo para el espesor, como veremos en la sección 3-14.

do la onda pasa del medio a la placa. Sean ρ y ρ' las proporciones correspondientes de las amplitudes reflejadas a las incidentes (véase sección 3-4), y sea A la amplitud del rayo incidente. El primer rayo transmitido $T_1\ T'_1$ (Fig. 3-22), ha refractado una vez en la cara de entrada en la placa y otra vez en la cara de salida. El segundo rayo transmitido $T_2\ T'_2$, ha sufrido las dos mismas refracciones, y además dos reflexiones internas; y así sucesivamente para los otros rayos. De esta manera, aparte de un factor de fase constante que depende de la ubicación del telescopio, las perturbaciones ópticas de los diferentes rayos transmitidos, están representadas en los puntos de interferencia por:

$$\begin{aligned} E_{t1} &= \tau\tau' A\, e^{i\omega t}, \\ E_{t2} &= \tau\tau' \rho^2 A\, e^{i(\omega t - \alpha)}, \\ &\vdots \\ E_{tm} &= \tau\tau' \rho^{2(m-1)} A\, e^{i[\omega t - (m-1)\alpha]} = \tau\tau' A\, e^{i\omega t} (\rho^2 e^{-i\alpha})^{m-1}, \\ &\vdots \end{aligned}$$

donde α es nuevamente la diferencia de fase entre dos rayos vecinos. La perturbación óptica resultante es:

$$E_t = E_{t1} + E_{t2} + \cdots + E_{tm} + \cdots = \tau\tau' A\, e^{i\omega t} \sum_{m=1}^{\infty} (\rho^2 e^{-i\alpha})^{m-1}$$

La suma infinita [véase Apéndice 1 (c)] tiene el valor

$$\sum_{1}^{\infty} (\rho^2 e^{-i\alpha})^{m-1} = \frac{1}{1 - \rho^2 e^{-i\alpha}} \tag{3-49}$$

y en consecuencia E_t está dada por

$$E_t = \frac{\tau\tau'}{1 - \rho^2 e^{-i\alpha}} A\, e^{i\omega t} \tag{3-50}$$

Para encontrar la intensidad correspondiente I_t, recordaremos la relación entre la intensidad y la amplitud de una onda sinusoidal (ec. 3-8), y el teorema que determina que el cuadrado del valor absoluto de un número complejo es igual al producto del número y su complejo conjugado [véase Apéndice 1 (b)]. De la ecuación (3-49) se ve que

$$I_t = \frac{K(\tau\tau')^2 A^2}{(1 - \rho^2 e^{-i\alpha})(1 - \rho^2 e^{i\alpha})} = \frac{K(\tau\tau')^2 A^2}{1 + \rho^4 - \rho^2 (e^{i\alpha} + e^{-i\alpha})}$$

Si I es la intensidad del rayo incidente

$$I = K A^2$$

y si tenemos en cuenta la ecuación (A1-16) del Apéndice, obtendremos

$$I_t = \frac{(\tau\tau')^2}{1 + \rho^4 - 2\rho^2 \cos\alpha} I \tag{3-51}$$

La intensidad reflejada puede ser calculada por un procedimiento similar. La perturbación óptica producida en el punto de interferencia por los diferentes rayos reflejados está representada por

$$\begin{aligned}
E_{r0} &= \rho' A\, e^{i\omega t} \\
E_{r1} &= \tau\tau' \rho A\, e^{i(\omega t - \alpha)} \\
E_{r2} &= \tau\tau' \rho^3 A\, e^{i(\omega t - 2\alpha)} \\
&\vdots \\
E_{rm} &= \tau\tau' \rho^{2m-1} A\, e^{i(\omega t - m\alpha)}, \\
&\vdots
\end{aligned}$$

La perturbación resultante es:

$$\begin{aligned}
E_r &= E_{r0} + E_{r1} + E_{r2} + \cdots + E_{rm} + \cdots \\
&= A\, e^{i\omega t} \left[\rho' + \tau\tau' \rho\, e^{-i\alpha} \sum_1^{\infty} (\rho^2 e^{-i\alpha})^{m-1}\right]
\end{aligned}$$

o

$$E_r = \left[\rho' + \frac{\tau\tau' \rho\, e^{-i\alpha}}{1 - \rho^2 e^{-i\alpha}}\right] A\, e^{i\omega t} \tag{3-52}$$

En el caso en discusión se utilizan las relaciones entre ρ, ρ', τ y τ' desarrolladas en las secciones 3-4 (ecs. 3-13 y 3-14). Podemos utilizar estas ecuaciones para eliminar ρ' y $\tau\tau'$. Las ecuaciones para las perturbaciones transmitidas y reflejadas (ecs. 3-50 y 3-52) en consecuencia pasan a ser:

$$E_t = \frac{1 - \rho^2}{1 - \rho^2 e^{-i\alpha}} A\, e^{i\omega t} \tag{3-53}$$

$$E_r = \frac{\rho\, (e^{-i\alpha} - 1)}{1 - \rho^2 e^{-i\alpha}} A\, e^{i\omega t} \tag{3-54}$$

La ecuación de la intensidad transmitida (ec. 3-51) puede ser escrita como

$$I_t = \frac{(1 - \rho^2)^2}{1 + \rho^4 - 2\rho^2 \cos\alpha} I \tag{3-55}$$

De la ecuación (3-54) se concluye que la intensidad reflejada es:

$$I_r = K \frac{\rho^2 (e^{-i\alpha} - 1)(e^{i\alpha} - 1)}{(1 - \rho^2 e^{-i\alpha})(1 - \rho^2 e^{i\alpha})} A^2$$

o

$$I_r = \frac{2\rho^2 (1 - \cos\alpha)}{1 + \rho^4 - 2\rho^2 \cos\alpha} I \tag{3-56}$$

Las ecuaciones (3-55) y (3-56) contienen la solución completa a nuestro problema. Recordando que $\cos\alpha = 1 - 2\,\text{sen}^2\,(\alpha/2)$, el lector podrá fácilmente verificar que esta ecuación es equivalente a

$$I_t = \frac{(1-\rho^2)^2}{(1-\rho^2)^2 + 4\rho^2\,\text{sen}^2\,(\alpha/2)} I \tag{3-57}$$

$$I_r = \frac{4\rho^2\,\text{sen}^2\,(\alpha/2)}{(1-\rho^2)^2 + 4\rho^2\,\text{sen}^2\,(\alpha/2)} I \tag{3-58}$$

Debe notarse que

$$I_t + I_r = I$$

es decir, que la suma de las intensidades transmitidas y reflejadas es igual a la intensidad del rayo incidente para todos los valores de α. Como ya hemos puntualizado, este resultado que surge directamente de la ley de conservación de la energía, muestra que las franjas de interferencia observadas por transmisión y por reflexión son complementarias.

Consideremos en primer lugar al rayo transmitido. Cuando α es un múltiplo entero de 2π, el máximo de intensidad aparece con el valor

$$(I_t)_{\text{max}} = I$$

Cuando α es un múltiplo impar de π el mínimo de intensidad aparece con el valor

$$(I_t)_{\text{min}} = \frac{(1-\rho^2)^2}{(1+\rho^2)^2} I$$

debe notarse que este valor es una función decreciente de ρ. Si $\rho \ll 1$, podemos escribir la expresión para la intensidad transmitida dejando de lado términos proporcionales a ρ^4 del modo siguiente:

$$I_t = \left[1 - \frac{4\rho^2}{(1-\rho^2)^2}\,\text{sen}^2\,\frac{\alpha}{2}\right] I \tag{3-59}$$

Esta ecuación muestra que la intensidad varía gradualmente del máximo al mínimo y que el valor relativo del cambio total es pequeño. Para discutir el caso en el cual ρ es cercano a 1, notaremos que cuando $2\,\text{sen}\,(\alpha/2) \gg (1-\rho)/\rho$, entonces I_t es muy pequeño comparado con I (ec. 3-57). De este modo si $(1-\rho)/\rho \ll 1$, I_t será mucho más pequeño que I excepto cuando el sen $(\alpha/2)$ es cercano a cero, es decir cuando α tiene un valor cercano a un múltiplo entero de 2π. Esto significa que los máximos de interferencia aparecerán como anillos delgados y brillantes en un fondo blanco, lo que está de acuerdo con nuestras conclusiones anteriores.

Consideremos el rayo reflejado. En este caso la intensidad máxima aparece cuando α es un múltiplo impar de π; la intensidad de los máximos es

$$(I_r)_{\text{max}} = \frac{4\rho^2}{(1+\rho^2)^2} I$$

Los mínimos de intensidad aparecen cuando α es un múltiplo entero de 2π. En los mínimos la intensidad se anula

$$(I_r)_{\min} = 0$$

Si $\rho \ll 1$ la expresión para la intensidad reflejada es aproximadamente

$$I_r = \frac{4\rho^2 \operatorname{sen}^2(\alpha/2)}{(1-\rho^2)^2} I \tag{3-60}$$

Para discutir el caso en que ρ es cercano a 1, notemos que cuando $2 \operatorname{sen}(\alpha/2) \gg (1-\rho)/\rho$, la ecuación (3-58) nos da aproximadamente $I_r = I$. De este modo si $(1-\rho)/\rho \ll 1$, entonces I_t es prácticamente igual a I, excepto cuando sen $(\alpha/2)$ se acerca a cero, es decir, cuando α se acerca a un múltiplo entero de 2π. Como afirmamos previamente, la figura de interferencia consiste en delgados anillos oscuros sobre un fondo luminoso.

Los resultados obtenidos aquí están ilustrados en las figuras 3-25 y 3-26 que dan I_t/I e I_r/I como funciones de α para $\rho^2 = 0{,}04$ (reflectividad pequeña) y $\rho^2 = 0{,}8$ (reflectividad grande).

Hasta aquí hemos supuesto que las superficies de la placa están descubiertas. Sin embargo, para obtener reflectividad elevada es necesario, en general, usar

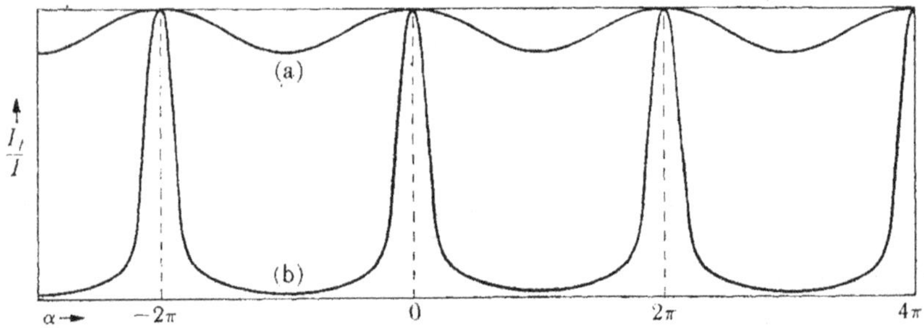

FIG. 3-25. Distribución de intensidad en las franjas de interferencia observadas por transmisión, usando una lámina de caras paralelas; (a) $\rho^2 = 0{,}04$, (b) $\rho^2 = 0{,}8$.

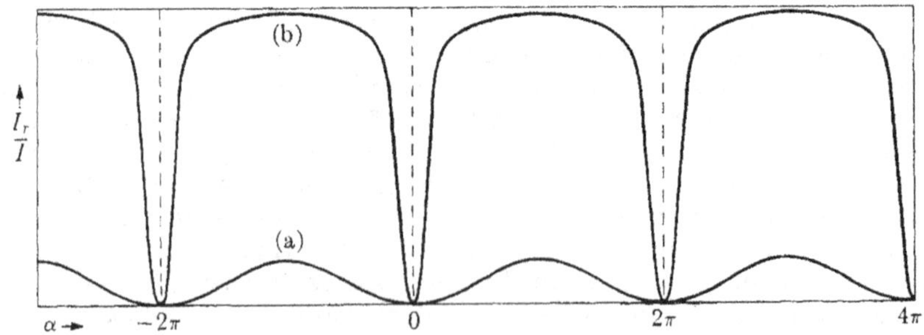

FIG. 3-26. Distribución de intensidad en las franjas de interferencia observadas por reflexión, usando una lámina de caras paralelas; (a) $\rho^2 = 0{,}04$, (b) $\rho^2 = 0{,}8$. (Se ha despreciado el efecto de la capa metálica depositada sobre las superficies.)

superficies semiplateadas, y la presencia de la delgada película metálica introduce ciertos cambios de fase en la reflexión y refracción, como ya señaláramos. Investiguemos primero el efecto de estos cambios de fase en la aparición de las franjas de interferencia observadas por transmisión.

Cada rayo transmitido ha sufrido dos refracciones, una al entrar y la otra al salir de la placa. Como los efectos de interferencia observados dependen únicamente de las diferencias de fase relativas entre los rayos en interferencia, no necesitamos considerar posibles cambios de fase en la refracción. Por otra parte, cada rayo ha sufrido dos reflexiones internas más que el precedente. Si cada reflexión interna es acompañada por un cambio de fase φ la diferencia de fase α entre dos rayos vecinos está dada por

$$\alpha = 2\pi \frac{2d \cos \varphi'}{\lambda} + 2\varphi \tag{3-61}$$

más que por la ecuación (3-44). Con esta nueva definición de α, la ecuación (3-51) sigue siendo válida; sin embargo, las cantidades τ, τ' y ρ que allí aparecen ya no están relacionadas por las ecuaciones (3-13).

El cambio de fase φ es, en general, una función del ángulo de incidencia. Sin embargo, en los experimentos que estamos discutiendo, los ángulos de incidencia son siempre pequeños y por lo tanto φ puede considerarse como una constante. De este modo concluimos que las franjas de interferencia observadas por transmisión a través de una placa plana de caras paralelas con superficies semiplateadas consisten en delgados anillos luminosos sobre un fondo oscuro. El espaciamiento entre anillos es prácticamente el mismo que calcularíamos si despreciáramos los cambios de fase en la reflexión que son debidos al depósito metálico; sin embargo, sus posiciones están desplazadas y la intensidad en los máximos es menor que la intensidad incidente I por la absorción en la película metálica (formalmente, porque $\tau\tau'/(1-\rho^2)$ ya no es igual a la unidad).

Con respecto a las figuras de interferencia observadas por reflexión, la situación es algo más complicada. Para nuestro propósito bastará con afirmar que también, en este caso, los resultados obtenidos no teniendo en cuenta los cambios de fase debidos al depósito metálico siguen siendo válidos, en el sentido que las franjas de interferencia consisten en delgados anillos oscuros sobre un fondo luminoso. Sin embargo, las posiciones de los mínimos en las figuras de interferencia reflejadas coinciden con las de los máximos en las figuras de interferencia transmitidas de manera que los dos sistemas de franjas ya no son complementarios.

3-11. El interferómetro de Fabry-Perot y la placa de Lummer-Gehrke. Un instrumento muy conocido que hace uso de las franjas producidas por la interferencia múltiple es el *interferómetro de Fabry-Perot,* mostrado esquemáticamente en la figura (3-27). Dos placas de vidrio planas, separadas por una distancia d, son mantenidas rigurosamente paralelas entre sí. La luz de una fuente extensa se refleja hacia atrás y adelante entre las placas, que tienen superficies ligeramente plateadas, de manera que algo de luz se pierde en cada reflexión. Los rayos que emergen en la dirección opuesta a la de la fuente caen sobre una

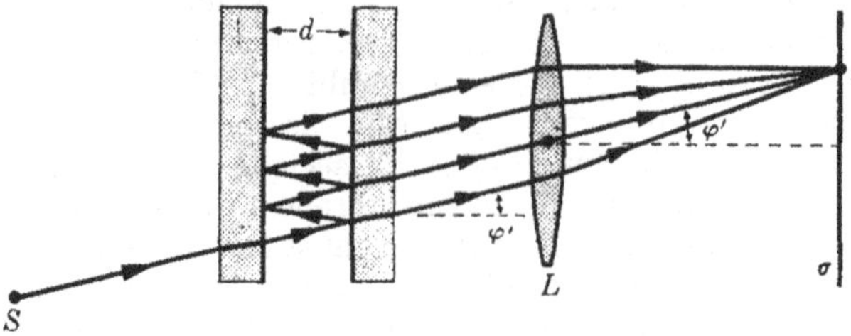

FIG. 3-27. Interferómetro de Fabry-Perot.

lente convergente L, y producen, en su plano focal, las franjas de interferencia descritas en las secciones precedentes (Fig. 3-28).

Este interferómetro tiene importantes aplicaciones espectroscópicas. Como los anillos luminosos son muy delgados, una fuente de luz que emite dos longitudes de onda diferentes originará dos sistemas de anillos claramente separados, aun si las longitudes de onda son casi idénticas. Observemos que si las placas no estuvieran plateadas los máximos y mínimos de interferencia serían anchos, y los anillos de interferencia dados por las dos longitudes de onda se fundirían en un sistema único que no podría ser distinguido de aquel obtenido con luz monocromática.

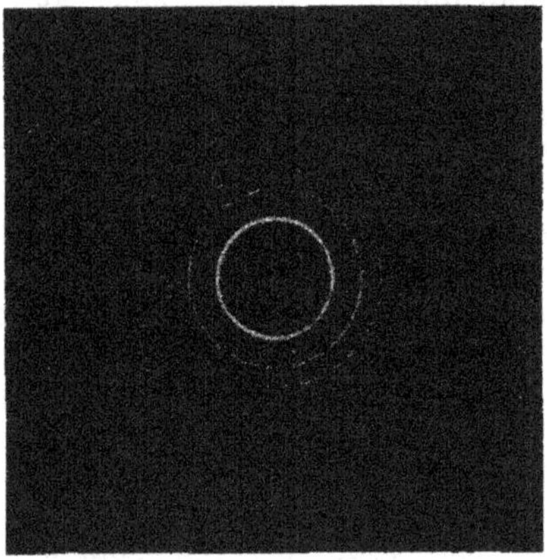

FIG. 3-28. Franjas producidas por un interferómetro de Fabry-Perot.

Para analizar cuantitativamente la operación del interferómetro de Fabry-Perot, comencemos notando que aquí el material entre las dos superficies reflectantes es aire, de manera que (aparte de una constante que representa un posible cambio de fase debido a reflexión en la película metálica) la diferencia de fase entre dos rayos vecinos que viajan en el espacio aéreo a un ángulo φ' con respecto a la perpendicular es:

$$\alpha = 4\pi d \frac{\cos\varphi'}{\lambda_0}$$

donde λ_0 es la longitud de onda en el aire (o vacío). Sea φ'_k el valor de φ' correspondiente al máximo de orden k; este ángulo satisface la ecuación

$$4\pi d \frac{\cos\varphi'_k}{\lambda_0} = 2\pi k$$

que da

$$\cos\varphi'_k = \frac{k\lambda_0}{2d} \tag{3-62}$$

De la figura 3-27 vemos que si el eje de la lente es perpendicular a las placas, φ'_k también representa el semiángulo subtendido en el centro de la lente por el anillo luminoso de interferencia de orden k. A una longitud de onda diferente, $\lambda_0 + \Delta\lambda$ corresponde un diferente valor $\varphi'_k + \Delta\varphi'$ de este ángulo, que podemos obtener sustituyendo $\varphi'_k + \Delta\varphi'$ en φ'_k y $\lambda_0 + \Delta\lambda$ en λ_0 en la ecuación (3-62). Si suponemos que $\Delta\varphi' \ll \varphi'_k$, de modo que podemos hacer uso de la aproximación $\cos(\varphi'_k + \Delta\varphi') = \cos\varphi'_k - \operatorname{sen}\varphi'_k\,\Delta\varphi'$, obtenemos (en valor absoluto)

$$\operatorname{sen}\varphi'_k \cdot \Delta\varphi' = (k/2\,d)\,\Delta\lambda \tag{3-63}$$

En la notación de la sección 3-9, el número $k_0 = 2\,d/\lambda_0$ representa el orden de interferencia en el centro de los anillos. Mientras φ'_k sea suficientemente pequeño, podremos escribir

$$\operatorname{sen}\varphi'_k = \varphi'_k = \sqrt{\frac{2}{k_0}}\,\sqrt{k_0 - k}$$

[véase ec. (3-47)], y (3-63) nos da

$$\Delta\varphi' = \frac{k}{k_0}\sqrt{\frac{k_0}{2\,(k_0 - k)}}\,\frac{\Delta\lambda}{\lambda_0} \tag{3-64}$$

Supongamos, por ejemplo, que la separación de las placas es $d = 2$ cm, y que la longitud de onda es $\lambda_0 = 5000$ A. El orden de interferencia en el centro de los anillos es entonces $k = 8 \times 10^4$. El radio del primer anillo luminoso ($k = k_0 - 1$) subtiende en el centro de la lente un ángulo $\varphi'_{k_0-1} = 1/200$, de modo tal que la relación entre $\Delta\varphi'$ y $\Delta\lambda$ es:

$$\frac{\Delta\varphi'}{\varphi'_{k_0-1}} = 4 \times 10^4\,\frac{\Delta\lambda}{\lambda_0}$$

Así, un cambio de longitud de onda de sólo $1{,}25 \times 10^{-2}$ A produce un cambio de 10 % en el radio del anillo.

El ejemplo anterior muestra que el interferómetro de Fabry-Perot, preparado como lo muestra la figura 3-27, puede ser usado como un poderoso espectroscopio para revelar la presencia de longitudes de onda escasamente diferentes en un rayo de luz casi monocromático. Supongamos, sin embargo, que el rayo de luz no es casi monocromático, es decir, que contiene longitudes de onda suficientemente diferentes entre sí, de manera tal que las distancias entre los distintos anillos de un orden dado correspondiente a las diferentes longitudes de onda, no son pequeñas comparadas con las distancias entre anillos de diferentes órdenes. Entonces, la distribución de interferencia se vuelve confusa y difícil de interpretar, a menos que se use otro recurso para lograr una separación preliminar de las longitudes de onda. Con este fin, el interferómetro es combinado, a menudo, con un espectroscopio de prisma (véase sección 2-14), como lo muestra la figura 3-29. La ranura iluminada del espectroscopio se usa ahora como una fuente. Supongamos que la luz a analizar contiene cierto número de componentes casi monocromáticos; en ese caso las lentes y el prisma forman un número correspondiente de imágenes separadas de la ranura en la pantalla de observación. En cada imagen aparece la distribución de interferencia producida por el interferómetro de Fabry-Perot. Esta distribución es sólo una sección del sistema de anillos que serían producidos por el interferómetro con una fuente de luz extensa. Un examen de las distribuciones de interferencia revela la estructura fina de los componentes casi monocromáticos de la luz incidente.

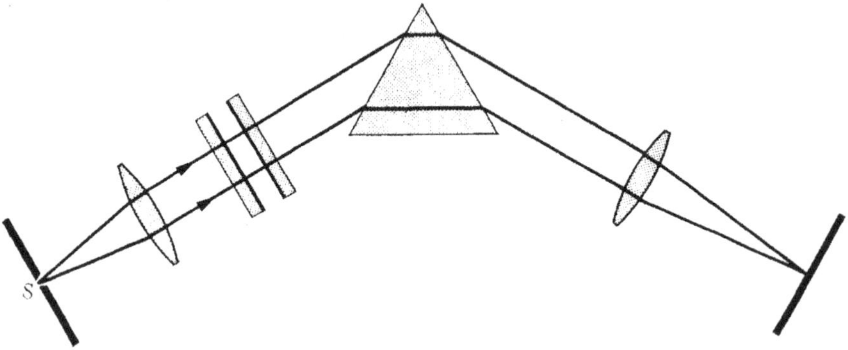

FIG. 3-29. Interferómetro de Fabry-Perot acoplado a un espectroscopio a prisma.

Otro instrumento que hace uso de las reflexiones múltiples para producir franjas de interferencia claramente delineadas es la *placa de Lummer-Gehrke,* que consiste en una placa plana de caras paralelas de cuarzo o vidrio, con un prisma cementado cerca de un extremo, como se ve en la figura 3-30. La placa mide usualmente entre 10 y 20 cm de largo, por 1 a 2 cm de ancho, y tiene varios milímetros de espesor. Un rayo de luz que entra en la placa a través del prisma sufre múltiples reflexiones que ocurren en ángulos próximos al ángulo límite para la reflexión total. En estas condiciones, como veremos en un capítulo posterior, sólo una pequeña fracción de la luz emerge en cada reflexión. De aquí

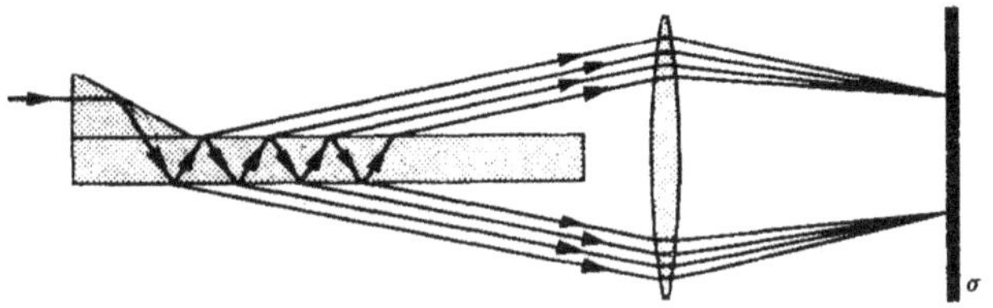

FIG. 3-30. Placa de Lummer-Gehrke.

que, para cada rayo incidente, emerge un gran número de rayos paralelos de ambos lados de la placa: rayos vecinos tienen casi la misma amplitud y una diferencia de fase constante. Los dos grupos de rayos emergentes caen sobre una lente convergente, en cuyo plano focal producen dos conjuntos de franjas de interferencia. Como en el caso del interferómetro de Fabry-Perot, la interferencia de ondas múltiples hace que las franjas aparezcan como delgadas líneas iluminadas sobre fondo oscuro.

3-12. El interferómetro de Michelson. Uno de los más importantes instrumentos que hacen uso de los fenómenos de interferencia es el *interferómetro de Michelson*, mostrado esquemáticamente en la figura 3-31. Consiste esencialmente en dos espejos planos M y M', y dos placas planas de vidrio y de caras paralelas, N y N'. Los espejos son perpendiculares entre sí, y sus posiciones pueden ser cuidadosamente ajustadas por medio de tornillos; además M' puede ser movido hacia atrás o adelante por medio de un tornillo cuidadosamente preparado. Una fuente extensa de luz es ubicada en S. La placa N, que está semiespejada en la superficie que enfrenta a M, separa cada rayo que viene de S en dos rayos paralelos, uno que va hacia M y otro que va a M'. El primer rayo es reflejado por M' nuevamente hacia N; parte del mismo atraviesa la superficie semiespejada y continúa en la dirección NO. Entre N y M está la placa N' de vidrio claro, que es por lo demás idéntica a N. Ésta es paralela a N, y se la introduce en el sistema para igualar las longitudes del camino óptico de los dos rayos cuando M y M' son equidistantes de la superficie semiespejada de N.

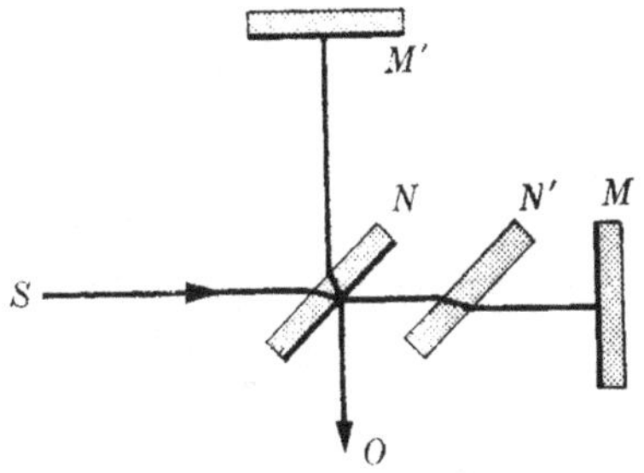

FIG. 3-31. Diagrama esquemático del interferómetro de Michelson.

La distribución de interferencia vista por un observador en O es muy similar a la producida por dos superficies reflectantes, como se discutió en detalle en las secciones 3-8, 3-9 y 3-10. En este caso, las dos superficies reflectantes son el espejo M' y la imagen especular del espejo M producida por la superficie semiespejada de la placa N. Si M y M' están exactamente en ángulos rectos, y si la superficie semiespejada de N forma ángulos de exactamente 45° con M y M', el espejo M' y la imagen del espejo M son paralelos entre sí. La distribución de interferencia, que puede ser observada por medio de un telescopio enfocado al infinito, consiste entonces en las franjas circulares descritas en las secciones 3-9 y 3-10. Si M y M' no son exactamente perpendiculares, de manera que el espejo M' y la imagen del espejo M forman un pequeño ángulo, las figuras de interferencia consisten en un sistema de franjas rectas localizadas en el plano del espejo M'. Son líneas de espesor constante de la película de aire en forma de cuña encerrada entre M' y la imagen de M (véase sección 3-8).

En ambos casos, si el espejo M' es desplazado lentamente por medio del tornillo, la distribución de interferencia cambia gradualmente. Por ejemplo, observando las franjas circulares localizadas en el infinito, veremos que el centro se torna alternativamente claro y oscuro. Para ir de un máximo a un mínimo de intensidad, debemos cambiar el camino óptico del rayo reflejado por el espejo móvil en media longitud de onda. Por lo tanto, si la longitud de onda es conocida, podemos medir con exactitud pequeños desplazamientos contando el número de veces que el centro de la distribución de interferencia cambia de oscuro a claro y viceversa.

El interferómetro de Michelson difiere de muchos otros mecanismos para producir interferencias en un aspecto importante. Los dos rayos de luz que eventualmente son reunidos para producir la distribución de interferencia viajan parte del camino por trayectorias diferentes. Este hecho hace posibles muchas aplicaciones; por ejemplo, podemos dejar pasar rayos de luz a través de diferentes sustancias y de ese modo determinar pequeñas diferencias en los índices de refracción de estas sustancias.

La medición de longitudes en términos de la longitud de onda de la luz monocromática es otra importante aplicación del interferómetro de Michelson. Por medio de este aparato, la longitud del metro-patrón en París ha sido comparada con la longitud de la línea roja del espectro del cadmio. De este modo nuestra unidad de longitud fundamental puede ahora ser definida como un múltiplo conocido de la presumiblemente invariable longitud de onda de una línea espectral monocromática dada. (Para la medición efectuada, fueron usados nueve patrones intermedios, cada uno aproximadamente dos veces más largo que el siguiente. El patrón más corto fue comparado directamente con la longitud de onda del cadmio; los varios patrones fueron luego comparados entre sí y con el metro-patrón.)

3-13. Interferómetro de Mach-Zender. Otro aparato de interferencia con aplicaciones prácticas importantes es el *interferómetro de Mach-Zender,* mostrado esquemáticamente en la figura 3-32. La placa de vidrio semiespejada N separa en dos rayos que viajan con trayectorias que forman ángulos rectos entre sí. Los espejos M y M' reflejan ambos rayos hacia la segunda placa semiespejada N'. En la dirección $N'O$, el rayo que es reflejado por M y luego parcialmente reflejado por N' se superpone al rayo que es reflejado por M' y luego parcialmente transmitido por N'; la superposición de estos dos rayos coherentes da lugar a efectos de interferencia similares a los producidos por el interferómetro de Michelson. Como en el anterior, los dos rayos que eventualmente interfieren entre sí viajan con trayectorias ampliamente separadas. Pequeños cambios en el índice de refracción del medio a lo largo de la trayectoria de uno de los rayos producen cambios fácilmente detectables por el aspecto que presentan las franjas de interferencia.

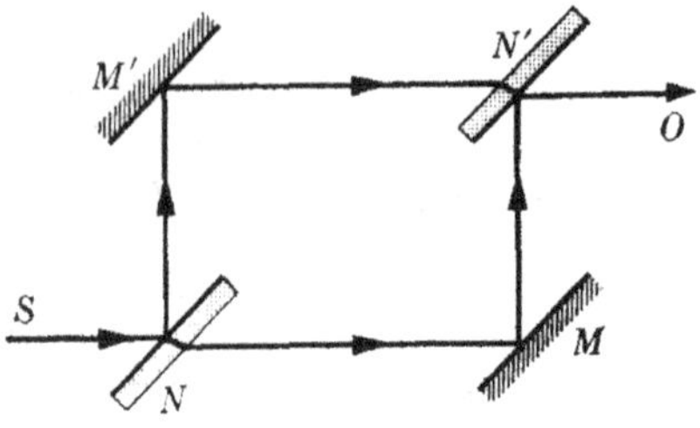

FIG. 3-32. Interferómetro de Mach-Zender.

3-14. Longitud de trenes de ondas y monocromaticidad. Hemos mencionado ya que las franjas de interferencia pueden observarse con una fuente de luz blanca sólo si la diferencia en las longitudes de los caminos ópticos de los rayos en interferencia no es mucho mayor que la longitud de onda media de la luz. La razón es fácilmente comprensible, dado que el punto en que los rayos se encuentran es un máximo de interferencia para todas aquellas λ que satisfacen la ecuación $k\lambda = l$,* y un mínimo de interferencia para todos los que satisfacen la ecuación $(k + \frac{1}{2})\lambda = l$. Por lo tanto, si λ y $\lambda + \Delta\lambda$ son dos longitudes de

* Despreciamos aquí los posibles cambios en la reflexión.

onda próximas, y cada una de ellas da un máximo de interferencia en el mismo punto, podemos escribir:

$$(k+1)\lambda = k(\lambda + \Delta\lambda) = l$$

de donde resulta

$$\frac{\lambda}{\Delta\lambda} = k = \frac{l}{\lambda} - 1 \tag{3-65}$$

Si l es un múltiplo pequeño de λ, $\Delta\lambda$ es una fracción grande de λ, lo que significa que la interferencia aumenta algunas extensas regiones del espectro y prácticamente suprime otras, de manera que la luz en el punto de interferencia aparecerá distintamente coloreada. Si, por otra parte, $l/\lambda \gg 1$ es entonces $\Delta\lambda \ll \lambda$, y en cada pequeña región del espectro encontraremos longitudes de onda que son alternativamente fortificadas y debilitadas por la interferencia. El resultado será una iluminación prácticamente blanca.

Sin embargo, si la fuente de luz es casi monocromática, es posible observar fenómenos de interferencia aun cuando las longitudes de las trayectorias ópticas difieran considerablemente. Supongamos, por ejemplo, que las longitudes de onda en el rayo incidente están uniformemente distribuidas entre dos límites λ_1 y λ_2 escasamente separados. La longitud de onda λ_1 producirá el máximo de interferencia de orden k en puntos donde la diferencia en longitud de los caminos ópticos es $l_1 = k\lambda_1$, la longitud de onda λ_2 producirá el máximo del mismo orden en puntos donde la diferencia en longitud de trayectoria es $l_2 = k\lambda_2$ y los máximos de orden k correspondientes a las longitudes de onda intermedias aparecerán en posiciones intermedias. Como $l_2 - l_1 = k(\lambda_2 - \lambda_1)$ la extensión de la región que contiene los máximos de interferencia de orden k aumenta con k. De ahí las franjas de interferencia se harán menos y menos nítidas a medida que la diferencia en las longitudes de las trayectorias ópticas de los rayos en interferencia aumenta. Las franjas de interferencia prácticamente desaparecerán cuando la amplitud de la región que contiene los máximos de interferencia de orden k para las diferentes longitudes de onda sea igual a la distancia entre las líneas que representan los máximos de interferencia de orden k y $k+1$ para una longitud de onda dada. El más alto orden de interferencia observable está de este modo determinado por la condición de que el máximo de interferencia de orden k para la longitud de onda λ_2 coincida con el máximo de orden $k+1$ para la longitud de onda λ_1, es decir, por la condición de que

$$k\lambda_2 = (k+1)\lambda_1$$

Esto es equivalente a

$$k = \frac{\lambda_1}{\lambda_2 - \lambda_1} \tag{3-66}$$

que muestra que el máximo orden observable de interferencia es inversamente proporcional a la separación en longitudes de onda.

El interferómetro de Michelson descrito en la sección anterior se presta muy bien para el estudio del cambio en el aspecto de las franjas de interferencia a medida que las longitudes de los caminos ópticos aumentan. El mayor orden de interferencia observable varía enormemente de fuente a fuente; en efecto, cuando se usa la descarga eléctrica en un gas rarificado como fuente de luz, algunas veces las franjas de interferencia siguen siendo visibles cuando los caminos ópticos de los rayos reflejados por los dos espejos difieran en una fracción considerable de un metro. Sin embargo, en todos los casos las franjas se vuelven progresivamente más difusas con el aumento de la diferencia entre las longitudes de las trayectorias ópticas, y eventualmente desaparecen. Esta observación puede ser interpretada como significando que ninguna fuente de luz es perfec-

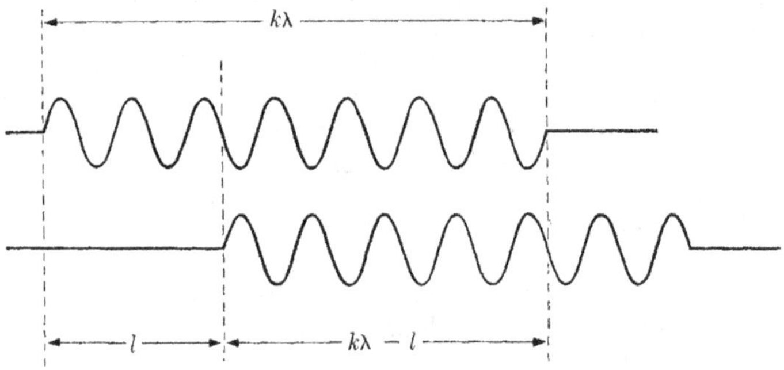

FIG. 3-33. Superposición parcial de dos trenes de onda.

tamente monocromática; sin embargo, la desaparición gradual de las franjas también puede explicarse desde un punto de vista diferente. Es natural suponer que toda fuente de luz consiste en muchas fuentes microscópicas no relacionadas, cada una de las cuales es activa durante solamente períodos cortos de tiempo (véase sec. 3-7). Sea k el número de ondas en el tren de ondas, emitidas por una de esas fuentes durante cada período de actividad, y sea λ la longitud de onda; luego, la longitud del tren es $k\lambda$. Consideremos ahora qué ocurre cuando un tren de ondas de este tipo es enviado a través de un interferómetro de Michelson. El tren se separa en dos partes, que se reúnen otra vez en O después de haber sido reflejados en M y M', respectivamente. Uno de los trenes resultantes quedará atrás del otro una distancia l, igual a la diferencia en longitud de los caminos ópticos entre los rayos reflejados en los dos espejos. Como cada tren tiene una longitud $k\lambda$, los dos trenes se superpondrán en una longitud $k\lambda - l$ (Fig. 3-33). En la región en que se superponen, se reforzarán o debilitarán entre sí, dependiendo de sus diferencias de fase, pero no ocurren efectos de interferencia fuera de la región de superposición. Si aumentamos la diferencia en longitud de trayectoria óptica desplazando el espejo móvil, la longitud en que los dos trenes se superponen decrece obviamente, y en consecuencia, los fenómenos de interferencia se hacen menos pronunciados. Los fenómenos de interferencia cesarán por completo cuando l sea mayor que la longitud de los trenes de ondas, porque entonces la cola del tren reflejada por uno de los espejos se habrá ido antes que llegue el extremo delantero del tren reflejado por el otro espejo.

3-15. Implicaciones físicas del teorema de Fourier. Hemos presentado antes dos interpretaciones aparentemente diferentes del hecho que con cualquier fuente de luz dada, las franjas de interferencia desaparecen cuando la diferencia en longitud de los caminos ópticos de los rayos en interferencia excede cierto valor. Una es que la luz no es perfectamente monocromática; la otra es que la fuente, en vez de emitir una onda sinusoidal continua, emite trenes individuales de longitud finita. Queremos enfatizar aquí que estos dos puntos de vista son enteramente equivalentes, como lo prueba un teorema matemático generalmente conocido como el *teorema de Fourier*. Este teorema determina que toda función que satisfaga ciertas condiciones no muy restrictivas puede ser considerada como la suma de un número finito o infinito de funciones sinusoidales (en el caso de las funciones no periódicas, la suma es una integral).

Para nuestros propósitos estamos interesados en ciertas funciones quasisinusoidales del tiempo que pueden ser representadas como productos de una función sinusoidal y de una función que varía mucho más lentamente. Si no insistimos en el rigor matemático, podemos describir tales funciones como *funciones de amplitud variable*. Un tren de ondas de longitud finita pertenece a esta categoría. De acuerdo con el teorema de Fourier toda función sinusoidal de amplitud variable resulta de la superposición de un número finito o infinito de funciones verdaderamente sinusoidales cuyas frecuencias yacen dentro de cierto intervalo. Ilustraremos este resultado por medio de algunos ejemplos.

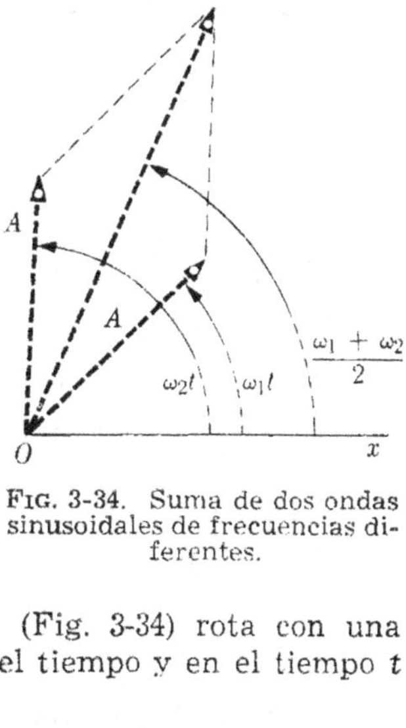

Fig. 3-34. Suma de dos ondas sinusoidales de frecuencias diferentes.

Consideremos en primer lugar una fuente que emite dos ondas sinusoidales de longitud infinita que tienen frecuencias angulares ω_1 y ω_2 algo diferentes. Supongamos para simplificar que ambas ondas tienen la misma amplitud A. Las dos perturbaciones ópticas correspondientes están representadas por dos vectores de longitud A, que supondremos paralelos en el instante inicial. El primero rota con una velocidad angular ω_1 el otro con velocidad angular ω_2. El vector resultante (Fig. 3-34) rota con una velocidad angular $(\omega_1 + \omega_2)/2$; su longitud varía con el tiempo y en el tiempo t está dada por

$$A \sqrt{2\,[1 + \cos(\omega_2 - \omega_1)\,t]} = 2\,A \cos\left(\frac{\omega_2 - \omega_1}{2}\right) t$$

Entonces, la perturbación óptica resultante es

$$E = 2\,A \cos\left(\frac{\omega_2 - \omega_1}{2}\,t\right) \cos\left(\frac{\omega_2 + \omega_1}{2}\,t\right) \tag{3-67}$$

lo que por supuesto podría haber sido obtenido idénticamente por la suma directa de las funciones que representan a las dos perturbaciones ópticas. Podemos ver que la luz emitida por la fuente puede ser considerada como el resultado

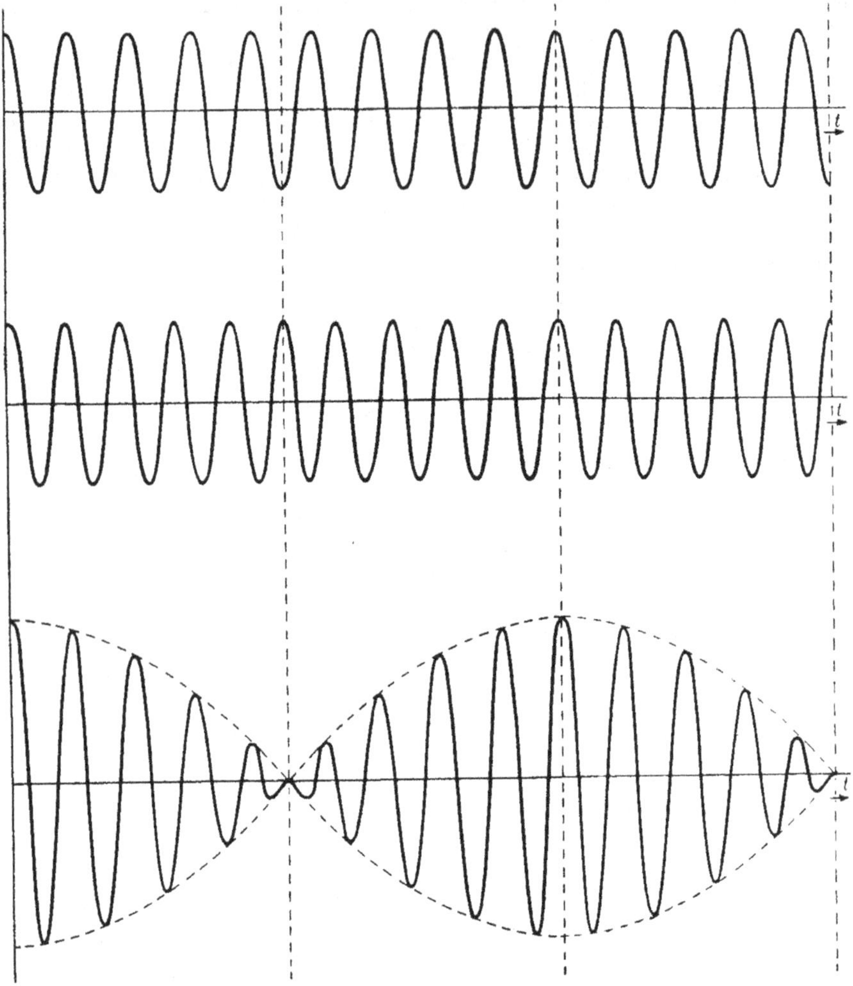

FIG. 3-35. Superposición de dos ondas sinusoidales de frecuencias diferentes.

de la superposición de dos ondas perfectamente sinusoidales de frecuencias $(\omega_1 + \omega_2)/2$ cuya longitud varía periódicamente con el tiempo (véase Fig. 3-35).

Consideremos ahora una fuente de luz que emite ondas sinusoidales, igualmente espaciadas con una frecuencia angular entre ω_1 y ω_2, todas con la misma amplitud A. La perturbación óptica correspondiente está representada por n vectores de la misma longitud, que supondremos son paralelos al tiempo cero. Estos vectores rotan con velocidades angulares ligeramente diferentes. Su suma es un vector cuya longitud varía gradualmente y que rota con una velocidad angular intermedia entre ω_1 y ω_2. En consecuencia, se ve nuevamente que la superposición de un número de ondas perfectamente sinusoidales es equivalente a la onda quasisinusoidal de amplitud variable.

A un tiempo dado t, los n vectores en rotación están igualmente espaciados (Fig. 3-36 a) siendo el ángulo entre dos vectores vecinos $(\omega_2 - \omega_1)\, t/(n-1)$. El vector resultante se hace cero por primera vez en el instante t_1, en que los vectores componentes están simétricamente distribuidos, de modo tal que cada vector forma un ángulo $2\,\pi/n$ con su vecino (Fig. 3-36 b). Por consiguiente, t_1 satisface la ecuación

$$(\omega_2 - \omega_1)\, t_1 = 2\,\pi \frac{n-1}{n} \tag{3-68}$$

A medida que t sigue aumentando, la amplitud del vector resultante pasa por una secuencia de máximos y mínimos, pero permanece siempre pequeño com-

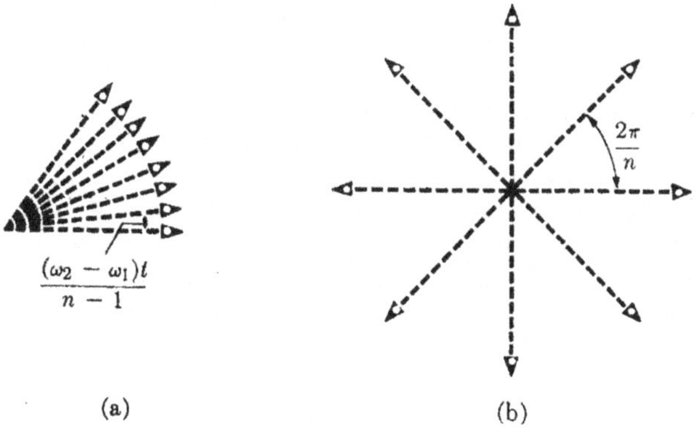

FIG. 3-36. Suma de n funciones sinusoidales de frecuencias diferentes.

parado con el valor inicial de A hasta que el ángulo entre dos vectores vecinos es de $2\,\pi$ cuando todas las ondas están nuevamente en fase. El tiempo t_2 en el cual esto ocurre satisface la ecuación

$$(\omega_2 - \omega_1)\, t_2 = 2\,\pi\,(n-1) \tag{3-69}$$

la que conjuntamente con (3-68) conduce a:

$$\frac{t_2}{t_1} = n \tag{3-70}$$

Vemos que la perturbación óptica resultante tiene una amplitud grande durante períodos relativamente cortos de tiempo, separados por períodos de relativa quietud (Fig. 3-37). La duración de cada grupo de oscilaciones se define por:

$$\Delta t = 2\,t_1 = \frac{4\,\pi}{\omega_2 - \omega_1} \frac{n-1}{n}$$

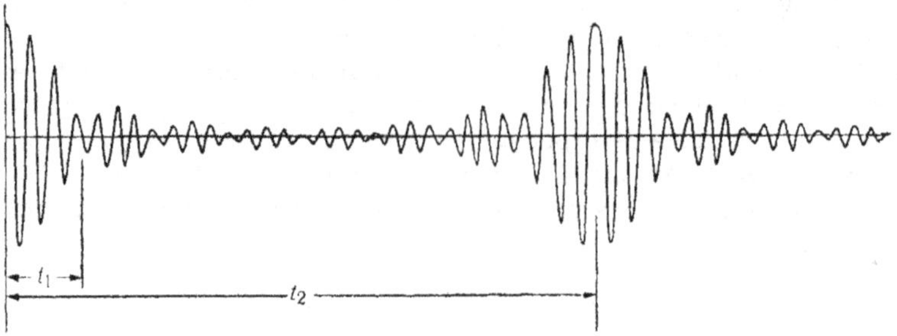

FIG. 3-37. Superposición de n ondas de frecuencias diferentes.

Si $n \gg 1$, Δt es esencialmente independiente de n y tiene el valor

$$\Delta t = \frac{2}{\Delta \nu} \tag{3-71}$$

donde $\Delta \nu = (\omega_2 - \omega_1)/2\pi$ es el intervalo de frecuencias de las ondas.

La separación $t_2 - t_1$ entre grupos de oscilaciones sucesivos aumenta con el aumento de n, tal como se ve por la ecuación (3-70). Luego, en el límite para $n = \infty$ permanecerá sólo un grupo. En otras palabras, es posible construir un solo tren de ondas de duración finita Δt superponiendo un número infinito de ondas sinusoidales en un intervalo de frecuencias $\Delta \nu$ tal que Δt y $\Delta \nu$ estén relacionados por la ecuación (3-71). Esta ecuación expresa sólo una relación entre órdenes de magnitud. Es posible construir trenes de ondas de contornos arbitrarios eligiendo adecuadamente la distribución de las amplitudes entre las ondas sinusoidales componentes. Sin embargo, en todos los casos sigue siendo cierto que el producto de la duración del tren de ondas y el valor medio de la dispersión en frecuencias es del orden de la unidad:

$$\Delta t \cdot \Delta \nu \approx 1 \tag{3-72}$$

Sea $\Delta\lambda$ la dispersión en longitudes de onda correspondiente a una dispersión $\Delta \nu$ en frecuencias y supongamos que $\Delta \nu$ y $\Delta\lambda$ son pequeñas comparadas con la frecuencia media ν y la longitud de onda media λ. Entonces, la relación $\lambda = v/\nu$ (ec. 3-5) nos da, diferenciando

$$\Delta\lambda = -\frac{v}{\nu^2}\Delta \nu$$

o, en valor absoluto,

$$\frac{|\Delta\lambda|}{\lambda} = \frac{|\Delta \nu|}{\nu}$$

De esta ecuación y de (3-72) se concluye que:

$$\frac{\lambda}{|\Delta\lambda|} \approx \nu\,\Delta t$$

Como $\nu\Delta t$ es igual al número k de ondas en el tren de ondas, la ecuación anterior es equivalente a la ecuación (3-66) y así obtenemos una justificación cuantitativa de nuestras conclusiones anteriores concernientes a la equivalencia física entre un tren de ondas de longitud finita y la superposición de infinitas ondas de diferentes frecuencias.

Un aparato interferométrico como el interferómetro de Fabry-Perot, que da líneas de interferencia luminosas muy delgadas en luz monocromática, puede ser considerado un instrumento que analiza automáticamente una luz incidente en sus componentes de Fourier.

Será de interés analizar cómo se realiza esto físicamente. La figura 3-38 muestra las perturbaciones ópticas correspondientes a los diferentes trenes de ondas y producidas por las reflexiones múltiples de un solo tren incidente en las placas del interferómetro, y que son reunidas en un punto en el plano focal de las lentes en la figura 3-27. Cada tren contiene el mismo número de ondas m, y está representado por un vector giratorio que aparece súbitamente en un instante dado, efectúa revoluciones completas y luego desaparece nuevamente. La perturbación óptica resultante en todo instante de tiempo está representada por el vector suma de los vectores giratorios presentes en aquel instante, como lo muestra la figura 3-39.

El número de vectores componentes siempre permanece constante. Sin embargo, a intervalos resulares δt, un nuevo vector se agrega en el extremo delantero de la línea quebrada y uno desaparece en el extremo trasero. Si δt es un múltiplo entero

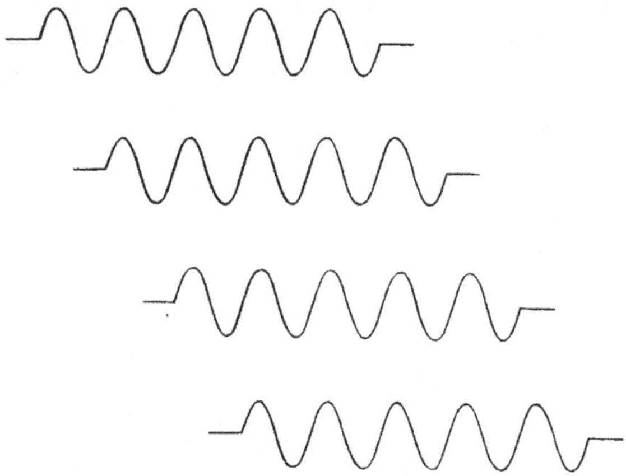

FIG. 3-38. Superposición de varios trenes de onda.

del período T de las ondas, de modo tal que todas las oscilaciones están en fase, los vectores componentes son paralelos entre sí. Su resultante permanecerá constante en amplitud (dejando de lado la pequeña atenuación progresiva de los trenes de ondas reflejados múltiplemente) y rota con la misma velocidad angular tal como lo hace cada uno de los vectores componentes. En consecuencia, concluiremos que la perturbación óptica en el centro de una franja de interferencia iluminada está representada por una función sinusoidal de la misma frecuencia que el tren de ondas incidente, el que sin embargo no termina abruptamente después de m oscilaciones, sino que permanece por un largo tiempo (este tiempo, por supuesto, está determinado por la reflectividad de las placas del interferómetro).

Supongamos ahora que nos movemos a un punto ligeramente diferente de la distribución de interferencia, tal que δt exceda en una pequeña cantidad a un múltiplo entero de T. En la línea quebrada de la figura 3-39, cada segmento formará un pequeño ángulo $\delta\alpha$ con el segmento precedente. La línea quebrada rotará en su totalidad con una velocidad angular ω. Sin embargo, a intervalos de tiempo δt un segmento desaparecerá al comienzo y uno aparecerá al final, lo que producirá un cambio discontinuo $\delta\alpha$ en la posición angular del vector resultante. Luego el vector resultante rota con una velocidad angular media de $\omega + \delta\alpha/\delta t$, algo mayor que la velocidad angular ω de cada vector componente. Concluiremos que la perturbación óptica en un punto alejado del centro de la franja iluminada de interferencia tiene una frecuencia algo diferente de la frecuencia principal del tren de ondas incidente; de hecho, él representa el componente de la frecuencia $\omega + \delta\alpha/\delta t$ en el análisis de Fourier del tren de ondas incidente quasi-monocromático.

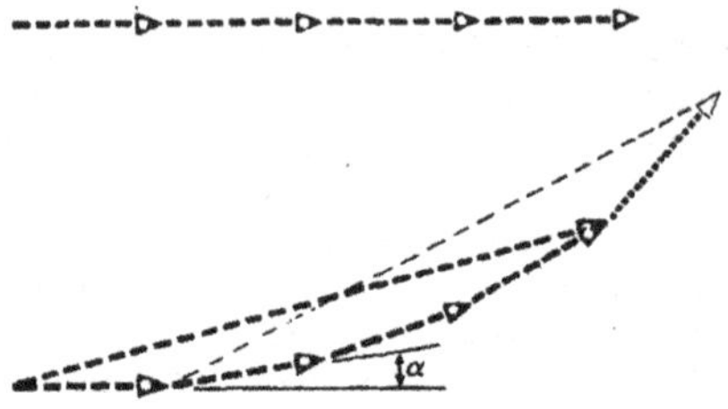

FIG. 3-39. Perturbación resultante de la superposición de varios trenes de onda.

3-16. Superposición de ondas provenientes de fuentes incoherentes. Hemos mencionado repetidamente que una fuente macroscópica de luz monocromática está compuesta de un gran número de fuentes microscópicas independientes que emiten ondas aproximadamente sinuosidales de la misma frecuencia. Las fases relativas de estas ondas están distribuidas al azar; es decir, cada diferencia de fase entre cero y 2π tiene la misma probabilidad de aparecer. Deseamos discutir con más detalle el carácter de la onda resultante.

Sea N el número de fuentes microscópicas y

$$E_j = A_j\, e^{i(\omega t + \alpha_j)}$$

la perturbación óptica recibida de la fuente j. Sea

$$E = A\, e^{i(\omega t + \alpha)}$$

la perturbación óptica resultante. Entonces podremos escribir:

$$A\, e^{i\alpha} = \sum_{j=1}^{N} A_j\, e^{i\alpha_j} \tag{3-73}$$

Tomando el complejo conjugado de esta ecuación y llamando ahora k al índice de la sumatoria, obtenemos

$$A\, e^{-i\alpha} \sum_{k=1}^{N} A_k\, e^{-i\alpha_k} \tag{3-74}$$

Multiplicando las ecuaciones (3-73) y (3-74):

$$A^2 = (\sum_{j=1}^{N} A_j\, e^{i\alpha_j})\,(\sum_{k=1}^{N} A_k\, e^{-i\alpha_k})$$

El producto de las dos sumatorias contiene N términos de la forma $A_j{}^2\, e^{\alpha_j}\, e^{-\alpha_j} = A_j{}^2$. Los otros términos son de la forma $A_j\, A_k\, e^{i(\alpha_j-\alpha_k)}$ con $\alpha_j \neq \alpha_k$, y pueden ser combinadas de a dos para formar expresiones del tipo

$$\begin{aligned} A_j\, A_k\, e^{i(\alpha_j-\alpha_k)} + A_k\, A_j\, e^{i(\alpha_k-\alpha_j)} &= A_j\, A_k\, [e^{i(\alpha_j-\alpha_k)} + e^{i(\alpha_j-\alpha_k)}] \\ &= 2\, A_j\, A_k \cos(\alpha_j - \alpha_k) \end{aligned}$$

(véase la ecuación (A 1-16) en el Apéndice). Estos términos pueden ser positivos o negativos según cual sea el valor de la diferencia de fase $\alpha_j - \alpha_k$. Además, como las fases están distribuidas al azar, y el número de fuentes microscópicas es muy grande, los términos positivos y negativos aparecerán en números casi iguales y se anularán mutuamente. Luego obtenemos con excelente aproximación

$$A^2 = \sum_{j=1}^{N} A_j{}^2$$

Como la intensidad es proporcional al cuadrado de la amplitud, la ecuación anterior nos conduce a

$$I = \sum_{j=1}^{N} I_j$$

donde las I_j representan las intensidades de las ondas individuales e I la intensidad resultante. Concluiremos entonces que la superposición de ondas de luz incoherentes produce una intensidad igual a la suma de las intensidades de las diferentes ondas.

Problemas

3-1. Calcular la amplitud A y la fase α de la función sinusoidal representada por la suma $A_1 \cos(\omega t + \alpha_1) + A_2 \cos(\omega t + \alpha_2)$ empleando el método directo discutido en la sección 3-5 *a*).

3-2. Resolver el problema 3-1 utilizando la notación compleja.

3-3. Calcular la suma

$$A_1 \cos(\omega t + \alpha_1) + A_1 \cos(\omega t - \alpha_1) + A_2 \cos(\omega t)$$

utilizando la representación vectorial de las funciones sinusoidales.

3-4. Resolver el problema precedente utilizando la notación compleja.

3-5. Calcular la amplitud A y la fase α de la función sinusoidal

$$A_1 [\cos \omega t + \cos(\omega t + \alpha_1) + \cos(\omega t + 2\alpha_1) + \cos(\omega t + 3\alpha_1)]$$

empleando la representación vectorial.

3-6. Calcule la amplitud y la fase de la función sinusoidal

$$E(t) = A [\cos \omega t + \cos(\omega t + \alpha) + \cos(\omega t + 2\alpha) + \ldots + \cos(\omega t + n\alpha)]$$

Utilice la notación compleja y tenga en cuenta la ecuación (A 1-22) del Apéndice.

3-7. Un par de espejos de Fresnel producen dos imágenes de una fuente puntual de luz monocromática separadas por una distancia de 0,2 mm. Calcule el ancho Δx de las franjas de interferencia observadas a una distancia de 50 cm de estas imágenes, suponiendo que la longitud de onda es de 6500 Å o de 4500 Å.

3-8. Se observan franjas de interferencia por medio de los espejos de Fresnel; la fuente de luz es una ranura estrecha iluminada por la luz amarilla de un arco de sodio. La separación entre las imágenes especulares de la ranura es 1 mm, y el plano de observación está a 1 m de estas imágenes. La luz de sodio contiene dos longitudes de onda de 5890 Å y 5896 Å, respectivamente. *a*) Calcular la separación entre los máximos de orden k correspondientes a las dos longitudes de onda. *b*) Calcular el orden de interferencia para el cual esta separación es el 5 % de la distancia entre máximos consecutivos.

3-9. En un experimento con el espejo doble de Fresnel la fuente de luz es una ranura S iluminada por luz monocromática de longitud de onda 4000 Å y ubicada a 20 cm de la intersección de los espejos. Las franjas de interferencia observadas a una distancia de 1 m tienen un ancho de 1 mm entre los máximos. Calcule el ángulo α entre los planos de los espejos. (*Sugerencia*: Nótese que la fuente y sus dos imágenes especulares son equidistantes de la intersección de los espejos.)

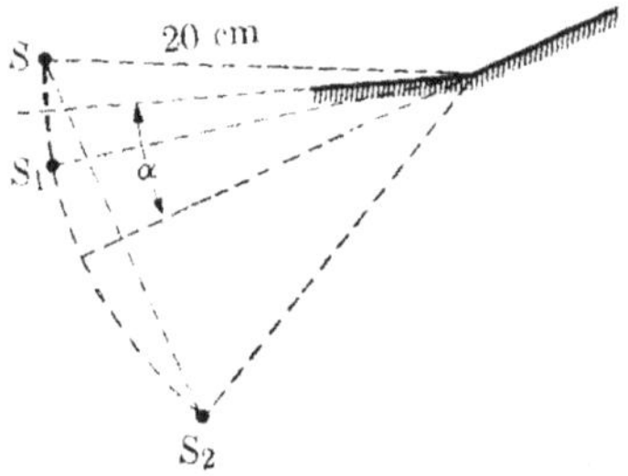

FIG. 3-40.

3-10. Se utiliza un biprisma de Fresnel de vidrio crown de ángulo refringente 1° para producir franjas de interferencia. La pantalla de observación está colocada a 60 cm y la fuente de luz a 15 cm del prisma. Calcule el ancho de las franjas observadas con luz roja de longitud de onda 6562 Å (línea C Fraunhofer), y con luz azul de 4861 Å de longitud de onda (línea *F* Fraunhofer). Los índices de refracción correspondientes están indicados en la tabla A 4-3.

3-11. *Lentes de separación de Billet.* Una lente convergente de 20 cm de distancia es cortada en dos mediante un plano que pasa por su eje óptico. Una fuente *S* de luz monocromática yace en este plano a 40 cm de las lentes (Figura 3-41).

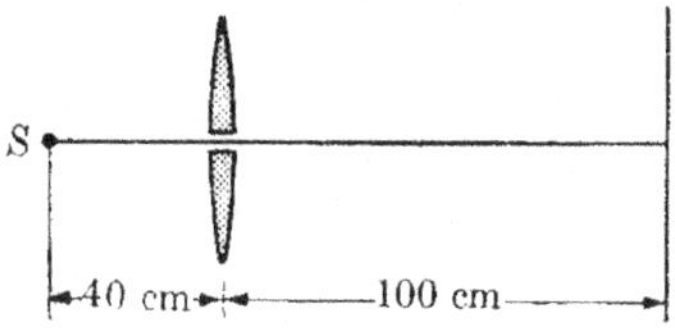

FIG. 3-41.

Como las dos mitades de la lente son movidas gradualmente en sentidos diferentes, la imagen de la ranura se separa en dos imágenes que actúan como fuentes coherentes. Determinar el ancho de las franjas de interferencia observadas en una pantalla a una distancia de 100 cm, cuando las lentes están separadas 0,5 mm. Suponer que $\lambda = 5000$ Å.

3-12. *Experimento de Young.* El primer experimento de interferencia con ondas de luz originada en dos fuentes puntuales coherentes fue efectuado por Young con el procedimiento mostrado en la figura 3-42.

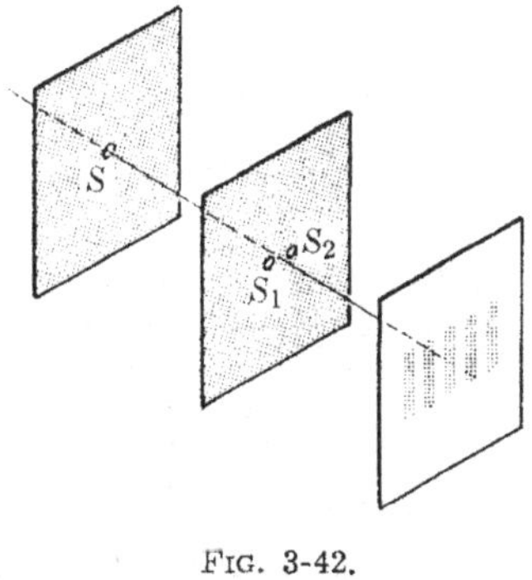

FIG. 3-42.

La fuente primaria fue un orificio *S* de alfiler efectuado en una pantalla opaca. A alguna distancia, otros dos orificios similares S_1 y S_2 efectuados en otra pantalla opaca actuaban como centros de ondas difractadas coherentes (véase capítulo 4). Suponga que el experimento de Young es efectuado con luz monocromática de 5000 Å de longitud de onda, y que las franjas de interferencia observadas en la pantalla a 1 m de los orificios tienen un ancho de 0,5 mm entre los máximos. Calcule la distancia entre los agujeros.

3-13. Sobre una película de agua jabonosa de espesor 5×10^{-5} cm e índice de refracción 1,33, se hace incidir perpendicularmente un haz de luz blanca. *a*) ¿Qué longitudes de onda serán reflejadas más intensamente en el rango visible? *b*) ¿Qué longitudes de onda no serán reflejadas?

3-14. El análisis espectral de la luz blanca reflejada a incidencia prácticamente perpendicular por una pompa de jabón muestra en la región visible un sólo máximo y un solo mínimo de intensidad. Calcule el espesor de la película para los dos casos siguientes: *a*) el máximo aparece a $\lambda = 6000$ Å y el mínimo en la región violeta del espectro, y *b*) el máximo aparece a 6000 Å y el mínimo en la región azul-verde del espectro. El índice de refracción es 1,33.

3-15. Un haz de rayos luminosos paralelos de intensidad I y de longitud de onda λ incide perpendicularmente sobre una película de espesor d e índice de refracción n sumergido en aire. Calcular la intensidad I_r del haz reflejado en términos de λ, n, d y de la reflectividad ρ^2. Mostrar que para $d \ll \lambda$, I_r es proporcional a d^2. (Suponer pequeña reflectividad y considerar sólo los dos primeros rayos reflejados.)

3-16. Resolver el problema 3-15 considerando todos los rayos reflejados.

3-17. *Películas no reflectantes.* Podemos disminuir la proporción de luz reflejada por una superficie de vidrio (aumentando correspondientemente la proporción de luz transmitida) evaporando en el vidrio una película delgada de material transparente (las llamadas «lentes azogadas» son preparadas de esa manera). El índice de refracción n' de la película debe ser intermedio entre el del aire y el del vidrio. Suponer que $n' = 1,3$. ¿Cuál es el espesor de la película que disminuirá la reflección a incidencia cercana a la perpendicular para una banda amplia de longitudes de onda centrada en el medio del espectro visible ($\lambda \backsim 5000$ angstroms)?

3-18. Los anillos de Newton son observados con una lente planoconvexa que yace sobre una superficie de vidrio plana (véase fig. 3-17 en el texto). El radio de curvatura de la lente es de 10 m. *a*) Calcular los ıadios de los anillos de interferencia oscuros de los diversos órdenes observados por reflexión con incidencia cercana a la perpendicular, utilizando luz de longitud de onda 4800 Å. *b*) ¿Cuántos anillos podrán observarse si la lente es de 4 cm. de diámetro?

3-19. Resolver el problema 3-18 suponiendo que el espacio entre las lentes y la superficie plana está lleno de agua ($n = 1,33$).

3-20. Tomemos en cuenta el experimento de los anillos de Newton descrito en el problema 3-18. Supongamos que la lente es movida lentamente separándola de la superficie plana de vidrio hasta que la separación de entre esta superficie y la esférica de la lente es de 0,1 mm. *a*) ¿Aumenta o disminuye el radio de los anillos? *b*) ¿Cuántas veces la intensidad del centro de los anillos pasa por un máximo si la luz incidente es monocromática y tiene una longitud de onda de $\lambda = 5000$ angstroms?

3-21. Se efectúa un experimento de los anillos de Newton con la superposición de dos ondas de la misma intensidad, pero de longitudes de onda ligeramente diferentes λ_1 y λ_2. Se comprueba que cuando la distancia d_0 entre la superficie plana y la de la lente es aumentada gradualmente, la nitidez de las franjas de interferencia varía periódicamente y las franjas desaparecen completamente para ciertos valores de d_0. Analizar este efecto cuantitativamente y hallar una expresión para la intensidad I como función de d_0, R, r, λ y $\Delta\lambda$, donde R es el radio de curvatura de la superficie esférica, r es el radio del centro de los anillos y las cantidades λ y $\Delta\lambda$ están definidas por

$$2/\lambda = (1/\lambda_1) + (1/\lambda_2)$$

$$\Delta\lambda/\lambda^2 = (1/\lambda_1) - (1/\lambda_2)$$

Suponer que cuando las lentes y la superficie plana de vidrio están en contacto, el espesor máximo de la capa de aire es pequeño comparado con la longitud $\lambda^2/\Delta\lambda$.

3-22. Se lleva a cabo una experiencia de anillos de Newton con luz consistente en la superposición de tres ondas de la misma intensidad y de longitudes de onda ligeramente diferentes λ_1, λ_2, λ_3, tales que

$$1/\lambda_1 = 1/\lambda_2 + (\Delta\lambda/\lambda_2^2)$$

y

$$1/\lambda_3 = 1/\lambda_2 - (\Delta\lambda/\lambda_2^2)$$

¿Cómo varía la nitidez de las franjas de interferencia a medida que se aumenta gradualmente la distancia d_0 entre el vidrio plano y la lente?

3-23. Un trozo cuadrado de película de celofán de índice de refracción n tiene una sección en forma de cuña de modo tal que su espesor en los dos lados opuestos es d_1 y d_2 (Fig. 3-43). *a*) Describa las franjas de interferencia observadas en la

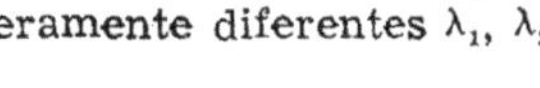

FIG. 3-43.

película por reflexión, si luz monocromática de longitud de onda de una fuente extensa incide sobre la película con un ángulo cercano al recto. *b*) Considere $n = 1,5$ y suponga que con $\lambda = 6000$ Å aparecen en la película 10 franjas. ¿Cuál es la diferencia $d_2 - d_1$?

3-24. Una placa de vidrio de caras rigurosamente paralelas posee un índice de refracción $n = 1,53$ y es iluminada por una fuente extensa de longitud de onda $\lambda = 6000$ Å. Los rayos reflejados entran en un telescopio enfocado al infinito cuyo eje es perpendicular a la superficie de la placa. El objetivo del telescopio tiene una distancia focal de 30 cm. Un diafragma de 1 cm de diámetro colocado en el plano focal de la lente objetivo limita el campo de visión. ¿Cuál es el espesor de la placa si aparecen en el campo de visión 10 anillos de interferencia?

3-25. Un haz de rayos paralelos de luz blanca incide con un ángulo θ sobre una película transparente plana de índice de refracción n y espesor d. Sea ρ^2 la reflectividad de la superficie de la película. $I_0(\lambda)$ representa la distribución espectral de la energía en el haz incidente [es decir, $I_0(\lambda)\,d\lambda$ es la intensidad en el intervalo de longitud de ondas comprendido entre λ y $\lambda + d\lambda$]. Determine la distribución de la energía espectral en el haz reflejado, $I(\lambda)$, suponiendo que $\rho^2 \ll 1$ de modo tal que sólo las dos primeras ondas reflejadas deben ser tomadas en cuenta.

3-26. En el problema anterior suponer $n=1{,}6$, $d=2\times 10^{-3}$ mm, $\theta=45°$ e $I_0(\lambda)=$ $=$ constante. Calcular las longitudes de onda en el espectro visible para las cuales la intensidad reflejada es un máximo o un mínimo.

3-27. Las superficies reflectoras de un interferómetro de Fabry-Perot están separadas 2,5 cm. Las franjas de interferencia se observan con un telescopio enfocado al infinito cuyo eje es perpendicular a las placas del interferómetro.

a) Calcule el máximo orden de interferencia, k_0, observado con luz monocromática de longitud de onda 5000 Å.

b) Calcule los ángulos subtendidos al centro de la lente objetivo del telescopio por los anillos de interferencia $k_0 - 1$, $k_0 - 2$ y $k_0 - 3$.

c) Suponga que la luz incidente contiene dos longitudes de onda $\lambda = 5000$ Å y $\lambda = 5000{,}01$ Å y calcule la separación angular del máximo de orden $k_0 - 1$ correspondiente a las dos longitudes de onda.

3-28. Suponga que la separación entre las dos superficies reflectoras de un interferómetro de Fabry-Perot es aumentada gradualmente. *a*) ¿Aumentarán o disminuirán los radios de los anillos de interferencia? *b*) Suponga que como la separación de las placas es aumentada de 2,0 a 2,1 cm, la intensidad en el centro de la distribución de interferencia pasa por un mínimo 4000 veces. ¿Cuál es la longitud de onda de la luz?

3-29. Consideremos el problema 3-27 y supongamos una reflectividad $\rho^2 = 0{,}8$. Calcule el ancho de un máximo de interferencia de orden $k_0 - 1$, definido como la separación angular $\Delta\varphi$ entre los dos círculos a ambos lados del máximo, donde la intensidad es la mitad de aquélla en el máximo.

3-30. *Filtros de interferencia.* Pueden prepararse filtros de luz monocromática con el siguiente procedimiento. En una placa de vidrio plano se depositan sucesivamente, por evaporación en el vacío: 1) una película metálica semitransparente; 2) una capa delgada de cuarzo u otra sustancia transparente; 3) una segunda película semitransparente. Otra capa de vidrio sobre este complejo metalizado asegura protección mecánica. Suponer que la capa transparente entre las dos películas metálicas posee un índice de refracción de 1,5. Calcular varios valores posibles para el espesor de esta película en un filtro diseñado para seleccionar luz monocromática de longitud de onda de 4861 Å. Para cada valor determinar si otras longitudes de onda en el rango visible son transmitidas por el filtro.

3-31. Las capas metálicas de un filtro de interferencia tienen una reflectividad $\rho^2 = 0{,}85$. Suponer que la transmisión es un máximo a la longitud de onda λ, y determinar las longitudes de onda $\lambda_1 > \lambda$ y $\lambda_2 < \lambda$ para las cuales la transmisión es la mitad del valor máximo.

3-32. Se ajusta un interferómetro de Michelson para observar las franjas circulares localizadas en el infinito. La lente objetivo del telescopio tiene una distancia focal de 40 cm; hay un diafragma con un orificio de 1,6 cm de diámetro en el plano focal que sirve como diafragma de campo. Los dos espejos M y M' (Figura 3-31) se encuentran a 30 y 32 cm respectivamente del espejo semiplateado N. ¿Cuántos máximos de interferencia pueden observarse con una fuente de luz de 4700 Å?

3-33. Se colocan dos tubos idénticos de 20 cm de longitud cerrados por placas de vidrio con superficies paralelas, en los dos brazos de un interferómetro de Michelson. Se ajusta el interferómetro para la observación de las franjas de interferencia circulares localizadas en el infinito. Se utiliza una fuente de luz monocromática de 6000 Å. Los tubos han sido llenados inicialmente con aire a una temperatura y presión standard cuyo índice de refracción n_1 es $1 + 2{,}9 \times 10^{-4}$. Describa cuantitativamente los cambios que ocurren en las figuras de interferencia cuando uno de los tubos es evacuado gradualmente.

3-34. *a*) ¿Cuál es el máximo orden de interferencia que puede ser observado con una fuente de luz cuyo espectro se extiende continuadamente desde $\lambda = 5000$ angströms a $\lambda = 5500$ Å? *b*) Suponer que esta fuente de luz es utilizada con un interferómetro de Michelson y estimar la diferencia máxima entre las longitudes de los dos brazos para la cual pueden observarse claramente fenómenos de interferencia. *c*) Bajo estas condiciones, ¿podremos observar convenientemente las franjas de interferencia circulares localizadas en el infinito o debemos ajustar el interferómetro para la observación de franjas de interferencia de igual ancho?

3-35. Utilizando representación vectorial, mostrar que la suma de tres funciones sinusoidales $A \cos \omega t$, $A \cos (\omega + \Delta\omega)t$, $A \cos (\omega - \Delta\omega) t$ es igual a la función $E(t) = A\,(1 + 2 \cos \Delta\omega\, t) \cos \omega t$. Representar gráficamente $A\,(1 + 2 \cos \Delta\omega\, t)$ como una función de t para $0 < t < 2\pi/\Delta\omega$ y hacer un gráfico de la función $E(t)$ en el mismo intervalo de tiempo, suponiendo que $\omega = 200\, \Delta\omega$.

3-36. Utilizando la representación compleja de funciones sinusoidales, mostrar que $E(t) = A\, [\cos \omega t + \cos (\omega + \Delta\omega)\, t + \ldots + \cos (\omega + n\, \Delta\omega)\, t]$ es equivalente a

$$E(t) = A \left[\frac{\operatorname{sen} \left(\dfrac{n+1}{2} \Delta\omega\, t \right)}{\operatorname{sen} \left(\dfrac{\Delta\omega}{2} t \right)} \right] \times$$

$$\times \cos \left(\omega + \frac{n\, \Delta\omega}{2} \right) t$$

Si $n\, \Delta\omega \ll \omega$, el término entre paréntesis varía mucho más lentamente que la función coseno; de ahí que $E(t)$ puede ser considerado como una función sinusoidal de amplitud lentamente variable. ¿Para qué valores de t esta amplitud se anula?

CAPÍTULO 4

DIFRACCIÓN

4-1. Principio de Huygens-Fresnel. Hemos puntualizado ya que la ley de propagación rectilínea no es rigurosamente válida. En alguna medida, la luz se curva en las cercanías de los obstáculos opacos, de modo tal que las sombras siempre tienen límites algo borrosos aun en el caso límite de una fuente puntual ideal.

Estas excepciones a la ley de propagación rectilínea son conocidas como *fenómenos de difracción.* Estos fenómenos no son muy evidentes, porque los obstáculos que la luz encuentra en su camino son generalmente grandes comparados con la longitud de onda. Sin embargo, son parte de nuestra experiencia común. Los fenómenos de difracción son responsables por el borde intensamente luminoso que dibuja el perfil de una montaña unos pocos segundos antes que el sol se levante detrás. Los rayos de luz que percibimos en una fuente luminosa intensa y concentrada cuando la observamos con los ojos semicerrados son debidos a difracción. Los espectros coloreados en forma de cruz que vemos al observar una bombilla a través de un trozo de tela fina, pero de trama estrecha, son producidos también por fenómenos de difracción.

Podemos explicar los fenómenos de difracción haciendo uso de los conceptos fundamentales incluidos en el principio de Huygens. Sin embargo, no será suficiente determinar las consecuencias del principio de Huygens para el caso límite de impulsos infinitamente cortos. Será necesario, en cambio, tomar en cuenta la forma de la perturbación óptica y considerar en detalle cómo las ondas secundarias interfieren entre sí en los diferentes puntos del espacio. Los resultados son más simples en el caso de ondas sinusoidales. En consecuencia, comenzaremos por desarrollar la teoría de la difracción para luz monocromática y luego trataremos la luz no monocromática como una superposición de ondas sinusoidales de longitudes de onda diferentes.

Para el caso especial de las ondas sinusoidales el principio de Huygens puede enunciarse del modo siguiente:

Consideremos una superficie arbitraria que rodea una fuente de luz monocromática. *Los distintos puntos de σ se comportan como fuentes secundarias virtuales de luz monocromática, y la perturbación óptica más allá de la superficie resulta de la interferencia de estas ondas.*

Esta formulación del principio de Huygens fue dada por primera vez por Fresnel y es conocida como el principio de Huygens-Fresnel. La frecuencia de las fuentes secundarias es por supuesto idéntica a la de las onda primaria, y las relaciones de fase están determinadas por las fases relativas de la onda primaria en los puntos en que están localizadas las fuentes secundarias. Si, en particular, la superficie auxiliar es una superficie de onda, las fuentes secundarias estarán todas en fase entre sí.

Para calcular la perturbación resultante, podemos utilizar los métodos para la suma de funciones sinusoidales desarrollados en el capítulo anterior. Sin embargo, en la aplicación presente nos enfrentaremos con el problema de tratar con un número infinito de ondas en interferencia, cada una poseyendo una intensidad infinitesimal, mientras que en el estudio de fenómenos de interferencia tenemos que considerar sólo un número finito de ondas en interferencia de intensidad finita, o al menos un número discreto de tales ondas.

4-2. Propagación libre de una onda esférica. Curva de vibración. Como una primera aplicación del principio de Huygens-Fresnel, analizaremos la propagación de una onda esférica sinusoidal en un medio homogéneo transparente libre de obstáculos. Esto nos permitirá verificar que las conclusiones alcanzadas en la sección 1-6 para el caso de un único pulso corto de radiación, también se aplica a ondas sinusoidales de corta longitud de onda.

Consideremos una fuente puntual S, una superficie esférica σ de radio a centrada en S, y un punto P a una distancia $a + r_0$ de S (Fig. 4-1). Supongamos que a y r son grandes respecto de la longitud de onda λ. Para calcular la resultante en P de las pequeñas ondas originadas en la superficie σ subdividimos esta superficie en un número infinitesimal de zonas circulares con centro en la línea SP. Elegiremos las zonas de modo tal que las distancias r y $r + \Delta r$ de dos límites

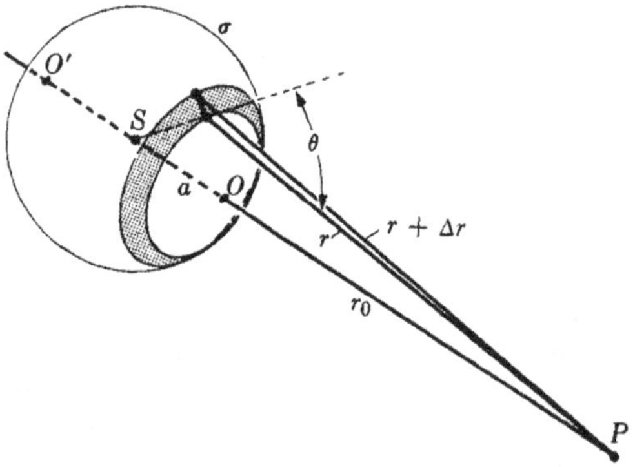

FIG. 4-1. Zona infinitesimal ubicada a una distancia comprendida entre r y $r + r$ de P.

sucesivos desde el punto P difieren en una cantidad constante Δr pequeña comparada con la longitud de onda λ. Por lo tanto, las perturbaciones que llegan a P desde diferentes puntos de una zona dada, estarán básicamente en fase. La contribución total de la zona infinitesimal es una perturbación cuya amplitud es proporcional al área $\Delta\sigma$ de la zona e inversamente proporcional a la distancia r

entre la zona y P. Esta amplitud también depende del ángulo θ por medio del factor de oblicuidad $q(\theta)$ que varía, desde la unidad en la parte delantera, hasta cero en la trasera.

En la sección 1-6 (ec. 1-27), hemos encontrado la siguiente expresión para $\Delta\sigma$:

$$\Delta\sigma = \frac{2\pi a r}{a + r_0}\Delta r \tag{4-1}$$

de la que obtenemos

$$\frac{\Delta\sigma}{r} q(\theta) = \frac{2\pi a}{a + r_0}\Delta r\, q(\theta) \tag{4-2}$$

Todas las cantidades que aparecen en el lado derecho de la ecuación (4-2) son constantes, excepto θ. Por esto, aparte del factor de oblicuidad, las contribuciones de las diferentes zonas infinitesimales tienen iguales amplitudes. El factor de oblicuidad hace disminuir gradualmente la amplitud desde un máximo hasta cero a medida que se avanza del punto O de la superficie esférica más cercano a P, al punto diametralmente opuesto O'.

Podremos utilizar ahora la representación vectorial de funciones sinusoidales para encontrar la resultante de las perturbaciones provenientes de las diversas zonas infinitesimales. Con este propósito debemos notar que la distancia media de P aumenta en una cantidad constante Δr cuando vamos de una zona infinitesimal a la siguiente. En consecuencia, las perturbaciones surgidas en dos zonas vecinas llegarán a P con una diferencia de fase

$$\Delta\alpha = 2\pi\Delta r/\lambda \tag{4-3}$$

y, por lo tanto, están representadas por dos vectores de longitud casi idéntica formando un ángulo infinitesimal $\Delta\alpha$ entre sí.

Para sumar la contribución de las diferentes zonas trazamos los correspondientes vectores infinitesimales, uno a continuación del otro, y obtendremos una línea quebrada como la que aparece en la figura 4-2. Si no fuese por el factor de oblicuidad, todos los segmentos que forman la línea quebrada tendrían la misma longitud. Como todos los ángulos entre segmentos contiguos son idénticos, la línea quebrada se cerrará sobre sí misma formando un polígono con un número de lados igual a $2\pi/\Delta\alpha = \lambda/\Delta r$ (consideraremos este número como entero para los propósitos de este argumento). En otras palabras, el segmento que representa la contribución de la zona infinitesimal para la cual $r = r_0 + \lambda$ cubrirá exactamente el segmento que representa la contribución de la zona central. Debido al factor de oblicuidad, la longitud de los segmentos decrece gradualmente y, en consecuencia, la línea quebrada no se cierra exactamente. Sin embargo, está muy cercana a cerrarse porque $\lambda \ll r_0$; el factor de oblicuidad cambia en una pequeña cantidad cuando r aumenta de r_0 a $r_0 + \lambda$.

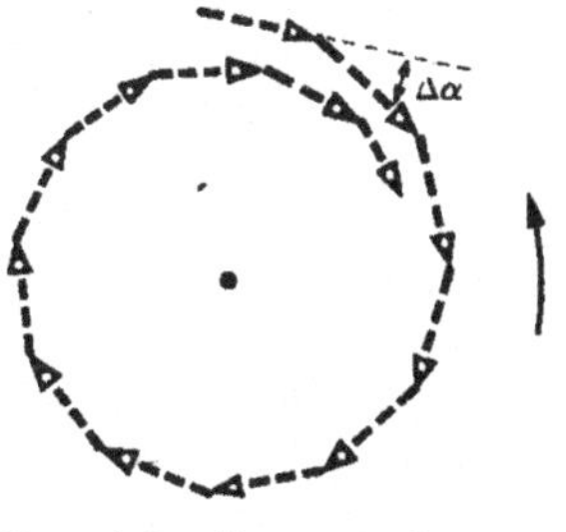

FIG. 4-2. Suma de las perturbaciones provenientes de las diferentes zonas infinitesimales.

Para obtener una solución rigurosa de nuestro problema deberemos considerar el límite para $\Delta r = 0$. Cuando Δr disminuye, tanto la longitud de cada segmento como el ángulo entre segmentos adyacentes en la figura 4-2 decrece proporcionalmente. Finalmente, la línea quebrada se transforma en una curva con la forma de una espiral, tal como se observa en la figura 4-3. Esta curva puede ser denominada la *curva de vibración* relativa a la subdivisión de la superficie de onda σ en zonas circulares elementales.

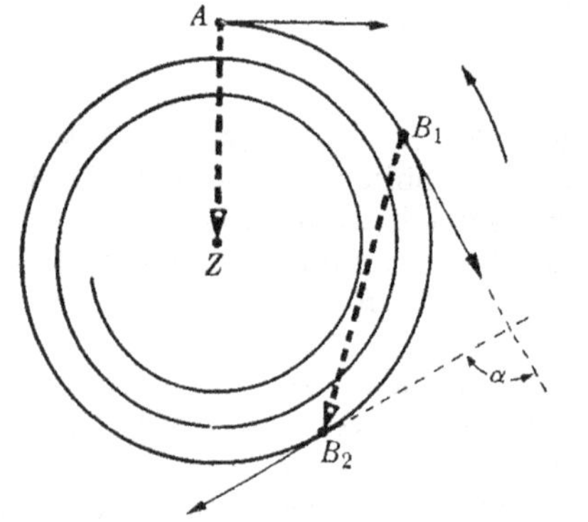

FIG. 4-3. Curva de vibración resultante de la subdivisión de la superficie de onda en zonas circulares.

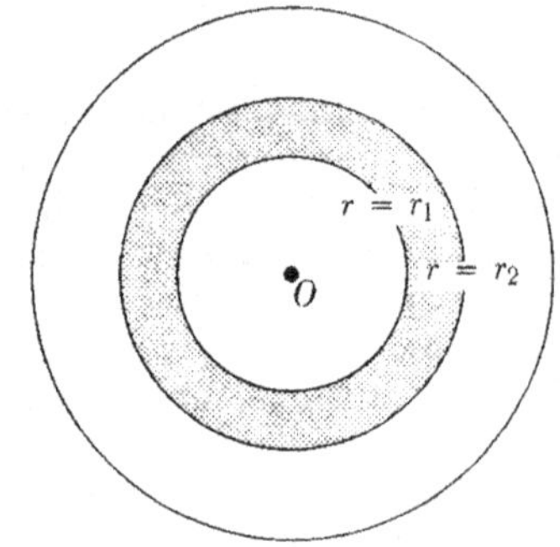

FIG. 4-4. Vista desde P, de la superficie de onda, mostrando los círculos a las distancias r_1 y r_2.

El concepto de la curva de vibración es muy útil en el estudio de fenómenos de difracción. La construcción de la curva de vibración apropiada provee un método gráfico para sumar un número infinito de funciones sinusoidales de amplitud infinitamente pequeña de modo semejante como la suma vectorial ordinaria provee un método gráfico para sumar un número finito de funciones sinusoidales de amplitud finita. En consecuencia, será de importancia comprender las propiedades y la significación de la curva de vibración.

En nuestro ejemplo vemos que cada punto B de la curva de vibración corresponde a un círculo dado de una superficie de onda σ caracterizada por un valor constante de la distancia r a P. En particular, el comienzo de la espiral A corresponde al centro O de la superficie de onda, es decir, al punto para el cual $r = r_0$.

Como la longitud de un elemento infinitesimal de la curva representa la amplitud de la perturbación proveniente de la zona infinitesimal correspondiente de la superficie de onda σ, la *longitud s* del arco de espiral entre dos puntos B_1 y B_2 representa la *suma aritmética* de las amplitudes de las perturbaciones con origen en la porción de la superficie de onda que yace entre el círculo de radio r_1 y r_2 (Fig. 4-4). La *cuerda* $B_1 B_2$, en cambio, representa la *resultante* de estas perturbaciones.

El ángulo entre las tangentes a la curva en los puntos B_1 y B_2 representa la *diferencia de fase* entre las perturbaciones que llegan a P de los puntos de los círculos a las distancias r_2 y r_1 de P respectivamente.

$$\alpha = 2\pi \frac{r_2 - r_1}{\lambda} \tag{4-4}$$

Si en particular $r_2 - r_1 = \lambda$, entonces $\alpha = 2\pi$; es decir, el arco $B_1 B_2$ corresponde a una vuelta completa de la espiral.

El radio de curvatura ρ de la espiral en el punto B es por definición

$$\rho = \frac{\Delta s}{\Delta \alpha} \tag{4-5}$$

donde Δs es la longitud de un arco infinitesimal BB' y $\Delta\alpha$ es el ángulo entre las tangentes a la espiral en B y B' respectivamente. Como ya hemos puntualizado Δs representa la amplitud de la perturbación que proviene de la zona infinitesimal correspondiente al arco BB', y es en consecuencia proporcional a $[(2\pi a)/(a + r_0)]\, q(\theta)\, \Delta r$ (ec. 4-2). Como $\Delta\alpha$ está dado por la ecuación (4-3) encontramos que ρ es proporcional a

$$\frac{2\pi a}{a + r_0} q(\theta) \frac{\Delta r}{2\pi(\Delta r/\lambda)} = \frac{a\lambda}{a + r_0} q(\theta) \tag{4-6}$$

Luego el radio de curvatura es constante, dejando de lado el factor de oblicuidad $q(\theta)$. Este factor disminuye en una cantidad extremadamente pequeña a medida que r aumenta en λ, es decir, cuando se efectúa una vuelta completa de espiral es *más cercana* a un círculo.

Resumiendo: La curva de vibración apropiada a nuestro problema es una espiral estrechamente enrollada. Como el factor de oblicuidad $q(\theta)$ se acerca a cero a medida que se acerca a π, el radio de curvatura es nulo después de un número suficientemente largo de vueltas y la espiral finaliza en un punto Z. Este punto es el centro común de todas las espiras cuasicirculares de la espiral; este punto corresponde al punto O' de la superficie de onda que es el más alejado de O (Fig. 4-1). La perturbación resultante en P debida a la onda completa está en consecuencia, representada por el vector AZ. La longitud de este vector es igual al radio de curvatura de la espiral cerca de A (es decir, a $\theta = 0$) y es entonces inversamente proporcional a $a + r_0$ (ec. 4-6). En consecuencia, hemos hallado correctamente que la amplitud de la onda resultante varía como la inversa de la distancia a la fuente.

Para calcular la perturbación en P, supondremos que en la superficie esférica σ la perturbación E está dada por

$$E(a, t) = f(t) = A \operatorname{sen} \omega t \tag{4-7}$$

De acuerdo con los resultados obtenidos en la sección 1-6 (ec. 1-34) la onda secundaria que llega a P de un elemento de la superficie $\Delta\sigma$ está representada por la ecuación

$$\Delta E_s = \frac{1}{2\pi v} f\left(t - \frac{r}{v}\right) \frac{\Delta\sigma}{r} q(\theta)$$

donde v es la velocidad de propagación. Recordando la ecuación (4-2) y considerando que

$$f\left(t-\frac{r}{v}\right)=A\,\omega\cos\omega\left(t-\frac{r}{v}\right)=A\,\omega\,\mathrm{sen}\left[\omega\left(t-\frac{r}{v}\right)+\frac{\pi}{2}\right]$$

obtenemos

$$\Delta E_s=\frac{A\,\omega}{2\,\pi\,v}\,\frac{2\,\pi\,a}{a+r_0}\,\Delta r\,q\,(\theta)\,\mathrm{sen}\left[\omega\left(t-\frac{r}{v}\right)+\frac{\pi}{2}\right]$$

o, como $\omega/2\,\pi\,v=1/\lambda$,

$$\Delta E_s=2\,\pi\,A\,\frac{a}{a+r_0}\,\frac{\Delta r}{\lambda}\,q\,(\theta)\,\mathrm{sen}\left[\omega\left(t-\frac{r}{v}\right)+\frac{\pi}{2}\right] \tag{4-8}$$

Vemos incidentalmente que las *ondas secundarias son emitidas con una diferencia de fase de $\pi/2$ con respecto a la onda incidente.*

Para la zona central, es decir, para la zona alrededor del punto O, $\theta=0$, $q\,(\theta)=1$, $r=r_0$, y la ecuación (4-8) se transforma en

$$\Delta E_s=2\,\pi\,A\,\frac{a}{a+r_0}\,\frac{\Delta r}{\lambda}\,\mathrm{sen}\left[\omega\left(t-\frac{r_0}{v}\right)+\frac{\pi}{2}\right] \tag{4-9}$$

La amplitud de esta función sinusoidal es:

$$\Delta A_s=\frac{2\,\pi\,A\,a}{a+r_0}\,\frac{\Delta r}{\lambda} \tag{4-10}$$

De acuerdo a nuestras conclusiones anteriores, la amplitud $\overline{AZ}$ de la perturbación resultante es igual al radio de curvatura de la espiral de vibración cerca del punto A. De las expresiones para el radio de curvatura (ec. 4-5), para $\Delta\alpha$ (ec. 4-3) y para ΔA_s (ec. 4-10) obtenemos:

$$\overline{AZ}=\frac{\Delta A_s}{\Delta\alpha}=\frac{A\,a}{a+r_0} \tag{4-11}$$

Considerando además que el vector AZ forma un ángulo $-\pi/2$ con la tangente a la espiral en A (Fig. 4-3), reconoceremos que la perturbación resultante está atrasada respecto de la perturbación proveniente de la zona central [representada por la ec. (4-9)] en un ángulo de fase $\pi/2$. Entonces, la perturbación resultante tiene la expresión

$$E\,(a+r_0,\,t)=\frac{A\,a}{a+r_0}\,\mathrm{sen}\,\omega\left(t-\frac{r_0}{v}\right) \tag{4-12}$$

Esta es la expresión correcta para la perturbación óptica de la onda esférica que parte de S y que está representada por la ecuación (4-7) en la superficie esférica σ de radio a.

4-3. Zonas de Fresnel. Sobre la superficie esférica σ, centrada en la fuente puntual S, dibujemos una serie de círculos definidos por las ecuaciones siguientes:

$$\begin{aligned} r &= r_1 = r_0 + \lambda/2 \\ r &= r_2 = r_0 + \lambda \\ r &= r_3 = r_0 + \frac{3}{2}\lambda \\ &\vdots \\ r &= r_n = r_0 + \frac{n}{2}\lambda \end{aligned} \tag{4-13}$$

Estos círculos subdividen la superficie de la onda en una serie de zonas llamadas *zonas de Fresnel* (Fig. 4-5). Por supuesto, las zonas de Fresnel definidas aquí no deben ser confundidas con las zonas infinitesimales consideradas en la sección anterior.

En la espiral de vibración discutida anteriormente, la media vuelta de A a A_1 corresponde a la primera zona de Fresnel, la media vuelta de A_1 a A_2 corresponde a la segunda zona de Fresnel, etc. (Fig. 4-6). De este modo, la contribución de la primera zona de Fresnel a la perturbación óptica en P es representada por el vector AA_1, aquella de la segunda zona de Fresnel por el vector A_1A_2, etc.,

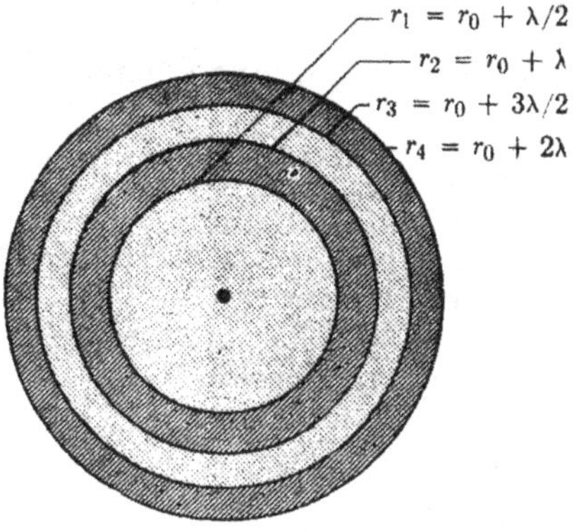

FIG. 4-5. **Primeras cuatro zonas de Fresnel.**

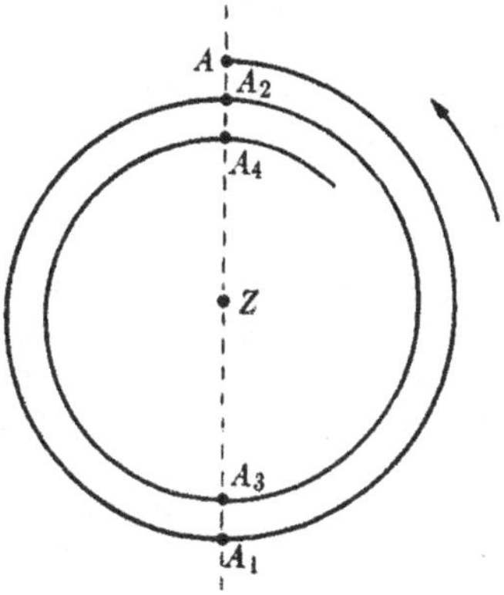

FIG. 4-6.

y vemos que la contribución de dos zonas de Fresnel vecinas poseen fases opuestas. Es también evidente que las amplitudes de las perturbaciones originadas en las diversas zonas de Fresnel forman una serie muy lentamente decreciente.

Como un caso especial, calculemos los radios de las zonas de Fresnel suponiendo que la fuente está situada a una gran distancia, de modo tal que la onda incidente pueda ser considerada como plana. Sea O el pie de la perpendicular a la superficie de la onda por P, r_0 la distancia entre P y O, r la distancia entre un punto de la superficie de la onda y P, y R la distancia del mismo punto desde O (Fig. 4-7).

Las distancias r, r_0 y R están relacionadas por la ecuación

$$r^2 = r_0^2 + R^2 \tag{4-14}$$

A partir de esta ecuación, podremos hallar los radios exteriores de las sucesivas zonas de Fresnel (R_1, R_2, ..., R_n) reemplazando r por $r_1 = r_0 + \lambda/2$, $r_2 = r_1 + \lambda/2$, $r_n = r_n - 1 + \lambda/2$. Como $\lambda \ll r_0$, la ecuación

$$r_n^2 = \left(r_n - 1 + \frac{\lambda}{2} \right)^2$$

da a una muy buena aproximación

$$r_n^2 = r_{n-1}^2 + \lambda\, r_{n-1} \tag{4-15}$$

Así obtenemos:

$$\begin{aligned} R_1^2 &= r_1^2 - r_0^2 = \lambda\, r_0 \\ R_2^2 &= r_2^2 - r_0^2 = (r_2^2 - r_1^2) + (r_1^2 - r_0^2) = \lambda\, (r_0 + r_1) \\ &\vdots \\ R_n^2 &= \lambda\, (r_0 + r_1 + \ldots + r_{n-1}) \end{aligned} \tag{4-16}$$

Para valores suficientemente pequeños de n, r_1, r_2, ..., r_{n-1} no difieren apreciablemente de r_0, y podremos escribir:

$$R_n^2 = n\, \lambda\, r_0 \tag{4-17}$$

En consecuencia, los radios externos de las primeras zonas de Fresnel son proporcionales a las raíces cuadradas de los enteros sucesivos.

Para grandes valores de n la diferencia $\delta_n = R_n - R_{n-1}$ será pequeña comparada con R_n, y así podremos escribir con buena aproximación

$$R_n^2 = (R_{n-1} + \delta_n)^2 = R_{n-1}^2 + 2\, \delta_n\, R_{n-1}$$

o

$$\delta_n = \frac{R_n^2 - R_{n-1}^2}{2\, R_{n-1}}$$

Esta ecuación, junto con la (4-16), nos conduce a la siguiente expresión para el ancho de la enésima zona de Fresnel ($n \gg 1$):

$$\delta_n = \frac{\lambda}{2} \frac{r_{n-1}}{R_{n-1}} \tag{4-18}$$

Como veremos será muy útil considerar las zonas de Fresnel para un análisis semicuantitativo de los diferentes fenómenos de difracción.

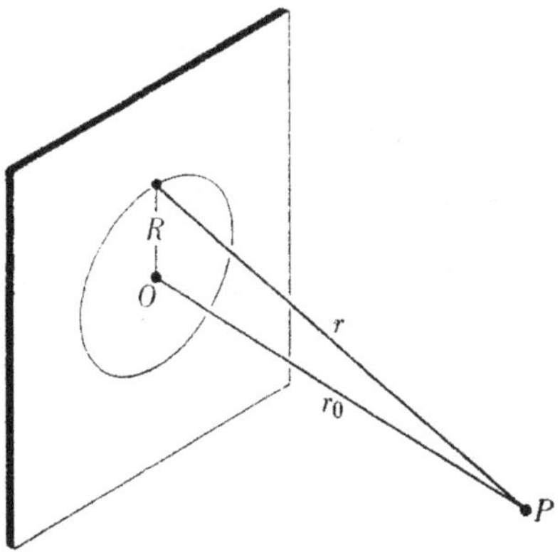

FIG. 4-7. Cálculo de los radios de las zonas de Fresnel.

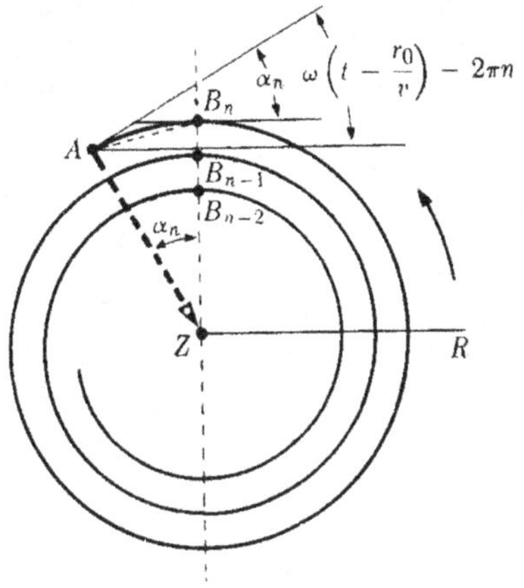

FIG. 4-8.

***4-4. Discusión ulterior del principio de Huygens-Fresnel.** Como ya se ha puntualizado, el principio de Huygens-Fresnel es solamente un caso especial del principio general de Huygens enunciado en la sección 1-6. Sin embargo, el método de cálculo seguido en la aplicación del principio de Huygens-Fresnel (secciones 4-2 y 4-3) parece diferir considerablemente del procedimiento empleado en el caso general.

El método presente se basa en las reglas para sumar funciones sinusoidales. Consideramos cada punto de la superficie auxiliar σ como una fuente fija de ondas secundarias. Para hallar la perturbación resultante en un punto P exterior a la superficie σ, construimos la espiral de vibración apropiada. Debemos pensar a toda la espiral de vibración como rotando con una velocidad angular ω, de modo tal que al tiempo t, la tangente a la espiral en A forma un ángulo $\omega\,(t - r_0/v)$ con un eje fijo ZR (Fig. 4-8). La perturbación resultante en el

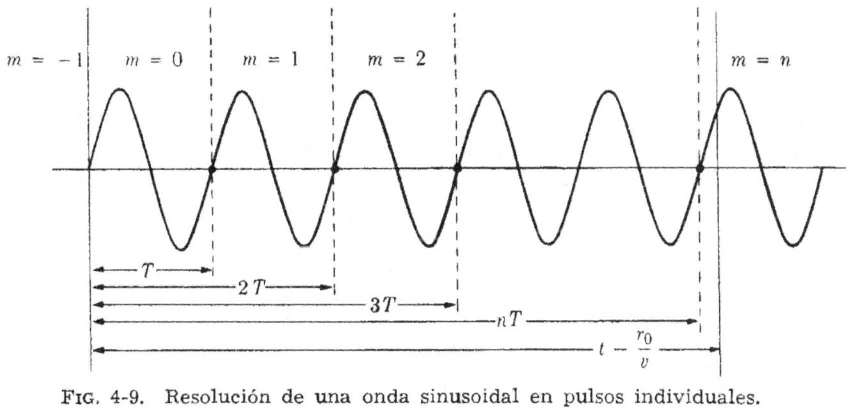

FIG. 4-9. Resolución de una onda sinusoidal en pulsos individuales.

tiempo t es entonces representada por la proyección instantánea sobre el eje ZR del vector AZ que conecta los dos puntos finales de la espiral.

En cambio, de acuerdo al punto de vista adoptado en la discusión del caso general (sec. 1-6), la perturbación sinusoidal en la superficie σ, $E = A \operatorname{sen} \omega t$, es considerada como una sucesión de pulsos individuales. Cada pulso incluye una oscilación completa, de manera que si T es el período, el número de pulsos m dura de $t = mT$ a $T = (m+1)T$ (Fig. 4-9) donde m, claro está, varía de $-\infty$ a $+\infty$.

A cada pulso corresponde una «región activa» separada en la superficie σ. En el tiempo t la región activa correspondiente al número de pulsos m se encuentra entre los círculos en las distancias $r_m = v\,(t - mT)$ y $r_{m+1} = v\,[t - (m+1)\,T]$ del

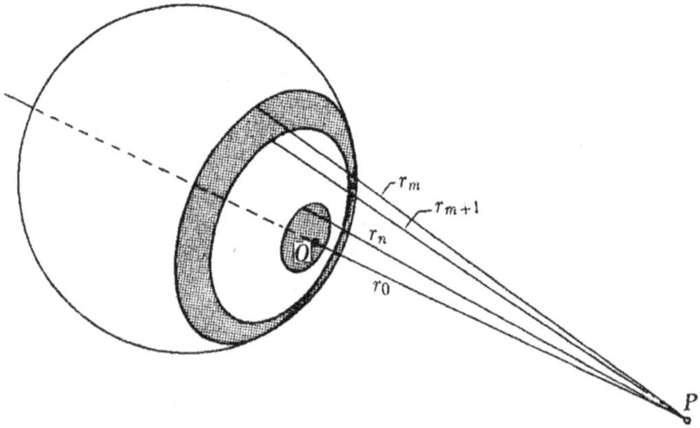

FIG. 4-10. Regiones activas correspondientes a los pulsos m y n.

punto de observación P (donde $r_m > r_{m+1}$). Debe observarse que los límites de las distintas «regiones activas» no son fijos, sino que varían con el tiempo.

Sea n el mayor número de períodos completos incluidos en el intervalo de tiempo $t - r_0/v$. Entonces, la región activa correspondiente al número de pulsos n es un disco centrado en O y rodeado por el círculo a una distancia de P igual a

$$r_n = v\,(t - nT)$$

(Fig. 4-10). La diferencia de fase entre las perturbaciones que llegan a P desde los puntos de este círculo y desde el punto O respectivamente es:

$$\alpha_n = 2\pi \frac{r_n - r_0}{\lambda} = \omega\left(t - nT - \frac{r_0}{v}\right)$$

$$= \omega\left(t - \frac{r_0}{v}\right) - 2\pi n$$

Sea B_n el punto de la espiral de vibración correspondiente a $r = r_n$ (Fig. 4-8). Entonces α_m representa el ángulo entre las tangentes en los puntos B_n y A de la espiral de vibración. Este ángulo difiere en un múltiplo entero de 2π del ángulo $\omega(t - r_0/v)$ formado por la tangente en A con el eje ZR. De aquí concluimos que la tangente a la espiral de vibración en B_n es paralela al eje ZR, y que, consecuentemente, el segmento B_nZ es prácticamente perpendicular a ZR.

Sean B_{n-1}, B_{n-2}, etc., las intersecciones sucesivas del segmento B_nZ con la espiral de vibración. Las contribuciones a la perturbación resultante de los pulsos caracterizadas por los números $n-1$, $n-2$, etc., están representadas por las proyecciones de los vectores B_nB_{n-1}, $B_{n-1}B_{n-2}$, etc. Como estos vectores son perperpendiculares a ZR, las contribuciones de los pulsos correspondientes son nulas. Sólo queda la contribución del pulso n, y está representada por la proyección del vector AB_n sobre el eje ZR. Así podemos considerar que la perturbación observada en P en el tiempo t es enteramente debida al pulso de número n, cuya región activa incluye el polo O. Las contribuciones de los otros pulsos son cero.

Es claro que los dos métodos de cálculo conducen al mismo resultado, puesto que es obvio que las proyecciones instantáneas de los vectores AZ y AB_n en el eje ZR son idénticas.

4-5. La aproximación de la óptica geométrica. En la sección 1-7 demostramos que, como los pulsos de radiación muy cortos viajan en línea recta, y como una onda sinusoidal es esencialmente una sucesión de pulsos positivos y negativos, la ley de propagación rectilínea debe aplicarse también a ondas sinusoidales de longitud de onda suficientemente corta. Ofreceremos ahora una prueba más rigurosa de este importante resultado.

Con este propósito consideremos una pantalla opaca que obstruya parcialmente la propagación de una onda esférica con origen en S, y dos puntos P y P', el primero afuera, el segundo dentro de la región de sombra geométrica. Para simplificar, podemos suponer que la superficie de la pantalla es parte de una

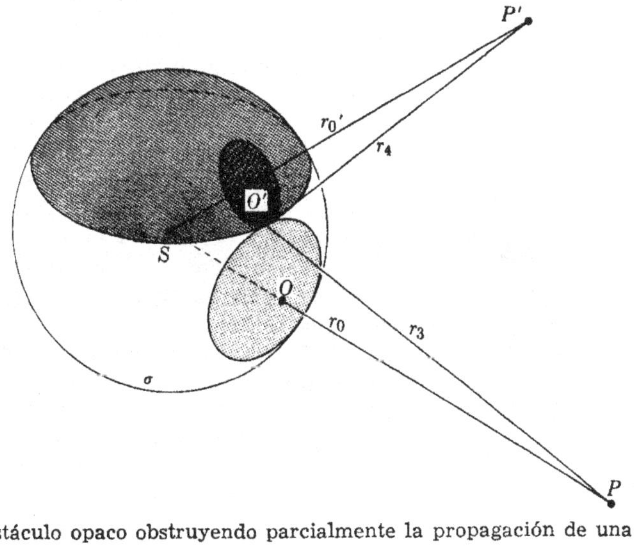

FIG. 4-11. Obstáculo opaco obstruyendo parcialmente la propagación de una onda esférica.

superficie esférica σ centrada en S, y la tomamos como nuestra superficie auxiliar. La figura 4-11 muestra el polo O de la esfera relativa a P y el círculo en σ centrado en O y tangente al borde de la pantalla. Sea r_3 la distancia de este círculo

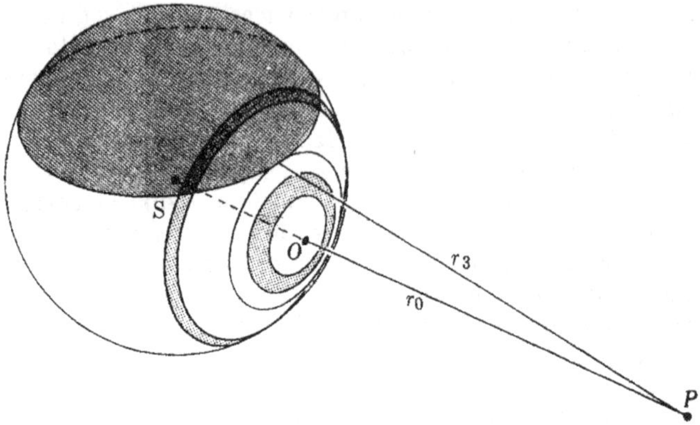

FIG. 4-12. Dos zonas elementales de la superficie de onda esférica, tal como son vistas desde P (Fig. 4-11).

de P. La figura 4-13 muestra la curva de vibración necesaria para el cálculo de la intensidad en P. La curva se construye con un procedimiento idéntico al usado en la sección anterior, es decir, subdividiendo la superficie σ en zonas infinitesimales, cada una a una distancia comprendida entre r y $r + \Delta r$ de P, y luego agregando los vectores infinitesimales que representan las contribuciones de las diversas zonas elementales.

Sea A el punto inicial de la curva de vibración (correspondiente a O) y B el punto correspondiente al círculo tangente a la pantalla (para el cual $r = r_3$). Mientras r sea menor que r_3 la zona elemental estará completamente expuesta (Fig. 4-12). Se concluye que de A a B la curva de vibración es idéntica a la correspondiente a la onda no obstruida. Cuando r aumenta por encima de r_3, una mayor porción de la zona elemental es cancelada por la pantalla. La longitud del elemento de arco de la curva de vibración correspondiente a un valor dado de Δr, y por lo tanto de $\Delta\alpha = 2\pi\,\Delta r/\lambda$, es ahora menor que en ausencia de la pantalla. Así, más allá del punto B, la curva de vibración comienza a trasladarse en espiral hacia adentro más rápidamente de lo que hace la espiral de vibración de la onda no obstruida.

FIG. 4-13. Curva de vibración relativa al punto P de la figura 4-11.

Examinemos esta conducta en mayor detalle. Consideremos los dos círculos definidos por $r = r_C$ y $r = r_D$ tales que $r_D = r_C + \lambda$ en la superficie σ (Fig. 4-14). En los dos puntos correspondientes C y D de la curva de vibración, las tangentes forman un ángulo de 2π; en otras palabras, el arco CD representa una vuelta completa de la espiral. El radio de curvatura de la espiral es menor en D que en C debido al factor de oblicuidad y a que la pantalla opaca cancela una fracción mayor del círculo $r = r_D$ que del círculo $r = r_C$. En el caso de la onda no obstruida en cambio, la disminución del radio de curvatura de C a D se debe únicamente al factor de oblicuidad.

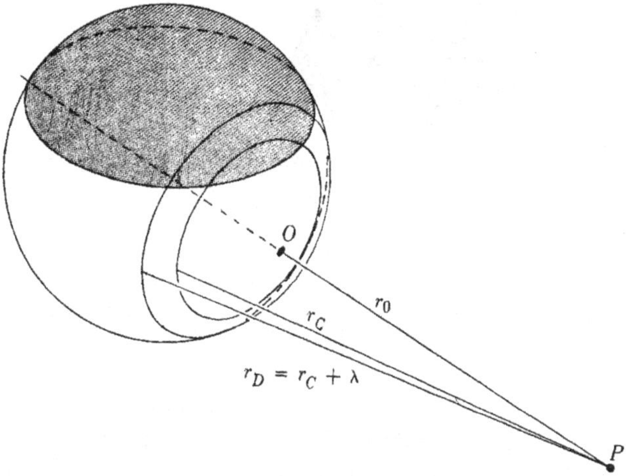

FIG. 4-14. Círculos sobre la superficie de onda correspondientes a los puntos C y D de la curva de vibración (Fig. 4-13).

Sin embargo, a medida que la longitud de onda decrece, disminuye la distancia entre los círculos $r = r_C$ y $r = r_C + \lambda$. Si la longitud de onda es suficientemente pequeña, las fracciones de los dos círculos que quedan detrás de la pantalla se hacen casi iguales. Como el factor de oblicuidad también es casi el mismo en los dos círculos, se concluye que el radio de curvatura disminuye sólo en una pequeña cantidad cuando se va de C a D. En otras palabras, cada vuelta de la espiral de vibración continuará semejando un círculo como ocurrió en el caso de la onda no obstruida. De aquí que la espiral de vibración se convergerá gradualmente hacia el punto Z, que es el centro común de sus espiras cuasicirculares. La perturbación resultante, representada por el vector AZ, es de esta manera prácticamente la misma que en ausencia de la pantalla.

En consecuencia, vemos que *en el límite para longitudes de onda infinitamente pequeñas, la luz tiene su intensidad total en todos los puntos fuera de la sombra geométrica.*

Consideremos ahora el punto P' dentro de la sombra geométrica (Fig. 4-11). La figura 4-15 muestra el polo O' de la superficie de onda σ relativa a P' y el círculo centrado en O' y tangente al borde de la pantalla. Sea r_4 la distancia de este círculo a P'. Consideramos, como antes, una zona elemental en la superficie de onda, a una distancia comprendida entre r y $r + \Delta r$ de P'. Para $r < r_4$ la zona elemental es completamente obstruida por la pantalla. Comienza a emerger

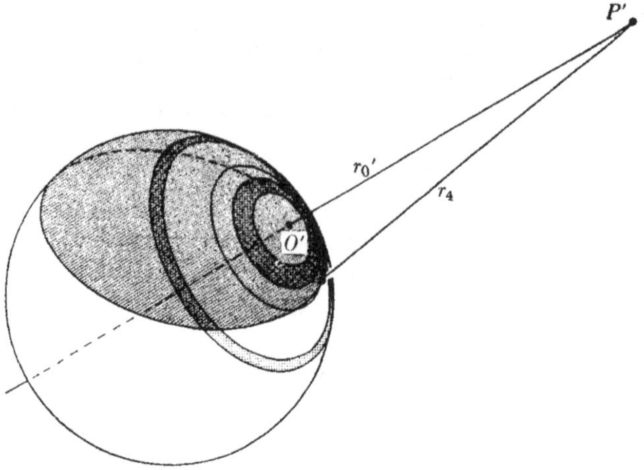

FIG. 4-15. Dos zonas elementales de la superficie de onda, tal como son vistas desde P' (Fig. 4-11).

de la pantalla en $r = r_4$ y su área expuesta aumenta gradualmente a medida que r aumenta. La curva de vibración (Fig. 4-16) comienza con radio de curvatura cero en el punto β correspondiente a r_4 y se traslada gradualmente en espiral hacia afuera a medida que el radio de curvatura aumenta. Sin embargo, el factor de oblicuidad será la causa por la cual la curva de vibración se trasladará en espiral hacia adentro otra vez. A medida que la longitud de onda disminuye, la espiral se hace más y más estrechamente enroscada, cada espira semejando más un círculo. Si la longitud de onda es suficientemente pequeña el punto inicial B y el punto final Z de la espiral coinciden con el centro común de los giros cuasicirculares. La perturbación resultante, representada por el vector BZ, es entonces cero.

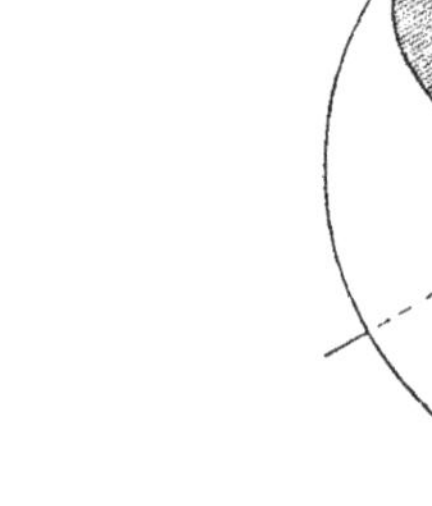

FIG. 4-16. **Curva de vibración relativa al punto P' de la figura 4-11.**

Vemos, pues, que *en el límite para longitudes de onda infinitamente pequeñas, la intensidad de la luz desaparece en todos los puntos dentro de la sombra geométrica.*

4-6. Difracción por una abertura circular. Consideremos una pantalla plana opaca con una abertura circular de radio R, y una fuente puntual de luz monocromática S, ubicada en el eje de la abertura (Fig. 4-17). Queremos calcular la perturbación óptica en el punto P, que también se encuentra en el eje de la abertura, en el lado opuesto de la pantalla.

Aplicamos nuevamente el principio de Huygens-Fresnel, tomando como superficie auxiliar la superficie de onda esférica σ centrada en S que toca el borde de la abertura. Construimos la espiral de vibración, como fue explicada en sección 4-2. Si AB es el arco de la espiral que corresponde a la porción no obstruida de la superficie de onda (Fig. 4-18), la cuerda AB representa la perturbación óptica en P.

Supongamos ahora que el diámetro de la abertura circular, inicialmente pequeño, es aumentado gradualmente. El punto B se mueve a lo largo de la espiral, lejos de A, y la longitud del vector AB pasa a través de una serie de máximos y mínimos. El primer máximo ocurre cuando B coincide con el punto A_1 de la espiral que está más distante de A, es decir, cuando la abertura descubre la primera zona de Fresnel (sección 4-3). La amplitud de la perturbación óptica es

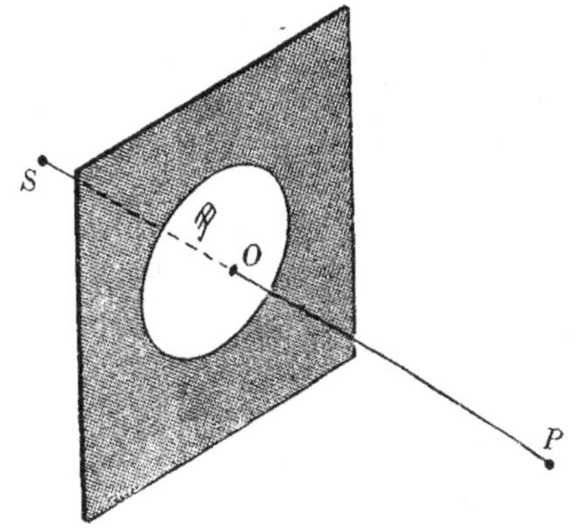

FIG. 4-17. Difracción por **una abertura circular.**

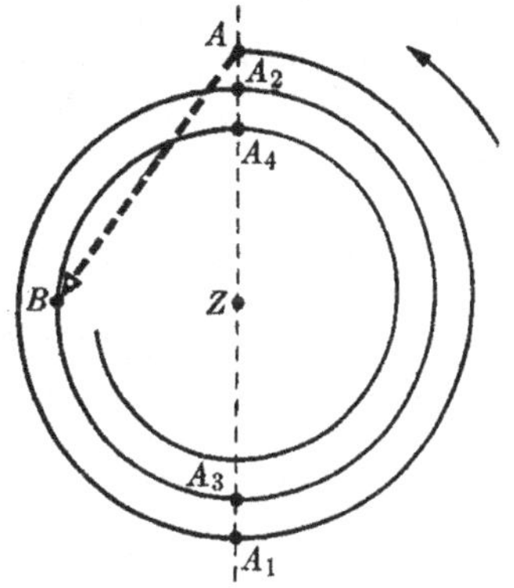

FIG. 4-18.

entonces casi exactamente el *doble* de la amplitud de la perturbación óptica producida por la onda completa, representada por el vector AZ. De este modo, la intensidad de la iluminación en P es *cuatro veces* la observada en ausencia de la pantalla.

El mínimo subsiguiente ocurre cuando B coincide con el punto A_2, es decir, cuando las dos primeras zonas de Fresnel aparecen a través de la abertura. Como la espiral está muy estrechamente enroscada, la intensidad es prácticamente cero en estas condiciones. Otros máximos ocurren cuando la abertura descubre 3, 5 o, en general, un número impar de zonas de Fresnel; los otros mínimos ocurren cuando la abertura descubre un número par de zonas de Fresnel.

Podemos preguntarnos también cómo varía la intensidad cuando el punto de observación P se mueve a lo largo del eje de una abertura circular de dimensiones fijas. Como los radios de las zonas de Fresnel dependen de la posición de P, encontramos otra vez que la intensidad pasa por una serie de máximos y mínimos, que ocurren respectivamente cuando la abertura incluye un número impar o par de zonas de Fresnel.

Como caso especial, supongamos que la fuente está muy distante, de manera que la onda incidente puede ser considerada una onda plana. La primera de las ecuaciones (4-16) muestra entonces que el radio R_1 de la primera zona de Fresnel aumenta indefinidamente a medida que la distancia r_0 de P desde la pantalla va a infinito. Así, si el punto de observación está suficientemente distante, el radio de la abertura es ciertamente más pequeño que el de la primera zona de Fresnel. En la medida que la distancia r_0 decrece gradualmente, es decir, en la medida que P se acerca a la abertura, el radio R_1 decrece correlativamente; de ahí que una fracción creciente de la primera zona de Fresnel va apareciendo a través de la abertura. Por lo tanto, la intensidad aumenta y alcanza un máximo cuando $R_1 = R$, o sea, cuando

$$r_0 = R^2/\lambda \tag{4-19}$$

Si, por ejemplo, $R = 0{,}5$ mm (5×10^{-4} m) y $\lambda = 5000$ A (5×10^{-7} m), la ecuación (4-19) da $r_0 = 0{,}5$ m.

A medida que r_0 decrece más, la intensidad decrece y se hace prácticamente cero cuando $R = R_2$, esto es, cuando

$$r_0 = R^2/2\,\lambda$$

En la medida en que P se acerque más y más a la abertura, los máximos y mínimos se seguirán unos a otros a distancias decrecientes. Para determinar estas distancias observamos que si definimos

$$l = r - r_0,$$

podemos reescribir la ecuación (4-14) como sigue:

$$(l + r_0)^2 = r_0^2 + R^2 \tag{4-20}$$

Diferenciando la ecuación (4-20) con $R = \text{const.}$, obtenemos la siguiente relación entre Δl, variación infinitesimal de l, y Δr_0, el correspondiente cambio infinitesimal de r_0:

$$2\,(l + r_0)\,(\Delta l + \Delta r_0) = 2\,r_0\,\Delta r_0$$

o

$$\Delta r_0 = -\frac{l + r_0}{l} = -\frac{r}{r - r_0}\,\Delta l \tag{4-21}$$

Recordemos ahora que la intensidad es un máximo cuando $l = r - r_0$ es un múltiplo impar de $\lambda/2$, y un mínimo cuando l es un múltiplo par de $\lambda/2$. De este modo ocurre un cambio de un máximo a un mínimo subsiguiente cuando l cambia en $\lambda/2$. Con $\Delta l = \lambda/2$, la ecuación (4-21) se convierte en

$$|\Delta r_0| = \frac{r}{r - r_0}\,\frac{\lambda}{2} \tag{4-22}$$

Cuando la distancia r_0 entre P y la abertura no es muy grande comparada con el radio R de la abertura, $r - r_0$ es comparable a r. La ecuación (4-22) entonces muestra que la distancia entre máximos y mínimos sucesivos se acerca a la magnitud de la longitud de onda. Por supuesto, en estas condiciones los máximos y los mínimos ya no pueden ser observados.

De nuestra discusión anterior se deduce que cuando las distancias de la fuente y el punto de observación a la abertura son considerables comparadas con el cuadrado del radio de la abertura dividido por λ, sólo aparece por la abertura una pequeña fracción de la zona de Fresnel. Los fenómenos de difracción observados en estas condiciones son llamados *fenómenos de difracción de Fraunhofer*; investigaremos estos fenómenos en detalle más adelante. Sin embargo, la distancia de la abertura al punto de observación o a la fuente es R_2/λ o más pequeña, entonces la abertura descubre una o más zonas de Fresnel. Los fenómenos de difracción observados en esas condiciones son llamados *fenómenos de difracción de Fresnel.*

La teoría de los fenómenos de difracción de Fresnel, involucra dificultades matemáticas mayores que la de los de Fraunhofer. Aquí sólo investigaremos de una manera cualitativa la distribución de intensidad prevista en un plano perpendicular al eje de la abertura circular manteniendo la suposición de una onda incidente plana.

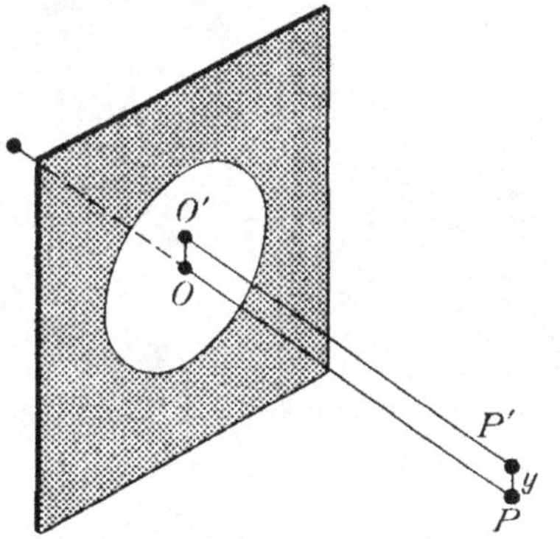

FIG. 4-19. Perturbación en un punto P' fuera del eje de la abertura circular.

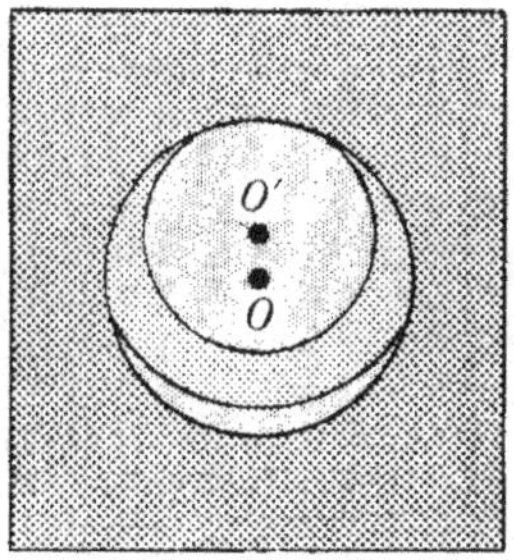

FIG. 4-20. Zonas de Fresnel con respecto al punto P' de la figura 4-19.

Sea P' un punto ubicado a una distancia y del eje de la abertura circular (Fig. 4-19). En la superficie de la onda plana construimos las zonas de Fresnel relativas al punto P'. Los bordes de esas zonas son círculos cuyo centro común O' está a una distancia y del centro O de la abertura (Fig. 4-20). Entonces sólo aparecen a través de la abertura porciones de las diferentes zonas de Fresnel. Podemos estimar la amplitud de la perturbación óptica P' considerando que la contribución de una zona de Fresnel dada es en valor absoluto, aproximadamente proporcional a la porción expuesta de esa área, y que la contribución de dos zonas de Fresnel vecinas tienen signo opuesto. Supongamos, por ejemplo, que el plano de observación está a una distancia $P^2/2\lambda$ de la abertura. Entonces, tal como puntualizamos anteriormente, podemos ver las dos primeras zonas de Fresnel desde el punto P donde el plano de observación intersecta al eje. Las contribuciones de estas dos zonas tienen signos opuestos, digamos, positivo para la primera zona y negativo para la segunda. Como ellas tienen prácticamente la misma magnitud la intensidad en P será cero. Cuando nos alejamos del eje, la segunda zona de Fresnel (negativa) es oscurecida parcialmente, mientras que la tercera (positiva) comienza a aparecer. En consecuencia, la contribución positiva

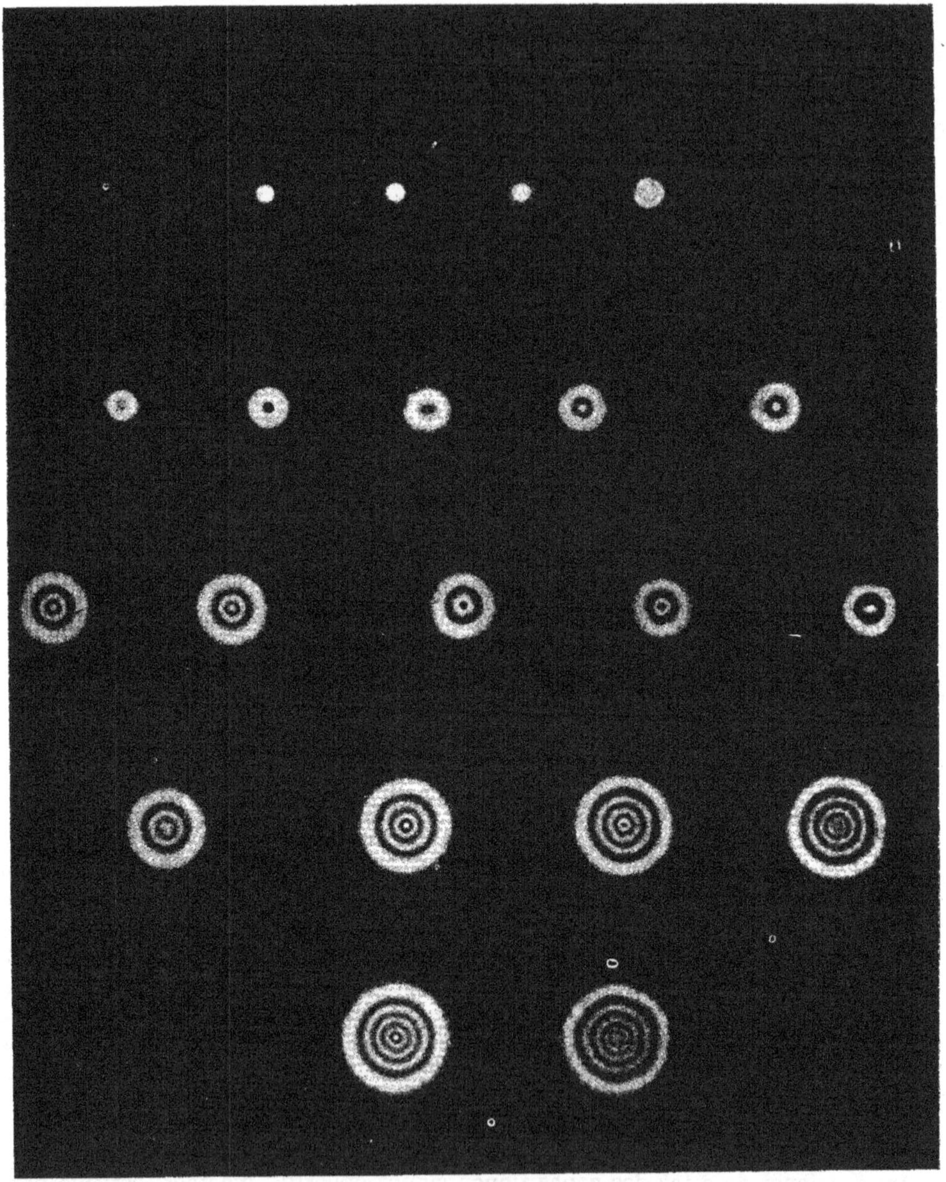

FIG. 4-21. Figuras de difracción producidas por aberturas circulares de radios decrecientes.

aumenta, mientras que la negativa disminuye (Fig. 4-20). No hay más cancelación, aparece luz y como la distancia y al eje aumenta gradualmente, la intensidad de la luz pasará por una secuencia de máximos y mínimos, correspondiendo con la aparición y desaparición gradual de sucesivas zonas de Fresnel «positivas» y «negativas». Por la simetría del experimento las líneas de igual intensidad serán círculos con centro sobre el eje. La distribución de difracción observada en el plano a través de P consistirá de una serie de anillos claros y oscuros (Fig. 4-21).

Es interesante discutir en mayor detalle lo que sucede cuando el radio R de la abertura no es muy pequeño comparado con la distancia del plano de observación r_0. En este caso como se puede ver por la ecuación 4-18 el ancho de las zonas periféricas no es mucho mayor que la longitud de onda. Por ejemplo, con $R = 1$ cm, $r_0 = 10$ cm, $\lambda = 5000$ A $= 5 \times 10^{-5}$ cm la ecuación (4-18) da un valor de $\delta_n = 2{,}5 \times 10^{-4}$ cm para el ancho de la última zona de Fresnel tal como se la ve desde el punto P. En relación con el punto P' a una distancia de sólo 1/10 de mm del eje, las últimas 40 zonas de Fresnel están expuestas parcialmente.

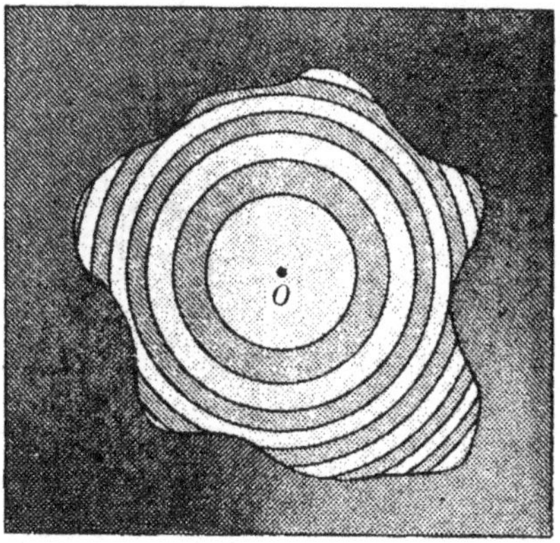

FIG. 4-22. Figuras de difracción que aparecen a través de una abertura de forma irregular.

Si construimos la curva de vibración relativa a P', obtenemos un resultado análogo al descrito en la sección 4-5 (Fig. 4-13). Las primeras vueltas de la curva de vibración son idénticas a la de la curva de vibración de ondas no obstruidas. Comenzando desde el punto que corresponde al círculo centrado en O' y tangente a la abertura, la curva comienza a enroncarse en espiral más rápidamente que en ausencia de pantalla. El radio de curvatura disminuye hasta cero en un cierto número de vueltas, en el caso considerado anteriormente en $40/2 = 20$. El número es suficientemente grande como para llevar el punto final de la curva de vibración muy próximo al centro Z de las primeras vueltas cuasicirculares. La intensidad P' es entonces prácticamente la misma que hubiera habido sin pantalla.

De nuestra discusión anterior habíamos concluido que cuando R/r_0 no es un número muy pequeño, el máximo y el mínimo de intensidad a lo largo del eje de la abertura se siguen cada uno al otro a distancias extremadamente pequeñas. Encontramos ahora que tales máximos y mínimos no aparecen más si nos movemos hacia adelante y hacia atrás a lo largo de una línea paralela al eje, y a una distancia muy pequeña de él.

Hemos supuesto hasta ahora que la abertura es exactamente circular. Si el corte de la abertura tiene pequeñas irregularidades, las zonas periféricas de Fresnel relativas al punto del eje serán expuestas parcialmente y parcialmente oscurecidas, como se ilustra en la figura 4-22. El efecto de estas irregularidades será similar al efecto de la excentricidad discutido anteriormente. Entonces aun en el eje la intensidad será prácticamente la misma que sin la pantalla.

Concluiremos que la iluminación observada cerca del eje de la abertura cuyas dimensiones son comparables a la distancia del punto de observación, es prácticamente idéntica a la producida por la onda no obstruida, de acuerdo con las predicciones de la óptica geométrica.

4-7. Difracción por una pantalla opaca circular. Consideremos ahora el caso de una fuente puntual S colocada en el eje de una pantalla opaca circular (Fig. 4-23).

Investigaremos en primer lugar la distribución de la intensidad a lo largo del eje en el lado de la pantalla opuesto a la fuente. Con este fin construimos nuevamente la espiral de vibración relativa al punto P del eje (Fig. 4-24). Sea Z

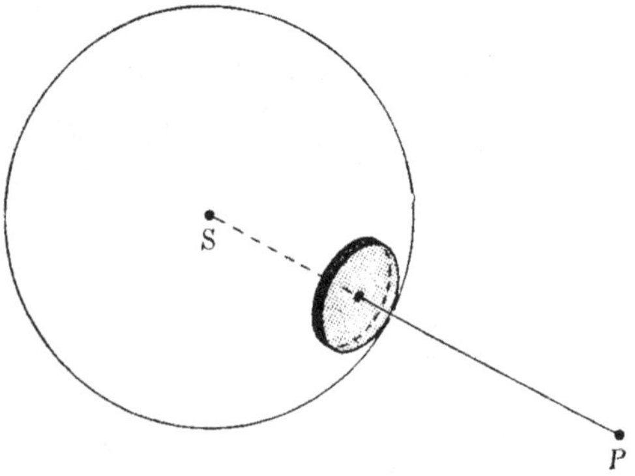

FIG. 4-23. Difracción por un disco circular opaco.

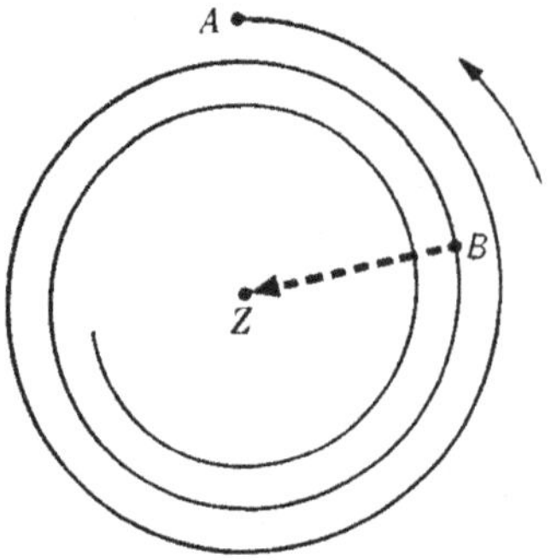

FIG. 4-24.

el centro de la espiral y B el punto de la espiral correspondiente al borde de la pantalla opaca. La porción expuesta de la superficie de onda corresponde a la porción de la espiral de vibración que se extiende de B a Z. Entonces, la perturbación óptica en P está representada por el vector BZ. A medida que el radio del disco opaco aumenta gradualmente, el punto B se moverá gradualmente a lo largo de la espiral hacia Z, y la intensidad decrecerá muy lentamente, sin pasar por un máximo y un mínimo como en el caso de la abertura circular. Tampoco se observarán máximos ni mínimos cuando el punto P se mueve a lo largo del eje.

Podemos investigar cualitativamente la distribución de intensidad en un plano perpendicular al eje, considerando la distribución de las diferentes zonas de Fresnel, tal como se ha efectuado en el caso de la abertura circular. Encontramos de nuevo que la distribución de difracción está dada por una serie de anillos concéntricos alternativamente claros y oscuros. En el centro, sin embargo, la intensidad es siempre un *máximo* (Fig. 4-25).

Podemos discutir nuevamente lo que sucede cuando el radio R del disco es muy pequeño comparado con la distancia r_0 del punto de observación. Supongamos que el punto de observación está ligeramente alejado del eje, o que la forma del disco no es perfectamente circular (de este modo varias zonas de

Fresnel estarán parcialmente expuestas y parcialmente obstruidas). Con un argumento análogo al desarrollado en la sección 4-5, encontramos que la curva de vibración comienza con curvatura cero y que las espirales primero se abren y luego se cierran nuevamente. Si el radio de la pantalla opaca es suficientemente grande,

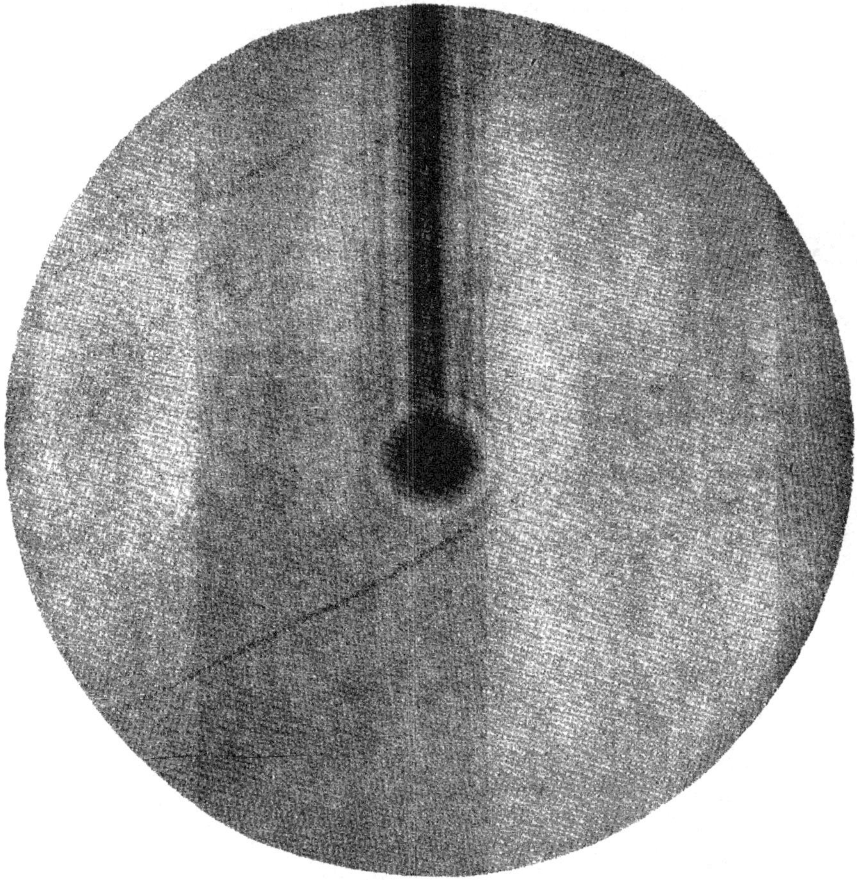

FIG. 4-25. Difracción producida por una bolilla de rodamiento.

tanto la rama de la espiral que se abre como la que se cierra estarán estrechamente enroscadas y la espiral termina casi en el mismo punto en que comienza. De ese modo, la intensidad de la luz es casi cero, de acuerdo con la predicción de la óptica geométrica.

4-8. Red de zonas. Una red de zonas es una pantalla de zonas alternativamente transparentes y opacas iguales en dimensiones a las zonas de **Fresnel, y** por lo tanto cubriendo todas las zonas pares (o impares). En el punto de observación, las zonas expuestas producen perturbaciones ópticas de la misma fase. La perturbación óptica resultante es por lo tanto más grande que la que se observa en ausencia de una pantalla, que, como hemos visto, tiene una amplitud de la mitad de la que es producida por la zona central sola.

Una red de zonas se prepara fácilmente dibujando una serie de círculos concéntricos de las dimensiones apropiadas en papel blanco, pintando de negro zonas alternadas, y luego fotografiando la distribución obtenida de esta manera desde una distancia conveniente (Fig. 4-26).

Para calcular las dimensiones de las zonas, consideramos la figura 4-27, donde S representa la fuente, P el punto de observación, σ el plano de la red de zonas (perpendicular a SP), y O la intersección de SP con σ.

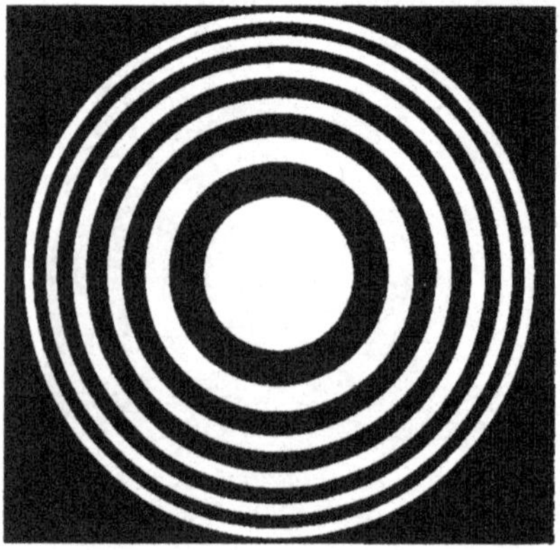

FIG. 4-26. Red de zonas.

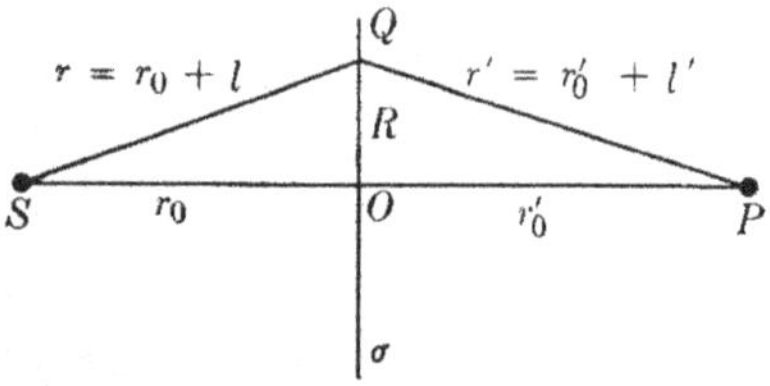

FIG. 4-27. Cálculo de los radios de la red de zonas.

Sean r_0 y r'_0 las distancias a O desde S y P, respectivamente. Suponemos que ambas distancias son grandes comparadas con la longitud de onda λ. Como superficie auxiliar tomamos el plano σ de la red. Por supuesto, debemos considerar que ésta no es una superficie de onda, y así las fuentes secundarias virtuales no están en fase. Denotaremos por R la distancia a un punto arbitrario Q de este plano desde O, y por r y r' las distancias a Q desde S y P, respectivamente. Si definimos:

$$l = r - r_0, \qquad l' = r' - r'_0$$

tenemos

$$(r_0 + l)^2 - r_0^2 = R^2,$$

$$(r'_0 + l')^2 - r_0'^2 = R'^2$$

Si suponemos que R es pequeña comparada con r_0 y r'_0, l y l' son también pequeñas comparadas con r_0 y r'_0 y las ecuaciones anteriores conducen con una buena aproximación, a:

$$l = \frac{R^2}{2 r_0} \qquad l' = \frac{R^2}{2 r'_0} \tag{4-23}$$

La diferencia l entre las distancias de Q y O a S introduce un retardo de fase $2\pi l/\lambda$ entre las fuentes virtuales secundarias localizadas en Q y O respectivamente. La diferencia l' entre las distancias de Q y O a P introduce una diferencia de fase adicional $2\pi l'/\lambda$ entre las ondas secundarias que viajan de Q a P y de O a P, respectivamente. De este modo, la diferencia de fase total entre las dos ondas secundarias en P es $2\pi (l + l')/\lambda$.

El borde exterior de la primera zona de Fresnel es un círculo de radio R_1 definido por la condición de que las ondas secundarias originadas en puntos de este círculo lleguen a P con una fase opuesta a aquellas originadas en el centro O del círculo. El radio R_1 queda entonces determinado por la ecuación

$$l + l' = \lambda/2$$

la que junto con (4-23) nos conduce a

$$R_1^2\left(\frac{1}{2r_0} + \frac{1}{2r'_0}\right) = \lambda/2 \tag{4-24}$$

Análogamente, el límite exterior de la segunda zona de Fresnel tiene un radio R_2 determinado por la ecuación

$$R_2^2\left(\frac{1}{2r_0} + \frac{1}{2r'_0}\right) = \lambda \tag{4-25}$$

En general, obtenemos:

$$R_n^2\left(\frac{1}{2r_0} + \frac{1}{2r'_0}\right) = n\frac{\lambda}{2} \tag{4-26}$$

Luego los límites de dos zonas sucesivas son círculos cuyos radios aumentan como la raíz cuadrada de los enteros, un resultado ya obtenido en sección 4-3 para el caso especial de la onda plana incidente.

El ancho de las zonas individuales depende de las posiciones de la fuente y el punto de observación, es decir, de los valores de r_0 y r'_0. Sin embargo, hay infinitos pares de valores para r_0 y r'_0 que corresponden a zonas de las mismas dimensiones, pero en verdad ellos comprenden todos los pares que satisfacen la ecuación

$$\frac{1}{r_0} + \frac{1}{r'_0} = \frac{\lambda}{R_1^2} \tag{4-27}$$

(véase ec. 4-24). Los valores de r_0 y r'_0 que satisfacen (4-27) definen dos puntos que podríamos llamar *conjugados* con respeto a una red de zona dada. La red de zonas concentra una gran fracción de luz que proviene de uno de sus puntos conjugados, tal como lo hace una lente. En efecto (4-27) se transforma en una ecuación idéntica a la ecuación de una lente delgada (ec. 2-38) si $r_0 = s$, $r'_0 = s'$, y

$$f = \frac{R_1^2}{\lambda} \tag{4-28}$$

4-9. Espiral de Cornu. En el estudio de los fenómenos de difracción de Fresnel considerados hasta ahora, hemos hecho uso de la curva de vibración descrita en la sección 4-2, en la que se dividía a la superficie de la onda en zonas infinitesimales circulares. Para cierta clase de fenómenos de difracción es más conveniente dividirla en franjas infinitesimales rectilíneas.

Consideremos una superficie de onda plana (Fig. 4-28) y un sistema de coordenadas cartesianas con los ejes y y z en el plano de la onda, origen en O y con el eje x que pasa por el punto de observación P. Sea x_0 la distancia desde P a la superficie de onda. Deseamos calcular la perturbación producida en P por las ondas secundarias con origen en los puntos de una franja infinitesimal paralela al eje z que se extiende de y a $y + \Delta y$. Estas ondas llegan a P con diferentes fases, y podemos hallar nuevamente la resultante construyendo la curva de vibración apropiada.

Para investigar la forma de esta curva, consideremos un elemento de la franja que se extiende de z a $z + \Delta z$, y el elemento correspondiente BB' de la curva de vibración (Fig. 4-29). Supongamos, en primer lugar, que y y z son pequeños comparados con x_0. Entonces, calculando la amplitud de la perturbación producida en P por el elemento $\Delta y\ \Delta z$, podemos dejar de lado el factor de oblicuidad y considerar la distancia del elemento respecto de P como esencialmente independiente de y y z. La amplitud de la perturbación y la longitud del arco representativo BB' son proporcionales al área $\Delta y\ \Delta z$ del elemento.

De esto se deduce que la longitud s del arco AB, correspondiente a la porción de la franja, se extiende desde el eje y a una distancia z por encima del eje y, y es proporcional al área $z\,\Delta y$ de esa porción. En cambio, la perturbación originada en el punto de coordenadas y,z está atrasada respecto de aquellas originadas en el punto de coordenadas $y,0$ en un ángulo de fase α dado por

$$\alpha = 2\pi \frac{r - r_0}{\lambda} \tag{4-29}$$

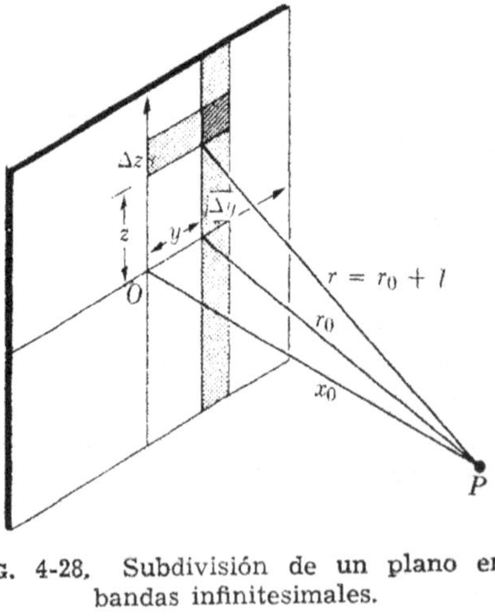

FIG. 4-28. Subdivisión de un plano en bandas infinitesimales.

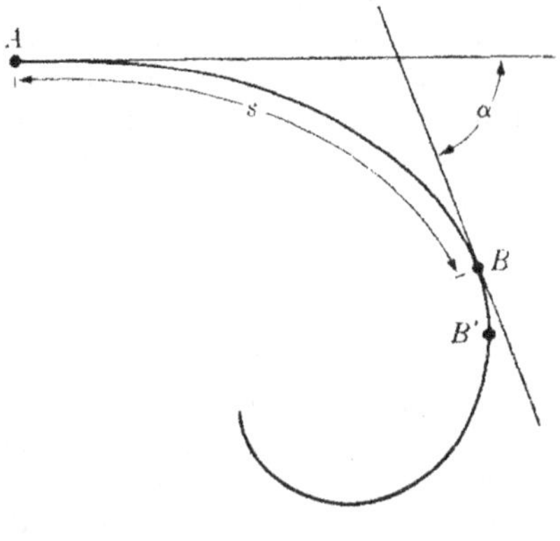

FIG. 4-29. Construcción de la espiral de Cornu.

donde r y r_0 son las distancias entre los dos puntos y P (véase fig. 4-28); α representa también el ángulo formado por las tangentes a la curva de vibración en los puntos B y A respectivamente (Fig. 4-29). Si:

$$l = r - r_0,$$

tendremos:

$$(r_0 + l)^2 = r_0^2 + z^2$$

De acuerdo a nuestra suposición ($z \ll x_0$, $y \ll x_0$), l es muy pequeña comparada con r_0, y en, consecuencia, la ecuación anterior nos da con una aproximación suficientemente buena

$$r - r_0 = l = \frac{z^2}{2\, r_0}$$

la que junto con (4-29) da:

$$\alpha = \frac{\pi z^2}{r_0 \lambda} \tag{4-30}$$

De este modo α es proporcional a z^2. Como z es proporcional a la longitud de arco s de la curva de vibración, α es proporcional a s^2, y podremos escribir

$$\alpha = K s^2 \tag{4-31}$$

donde K es constante. Recordando que el radio de curvatura de la curva de vibración está definido por la ecuación

$$\frac{1}{\rho} = \left| \frac{d\alpha}{ds} \right|$$

(véase ec. 4-5), obtenemos de la ecuación (4-31):

$$\frac{1}{\rho} = 2 K s \tag{4-32}$$

La curva definida por la ecuación (4-31) o (4-32) es conocida como *espiral de Cornu.* La forma de esta curva aparece representada esquemáticamente en la figura 4-30, mientras que para un trazado riguroso de la misma curva debe verse la figura 4-31. El punto medio A donde el radio de curvatura es infinito corresponde a la intersección de la franja con el eje y ($z = 0$, $s = 0$). La parte inferior de la curva (de A a Z), corresponde a la porción de la franja para la cual $z > 0$. La parte superior de la curva (de A a Z') corresponde a la porción de la franja para la cual $z < 0$. Los puntos A_1 y A'_1 donde las tangentes a la curva son antiparalelas a la tangente en A,

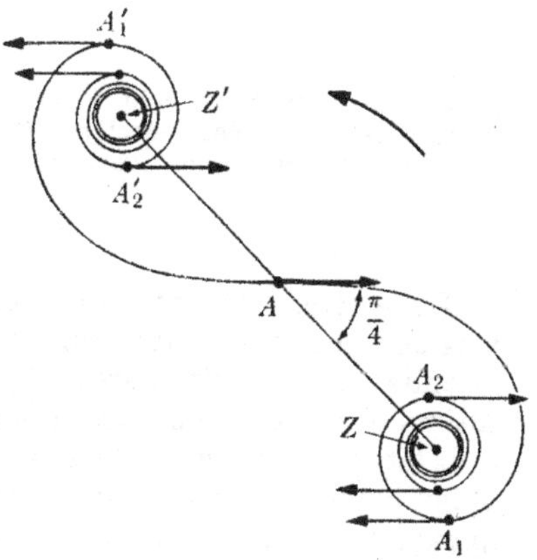

FIG. 4-30. Esquema de la espiral de Cornu.

es decir, para los cuales $\alpha = \pi$, corresponden a los puntos de la franja para los cuales $r - r_0 = \lambda/2$. Los puntos A_2, A'_2 para los cuales $\alpha = 2\pi$, corresponden a los puntos de la franja para los cuales $r - r_0 = \lambda$, etcétera.

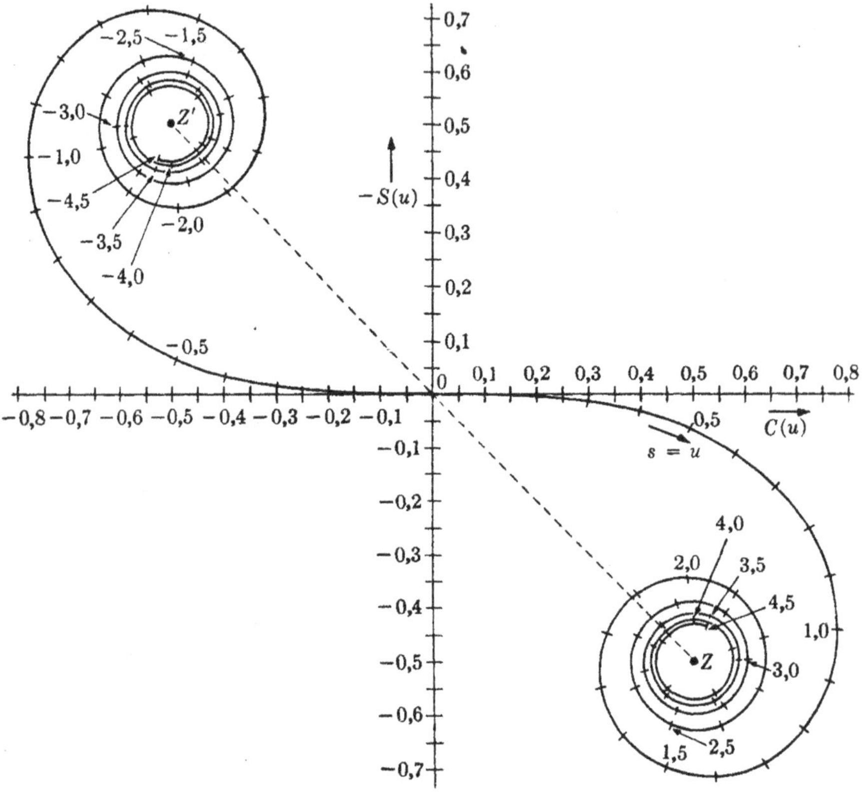

Fig. 4-31. Dibujo correcto de la espiral de Cornu. La curva es un gráfico de —*S*(*u*) en función de C(*u*) (véase sección 4-10). Los números a lo largo de la curva indican el valor del parámetro *u*, que es proporcional a la longitud del arco, medido desde el punto medio de la espiral.

Debe tenerse en cuenta la diferencia entre la forma de la espiral de Cornu y la de la curva de vibración correspondiente a la subdivisión de la superficie de la onda en zonas circulares (Fig. 4-3). Esta diferencia se debe al hecho que en la última el radio de curvatura decrece muy lentamente a medida que uno avanza a lo largo de la curva, debiéndose el decrecimiento exclusivamente al factor de oblicuidad. En la espiral de Cornu, en cambio, el radio de curvatura decrece rápidamente porque de acuerdo con la ecuación (4-32) éste es inversamente proporcional a la longitud del arco. Debido a este rápido decrecimiento del radio de curvatura, las dos ramas de la espiral de Cornu se acercan rápidamente a los puntos asintóticos Z,Z'. La espiral es simétrica respecto del punto A, de este modo la línea $Z'Z$ pasa por A.

Resolviendo la ecuación matemática de la espiral de Cornu, encontramos que la línea forma un ángulo $\pi/4$ con la tangente a la espiral en A (véase sección siguiente).

Si la franja se extiende a una distancia suficientemente grande desde el eje y en las direcciones de z positiva y negativa, el vector que representa la perturbación resultante es prácticamente igual al vector $Z'Z$, y es, por lo tanto, independiente de la longitud exacta de la franja. La amplitud de la perturbación resultante es proporcional al ancho Δy de la franja. Su fase difiere en $\pi/4$ de la fase de la perturbación que llega a P desde la intersección de la franja con el eje y.

Consideremos ahora una porción rectangular de la superficie de onda que intersecta al plano yz a lo largo del segmento LM del eje y (Figura 4-32) y subdividamos esta superficie en franjas infinitesimales paralelas al eje z. Supongamos que la porción de la superficie de onda bajo consideración se extiende suficientemente lejos en las direcciones del eje z positivo y negativo de manera que la perturbación originada en una franja individual puede ser representada por la cuerda asintótica $Z'Z$ de la correspondiente espiral de Cornu. Luego, como ya hemos demostrado, la perturbación que llega a P desde una franja dada tiene una amplitud proporcional al ancho Δy de la franja. Además, las contribuciones de dos franjas diferentes que intersectan al eje y a lo largo de los segmentos $Q_1Q'_1$ y $Q_2Q'_2$ respectivamente, tienen una diferencia de fase igual a la diferencia de fase de las perturbaciones producidas en P por las ondas que se originan en estos dos segmentos.

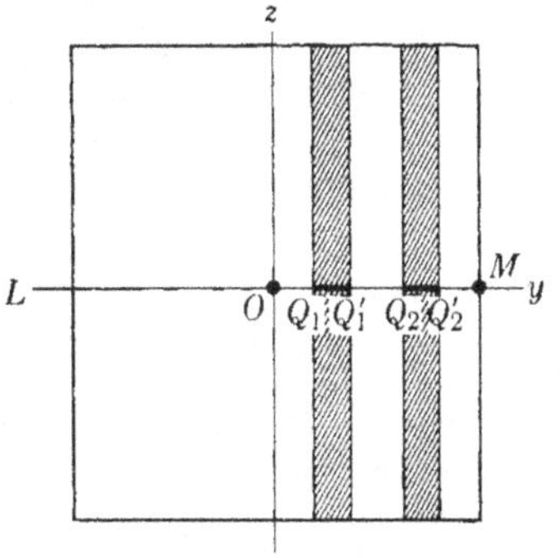

FIG. 4-32. Dos bandas infinitesimales sobre una superficie de onda plana.

El problema matemático de calcular la perturbación resultante que se origina en las franjas infinitesimales que forman la porción rectangular de onda es, por lo tanto, formalmente idéntico al problema ya discutido de calcular la perturbación resultante que se origina en los diferentes elementos que forman una franja infinitesimal. La espiral de Cornu, cuyas propiedades ya hemos discutido en detalle, provee una solución para ambos problemas.

Aquí se hace necesaria una observación. Hemos dejado de lado en nuestra discusión el factor de oblicuidad y la dependencia de la amplitud de las ondas secundarias con la distancia al punto de observación del elemento de superficie en donde se origina. Si tuviéramos que tomar en cuenta estos factores, obtendríamos una curva de vibración en la que el radio de curvatura disminuiría algo más rápidamente que en la espiral de Cornu a medida que nos alejamos del punto centro A. Sin embargo, si P está suficientemente lejos de la superficie de onda (más precisamente, si $x_0 \gg \lambda$), la curva de vibración comienza a desviarse apreciablemente de la espiral de Cornu sólo después de un gran número de giros, cuando la espiral ha alcanzado prácticamente su punto límite, Z o Z'. De este modo, las suposiciones que hemos hecho no introducen ninguna limitación esencial.

Debemos señalar que la espiral de Cornu puede ser usada para estudiar fenómenos de difracción producidos tanto por ondas cilíndricas como por ondas planas. Sin embargo, no discutiremos este punto en detalle.

***4-10. Integrales de Fresnel.** El problema discutido en la sección precedente puede tratarse analíticamente de la siguiente manera. Supongamos que:

$$E = f(t) = A \operatorname{sen} \omega t \tag{4-33}$$

represente la perturbación óptica en el plano de una abertura rectangular, perpendicular a la dirección de propagación de una onda plana (Fig. 4-33). Si r es la distancia del elemento de área $dy\, dz$ al punto de observación P, la perturbación producida en P por la onda secundaria que se origina en este elemento está dada por:

$$dE_s = \frac{1}{2\pi v r} f\left(t - \frac{r}{v}\right) q(\theta)\, dy\, dz = \frac{A}{r\lambda} \cos \omega \left(t - \frac{r}{v}\right) q(\theta)\, dy\, dz$$

(véase ec. 1-34 a). Si las dimensiones de la abertura son pequeñas comparadas con x_0, podemos tomar el factor de oblicuidad $q(\theta)$ como unitario y reemplazar r por x_0 en el denominador (sin embargo, no podemos reemplazar r por x_0 en el argumento de la función coseno). Escribiendo $r = x_0 + l'$, obtenemos la ecuación:

$$(x_0 + l')^2 = x_0^2 + y^2 + z^2,$$

que, si $(l')^2$ puede ser despreciado, conduce a:

$$l' = \frac{y^2 + z^2}{2x_0}$$

y, por lo tanto,

$$r = x_0 + \frac{y^2 + z^2}{2x_0}$$

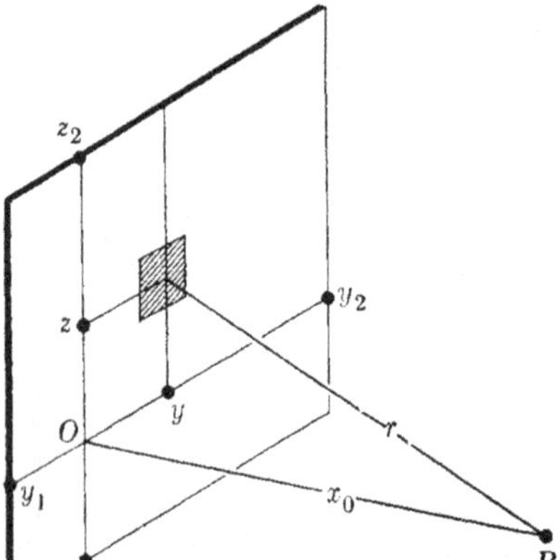

FIG. 4-33.

Usando esta expresión para r en la función coseno, y pasando a notación compleja, obtenemos:

$$dE_s = \frac{A}{x_0 \lambda} e^{i\omega(t - x_0/v)}\, e^{-i\pi(y^2+z^2)/(x_0\lambda)}\, dy\, dz$$

Notemos que las aproximaciones hechas en la derivación de la fórmula anterior son permisibles si las cantidades y/x_0, z/x_0, y $(l')^2/(x_0\lambda)$ son muy pequeñas comparadas con la unidad. La condición $(l')^2/(x_0\lambda) \ll 1$ implica que $y^4/(x_0^3\lambda) \ll 1$ y que $z^4/(x_0^3\lambda) \ll 1$.

Supongamos que la abertura se extiende desde $y = y_1$ a $y = y_2$ y desde $z = z_1$ a $z = z_2$ (si P está en la región de luz de acuerdo con la óptica geométrica, y_1, z_1 son cantidades negativas, y y_2, z_2 son cantidades positivas). La perturbación resultante en P es entonces:

$$E_P = \frac{A}{x_0 \lambda} e^{i\omega(t - x_0/v)} \int_{y_1}^{y_2} e^{-i\pi y^2/(x_0\lambda)} dy \int_{z_1}^{z_2} e^{-i\pi z^2/(x_0\lambda)} dz \tag{4-34}$$

Definamos las integrales

$$\begin{aligned} C(u) &= \int_0^u \cos \frac{\pi (u')^2}{2} du' \\ S(u) &= \int_0^u \operatorname{sen} \frac{\pi (u')^2}{2} du' \end{aligned} \tag{4-35}$$

Con el cambio de variable:

$$u' = \frac{y\sqrt{2}}{\sqrt{x_0 \lambda}} \tag{4-36}$$

la primera integral en (4-34) pasa a ser:

$$\int_{y_1}^{y_2} e^{-i\pi y^2/(x_0\lambda)} dy = \sqrt{\frac{x_0\lambda}{2}} \int_{u_1}^{u_2} e^{-i\pi(u')^2/2} du'$$

$$= \sqrt{\frac{x_0\lambda}{2}} \left(\int_{u_1}^{u_2} \cos \frac{\pi (u')^2}{2} du' - i \int_{u_1}^{u_2} \operatorname{sen} \frac{\pi (u')^2}{2} du' \right)$$

$$= \sqrt{\frac{x_0\lambda}{2}} \{[C(u_2) - C(u_1)] - i[S(u_2) - S(u_1)]\}$$

donde hemos puesto:

$$u_1 = \frac{y_1\sqrt{2}}{\sqrt{x_0\lambda}} \qquad u_2 = \frac{y_2\sqrt{2}}{\sqrt{x_0\lambda}} \tag{4-37}$$

Análogamente, obtenemos:

$$\int_{z_1}^{z_2} e^{-i\pi z^2/(x_0\lambda)} dz = \sqrt{\frac{x_0\lambda}{2}} \{[C(u_4) - C(u_3)] - i[S(u_4) - S(u_3)]\}$$

donde:

$$u_3 = \frac{z_1\sqrt{2}}{\sqrt{x_0\lambda}} \qquad u_4 = \frac{z_2\sqrt{2}}{\sqrt{x_0\lambda}} \tag{4-38}$$

y la expresión para E_P se torna:

$$E_P = \frac{A}{2} e^{i\omega(t-x_0/\lambda)} \{[C(u_2) - C(u_1)] - i[S(u_2) - S(u_1)]\}$$
$$\times \{[C(u_4) - C(u_3)] - i[S(u_4) - S(u_3)]\} \quad (4\text{-}39)$$

La expresión correspondiente para la intensidad resultante es:

$$I_P = \frac{I}{4} \{[C(u_2) - C(u_1)]^2 + [S(u_2) - S(u_1)]^2\}$$
$$\times \{[C(u_4) - C(u_3)]^2 + [S(u_4) - S(u_3)]^2\} \quad (4\text{-}40)$$

donde I es la intensidad de la onda incidente.

Las funciones $C(u)$ y $S(u)$ son llamadas las *integrales de Fresnel.* Sus valores numéricos están dados en la tabla 4-1. Notemos que $C(-u) = -C(u)$ y $S(-u) = -S(u)$. Notemos también que como u aumenta indefinidamente, C y S tienden al valor límite $\frac{1}{2}$. De estos se deduce que si la abertura es suficientemente larga en la dirección paralela al eje z de manera que $u_3 = z_1 \sqrt{2}/\sqrt{x_0 \lambda} \ll -1$, $u_4 = z_2 \sqrt{2}/\sqrt{x_0 \lambda} \gg 1$, las ecuaciones (4-39) y 4-40) se convierten en:*

$$E_P = \frac{A}{\sqrt{2}} e^{i[\omega(t-x_0/v)-\pi/4]} \{[C(u_2) - C(u_1)] - i[S(u_2) - S(u_1)]\} \quad (4\text{-}41)$$

$$I_P = \frac{I}{2} \{[C(u_2) - C(u_1)]^2 + [S(u_2) - S(u_1)]^2\}$$

Si también $u_1 = y_1 \sqrt{2}/\sqrt{x_0 \lambda} \ll -1$ y $u_2 = y_2 \sqrt{2}/\sqrt{x_0 \lambda} \gg 1$, la expresión para E_P se vuelve:

$$E_P = A\, e^{i[\omega(t-x_0/v)-\pi/2]}$$

$$E_P = A \operatorname{sen} \omega \left(t - \frac{x_0}{v}\right) \quad (4\text{-}43)$$

y la expresión para I_P se hace:

$$I_P = I \quad (4\text{-}44)$$

Las ecuaciones (4-43) y (4-44) describen la propagación libre de la onda incidente.

Para comparar los resultados precedentes con los obtenidos en la sección anterior, notamos que la cantidad compleja $C(u) - iS(u)$ está representada, en el plano complejo, por un punto de abscisa igual a $C(u)$ y ordenada igual a $-S(u)$ (Fig. 4-34). Como u cambia, el punto describe una curva. Como la ecuación (4-41) puede escribirse

$$E_P = \frac{A}{\sqrt{2}} e^{i[\omega(t-x_0/v)-\pi/4]} \{[C(u_2) - iS(u_2)] - [C(u_1) - iS(u_1)]\}$$

* Recordemos que $1 - i = \sqrt{2}\, e^{-(\pi/4)i}$.

TABLA 4-1

TABLA DE LAS INTEGRALES DE FRESNEL

u	$C(u)$	$S(u)$	u	$C(u)$	$S(u)$	u	$C(u)$	$S(u)$
0,0	0	0	3,0	0,6057	0,4963	6,0	0,4995	0,4469
0,1	0,0999	0,0005	3,1	0,5616	0,5818	6,1	0,5495	0,5165
0,2	0,1999	0,0042	3,2	0,4663	0,5933	6,2	0,4676	0,5398
0,3	0,2994	0,0141	3,3	0,4057	0,5193	6,3	0,4760	0,4555
0,4	0,3975	0,0334	3,4	0,4385	0,4297	6,4	0,5496	0,4965
0,5	0,4923	0,0647	3,5	0,5326	0,4153	6,5	0,4816	0,5454
0,6	0,5811	0,1105	3,6	0,5880	0,4923	6,6	0,4690	0,4631
0,7	0,6597	0,1721	3,7	0,5419	0,5750	6,7	0,5467	0,4915
0,8	0,7230	0,2493	3,8	0,4481	0,5656	6,8	0,4831	0,5436
0,9	0,7648	0,3398	3,9	0,4223	0,4752	6,9	0,4732	0,4624
1,0	0,7799	0,4383	4,0	0,4984	0,4205	7,0	0,5455	0,4997
1,1	0,7638	0,5365	4,1	0,5737	0,4758	7,1	0,4733	0,5360
1,2	0,7154	0,6234	4,2	0,5417	0,5632	7,2	0,4887	0,4572
1,3	0,6386	0,6863	4,3	0,4494	0,5540	7,3	0,5393	0,5199
1,4	0,5431	0,7135	4,4	0,4383	0,4623	7,4	0,4601	0,5161
1,5	0,4453	0,6975	4,5	0,5258	0,4342	7,5	0,5160	0,4607
1,6	0,3655	0,6389	4,6	0,5672	0,5162	7,6	0,5156	0,5389
1,7	0,3238	0,5492	4,7	0,4914	0,5669	7,7	0,4628	0,4820
1,8	0,3337	0,4509	4,8	0,4338	0,4968	7,8	0,5395	0,4896
1,9	0,3945	0,3734	4,9	0,5002	0,4351	7,9	0,4760	0,5323
2,0	0,4883	0,3434	5,0	0,5636	0,4992	8,0	0,4998	0,4602
2,1	0,5814	0,3743	5,1	0,4987	0,5624	8,1	0,5228	0,5320
2,2	0,6362	0,4556	5,2	0,4389	0,4969	8,2	0,4638	0,4859
2,3	0,6268	0,5531	5,3	0,5078	0,4404	8,3	0,5378	0,4932
2,4	0,5550	0,6197	5,4	0,5573	0,5140	8,4	0,4709	0,5243
2,5	0,4574	0,6192	5,5	0,4784	0,5537	8,5	0,5142	0,4653
2,6	0,3889	0,5500	5,6	0,4517	0,4700			
2,7	0,3926	0,4529	5,7	0,5385	0,4595			
2,8	0,4675	0,3915	5,8	0,5298	0,5461			
2,9	0,5624	0,4102	5,9	0,4484	0,5163			

vemos que, aparte de un factor constante, la perturbación en P está representada por el vector en el plano complejo que conecta el punto de la curva correspondiente a $u = u_1$ con el punto correspondiente a $u = u_2$. Es fácil mostrar que la curva en la figura 4-34 es idéntica a la espiral de Cornu. En efecto, la longitud de arco correspondiente a un cambio infinitesimal du del parámetro u es:

$$ds = \sqrt{dC^2 + dS^2} = \sqrt{\cos^2 \frac{\pi u^2}{2} + \operatorname{sen}^2 \frac{\pi u^2}{2}}\, du = du$$

o, si tomamos $s = 0$ en el origen ($u = 0$),

$$s = u \tag{4-45}$$

De acuerdo con la definición dada en la sección precedente, denotamos por $-\alpha$ el ángulo formado con el eje real por la tangente a la curva (apuntando en la dirección de s creciente). Entonces tenemos:

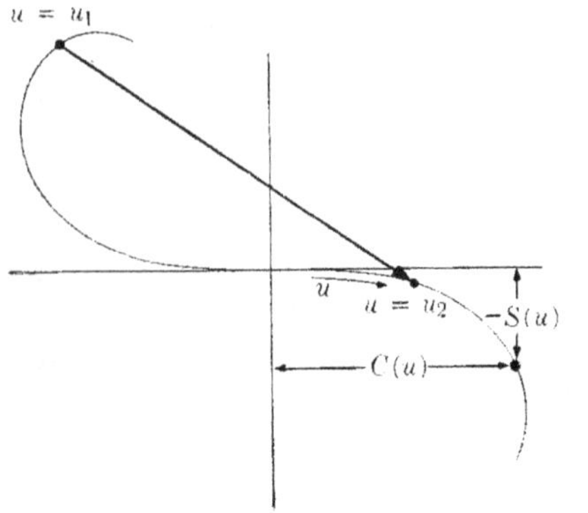

FIG. 4-34. Gráfico de la función $C(u) - iS(u)$ en el plano complejo.

$$\operatorname{tg} \alpha = \frac{dS}{dC} = \operatorname{tg} \frac{\pi u^2}{2}$$

o

$$\alpha = \frac{\pi u^2}{2} \tag{4-46}$$

Las ecuaciones (4-45) y (4-46) muestran que α es proporcional a s^2, de acuerdo con la ecuación que define la espiral de Cornu (ec. 4-31). Como C y S se hacen iguales a $\pm \frac{1}{2}$ en el límite para $u = \pm \infty$, concluimos que la línea que conecta los dos puntos asintóticos de la espiral de Cornu pasa a través del origen y forma un ángulo de 45° con el eje C, como ya se ha mencionado.

4-11. Difracción de Fresnel en un borde recto. Como una primera aplicación de los métodos descritos en las secciones precedentes, consideraremos los fenómenos de difracción observados cerca del extremo de la sombra geométrica producida por el borde recto de una pantalla opaca plana. Supongamos que la onda incidente es plana y paralela al plano de la pantalla. La figura 4-35 representa una sección perpendicular a este plano, donde L es el borde de la pantalla y Σ es el plano donde se observan los fenómenos de difracción. Desde un punto P_0 de Σ en el límite de la sombra geométrica vemos justo la mitad de la superficie de la onda, bajando desde L a infinito. Así la perturbación óptica en P_0 está representada por el vector $Z'A$ que conecta el punto asintótico Z' de la espiral de Cornu con su punto medio A (Fig. 4-36). La longitud de este vector es la mitad de la longitud del vector $Z'Z$, que representa el efecto de la superficie de onda completa. De este modo la *intensidad* de luz en el borde de la sombra geométrica es un *cuarto* de la intensidad que observaríamos en ausencia de la pantalla.

A medida que vamos de P_0 a la región de la sombra geométrica, se oscurece una mayor porción de la onda. El punto B de la espiral de Cornu correspondiente al borde L de la pantalla se mueve a lo largo de la rama superior de la espiral hacia Z' y la longitud del vector $Z'B$, que representa la perturbación óptica, disminuye gradual y uniformemente hacia cero.

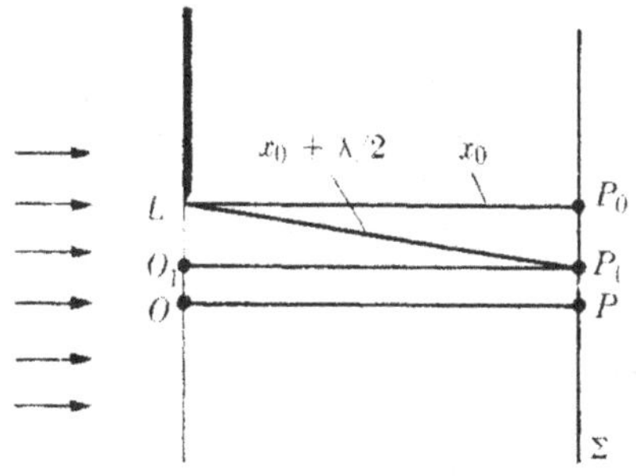

FIG. 4-35. Difracción de Fresnel en un borde recto.

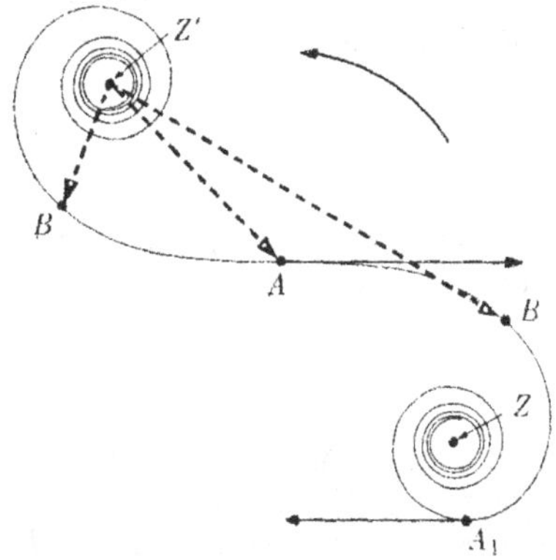

FIG. 4-36.

A medida que nos alejamos de la región de sombra desde P_0, el punto B de la espiral de Cornu correspondiente al borde de la pantalla se mueve a lo largo de la rama inferior de la espiral, hacia Z. La longitud del vector $Z'B$ va a través de una sucesión de máximos y mínimos y eventualmente tiende asintóticamente a la longitud del segmento $Z'Z$. No es necesario decir que la perturbación óptica será la misma en todos los puntos de una línea paralela al borde de la pantalla y por lo tanto perpendicular al plano del esquema. Así en la región donde, de acuerdo con la óptica geométrica, deberíamos observar iluminación total, encontraremos en cambio una serie de franjas de difracción de

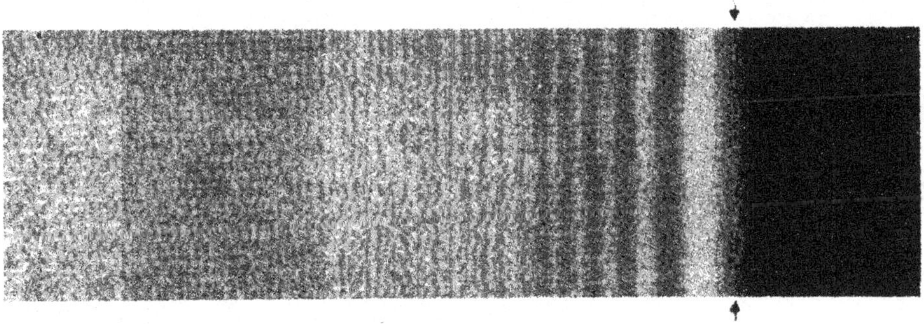

FIG. 4-37. Figura de difracción que se observa cerca del borde de la sombra geométrica proyectada por el borde recto de una pantalla opaca. Las flechas indican la ubicación del borde.

luminosidad variable. El contraste entre franjas oscuras y claras se hace menos pronunciado a medida que aumenta la distancia al borde de la sombra geométrica, hasta que eventualmente la iluminación se hace prácticamente uniforme, e igual a la observada sin pantalla (Fig. 4-37).

Para determinar el ancho real de las franjas, debemos establecer una relación entre la posición de un punto en el plano de observación y la posición en la espiral de Cornu del punto B correspondiente al borde L de la pantalla de difracción. Con este fin consideramos un punto P_1 (Fig. 4-35) tal que

$$\overline{P_1L} - \overline{P_0L} = \frac{\lambda}{2}$$

Si O_1 es la base de la perpendicular a la superficie de onda a través de P_1, tenemos también:

$$\overline{P_1L} - \overline{P_1O_1} = \frac{\lambda}{2}$$

De esta manera, las ondas secundarias que llegan a P_1 desde O_1 y L respectivamente tienen una diferencia de fase de π. El punto O_1 corresponde al punto A de la espiral de Cornu. El punto L corresponde, por lo tanto, a ese punto A_1 donde la tangente es antiparalela a la tangente en A (véase fig. 4-36). La distancia real de P_1 al borde de la sombra geométrica P_0 está determinada por la ecuación:

$$\overline{P_0P_1^2} = \overline{LP_1^2} - \overline{LP_0^2} = \left(x_0 + \frac{\lambda}{2}\right)^2 - x_0^2$$

o, ya que $\lambda/2 \ll x_0$,

$$\overline{P_0P_1^2} = x_0\,\lambda \qquad (4\text{-}47)$$

Ahora, es fácil determinar la posición del punto B en la espiral de Cornu correspondiente a una posición arbitraria del punto P de observación. En efecto, hemos encontrado que el arco de la espiral entre A y B tiene una longitud proporcional a la longitud del segmento $\overline{LO} = \overline{P_0P}$, donde O es la base de la perpendicular al frente de onda a través de P (Fig. 4-35). En consecuencia:

$$\frac{s}{s_1} = \frac{\overline{P_0P}}{\overline{P_0P_1}}$$

donde s es la longitud del arco AB (Fig. 4-36), s_1 es la longitud del arco AA_1, y $\overline{P_0P_1}$ está dado por la ecuación (4-47). Esta ecuación determina s y luego la posición del punto B para toda posición de P. Para facilitar los cálculos, la espiral de Cornu en la figura 4-31 es subdividida en pequeños arcos de igual longitud. La unidad es elegida de manera tal que obtengamos $s_1 = \sqrt{2}$, que da:

$$s = \frac{\sqrt{2}}{\sqrt{x_0\,\lambda}}\,\overline{P_0P}$$

Para el experimento descrito, se puede usar una fuente puntual de luz, si está localizada suficientemente lejos de la pantalla, o una ranura intensamente iluminada paralela al borde de difracción. Debido a que los diferentes puntos de una ranura dan origen a sistemas de franjas idénticos y coincidentes, el uso de una fuente lineal en vez de puntual no afecta la nitidez de la distribución de la difracción. Las franjas pueden ser observadas en una pantalla difusora blanca, o directamente, por medio de un ocular.

Si se usa luz blanca en vez de luz monocromática, la distribución de la difracción consistirá en franjas distintamente coloreadas en lugar de franjas alternadas claras y oscuras.

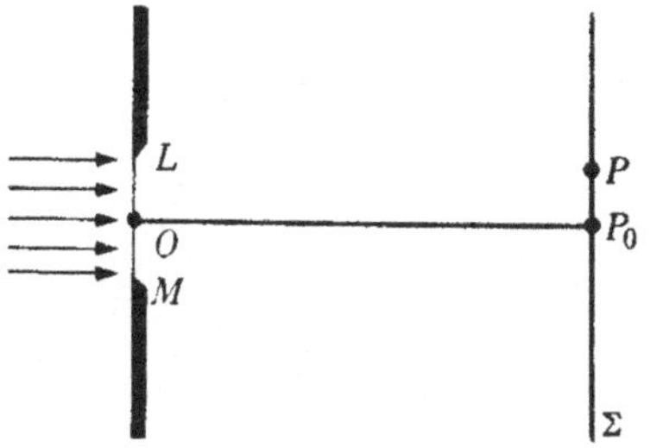

FIG. 4-38. Difracción de Fresnel producida por una ranura.

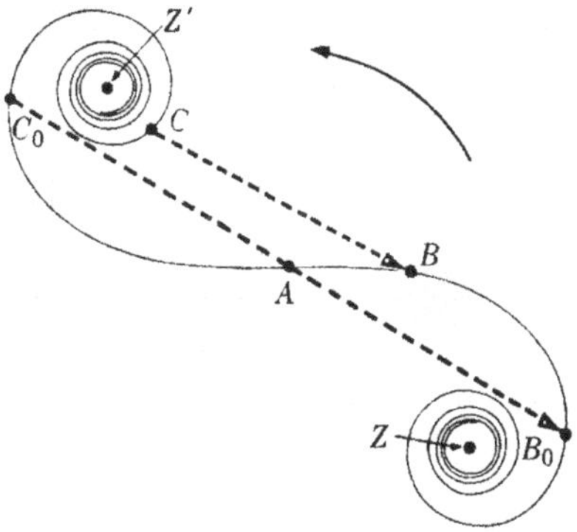

FIG. 4-39.

4-12. Difracción de Fresnel por una ranura. Consideremos ahora una pantalla opaca con una larga ranura angosta iluminada por una onda paralela a la pantalla. Observamos la distribución de la difracción en un plano Σ, paralelo a la pantalla (Fig. 4-38). La perturbación óptica en un punto P de la superficie Σ está representada por el vector CB (Fig. 4-39), donde B y C son los puntos de la espiral de Cornu relativos a P correspondientes a los bordes L y M de la ranura. Si P es equidistante de L y M (es decir, si P coincide con P_0 en la fig. 4-38), B y C son dos puntos simétricamente ubicados con respecto al punto medio A de

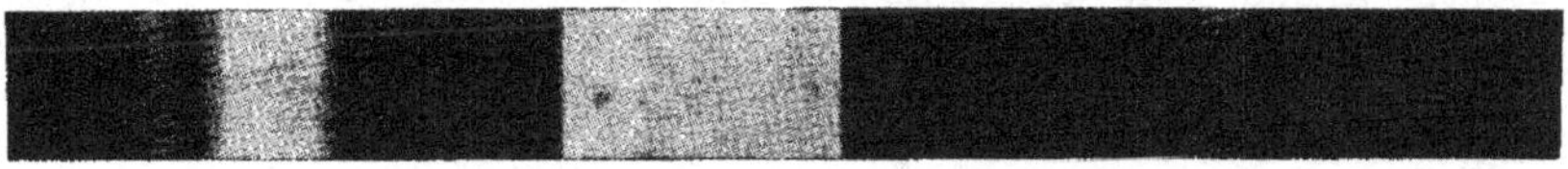

FIG. 4-40. Difracción de Fresnel producida por dos ranuras de diferente ancho

la espiral (como B_0 y C_0 en la fig. 4-39). A medida que P se aleja de P_0, por ejemplo hacia arriba, B y C se deslizan por la espiral de Cornu, y se acercan al punto asintótico Z'. La longitud del arco de espiral entre C y B es constante porque este arco corresponde a una franja de la superficie de onda de ancho constante. Sin embargo, la longitud de la cuerda CB, que representa la amplitud de la perturbación, cambia periódicamente. Así aparecerán una serie de franjas de difracción alternativamente claras y oscuras en el plano de observación (Fig. 4-40).

4-13. Sombra de un alambre. Consideremos un alambre, o cualquier otro obstáculo recto, delgado, ubicado en la trayectoria de una onda plana (Fig. 4-41). La perturbación óptica en un punto P es el vector suma de los dos vectores BZ y $Z'C$, donde B y C son los dos puntos de la espiral de Cornu relativos a P que corresponden a los extremos L y M del obstáculo (Fig. 4-42).

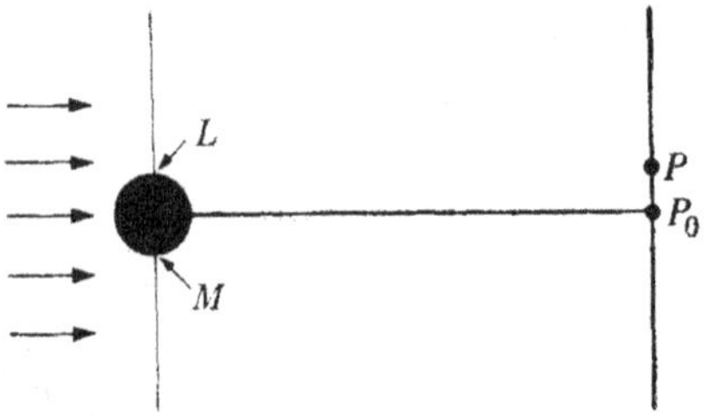

Fig. 4-41. Difracción producida por un alambre.

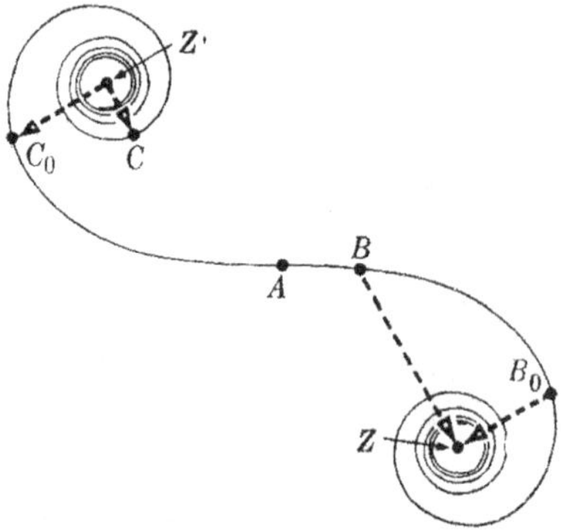

Fig. 4-42.

Si el punto de observación está en P_0, el centro de la sombra geométrica, B y C son dos puntos simétricamente colocados con respecto del punto medio A de la espiral, tales como los puntos B_0 y C_0 en la figura 4-42. Los vectores B_0Z y $Z'C_0$ son iguales y paralelos. A medida que el punto de observación P se aleja gradualmente de P_0, los puntos B y C se deslizan por la espiral en la misma dirección. El vector suma de los vectores BZ y $Z'C$ que representa la perturbación óptica en P, primero disminuye en magnitud, y luego va a través de una sucesión de máximos y mínimos. De ese modo en un plano perpendicular a la dirección de propagación de la onda, aparecerá una distribución de difracción consistente en una serie de franjas alternadas oscuras y luminosas (Fig. 4-43). En el centro de la sombra geométrica la intensidad es siempre un máximo.

4-14. Difracción de Fraunhofer por una ranura: tratamiento elemental. Ahora dirigiremos nuestra atención a los fenómenos de difracción observados a grandes distancias de la pantalla de difracción, con una fuente de luz que también queda a gran distancia de la pantalla. Recordemos de la sección 4-6 que éstos son conocidos como fenómenos de difracción de Fraunhofer; su teoría es considerablemente más simple desde un punto de vista matemático que la de los fenómenos de difracción de Fresnel considerados hasta aquí. En lugar de una fuente de luz muy distante es más convenientemente usar una fuente puntual en el

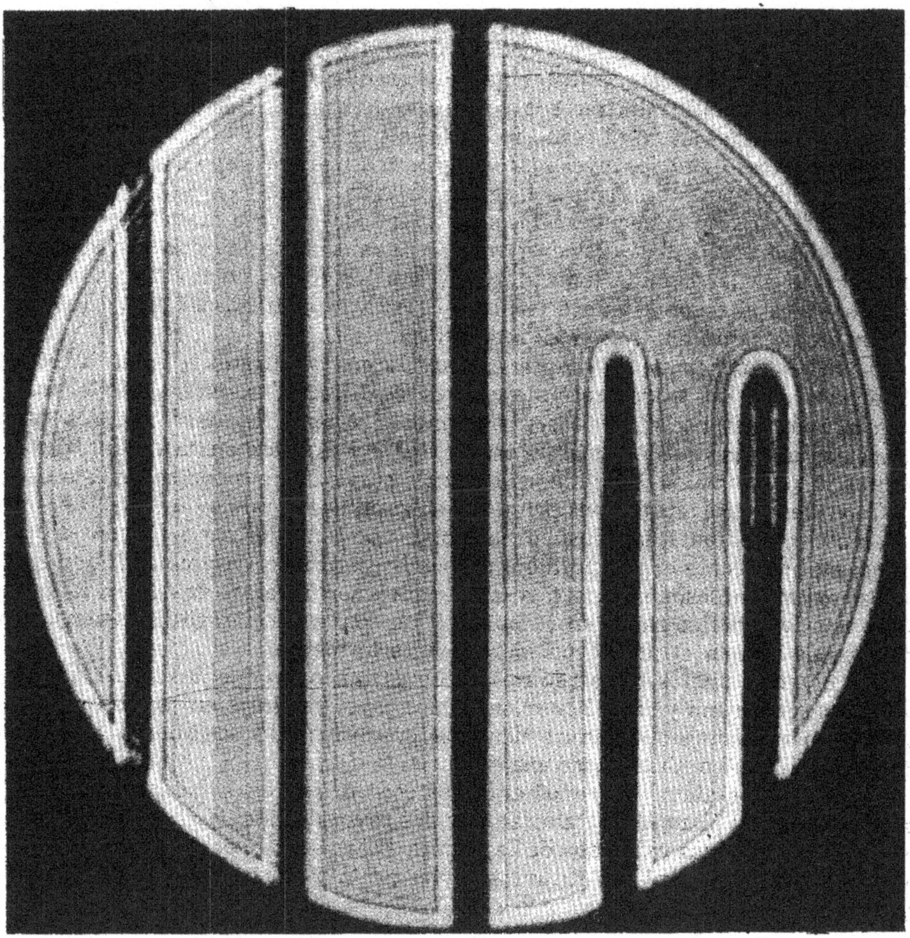

Fig. 4-43. Sombras de agujas de diferentes tamaños.

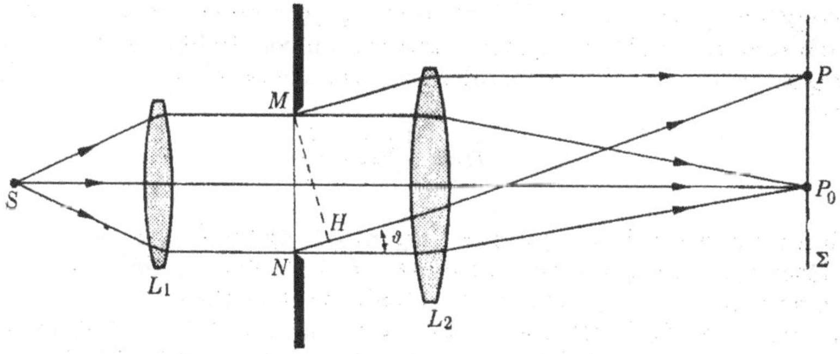

Fig. 4-44. Difracción de Fraunhofer producida por una ranura.

punto focal de una lente convergente (colimador) que cambia la onda esférica que diverge de la fuente en una onda plana. En vez de observar la distribución de difracción en un plano a distancia muy grande de la pantalla de difracción, podemos recoger la luz diafractada por medio de una segunda lente convergente, y observar las franjas en el plano focal de este lente.

Como primer ejemplo, investigaremos de una manera elemental la difracción de Fraunhofer por una ranura larga y delgada. La figura 4-44 muestra una sección del aparato experimental con el plano que pasa a través de la fuente puntual *S*, perpendicular a los extremos de la ranura. En la figura, L_1 es el colimador y L_2 es la segunda lente; *M* y *N* son los trazos de los extremos de la ranura, P_0 es el segundo punto focal de L_2, y Σ es el trazo del plano de observación, coincidente en el segundo plano focal de L_2.

Como se supone que la ranura es muy larga, la difracción en la dirección paralela a la ranura es despreciable y los rayos difractados emergen de la ranura en dirección perpendicular a sus extremos. La lente L_2 hace que los rayos converjan en una línea que pasa a través de P_0 y está contenida en el plano del dibujo. El problema es determinar la distribución de intensidad sobre esta línea.

Con este objeto, recordemos primero que si un haz paralelo de rayos cae sobre una lente convergente, las trayectorias ópticas de todos los rayos entre cualquier plano que intercepte el haz paralelo perpendicularmente y el punto *P* donde los rayos convergen después de atravesar la lente, son iguales (véase sec. 2-5). Las fases relativas de los rayos en el punto *P* de convergencia son de esta manera las mismas que en el plano considerado anteriormente.

Los diversos puntos de la ranura se comportan como fuentes secundarias de la misma frecuencia y fase. Por lo tanto, los rayos emitidos en la dirección perpendicular al plano de la ranura llegan al punto focal P_0 de la lente L_2 en fase y P_0 es un punto de intensidad máxima.

Consideremos ahora los rayos emitidos con un ángulo ϑ con respecto de la perpendicular al plano de la ranura y los dos rayos de este haz con origen en los puntos *M* y *N* de los extremos de la ranura (Fig. 4-44). Sea *H* el pie de la perpendicular trazada desde *M* al rayo a través de *N*, y sea *a* el ancho de la ranura ($a = \overline{MN}$), de manera que

$$\overline{NH} = a \operatorname{sen} \vartheta \tag{4-48}$$

Supongamos primero que $NH = \lambda$, esto es, que $\operatorname{sen} \vartheta = \lambda/a$. Sea *Q* el punto medio del segmento *MN*, y sea *T* la intersección con *MH* del rayo que se origina en *Q* y que pertenece al rayo paralelo bajo consideración (Fig. 4-45 a). Entonces tenemos

$$\overline{QT} = \frac{1}{2}\overline{NH} = \frac{\lambda}{2}$$

y concluimos que los dos rayos que llegan a *P* desde *M* y *Q*, respectivamente, tienen fases opuestas y se cancelan entre sí. Lo mismo es válido para todo par de rayos provenientes de puntos del segmento *MN* separados por una distancia de la mitad del ancho de la ranura. Está claro ahora que si subdividimos la ranura en franjas infinitesimales de igual ancho paralelas a sus extremos, podemos parear estas franjas de manera que sus efectos se cancelen en P, y consecuentemente la intensidad de la luz en P sea cero.

Consideremos ahora el caso $\overline{NH} = 3/2\,\lambda$, esto es, sen $\vartheta = 3\,\lambda/2\,a$. Ahora podemos dividir el segmento MN en tres partes iguales, MQ, QR y RN, como se ve en la figura 4-45 (b). Concluimos, como antes, que las perturbaciones con origen en MQ y QR interfieren de manera destructiva en P, y que en consecuencia la perturbación óptica observada en P es la que se origina en RN únicamente. En P habrá cierta cantidad de iluminación y, como resulta, la intensidad en este punto

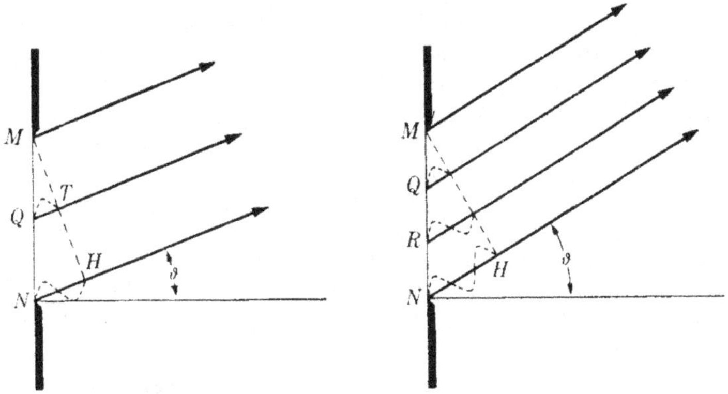

FIG. 4-45. La intensidad difractada es: (a) cero para $\overline{NH} = \lambda$, y (b) tiene un máximo secundario para $\overline{NH} = 3\lambda/2$.

es casi un máximo con respecto a la observada en puntos vecinos. Sin embargo, tal máximo secundario es más débil que el máximo primario observado en P_0, porque sólo un tercio de la ranura es efectivo, y porque las perturbaciones con origen en los varios puntos de la porción activa no están exactamente en fase.

Por un argumento similar, hallamos que la intensidad es otra vez cero cuando sen $\vartheta = 2\,\lambda/a$, y está otra vez cerca de un máximo cuando sen $\vartheta = 5\,\lambda/2\,a$ (en cuyo caso un quinto de la ranura es efectivo), etc.

De este modo concluimos que la intensidad de la línea que aparece en el plano focal de la lente L_2 tiene un máximo absoluto en el centro P_0 ($\vartheta = 0$), y la distribución de difracción es simétrica con respecto al punto P_0. La intensidad es cero para valores de ϑ dados por las siguientes ecuaciones:

$$\text{sen}\,\vartheta = \pm\frac{\lambda}{a}, \qquad \text{sen}\,\vartheta = \pm 2\frac{\lambda}{a}\cdots, \qquad \text{sen}\,\vartheta = \pm n\frac{\lambda}{a}\cdots \tag{4-49}$$

donde n es un número entero. Máximos secundarios ocurren aproximadamente a medio camino entre mínimos contiguos, y la intensidad de los máximos secundarios decrece rápidamente con n creciente.

Como ϑ es usualmente un ángulo pequeño, podemos con buena aproximación, escribir sen $\vartheta = \vartheta$. Si f es la distancia focal de la lente L_2, y Z la distancia de un punto P a P_0, los mínimos de intensidad ocurren en los siguientes valores de Z:

$$Z = \pm f\frac{\lambda}{a} \qquad Z = \pm 2f\frac{\lambda}{a}\cdots \qquad Z = \pm nf\frac{\lambda}{a}\cdots \tag{4-50}$$

y vemos que el ancho del máximo principal, es decir, la distancia entre los mínimos en $Z = f\lambda/a$ y en $Z = -f\lambda/a$ es dos veces el ancho de los máximos secundarios. Los anchos de los máximos principales y secundarios son inversamente proporcionales al ancho a de la ranura.

Notemos que en el caso de una fuente puntual, la distribución de difracción de *Fresnel* de una ranura (discutida en la sec. 4-12) es una banda, mientras que la distribución de difracción de *Fraunhofer* discutida aquí es una línea perpendicular a la ranura (véase fig. 4-46). Esta línea puede ser considerada como una imagen ensanchada de la fuente puntual; el ensanchamiento disminuye a medida que el ancho de la ranura aumenta. Para un ancho suficientemente grande la línea de difracción reduce prácticamente a un punto la imagen ordinaria de la fuente. Sin embargo, en lugar de una fuente puntual, podemos usar una fuente lineal de luz paralela a la ranura y colocada en el plano focal del colimador. La distribución de difracción de Fraunhofer aparece entonces en la forma de una banda, y la longitud de las franjas igual a la longitud de la imagen geométrica de la fuente lineal dada por la combinación de las dos lentes L_1 y L_2.

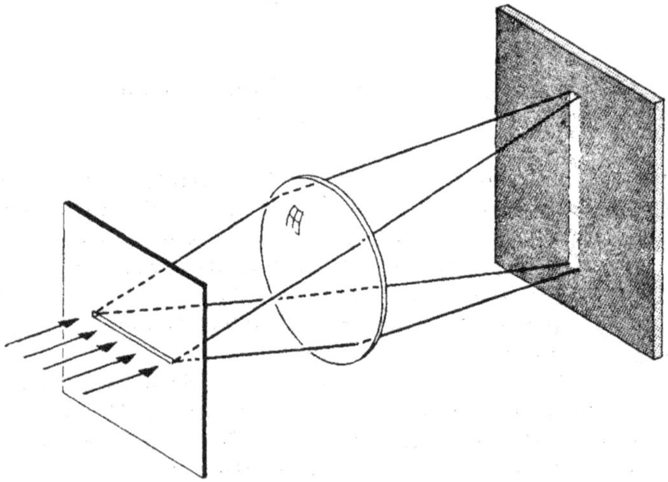

FIG. 4-46. Figura de difracción de Fraunhofer, producida por una ranura larga y angosta.

En la discusión precedente hemos supuesto que la fuente de luz es monocromática. Si, en cambio, la fuente emite luz blanca, la línea de difracción o la banda de difracción exhibirá una sucesión de diferentes colores.

4-15. Difracción de Fraunhofer por una ranura rectangular: tratamiento riguroso. En lugar de una ranura infinitamente larga discutida en la sección anterior, consideraremos ahora una abertura rectangular de lados a y b. Otra vez usamos un fuente puntual S de luz monocromática, colocada en el punto focal de una lente L_1 que provee una onda plana que incide perpendicularmente al plano de la ranura. Queremos calcular rigurosamente la distribución de difracción bidimensional observada en el plano focal Σ de la segunda lente L_2.

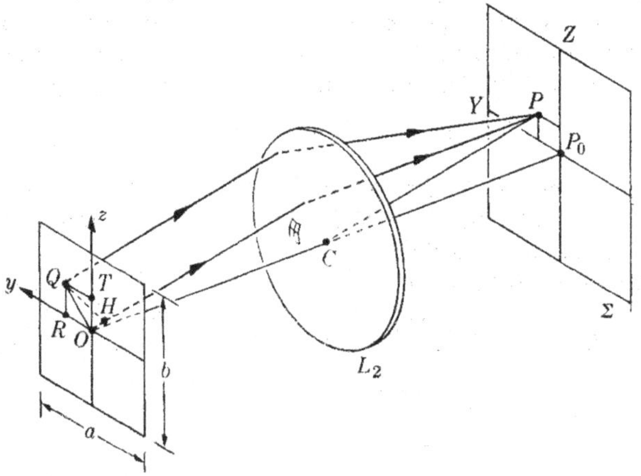

FIG. 4-47. **Difracción de Fraunhofer, producida por una abertura rectangular.**

Definimos un sistema cartesiano de coordenadas con origen en el centro O de la abertura rectangular, y con los ejes y y z paralelos a los lados de esta abertura. Consideremos, en el plano de la abertura, un elemento de área dy y dz alrededor del punto Q de coordenadas $y = \overline{OR}$, $z = \overline{OT}$ (Fig. 4-47). Consideremos también dos rayos paralelos a través de O y Q, respectivamente, y sea H el pie de la perpendicular desde Q al rayo a través de O. Llamemos γ_y y γ_z a los cosenos de los ángulos formados con los ejes y y z respectivamente, por los rayos en consideración, esto es:

$$\gamma_y = \cos (\angle ROH), \qquad \gamma_z = \cos (\angle TOH) \tag{4-51}$$

El segmento OH es la proyección del vector OQ sobre el rayo que pasa por O. El vector OQ es el vector suma de los vectores OR y OT. De esta manera $\overline{OH}$ es la suma de las proyecciones de estos dos vectores en el rayo que pasa por O. Tomando las definiciones de γ_y y γ_z (ecuaciones 4-51) y considerando que $\overline{OR} = y$, $\overline{OT} = z$, obtenemos:

$$\overline{OH} = \gamma_y y + \gamma_z z$$

Los dos rayos paralelos a través de O y Q son reunidos por la lente L_2 en un punto P de su segundo plano focal. Los caminos ópticos desde Q a P y desde

H a P son iguales. De ahí que los dos rayos llegan a P con una diferencia de fase igual a

$$2\pi\frac{\overline{OH}}{\lambda}=2\pi\frac{\gamma_y y+\gamma_z z}{\lambda}$$

Representemos por $A\,e^{i(\omega t-\varphi)}\,dy\,dz$ la perturbación óptica producida en P por las ondas secundarias que se originan en el elemento de área $dy\,dz$ *alrededor del punto O*. La perturbación producida por las ondas secundarias que se originan en el elemento de área $dy\,dz$ *alrededor del punto Q* está dada por:

$$dE_s=A\,e^{i(\omega t-\varphi)}\,e^{2\pi i(\gamma_y y+\gamma_z z)/\lambda}\,dy\,dz \tag{4-52}$$

Para obtener la ecuación anterior hemos despreciado el factor de oblicuidad, lo cual nos es permitido ya que estamos considerando únicamente direcciones casi perpendiculares al plano de la abertura.

Para calcular la perturbación óptica total en P sólo resta integrar la expresión (4-52) sobre el área de la abertura que se extiende desde $-a/2$ a $+a/2$ en la dirección y, y desde $-b/2$ a $+b/2$ en la dirección z. Obtendremos:

$$E_P=A\,e^{i(\omega t-\varphi)}\int_{-a/2}^{+a/2}\int_{-b/2}^{+b/2}e^{2\pi i(\gamma_y y+\gamma_z z)/\lambda}\,dy\,dz$$

$$=A\,e^{i(\omega t-\varphi)}\left(\int_{-a/2}^{+a/2}e^{2\pi i(\gamma_y y/\lambda)}\,dy\right)\left(\int_{-b/2}^{+b/2}e^{2\pi i(\gamma_z z/\lambda)}\,dz\right)$$

Si hacemos:

$$\alpha=\frac{\pi\gamma_y a}{\lambda}\qquad\qquad \beta=\frac{\pi\gamma_z b}{\lambda} \tag{4-53}$$

y si hacemos uso de la ecuación (A 1-17) del Apéndice, obtenemos:

$$\int_{-a/2}^{+a/2}e^{2\pi i(\gamma_y y/\lambda)}\,dy=a\,\frac{e^{i\alpha}-e^{-i\alpha}}{2\,i\,\alpha}=a\,\frac{\operatorname{sen}\,\alpha}{\alpha}$$

$$\int_{-b/2}^{+b/2}e^{2\pi i(\gamma_z z/\lambda)}\,dz=b\,\frac{e^{i\beta}-e^{-i\beta}}{2\,i\,\beta}=b\,\frac{\operatorname{sen}\,\beta}{\beta}$$

La expresión de E_P se convierte entonces en:

$$E_P=A\,a\,b\,\frac{\operatorname{sen}\,\alpha}{\alpha}\,\frac{\operatorname{sen}\,\beta}{\beta}\,e^{i(\omega t-\varphi)} \tag{4-54}$$

En la dirección perpendicular a la abertura, $\gamma_y=0$, $\gamma_z=0$ y por lo tanto $\alpha=0$, $\beta=0$. Recordando que para pequeños valores de α y β podemos aproximar sen α por α y sen β por β encontramos que en los límites para $\alpha=0$ y $\beta=0$, (sen $\alpha)/\alpha$ y (sen $\beta)/\beta$ se hacen igual a la unidad. De ese modo, en el punto P_0

donde se encuentran los rayos que emergen perpendicularmente de la abertura, la perturbación óptica es:

$$E_0 = A\, a\, b\, e^{i(\omega t - \varphi)} \tag{4-55}$$

Como la intensidad de la luz es proporcional al cuadrado de la amplitud de la perturbación óptica, la intensidad I_P en un punto arbitrario P del plano de observación está dada por la siguiente expresión en términos de la intensidad I_0 en el punto P_0 y de los parámetros α y β definidos por las ecuaciones (4-53):

$$I_P = I_0 \frac{\operatorname{sen}^2 \alpha}{\alpha^2} \frac{\operatorname{sen}^2 \beta}{\beta^2} \tag{4-56}$$

Esta ecuación representa la solución a nuestro problema. Para determinar, en el plano de observación Σ, la posición del punto P que corresponde a valores dados de los parámetros α y β consideremos un sistema de coordenadas cartesianas con origen en P_0 y con ejes Y y Z paralelos a los ejes y y z del plano de la abertura de difracción (Fig. 4-47). Notemos que los rayos que pasan a través del centro C de la lente L_2 no sufren desviación angular. De esta manera el punto P es la intersección con el plano Σ de la línea a través de C, paralela a la dirección caracterizada por los parámetros α y β, y esta línea forma, con los ejes Y y Z, ángulos cuyos cosenos son γ_y y γ_z, respectivamente. Como la coordenada Y del punto P es la proyección del segmento CP sobre el eje Y, y la coordenada Z de P es la proyección de CP sobre el eje Z, obtenemos:

$$Y = \overline{CP} \cdot \gamma_y, \qquad Z = \overline{CP} \cdot \gamma_z \tag{4-57}$$

Si sólo consideramos direcciones que forman pequeños ángulos con la línea de OP_0, que es perpendicular a la abertura de difracción y al plano de observación, CP es casi idéntica a la longitud de foco f de la lente L_2. Las ecuaciones (4-57) se hacen entonces:

$$Y = f\, \gamma_y, \qquad Z = f\, \gamma_z \tag{4-58}$$

y así llegamos (recordando las ecuaciones 4-53) a las siguientes relaciones entre los parámetros α, β y las coordenadas Y y Z del punto correspondiente en el plano de observación:

$$\alpha = \pi \frac{a\, Y}{f \lambda} \qquad \beta = \pi \frac{b\, Z}{f \lambda} \tag{4-59}$$

Con estas expresiones para α y β, la ecuación (4-56) da entonces la intensidad como función de las coordenadas Y y Z en el plano de observación.

Vemos que la expresión para la intensidad contiene los productos de dos factores de exactamente la misma forma, uno dependiente sólo de α (y por lo tanto de Y), el otro dependiendo sólo de β (y por lo tanto de Z). Investiguemos el carácter de estos factores.

Los máximos y mínimos de la función

$$D(\alpha) = \frac{\operatorname{sen}^2 \alpha}{\alpha^2} \tag{4-60}$$

están determinados por la ecuación:

$$\frac{dD}{d\alpha} = 0$$

o

$$\frac{\text{sen}\,\alpha}{\alpha}\,\frac{\alpha\cos\alpha - \text{sen}\,\alpha}{\alpha^2} = 0 \tag{4-61}$$

Recordando que:

$$\text{sen}\,\alpha = \alpha - \alpha^3/3! + \cdots \qquad \text{y} \qquad \cos\alpha = 1 - \alpha^2/2 + \cdots$$

podemos verificar fácilmente que $\alpha = 0$ es una solución de (4-61). Es obvio que esta solución corresponde al máximo absoluto de la función $D(\alpha)$. En efecto, como ya quedó expresado, $D(\alpha) = 1$ para $\alpha = 0$, mientras que para $\alpha \neq 0$, sen $\alpha < \alpha$ y por lo tanto $D(\alpha) < 1$.

La ecuación (4-61) es también cumplida por todos los valores de α que satisfacen la ecuación sen $\alpha = 0$, esto es, por:

$$\alpha = \pm\,\pi, \qquad \alpha = \pm\,2\pi,\ \cdots, \qquad \alpha = \pm\,n\pi \tag{4-62}$$

donde n es cualquier número entero distinto de cero. Para estos valores de α, $D(\alpha) = 0$. Como $D(\alpha)$ nunca es negativo, las ecuaciones (4-62) definen las posiciones de los mínimos.

Finalmente, la ecuación (4-61) es satisfecha por todos los valores de α que satisfacen la ecuación cos α = sen α, o

$$\text{tg}\,\alpha = \alpha \tag{4-63}$$

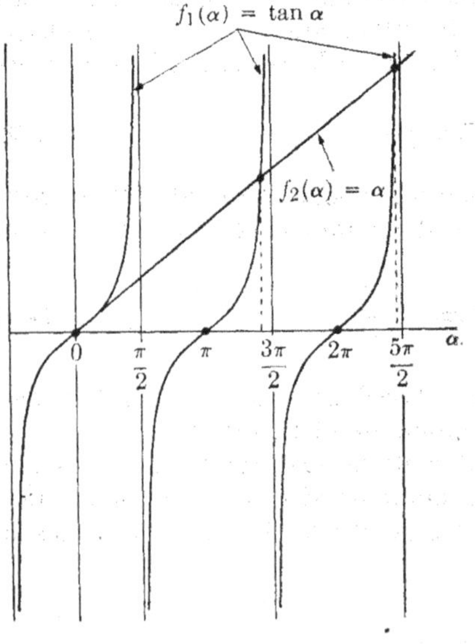

FIG. 4-48. Solución gráfica de la ecuación **tg $\alpha = \alpha$.**

Podemos encontrar las soluciones de esta ecuación transcendente por un método gráfico, tal como se ve en la figura 4-48, donde está trazada la curva que representa la función $f_1(\alpha) = \text{tg}\,\alpha$ y la línea recta que representa la función $f_2(\alpha) = \alpha$. Las intersecciones de la curva con la línea recta definen los valores de α que satisfacen (4-63). Estos valores corresponden a los máximos de la función $D(\alpha)$; vemos que quedan *aproximadamente* a medio camino entre los valores de α correspondientes a los mínimos, estando cerca de $3\pi/2$, $5\pi/2$, etc.

La figura 4-49 es un gráfico de la función $D(\alpha) = (\text{sen}^2\,\alpha)/\alpha^2$ en función de α. Podemos observar que los máximos secundarios son mucho menos intensos que el máximo principal, y que decrecen rápidamente en magnitud a medida que α aumenta.

Ahora es posible describir en detalle el aspecto de las figuras de difracción en el plano de observación Σ. La intensidad tiene un máximo absoluto en el centro P_0, esto es, en $Y=0$, $Z=0$. La intensidad es cero a lo largo de las líneas rectas definidas por las ecuaciones:

$$\alpha = \pm n\pi, \qquad \beta = \pm n\pi \tag{4-64}$$

o (ec. 4-59):

$$Y = \pm n \frac{f\lambda}{a}, \qquad Z = \pm n \frac{f\lambda}{b} \tag{4-65}$$

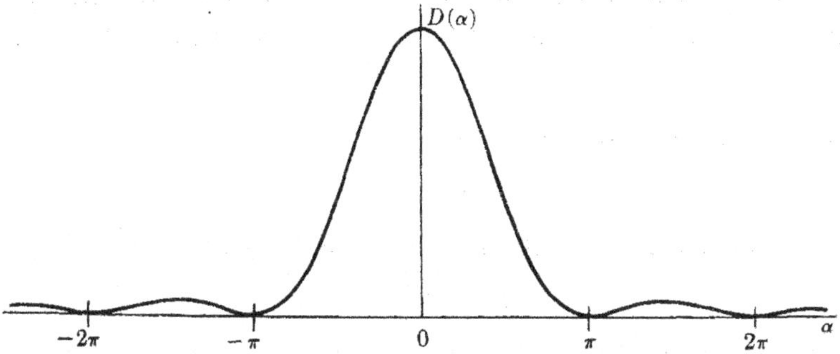

FIG. 4-49. Gráfico de la función $D(\alpha) = (\text{sen}^2\alpha)/\alpha^2$.

Estas líneas forman una red rectangular (Fig. 4-50). La mayor parte de la luz está concentrada en el rectángulo central cuyos lados son $2f\lambda/a$, $2f\lambda/b$, y son de este modo *inversamente proporcionales a los lados de la abertura.* La intensidad d varía a lo largo de toda línea paralela a los ejes Y o Z de la manera indicada por el gráfico de la figura 4-49.

Si $a \ll b$, esto es, si la abertura rectangular se reduce a una larga y estrecha ranura paralela al eje Z, la intensidad en el plano de observación cae rápidamente a cero en ambos lados de la línea $Z=0$. De este modo la distribución de difracción se reduce a una línea coincidente con el eje Y. En este eje, $\beta=0$, $(\text{sen}\,\beta)/\beta = 1$, y las ecuaciones (4-54) y (4-56) se reducen a las siguientes:

$$E = C\frac{\text{sen}\,\alpha}{\alpha} e^{i(\omega t - \varphi)} \tag{4-66}$$

$$I = I_0 \frac{\text{sen}^2\alpha}{\alpha^2} \tag{4-67}$$

donde $C = Aab$ es una constante. Estas ecuaciones dan la solución exacta del problema de la difracción de Fraunhofer por una única ranura discutida en la sección precedente desde un punto de vista más elemental. Notemos que en este caso $\gamma_y = \text{sen}\,\vartheta$, y en consecuencia:

$$\alpha = \pi a\,\text{sen}\,\vartheta/\lambda \tag{4-68}$$

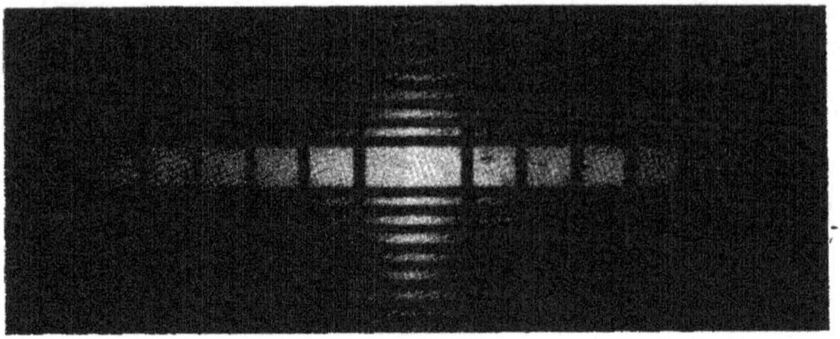

FIG. 4-50. Difracción de Fraunhofer de una abertura rectangular cuya altura es dos veces su ancho.

De ahí que la condición para los mínimos:

$$\alpha = \pm n \pi$$

se reduce a la condición encontrada previamente (ecuaciones 4-49):

$$a \operatorname{sen} \vartheta = \pm n \lambda$$

4-16. Difracción de Fraunhofer por una abertura circular. Límite de resolución de los instrumentos ópticos. La teoría de la difracción de Fraunhofer por una abertura circular requiere cálculos matemáticos más elaborados que la de la difracción de Fraunhofer por una abertura rectangular. De estos cálculos, que no intentaremos aquí, se encuentra que la distribución de la difracción de Fraunhofer de una abertura circular consiste en un disco circular luminoso rodeado por una serie de anillos oscuros y luminosos que decrecen rápidamente en intensidad (Fig. 4-51 a). Visto desde el centro de la abertura, el radio R del primer anillo oscuro subtiende un ángulo ϑ dado por:

$$\operatorname{sen} \vartheta = 1{,}22 \frac{\lambda}{a} \tag{4-69}$$

donde a es el diámetro de la abertura circular y λ es la longitud de onda. Como la mayor parte de la luz cae dentro de este anillo, el radio R es considerado a menudo como el radio del disco de difracción. Si ϑ es un ángulo pequeño, el valor real de R es:

$$R = 1{,}22 f \frac{\lambda}{a} \tag{4-70}$$

donde f es la longitud de foco de la lente. (Para comparar, recordemos que una abertura cuadrada de lado a produce una distribución de difracción con una región central luminosa rodeada por una línea oscura en la forma de un cuadrado de semilado $f \lambda / a$.)

La difracción por una abertura circular es un efecto de gran importancia práctica en conexión con las propiedades de instrumentos ópticos. Aun en ausencia de un diafragma adicional, la onda de luz que pasa a través de una lente está limitada por el borde usualmente circular de la lente. En consecuencia, una lente convergente nunca producirá una imagen puntual de una fuente puntual distante, no importa con qué cuidado corrijamos las aberraciones. En efecto, en las condiciones más favorables, la imagen será un disco de radio R, dado por la ecuación (4-70), donde ahora a debe ser entendida como el diámetro de la lente.

Notemos que este resultado se aplica no sólo al caso de una fuente puntual a distancia infinita, sino también al caso de una fuente puntual a distancia finita, es decir, al caso en que la onda incidente es esférica más que plana. En ambos casos, la onda que emerge de la lente es una porción de una onda esférica, y la

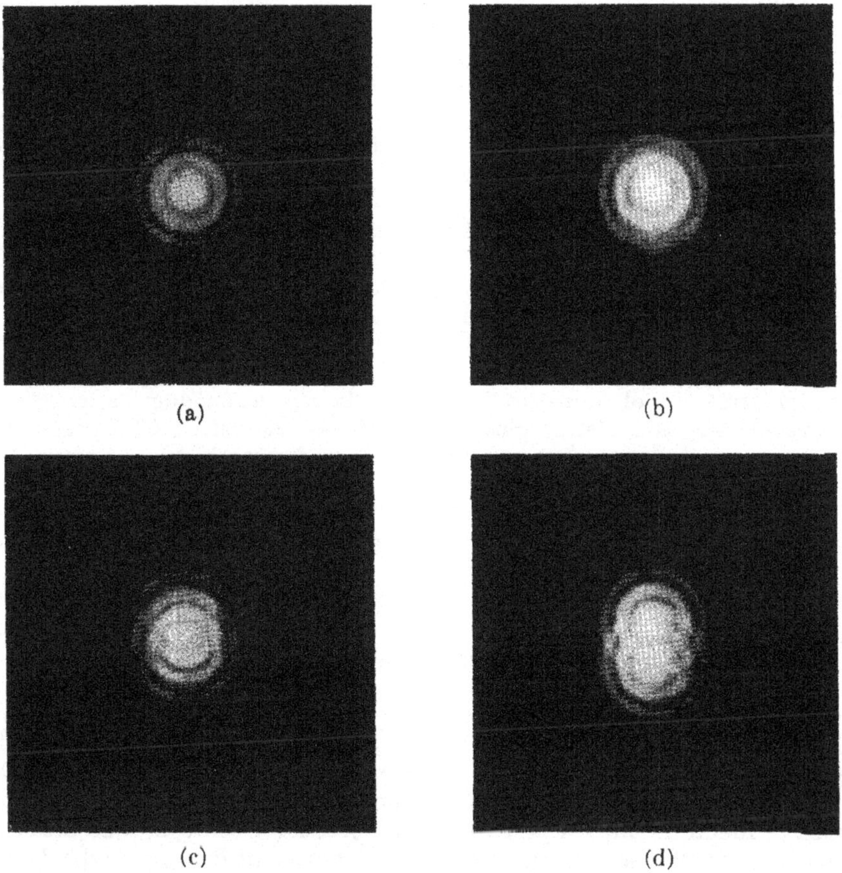

FIG. 4-51. Ampliaciones de fotografías de figuras de difracción típicas producidas por una lente: (a) un único objeto distante, (b) dos objetos puntuales distantes separados entre sí por una distancia igual a la mitad del radio del disco central, (c) lo mismo, con una separación igual al radio del disco, (d) lo mismo, con una separación igual a dos veces el radio del disco. (Hardy y Perrin, *Principles of Optics*, McGraw-Hill Book Company, Inc., 1932. Fotografías de A. C. Hall.)

distribución de difracción observada cerca del punto de convergencia de esta onda esférica es obviamente independiente de si la onda se origina en una onda plana o esférica incidente en la lente. De este modo, en general, la imagen de una fuente puntual formada por una lente de diámetro a es un disco de radio

$$R = 1{,}22\, s' \frac{\lambda}{a} \tag{4-71}$$

donde s' es la distancia de la imagen a la lente.

Un resultado semejante se obtiene en el caso similar de imágenes formadas por espejos esféricos cóncavos, como los que son usados en la construcción de telescopios.

Es la dimensión finita del disco de difracción que representa la imagen de una fuente puntual, lo que establece un límite al *poder de resolución* de un instrumento óptico. Si la distancia angular entre dos fuentes puntuales es grande comparada con ϑ, dado por (4-69), las dos distribuciones de difracción correspondientes están claramente separadas. Si la distancia angular es pequeña comparada con ϑ, las dos distribuciones de difracción se fusionan en una que no puede ser distinguida de la que corresponde a una fuente sola (Fig. 4-51). Un criterio práctico (aunque algo arbitrario) establecido por Rayleigh estipula que dos fuentes puntuales pueden ser resueltas si los centros de los dos discos de difracción están a una distancia mayor que el radio de los discos. De esta manera, la ecuación (4-69) define la distancia angular mínima de dos fuentes puntuales que pueden ser separadas por una lente o un espejo de diámetro a. El ángulo ϑ puede así ser llamado el *ángulo mínimo de resolución* de la lente o del espejo.

Es en parte con el propósito de mejorar la resolución que las lentes de los objetivos y espejos de telescopios tienen grandes diámetros. Otra razón importante, por supuesto, es que si aumentamos el área sobre la cual se recibe la luz, las imágenes de las estrellas se hacen más intensas y, en consecuencia, se hace posible fotografiar estrellas de baja intensidad. El telescopio del observatorio de Monte Palomar, el más grande en existencia, tiene un espejo de 5 m de diámetro. Como la longitud de onda promedio de la luz visible es, aproximadamente, 5500 A, encontramos con la ec. (4-69) que con este telescopio podemos distinguir los dos componentes de una estrella doble, que están a una distancia angular de sólo $1{,}3 \times 10^{-7}$ rad $= 2{,}6 \times 10^{-2}$ seg. de arco.

4-17. Difracción de Fraunhofer por una ranura doble. También como ejemplo, consideremos el caso de una pantalla opaca con dos ranuras, paralelas entre sí. Supongamos que las dos ranuras tienen el mismo ancho a, que sus centros O_1, O_2 (Fig. 4-52) están separados por una distancia h. Como en los ejemplos precedentes, la fuente de luz S está en el plano focal de la lente L_1, que actúa como colimador y provee un haz de rayos paralelos que inciden perpendicularmente sobre la doble ranura. La distribución de difracción se observa en el segundo plano focal Σ de la lente L_2. Cada ranura produce separadamente las figuras de difracción descritas en las secciones 4-14 y 4-15. Notemos que, a pesar de las diferentes posiciones de las ranuras, las dos distribuciones de difracción en el plano de observación Σ son coincidentes. En efecto, las dos distribuciones de difracción tienen sus centros en P_0, el punto de convergencia de los rayos que emergen perpendicularmente de las ranuras.

Para determinar la perturbación óptica que resulta de la superposición de las dos distribuciones de difracción, debemos considerar los efectos de interferencia entre las perturbaciones que llegan a un punto dado P del plano de observación desde las dos ranuras.

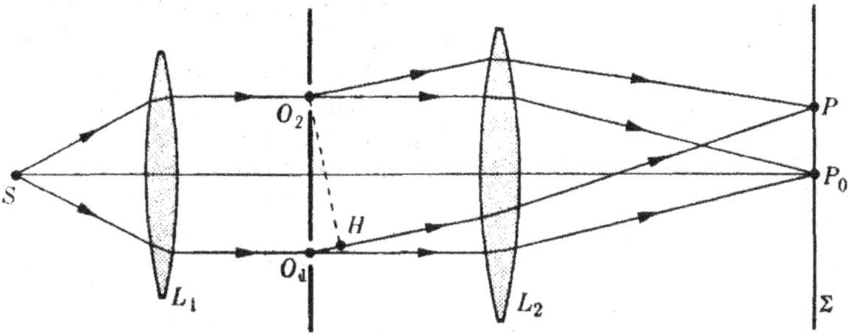

FIG. 4-52. Difracción de Fraunhofer producida por dos ranuras.

Las perturbaciones E_1 y E_2 producidas separadamente en P por las dos ranuras, son representadas por las siguientes ecuaciones (véase ec. 4-66):

$$E_1 = C\frac{\operatorname{sen}\alpha}{\alpha}\, e^{i(\omega t-\varphi_1)}$$

$$E_2 = C\frac{\operatorname{sen}\alpha}{\alpha}\, e^{i(\omega t-\varphi_2)} \qquad (4\text{-}72)$$

La ecuación (4-68) relaciona el parámetro α con el ángulo de emergencia ϑ de los rayos que convergen en P después de pasar a través de la lente L_2. Los ángulos $-\varphi_1$, y $-\varphi_2$ representan las fases relativas en P de los rayos paralelos que se originan en los puntos medios de las dos aberturas O_1 y O_2, respectivamente, y que forman el ángulo ϑ con la normal a la pantalla. Sea H el pie de la perpendicular por O_2 al rayo que pasa por O_1 (Fig. 4-52). La diferencia de fase de los dos rayos en P es entonces $2\pi\overline{O_1H}/\lambda = 2\pi h \operatorname{sen}\theta/\lambda$. Si definimos:

$$\delta = \pi h \operatorname{sen}\theta/\lambda \qquad (4\text{-}73)$$

podemos escribir:

$$\varphi_2 = \varphi_1 - 2\delta$$

y obtenemos la siguiente expresión para la perturbación resultante en P:

$$E_P = E_1 + E_2 = C\frac{\operatorname{sen}\alpha}{\alpha}\,[e^{i(\omega t-\varphi_1)} + e^{i(\omega t-\varphi_1+2\delta)}]$$

$$= C\frac{\operatorname{sen}\alpha}{\alpha}\,(1+e^{2i\delta})\, e^{i(\omega t-\varphi_1)}$$

o, como

$$1 + e^{2i\delta} = e^{i\delta}\,(e^{i\delta} + e^{-i\delta}) = 2\,e^{i\delta}\cos\delta \ \text{(véase ec. A 1-17)},$$

$$E_P = 2\,C\,\frac{\text{sen}\,\alpha}{\alpha}\cos\delta\, e^{i(\omega t - \varphi_1 + \delta)} \tag{4-74}$$

Esta ecuación representa una función sinusoidal de tiempo, de amplitud $2\,C$ (sen α/α) cos δ. Para $\vartheta = 0$, $\alpha = 0$, $\delta = 0$ y la amplitud adquiere su valor máximo, $2\,C$. Considerando que la intensidad es proporcional al cuadrado de la amplitud, obtenemos:

$$I = I_0\,\frac{\text{sen}^2\,\alpha}{\alpha^2}\cos^2\delta \tag{4-75}$$

que da la intensidad observada en un punto arbitrario P en términos de la intensidad I_0 en P_0 y de los parámetros α y δ que dependen de la posición de P.

El término (sen^2 α)/α^2 (término de difracción) es el mismo que el que interviene en la expresión de la distribución de intensidad en las figuras de difracción de una ranura. El término cos^2 δ (término de interferencia) es idéntico al término que entra en la expresión de la distribución de intensidad que resulta de la interferencia de dos ondas (ec. 3-28). De este modo (4-75) puede ser interpretado como la expresión de la intensidad resultante de la interferencia de dos ondas difractadas cuyas intensidades son iguales a $(I_0/4) \times$ (sen^2 α)/α^2, y cuya diferencia de fase es $2\,\delta$.

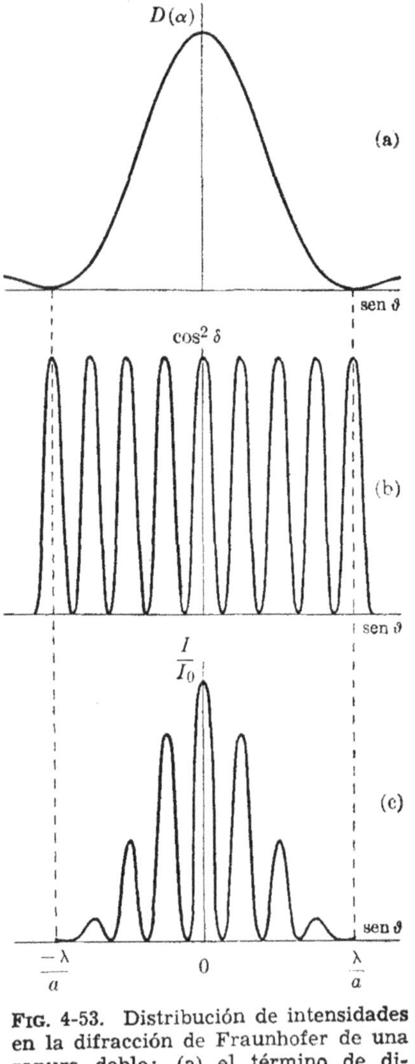

Fig. 4-53. Distribución de intensidades en la difracción de Fraunhofer de una ranura doble: (a) el término de difracción $D(\alpha) = (\text{sen}^2\,\alpha)/\alpha^2$, (b) el término de interferencia, cos^2 δ, (c) el producto $D(\alpha)$ cos^2 δ $[h = 4a]$.

En la figura 4-53 se dibujaron, el término de difracción, el término de interferencia y su producto (que representa la razón I/I_0) en función de sen ϑ. Al hacer estos gráficos hemos tomado $h = 4\,a$.

Como en el caso de una única ranura, la distribución que aparece en el plano focal Σ de la lente L_2 es una línea de intensidad variable o un sistema de franjas luminosas y oscuras, dependiendo de que, la fuente de luz S sea un punto o una línea paralela a las ranuras (Fig. 4-54). La intensidad es cero en los puntos donde $\cos \delta = 0$, esto es, para los siguientes valores de sen ϑ:

$$\text{sen}\ \vartheta = \pm \frac{1}{2}\frac{\lambda}{h}$$

$$\text{sen}\ \vartheta = \pm \frac{3}{2}\frac{\lambda}{h} \tag{4-76}$$

$$\vdots$$

$$\text{sen}\ \vartheta = \pm \frac{2k+1}{2}\frac{\lambda}{h}$$

donde k es un número entero.

Si el ancho a de las ranuras es pequeño comparado con la distancia h entre sus centros, el ancho del máximo central del término de difracción es grande comparado con la distancia entre ceros sucesivos del término de interferencia.

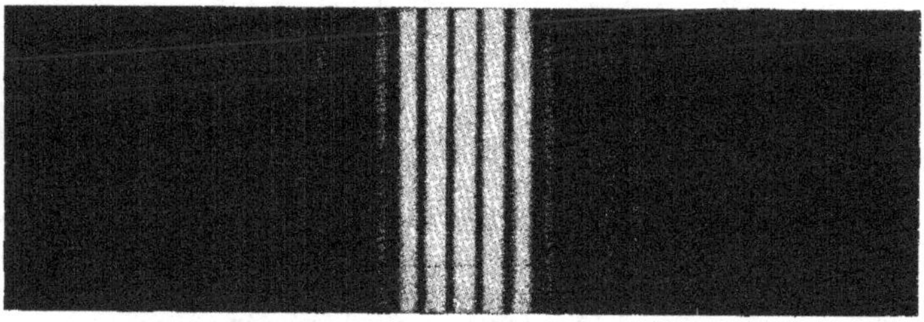

FIG. 4-54. **Estructura** de difracción de una ranura **doble** de Fraunhofer.

En este caso, para valores suficientemente pequeños de sen ϑ, el término de difracción es esencialmente una constante y la distribución de intensidad es controlada por el término de interferencia. Entonces, las frajas observadas cerca de la franja central ($\vartheta = 0$) tienen prácticamente igual intensidad. Los máximos de intensidad aparecerán en los siguientes valores de sen ϑ:

$$\text{sen}\ \vartheta = 0, \quad \text{sen}\ \vartheta = \pm \frac{\lambda}{h}, \quad \cdots, \quad \text{sen}\ \vartheta = \pm k\frac{\lambda}{h} \tag{4-77}$$

El número entero k representa aquí el orden de interferencia, es decir, la diferencia entre las trayectorias ópticas de los dos rayos que llegan a P desde los centros de las ranuras, expresados en longitudes de onda. Notemos que el máximo de intensidad de orden cero aparece en la misma posición (correspondiente a sen $\vartheta = 0$) para todas las longitudes de onda. Las posiciones de los máximos siguientes, sin embargo, dependen de la longitud de onda.

4-18. Red de difracción. La red de difracción es un instrumento óptico con importantes aplicaciones espectroscópicas. Una forma de este instrumento consiste en una pantalla opaca con un gran número de ranuras paralelas y equidistantes y de anchos iguales. La fuente de luz es usualmente una ranura intensamente iluminada paralela a las ranuras de la red, colocada en el plano focal de la lente L_1. Las figuras de difracción se observan en el plano focal de una lente L_2 colocada frente a la red (Fig. 4-55). Como en el caso de la ranura doble, los máximos de intensidad aparecen en puntos correspondientes a los siguientes valores de sen ϑ:

$$\operatorname{sen} \vartheta = 0, \quad \operatorname{sen} \vartheta = \pm \frac{\lambda}{h}, \quad \operatorname{sen} \vartheta = \pm 2 \frac{\lambda}{h}, \quad \cdots, \quad \operatorname{sen} \vartheta = \pm k \frac{\lambda}{h} \tag{4-78}$$

donde h representa la distancia entre los centros de dos ranuras vecinas. Esto es fácilmente comprensible, pues las ecuaciones (4-78) significan que los caminos ópticos de los dos rayos que alcanzan el punto de convergencia desde los centros

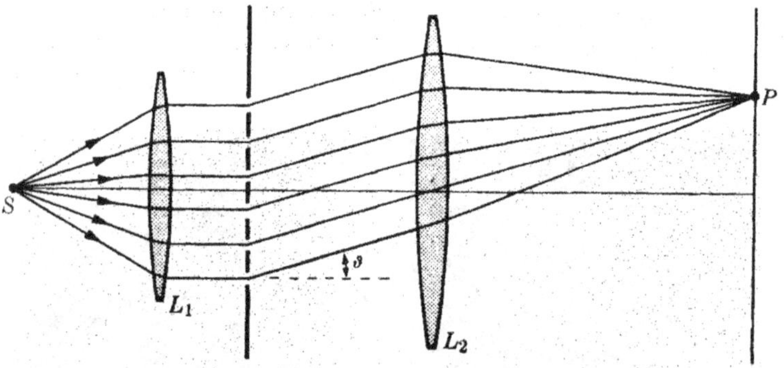

FIG. 4-55. Enrejado de difracción.

de dos ranuras vecinas son iguales o difieren en un múltiplo entero de una longitud de onda. De esta manera las ecuaciones (4-78) determinan los puntos donde las perturbaciones provenientes de las diferentes ranuras llegan con la misma fase.

En el caso de la ranura doble, hay sólo un mínimo entre los máximos correspondientes a valores consecutivos de k en (4-78). Ahora mostraremos, sin embargo, que en el caso de la red, hay entre estos máximos un gran número de mínimos separados por un gran número de máximos de intensidad mucho menor. Los últimos son *máximos secundarios,* y los máximos definidos por (4-78) son los *máximos principales.*

Es fácil ver que si N es el número de ranuras, la intensidad es cero cuando ϑ satisface la ecuación

$$\operatorname{sen} \vartheta = \pm \frac{\lambda}{N h} \tag{4-79}$$

En efecto, para este valor de ϑ, la diferencia entre los caminos ópticos de dos rayos de ranuras adyacentes es $h \operatorname{sen} \vartheta = \pm \lambda/N$, y de ahí que su diferencia de fase en los puntos de interferencia sea $2\pi/N$. Las perturbaciones provenientes de las N ranuras diferentes son de este modo representadas por N vectores de igual longitud, cada uno formando un ángulo de $2\pi/N$ con su vecino. Cuando son dispuestos uno a continuación del otro, estos vectores forman un polígono regular cerrado de N lados. El vector suma que representa la perturbación resultante, es en consecuencia cero.

La ecuación (4-79) determina la posición del primer mínimo que sigue al máximo de orden cero. En general encontramos que ocurren mínimos en todos los valores siguiente de sen ϑ:

$$\text{sen}\,\vartheta = \pm\frac{\lambda}{Nh}, \quad \text{sen}\,\vartheta = \pm\frac{2\lambda}{Nh}, \quad \cdots, \quad \text{sen}\,\vartheta = \pm\frac{m\lambda}{Nh} \tag{4-80}$$

donde m es un número entero que no es ni cero ni un múltiplo de N. Así, entre los máximos principales de orden cero y los máximos principales de orden uno, como también entre otro cualquiera de máximos principales contiguos, hay $N-1$ mínimos igualmente espaciados separados por $N-2$ máximos secundarios.

Para calcular la intensidad en el punto P correspondiente al ángulo ϑ (Figura 4-55), definimos nuevamente el parámetro $\delta = \pi h$ sen ϑ/λ como en la sección anterior (ec. 4-73) y observamos que $2n\delta$ representa la diferencia de fase entre las perturbaciones ópticas que llegan al punto de interferencia desde la ranura 1 y desde la ranura $n+1$, respectivamente. Podemos representar la perturbación procedente de la primera ranura por una ecuación del siguiente tipo (véase ecuación 4-66)

$$E_1 = C\frac{\text{sen}\,\alpha}{\alpha}e^{i(\omega t - \varphi)}$$

La perturbación procedente de la ranura $n+1$ es dada entonces por:

$$E_{n+1} = C\,\frac{\text{sen}\,\alpha}{\alpha}\,e^{i(\omega t - \varphi + 2n\delta)}$$

o

$$E_{n+1} = C\frac{\text{sen}\,\alpha}{\alpha}e^{i(\omega t - \varphi)}\,e^{2in\delta} \tag{4-81}$$

La perturbación en P que resulta de la interferencia de los N rayos difractados es:

$$E_P = E_1 + E_2 + \cdots + E_N.$$

o

$$E_P = C\,\frac{\text{sen}\,\alpha}{\alpha}\,e^{i(\omega t - \varphi)}\sum_0^{N-1} e^{2in\delta} \tag{4-82}$$

De la ecuación (A 1-22) obtenemos:

$$\sum_0^{N-1} e^{2in\delta} = \frac{1 - e^{2iN\delta}}{1 - e^{2i\delta}} = \frac{e^{iN\delta}}{e^{i\delta}}\,\frac{e^{iN\delta} - e^{-iN\delta}}{e^{i\delta} - e^{-i\delta}}$$

$$= e^{i(N-1)\delta}\frac{\text{sen}\,(N\delta)}{\text{sen}\,\delta}$$

La expresión para E_P se hace entonces:

$$E_P = C \frac{\operatorname{sen} \alpha}{\alpha} \frac{\operatorname{sen} (N \delta)}{\operatorname{sen} \delta} e^{i[\omega t - \varphi + (N-1)\delta]} \tag{4-83}$$

que representa una función sinusoidal de tiempo, de amplitud:

$$C \frac{\operatorname{sen} \alpha}{\alpha} \frac{\operatorname{sen} (N \delta)}{\operatorname{sen} \delta}$$

Considerando que:

$$\frac{\operatorname{sen} \alpha}{\alpha} = 1, \quad \text{para} \quad \alpha = 0$$

y que:

$$\left| \frac{\operatorname{sen} (N \delta)}{\operatorname{sen} \delta} \right| = N, \quad \text{para } \delta = 0, \text{ o en general, para } \delta = \pm k \pi \tag{4-84}$$

encontramos que la amplitud en el máximo de orden cero, es decir, en el punto correspondiente a $\vartheta = 0$, es $N C$. Obtenemos ahora la siguiente expresión para la intensidad I_P en el punto P correspondiente al ángulo ϑ:

$$I_P = \frac{I_0}{N^2} \frac{\operatorname{sen}^2 \alpha}{\alpha^2} \frac{\operatorname{sen}^2 (N \delta)}{\operatorname{sen}^2 \delta} \tag{4-85}$$

donde I_0 es la intensidad en el máximo de orden cero, es decir, en el punto correspondiente a $\vartheta = 0$.

Aquí nuevamente, como en el caso de la ranura doble, la expresión para I_P contiene un término de difracción ($\operatorname{sen}^2 \alpha/\alpha^2$) y un término de interferencia [$\operatorname{sen}^2 (N \delta)/\operatorname{sen}^2 \delta$]. Estos dos términos y su producto (representando la cantidad $I_P N^2/I_0$) aparecen en la figura 4-56 como funciones de sen ϑ, para el caso donde $N = 10$ y $h = 2a$.

En coincidencia con los resultados de la discusión precedente, la ecuación (4-85) muestra que los máximos principales ocurren cuando δ es un múltiplo entero de π, esto es, cuando ϑ satisface una de las ecuaciones (4-78). Recordando (4-84), reconocemos que la intensidad en los máximos principales está dada por:

$$I_P = I_0 \frac{\operatorname{sen}^2 \alpha}{\alpha^2} \tag{4-86}$$

También de acuerdo con la discusión anterior, encontramos que la intensidad es cero cuando $N \delta$ es un múltiplo entero de π, pero δ no lo es, es decir, cuando ϑ satisface una de las ecuaciones (4-80). Los máximos secundarios ocurren *aproximadamente* a mitad de camino entre los mínimos, es decir, aproximadamente, para los siguientes valores de sen ϑ:

$$\operatorname{sen} \vartheta = \pm \frac{3}{2} \frac{\lambda}{N h}, \quad \operatorname{sen} \vartheta = \pm \frac{5}{2} \frac{\lambda}{N h}, \quad \cdots \tag{4-87}$$

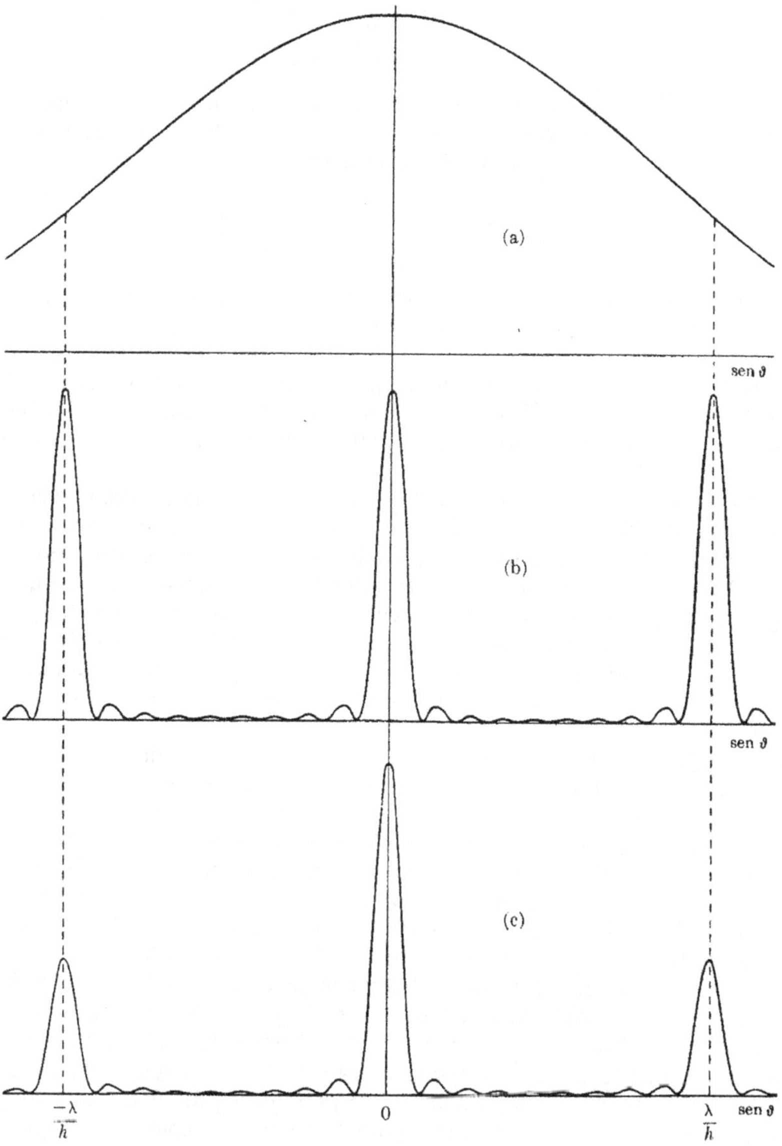

Fig. 4-56. Distribución de la intensidad de la estructura de una línea de difracción: (a) el término de difracción, (b) de interferencia, (c) el producto de los **dos términos.**

Para estos valores de ϑ, $|\text{sen } N\delta| = 1$ y (4-85) produce:

$$I_P = \frac{I_0}{N^2} \frac{\text{sen}^2 \alpha}{\alpha^2} \frac{1}{\text{sen}^2 \delta} \tag{4-88}$$

En particular, en los máximos secundarios adyacentes al máximo principal de orden k, δ tiene el valor $k\pi + 3\pi/2N$. Como N es un número grande, $3\pi/2N \ll 1$, $|\text{sen } \delta| \approx 3\pi/2N$, y (4-88) se hace:

$$I_P = I_0 \frac{\text{sen}^2 \alpha}{\alpha^2} \left(\frac{2}{3\pi}\right)^2 \approx \frac{1}{22} I_0 \frac{\text{sen}^2 \alpha}{\alpha^2} \tag{4-89}$$

De esta manera las intensidades de estos máximos son sólo 1/22 la del máximo principal.

Las intensidades de los máximos secundarios decrecen a medida que sen δ aumenta, es decir, a medida que uno se acerca a la región a mitad camino entre los máximos principales. En esta región sen $\delta \approx 1$ y las intensidades de los máximos secundarios son aproximadamente $1/N^2$ la de los máximos principales adyacentes.

Las redes comúnmente usadas en espectroscopia tienen hasta varios cientos de miles de ranuras. Para un valor tan grande de N, los máximos principales son muy angostos. Los máximos secundarios adyacentes a los máximos principales no pueden ser vistos a causa de la muy pequeña separación angular de los máximos principales, y los otros máximos no pueden ser detectados por sus pequeñas intensidades. Cuando se usa luz monocromática, la distribución de interferencia producida por la ranura consiste en un número de delgadas líneas luminosas sobre un fondo oscuro, donde cada línea corresponde a un orden diferente de interferencia.

Es evidente que el aumento de las ranuras de dos a N no cambia la posición de los máximos, sino que los hace más agudos. Encontramos una situación similar cuando investigamos otros ejemplos de interferencia múltiple en sección 3-9.

Es la definición de las líneas de interferencia lo que hace de la red un valioso instrumento óptico. Para analizar la operación de la red como un espectroscopio, supongamos ahora que la fuente de luz, en vez de emitir ondas monocromáticas, emite ondas de varias longitudes. La posición de los máximos de orden cero es la misma para todas las longitudes de onda ($\vartheta = 0$). Los otros máximos sin embargo, aparecen en diferentes posiciones para las diferentes longitudes de onda; de ese modo, para cada orden de interferencia excepto el orden cero, encontramos tantas líneas como diferentes longitudes de onda haya en la fuente de luz. Estas líneas pueden ser consideradas como imágenes monocromáticas separadas de la fuente, y las líneas correspondientes al primero, segundo, etc., orden de interferencia, se considera que forman los espectros de primero, segundo, etc. orden. Estos espectros tienen alguna semejanza con los espectros producidos por prismas (véase sección 2-14), pero a diferencia del prisma, la red separa luz de largas longitudes de onda en forma más pronunciada que luz de cortas longitudes de onda. Además, en el caso de la red, la posición angular de una línea de orden dado, está relacionada por una simple ecuación a la longitud de onda y a la distancia entre las ranuras. En consecuencia, la red brinda la posibilidad de una medida absoluta de la longitud de onda.

Supongamos que la fuente emite luz de dos longitudes de onda λ y $\lambda + \Delta\lambda$, cercanas entre sí. Los máximos correspondientes de orden k aparecen en ángulos ϑ y $\vartheta + \Delta\vartheta$ tales que:

$$\operatorname{sen} \vartheta = k \frac{\lambda}{h}, \qquad \operatorname{sen} (\vartheta + \Delta\vartheta) = k (\lambda + \Delta\lambda)/h$$

(véase ecuación 4-78). Si $\Delta\lambda \ll \lambda$, entonces $\Delta\vartheta \ll \vartheta$, en cuyo caso podemos escribir $\operatorname{sen} (\vartheta + \Delta\vartheta) = \operatorname{sen} \vartheta + \Delta\vartheta \cos \vartheta$. Las dos ecuaciones anteriores conducen entonces a:

$$\frac{\Delta\vartheta}{\Delta\lambda} = \frac{k}{h \cos \vartheta} \tag{4-90}$$

La cantidad $\Delta\vartheta/\Delta\lambda$ se llama la *dispersión angular* de la red en el orden k. La distancia entre las ranuras es proporcional a k e inversamente proporcional a h.

El ancho de las líneas espectrales formadas por una red permanece finito, aun cuando el ancho de la ranura iluminada usada como fuente tienda a cero. Por lo tanto, como la diferencia en longitud de onda $\Delta\lambda$ decrece indefinidamente, las líneas correspondientes a las dos longitudes de onda consideradas antes se fusionarán eventualmente en una sola línea. Como criterio práctico, supondremos que las dos líneas pueden ser resueltas si su separación excede la mitad del ancho de cada línea, es decir, la distancia entre un máximo principal y un mínimo adyacente. Si ϑ es la posición angular del máximo de orden k y $\vartheta + \delta\vartheta$ la del mínimo adyacente, tenemos:

$$\operatorname{sen} \vartheta = k \frac{\lambda}{h}, \qquad \operatorname{sen} (\vartheta + \delta\vartheta) = \left(k + \frac{1}{N}\right) \frac{\lambda}{h}$$

(ecuaciones 4-78 y 4-80). Como $\delta\vartheta$ es un ángulo muy pequeño, las dos ecuaciones anteriores nos dan:

$$\delta\vartheta = \frac{\lambda}{N h} \frac{1}{\cos \vartheta} \tag{4-91}$$

Igualando la cantidad $\Delta\vartheta$ dada por (4-90) a la cantidad $\delta\vartheta$ dada por (4-91) encontramos:

$$\frac{k}{h \cos \vartheta} \Delta\lambda = \frac{\lambda}{N h} \frac{1}{\cos \vartheta}$$

o

$$\frac{\lambda}{\Delta\lambda} = N k \tag{4-92}$$

De acuerdo con el criterio establecido antes, esta ecuación determina la menor diferencia en longitud de onda $\Delta\lambda$ que una red puede resolver en el orden k. La cantidad $\lambda/\Delta\lambda$ (es decir, la razón inversa de la diferencia, en longitud de onda, de la longitud de onda promedio de dos radiaciones) es llamada el *poder resolutivo* de la red. Vemos por la ecuación (4-92) que el poder resolutivo es el producto del número de ranuras, N, por el orden k del espectro considerado. Así, es prácticamente igual a la diferencia entre las trayectorias ópticas de los rayos que llegan al punto de interferencia desde la primera y la última ranura de la red, respectivamente, expresadas en longitudes de onda.

Notemos que el poder resolutor (a diferencia de la dispersión) es independiente de la separación entre ranuras.

Redes del tipo considerado hasta ahora son conocidas como *redes de transmisión*. Una red de transmisión puede hacerse fotografiando un pedazo de papel blanco en el cual se han dibujado un número de líneas negras paralelas. Redes de calidad más elevada son hechas de placas de vidrio en las que se han trazado a máquina, finas estrías.

La figura 4-57 muestra un mecanismo típico de redes de transmisión. Un tubo de metal, con una ranura S en un extremo y una lente L_1 en el otro, actúa como un colimador que provee un haz de luz que incide perpendicularmente sobre la red G. Un telescopio está montado de manera tal que puede ser rotado de un eje que pasa por el centro de la red y paralelo a las ranuras. La lente L_2 del objetivo del telescopio hace que los rayos difractados por las redes con un ángulo dado ϑ converjan en un punto de su plano focal, donde pueden ser fotografiados u observados por medio del ocular L_2. Para determinar experimentalmente el ángulo ϑ correspondiente a un máximo principal dado, la imagen de la ranura correspondiente a este máximo se ubica en el centro del campo del telescopio. Luego, se hace girar el telescopio hasta que la imagen de la ranura correspondiente al orden de interferencia cero aparece en la misma posición en el campo visual. En ángulo ϑ es igual al ángulo rotado por el telescopio. Para hacer posible una medición cuidadosa, se coloca un cabello o una placa de vidrio con una delgada línea de referencia en el plano focal del telescopio.

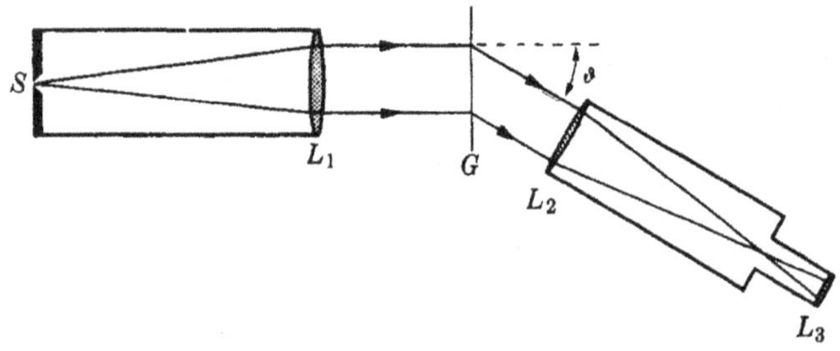

FIG. 4-57. **Arreglo para el uso de las líneas de transmisión.**

Además de las redes de transmisión descritas, se usan también comúnmente en espectroscopia, *redes de reflexión*. Son trazadas sobre superficies de metal pulidas con métodos similares a los empleados en marcar superficies de vidrio para la preparación de redes de transmisión. Si la superficie marcada es cóncava, actúa como un espejo cóncavo, como así también de red, y de esta manera produce líneas espectrales bien delineadas sin el uso de lentes. El evitar el uso de lentes es una ventaja importante en la espectroscopia del ultravioleta, porque los rayos ultravioletas son fuertemente absorbidos por vidrio óptico común.

4-19. Redes bidimensionales. Una pantalla opaca con un número de pequeñas aberturas ubicadas en los puntos de intersección de dos familias de líneas paralelas y equidistantes, mutuamente perpendiculares forma una red bidimensional. Suponemos en primer lugar que la red es iluminada por una onda monocromática plana, que incide perpendicularmente sobre la misma, y que la luz difractada por las aberturas es recogida por una lente convergente. Las aberturas operan esencialmente como fuentes sincrónicas. En el plano focal de la lente, la intensidad será un máximo en aquellos puntos donde los rayos que se originan en todas las aberturas llegan con la misma fase. Esto ocurre cuando las trayectorias ópticas entre la red y el punto de convergencia difieren en múltiplos enteros de la longitud de onda.

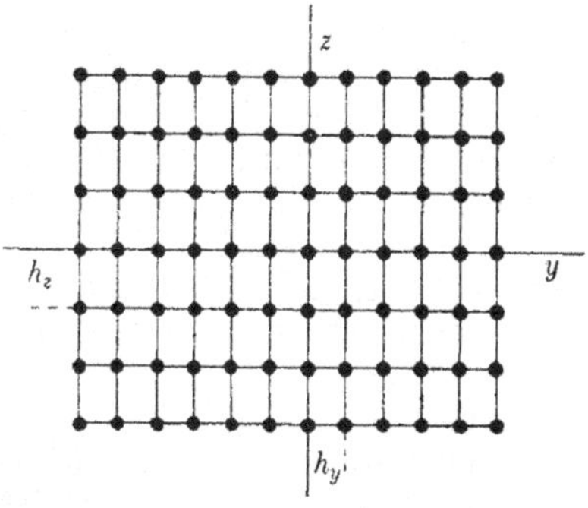

FIG. 4-58. Red bidimensional.

Consideremos, en el plano de la red, los ejes ortogonales y y z, paralelos a las líneas en que se encuentran las aberturas. Sean h_y y h_z los espacios entre las aberturas en las direcciones de los ejes y y z respectivamente (Fig. 4-58). Si el origen está en el centro de una de las aberturas, las coordenadas y y z de todas las otras aberturas son múltiplos enteros de h_y y h_z, respectivamente. Como en la sección 4-15 caracterizamos una dirección dada de los rayos difractados por las cantidades γ_y y γ_z, que representan los cosenos de los ángulos que estos rayos forman con los ejes y y z. En las direcciones que satisfacen ecuaciones del tipo

$$h_y \gamma_y = k_y \lambda \tag{4-93}$$

donde k_y es un número entero, las perturbaciones provenientes de las aberturas que se encuentran en líneas paralelas al eje y llegan en fase al punto de interferencia. Similarmente, en las direcciones que satisfacen ecuaciones del tipo:

$$h_z \gamma_z = k_z \lambda \tag{4-94}$$

donde k_z es igualmente un número entero, las perturbaciones provenientes de las aberturas que se encuentran en líneas paralelas al eje z llegan en fase al punto de interferencia.

En puntos correspondientes a direcciones que satisfacen *simultáneamente* a (4-93) y (4-94), las perturbaciones provenientes de *todas* las aberturas están en fase, y los máximos de interferencia que aparecen en tales puntos corresponden a los máximos principales producidos por las redes lineales. Cuando hay muchas aberturas, la intensidad de la luz es concentrada en la vecindad inmediata de los puntos definidos por (4-93) y (4-94), por, esencialmente, las mismas razones que explican los delgados máximos de interferencia de la red lineal. Consecuentemente, se observará una distribución rectangular de puntos luminosos sobre un fondo oscuro, siendo cada uno una imagen separada de una fuente puntual en el plano focal de la lente que recoge la luz difractada, como se ve en la figura 4-59. Cada punto puede ser considerado como una imagen separada de la fuente puntual. Si f es la longitud de foco de la lente, el intervalo entre los puntos en la dirección del eje y es $f\lambda/h_y$, y el intervalo en la dirección del eje z es $f\lambda/h_z$. En la figura 4-59 los números asignados a cada punto indican los valores de k_y y k_z, respectivamente. El punto correspondiente a $k_y = k_z = 0$ se encuentra en el eje de la lente, y como la luminosidad de los puntos decrece con los valores crecientes de k_y y k_z los puntos más luminosos se encuentran distribuidos en forma de cruz, alrededor de las líneas correspondientes a $k_y = 0$ y $k_z = 0$.

Cuando se usa luz blanca como fuente, en lugar de luz monocromática, aparecerá una hilera de pequeños espectros coloreados en lugar de los puntos. En el centro, sin embargo, habrá un punto blanco, ya que la posición del máximo correspondiente a $k_y = k_z = 0$ es independiente de la longitud de onda.

Al comienzo de este capítulo, mencionamos que los fenómenos descritos pueden ser observados dirigiendo la vista a una luz distante a través de una delgada tela apretadamente tejida. En este caso, el sistema óptico del ojo, acomodado al infinito, toma el lugar de la lente y la retina toma el lugar de la pantalla de observación.

Hemos supuesto hasta aquí que la onda incidente viaja en dirección perpendicular al plano de la red. Si éste no es el caso, las fuentes virtuales correspondientes a los agujeros de difracción ya no están en fase entre sí. Como antes, denotamos por γ_y y γ_z los cosenos de los ángulos que un haz paralelo de rayos difractados forma con los ejes y y z respectivamente. Definimos entonces $\gamma_y^{(0)}$ y $\gamma_z^{(0)}$ como los cosenos de los ángulos formados por el rayo incidente con los mismos dos ejes. Encontramos que entre la fuente y el punto de interferencia, las trayectorias de los dos rayos que pasan por dos agujeros vecinos en la dirección y difieren en $\gamma_y h_y - \gamma_y^{(0)} h_y$ (Fig. 4-60). En consecuencia, las perturbaciones provenientes de las aberturas que se encuentran en líneas paralelas al eje y

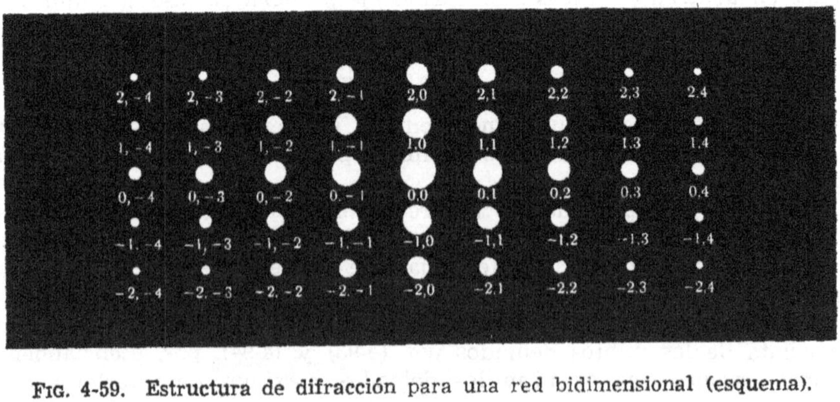

FIG. 4-59. Estructura de difracción para una red bidimensional (esquema).

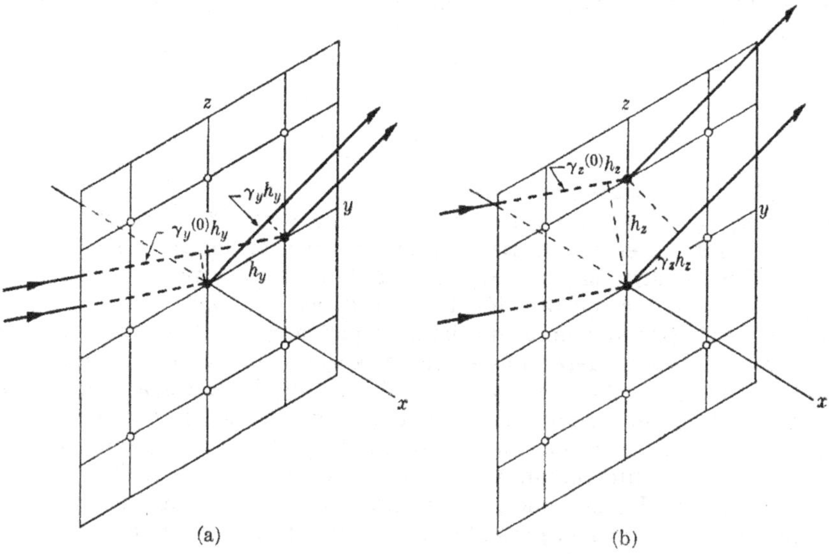

FIG. 4-60.

llegan en fase entre sí al punto de interferencia si se satisface la siguiente ecuación:

$$(\gamma_y - \gamma_y^{(0)})\, h_y = k_y\, \lambda \tag{4-95}$$

La correspondiente condición relativa a la dirección z es:

$$(\gamma_z - \gamma_z^{(0)})\, h_z = k_z\, \lambda \tag{4-96}$$

Estas ecuaciones son generalizaciones de las (4-93) y (4-94).

4-20. Redes tridimensionales. Difracción de rayos X por cristales. Como otra extensión de las redes uni y bidimensionales discutidas en las secciones precedentes, consideremos ahora una *red tridimensional*. Suponemos que los centros de difracción forman un reticulado cuyos elementos tienen dimensiones h_x, h_y y h_z en las direcciones de los ejes x, y y z, respectivamente (Fig. 4-61). Denotamos por $\gamma_x^{(0)}$, $\gamma_y^{(0)}$ y $\gamma_z^{(0)}$, los cosenos de los ángulos formados por la dirección de propagación de la onda plana incidente con los tres ejes coordenados, y por γ_x, γ_y, γ_z los cosenos que definen la dirección de un haz paralelo de rayos difractados. Un argumento similar al desarrollado en las secciones precedentes muestra que los rayos difractados, cuando son reunidos por una lente con-

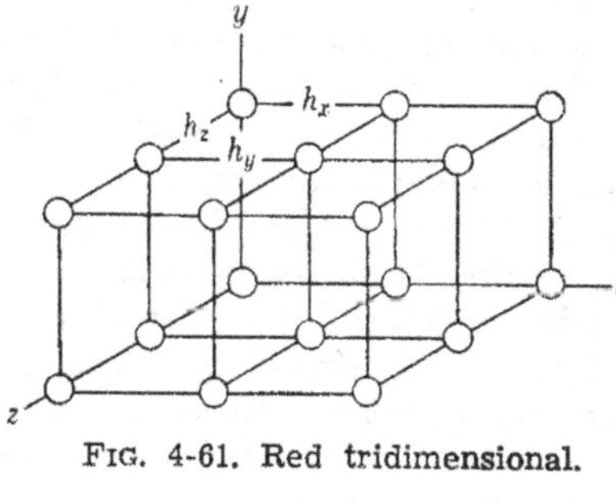

FIG. 4-61. Red tridimensional.

vergente, interferirán constructivamente sólo cuando se satisfacen las siguientes condiciones:

$$
\begin{aligned}
(\gamma_x - \gamma_x^{(0)})\, h_x &= k_x \lambda,\\
(\gamma_y - \gamma_y^{(0)})\, h_y &= k_y \lambda,\\
(\gamma_z - \gamma_z^{(0)})\, h_z &= k_z \lambda.
\end{aligned} \tag{4-97}
$$

donde k_x, k_y, k_z son números enteros.

Si $k_x = k_y = k_z = 0$, estas ecuaciones producen $\gamma_x = \gamma_x^{(0)}$, $\gamma_y = \gamma_y^{(0)}$, $\gamma_z = \gamma_z^{(0)}$ y siempre hay interferencia constructiva en la dirección de propagación del rayo incidente. Sin embargo, si por lo menos uno de los tres números k_x, k_y, k_z es distinto de cero, y si λ como también las cantidades $\gamma_x^{(0)}$, $\gamma_y^{(0)}$, $\gamma_z^{(0)}$ son dadas, las ecuaciones (4-97) por lo general no tienen solución común. En efecto, la primera de las ecuaciones (4-97) determina el valor de γ_x y define de esa manera un cono circular con el eje en la dirección x. Similarmente, la segunda ecuación define un cono con el eje en la dirección y, y la tercera define un cono con el eje en la dirección z. Las tres ecuaciones pueden ser satisfechas simultáneamente sólo si los tres conos se interceptan a lo largo de la misma línea, lo que en general, no será verdadero. De este modo concluimos que, en general, la red tridimensional no difractará un haz paralelo de luz monocromática y se comportará en este respecto como un medio transparente.

Sin embargo, para todo valor dado de λ hay ciertas direcciones preferidas de incidencia en las cuales tienen lugar fenómenos de difracción, es decir, en las cuales los máximos de orden distinto de cero se hacen observables. Inversamente, *para toda dirección de incidencia dada* hay ciertos valores especiales de λ para los cuales aparecen tales máximos de interferencia. En efecto, como γ_x, γ_y y γ_z son las componentes de un vector unitario, la suma de sus cuadrados es igual a 1 y las ecuaciones (4-97) dan:

$$
\left(\frac{k_x}{h_x}\lambda + \gamma_x^{(0)}\right)^2 + \left(\frac{k_y}{h_y}\lambda + \gamma_y^{(0)}\right)^2 + \left(\frac{k_z}{h_z}\lambda + \gamma_z^{(0)}\right)^2 = 1 \tag{4-98}
$$

Esta ecuación nos provee de una relación entre la longitud de onda λ y la dirección de incidencia (caracterizada por $\gamma_x^{(0)}$, $\gamma_y^{(0)}$ y $\gamma_z^{(0)}$) que deben ser satisfechas para que sea observado el máximo de orden k_x, k_y, k_z.

Redes tridimensionales del tipo discutido aquí nos son provistas por la naturaleza en la forma de *cristales*. Un cristal es una formación de átomos, iones, o moléculas que forman un enrejado de espaciado regular. Cuando una onda de luz choca con el cristal, los átomos (o iones, o moléculas) se convierten en fuentes coherentes de ondas secundarias. El efecto responsable de la emisión secundaria puede ser descrito más correctamente como un proceso de dispersión más que un fenómeno de difracción (véase sección 8-8), pero esto no altera los resultados que surgen de una consideración de la interferencia de ondas secundarias.

En lo que sigue, limitaremos nuestra discusión al caso de cristales con reticulados rectangulares, a pesar de que se pueden encontrar muchos otros tipos de reticulados cristalinos en la naturaleza. Sin embargo, los resultados se aplicarán, por lo menos cualitativamente, a todo tipo de cristales.

Las distancias h_x, h_y, h_z entre átomos vecinos en un reticulado cristalino son del orden de varios angstroms, y por lo tanto mucho más pequeños que la longitud de onda de la luz visible. Como las cantidades $\gamma_x - \gamma_x^{(0)}$, $\gamma_y - \gamma_y^{(0)}$, $\gamma_z - \gamma_z^{(0)}$ no pueden ser más grandes que 2, las ecuaciones (4-97) tienen entonces sólo una solución, correspondiente a $K_x = K_y = K_z = 0$, sin consideraciones acerca de la dirección de incidencia y del valor exacto de λ. De ahí que los cristales no difractan luz visible.

Existen, sin embargo, radiaciones similares a la luz visible en su naturaleza física, pero de longitudes de onda más cortas (véase sección 7-5). Radiaciones con longitudes de onda algo menores que dos veces la distancia entre átomos vecinos en cristales darán origen a fenómenos de difracción fácilmente observables del tipo discutido antes. Las radiaciones caen en la llamada zona de rayos X.

La observación de fenómenos de difracción por cristales ha provisto a los físicos con una valiosa herramienta para la investigación de la estructura del cristal y para la espectroscopia de los rayos X. Mencionaremos aquí algunos experimentos típicos.

(a) En la figura 4-62, S representa una fuente puntual que produce un *espectro continuo* de rayos X; D es una pantalla de metal con un pequeño agujero que define un haz delgado de rayos X; C es un cristal y Σ es una placa fotográfica. Si el diámetro del agujero en la pantalla D es suficientemente pequeño comparado con la distancia de S a D y de C a Σ, los rayos incidentes sobre el cristal son casi paralelos entre sí, e igualmente lo son los rayos difractados que convergen en un punto dado P de la placa fotográfica (notemos que no se pueden usar lentes en experimentos con rayos X, porque estos rayos no son refractados por el vidrio).

Como un cristal se comporta como un medio transparente para casi todas las longitudes de onda, la mayor parte del haz incidente atraviesa el cristal sin ser desviado. Sin embargo, se producen fenómenos de difracción para ciertos valores de λ. Estos valores están dados por la ecuación (4-98), donde $\gamma_x^{(0)}$, $\gamma_y^{(0)}$ y $\gamma_z^{(0)}$ son números fijos que indican la dirección del haz incidente relativo a los ejes de la red de cristal, y k_x, k_y y k_z son números enteros, que describen el orden de interferencia. Por ejemplo, la ecuación:

$$\left(\frac{\lambda}{h_x} - \gamma_x^{(0)}\right)^2 + (\gamma_y^{(0)})^2 + (\gamma_z^{(0)})^2 = 1$$

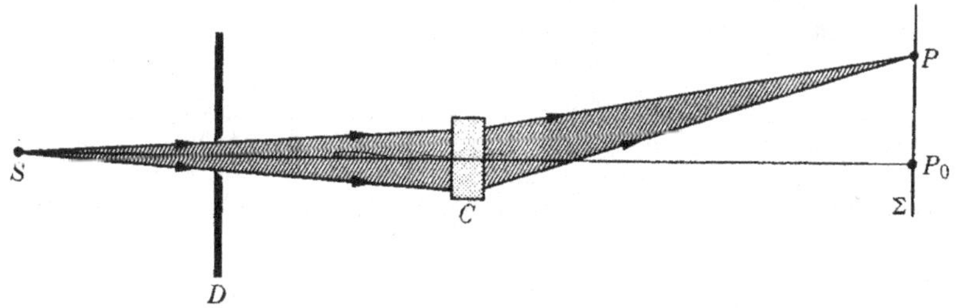

FIG. 4-62. **Arreglo experimental para la observación de la difracción de Laue.**

determina la longitud de onda que produce un máximo de interferencia de orden (1, 0, 0). La dirección de los rayos dispersos que dan lugar a este máximo de interferencia está determinada por las ecuaciones (4-97) que, con $k_x = 1$, $k_y = 0$, $k_z = 0$, dan:

$$\gamma_x = \gamma_x^{(0)} + \lambda/h_x, \qquad \gamma_y = \gamma_y^{(0)}, \qquad \gamma_z = \gamma_z^{(0)}$$

Por esto, la distribución de difracción producida en la placa fotográfica consistirá en un número de manchas, regularmente dispuestas alrededor de la mancha central donde el haz no desviado golpea la placa. Este tipo de distribución de difracción es conocido como una *distribución de Laue* (Fig. 4-63).

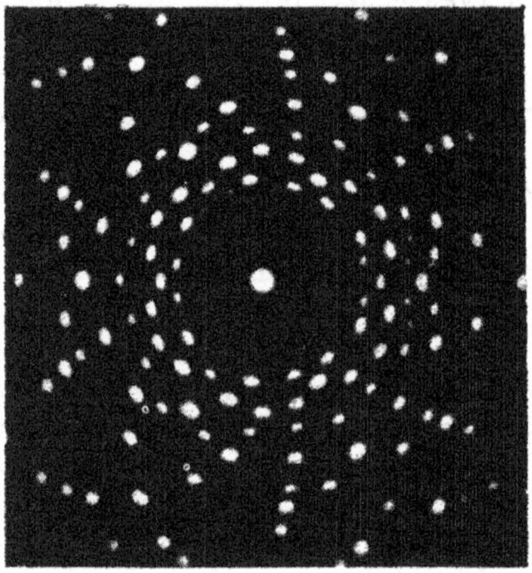

FIG. 4-63. Estructura de difracción de Laue formada por rayos X atravesando un cristal de cuarzo.

(b) Consideremos nuevamente el aparato experimental de la figura 4-62, pero supongamos ahora que S es una fuente monocromática de rayos X. Entonces, en general, el haz de rayos X pasará por el cristal sin ser desviado. Sin embargo, para toda elección dada de números enteros k_x, k_y, k_z hay ciertas orientaciones del cristal para las cuales la ecuación (4-98) es satisfecha y para las cuales el cristal difractará el haz de rayos X, produciendo un máximo de interferencia de orden (k_x, k_y, k_z). Si, comenzando desde una de estas orientaciones rotamos el cristal alrededor de un eje paralelo al haz incidente, no cambiamos la dirección del haz incidente con respecto del enrejado de cristal. Por lo tanto el cristal continúa produciendo un máximo de interferencia de orden (k_x, k_y, k_z) y el punto en la placa fotográfica donde este máximo tiene lugar describe un círculo (Fig. 4-64).

Supongamos ahora que el cristal C es reemplazado por un *polvo cristalino*, consistente en un gran número de pequeños cristales orientados al azar. Para cada orden de interferencia (k_x, k_y, k_z) las orientaciones de algunos de los cristales satisfará la ecuación (4-98) y las manchas de difracción producidas por estos cristales en las placas fotográficas se encontrarán en el círculo arriba descrito. La figura 4-65 muestra la distribución de interferencia resultante. Este tipo de distribución de interferencia es conocida como *distribución del polvo*.

En la discusión de la difracción de rayos X es a menudo útil formular las condiciones para la producción de varios máximos de interferencia de manera algo diferente. Multipliquemos las tres fórmulas de la ecuación (4-97) por tres enteros m_x, m_y y m_z y sumémoslos término a término. Si definimos el entero M del modo siguiente:

$$m_x k_x + m_y k_y + m_z k_z = M \qquad (4\text{-}99)$$

obtenemos:

$$(\gamma_x - \gamma_x^{(0)})(m_x - h_x) + (\gamma_y - \gamma_y^{(0)})(m_y - h_y) + (\gamma_z - \gamma_z^{(0)})(m_z - h_z) = M\lambda \qquad (4\text{-}100)$$

Los tres enteros m_x, m_y, m_z definen un centro de dispersión en la red cristalina, es decir, aquel localizado en $x = m_x h_x$, $y = m_y h_y$, $z = m_z h_z$. Para una elección dada de los números k_x, k_y, k_z a cada centro de dispersión corresponde un valor definido de M (ec. 4-99). Sin embargo, en todo cristal de tamaño razonable hay un gran

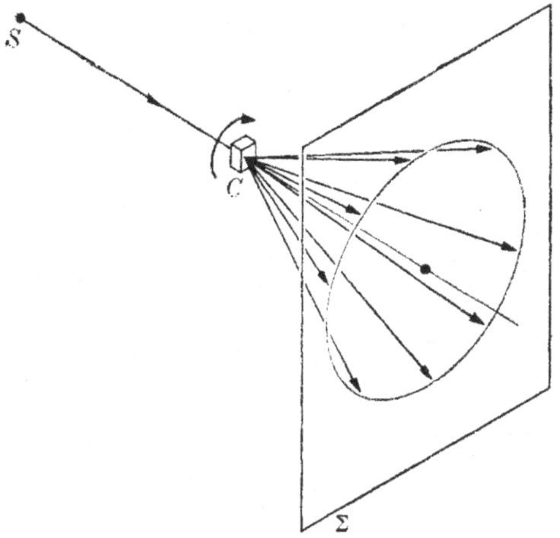

FIG. 4-64. Observación de la difracción en polvo.

número de centros correspondientes al mismo valor de M. Por ejemplo, M no cambia si en (4-99) m_x es reemplazado por $m_x + k_y$ y m_y por $m_y - k_x$, o si m_x es reemplazado por $m_x + k_y + k_z$, m_y por $m_y - k_x$ y m_z por $m_z - k_x$. De (4-100) vemos que todos los centros que corresponden al mismo valor de M yacen en un plano y que los planos definidos por dos valores diferentes de M son paralelos entre sí. Concluiremos que si un haz de rayos X incidente en la dirección $(\gamma_x^{(0)}, \gamma_y^{(0)}, \gamma_z^{(0)})$ produce

FIG. 4-65. Estructura de difracción del cobre en polvo por rayos X (cortesía de B. E. Warren; las líneas de difracción no son circulares porque el film fue puesto sobre una superficie cilíndrica).

un máximo de interferencia de orden (k_x, k_y, k_z) en la dirección $(\gamma_x, \gamma_y, \gamma_z)$, entonces todos los centros de dispersión del cristal pueden ser dispuestos en una familia de planos paralelos, *cada uno conteniendo un número muy grande de centros* (véanse ejemplos en la fig. 4-66).

Notamos ahora que $\gamma_x^{(0)}$, $\gamma_y^{(0)}$ y $\gamma_z^{(0)}$ son los tres componentes del vector unidad $\mathbf{u}^{(0)}$ apuntando en la dirección del haz incidente, y que γ_x, γ_y y γ_z son los tres componentes del vector unidad $\mathbf{u}$ apuntado en la dirección del haz de difracción. En consecuencia, $(\gamma_x - \gamma_x^{(0)})$, $(\gamma_y - \gamma_y^{(0)})$ y $(\gamma_z - \gamma_z^{(0)})$ son los tres componentes del vector $\mathbf{u} - \mathbf{u}^{(0)}$ (Fig. 4-66), que forma ángulos iguales con los vectores $\mathbf{u}$ y $\mathbf{u}^{(0)}$.

Denotemos por φ el valor común de estos ángulos. La magnitud del vector $\mathbf{u} - \mathbf{u}^{(0)}$ es entonces $2 \cos \varphi$.

Consideremos ahora el vector **R** conectando el origen con los centros de dispersión de coordenadas $x = m_x h_x$, $y = m_y h_y$, $z = m_z h_z$. La ecuación (4-100) puede ser escrita en la forma

$$(\mathbf{u} - \mathbf{u}^{(0)}) \cdot \mathbf{R} = M \lambda \tag{4-101}$$

y entonces vemos que los planos correspondientes a un orden dado de interferencia (k_x, k_y, k_z) y a diferentes valores de M son perpendiculares al vector $\mathbf{u} - \mathbf{u}^{(0)}$. La

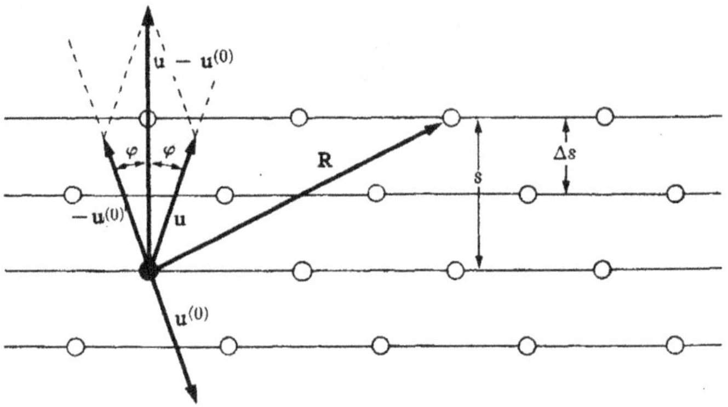

Fig. 4-66. Difracción de rayos X desde el punto de vista de cristales planos.

distancia s del origen del plano que pasa por el punto definido por el vector de posición **R** está dada por

$$s = \frac{\mathbf{R} \cdot (\mathbf{u} - \mathbf{u}^{(0)})}{|\mathbf{u} - \mathbf{u}^{(0)}|}$$

donde $|\mathbf{u} - \mathbf{u}^{(0)}|$ representa la magnitud del vector $\mathbf{u} - \mathbf{u}^{(0)}$ (Fig. 4-66). Recordando que $|\mathbf{u} - \mathbf{u}^{(0)}| = 2 \cos \varphi$ y tomando en cuenta la ecuación (4-101), obtenemos:

$$s = \frac{M \lambda}{2 \cos \varphi} \tag{4-102}$$

La clase de valores enteros que M puede adquirir depende de k_x, k_y, k_z. Por ejemplo, si $k_x = k_y = k_z = 1$, M puede ser cualquier entero. Sin embargo, si $k_x = k_y = k_z = 2$, M es siempre un número par. En general, para cada elección dada de k_x, k_y y k_z, los valores posibles de M son todos múltiplos de un entero dado m. En consecuencia, la separación entre planos vecinos es:

$$\Delta s = \frac{m \lambda}{2 \cos \varphi} \tag{4-103}$$

Los resultados anteriores nos proveen de una interpretación física simple. Los diferentes centros de difracción de un cristal pueden ser distribuidos en capas planas paralelas y equidistantes llamadas *cristales planos*. Cada cristal plano actúa como una superficie parcialmente reflectante y la reflexión ocurre de acuerdo con las leyes de la geometría óptica (los rayos incidentes y reflejados son coplanares con la perpendicular a la superficie reflectante, y el ángulo de reflexión φ es igual al ángulo de incidencia). Sin embargo, para producir interferencia constructiva, los rayos reflejados por los cristales planos de una familia dada deben estar cada uno en fase con los otros. Como la diferencia en camino entre dos rayos reflejados por cristales planos vecinos es de $2\,\Delta s \cos \varphi$, esto conduce a la condición:

$$2\,\Delta s \cos \varphi = m\,\lambda$$

donde m es un entero. Esta ecuación es idéntica a la (4-103).

4-21. Teoría de Abbe de la formación de imágenes y microscopios de contraste de fase. Ernst Abbe (1840-1905) observó que la formación de la imagen de un objeto iluminado por una lente puede ser considerado como un proceso de difracción doble: difracción del rayo de luz incidente por el objeto, y difracción de los rayos de luz difractados por la lente objetivo.

Este punto de vista es el fundamento de una teoría que posee muchas aplicaciones interesantes. Entre ellas es muy importante el *microscopio de contraste de fase*, un instrumento capaz de revelar estructuras diminutas caracterizadas por diferencias de grosor o índice de refracción más que en color u opacidad. Las estructuras celulares son a menudo de este tipo, por lo que el microscopio de contraste de fase es un instrumento útil en estudios biológicos. Los siguientes ejemplos ilustrarán los conceptos básicos de la teoría de Abbe y los principios del microscopio de contraste de fase.

Tres lentes, L, L', L'' están dispuestas coaxialmente de modo tal que el segundo plano focal Σ' de L' coincide con el primer plano focal de L'' (Fig. 4-67). Una fuente puntual S de luz monocromática está colocada en el primer punto focal de L. El haz de luz de rayos paralelos que partiendo de L incide perpendicularmente sobre una red de transmisión lineal cuyo plano coincide con el primer plano focal de L'. En Σ'', el segundo plano focal de L'' (la imagen plana) aparece una imagen real del reticulado. En el plano Σ' (el plano de difracción) aparece la característica distribución descrita en la sección 4-18. Si el número de ranuras es muy grande esta distribución de difracción se reduce a un número de puntos luminosos P_0, P_1, P_2, ..., P_{-1}, P_{-2}, ..., cada uno correspondiente a un orden diferente de interferencia, yaciendo en una línea recta perpendicular a las ranuras.

Partiendo de la teoría de Abbe, consideramos los puntos luminosos P_0, P_1, P_2, ..., P_{-1}, P_{-2}, ..., como fuentes secundarias coherentes, y consideramos la perturbación óptica en el plano de la imagen Σ'' como el resultado de las ondas originadas en estas fuentes. Cada fuente secundaria tiene una amplitud definida y una relación de fase definida con las otras fuentes, y puede entonces ser propiamente representada por un vector giratorio. Resulta claro que la clase de vectores rotantes asociados con varios máximos de interferencia en el plano de difracción Σ' determina únicamente la aparición de la distribución observada en el plano de la imagen Σ''.

Representemos por a el ancho de cada ranura de la red, h (Fig. 4-67) la distancia entre centros de las redes, O la intersección del eje del sistema óptico con el plano de la red, y b la distancia desde O al centro M de una ranura dada. N será el centro de una de las ranuras vecinas y O'', M'', N'' las imágenes de O, M, N en Σ''. Luego de atravesar L', los dos rayos que pasan a través de M y N perpendiculares al plano de la red se encuentran en el punto P_0 del plano de

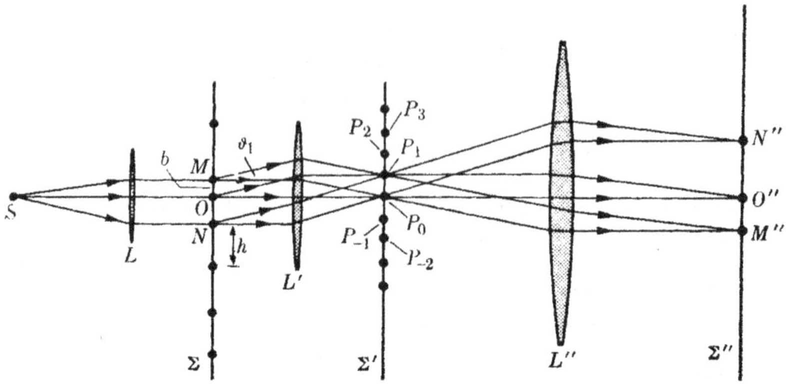

FIG. 4-67. Teoría de la formación de imagen, de Abbe.

difracción donde aparece el máximo de orden cero. Este punto yace en el eje del sistema óptico. Consideremos ahora los dos rayos paralelos que pasan a través de M y N y forman con la perpendicular al retículo un ángulo ϑ_1 tal que

$$\operatorname{sen} \vartheta_1 = \frac{\lambda}{h} \tag{4-104}$$

Después de atravesar L', estos rayos se interceptan en el punto P_1, donde aparece el máximo de orden + 1, en general, los rayos emergen de la red en un ángulo ϑ_k tal que

$$\operatorname{sen} \vartheta_k = k \frac{\lambda}{h} \tag{4-105}$$

son reunidos por la lente en el punto P_k.

Cuando desplazamos la red en su plano, es decir, cuando cambiamos b, las *posiciones* de los máximos de interferencia P_0, P_1, ..., P_k, ..., no cambian, como tampoco cambian las *amplitudes* de las perturbaciones ópticas en esos puntos. En cambio, las fases de las perturbaciones cambian, y estos cambios de fase son responsables del desplazamiento de la imagen de la red en el plano Σ''. Investiguemos este punto cualitativamente.

De acuerdo a los resultados obtenidos en las secciones 4-15 y 4-18 la amplitud de la perturbación óptica en el máximo de interferencia de orden k es proporcional a $(\operatorname{sen} \alpha_k)/\alpha_k$, donde

$$\alpha_k = \frac{\pi\, a \operatorname{sen} \vartheta_k}{\lambda} \tag{4-106}$$

Una *amplitud positiva* significará que la perturbación resultante poseerá la *misma fase* que la perturbación que llega al punto medio de cada ranura. Una *amplitud negativa* significará que la fase de la perturbación resultante es *opuesta* a la de la perturbación que llega al punto medio de cada ranura. La cantidad $(\operatorname{sen} \alpha)/\alpha$ es representada en la figura 4-68 como una función de $(2\, a \operatorname{sen} \vartheta)/\lambda$

para el caso especial donde $h = 2a$, esto es, donde el ancho de la ranura es igual al ancho de la banda opaca entre ranuras. También se muestran en la figura las amplitudes de los diferentes máximos de interferencia; la abscisa representa el orden de interferencia, y notemos que en el caso considerado los máximos de orden par no aparecen.

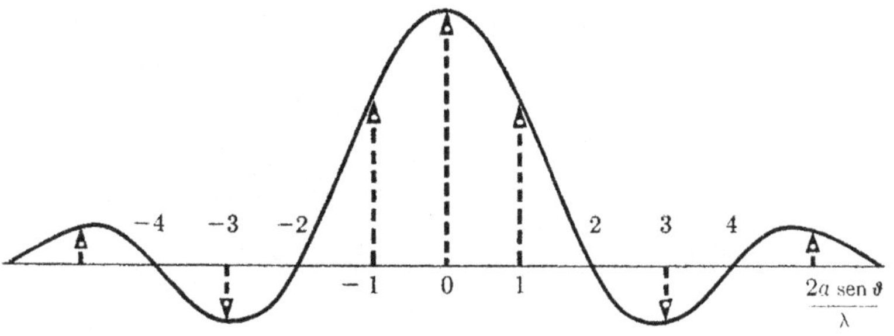

FIG. 4-68. Perturbaciones ópticas a las distintas interferencias máximas en el plano de difracción (Fig. 4-67).

Todos los rayos que emergen perpendicularmente de la red convergen en P_0 en fase. Consideraremos como cero la fase de la perturbación resultante de la superposición en este punto. En P_1 la perturbación óptica resultante está en fase con la perturbación originada en M (Fig. 4-67). Esto, a su vez, conduce a la perturbación que llega a P_1 desde O con un ángulo de fase

$$\varphi_1 = 2\pi (\text{sen } \vartheta_1)/\lambda$$

o (de ec. 4-104)

$$\varphi_1 = 2\pi b/h \tag{4-107}$$

Por otra parte, las perturbaciones que llegan a P_1 y P_0 desde O están en fase entre sí porque O es el punto focal de L', y los puntos P_0 y P_1 se encuentran en un plano perpendicular al eje de esta lente. Por lo tanto, concluimos que φ_1 representa la fase de la perturbación óptica resultante en P_1, relativa a la de la perturbación en P_0. Similarmente, la fase de la perturbación en el máximo de interferencia de orden $\pm k$ es:

$$\varphi_k = \pm 2k\pi b/h$$

si $(\text{sen } \alpha_k)/\alpha_k > 0$ y

$$\varphi_k = \pi \pm 2k\pi b/h$$

si $(\text{sen } \alpha_k)/\alpha_k < 0$.

La figura 4-69 muestra los diagramas vectoriales de las perturbaciones en los máximos de interferencia para tres posiciones diferentes de la red, es decir, para tres valores diferentes de b, a saber: $b = 0$, $b = h/4$, y $b = h/2$. También se ven las imágenes que aparecen en Σ'' y su posición relativa al punto O''. Hemos supuesto nuevamente $h = 2a$. En este caso, aumentar b de 0 a $h/2$, es equivalente a intercambiar las porciones opacas y transparentes de la red. La figura 4-69 muestra que, correspondientemente, hay una inversión de fase en todos los máximos de interferencia excepto en el de orden cero.

Notemos que en ausencia de la red la distribución de difracción en Σ' se reduce a un punto P_0 que es la imagen geométrica de S, y el diagrama vectorial correspondiente se reduce a un vector solo. Este mismo resultado se obtiene

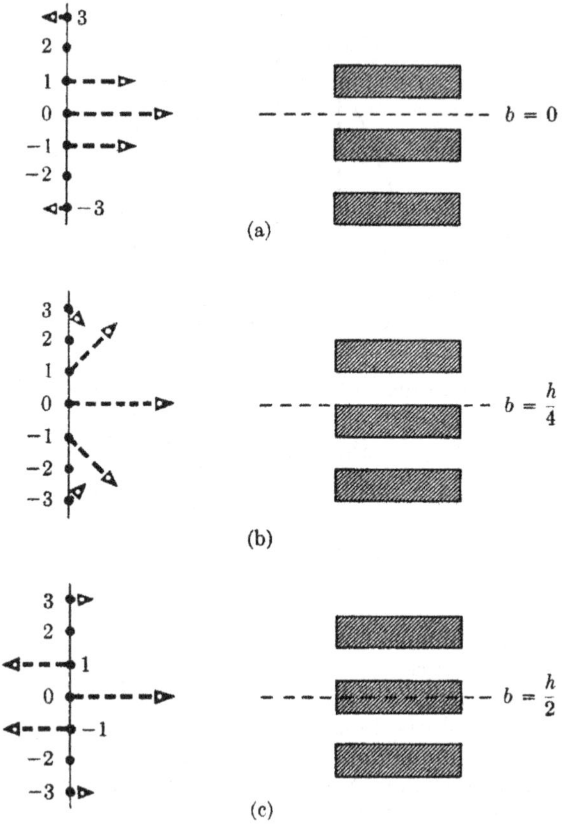

FIG. 4-69. Amplitud y fases de las perturbaciones ópticas en el plano de difracción por tres posiciones distintas de la reja.

superponiendo los diagramas vectoriales mostrados en las partes (a) y (c) de la figura 4-69. Por esto, es evidente que la superposición coherente de las ondas transmitidas por dos redes «complementarias» reproduce la onda incidente.

Supongamos ahora que los espacios entre las ranuras de la red son parcialmente transparentes. La onda difractada resultante puede ser considerada como la superposición de la onda difractada por las ranuras abiertas y la onda difractada por las tiras parcialmente transparentes. Los diagramas vectoriales correspondientes a las dos ondas componentes y a la onda resultante se ven en la figura 4-70. El diagrama vectorial que representa la distribución de difracción resultante es similar al correspondiente a una red ordinaria (Fig. 4-70 a), excepto que la perturbación en P_0 tiene ahora una mayor amplitud relativa a las perturbaciones de los otros máximos de interferencia.

Las consideraciones anteriores muestran que podemos modificar el aspecto de la imagen en Σ' cambiando las amplitudes o las fases de las perturbaciones en los máximos de interferencia en el plano de difracción Σ'. Consideremos los siguientes ejemplos:

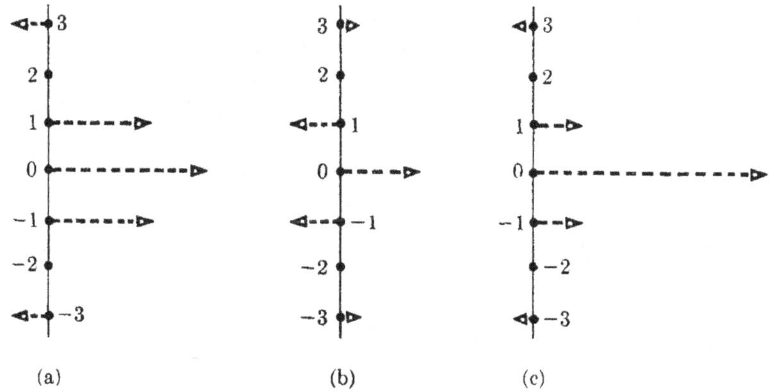

FIG. 4-70. Perturbaciones ópticas en el plano de difracción en el caso que las franjas entre ranuras sean parcialmente transparentes.

(a) Si cubrimos con una pantalla opaca todos los máximos de interferencia excepto el que se encuentra en P_0, la distribución de difracción en Σ' es la misma que la obtenida en ausencia de la red, y la imagen de la red en Σ'' desaparece.

(b) Si la pantalla que cubre los máximos de interferencia de orden distinto de cero no es perfectamente opaca, la distribución de difracción efectiva en Σ' es la misma que la correspondiente a una red con franjas parcialmente transparentes entre las aberturas, y veremos en Σ'' una imagen blanca y gris de la red.

(c) Podemos invertir la fase de la perturbación en P_0 colocando en Σ' una placa de vidrio con una región alrededor del centro cubierta por una película transparente de grosor adecuado. Como sólo son significativas las fases relativas, la introducción de la placa cambiará un diagrama vectorial como el que se ve en la figura (4-69 c), esto es, con la placa, veremos en Σ'' una *imagen negativa* de la red.

Volvamos ahora nuestra atención a una situación experimental algo diferente. En lugar de la red de transmisión considerada arriba, consistente en tiras alternadas opacas y transparentes, colocamos en el plano focal de la lente L' una «red transparente» consistente en tiras transparentes todas del mismo ancho pero de dos espesores diferentes alternados d_1 y d_2. Supongamos, por ejemplo, que el eje óptico de las lentes pasa a través del punto medio de una de las tiras de grosor d_1. Entonces la luz que pasa a través de las tiras de grosor d_1 forma en Σ' la distribución de difracción mostrada por el diagrama vectorial en la figura 4-69 (a) y reproducida en la figura 4-71 (a). Si d_2 fuera igual a d_1, la luz que pase por las tiras de grosor d_2 formaría en Σ' una distribución de difracción representada por un diagrama vectorial idéntico al mostrado en la figura 4-69 (c)

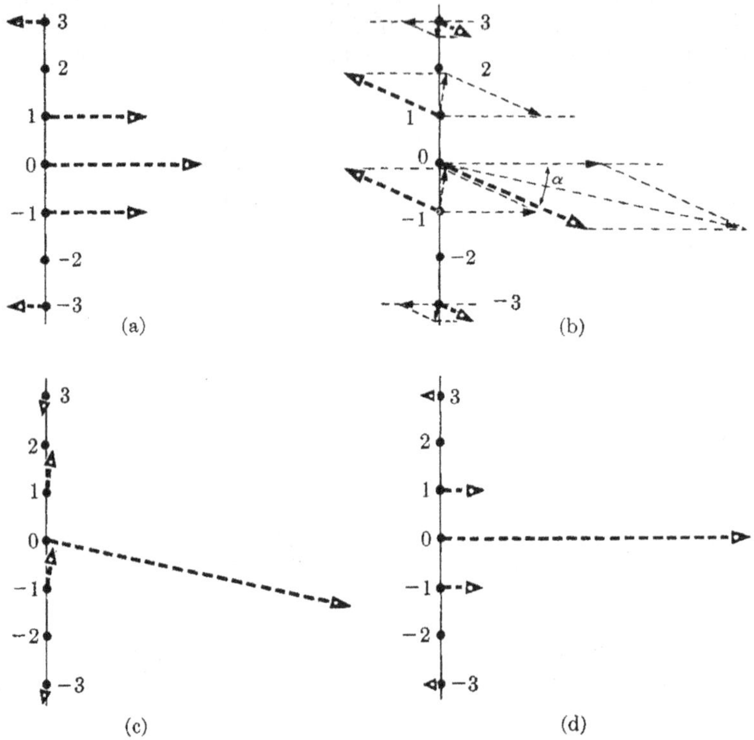

FIG. 4-71. **Ilustración** del principio de la microscopia **de fase constratada.**

La suma de los dos diagramas vectoriales representando la perturbación resultante, se reduciría entonces a un vector solo en P_0, como ya ha sido señalado.

Supongamos, ahora, que d_2 es un poco *más grande* que d_1. Entonces los vectores que representan la distribución de difracción producida por la luz que pasa a través de las tiras de grosor d_2 son rotados un ángulo α con respecto a los de la figura 4-69 (c) (véase fig. 4-71 b), y estos vectoriales se agregan a los de la figura 4-71 (a) para producir el diagrama vectorial resultante como se ve en la figura 4-71 (c). Si α es suficientemente pequeño, los ángulos de fase se aproximan estrechamente a los siguientes:

$$0 \text{ a } P_0, \quad \pi/2 \text{ a } P_1, \quad -\pi/2 \text{ a } P_3, \quad \pi/2 \text{ a } P_{-1}, \quad -\pi/2 \text{ a } P_{-3}, \text{ etc.}$$

A la distribución de difracción representada por este diagrama vectorial corresponde en el plano de la imagen Σ'' una región de iluminación uniforme que es obviamente la imagen de la red transparente. Pero coloquemos ahora en el plano de difracción Σ' una placa de vidrio cubierta enteramente excepto cerca del centro por una película transparente de grosor tal que produzca un atraso de fase de $\pi/2$ en todos los máximos de interferencia de orden distinto de cero con

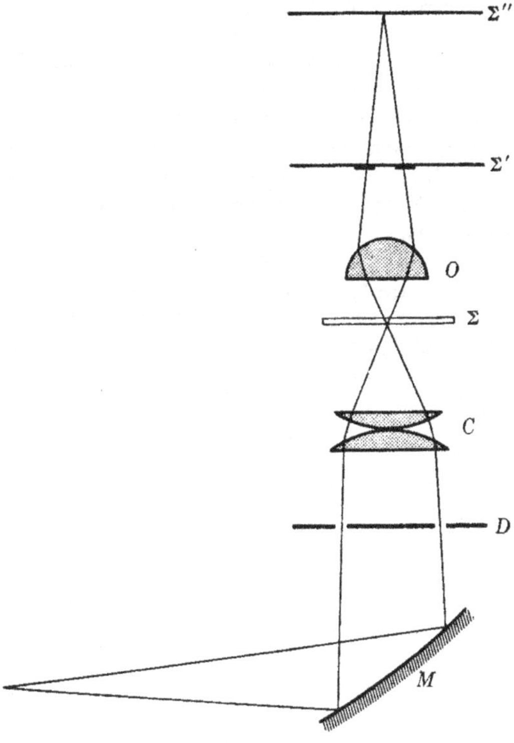

FIG. 4-72. Microscopio de fase contrastada.

respecto al máximo de interferencia de orden cero. La distribución de difracción en Σ' es representada, por lo tanto, por el diagrama vectorial mostrado en figura 4-71 (d), que difiere del de la figura 4-71 (c) en que todos los vectores excepto el localizado en P_0 son rotados 90° en el sentido del reloj. El diagrama vectorial en la figura 4-71 (d) es similar al de la figura 4-70 (c). Concluimos así que en el plano Σ'' aparecerá una imagen blanca y gris de la red, a pesar de que la red misma es perfectamente transparente.

Esto, en esencia, es el principio de la microscopia de contraste de fase. El aparato óptico especial en el cual hemos basado nuestro análisis fue elegido con el propósito de obtener una relación particularmente simple entre el diagrama vectorial que representa la distribución de difracción en el plano de difracción y la estructura de la imagen en el plano de la imagen. La característica esencial del método es el uso de una placa (llamada una *placa de fase*) en el plano de difracción, es decir, en el plano donde la imagen geométrica de la *fuente de luz* aparece. Esta placa debe tener dos grosores diferentes en la región cubierta por la imagen de la fuente y en el resto del plano, de modo de introducir una diferencia de fase de $\pi/2$ entre el haz de luz difractado y el haz de luz que viaja con una trayectoria prevista por la óptica geométrica. Cambiando el signo de la diferencia de fase cambian las regiones de luz de la imagen a oscuras, y viceversa.

La figura 4-72 muestra esquemáticamente la constitución real de un microscopio de constraste de fase. Frente a la lente condensadora C de un microscopio ordinario se coloca un *diafragma anular* D, que consiste en una abertura anular angosta en una pantalla opaca. Esta abertura actúa efectivamente como la fuente de luz del ejemplo previo. El objeto a ser examinado se encuentra en el plano Σ. La lente O del objetivo forma una imagen real del objeto en el plano Σ''. Además, la lente condensadora C y la lente del objetivo O forman una imagen de D en el plano Σ', donde la placa de fase está ubicada. La placa de fase consiste usualmente en una placa de vidrio en la que se ha depositado por evaporación una capa anular de material transparente. Las dimensiones de la capa son las necesarias para cubrir exactamente la imagen de D.

Problemas

4-1. Una onda de luz plana monocromática de longitud de onda $\lambda = 5000$ Å incide perpendicularmente en una pantalla opaca que tiene una abertura circular de 0,4 cm de diámetro: *a*) Determine las posiciones de los puntos de intensidad mínima y máxima a lo largo del eje de la pantalla. *b*) ¿A qué distancia de la pantalla ocurre el mínimo?

4-2. Remitirse al problema 4-1. Suponer que la luz incidente es una mezcla de dos haces de luz monocromática de longitudes de onda $\lambda_1 = 6000$ Å y $\lambda_2 = 4000$ Å respectivamente. Determinar los puntos del eje en los que se observa luz monocromática de 6000 o 4000 Å.

4-3. Una fuente puntual *S* se encuentra en el eje de un disco circular opaco, a 1 m de su centro. Visto desde un punto del eje a 2 m de *S*, el disco cubre las dos primeras zonas de Fresnel. Suponiendo una longitud de onda de 6000 Å, calcular el radio del disco.

4-4. Una onda de luz monocromática plana de longitud de onda de 6400 Å incide perpendicularmente en una placa de zona de 2 cm de diámetro. El máximo de intensidad de la luz difractada ocurre a 1 m de la placa: *a*) Calcular los radios de las sucesivas zonas transparentes y opacas. *b*) Calcular el número total de zonas transparentes.

4-5. Remitirse al problema 4-4. Determinar la posición del punto donde la placa de zona concentra luz de 6400 Å de longitud de onda provenientes de una fuente puntual localizada en el eje a 2 m de la placa.

4-6. Una onda plana de luz monocromática de longitud de onda $\lambda = 4000$ Å, amplitud *A* e intensidad *I*, incide perpendicularmente sobre una pantalla opaca que tiene una abertura en forma de zona circular. Los radios interiores y exteriores de la zona son 1 y 1,41 mm respectivamente: *a*) Determinar la amplitud y la intensidad de la perturbación óptica en el punto *P* localizado en el eje de la zona a 2,5 m de la pantalla. *b*) Determinar la fase de la perturbación relativa a la de la perturbación observada en *P* en ausencia de una pantalla.

4-7. Una onda plana de luz monocromática de longitud de onda $\lambda = 5000$ Å, amplitud *A* e intensidad *I*, índice perpendicularmente sobre una pantalla opaca que tiene una abertura de la forma mostrada en la figura 4-73. El radio del círculo interno es 1 mm y el del círculo externo es 1,41 mm: *a*) Calcular la amplitud y la intensidad de la perturbación óptica en un punto *P* en el eje de los círculos a 2 m de la pantalla. *b*) Determinar la fase de esta perturbación relativa a la de la perturbación observada en *P* sin una pantalla.

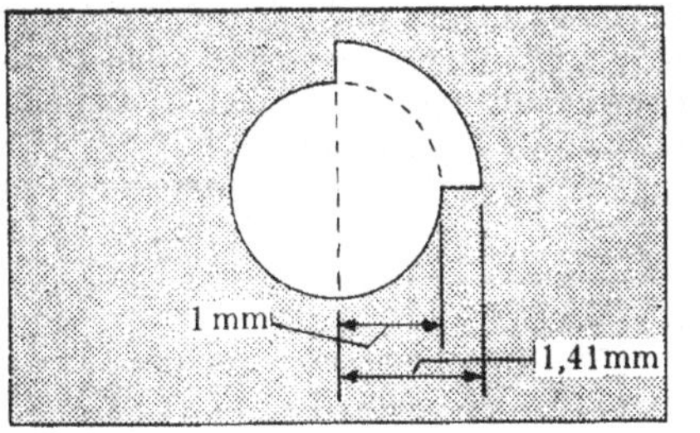

FIG. 4-73.

4-8. Resolver el problema 4-7, intercambiando las porciones opacas y transparentes de la pantalla. Mostrar que la suma de las perturbaciones observadas con dos pantallas «complementarias» es igual a la perturbación observada en ausencia de una pantalla.

4-9. Una onda plana de luz monocromática de longitud de onda $\lambda = 4000$ Å incide perpendicularmente sobre una pantalla plana opaca rodeada por un borde recto. Usando la espiral de Cornu (Fig. 4-31), determinar las posiciones de los mínimos y máximos en la distribución de difracción observada en un plano paralelo a la pantalla a 2 m de distancia.

4-10. Remitirse al problema 4-9. Calcular: *a*) las intensidades en los primeros dos máximos y los primeros dos mínimos observados fuera de la región de sombra geométrica, y *b*) las intensidades en los dos puntos correspondientes dentro de la región de sombra geométrica (usar el gráfico de la fig. 4-31 o los valores numéricos de las integrales de Fresnel indicados en la tabla 4-1).

4-11. Una onda monocromática plana de longitud de onda $\lambda = 6400$ Å incide perpendicularmente sobre una pantalla opaca que tiene una larga ranura de ancho a. Haciendo uso de la espiral de Cornu, calcular la intensidad en la distribución de difracción observada en un plano a 1 m de la ranura, *a*) cuando $a = 0{,}565$ mm, y *b*) cuando $a = 2{,}26$ mm.

4-12. Un alambre recto de 1 mm de diámetro se encuentra en la trayectoria de una onda de luz plana de longitud de onda $\lambda = 5000$ Å, perpendicular a la dirección de propagación. Delinear la distribución de intensidad en la distribución de difracción observada en una pantalla a 2 m del alambre. Marcar los bordes de la sombra geométrica.

4-13. Una onda de luz plana de longitud de onda $\lambda = 5000$ Å incide perpendicularmente sobre una pantalla opaca que tiene cinco ranuras de diferentes anchos (Fig. 4-74). Las perturbaciones ópticas producidas por las ranuras individuales en un punto P_0 del plano medio de la ranura central están en fase entre sí y con la perturbación observada en P_0 en ausencia de una pantalla. P_0 se encuentra a 2 m del plano de las ranuras: a) Determinar las distancias a los bordes de las ranuras desde el plano medio. b) Calcular la intensidad resultante en P_0 en términos de la intensidad observada sin una pantalla.

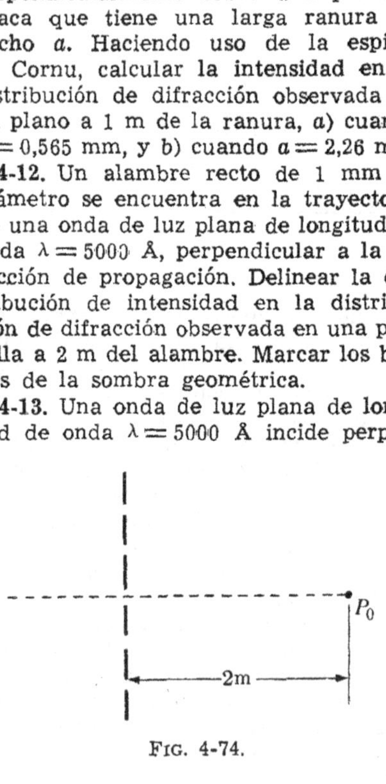

Fig. 4-74.

4-14. Remitirse al problema 4-11. Suponer que una lente convergente de 1 m de longitud de foco es colocada directamente detrás de la ranura. Describir las distribuciones de difracción que aparecen en el plano focal de la lente y comparar con las distribuciones de difracción obtenidas sin la lente.

4-15. Una onda monocromática plana de longitud de onda λ incide perpendicularmente sobre una lente convergente de longitud focal f. Describir la distribución de difracción observada en el plano focal de la lente cuando un alambre de diámetro h es colocado enfrente de la lente.

4-16. La distribución de difracción de Fraunhofer de una simple ranura es observada en el plano focal de una lente de 1 m de longitud de foco. El ancho de la ranura es 0,4 mm. La luz incidente contiene dos longitudes de onda, λ_1 y λ_2. El cuarto mínimo correspondiente a λ_1 y el quinto mínimo correspondiente a λ_2 aparecen en el mismo punto a 5 mm del máximo central. Calcular λ_1 y λ_2.

4-17. Mostrar que la curva de vibración apropiada para el estudio de la difracción de Fraunhofer por una ranura es parte de un círculo. En particular, si a es el ancho de la ranura y λ la longitud de onda, la perturbación óptica producida por los rayos que emergen de la ranura a un ángulo θ con respecto de la perpendicular al plano de la ranura está representado por la cuerda de un arco subtendiendo un ángulo $2\alpha = (2\pi a \operatorname{sen} \theta)/\lambda$. Usar este resultado para derivar la expresión para la intensidad dada por la ecuación (4-67).

4-18. En la figura 4-75, L_1 y L_2 son dos lentes convergentes, S es una fuente puntual de luz monocromática localizada en el primer punto focal de L_1, σ es una

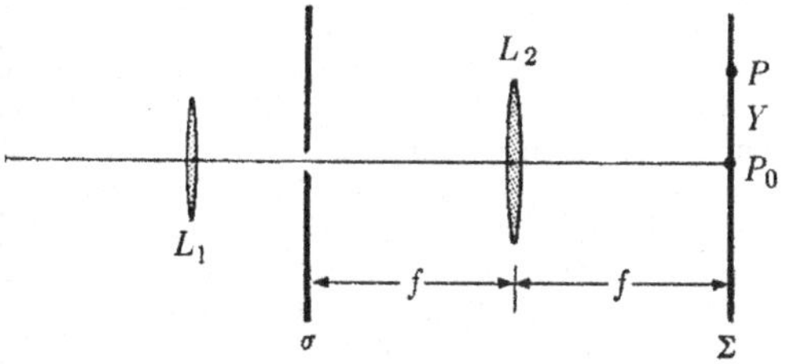

FIG. 4-75.

pantalla opaca con una ranura de ancho $a \gg \lambda$ y longitud $b \gg a$, y Σ es el plano de observación. σ y Σ son coincidentes con el primero y segundo planos focales de L_2. La longitud de foco de L_2 es f. El eje común de L_1 y L_2 pasa por el centro de la ranura e intercepta a Σ en P_0.

(a) Calcular la intensidad y la fase de la perturbación óptica a lo largo de la línea a través de P_0 y perpendicular a la ranura como funciones de la distancia Y desde P_0. Normalizar los resultados tomando la intensidad en P_0 como unidad y la fase en P_0 como cero.

(b) Discutir cualitativamente los efectos de un cambio en la distancia entre la ranura y la lente L_2.

4-19. Resolver el problema 4-18, parte (a), suponiendo que la ranura es desplazada en la dirección perpendicular a su dimensión más grande hasta que la línea SP_0 pasa por el borde de la ranura.

4-20. Una onda monocromática plana de longitud de onda 6000 Å incide perpendicularmente sobre una pantalla opaca que tiene una abertura rectangular de 0,5 mm × 1,0 mm: *a*) Describir la distribución de difracción observada en el plano focal de una lente convergente de 2 m de longitud focal colocada directamente detrás de la abertura. *b*) Calcular los lados del rectángulo formado por las líneas oscuras que rodean el máximo central.

4-21. Una onda monocromática plana de 6000 Å incide perpendicularmente sobre una pantalla opaca que tiene una abertura cuadrada de 5 mm de lado con un rectángulo de 0,5 × 10 mm en el centro. Calcular la distribución de intensidad en la distribución de difracción observada en el plano focal de una lente convergente de 2 m de longitud de foco colocada directamente detrás de la abertura.

4-22. Una onda monocromática plana de longitud de onda λ incide formando un ángulo de 30° sobre una pantalla opaca plana que tiene una larga ranura angosta de ancho a (Fig. 4-76). Detrás de la pantalla hay una lente convergente cuyo eje es perpendicular al plano de la pantalla. Describir la distribución de difracción observada en el plano focal Σ de esta lente.

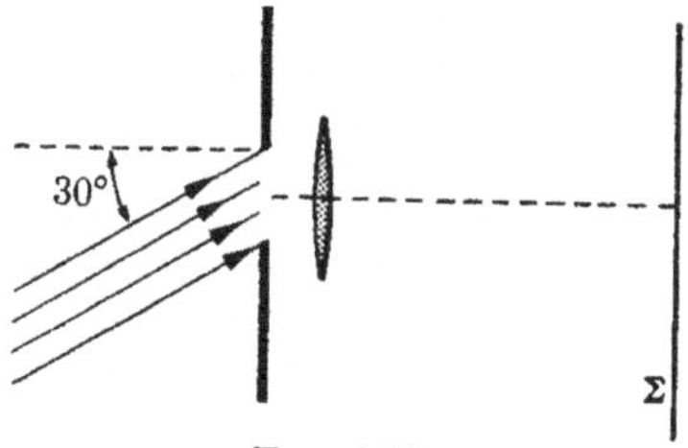

FIG. 4-76.

4-23. Calcular la separación angular mínima entre dos estrellas que pueden ser separadas con dificultad por un telescopio de 100 cm cuando se utilizan filtros que seleccionan la luz roja de $\lambda = 6500$ Å y la azul de $\lambda = 4000$ Å. Calcule las distancias correspondientes entre los centros de las imágenes de las estrellas, suponiendo una distancia focal de 10 m para la lente objetivo del telescopio.

4-24. Los faros de un automóvil que se acerca poseen una separación de 1,30 m. Estimar la distancia a la que los faros pueden ser resueltos por el ojo desnudo si la resolución del ojo está determinada solamente por la difracción. Suponer una longitud de onda media de 5500 Å y considerar que el diámetro de la pupila del ojo es de 5 mm.

4-25. Considerar un espectroscopio de prisma tal como el descrito en la sección 2-14. El prisma está hecho de un vidrio cuya curva de dispersión está representada por la *ecuación de Cauchy* $n = A + (B/\lambda^2)$, donde $A = 1{,}47$ y $B = 1{,}6 \times 10^6$ (angstroms)^2. El ángulo de refracción es de 60°. El ancho del haz de luz que pasa a través del prisma es de 3 centímetros, el prisma es utilizado a casi desviación mínima de manera que la ecuación (2-46) se aplica.

(a) Suponiendo luz monocromática de 5890 Å, calcular la distancia angular entre los dos mínimos a ambos lados del máximo de difracción que aparece en el plano focal del telescopio.

(b) Suponiendo que la luz contiene dos longitudes de onda λ_1 y $\lambda_1 + \Delta\lambda$ de alrededor de 5890 Å; calcule el valor de $\Delta\lambda$ para el cual el máximo central correspondiente a λ_1 coincide con uno de los mínimos adyacentes al máximo central correspondiente a $\lambda_1 + \Delta\lambda$ (este valor de $\Delta\lambda$ puede ser considerado como el límite de resolución del espectroscopio).

4-26. Referirse a la figura 4-52 describiendo el dispositivo para la observación de la difracción de Fraunhofer por ranura doble. Suponer que la distancia h entre los centros de las ranuras, el ancho a de cada ranura y la longitud de onda λ de la luz incidente están en la relación $h/a = 3$, $a/\lambda = 200$. Suponer que la lente L_2 tiene una distancia focal de 1 m. Trazar la amplitud de la perturbación óptica a lo largo de la línea a través de P_0, como una función de la distancia Y de P_0, suponiendo: *a*) que sólo la ranura centrada en O_1 está abierta; *b*) que sólo la ranura centrada en O_2 está abierta, y c) que ambas ranuras están abiertas.

4-27. La difracción de Fraunhofer de una doble ranura es observada en el plano focal de una lente de 50 cm de distancia focal. La luz incidente monocromática posee una longitud de onda de 5000 Å. Se encuentra que la distancia entre dos mínimos adyacentes al máximo de orden cero es de 0,5 cm y que falta el máximo de cuarto orden. Calcule el ancho de las ranuras y la distancia entre sus centros.

4-28. Una onda plana monocromática de longitud de onda λ cae perpendicularmente en una pantalla opaca que posee dos ranuras, una de ancho a y otra de ancho $2a$. La distancia entre los centros de las ranuras es $4a$. La luz que atraviesa las ranuras pasa por una lente convergente de distancia focal f, y la distribución de difracción se observa en el plano focal de esta lente. Calcule la distribución de intensidad a lo largo de la línea de difracción: *a*) cuando sólo la primera ranura está abierta; *b*) cuando sólo la segunda ranura está abierta, y c) cuando ambas están abiertas.

4-29. Una onda plana monocromática de longitud de onda λ incide perpendicularmente a una pantalla opaca que posee

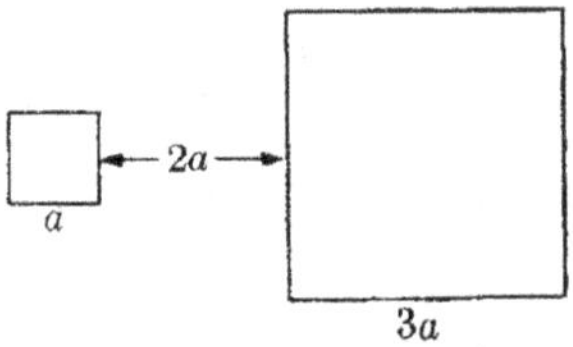

FIG. 4-77.

dos aberturas cuadradas de lados a y $3a$, respectivamente, dispuestos del modo mostrado por la figura 4-77. Calcule la distribución de intensidad en la estructura de difracción observada en el plano focal de una lente colocada más allá de la pantalla.

4-30. La lente objetivo de un telescopio está cubierta por una pantalla opaca con dos ranuras estrechas paralelas separadas entre sí por una distancia h. Supongamos que el telescopio ha sido apuntado a una estrella doble y que la línea que conecta las dos estrellas es perpendicular a las ranuras. Cada estrella producirá una distribución de difracción diferente en el plano focal de la lente. Para una cierta separación angular de las estrellas, el mínimo de una distribución de difracción coincidirá con el máximo de la otra, y las franjas desaparecerán. Mostrar que esto ocurre cuando la

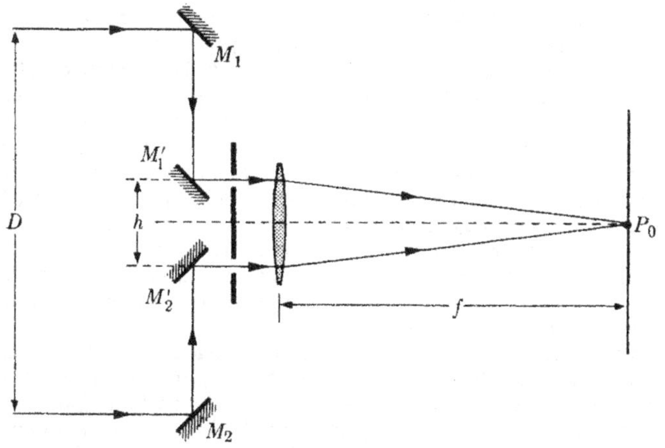

FIG. 4-78.

separación angular de las dos estrellas es aproximadamente 0,4 veces el límite convencional de resolución de una lente de diámetro h.

4-31. *El esquema del interferómetro estelar de Michelson* puede observarse en la figura 4-78. Una pantalla opaca con dos ranuras paralelas es colocada enfrente de la lente objetivo de un telescopio. La luz de una estrella llega a una de las ranuras luego de reflejarse en los espejos planos M_1 y M'_1 y a la otra ranura después de reflejarse en los espejos M_2 y M'_2. Las dos ranuras actúan como fuentes coherentes de ondas de luz cuya interferencia se observa en el plano focal de la lente objetivo. Suponga que los espejos están dispuestos simétricamente con respecto al eje del telescopio, y que se utiliza un filtro que selecciona luz monocromática de longitud de onda λ. Sea h la separación de las ranuras, D la separación de los espejos M_1 y M_2, y f la distancia focal de la lente objetivo. Determine las posiciones de interferencia máxima de los diferentes órdenes relativos al punto focal P_0 de la lente objetivo: *a*) cuando la estrella se encuentra en el eje del telescopio, y *b*) cuando la estrella está situada a un pequeño ángulo δ respecto del eje del telescopio, en dirección perpendicular a las ranuras.

4-32. Suponga que el interferómetro estelar de Michelson descrito en el problema 4-31 es apuntado a una estrella doble cuyas dos componentes están situadas en una línea perpendicular a las ranuras y a una distancia angular δ entre sí. Supongamos que la distancia D entre los espejos M_1 y M'_1 se cambia gradualmente: *a*) ¿Para qué valores de D desaparecerán las franjas de interferencia, y para qué valores de D serán más agudas? *b*) Si el máximo valor de D es 2,5 m, ¿cuál es el mínimo valor de δ para el cual será posible observar la desaparición de las franjas (suponer una longitud de onda media de 5700 Å)?

4-33. Suponga que el interferómetro estelar de Michelson descrito en el problema 4-31 es apuntado a una estrella cuyo disco subtiende un ángulo δ. ¿Cómo cambiará la apariencia de las franjas cuando D es aumentado gradualmente?

4-34. Calcule la distribución de intensidad de la estructura de difracción de Fraunhofer formada por tres ranuras paralelas y equidistantes y con luz monocromática de longitud de onda λ. El ancho de cada ranura es a y la distancia entre centros de ranuras vecinas es $3a$.

4-35. Calcule la distribución de intensidad en la estructura de difracción de Fraunhofer formada por cuatro ranuras paralelas y equidistantes con luz monocromática de longitud de onda λ. El ancho de cada ranura es a y la distancia entre centros de ranuras vecinas es $4a$.

4-36. Considere una red de 5 cm de ancho en total que contiene 5000 líneas. Calcule: *a*) Los ángulos en los que aparecerá el máximo de primer orden correspondiente a las longitudes de onda $\lambda = 4000$ Å y $\lambda = 6000$ Å. b) La distancia angular entre los mínimos adyacentes a estos máximos. c) El poder resolutor de la red en el primer orden y en el segundo.

4-37. Suponga que la fuente de luz utilizada con la red descrita en el problema 4-36 es una ranura iluminada de 1 cm de largo y colocada en el plano focal de una lente de 50 cm de distancia focal: *a*) Establecer el ancho mínimo de la ranura a fin de utilizar totalmente el poder resolutor permitido por la red. b) ¿Con qué precisión deberá orientarse con respecto a las líneas de la red?

4-38. Considere las redes caracterizadas por las siguientes cantidades:

	Ancho total	*Espacio entre líneas (h)*	*Ancho de líneas (a)*
(1)	5 cm	10^{-3} cm	3×10^{-4} cm
(2)	5 cm	10^{-2} cm	5×10^{-4} cm
(3)	2 cm	10^{-2} cm	5×10^{-3} cm

Para cada una de las redes calcule: *a*) el poder resolutor en el primer orden; b) la dispersión angular en el primer orden, y c) la razón entre las intensidades en los máximos de orden 1 a 3.

4-39. Calcular la distribución de intensidad en la estructura de difracción producida por una red con $3N + 1$ ranuras y en la cual cada tercera ranura (incluyendo la primera y la última) está cubierta. Determine las posiciones de los máximos y sus intensidades relativas en el límite $N = \infty$. Suponer que el ancho de las ranuras es pequeño comparado con su separación, de modo tal que el término de difracción puede ser considerado como constante.

4-40. Una onda plana monocromática de longitud de onda λ viajando en la dirección del eje x, incide perpendicularmente a una pantalla opaca que tiene abierto un cuadrado que se extiende desde $y = a$ hasta $y = -a$, y de $z = a$ a $z = -a$. La abertura está cubierta por una placa cuya transparencia es constante en la dirección z y que varía sinusoidalmente en la dirección y, de modo tal que la amplitud transmitida está representada por $A(y) = (A_0/2)[1 + \text{coseno}\ (2\pi y/h)]$. Suponer $a \gg h \gg \lambda$. La onda transmitida cae sobre una lente convergente de distancia focal f cuyo eje coincide con el eje x. Calcule la distribución de intensidad a lo largo de la línea paralela al eje y que pasa por el segundo punto focal de la lente. Mostrar que la intensidad posee tres máximos principales a las distancias del eje x, $Y = 0$, $Y = f\lambda/h$ y $Y = -f\lambda/h$.

4-41. Una persona mirando desde 30 m a una fuente puntual de luz amarilla ($\lambda = 5890$ Å) a través de un pedazo de tela liviana y de trama tupida, ve una hilera de puntos brillantes con una separación aparente de 30 cm entre sí. Calcule los hilos por pulgada de tela.

4-42. En relación con el dispositivo que se ilustra en la figura 4-67, suponer que en el plano Σ yace una red bidimensional formada por un gran número de orificios cuadrados practicados en una pantalla opaca. Los orificios, cada uno de lado a, forman una red cuadrada de lado $2a$, paralelo a los ejes y y z de un sistema de coordenadas cartesianas: *a*) Describa las figuras que aparecen en los planos Σ' y Σ''. b) Calcule la amplitud y la fase de la perturbación óptica en los puntos de intensidad máxima en el plano Σ'.

4-43. Con referencia al problema 4-42 y figura 4-67. Una pantalla opaca con una hendidura angosta rectilínea es colocada en el plano Σ'. El ancho de la hendidura es menor que la distancia entre los varios máximos de interferencia que aparecen en el plano Σ'. La hendidura pasa a través del punto P_0 y está orientada primero paralelamente al eje y y luego paralelamente al eje z. Describa la apariencia de las figuras vistas en el plano Σ'' para las dos orientaciones de la hendidura.

CAPÍTULO 5

LA VELOCIDAD DE LA LUZ

5-1. Métodos astronómicos para medir la velocidad de la luz. La velocidad de la luz en el vacío *c*, es una de las constantes naturales más importantes. Describe una propiedad fundamental del vacío y, de acuerdo con la teoría de la relatividad, representa el límite máximo de velocidad de todo objeto material o señal que pueda ocurrir en la naturaleza. Además, entra en la conocida relación entre masa y energía.

$$\text{energía} = \text{masa} \times c^2$$

Por lo tanto, es fácil comprender que se han hecho grandes esfuerzos para obtener determinaciones experimentales cada vez más exactas de su valor.

La primera prueba experimental de que la luz viaja con velocidad finita fue obtenida por observaciones astronómicas, que también permitieron una determinación bastante precisa del valor de esta velocidad. En esta sección describiremos dos métodos astronómicos para medir la velocidad de la luz.

El planeta Júpiter tiene varios satélites; de éstos, el que está más cerca del planeta se mueve en una órbita que se encuentra aproximadamente en el plano de la órbita de Júpiter alrededor del Sol. Por esto, en cada revolución, el satélite entra en el cono de sombra de Júpiter y desaparece de la vista (Fig. 5-1). Esto ocurre, en promedio, una vez cada 42 h 28 m 16 s. Sin embargo, observaciones cuidadosas del astrónomo Roemer en 1676, mostraron que los eclipses no ocurren a intervalos de tiempo exactamente iguales; los intervalos son algo *más largos* que su valor promedio cuando Júpiter y la Tierra *se alejan* entre sí, y algo *más cortos* cuando ellos se *acercan* entre sí. Roemer interpretó este hecho correctamente como una prueba de que la luz viaja con velocidad finita. Es claro que si la velocidad de la luz no es infinitamente grande, el intervalo de tiempo T entre las observaciones de dos eclipses sucesivos no es igual, en general, al período de revolución T_0 del satélite alrededor de Júpiter. Pues si la distancia entre

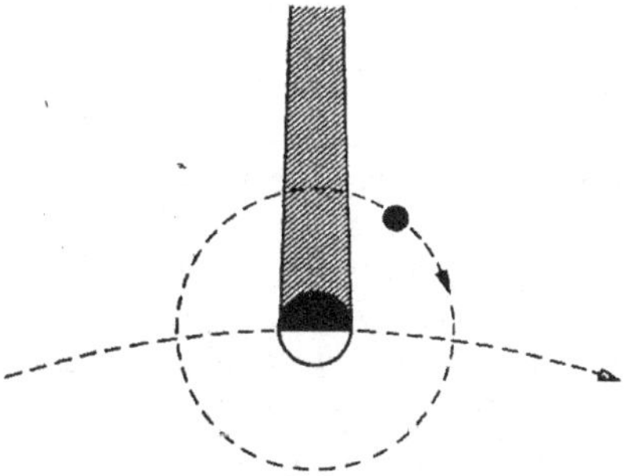

FIG. 5-1. Eclipse de un satélite de Júpiter.

Júpiter y la Tierra ha *aumentado* en una cantidad Δr durante la revolución, T excederá a T_0 en una cantidad igual al tiempo necesario para que la luz recorra la distancia adicional Δr, de manera que

$$T - T_0 = \Delta r/c,$$

mientras que si la distancia entre Júpiter y la Tierra ha *disminuido* en Δr durante la revolución del satélite, T será menor que T_0 en una cantidad

$$T_0 - T = \Delta r/c.$$

Para determinar la velocidad de la luz a partir de estas observaciones, el procedimiento es como sigue. Se registran los intervalos T entre los eclipses, partiendo del momento en que Júpiter y la Tierra están más cercanos entre sí, y continuando mientras están más separados hasta que nuevamente estén más próximos. El valor promedio de los intervalos de tiempo observados da el período real de revolución T_0. Sea r la distancia desde Júpiter a la Tierra en el instante de un eclipse dado, y $r + \Delta r$ la distancia en el momento del eclipse siguiente. Entonces, la diferencia $T - T_0 = \Delta r/c$ representa el tiempo necesario para que la luz recorra la distancia Δr; es positiva si Júpiter y la Tierra se están separando entre sí, y negativa en el caso contrario. De ahí que la suma de todas las diferencias observadas cuando Júpiter y la Tierra se separan entre sí es el tiempo necesario para que la luz recorra una distancia igual a la diferencia entre la máxima y la mínima separación entre los dos planetas; como las órbitas de Júpiter y la Tierra son aproximadamente dos círculos coplanares, esta distancia es aproximadamente igual al diámetro de la órbita de la tierra (Fig. 5-2).

El valor más preciso de c obtenido por este método es:

$$c = 301\,500 \text{ km/seg}.$$

Otro aspecto astronómico que depende de la velocidad finita de la luz y que, por lo tanto, permite una determinación de esta velocidad, es la *aberración* descubierta por Bradley a principios del siglo XVIII. Se trata de un desplazamiento en la posición aparente de una estrella debido al movimiento del observador. Supongamos que observamos una estrella a través de un telescopio que, por supuesto, participa del movimiento de la Tierra y que por lo tanto viaja a través del espacio con una cierta velocidad w con respecto a las estrellas fijas. Supongamos para simplificar, que el telescopio se mueve en una dirección perpendicular a la dirección con que llega a la luz de la estrella. La luz que pasa por la lente del objetivo del telescopio se focaliza en un punto F del plano focal de la lente (Fig. 5-3). La posición de este punto *en el espacio* no cambia por el movimiento del telescopio; sin embargo, mientras la luz recorre una distancia D desde la lente al plano focal, el telescopio recorre una distancia $\Delta x = D\,w/c$. De este modo, la imagen de la estrella sufre un desplazamiento $D\,w/c$ en dirección opuesta a la del movimiento del telescopio, *con respecto al telescopio en movimiento.* Se observaría el mismo desplazamiento de la imagen si el telescopio estuviera quieto y la estrella estuviera a una distancia angular α de su posición real, donde

$$\alpha = \frac{\Delta x}{D} = \frac{w}{c} \tag{5-1}$$

De esta manera, el efecto del movimiento del telescopio es cambiar la posición angular aparente de la estrella en el cielo en un ángulo α. Notemos que el desplazamiento aparente es en la dirección del movimiento de la Tierra; tiene un valor máximo w/c cuando la estrella se encuentra en una dirección perpendicular a este movimiento, y es nulo cuando la estrella se encuentra en la dirección del movimiento de la tierra.

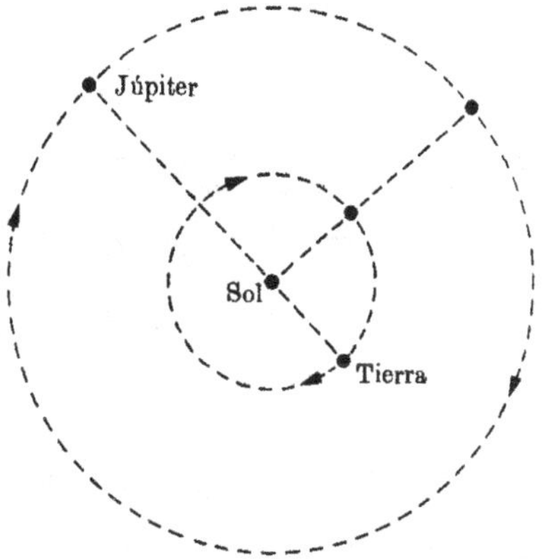

FIG. 5-2. Método de Roemer para medir la velocidad de la luz.

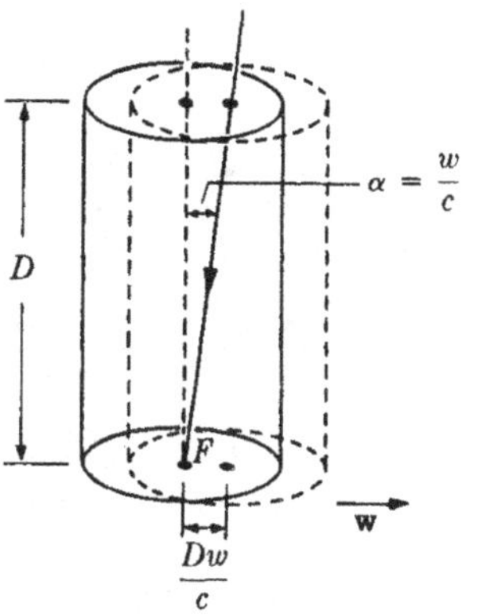

FIG. 5-3. Aberración de la luz.

La Tierra participa en el movimiento del sistema solar a través del espacio y, además, gira alrededor del Sol. La dirección de la velocidad de revolución cambia durante el curso del año y hace que la posición aparente de cada estrella en el cielo cambie correspondientemente. Considerando que la trayectoria de la Tierra es aproximadamente circular, encontramos en general que la posición aparente de una estrella describirá una elipse, que se reduce a un segmento de recta para estrellas situadas en el plano de la órbita de la Tierra, y a un círculo para estrellas situadas en ángulos rectos a este plano.* El semieje mayor de la elipse subtiende un ángulo igual a w/c, donde w es ahora la velocidad de revolución de la Tierra alrededor del Sol (aproximadamente, 30 km/seg). Obtenemos experimentalmente un valor de 20,479 seg para este ángulo y de esto obtenemos

$$c = 299\,700 \text{ km/seg.}$$

5-2. Métodos terrestres para medir la velocidad de la luz. El primer experimento para medir la velocidad de la luz a partir de fuentes terrestres que tuvo éxito, fue realizado por Fizeau en 1849; la figura 5-4 es un dibujo esquemático del método usado por él.

* No debe confundirse la aberración con el cambio aparente en la posición relativa de las estrellas, debido a las distintas posiciones del observador, durante el transcurso del año. Este efecto, llamado *paralaje,* disminuye al aumentar la distancia a la estrella, mientras que la aberración es independiente de la distancia.

Una lente L_1, a través de un espejo semiplateado M', forma una imagen real de una fuente puntual S en S_1, y una segunda lente L_2 transforma el haz divergente proveniente de S_1 en un haz paralelo. A varios kilómetros de distancia una tercera lente L_3 recoge el haz paralelo y lo focaliza en S_2 sobre un espejo M. La luz reflejada por el espejo vuelve atrás a través de L_3 y L_2 y produce otra imagen real de la fuente en S_1. Con un ocular el observador ve la imagen de S_1 en el espejo semiplateado M'. En S_1 el haz de luz es interceptado por una rueda

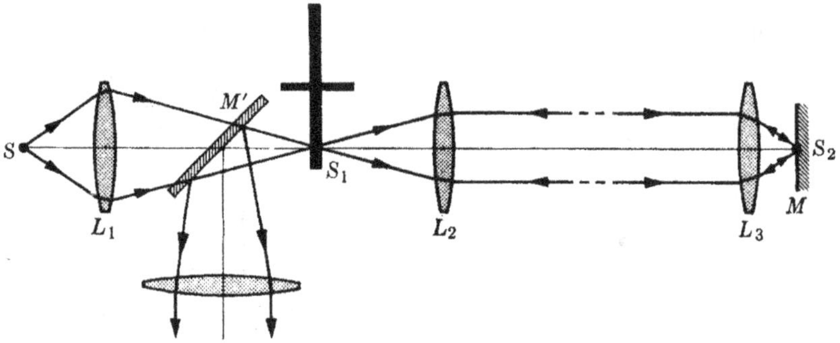

FIG. 5-4. Método de Fizeau para medir la velocidad de la luz.

dentada que rota alrededor de un eje paralelo al haz que viaja de L_1 a L_2. La rueda dentada está construida de tal manera que el ancho de los dientes es igual al ancho de los espacios abiertos entre ellos. Si la rueda gira lentamente, la imagen de la fuente aparecerá al observador intermitentemente, a medida que aumenta su velocidad; el ojo cesa pronto de percibir las interrupciones por la persistencia de la imagen en la retina. Sin embargo, si la velocidad continúa aumentando, la imagen se vuelve más débil hasta que, cuando la velocidad de rotación de la rueda es tal que un diente reemplaza a un espacio abierto durante el tiempo necesario para que la luz viaje de S_1 a S_2 y otra vez a S_1, la imagen desaparece, porque, la luz que ha pasado por un espacio abierto en su camino al espejo M es interceptada por el diente opaco en su camino de regreso. Si la velocidad de la rueda aumenta aún, la imagen reaparece, haciéndose más luminosa a una velocidad doble de la correspondiente al primer eclipse, es decir, a una velocidad tal que un espacio abierto reemplaza al espacio abierto vecino durante el tiempo de tránsito de la luz desde S_1 a S_2 y atrás. Un segundo eclipse ocurrirá a una velocidad triple de la correspondiente al primer eclipse, y así sucesivamente. Midiendo la velocidad de rotación de la rueda a la cual tiene lugar cada eclipse, podemos determinar el tiempo de tránsito de las señales de luz entre S_1 y S_2 y, en consecuencia, la velocidad de la luz. El resultado obtenido por Fizeau fue $c = 313\,300$ km/seg. Más tarde, medidas más precisas por el mismo método dieron

$$c = 301\,400 \text{ km/seg.}$$

Un segundo método, sugerido originariamente por Arago y aplicado por primera vez por Fizeau y Foucault en 1850, se ilustra esquemáticamente en la figura 5-5. El espejo plano M_1 y la lente L forman una imagen real de la fuente S en S_1. El espejo está montado en un eje perpendicular al plano de los rayos incidentes y reflejados. Cuando el espejo rota alrededor del eje S_1 describe una curva. Durante parte del período de rotación la imagen es focalizada en un espejo cóncavo M_2, la luz reflejada en M_2, pasa a través de la lente L y llega al espejo giratorio M_1. La reflexión parcial en la placa de vidrio semiplateada M produce una imagen de la fuente en S_2, donde puede ser observada por medio

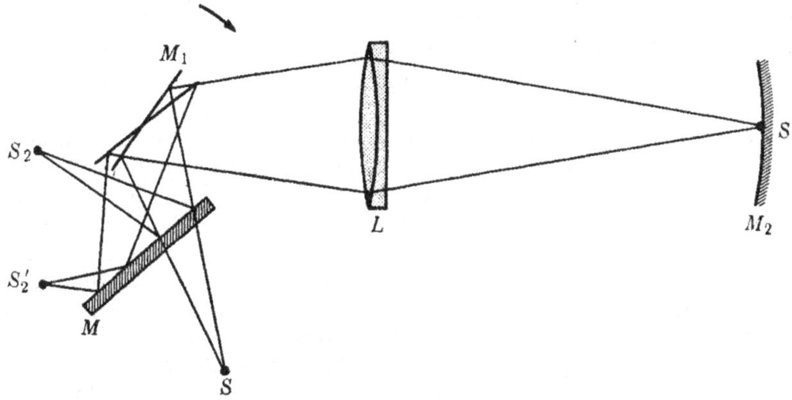

FIG. 5-5. Método de Foucault para medir la velocidad de la luz.

de un ocular. Si el espejo M_1 está quieto o rota lentamente, S_2 y S están ubicados simétricamente con respecto a la superficie semirreflectora M. Supongamos, sin embargo, que la velocidad de rotación del espejo M_1 es tal que el espejo rota en un ángulo apreciable α, mientras la luz viaja desde M_1 a M_2 y vuelve. Entonces, el espejo que rota refleja a los rayos que regresan, en una dirección que forma un ángulo 2α con los rayos que vienen directamente de la fuente S, y la imagen es desplazada correspondientemente desde S_2 a S'_2. A partir de este desplazamiento y de la velocidad de rotación conocida del espejo M_1 es posible calcular la velocidad de la luz.

El método anterior permite una determinación de intervalos de tiempo cortos, mucho más precisa que el método de la rueda dentada descrito previamente. De esta manera da la posibilidad de medir la velocidad de la luz en distancias mucho más cortas, lo cual es una importante ventaja si se desea determinar la velocidad en sustancias materiales distintas del aire (véase sec. 5-6). Usando este método con distancias grandes se obtiene un elevado grado de precisión. En el experimento de Foucault, la distancia entre el espejo en rotación M_1 y el espejo cóncavo estacionario M_2 era de 20 m, y la velocidad de la luz resultaba

$$c = 298\,000 \text{ km/seg.}$$

El método del espejo en rotación fue mejorado por varios investigadores, particularmente por Michelson y sus colaboradores. En una serie de mediciones efectuadas en 1926 sobre una distancia de 22 millas, Michelson obtuvo el valor

$$c = 299\,796 \pm 4 \text{ km/seg.}$$

En mediciones de tal elevada precisión es necesario tomar en cuenta el índice de refracción del aire, para corregir la velocidad observada a la velocidad en el vacío. La corrección no es precisa, sin embargo, por la incerteza en la presión y temperatura de la atmósfera. Para eliminar esta posible fuente de error, Michelson y sus colaboradores midieron la velocidad de la luz en un caño de hierro de una milla de largo donde previamente se hizo vacío. El experimento, que fue completado en 1931, poco antes de la muerte de Michelson dio el valor

$$c = 299\,774 \text{ km/seg.}$$

Después de la segunda Guerra Mundial se realizaron determinaciones de alta precisión de la velocidad de la luz. La figura 5-6 ilustra esquemáticamente un experimento efectuado por Bergstrand en 1950, que es una modificación de un experimento previo realizado por Anderson. Aquí, S representa una fuente de luz cuya intensidad es modulada a una frecuencia de aproximadamente 8 Mc por seg por medio de una célula de Kerr (véase sec. 6-16); el oscilador electrónico que alimenta a la célula también modula la sensibilidad de un detector de luz D (una célula fotoeléctrica; véase sec. 9-1). La fuente S es ubicada en el foco de un espejo cóncavo. El haz de luz paralelo producido por este espejo es reflejado por un espejo alejado M, hacia un segundo espejo cóncavo, que concentra el haz sobre el detector D. La señal obtenida a la salida del detector varía en intensidad a medida que cambian las distancias del espejo M a la fuente y al detector; la condición para que la señal sea máxima es que la intensidad del haz de luz modulado que llega al detector sea máxima en los instantes en que la sensibilidad del detector también es máxima. Una determinación cuidadosa de las posiciones del espejo para las cuales ocurren tales «resonancias», y el conocimiento de la frecuencia del oscilador, permite calcular la velocidad de la luz. Dos mediciones independientes realizadas por el método aquí descrito dieron

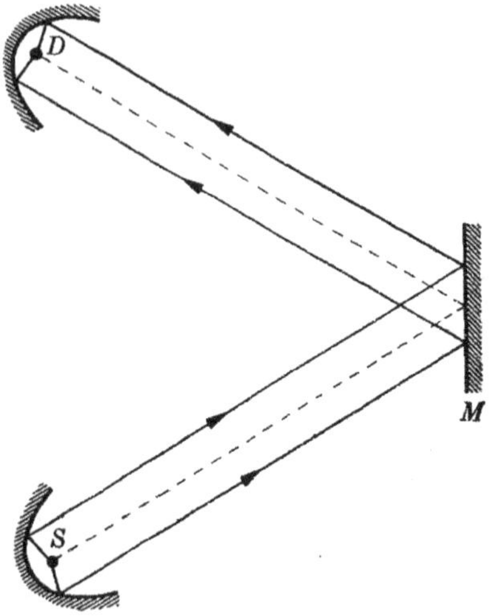

FIG. 5-6. Método de la célula de Kerr para medir la velocidad de la luz.

$$c = (299\,793 \pm 2) \text{ km/seg,}$$

$$c = (299\,792{,}7 \pm 0{,}25) \text{ km/seg.}$$

También se han hecho mediciones muy cuidadosas de c por métodos indirectos, basados en la suposición que las ondas de luz son de origen electromagnético (véase cap. 7); no discutiremos aquí estas mediciones. Queremos mencionar, sin embargo, que del análisis crítico de todos los datos disponibles en 1955,* el mejor valor de la velocidad de la luz en el vacío parece ser

$$c = (299\,793{,}0 \pm 0{,}3)\ \text{km/seg} \tag{5-2}$$

5-3. Experimento de Michelson-Morley. En 1881, Michelson y Morley emprendieron un experimento cuyo resultado tuvo consecuencias de largo alcance en el desarrollo de la física. Su propósito era detectar el movimiento de la Tierra con respecto al medio en que se propagan las ondas de luz. Por supuesto, no había argumentos rigurosos capaces de predecir el sistema de referencia en el que este medio estaba en reposo, pero por cierto, no podía estar en reposo con respecto a la Tierra, que gira alrededor del Sol a una velocidad de aproximadamente 30 km/seg, mientras que el sistema solar, como un todo, se mueve hacia la constelación de Hércules a una velocidad de aproximadamente 19 km/seg.

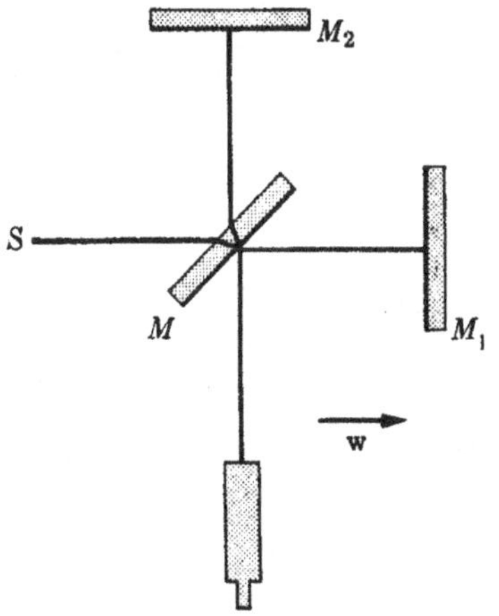

FIG. 5-7. Experimento de Michelson-Morley.

El instrumento usado para este experimento fue el interferómetro de Michelson descrito en la sección 3-12. En este instrumento, una placa de vidrio semiespejada M separa el haz de luz de una fuente S en dos haces que viajan en ángulos rectos entre sí, y son nuevamente reunidos después de reflejarse en dos espejos planos M_1 y M_2 (Fig. 5-7). La imagen de interferencia observada con el telescopio depende de la diferencia entre las longitudes de los caminos ópticos del rayo que viaja desde M a M_1 y vuelve, y el rayo que viaja de M a M_2 y vuelve.

Sea l la distancia de M_1 y M_2 a M. Supongamos que la Tierra se está moviendo en la dirección del rayo que viaja de M a M_1, y cuya velocidad w con respecto del medio en que la luz se propaga. Como el rayo de luz tiene una velocidad c con respecto al medio, su velocidad con respecto a la Tierra es $c - w$; el tiempo que tarda en recorrer la distancia entre M y M_1 es $l/(c - w)$. De un modo similar, en la trayectoria de regreso desde M_1 a M, el rayo viaja con velocidad $c + w$ con respecto a la Tierra, y el tiempo que tarda en ir desde M_1 a M es $l/(c + w)$. El tiempo total que tarda en ir desde M_1 a M y volver a M es, por lo tanto,

$$T_1 = \frac{l}{c - w} + \frac{l}{c + w} = \frac{2l}{c}\,\frac{l}{1 - w^2/c^2} \tag{5-3}$$

Consideremos ahora el rayo que viaja entre M y M_2. En este caso, la velocidad $c - w$ del haz de luz con respeto de la Tierra es perpendicular a la velo-

* Véase E. R. Cohen, J. W. M. Dumond, T. W. Layton y J. S. Rollet, *Rev. Mod. Phys.*, *27*, 363 (1955).

cidad w de la Tierra con respeto al medio. De la figura 5-8 vemos que la magnitud de la velocidad relativa de la luz con respeto a la Tierra es $\sqrt{c^2 - w^2}$, y que el tiempo de viaje desde M a M_2 y regreso hasta M es:

$$T_2 = \frac{2l}{\sqrt{c^2 - w^2}} = \frac{2l}{c} \frac{1}{\sqrt{1 - w^2/c^2}}$$

Como w es muy pequeña comparada con c, podemos desarrollar cada una de las expresiones $1/(1 - w^2/c^2)$ y $1/\sqrt{1 - w^2/c^2}$ en serie, y despreciar los términos que contengan potencias de w/c mayores que la segunda. Obtenemos:

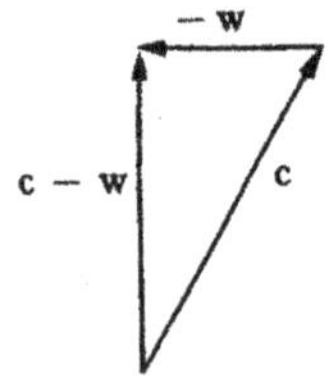

FIG. 5-8.

$$\frac{1}{1 - w^2/c^2} = 1 + \frac{w^2}{c^2}$$

$$\frac{1}{\sqrt{1 - w^2/c^2}} = 1 + \frac{1}{2} \frac{w^2}{c^2}$$

y, por lo tanto,

$$T_1 = \frac{2l}{c}\left(1 + \frac{w^2}{c^2}\right)$$

$$T_2 = \frac{2l}{c}\left(1 + \frac{1}{2} \frac{w^2}{c^2}\right)$$

De este modo, el rayo reflejado en M_1 regresa a M con un atraso

$$T_1 - T_2 = \frac{l}{c} \frac{w^2}{c^2}$$

con respecto al rayo reflejado en M_2; esto corresponde a una diferencia de camino óptico

$$\Delta l = (T - T_2) c = l \frac{w^2}{c^2} \tag{5-4}$$

Si ahora rotamos el interferómetro 90°, de manera tal que el rayo que viaja desde M a M_1 es perpendicular y el que viaja de M a M_2 es paralelo al movimiento de la Tierra, la situación se invierte, y la trayectoria óptica del rayo reflejado en M_2 excederá a la del rayo reflejado en M_1 en la cantidad Δl. Por lo tanto, la rotación del interferómetro cambia el camino óptico de un rayo con respeto al del otro en una cantidad $2\,\Delta l$. Si el experimento se realiza con luz monocromática de longitud de onda λ, un cambio de $2\,\Delta l$ en la diferencia entre los caminos ópticos de los dos rayos que interfieren hace que las franjas de interferencia se corran una fracción del ancho de una franja, dado por

$$\frac{2\,\Delta l}{\lambda} = \frac{2 w^2}{c^2} \frac{l}{\lambda} \tag{5-5}$$

Esta ecuación muestra que el corrimiento esperado es proporcional a l. Para aumentar l sin aumentar las dimensiones físicas del equipo, Michelson y Morley modificaron el diseño original del interferómetro, e hicieron que la luz viajara hacia delante y atrás varias veces en las dos direcciones perpendiculares entre espejos. Todo el instrumento fue montado en una base sólida flotante sobre mercurio, de manera tal que el instrumento podía ser rotado sin usar fuerzas capaces de producir deformaciones mecánicas. Se efectuaron observaciones continuas mientras el instrumento rotaba lentamente. Las condiciones eran tales que un corrimiento de las franjas de interferencia hubiese sido fácilmente detectado si la Tierra se estuviese moviendo a una velocidad del orden de su velocidad de órbita (30 km/seg) con respeto al medio en que viajan las ondas de luz. Contrariamente a lo esperado, no se observó ningún efecto.

Este resultado sorprendente, confirmado por experimentos posteriores, fue objeto de muchas especulaciones, hasta que Einstein, en 1905, sugirió una interpretación que era al mismo tiempo la más simple y la más revolucionaria. Su suposición era que la luz viaja con una velocidad constante, que es independiente de la dirección, en todos los sistemas de referencia *inerciales*. (Se define como un sistema de referencia inercial uno en el cual un objeto se mueve con velocidad rectilínea constante cuando sobre él no actúan fuerzas. Es bien conocido el hecho que todos los sistemas de referencia que se trasladan rectilíneamente con respecto a un sistema inercial dado son también sistemas de referencia inerciales.) La suposición de Einstein es el postulado fundamental de la teoría especial de la relatividad. Está evidentemente en directa contradicción con los resultados de la mecánica clásica, y puede ser aceptado sólo si uno se halla dispuesto a revisar drásticamente los conceptos fundamentales sobre los que reposa la mecánica clásica. Por ejemplo, de este supuesto se deduce que las mediciones de longitud y tiempos son diferentes en sistemas de referencia diferentes. Aun el concepto de simultaneidad entre dos hechos que ocurren en puntos diferentes del espacio pierde su significado absoluto. Otra consecuencia importante del postulado de la relatividad es que la velocidad de la luz se transforma en una velocidad límite, que nunca puede ser alcanzada aunque podamos aproximarnos a ella, y que nunca puede ser sobrepasada en la propagación de cualquier señal.

5-4. Efecto Doppler. Cuando una fuente de ondas sinusoidales está en movimiento respecto al observador, la frecuencia de la perturbación percibida por el observador difiere de la frecuencia de la fuente. Este fenómeno, denominado *efecto Doppler,* posee una explicación simple. Consideremos una onda esférica emitida por una fuente puntual S. En cada momento habrá un conjunto de superficies esféricas en las cuales la fase de la onda es múltiplo entero de 2π; los radios r_n y r_{n+1} de dos de esas esferas consecutivas difieren en una longitud de onda, de modo tal que tenemos

$$r_{n+1} - r_n = \lambda$$

Si la fuente está quieta las esferas poseen un centro común, en la fuente (Fig. 5-9); sin embargo, si la fuente se mueve con una velocidad constante, w, las esferas no son más concéntricas. La perturbación que tiene lugar en el tiempo t en la superficie de radios r_n y r_{n+1} han partido desde la fuente a los tiempos

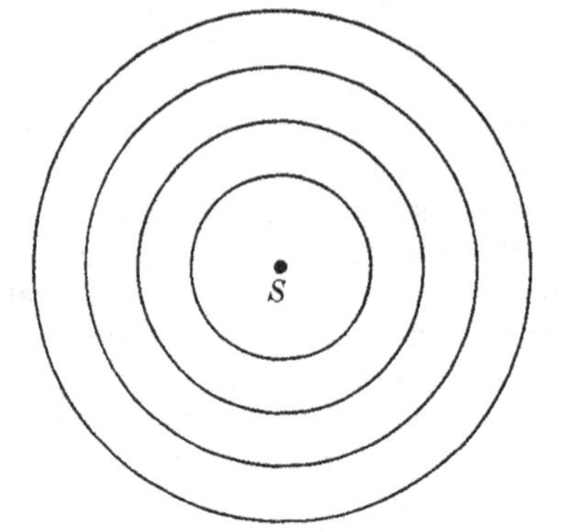

FIG. 5-9. Ondas esféricas desde una fuente puntual en reposo.

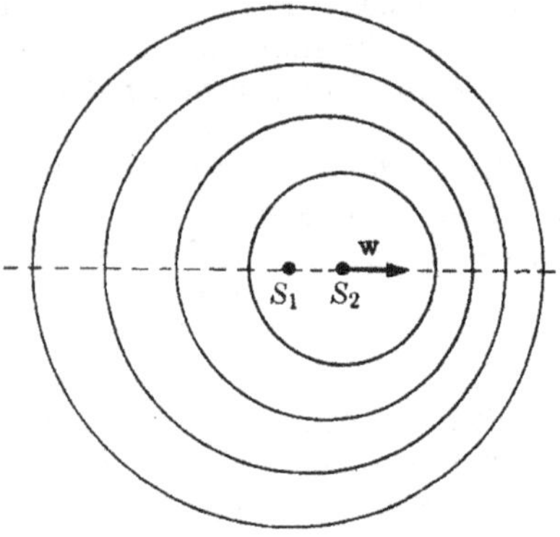

FIG. 5-10. Ondas esféricas desde una fuente puntual en movimiento

$t_n = t - r_n/c$, y, $t_{n+1} = t - r_{n+1}/c$ respectivamente; el intervalo de tiempo $t_n - t_{n+1}$ es igual al período T de las ondas, porque $t_n - t_{n+1} = (r_{n+1} - r_n)/c = \lambda/c$. En este intervalo, la fuente se mueve una distancia $w\,T = (w/c)\,\lambda$, de modo tal, que el centro de la esfera de radio r_n se desplaza en la dirección del movimiento en una cantidad $(w/c)\,\lambda$, con respeto al centro de la esfera de radio r_{n+1} (Fig. 5-10). De esto se deduce que la onda emitida hacia adelante posee una longitud de onda aparente

$$\lambda' = \lambda\left(1 - \frac{w}{c}\right) \tag{5-6}$$

y, en consecuencia, una frecuencia aparente

$$\nu' = \frac{\nu}{1 - (w/c)} \tag{5-7}$$

mientras que la onda emitida hacia atrás tiene una longitud de onda aparente

$$\lambda' = \lambda\left(1 + \frac{w}{c}\right) \tag{5-8}$$

y una frecuencia aparente

$$\nu' = \nu\left(\frac{1}{1 + (w/c)}\right) \tag{5-9}$$

Para obtener una expresión general de la frecuencia observada en un ángulo cualquiera ϑ respecto de la dirección del movimiento de la fuente podemos proceder del siguiente modo: sea S_1 la posición de la fuente en el instante cero, S_2 la posición en el instante t, P la posición del observador quieto y designemos por r_1 y r_2 las distancias $\overline{S_1P}$ y $\overline{S_2P}$ respectivamente (Fig. 5-11). Suponemos que el tiempo t es largo comparado con el período, pero suficientemente corto como para que $\overline{S_1S_2} = w\,t \ll r_1$. La perturbación emitida por la fuente en el instante cero llega al observador en el instante $t_1 = r_1/c$, y aquella emitida en el instante t, llega al observador en el instante $t_2 = t + r_2/c$. El tren de ondas que sale de la fuente durante el intervalo de tiempo t, que contiene $t/T = t\,\nu$ ondas, es recibido por el observador durante el intervalo de tiempo $t_2 - t_1 = t - (r_1 - r_2)/c$. Por lo tanto, la frecuencia aparente es

$$\nu' = \frac{t\,\nu}{t - (r_1 - r_2)/c} \tag{5-10}$$

Como hemos supuesto que $\overline{S_1S_2} \ll r_1$, podemos escribir, con buena aproximación

$$r_1 - r_2 = \overline{S_1S_2} \cos \vartheta = w\,t \cos \vartheta$$

por esto la ecuación (5-10) da

$$\nu' = \frac{\nu}{1 - (w/c) \cos \vartheta} \tag{5-11}$$

Notemos que (5-11) se reduce a (5-7) para $\vartheta = 0$ y a (5-9) para $\vartheta = \pi$.

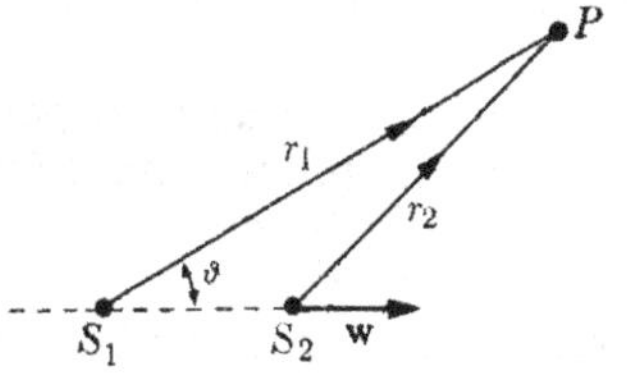

FIG. 5-11. Efecto Doppler debido al movimiento de una fuente.

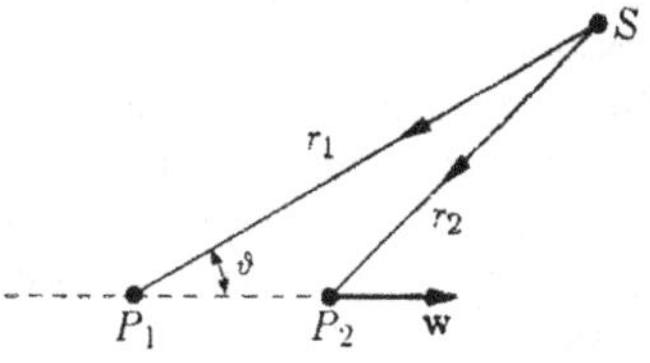

FIG. 5-12. Efecto Doppler debido al movimiento del observador.

Hasta aquí hemos supuesto que el observador está quieto y que la fuente está en movimiento. Supongamos ahora que la fuente está quieta y que el observador se mueve con una velocidad w en una dirección que forma un ángulo ϑ con la dirección de la fuente (Fig. 5-12). Sea P_1 la posición del observador en el instante t_1, P_2 su posición en el instante t_2, S la posición de la fuente, y designemos por r_1 y r_2 las distancias $\overline{SP_1}$ y $\overline{SP_2}$, respectivamente. En el instante t_1 el observador recibe la perturbación emitida por la fuente en el instante $t_2 - r_2/c$, de manera que en el intervalo de tiempo $t_2 - t_1$ él recibe el tren de ondas emitido durante el intervalo de tiempo $(t_2 - r_2/c) - (t_1 - r_1/c) = t_2 - t_1 + (r_1 - r_2)/c$. Este tren contiene $\nu\,[t_2 - t_1 + (r_1 - r_2)/c]$ ondas, y por lo tanto la frecuencia es

$$\nu'' = \frac{\nu\,[t_2 - t_1 + (r_1 - r_2)/c]}{t_2 - t_1} \tag{5-12}$$

Supongamos nuevamente que $\overline{P_1P_2} \ll r_1$; podemos escribir

$$r_1 - r_2 = \overline{P_1P_2} \cos \vartheta = w\,t \cos \vartheta$$

y (5-12) conduce a

$$\nu'' = \nu\left(1 + \frac{w}{c}\cos\vartheta\right) \tag{5-13}$$

Vemos que ya sea que la fuente o el observador estén en movimiento, la frecuencia (ν' o ν'') es mayor o menor que la frecuencia ν de la fuente, según que la fuente y el observador se acerquen uno al otro ($\vartheta < \pi/2$) o se separen ($\vartheta > \pi$).

Si desarrollamos la expresión $1/[1 - (w/c)\cos\vartheta]$ en serie de Taylor, podemos escribir la ecuación (5-11) como

$$\nu' = \nu\left(1 + \frac{w}{c}\cos\vartheta + \frac{w^2}{c^2}\cos^2\vartheta + \cdots\right) \tag{5-14}$$

Comparándola con la ecuación (5-13) vemos que mientras las diferencias $\nu' - \nu$ y $\nu'' - \nu$ contienen términos proporcionales a w/c, la diferencia $\nu' - \nu''$ sólo contiene términos proporcionales a potencias de w/c mayores o iguales a la segunda. Si w es pequeña comparada con c, estos términos son despreciables, y las expresiones de ν' y ν'' son prácticamente iguales. Aproximadamente, el corrimiento por efecto Doppler depende solamente de la velocidad *relativa* de la fuente y del observador.

En el caso de ondas mecánicas, como el sonido, el medio que transporta las ondas establece un sistema de referencia preferido. Hay entonces una diferencia física entre el caso en que el observador está detenido y la fuente está en movimiento, y aquel en que la fuente está detenida y el observador en movimiento. Para la luz, sin embargo, los sistemas de referencia inerciales son físicamente equivalentes, como vimos en la sección anterior. Por lo tanto, en el caso de ondas luminosas, el corrimiento por efecto Doppler debe depender sólo de la velocidad relativa de la fuente y del observador, de donde se deduce que las ecuaciones (5-11) y (5-13) que dan valores escasamente diferentes para ν' y ν'' no pueden ser exactamente correctos. Para obtener la expresión rigurosa de la frecuencia aparente debemos usar la teoría de la relatividad, que conduce al resultado

$$\nu' = \nu'' = \frac{\nu\,[1 + w/c\cos\vartheta]}{\sqrt{1 - w^2/c^2}} \tag{5-15}$$

Esta expresión difiere de (5-11) y (5-13) sólo en términos de segundo o mayor orden en w/c. Como la velocidad relativa de la fuente y el observador es generalmente muy pequeña comparada con la velocidad de la luz, las ecuaciones (5-11), (5-13) y (5-15) son equivalentes para la mayoría de los casos.

En el caso de ondas sonoras, el efecto Doppler es frecuentemente un fenómeno bien notorio. Un ejemplo familiar es el modo en que el silbato del tren cambia repentinamente de tono cuando el tren pasa a alta velocidad. Sin embargo, como la velocidad de la luz es mucho mayor que la velocidad del sonido, el efecto Doppler para la luz sólo es observable con velocidades de la fuente de luz extremadamente elevadas. Tales velocidades son difíciles de lograr en la Tierra, en la medida en que nos manejamos con objetos macroscópicos. Sin embargo, es comparativamente fácil observar el efecto Doppler en el laboratorio usando como fuente de luz un haz de iones positivos de alta velocidad. Se realiza el experimento usando un tubo de descarga con un cátodo perforado. Los iones positivos producidos en el gas rarificado entre el cátodo y el ánodo son acelerados hacia el cátodo. Algunos pasan por las perforaciones y continúan moviéndose con velocidad constante en el espacio detrás del cátodo donde no hay campo formando rayos *canales*. La velocidad de esos iones es del orden de cientos de kilómetros por segundo, aproximadamente 1/1000 de la velocidad de la luz y alrededor de 100 veces la velocidad inicial de una bala, y la luz emitida por esos iones exhibe un nítido efecto Doppler.

En conexión con la influencia del efecto Doppler en experimentos de laboratorio, debe mencionarse que este efecto es en parte responsable de la falta de monocromaticidad de las fuentes de luz. Debido a la agitación térmica, en un instante dado de tiempo algunos átomos de la fuente se mueven hacia el observador, mientras que otros se alejan. El efecto Doppler aumenta ligeramente la frecuencia de la luz recibida de los primeros y disminuye la de los últimos.

En el terreno de la astronomía el efecto Doppler encuentra sus aplicaciones más importantes, ya que las velocidades de los objetos celestes son mucho mayores que las que se pueden obtener en la Tierra. Por ejemplo, el efecto ha sido usado para determinar la velocidad de rotación de varias regiones de la superficie del Sol, y también ha sido usado para medir la componente de la velocidad de las estrellas y nebulosas que está dirigida a lo largo de la línea de visión. Por este medio se ha encontrado que algunas nebulosas se alejan de la Tierra a una velocidad mayor de 20 000 km/seg, ya que las líneas espectrales están desplazadas hacia el rojo en más de 200 Å. Otra aplicación astronómica interesante del efecto es el descubrimiento y estudio de estrellas dobles cuyas componentes subtienden un ángulo menor que el límite de resolución del telescopio. Las dos componentes de una estrella doble rotan alrededor de su centro común de masa. En cualquier instante la luz proveniente de la componente que se está acercando a la tierra se desplaza hacia las frecuencias más altas, mientras que la luz proveniente de la componente que se aleja se desplaza hacia las frecuencias más bajas. En consecuencia, en el espectro de las estrellas dobles cada línea está subdividida en dos, la separación es una función periódica del tiempo, con período igual al período de revolución de las dos estrellas.

5-5. Velocidad de fase y de grupo. En el vacío, la velocidad de la luz tiene un valor único y bien definido; sin embargo, tal como hemos visto en la sección 2-14 la velocidad de las ondas sinusoidales de luz en un medio dispersivo depende de su frecuencia. Una señal de luz consiste en un tren de ondas de longitud finita, y conocemos por los resultados de la sección 3-13 y 3-14 que aun si es emitida por lo que llamamos una fuente «monocromática», este tren no es una onda sinusoidal pura, pero puede ser considerada como la superposición de un número infinito de ondas sinusoidales de diferentes longitudes de onda. Por lo tanto, en un medio dispersivo cada componente del tren de ondas se moverá con una velocidad ligeramente diferente; el tren cambiará lentamente su forma mientras se mueve, y será necesario un análisis cuidadoso para determinar cómo debe definirse su velocidad.

Un experimento simple puede servir para esclarecer este punto. Si dejamos caer una piedra en un estanque quieto y examinamos la onda circular superficial originada en el punto en que la piedra choca con el agua, vemos que consiste en un pequeño número de oscilaciones aproximadamente sinusoidales, de manera que su perfil es una curva del tipo mostrado en la figura 5-13. Concentremos nuestra atención en una dada cresta de onda. La cresta viaja con una cierta velocidad con respecto del observador en reposo; además, observando cuidadosamente encontramos que se mueve *hacia adelante* con respecto del tren de ondas, de manera que se acerca gradualmente a la cola del tren. Mientras hace esto, su amplitud disminuye hasta que la cresta desaparece. De esta manera, continuamente desaparecen ondas en el frente del tren, mientras que nuevas ondas aparecen en la cola. Como consecuencia, el tren, como un todo, se mueve a menor velocidad que las ondas individuales. Aparte del movimiento gradual de las ondas individuales con respecto al tren, el perfil general del tren (es decir, la forma de la línea que conecta las crestas de las ondas sucesivas) no cambia apreciablemente en períodos limitados de tiempo. De esa manera podemos definir una velocidad del tren, o *velocidad de grupo,* que es distinta de la velocidad de las ondas individuales en el tren, o *velocidad de fase.*

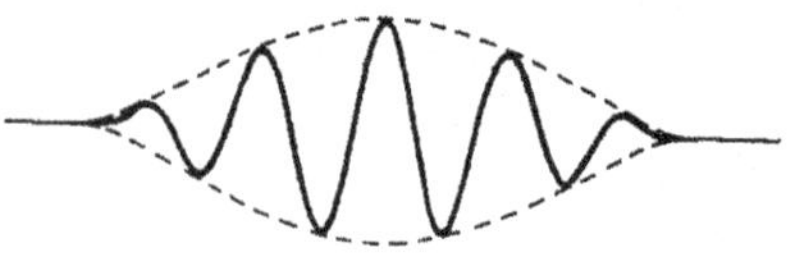

FIG. 5-13. Tren de ondas.

Para obtener una expresión matemática de la velocidad de grupo, supongamos que en el instante $t = 0$ todas las ondas sinusoidales están en fase en el punto $x = 0$. Este es el punto donde la amplitud de oscilación de la perturbación resultante es mayor, es decir, el punto donde la curva que representa el perfil del grupo tiene un máximo. En un instante posterior t, las distintas ondas sinusoidales estarán en fase en un punto diferente P, que determina la nueva posición del máximo. Si x es la distancia de P a 0, la velocidad de grupo es entonces $v_g = x/t$.

Sean E_1 y E_2 dos de las ondas sinusoidales en las que idealmente descomponemos nuestro tren de ondas (Fig. 5-14). Como las dos ondas están en fase en $t = 0$ y $x = 0$, E_1 y E_2 están dadas por expresiones de la forma

$$E_1 = A_1 \cos 2\pi\left(\nu_1 t - \frac{x}{\lambda_1}\right)$$
$$E_2 = A_2 \cos 2\pi\left(\nu_2 t - \frac{x}{\lambda_2}\right) \tag{5-16}$$

donde ν_1 y ν_2 son las frecuencias de las dos ondas, y $\lambda_1 = v_1/\nu_1$ y $\lambda_2 = v_2/\nu_2$ son las correspondientes longitudes de onda. En el instante t las dos ondas están en fase en el punto cuya abscisa x satisface la ecuación

$$\nu_1 t - \frac{x}{\lambda_1} = \nu_2 t - \frac{x}{\lambda_2}$$

de la que obtenemos

$$\frac{t}{x} = \frac{1/\lambda_1 - 1/\lambda_2}{\nu_1 - \nu_2} \tag{5-18}$$

Como fue señalado en la sección 3-14, si el tren de ondas es largo comparado con la longitud de onda, las ondas sinusoidales componente tienen frecuencias muy próximas a un valor dado ν_0. En un medio no dispersivo, la inversa de la longitud de onda $1/\lambda$ es proporcional a la frecuencia ν; en un medio dispersivo, es una función más complicada de ν. En cualquier caso, si la diferencia $\nu_1 - \nu_2$ es suficientemente pequeña, el término de la derecha de la ecuación (5-17) puede ser tomado como igual a la derivada de $1/\lambda$ con respecto de ν, calculado en la frecuencia ν_0. En este caso, (5-17) se transforma en

$$\frac{t}{x} = \left[\frac{d\,(1/\lambda)}{d\,\nu} \right]_{\nu=\nu_0} \tag{5-18}$$

Esta ecuación no contiene a ν_1 o ν_2. Por lo tanto, en el tiempo t no sólo las dos ondas consideradas arriba, sino todas las ondas sinusoidales que componen el tren están en fase en el mismo punto x. De acuerdo con nuestra definición, x/t representa la velocidad de grupo v_g, y obtenemos

$$\frac{1}{v_g} = \frac{d\,(1/\lambda)}{d\,\nu} \tag{5-19}$$

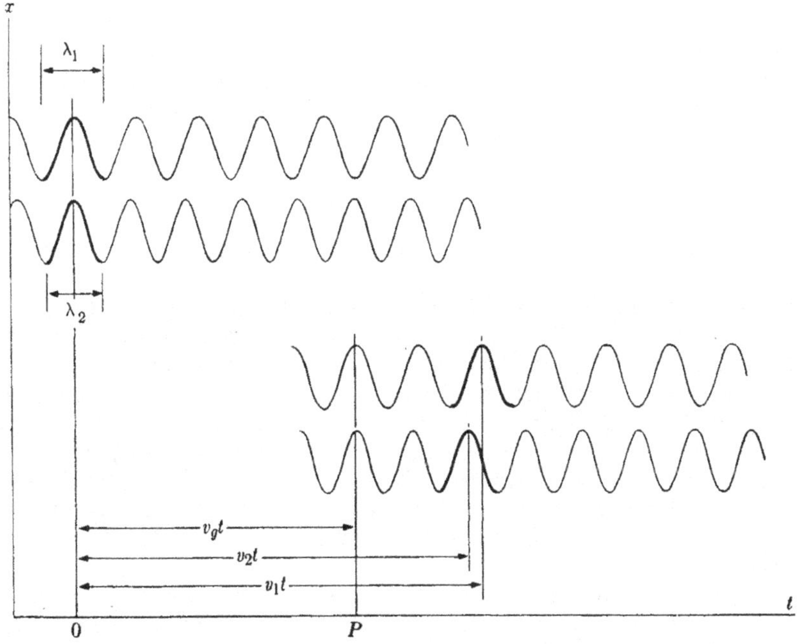

FIG. 5-14. Velocidad de fase y velocidad de grupo.

La ecuación (5-19) puede ser escrita de varias maneras diferentes. Sea v la velocidad de fase y $n = c/v$ el índice de refracción, siendo ambas cantidades, de acuerdo con nuestra suposición, funciones de ν (o de λ). Como

$$\frac{1}{\lambda} = \frac{\nu n}{c}$$

(5-19) se convierte en

$$\frac{1}{v_g} = \frac{n}{c} + \frac{\nu}{c} \frac{dn}{d\nu}$$

o

$$\frac{1}{v_g} = \frac{1}{v}\left(1 + \frac{\nu}{n} \frac{dn}{d\nu}\right) \tag{5-20}$$

Si consideramos que

$$\nu = v/\lambda$$

y tomando la ecuación recíproca de (5-19), obtenemos

$$v_g = v + \frac{1}{\lambda} \frac{dv}{d(1/\lambda)}$$

o, como $d(1/\lambda) = d\lambda/\lambda^2$,

$$v_g = v - \lambda \frac{dv}{d\lambda} \tag{5-21}$$

En muchos materiales, el índice de refracción es una función creciente de la frecuencia. La ecuación (5-20) muestra que, en este caso, la velocidad de grupo de la luz es *menor* que la velocidad de fase. Si n es una constante, (5-20) implica que

$$v_g = v = \frac{c}{n}$$

en este caso, como ya sabemos, las velocidades de fase y de grupo son idénticas.

5-6. La velocidad de la luz en medios materiales. Es posible determinar la razón de la velocidad de la luz en una sustancia material a la velocidad de la luz en el vacío midiendo simplemente el índice de refracción de la sustancia en cuestión. Sin embargo, esta medición se basa en la suposición que la luz es un fenómeno ondulatorio. Una medición directa de la velocidad de la luz en sustancias materiales es, por lo tanto, de gran importancia, pues permite un experimento crucial para esta hipótesis. En efecto, como fue explicado en la sección 1-9 el modelo ondulatorio de luz predice que la luz viaja más rápido en el vacío que en la materia, mientras que el modelo corpuscular de la luz hace la predición contraria.

Como ya hemos señalado, la velocidad de la luz en la materia puede ser medida por el método de Foucalt descrito en sección 5-3. Es más conveniente comparar la velocidad de la luz en la materia con la velocidad en el vacío (o, por fines prácticos, en el aire), y realizar el experimento como aparece esquemáticamente en figura 5-15.

En esta figura, como en la 5-5, S es la fuente, M una placa de vidrio semiespejada, L una lente, y M_1 un espejo giratorio que con L produce una imagen S_1. Mientras M_1 gira, S_1 se mueve describiendo una curva sobre dos espejos cóncavos, M_2 y M_3, en lugar de uno solo. Si no hay materia entre el espejo giratorio M y M_1 o M_2, los rayos de luz reflejados por M_1 y M_2 forman imágenes en el mismo punto S'_2. Como explicamos en sección **5-2**, el desplazamiento de este

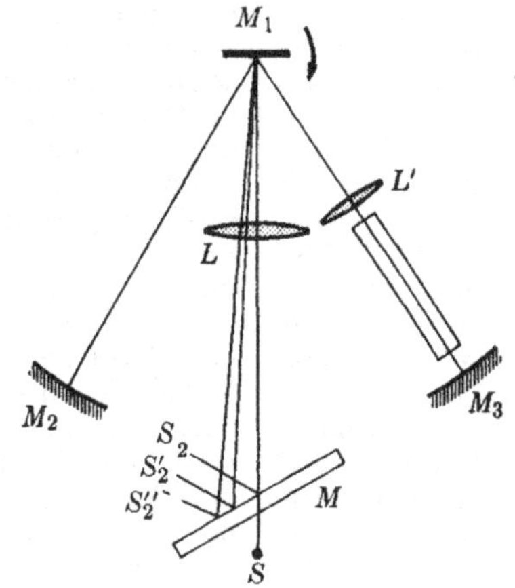

FIG. 5-15. Medición de la velocidad de la luz en la materia.

punto respecto al punto S_2 donde se forma la imagen cuando el espejo M_1 está quieto es proporcional al tiempo que tarda la luz en ir desde M_1 a M_2 (o desde M_1 a M_3) y volver. Coloquemos ahora un tubo lleno con un líquido transparente, por ejemplo, agua, entre M_1 y M_3. Cuando M_1 gira a gran velocidad, observamos dos imágenes de la fuente, S'_2 y S''_2, en vez de una sola, porque ahora el tiempo requerido por la luz para viajar entre M_1 y M_2 es diferente del requerido para viajar entre M_1 y M_3. Encontramos que la imagen formada por los rayos que han atravesado el agua está *más desplazada* que la imagen formada por los rayos que han viajado por el aire solamente. Deducimos así, de acuerdo con las predicciones de la teoría ondulatoria, que la velocidad de propagación de la luz en el agua es menor que en el aire (o vacío). (Para corregir el efecto de refracción por la columna de agua, es necesario colocar una lente auxiliar L' entre M_1 y M_3; el retardo adicional producido por esta lente es despreciable excepto en mediciones muy precisas.) Para una interpretación cuantitativa de los datos experimentales, debe notarse que la velocidad medida por este experimento no es la *velocidad de fase,* sino la *velocidad de grupo.* Se encuentra entonces que, dentro del límite de error experimental, la velocidad determinada directamente concuerda con la calculada a partir de valores medidos del índice de refracción n y de la cantidad $dn/d\nu$.

Problemas

5-1. Considere el experimento del espejo giratorio para la determinación de la velocidad de la luz, ilustrado en la figura 5-5. Suponga que la distancia M_1M_2 es 20 m y la distancia M_1S es 1 m. Calcule el número de revoluciones por segundo del espejo M_1 para el cual la imagen S_2 sufre un desplazamiento de 0,7 milímetros.

5-2. En una de las mediciones de Michelson y Morley (sec. 5-3), el camino óptico efectivo de los rayos entre el espejo semiespejado N y cada uno de los dos espejos M_1 y M_2 es de 11 m. El experimento fue realizado con luz monocromática de longitud de onda $\lambda = 6000$ Å. Suponiendo que la Tierra se mueve con una velocidad de 30 km/seg con respecto al medio que propaga las ondas de luz, calcule el desplazamiento previsto de la imagen de interferencia observada cuando se rota el interferómetro de manera que primero un brazo y después el otro están paralelos a la dirección del movimiento de la Tierra. Exprese el desplazamiento como una fracción de la distancia entre máximos en la imagen de interferencia.

5-3. Estime el ensanchamiento de las líneas espectrales debido al efecto de Doppler, para las dos fuentes siguientes: *a*) gas de sodio atómico a una temperatura de 1800°C, y *b*) gas de helio a una temperatura de 20°C. (Las constantes necesarias son: constante Boltzmann $k = 1{,}37 \times 10^{-16}$ erg/atm °K; masa del átomo de helio, $4 \times 1{,}66 \times 10^{-24}$ g; masa del átomo de sodio $= 23 \times 1{,}66 \times 10^{-24}$ g.)

5-4. Las líneas espectrales de la galaxia NG 379 muestran un «desplazamiento hacia el rojo» $\Delta\lambda = 1{,}83$ %. Calcular la velocidad radial de la estrella relativa a la Tierra.

5-5. La curva de dispersión de una clase dada de vidrio puede ser representada por (ecuación de Cauchy) $n = A + (B/\lambda^2)$, donde $A = 1{,}42$ y $B = 1{,}6 \times 10^6$ (angstroms)^2. Calcular la velocidad de fase y de grupo de la luz en este vidrio a la longitud de onda $\lambda = 4000$ Å.

5-6. Una fuente de luz ubicada en el espejo parabólico produce una onda plana de frecuencia ν. La amplitud de la onda es modulada (por ejemplo, por medio de una célula de Kerr; véase sección 6-16) de manera tal que la perturbación óptica en el origen está representada por $E_1 = A \cos 2\pi\nu_0 t \times \cos 2\pi\nu t$ ($\nu_0 \ll \nu$). La intensidad correspondiente es $I_1 = K A^2 \cos^2 2\pi\nu_0 t$. El haz de luz viaja en un medio dispersivo cuyo índice de refracción n es una función conocida de la frecuencia, hacia un espejo ubicado a una distancia D que lo refleja de vuelta a un detector colocado cerca de la fuente. Considerando a la onda modulada como la superposición de dos ondas exactamente sinusoidales de frecuencias ligeramente diferentes ν_1 y ν_2, probar que la perturbación óptica en el detector está dada por una ecuación de la forma $E_2 = A \cos 2\pi\nu_0 (t - t') \times \cos 2\pi\nu (t - t'')$, y la intensidad correspondiente por:

$$I_2 = A^2 \cos^2 2\pi\nu_0 (t - t')$$

(*a*) Calcule t' y t'' y discuta el significado físico de las cantidades $2D/t'$ y $2D/t''$.

(b) Suponga que la sensibilidad del detector está modulado sincrónicamente con la intensidad de la fuente de luz, como en el experimento descrito en la figura 5-6. ¿Para qué valores de D será máxima la respuesta del detector?

(c) ¿Medirá el experimento descrito la velocidad de fase o de grupo de la luz?

CAPÍTULO 6

POLARIZACIÓN Y ÓPTICA EN CRISTALES

6-1. Polarización de ondas luminosas. Del estudio de los fenómenos de interferencia y difracción, hemos aprendido que la perturbación óptica es una función rápidamente oscilante del tiempo, cuya forma, en ciertos casos, se aproxima a una función sinusoidal. Sin embargo, aún no hemos investigado, el carácter de la perturbación óptica. ¿Es una magnitud escalar como los cambios de presión en una onda sonora? ¿Es una cantidad vectorial, como el desplazamiento de partículas gaseosas en una onda sonora o el desplazamiento de partículas de agua en una onda superficial? Si es una cantidad vectorial, ¿apunta el vector en la dirección de propagación, como el desplazamiento en una onda sonora, o apunta en una dirección diferente a la de propagación, como el desplazamiento en una onda superficial?

Es inmediato que si la perturbación óptica es una magnitud escalar, o si es un vector paralelo a la dirección de propagación, todos los planos que contienen al rayo luminoso, son físicamente equivalentes. Si, en cambio, la perturbación es un vector que apunta en una dirección diferente a la de propagación, podemos esperar que, el plano que contiene a dicho vector, tenga alguna propiedad que lo distinga.

El interrogante que surge entonces es si algunos de los infinitos planos que pasan por un mismo rayo luminoso, son físicamente distinguibles. El problema se resuelve por medio de una experiencia simple con una *lámina polarizadora* (un producto comercial fabricado por la Polaroid Corporation, mediante un proceso que describiremos en la sección 6-9), que es una lámina transparente de plástico, de uso común, por ejemplo en la fabricación de anteojos para sol. Sostengamos una lámina polarizadora delante de los ojos y miremos a través de ella una fuente luminosa, por ejemplo, una lámpara incandescente. Si rotamos la lámina en su propio plano, no notamos cambios en la intensidad de luz. Coloquemos una segunda lámina polarizadora entre la fuente de luz y el ojo (Fig. 6-1). Si rotamos la segunda lámina dejando fija la primera, encontramos que la intensidad de luz cambia periódicamente. La intensidad es prácticamente nula, para dos posiciones angulares de la segunda lámina separadas 180° y existen dos máximos equidistantes de los mínimos. Si medimos la intensidad I de la luz emergente de la segunda lámina polarizadora, encontramos que sigue, con muy buena aproximación, una ley del tipo

$$I(\psi) = I_0 \cos^2 \psi \tag{6-1}$$

donde I_0 es la intensidad máxima y ψ es el ángulo de rotación de la segunda lámina, medida desde la posición en la cual la intensidad fue máxima.

El hecho que la intensidad transmitida dependa de la posición angular de la segunda lámina, prueba que la perturbación óptica es una cantidad vectorial, cuya dirección no coincide con la de propagación. Llamaremos a este vector *vector óptico*. Para explicar de una manera natural los detalles de la experiencia

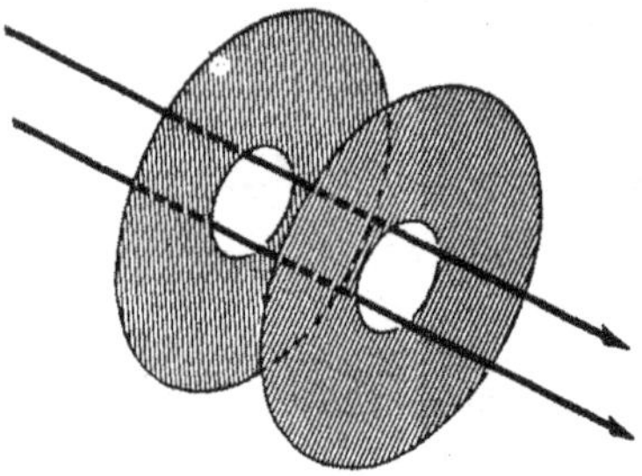

FIG. 6-1. Haz de luz atravesando dos láminas polarizadoras.

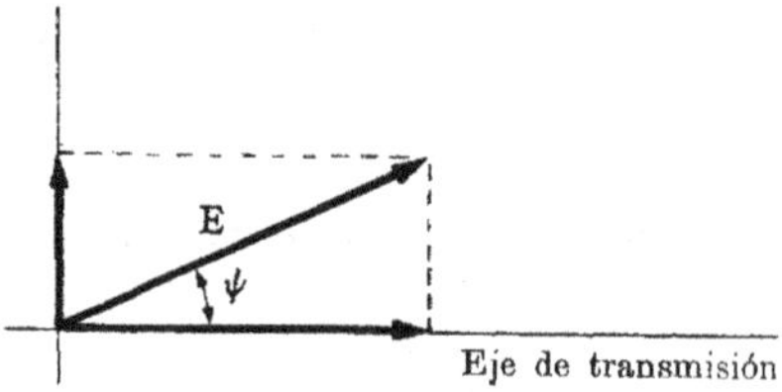

FIG. 6-2.

anterior, y otras observaciones, es necesario suponer *que el vector óptico de una onda luminosa plana, que se propaga en un medio isotrópico, es perpendicular a la dirección de propagación.*

De las consideraciones anteriores, surge el modelo siguiente:

Las ondas luminosas son *transversales* (véase sec. 1-3). En la luz proveniente de una fuente luminosa común, el vector óptico cambia de dirección rápida e irregularmente con el tiempo, permaneciendo siempre perpendicular a la dirección de propagación. Como discutiremos luego con mayor detalle, este comportamiento se debe a la superposición incoherente de las perturbaciones ópticas provenientes de muchas fuentes microscópicas que forman una fuente de luz común (véase sec. 3-7). La luz en estas condiciones se llama *luz natural* o *no polarizada*.

Consideremos una onda luminosa que incide perpendicularmente a una lámina polarizadora. La lámina transmite la onda luminosa, sin absorción apreciable, si el vector óptico, es paralelo a cierta dirección preferencial (el «eje de transmisión»), y es completamente absorbida (o casi completamente) si el vector óptico es perpendicular a esta dirección. Si el vector óptico tiene una dirección intermedia puede ser considerado como la resultante de dos vectores, uno paralelo y otro perpendicular al eje de transmisión de la lámina polarizadora (Fig. 6-2). La lámina transmite la primera componente y absorbe la segunda, por lo cual, siempre, el vector óptico de la onda emergente es paralelo al eje de transmisión. Llamaremos a esta onda *linealmente polarizada* o *plano polarizada*, y designaremos con el nombre de *plano de vibración* al plano determinado por la dirección de propagación y el eje óptico. Cualquier dispositivo óptico capaz de transmitir sólo luz polarizada linealmente será llamado *filtro polarizador*.

Si la luz que incide sobre el filtro es luz natural, la intensidad de la onda emergente, linealmente polarizada, no cambia si el filtro rota en su plano. Es evidente que en el caso de luz natural el valor eficaz de la componente del vector óptico en cualquier dirección perpendicular a la de propagación, es siempre el mismo.

Supongamos ahora que la luz linealmente polarizada que emerge del primer filtro de polarización es obligada a pasar por un segundo filtro. La amplitud de la onda transmitida por el segundo filtro será proporcional al coseno del ángulo formado por el vector óptico de la onda polarizada y el eje de transmisión del se-

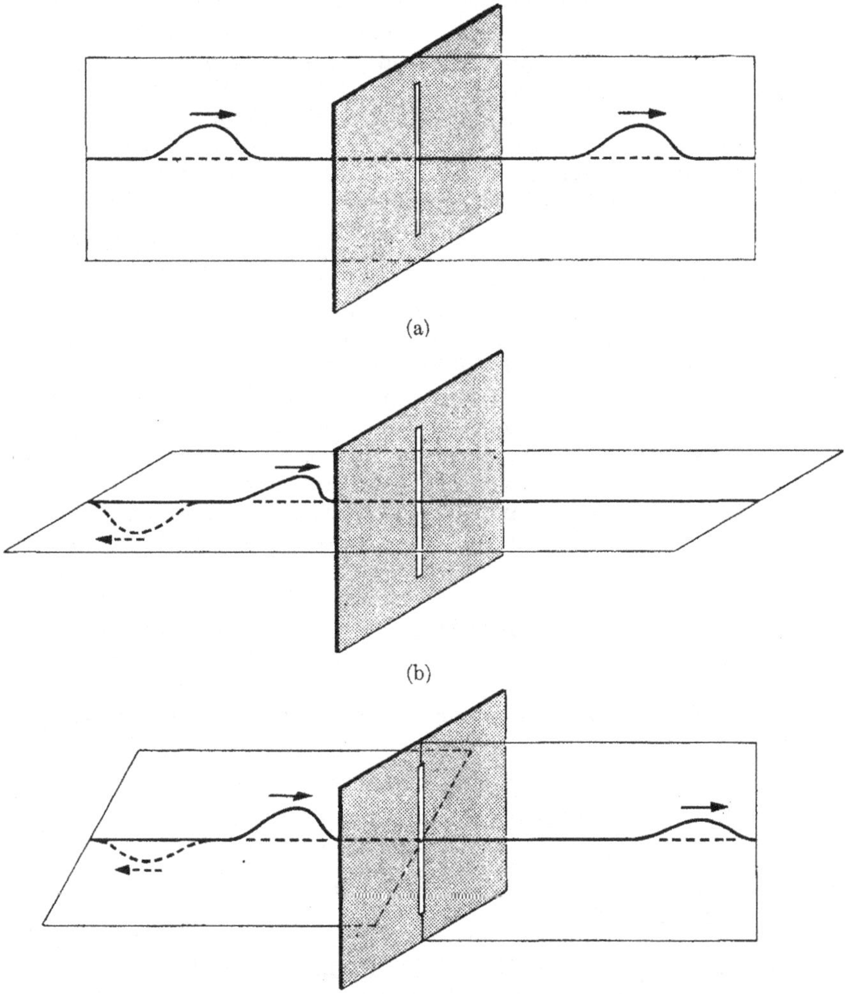

(a)

(b)

(c)

FIG. 6-3. Ondas en un tubo atravesando una ranura vertical: (a) la perturbación vertical es transmitida libremente; (b) la perturbación horizontal no es transmitida; (c) la perturbación es parcialmente transmitida en dirección intermedia.

gundo filtro (Fig. 6-2). Este ángulo es igual al ángulo ψ entre los ejes de transmisión de los dos filtros. La intensidad de la luz emergente del segundo filtro es proporcional a $\cos^2 \psi$, tal como se verifica experimentalmente (ec. 6-1).

La ley expresada por (6-1) se llama *ley de Malus*. Cuando dos filtros polarizadores se disponen como se describió anteriormente, al primer filtro se le llama *polarizador* y al segundo *analizador*. Un instrumento óptico compuesto de un analizador y un polarizador se llama *polaroscopio*.

Discutiremos luego la naturaleza física de la lámina polarizadora y de otros filtros de polarización; ahora limitaremos nuestra discusión a una analogía mecánica. Consideremos un tubo de goma, que en cierto punto atraviesa una rendija estrecha (Fig. 6-3). Un golpe aplicado en uno de los extremos del tubo, en dirección paralela a la rendija, da lugar a la formación de una onda que pasa libremente a través de la rendija. Un golpe en dirección perpendicular, produce una onda que no pasa por la rendija. Si el desplazamiento en la onda incidente no es paralelo ni perpendicular a la rendija, la onda es transmitida parcialmente por la rendija. Más allá de la rendija, el desplazamiento es paralelo a ella, y de magnitud igual a la proyección del desplazamiento original en la dirección de la rendija.

6-2. Superposición de ondas polarizadas. Polarización elíptica y circular. Consideremos dos ondas sinusoidales linealmente polarizadas, de la misma frecuencia, y que se propagan en la misma dirección. Si sus vectores ópticos son *paralelos*, se combinan en una sola onda linealmente polarizada cuya ampli- y fase son funciones de las amplitudes y fases de las ondas componentes (véase 3-5). Nos proponemos investigar la naturaleza de la onda resultante cuando las perturbaciones son *perpendiculares* entre sí. Consideremos un sistema de coordenadas cartesiano, con el eje x en la dirección de propagación, el eje y paralelo al vector óptico de una de las ondas y el eje z paralelo al vector óptico de la otra onda (Fig. 6-4). Los vectores ópticos de las 2 ondas están representados por expresiones del tipo

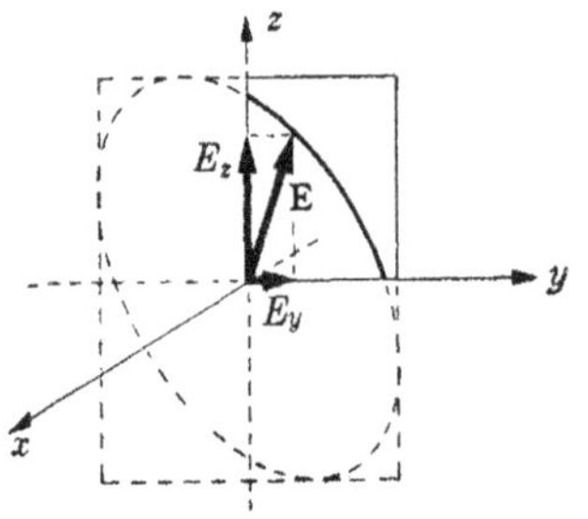

FIG. 6-4. Polarización elíptica.

$$E_y = A_y \cos\left[\omega\left(t - \frac{x}{v}\right) + \varphi_1\right]$$

$$E_z = A_z \cos\left[\omega\left(t - \frac{x}{v}\right) + \varphi_2\right] \qquad (6\text{-}2)$$

Las funciones E_y y E_z también representan las componentes del vector óptico resultante **E** a lo largo de los ejes y y z. En un punto dado en el espacio, este vector varía en el tiempo en longitud y dirección. Su punta describe una curva, siendo las ecuaciones (6-2) sus ecuaciones paramétricas. Para determinar la forma de esta curva, sólo necesitamos eliminar t entre estas dos ecuaciones. Para esto llamemos $\varphi = \varphi_2 - \varphi_1$ a la diferencia de fase entre las dos oscilaciones y redefinamos el origen del tiempo poniendo $\omega t' = \omega (t - x/v) + \varphi_1$ con lo que las ecuaciones (6-2) quedan

$$
\begin{aligned}
E_y &= A_y \cos (\omega t') \\
E_z &= A_z \cos (\omega t' + \varphi) = A_z \cos (\omega t') \cos \varphi - A_z \operatorname{sen} (\omega t') \operatorname{sen} \varphi
\end{aligned}
\tag{6-3}
$$

De estas ecuaciones, obtenemos

$$\frac{E_z}{A_z} - \frac{E_y}{A_y} \cos \varphi = - \operatorname{sen} (\omega t') \operatorname{sen} \varphi$$

$$\left(\frac{E_z}{A_z} - \frac{E_y}{A_y} \cos \varphi \right)^2 = \operatorname{sen}^2 (\omega t') \operatorname{sen}^2 \varphi = \left[1 - \left(\frac{E_y}{A_y} \right)^2 \right] \operatorname{sen}^2 \varphi$$

y luego de algunas simplificaciones

$$\frac{E_y^2}{A_y^2} + \frac{E_z^2}{A_z^2} - 2 \frac{E_y}{A_y} \frac{E_z}{A_z} \cos \varphi = \operatorname{sen}^2 \varphi \tag{6-4}$$

Esta es la ecuación de una elipse, y así deducimos que la punta del vector que representa la resultante de la perturbación óptica, en un punto fijo en el espacio, describe una elipse perpendicular a la dirección de propagación. Expresamos este hecho diciendo que la onda está *elípticamente polarizada.*

Notemos que en cualquier instante el *módulo* E de la perturbación óptica resultante está dado por la ecuación

$$E^2 = E_y^2 + E_z^2 \tag{6-5}$$

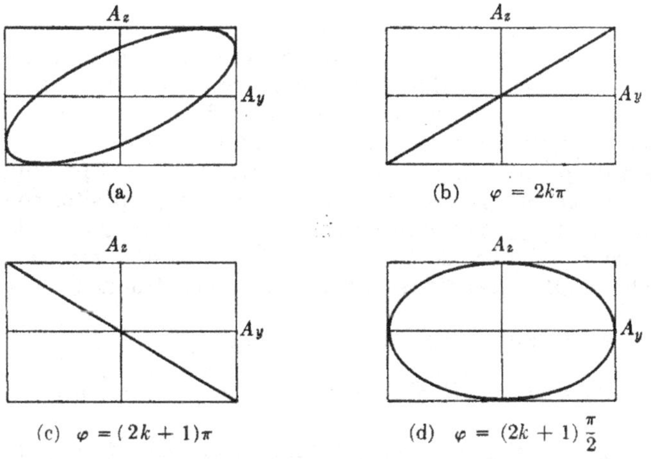

FIG. 6-5. Estados de polarización correspondientes a distintos valores de la diferencia de fase.

Se deduce que la intensidad I de la onda polarizada elípticamente es igual a la suma de las intensidades I_y e I_z de las dos ondas polarizadas linealmente que vibran en los planos perpendiculares xy y xz:

$$I = I_y + I_z \tag{6-6}$$

Las ecuaciones (6-2) muestran que E_y varía desde $+A_y$ hasta $-A_y$, y que E_z varía desde $+A_z$ hasta $-A_z$. O sea, que la elipse representada por esas ecuaciones o por (6-4), está inscrita en un rectángulo de lados $2A_y$ y $2A_z$ (Fig. 6-5 a). Si las dos oscilaciones están en fase, o sea, si φ es igual a cero o a un múltiplo par de π, la elipse degenera en un segmento recto, que coincide con la diagonal del rectángulo que queda en el primer y tercer cuadrante (Fig. 6-5 b). En este caso, (6-3) es

$$\frac{E_y}{A_y} = \frac{E_z}{A_z}$$

Si φ es múltiplo impar de π, las ecuaciones (6-3) dan

$$\frac{E_y}{A_y} = -\frac{E_z}{A_z}$$

La onda resultante es linealmente polarizada, pero ahora la perturbación óptica es paralela a la otra diagonal del rectángulo o sea que queda en el segundo y cuarto cuadrante (Fig. 6-5 c).

Si φ es un múltiplo impar de $\pi/2$, la ecuación (6-4) queda

$$\frac{E_y^2}{A_y^2} + \frac{E_z^2}{A_z^2} = 1 \tag{6-7}$$

que es la ecuación de una elipse, cuyos ejes están en las direcciones y y z (Fig. 6-5 d). Si, en particular, $A_y = A_z$, la elipse se reduce a un círculo y se dice que la onda está *circularmente polarizada.* En este caso, el vector que representa la perturbación óptica de un punto dado del espacio, rota con velocidad angular uniforme, sin cambiar su módulo.

En el caso de polarización circular o elíptica, podemos preguntarnos cuál es el *sentido de rotación* del vector óptico. Para este propósito, consideremos las posiciones del vector óptico en el instante $t' = 0$ y en $t' = \tau$, donde τ es una pequeña fracción del período T. Estas posiciones están representadas por los segmentos OP_1 y OP_2 en la figura 6-6. De (6-3) encontramos:

$$\text{en } t' = 0: \quad E_y = A_y, \quad E_z = A_z \cos\varphi$$

$$\text{en } t' = \tau: \quad E_y = A_y \cos(\omega\tau), \quad E_z = A_z \cos(\varphi + \omega\tau)$$

Recalquemos que el coseno es una función decreciente de su argumento, si éste varía entre 0 y π, y es una función creciente si varía entre 0 y $-\pi$. Entonces, si $0 < \varphi < \pi$, E_z es una función decreciente del tiempo en $t' = 0$ y el punto P_2 se encuentra debajo de P_1 (Figura 6-6 a), y el vector óptico *rota en el sentido de las agujas del reloj respecto a un observador para el cual la onda se acerca.* Si, en cambio, $-\pi < \varphi < 0$, E_z es una función creciente del tiempo en $t' = 0$ y el vector óptico rota en sentido contrario al de las agujas del reloj (Fig. 6-6 b).

En conclusión, para una onda que viaja en dirección del eje x, de un sistema de referencia cartesiano directo, para un observador que mira a la fuente luminosa, el vector óptico rota en el sentido de las agujas del reloj o en sentido contrario según que la componente z adelante o atrase respecto de la componente según y en un ángulo de fase menor que π. Cuando la rotación es en el sentido de las agujas del reloj, la llamamos polarización *positiva,* y cuando es en sentido contrario, polarización *negativa.* Una diferencia de fase φ es equivalente a una diferencia de fase $\varphi \pm 2k\pi$, donde k es un entero; por eso, en particular, tenemos polarización negativa, si la componente según z adelanta respecto de la componente según y en un ángulo de fase entre π y 2π.

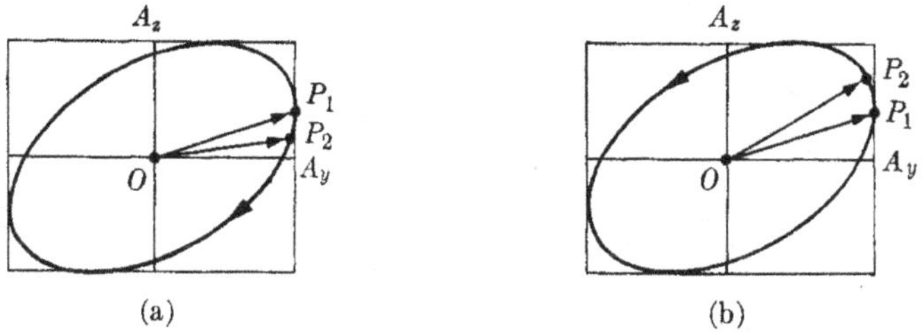

FIG. 6-6. (a) $0 < \varphi < \pi$; el vector óptico rota en el sentido de las agujas del reloj (polarizando positiva); (b) $\pi < \varphi < 2\pi$; el vector óptico rota en el sentido opuesto al de las agujas del reloj (polarización negativa).

De la misma manera que dos ondas coherentes polarizadas linealmente, con sus planos de polarización perpendiculares entre sí, dan en general una onda polarizada elípticamente, a una onda polarizada elípticamente se la puede considerar como la resultante de dos ondas polarizadas linealmente, vibrando en dos planos perpendiculares entre sí. La amplitud y la diferencia de fase de las dos ondas, dependen de los planos de vibración elegidos.

Consideremos en último término dos ondas coherentes polarizadas elípticamente que se propagan en la misma dirección. Podemos elegir arbitrariamente dos planos, cuya intersección es paralela a la dirección de propagación y descomponer cada onda elíptica en dos ondas polarizadas linealmente que vibran en los dos planos elegidos. Podemos combinar las ondas que tienen el plano de vibración común, obteniendo así dos ondas polarizadas linealmente en planos perpendiculares entre sí. La resultante de estas ondas es una onda polarizada elípticamente. Deducimos así que, dos ondas sinusoidales, coherentes, de la misma frecuencia, polarizadas elípticamente y que se propagan en la misma dirección, se combinan, en general, en una sola onda polarizada elípticamente.

Mencionaremos a continuación dos casos particulares importantes: (a) Dos ondas coherentes, polarizadas linealmente, que se propagan en la misma dirección, se combinan en una sola onda polarizada elípticamente, aún si sus planos de vibración no son perpendiculares entre sí. (b) Una onda polarizada circularmente en el sentido de las agujas del reloj, y otra polarizada circularmente en sentido contrario, se combinan en una onda polarizada elípticamente. Durante cada período, los vectores rotantes correspondientes a cada una de las ondas polarizadas, circularmente, alcanzan dos veces la misma dirección (en posiciones angulares separadas 180°) y dos veces direcciones opuestas. El eje mayor de la elipse resultante está a lo largo de la línea en la cual los dos vectores son paralelos, y el eje menor está a lo largo de la línea sobre la cual los vectores son

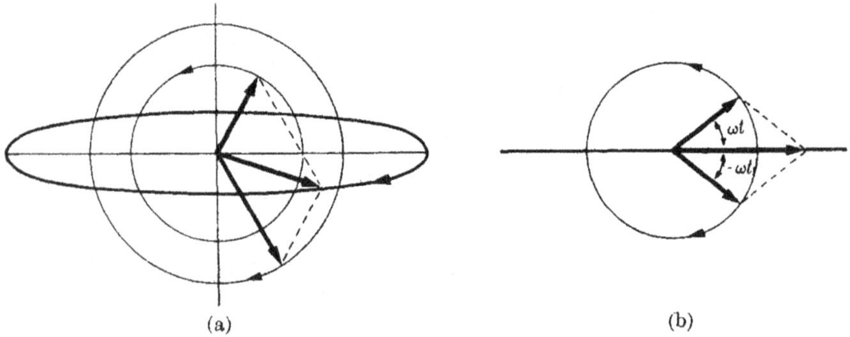

FIG. 6-7. Combinación de dos ondas circularmente polarizadas, una positiva y otra negativa: (a) si las amplitudes son diferentes, resulta una onda elípticamente polarizada; (b) si las amplitudes son iguales, resulta una onda linealmente polarizada.

antiparalelos (Fig. 6-7 a). Si, en particular, las dos ondas circulares componentes tienen iguales amplitudes, la onda resultante está polarizada linealmente (Figura 6-7 b). Inversamente, cualquier onda polarizada linealmente puede considerarse como la resultante de dos ondas circularmente polarizadas de la misma amplitud, pero con sentidos de rotación inversos, y, en general, cualquier onda elípticamente polarizada puede considerarse como la resultante de dos ondas circularmente polarizadas, de amplitudes distintas, una polarizada en sentido positivo y la otra en sentido negativo.

Estamos ahora en condiciones de discutir con más detalle las características de la luz natural (véase la sección anterior).

Cada tren de ondas emitido por una de las muchas fuentes microscópicas, que forman cualquier fuente macroscópica, tiene una polarización definida (elíptica, circular, lineal). Los trenes de ondas individuales se combinan en una sola onda que es, en general, elípticamente polarizada. La forma de la elipse y la posición de sus ejes, cambian rápida e irregularmente en el tiempo, porque cada tren de ondas es de corta duración y porque no hay correlación entre los tiempos de emisión de los distintos trenes de ondas.

Se deduce de la discusión anterior, que la luz de una fuente común, puede considerarse como la superposición de dos ondas linealmente polarizadas que vibran en planos perpendiculares entre sí, y cuyas diferencias de fase cambian rápida e irregularmente en el tiempo. Los dos planos pueden elegirse arbitrariamente. Hablamos de *luz natural* cuando la amplitud promedio de las dos ondas componentes es la misma y cuando la diferencia de fase φ cambia totalmente al azar (el valor medio de cos φ o sen φ es cero). Si, en cambio, las amplitudes de las dos ondas componentes no son iguales, (o su diferencia de fase no varía al azar) diremos que la luz es *parcialmente polarizada.* Luz parcialmente polarizada puede considerarse como la superposición de una onda de luz natural y una onda de luz polarizada.

Algunas veces, las condiciones físicas de una fuente son tales que existe una dirección preferida; por ejemplo, si la fuente está en un campo magnético o eléctrico. En este caso, la luz de la fuente puede estar parcial o totalmente polarizada (véase sec. 8-14). En cambio, simples argumentos de simetría muestran que la luz proveniente de una fuente, para la cual todas las direcciones son equivalentes, debe ser no polarizada.

6-3. Interferencia de ondas polarizadas. Determinación experimental del plano de vibración. En los capítulos 3 y 4, desarrollamos la teoría de interferencia y difracción, tratando la perturbación óptica como si fuese una cantidad escalar. Los resultados allí obtenidos siguen siendo válidos, a pesar que la perturbación óptica es una cantidad vectorial. La razón de esto se hace evidente con un ejemplo específico.

Consideremos la experiencia de los espejos de Fresnel descrita en la sección 3-7 (Fig. 3-10), y supongamos que la fuente S emite luz linealmente polarizada. Podemos entonces considerar las dos imágenes S en los dos espejos (S_1 y S_2) como osciladores virtuales, los cuales vibran en la misma dirección en todo instante. En el punto de interferencia P, la onda proveniente de S_1, vibra en el plano que pasa por S_1P y es paralelo a la dirección de vibración de la fuente S_1. Similarmente, la onda proveniente de S_2, vibra en el plano que pasa S_2P y es paralelo a la dirección de vibración de la fuente S_2. Como el ángulo entre S_1P y S_2P es pequeño, los vectores ópticos de las dos ondas son prácticamente paralelos y se suman como cantidades escalares.

Si el rayo de luz proveniente de la fuente S es elípticamente polarizado, podemos considerarlo como la superposición de dos rayos de luz linealmente polarizada que vibran en planos mutuamente perpendiculares, uno de los cuales puede ser el del diagrama. Entonces, en cada punto P de la pantalla de observación se combinan cuatro ondas. Dos de ellas que provienen de las fuentes virtuales S_1 y S_2, vibran en el plano del diagrama. Las otras dos, provenientes de las mismas fuentes, vibran en el plano perpendicular al del diagrama. Las dos ondas que vibran en el plano del diagrama se combinan en una sola onda que vibra en ese plano. Similarmente, las otras dos se combinan en una que vibra en el plano perpendicular al del diagrama. Entonces, en cada punto, hay dos perturbaciones ópticas ortogonales entre sí E_y y E_z. Sean I_y e I_z las correspondientes intensidades. La perturbación óptica resultante está representada, en general, por un vector vibrante elípticamente. La intensidad resultante I, es la suma de I_y e I_z, de acuerdo con (6-6). I_y e I_z varían de un punto a otro de la manera prevista por la teoría de interferencia desarrollada en el capítulo 3, resultando $I = I_y + I_z$.

Las conclusiones anteriores se aplican también al caso de luz natural, ya que un haz de luz natural puede considerarse como la superposición de dos haces linealmente polarizados, que vibran perpendicularmente entre sí. En general, los resultados obtenidos tratando a la perturbación óptica como una cantidad escalar son válidos, siempre que los haces que interfieren sean aproximadamente paralelos. Este es el caso de todas las experiencias discutidas en los capítulos 3 y 4. Si, en cambio, los rayos que interfieren no son paralelos, se debe tener en cuenta el carácter vectorial de la perturbación óptica al calcular la distribución de intensidad resultante.

Consideremos la experiencia siguiente, una onda plana monocromática, incide con un ángulo de 45° sobre una superficie plana espejada, por ejemplo, una superficie metálica muy pulida. Se obtiene así una onda reflejada plana, que se propaga en dirección perpendicular a la incidente. Consideremos un plano paralelo a la superficie reflectora, a una distancia x de ella (Fig. 6-8). Los rayos incidentes y reflejados que llegan a un punto P de este plano tienen una diferencia de fase que depende de x y del cambio de fase φ que ocurre en la reflexión. Como partiendo de un frente de onda dado como el AB, el rayo incidente recorre la distancia $\overline{BP} = x/\cos 45° = x\sqrt{2}$ antes de llegar a P, mientras el rayo reflejado recorre la distancia $\overline{AC} + \overline{CP} = 2\,\overline{BP}$, la diferencia de fase Δx está dada por

$$\Delta x = 2\pi \frac{x\sqrt{2}}{\lambda} + \varphi \tag{6-8}$$

donde λ es la longitud de onda.

Las ondas incidentes y reflejadas, están en fase, en aquellos planos para los que $\Delta x = 2\pi k$, donde k es un entero. Los correspondientes valores de x se obtienen de la ecuación

$$\frac{x\sqrt{2}}{\lambda} + \frac{\varphi}{2\pi} = k \tag{6-9}$$

Las ondas incidentes y reflejadas tienen fase opuesta en aquellos planos para los que $\Delta x = 2\pi\,(k + \frac{1}{2})$ y los correspondientes valores de x están dados por la ecuación

$$\frac{x\sqrt{2}}{\lambda} + \frac{\varphi}{2\pi} = k + \frac{1}{2} \tag{6-10}$$

Es instructivo examinar algunos casos hipotéticos.

Supongamos, primero, que la perturbación óptica es una cantidad escalar. Entonces, es de esperar intensidad máxima en los planos definidos por (6-9) e intensidad mínima en los definidos por (6-10). Supongamos ahora que la perturbación óptica sea un vector paralelo a la dirección de propagación (como un desplazamiento material en una onda sonora). Las perturbaciones ópticas correspondientes a las ondas reflejada e incidente son vectores perpendiculares entre sí. La vibración resultante puede ser rectilínea, elíptica o circularmente polarizada, dependiendo de la diferencia de fase entre las ondas, sin embargo, la intensidad resultante será en todas partes la misma, igual a la suma de las intensidades incidente y reflejada.

Consideremos, por último, la situación real, o sea, que la onda vibra perpendicularmente a la dirección de propagación. Supongamos que el vector óptico es paralelo a la superficie reflectora y, por lo tanto, perpendicular al plano de incidencia (definido como el plano que contiene a la dirección de propagación y a la normal a la superficie reflectora). En este caso, los vectores ópticos de la onda incidente y reflejada, son siempre paralelos. La intensidad resultante tiene máximos en los planos definidos por (6-9) y mínimos en los definidos por (6-10), o sea,

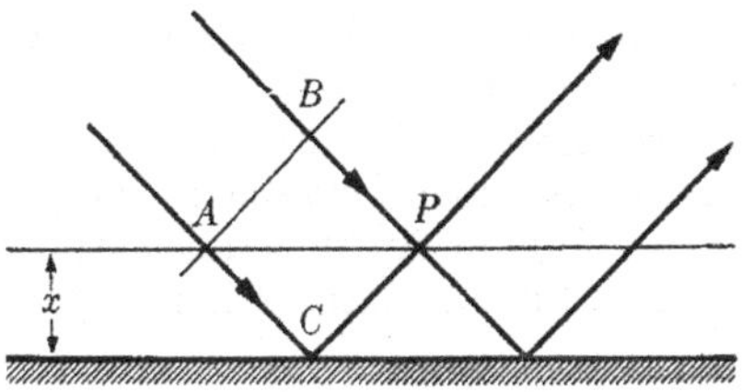

FIG. 6-8. Interferencia de dos ondas polarizadas que se propagan perpendicularmente.

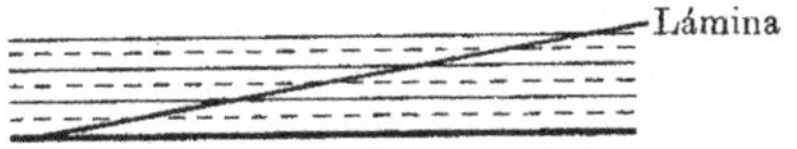

FIG. 6-9. Método de Wiener para observar interferencia entre las ondas incidentes y reflejadas.

las franjas de interferencia, serán idénticas con las previstas con la hipótesis que la perturbación óptica es una cantidad escalar. Si, en cambio, la onda vibra en el plano de incidencia, los vectores ópticos de las ondas incidente y reflejada son perpendiculares en todo punto, y la intensidad resultante es constante.

La observación de las figuras de interferencia en la experiencia descrita previamente, no es fácil de realizar, porque la distancia entre planos de intensidad máxima y mínima es menor que una longitud de onda, como se deduce de las ecuaciones (6-9) y (6-10). El problema se resuelve con una técnica desarrollada por Wiener. Se coloca una lámina muy delgada de emulsión fotográfica formando un ángulo pequeño con la superficie reflectora, como se muestra en la figura 6-9. Si la luz incidente está polarizada apropiadamente, la lámina, después de revelada, muestra una serie de bandas luminosas y oscuras, las bandas más oscuras ocurren a lo largo de las líneas donde el plano de la lámina corta a los planos de máxima intensidad.

Esta experiencia fue históricamente muy importante, porque permitió determinar experimentalmente, por primera vez, el plano de vibración de las ondas luminosas. Otras experiencias prueban la existencia de luz polarizada, pero no dan información acerca de la orientación del vector óptico. Por ejemplo, la experencia descrita en la sección 6-1, muestra que una lámina polarizadora transmite sólo ondas luminosas cuyo vector óptico es paralelo a cierta dirección preferida, pero no nos permite determinar esta dirección en la lámina. Ahora, podemos determinar dicha dirección mediante la experiencia de Wiener con la luz que atravesó la lámina polarizadora. Repetimos la experiencia, rotando la lámina en su mismo plano entre exposiciones de la película fotográfica, hasta que las bandas de interferencia alcance el máximo de nitidez o hasta que desaparezcan por completo. En el primer caso, el eje de transmisión del polarizado está en dirección paralela a la superficie reflectora. En el segundo caso, está a lo largo de la intersección del plano de la lámina y el de incidencia.

6-4. Reflexión y refracción de luz polarizada. Cuando un haz de luz linealmente polarizado llega a la superficie de separación de dos medios transparentes diferentes, se divide en un rayo reflejado y uno refractado. La distribución de intensidad entre los dos rayos no sólo depende del ángulo de incidencia, sino también del ángulo entre el plano de vibración y el de incidencia. Cuando este ángulo es cero (o sea, el vector óptico, la dirección de propagación y la normal a la superficie de separación son coplanares) la intensidad del haz refractado es máxima y la del reflejado mínima. Si, en cambio, el ángulo es $\pi/2$ (o sea, cuando el vector óptico es paralelo a la superficie de separación) la intensidad del haz refractado es mínima y la del reflejado máxima. Además, cuando el haz incidente vibra en el plano de incidencia, existe un ángulo de incidencia especial, para el cual la intensidad del haz reflejado es cero. En este caso, el haz incidente es refractado totalmente.

Este ángulo de incidencia se llama *ángulo de polarización*. Su valor φ_p está relacionado con los índices de refracción de los dos medios n_1 y n_2, por la siguiente ecuación

$$\operatorname{tg} \varphi_p = \frac{n_2}{n_1} \tag{6-11}$$

Esta ley se conoce como *Ley de Brewster*. Más adelante, deduciremos los resultados anteriores a partir de la teoría electromagnética de la luz (véanse secciones 8-5; 8-6; 8-7); por ahora, los aceptaremos como resultados experimentales.

Supongamos que un haz de luz natural incide sobre una superficie, de vidrio, u otra sustancia transparente, con un ángulo igual al de la polarización. La componente que vibra en el plano de incidencia es totalmente refractada. Por lo tanto, el rayo reflejado está linealmente polarizado, con el vector óptico paralelo a la superficie reflectora. O sea, que podemos usar la reflexión como un medio para producir luz linealmente polarizada.

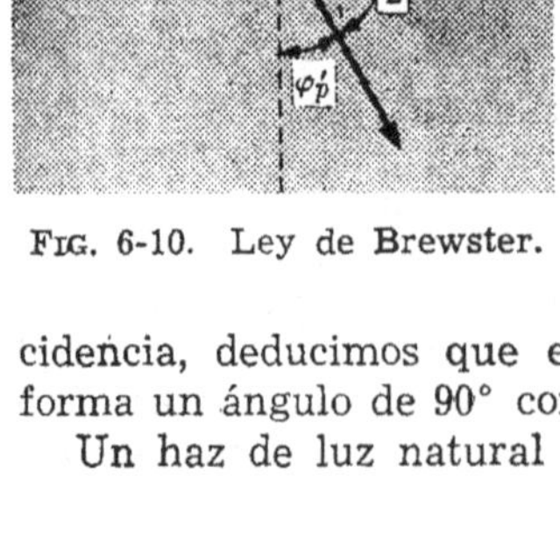

FIG. 6-10. Ley de Brewster.

Notemos que si φ'_p, es el ángulo de refracción correspondiente a un ángulo de incidencia igual a φ_p, la ley de Snell implica la siguiente relación

$$\frac{\operatorname{sen} \varphi_p}{\operatorname{sen} \varphi'_p} = \frac{n_2}{n_1}$$

que, junto con la ecuación (6-11) da:

$$\cos \varphi_p = \operatorname{sen} \varphi'_p$$

Como el ángulo de reflexión es igual al de incidencia, deducimos que el haz reflejado está totalmente polarizado, cuando forma un ángulo de 90° con el haz refractado.

Un haz de luz natural que incide con un ángulo distinto del de polarización produce un haz reflejado parcialmente polarizado. El grado de polarización aumenta a medida que el ángulo de incidencia se aproxima al de polarización.

La luz solar reflejada por una superficie de agua y, en menor cantidad, la reflejada por un camino pavimentado, están parcialmente polarizadas con el vector óptico vibrando preferencialmente en el plano horizontal. Los anteojos para sol construidos con láminas polarizadoras dispuestas de tal manera que transmiten las ondas luminosas que vibran en el plano vertical, son opacas a la luz reflejada y así reducen efectivamente el resplandor.

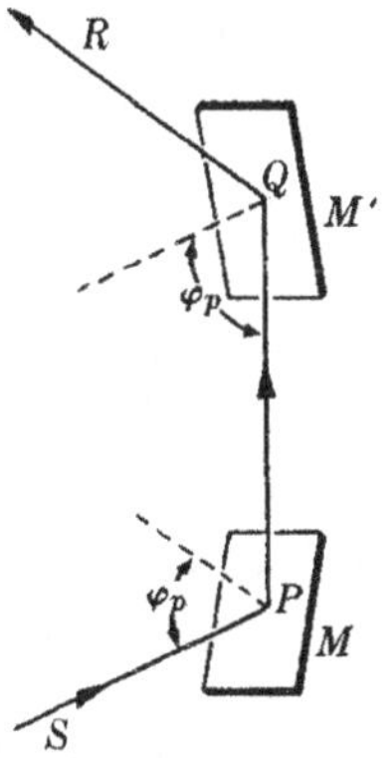

FIG. 6-11. Producción y análisis de luz polarizada por reflexión.

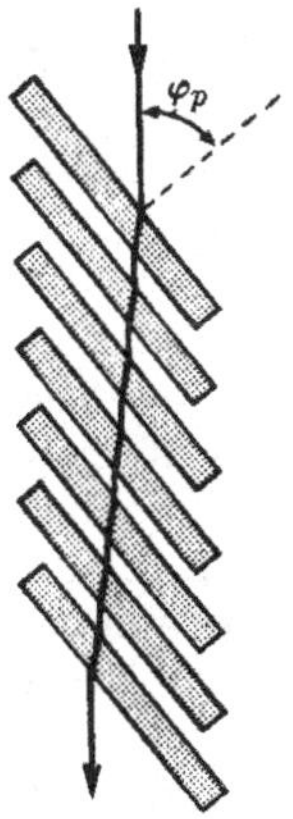

FIG. 6-12. Polarización por refracción a través de una serie de láminas transparentes.

Un polaroscopio simple puede construirse con dos placas de vidrio dispuestas como muestra la figura (6-1). Un haz de luz natural incide sobre la placa de vidrio M, con un ángulo igual al de polarización. El haz reflejado, linealmente polarizado, incide sobre la segunda placa de vidrio M con un ángulo igual al de polarización. A medida que la placa superior rota alrededor de un eje paralelo al haz que se propaga desde M hasta M', la intensidad del haz reflejado en M' cambia periódicamente. Tiene un máximo cuando las placas M y M' son perpendiculares a un mismo plano (o sea, cuando los rayos SP, PQ y QR en la figura 6-11, son coplanares). Se anula cuando los dos planos perpendiculares a M y M' son perpendiculares entre sí (o sea, cuando los planos SPQ y PQR son perpendiculares). Para posiciones intermedias, la intensidad varía de acuerdo a la ley de Malus (ec. 6-1) y es, por lo tanto, proporcional al cuadrado del coseno del ángulo que forman los planos SPQ y PQR.

La refracción de luz natural no nos da un haz totalmente polarizado, porque tanto la componente que vibra en el plano de incidencia como la que vibra en el perpendicular, son siempre refractadas. Sin embargo, la primera componente es refractada más fuertemente que la segunda y, por lo tanto, el haz refractado es *parcialmente* polarizado, con el vector óptico contenido en el plano de incidencia.

El grado de polarización es máximo cuando el ángulo de incidencia es igual al de polarización.

Para todas las aplicaciones prácticas es posible obtenez un haz luminoso completamente polarizado usando una serie de placas de vidrio, tal como se esquematiza en la figura 6-12. El haz entra a la primera placa con un ángulo igual al de polarización φ_p, correspondiente al pasaje de aire a vidrio. Usando la ley de Brewster, se puede demostrar fácilmente que él sale de la lámina plano-paralela con un ángulo φ'_p, correspondiente al de polarización para el pasaje de luz de vidrio a aire. De la misma manera, el haz entrará y saldrá de las placas siguientes con los ángulos φ_p y φ'_p respectivamente. Un haz de luz parcialmente polarizado puede ser considerado como la superposición de un haz de luz natural y un haz de luz linealmente polarizado. En cada refracción, la componente polarizada pasa sin ser perturbada, mientras que la componente no polarizada, es polarizada parcialmente. Por esto, la cantidad de luz no polarizada disminuye geométricamente con el número de refracciones.

6-5. Una propiedad óptica fundamental en medios anisótropos. Hasta ahora nos limitamos a estudiar la propagación de la luz en medios isotrópicos, o sea, sustancias cuyas propiedades ópticas no dependen de la dirección. Los líquidos, como así también las sustancias sólidas amorfas, los plásticos y vidrios, son en general isotrópicos debido a que la distribución molecular es al azar. En muchos cristales, las propiedades ópticas, como así también otras propiedades físicas, son diferentes, para direcciones diferentes. Esta anisotropía óptica, también llamada *doble refracción* o *birrefringencia*, se debe a la ordenación particular de los átomos de la red cristalina y produce fenómenos curiosos e interesantes que nos proponemos investigar.

Comenzamos con un experimento simple. Un haz paralelo de luz monocromática, pasa a través de un polaroscopio formado, por ejemplo, por dos láminas polarizadoras, y luego incide sobre una pantalla (Fig. 6-13). Rotamos al analizador hasta que desaparece la luz en la pantalla. El eje de transmisión del analizador es entonces perpendicular al del polarizador (o sea, el analizador y el polarizador están *cruzados*). Entre el analizador y el polarizador ponemos una placa delgada, de caras planas y paralelas, cortada por clivaje de un cristal birrefringente. En general, reaparecerá la luz en la pantalla. Si rotamos el analizador, la intensidad de la luz cambiará periódicamente entre un máximo y un mínimo, pero no podrá anularse para ninguna posición del analizador. Deducimos, por lo tanto, que la luz que emerge de la placa no es más linealmente polarizada.

Quitemos la placa, coloquemos nuevamente el analizador y polarizador cruzados, pongamos entre ellos la lámina birrefringente y rotémosla sobre sí misma. Para cada vuelta completa encontraremos cuatro posiciones separadas 90°, para las cuales desaparece el punto luminoso sobre la pantalla. Así deducimos que la luz emergente de la placa tiene el mismo tipo de polarización lineal que la luz incidente sobre ella. Podemos comprobar esto rotando el analizador y así observaremos que la variación de intensidad de la luz transmitida sigue la ley de Malus.

De esta forma es posible trazar sobre la placa dos líneas perpendiculares entre sí, tal que una onda polarizada linealmente, según la dirección de cualquiera de esas líneas atraviesa a la placa, sin cambiar su estado de polarización. Llamamos a estas líneas *los ejes de la placa.* Generalizando este resultado, podemos describir las propiedades fundamentales de un medio ópticamente anisótropo, de la siguiente manera: *para cada dirección de propagación existen sólo dos ondas, vibrantes en uno u otro de dos planos perpendiculares entre sí, que conservan su estado de polarización al atravesar el medio.*

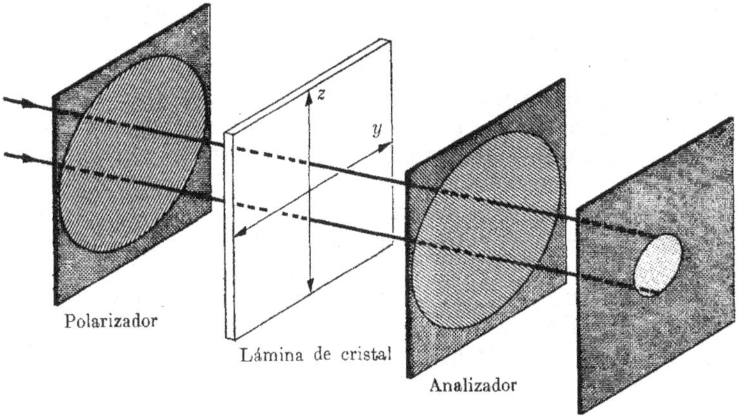

FIG. 6-13. Una placa de cristal entre un polarizador y un analizador.

Consideremos ahora una onda que antes de incidir sobre la placa está linealmente polarizada, pero no vibra en ninguna de las dos direcciones preferenciales. Podemos considerar a esta onda como la superposición de dos ondas linealmente polarizadas que vibran en las dos direcciones preferenciales. Si las velocidades de propagación de las dos ondas fuesen iguales, las dos ondas componentes, luego de atravesar la placa se recombinarían en una onda linealmente polarizada, con el mismo plano de vibración que la onda incidente. Como debido a experiencias se sabe que no ocurre esto, o sea, sabemos que el estado de polarización de la onda cambia al atravesar la placa, deducimos que *las velocidades de propagación en un medio anisótropo de las ondas que vibran en las dos direcciones preferenciales, son distintas.* Por supuesto, podemos comprobar esto, mediante mediciones directas (por ejemplo, con interferómetro) de las velocidades de propagación a través de una placa birrefringente, de dos ondas cuyos planos de vibración sean según uno dentro de los ejes de la lámina.

Los resultados anteriores, pueden deducirse de la teoría electromagnética de la luz y de un modelo atómico adecuado de los medios birrefringentes (véase sección 8-13).

Aquí sólo mencionaremos una analogía mecánica. Supongamos tener una varilla larga de sección elíptica. Si en uno de los extremos aplicamos un golpe en la dirección del eje menor de la elipse, produciremos una deformación paralela a este eje que se propagará, con cierta velocidad, a lo largo de la varilla, manteniendo su dirección original. Un resultado similar se obtiene si la golpeamos en la dirección del eje mayor, pero la velocidad de propagación será mayor que en el caso anterior. Si, en cambio, aplicamos el golpe en una dirección diferente de la de los ejes, la dirección del desplazamiento cambia a medida que la onda se propaga. Después de cierta distancia, la onda se separa en dos deformaciones, una paralela al eje mayor de la elipse y otra paralela al eje menor, que se propagan con velocidades diferentes. Otro modelo mecánico de un medio birrefringante, se describe en el Apéndice 2 (c).

Indiquemos explícitamente que en una onda plana, que se propaga a través de un medio anisótropo al vector óptico, no es, en general, perpendicular a la dirección de propagación. Este punto se discutirá en (8-13).

6-6. Producción de luz polarizada circular y elípticamente. Estamos en condiciones de analizar en detalle el cambio en el estado de polarización que ocurre cuando una onda inicialmente planopolarizada, atraviesa una lámina birrefringente.

Sean y y z los ejes de la lámina (Fig. 6-14) y n_y y n_z los índices de refracción de las ondas cuyos planos de vibración son paralelos a y y z respectivamente; siendo las correspondientes velocidades de propagación c/n_y y c/n_z. Supongamos, por ejemplo que $n_y < n_z$, o sea, que la velocidad de propagación de la onda que vibra según el eje y, es mayor que la de la onda que vibra según el eje z. Sea E el vector óptico de la onda luminosa linealmente polarizada, que incide, y ψ el ángulo que forma ese vector en el eje y. Descompongamos la onda incidente (que

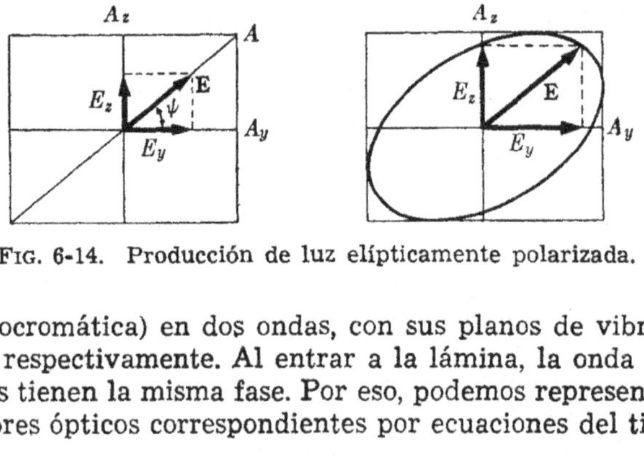

FIG. 6-14. Producción de luz elípticamente polarizada.

suponemos monocromática) en dos ondas, con sus planos de vibración paralelos a los ejes y y z respectivamente. Al entrar a la lámina, la onda incidente y sus dos componentes tienen la misma fase. Por eso, podemos representar los módulos de los tres vectores ópticos correspondientes por ecuaciones del tipo:

$$E = A \cos 2\pi \frac{t}{T}, \quad E_y = A_y \cos 2\pi \frac{t}{T}, \quad E_z = A_z \cos 2\pi \frac{t}{T} \tag{6-12}$$

donde

$$A_y = A \cos \psi; \quad A_z = A \operatorname{sen} \psi$$

En la placa, las dos ondas que vibran según planos paralelos a los dos ejes se propagan con velocidades diferentes c/n_y y c/n_z. Si d es el espesor de la lámina, el tiempo necesario para atravesarla es $n_y d/c$ para la primera onda, y $n_z d/c$ para la segunda. Entonces, cuando las dos ondas salen de la lámina, sus vectores ópticos están representados por las siguientes ecuaciones

$$E_y = A_y \cos\frac{2\pi}{T}\left(t - \frac{n_y d}{c}\right) = A_y \cos 2\pi\left(\frac{t}{T} - \frac{n_y d}{\lambda_0}\right)$$

$$E_z = A_z \cos\frac{2\pi}{T}\left(t - \frac{n_z d}{c}\right) = A_z \cos 2\pi\left(\frac{t}{T} - \frac{n_z d}{\lambda_0}\right) \tag{6-13}$$

donde λ_0 es la longitud de onda en el vacío. Las dos ondas emergentes tienen diferentes fases; la oscilación paralela al eje z está atrasada con respecto a la paralela al eje y en un ángulo

$$\varphi = \frac{2\pi d}{\lambda_0}(n_z - n_y) \tag{6-14}$$

Como se explicó en la sección 6-2, las 2 oscilaciones se recombinan para dar una onda elípticamente polarizada. Deducimos entonces que, en general, el pasaje a través de una lámina birrefringente de una onda con polarización plana produce una onda polarizada elípticamente. La elipse descrita por el vector óptico de esta onda es tangente al rectángulo de lados paralelos a y y z y cuya diagonal representa la oscilación rectilínea de la onda incidente (Fig. 6-14).

Si en particular $d(n_z - n_y) = \lambda_0/4$, entonces $\varphi = \pi/2$ y los ejes de la elipse coinciden con las direcciones y y z. La elipse es recorrida en sentido contrario al de las agujas del reloj; si además $\psi = 45°$, $A_y = A_z$ y la elipse se convierte en círculo. Una lámina de espesor d, tal que $d(n_z - n_y) = \lambda_0/4$, o sea, una lámina en la cual los caminos ópticos de las dos ondas que vibran en planos paralelos a los dos ejes difieren en $\lambda_0/4$, se llama *lámina cuarto de onda.* Por lo tanto, podemos obtener luz polarizada circularmente colocando una lámina cuarto de onda en el camino de una onda linealmente polarizada, con los ejes de la lámina formando un ángulo de 45° con el plano de vibración de la onda incidente.

Si $d(n_z - n_y) = \lambda_0/2$ *(lámina de media onda)*, resulta $\varphi = \pi$ y la onda emergente es linealmente polarizada. Los planos de vibración de las ondas emergentes e incidentes, son paralelos a las dos diagonales del rectángulo de la figura 6-14, y forman un ángulo de 2ψ entre sí.

Si $d(n_z - n_y) = 3\lambda_0/4$, entonces $\varphi = 3\pi/2$, y la elipse descrita por el vector óptico tiene sus ejes nuevamente en las direcciones de y y z como para $d(n_z - n_y) = \lambda_0/4$. En este caso, la elipse es recorrida en el sentido de las agujas del reloj.

Finalmente, si $d(n_z - n_y) = \lambda_0$, entonces $\varphi = 2\pi$ y la onda emergente tiene el mismo estado de polarización que la incidente.

Si continuamos aumentando el espesor, pasaremos por la misma secuencia de estados de polarización. En particular, una lámina cuyo espesor satisfaga la ecuación $d(n_z - n_y) = (4k+1)\lambda_0/4$, se comporta como una lámina cuarto de onda y si satisface $d(n_z - n_y) = (2k+1)\lambda_0/2$ se comporta como una lámina media onda.

6-7. Análisis de luz polarizada elíptica y circularmente. Si un haz de luz polarizada elípticamente atraviesa un filtro polarizador, la intensidad de luz transmitida cambia si rotamos el filtro según un eje paralelo al haz incidente. Para cada vuelta del filtro hay dos posiciones (separadas 180°), para las cuales la intensidad de la luz transmitida es máxima, y otras dos posiciones (a 90° de las anteriores), para las cuales la intensidad transmitida es mínima. El máximo de luz transmitida se observa cuando el eje de transmisión del filtro es paralelo al eje mayor de la elipse; y el mínimo cuando el eje de transmisión del filtro es paralelo al eje menor de la elipse.

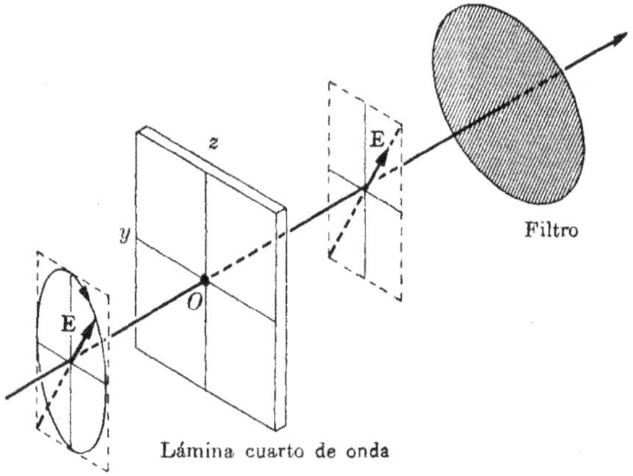

FIG. 6-15. Análisis de luz elípticamente polarizada.

Si, en cambio, la onda incidente es circularmente polarizada, la intensidad de la luz transmitida por el filtro es la misma para cualquier posición del filtro. En la experiencia anterior, un haz de luz polarizado circularmente se comporta como un haz parcialmente polarizado, y un haz luminoso polarizado circularmente se comporta como un haz de luz natural. Sin embargo, podemos distinguir luz polarizada elípticamente, de luz parcialmente polarizada, y luz polarizada circularmente de luz natural, mediante una lámina cuarto de onda, además del filtro polarizador.

En el caso de luz polarizada elípticamente determinamos, primero, las direcciones de los ejes mayor y menor de la elipse, rotando el filtro hasta obtener un máximo o un mínimo en la luz transmitida. Luego, colocamos la lámina cuarto de onda frente al filtro, tal que sus ejes sean paralelos a los de la elipse (Fig. 6-15). Supongamos, por ejemplo, que el vector óptico de la onda polarizada elípticamente rota en sentido contrario al de las agujas del reloj, y que el eje de la lámina es paralelo al eje menor de la elipse (Figs. 6-15 y 6-16). La onda incidente puede considerarse formada por la superposición de dos ondas linealmente polarizadas, vibrando en las direcciones de y y z respectivamente. La segunda onda está atrasada con respecto a la primera en un ángulo de fase $\pi/2$, y las amplitudes de las dos ondas son iguales a la mitad de los lados del rectángulo de la figura 6-16. Si suponemos, como antes que $n_y < n_z$, la lámina cuarto de onda produce un retraso adicional de fase de $\pi/2$, de la segunda onda con respecto a la primera. Por lo tanto, las dos ondas, al salir de la lámina, tienen una diferencia de fase de π, y se combinan en una onda linealmente polarizada. En la figura 6-16, el plano de vibración de esta onda es paralelo a la diagonal del rectángulo que queda en el segundo y cuarto cuadrante.

Si, por ejemplo, el eje de transmisión del filtro es inicialmente paralelo al eje menor de la elipse, se obtiene extinción del haz, rotando el filtro en sentido contrario a las agujas del reloj, en un ángulo igual al ángulo ψ que forma el plano de vibración de la onda que sale de la placa con el eje O_y. La tangente del ángulo ψ da la relación entre el eje menor y mayor de la elipse (Fig. 6-16).

$$\operatorname{tg} \psi = \frac{A_y}{A_x}$$

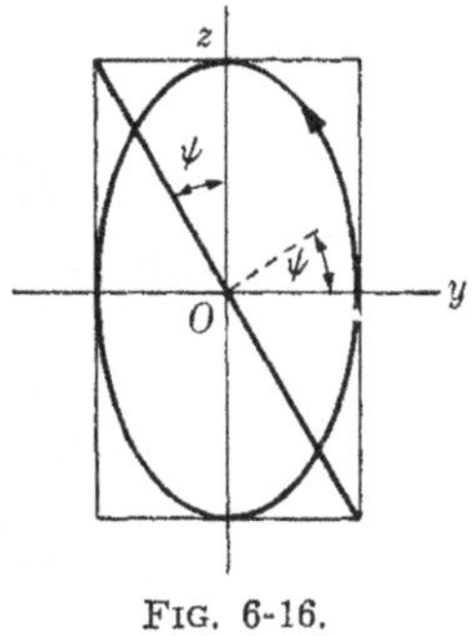

FIG. 6-16.

La polarización circular es un caso particular de polarización elíptica. De lo discutido anteriormente se deduce que una lámina cuarto de onda cambia un haz de luz polarizado circularmente, en uno polarizado linealmente que vibra en un plano a 45° con los ejes de la lámina.

6-8. Placa birrefringente atravesada por luz blanca polarizada. Hasta ahora supusimos que la luz incidente es monocromática, y dedujimos que la intensidad de luz que pasa por un polaroscopio que tiene una placa birrefringente entre el polarizador y el analizador, depende del espesor de la placa y de las posiciones angulares del polarizador y del analizador, respecto a los ejes de la placa. Ahora queremos investigar qué ocurre cuando la luz incidente tiene longitudes de onda distribuidas uniformemente en el espectro visible, tal como el de la luz «blanca» emitida por una lámpara incandescente.

Supongamos, primero, que los ejes, de transmisión del analizador y polarizador (PP' y AA' en la figura 6-17) son perpendiculares entre sí y forman un ángulo de 45° con los ejes de la placa (O_y y O_z). Todos los rayos cuyas longitudes de onda satisfacen la condición

$$k\,\lambda_0 = d\,(n_z - n_y) \tag{6-15}$$

donde k es un entero, salen de la placa linealmente polarizados. Sus planos son paralelos al eje de transmisión PP' del polarizador y, por lo tanto, perpendiculares al eje de transmisión AA' del analizador, siendo totalmente parados por éste.

Los rayos cuyas longitudes de onda satisfacen

$$(2\,k + 1)\,\lambda_0/2 = d\,(n_z - n_y) \tag{6-16}$$

también salen de la placa linealmente polarizados, pero sus planos de vibración son perpendiculares a los ejes de transmisión del polarizador; por lo tanto, estos rayos vibran paralelamente a la dirección AA' y son transmitidos por el analizador sin ser atenuados.

Finalmente, los rayos cuyas longitudes de onda son intermedias entre las que satisfacen (6-15) y (6-16) salen de la placa, polarizados elíptica o circularmente y son parcialmente transmitidos por el analizador. Por esto, en el espectro del haz que sale del analizador faltan algunas longitudes de onda (las que satisfacen 6-15) y otras son intensificadas (las que satisfacen 6-16). En consecuencia, la luz aparece coloreada. Si los ejes de transmisión del analizador y polarizador son paralelos en lugar de perpendiculares y forman un ángulo de 45° con los ejes de la

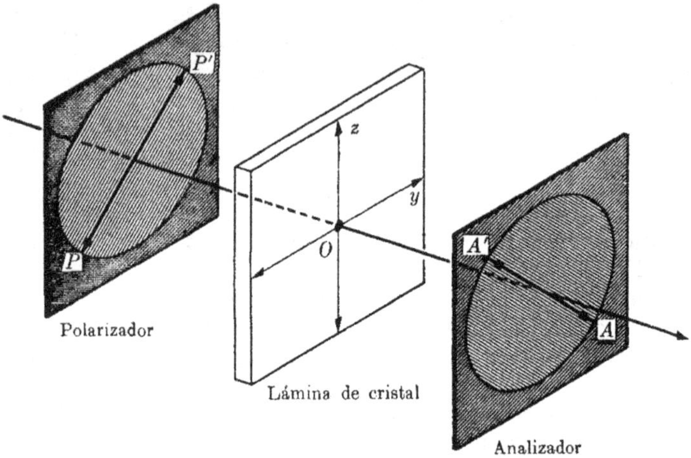

FIG. 6-17. Lámina birrefringente en luz blanca.

placa, la ecuación (6-15) se convierte en la condición de mínima intensidad y la (6-16) en la de máxima intensidad. El haz transmitido mostraría entonces los colores complementarios * a los observados anteriormente.

Sean λ_1 y λ_2 dos longitudes de onda próximas correspondientes a máximos de intensidad. Ellas satisfacen las ecuaciones

$$k\,\lambda_1 = d\,(n_z - n_y)$$

$$(k+1)\,\lambda_2 = d(n_z - n_y)$$

de las que obtenemos

$$\frac{\lambda_1}{\lambda_2} = 1 + \frac{1}{k} = 1 + \frac{\lambda_1}{d\,(n_z - n_y)}$$

y vemos que para un valor dado de λ_1, el cociente λ_1/λ_2 se aproxima a 1 cuando d aumenta. Por lo tanto, si la placa es delgada, las bandas oscuras y las luminosas del espectro de luz emergente son anchas y la luz aparece nítidamente coloreada. Si el espesor de la placa aumenta, las bandas se estrechan y el coloreado es menos notable. Para espesores relativamente anchos, la luz parece blanca a simple vista, y es necesario usar un espectroscopio para detectar las bandas oscuras y las luminosas del espectro.

* Por definición, dos colores son complementarios cuando su combinación produce blanco.

6-9. Dicroísmo. En algunos cristales, las ondas linealmente polarizadas, que vibran en las dos direcciones preferenciales, no sólo viajan con velocidades diferentes, sino que también son absorbidas de diferente manera. Este fenómeno se conoce como *dicroísmo*. La luz natural que atraviesa una placa de material dicroico se polariza parcialmente. Si los coeficientes de absorción del cristal para las dos ondas son suficientemente distintos, y eligiendo apropiadamente el espesor de la placa, la luz transmitida puede ser casi totalmente polarizada.

La *turmalina* es un ejemplo muy conocido de material dicroico. Pero su uso como filtro de polarización tiene dos limitaciones: (1) los cristales de turmalina sólo pueden obtenerse en muestras relativamente pequeñas, y (2) la absorción en la turmalina no es despreciable, aun para las ondas que vibran en la dirección del eje de transmisión, y depende fuertemente de la longitud de onda. En consecuencia, la luz transmitida por un cristal de turmalina tiene una tonalidad azul-verdoso.

El cristal sintético de sulfato de iodoquinina o «nerapalita» es una sustancia dicroica que transmite, con poca absorción, luz polarizada de todas las longitudes de onda del espectro visible. Pero estos cristales son mecánicamente inestables, y por eso prácticamente no se usan como filtros de polarización.

Las láminas polarizadoras fabricadas por la Polaroid Corporation, y mencionadas a menudo en este capítulo, son también filtros de polarización dicroicos, algunas de cuyas ventajas son: obtención en láminas grandes, alta transparencia para luz polarizada y bajo costo. Un tipo anterior de esta lámina consistía en un gran número de pequeños cristales dicroicos, fijos en una lámina de plástico transparente; mediante el proceso de fabricación se aseguraba una orientación paralela entre los cristales individuales. El tipo posterior de esta lámina no contiene cristales; está hecha de un material plástico llamado alcohol polivinílico, cuyas moléculas son muy grandes. Al estirar mecánicamente una lámina de este material en una dirección, las moléculas se alínean en esa dirección. El agregado de iodo da fuertes propiedades dicroicas a la lámina. Otras láminas polarizadoras se hacen con plásticos puros, sin agregar iodo.

TABLA 6-1. VALORES DE K_1 Y K_2 RELATIVOS A DISTINTAS LONGITUDES DE ONDA PARA LA LÁMINA POLAROID H.

Longitud de onda (Å)	4000	5000	6000	7000
K_1	0,45	0,80	0,75	0,8
K_2	0,02	0,001	0,0000	0,0000

Un filtro de polarización, puede caracterizarse por dos valores K_1 y K_2, que representan los cocientes de intensidad transmitida e incidente para ondas vibrando en la dirección del eje de transmisión, y en la perpendicular a ésta, respectivamente (un filtro ideal tendría $K_1 = 1$, $K_2 = 0$). La tabla 6-1 da los valores de K_1 y K_2 para la lámina. Polaroid -H; esta lámina es un excelente filtro de polarización para, prácticamente, todo el espectro visible. Es posible también obtener láminas polarizadoras para regiones no visibles del espectro.

6-10. El elipsoide de Fresnel. Nuestro próximo objetivo es encontrar una regla que nos permita determinar, para cada dirección de propagación en un cristal, los planos de vibración y las velocidades de las dos ondas discutidas previamente.

Una sustancia ópticamente isótropa está caracterizada por un sólo parámetro (el índice de refracción), que determina la velocidad de propagación. En cambio, en una sustancia anisótropa no hay una sola velocidad de propagación y, por lo tanto, no hay un sólo índice de refracción. Para describir completamente las propiedades ópticas de tal sustancia, es necesario asignarle tres direcciones características mutuamente perpendiculares O_x, O_y y O_z, y tres constantes correspondientes n_1, n_2, n_3, llamados índices de refracción principales. Las dos ondas planas que se propagan en la dirección x sin cambiar su estado de polarización, tienen sus planos de vibración paralelos al eje y y al eje z, y sus velocidades de propagación son c/n_2 y c/n_3 respectivamente. Las ondas que se propagan en la dirección del eje y, tienen sus planos de vibración paralelos a los ejes z y x, y sus respectivas velocidades de propagación son c/n_3 y c/n_1. Las ondas que se propagan según z tienen sus planos de vibración paralelos a x e y y sus respectivas velocidades de propagación son c/n_1 y c/n_2. *Nótese que las velocidades de propagación dependen de la dirección de vibración y no de la de propagación.* Por ejemplo, la onda que vibra paralelamente al eje x tiene la misma velocidad cuando se propaga en la dirección de y o de z.

Para determinar los planos de vibración y las velocidades de las dos ondas que se propagan en cualquier dirección diferente de O_x, O_y y O_z, usamos el siguiente procedimiento. Se construye un elipsoide, cuyos tres semiejes sean paralelos a O_x, O_y y O_z, y cuyas longitudes son iguales a n_1, n_2 y n_3 respectivamente. La ecuación de este elipsoide es

$$\frac{x^2}{n_1^{\,2}} + \frac{y^2}{n_2^{\,2}} + \frac{z^2}{n_3^{\,2}} = 1 \tag{6-17}$$

Dada la dirección de propagación, construimos un plano perpendicular a esta dirección (o sea, paralelo a los frentes de onda correspondientes) y que pase por el centro del elipsoide. La intersección del plano con el elipsoide es una elipse cuyos ejes son paralelos a los planos de vibración de las dos ondas que se propagan invariantes en la dirección dada. Las longitudes de los semiejes, son numéricamente iguales a los dos índices de refracción correspondientes.

Esta formulación general de las leyes de los cristales ópticos fue descubierta por Fresnel, con las bases de un modelo elástico de la luz. Puede deducirse rigurosamente de la teoría electromagnética de la luz, como veremos en la sección 8-13. Por ahora, la usaremos como expresión conveniente de las propiedades ópticas empíricas de sustancias birrefringentes, y nos referiremos al elipsoide característico descrito como *elipsoide de Fresnel.**

Es sabido que los cristales se dividen en distintos grupos, según cuales sean sus propiedades de simetría. Para cristales que pertenecen al sistema *cúbico*, los

* Para evitar confusiones, señalemos que algunos autores usan este término para designar el elipsoide cuyos semiejes son proporcionales a las velocidades, en lugar de los índices de refracción.

tres índices de refracción son iguales ($n_1 = n_2 = n_3$) y el elipsoide de Fresnel degenera en una esfera. Como todas las secciones de una esfera son círculos, no hay direcciones de vibración preferenciales, y las ondas planas, con un estado de polarización arbitrario, viajan con igual velocidad en todas direcciones. Los cristales que pertenecen al sistema cúbico se comportan como sustancias ópticamente isotrópicas, aun cuando otras propiedades físicas dependan de la dirección.

Para cristales que pertenecen a los sistemas *trigonal, hexagonal* y *tetragonal,* dos de los índices de refracción son iguales, por ejemplo, $n_2 = n_3$. El elipsoide de Fresnel es entonces un elipsoide de revolución alrededor de los *ejes ópticos* del cristal. Los cristales de este tipo se llaman *uniáxicos.* La sección de un elipsoide de Fresnel perpendicular al eje es un círculo de radio n_2. Por lo tanto, todas las ondas planas que viajan en la dirección del eje óptico, conservan sus estados de polarización. Para esas ondas, el cristal se comporta como un medio isótropo.

En toda otra dirección, en cambio, el cristal es birrefringente. Dada una dirección de propagación arbitraria OA, distinta del eje óptico, intersectamos el elipsoide de Fresnel, con un plano que pase a través de su centro y perpendicular OA (Fig. 6-18). La intersección es una elipse, un eje de la cual (MN) está situado en el plano ecuatorial, y el otro (PQ) en el plano que contiene la dirección de propagación y el eje óptico. Estos dos ejes son paralelos a los planos de vibración de las dos ondas linealmente polarizadas, que se propagan según OA. Si definimos al plano que contiene la dirección y el eje óptico como la *sección principal* del cristal relativo a una dirección de propagación dada, podemos decir que de las ondas linealmente polarizadas, que se propagan en una dirección dada, una tiene el plano de vibración perpendicular y la otra paralelo a la sección principal correspondiente. El índice de refracción de la onda que vibra perpendicularmente a la sección principal (y, por lo tanto, a los ejes ópticos) es igual a n_2, el radio de la sección ecuatorial del elipsoide. La velocidad de esta onda es, por lo tanto, c/n_2, y tiene el mismo valor para todas las direcciones de propagación. Por esta razón, la onda que vibra en una dirección perpendicular al eje óptico se llama *onda ordinaria.*

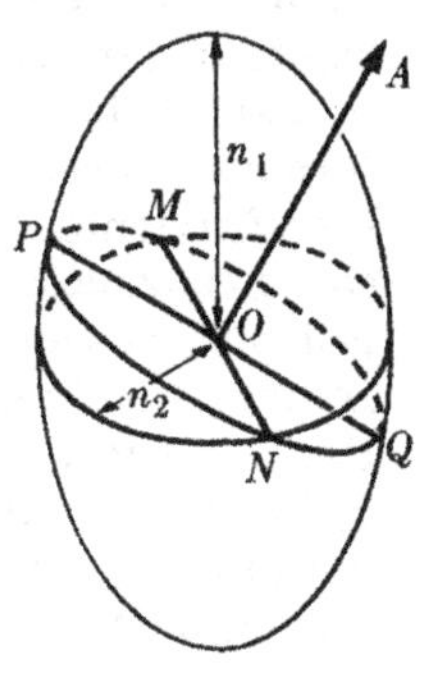

FIG. 6-18. Elipsoide de Fresnel para un cristal positivo uniáxico.

El índice de refracción de la onda que vibra en el plano de la sección principal es numéricamente igual al semieje $\overline{OP}$ de la elipse. Este índice de refracción es distinto para diferentes direcciones de propagación; su valor es siempre intermedio entre n_1 y n_2. Así, la onda que vibra en el plano de la sección principal tiene una velocidad que depende de la dirección de propagación; por esta razón se llama *onda extraordinaria.**

Cuando $n_2 < n_1$, el elipsoide de Fresnel es alargado. En este caso, la velocidad de propagación de la onda extraordinaria es menor que la de la onda ordinaria, y el cristal se llama *positivo.* Cuando $n_2 > n_1$, el elipsoide de Fresnel es

* Nótese que para la onda ordinaria es perpendicular a la dirección de propagación. Esto *no* es así para la onda extraordinaria (véase sec. 8-13).

achatado, y la velocidad de la onda extraordinaria es mayor que la de la ordinaria, el cristal se llama *negativo*.

Para cristales pertenecientes a los sistemas *ortorrómbico, monoclínico* y *triclínicos*, los tres ejes del elipsoide de Fresnel tienen distintas longitudes. De acuerdo con un conocido teorema de geometría, por el centro de tal elipsoide pasan dos planos, cuyas intersecciones con el elipsoide son círculos. Estos dos planos contienen los ejes de longitud intermedia y están simétricamente orientados con respecto a los otros dos ejes. Éstas se llaman *secciones circulares* del elipsoide. Así, en un cristal del tipo considerado, en lugar de una hay dos direcciones, en las cuales todas las ondas planas viajan con la misma velocidad y sin cambiar sus estados de polarización. Estas direcciones son perpendiculares a las dos secciones circulares del elipsoide de Fresnel y se llaman *ejes ópticos principales* del cristal. El cristal se llama *biáxico*.

6-11. Frentes de onda en medios birrefringentes. Cuando los fenómenos de difracción son despreciables, la propagación de luz en medios birrefringentes puede estudiarse por medio del principio de Huygens que, como vimos en el capítulo 1, da la base de la óptica geométrica en medios isótropos.

Para aplicar el principio de Huygens es necesario determinar, primero, la forma del frente de onda correspondiente a una fuente puntual en un medio birrefringente. El frente de onda es, por definición, la superficie cuyos puntos son alcanzados simultáneamente por una onda luminosa puntual. En un medio isótropo, la velocidad de propagación es la misma en todas las direcciones y el frente de onda es esférico. En cambio, en un medio anisótropo, el frente de onda tiene una forma más compleja, porque la velocidad de propagación es diferente en distintas direcciones. Además estará representado por una superficie doble, porque como vimos, para cada dirección existen dos velocidades, correspondientes a las dos ondas que tienen planos de vibración perpendiculares entre sí.

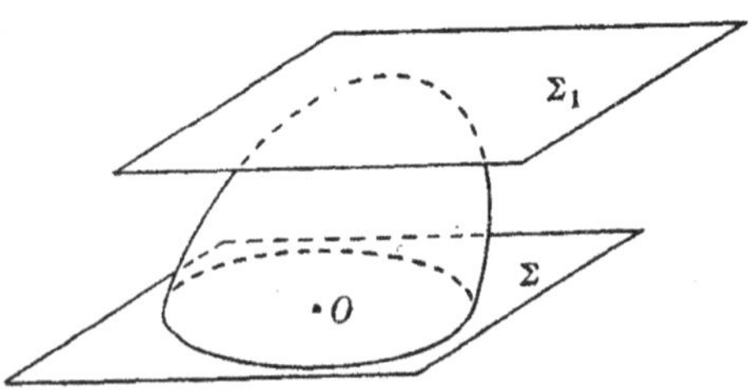

FIG. 6-19. Propagación de un frente de onda en un cristal (la construcción que se muestra en la figura se refiere a la onda extraordinaria de un cristal uniáxico).

Para determinar el frente de onda, consideremos una de las dos ondas linealmente polarizadas correspondientes a una dirección de propagación dada (Fig. 6-19). Sea Σ la posición del frente de onda en el instante t; Σ_1 la posición del frente de onda en el instante $t + \tau$. El principio de Huygens establece que Σ_1 es la envolvente en el instante $t + \tau$ de las ondas emitidas desde los distintos puntos de la superficie Σ en el instante t. Si O es un punto arbitrario de Σ, deducimos, por lo tanto, que Σ_1 es tangente al frente de onda que se propaga desde O durante el intervalo de tiempo τ. Por esto, el frente de onda puede determinarse de la siguiente manera; imaginemos un número infinito de ondas planas, no polarizadas, que atraviesan O en todas direcciones en el instante t. Cada una se desdobla en dos ondas linealmente polarizadas. Mediante el elipsoide de Fresnel determinamos la posición de las distintas ondas en el instante $t + \tau$. La envolvente de esas ondas planas es una superficie doble, que representa el frente de onda deseado.

Consideremos ahora el caso específico de cristales uniáxicos. De las dos ondas linealmente polarizadas que corresponden a una dirección de propagación dada, la onda ordinaria tiene una velocidad independiente de la dirección. Esta velocidad es igual a c/n_2, de acuerdo a la notación usada en la sección anterior. En el instante $t + \tau$, la envolvente de todas las ondas planas ordinarias, que atra-

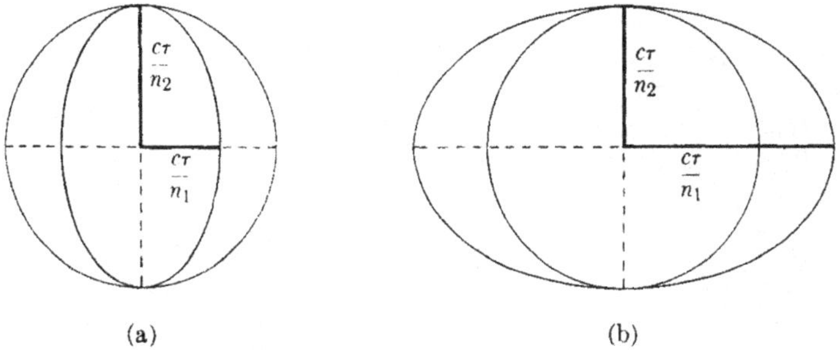

FIG. 6-20. Frentes de onda en cristales uniáxicos: (a) cristal positivo; (b) cristal negativo.

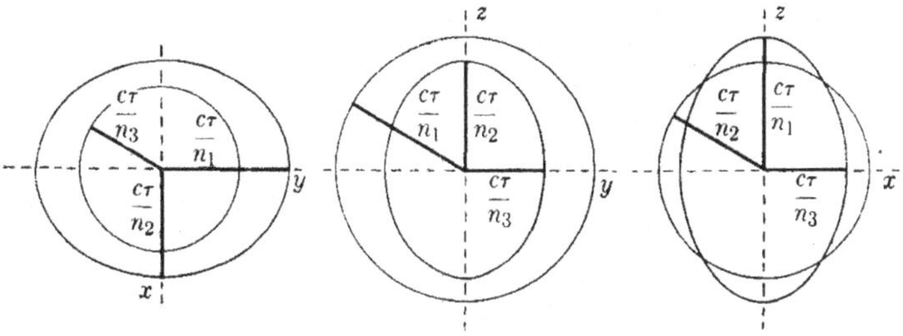

FIG. 6-21. Cristales biáxicos. Intersecciones del frente de onda con los planos de coordenadas.

viesan *O* en el instante *t*, es una esfera de radio $c\,\tau/n_2$. La onda extraordinaria, en cambio, viaja con velocidades distintas en direcciones diferentes. Si, por ejemplo, el cristal es positivo, la velocidad de propagación de la onda extraordinaria es mayor en la dirección del eje óptico y menor en las direcciones perpendiculares a ésta. Las velocidades máxima y mínima son c/n_2 y c/n_1 respectivamente, y la velocidad máxima es igual a la de la onda ordinaria. Si, en cambio, el cristal es negativo, la velocidad de propagación es mínima en la dirección del eje óptico, y máxima en las direcciones perpendiculares a ésta.

Como la velocidad de propagación de la onda ordinaria sólo depende del ángulo formado por la dirección de propagación con el eje óptico, en el instante $t + \tau$, la envolvente de todas las ondas planas extraordinarias es una superficie de revolución alrededor del eje óptico. Esta superficie es simétrica con respecto a *O*. Ésta intersecta al eje óptico a una distancia de *O* igual a $c\,\tau/n_2$ y su sección ecuatorial es un círculo de radio $c\tau/n_1$. Puede demostrarse que esta superficie es un elipsoide, pero omitiremos la demostración matemática.

Resumiendo, el *frente de onda que se origina en una fuente puntual y se desarrolla en un cristal uniáxico, consiste en una esfera y un elipsoide de revolución alrededor del eje óptico. Esas dos superficies son tangentes entre sí en los puntos de intersección con el eje óptico.*

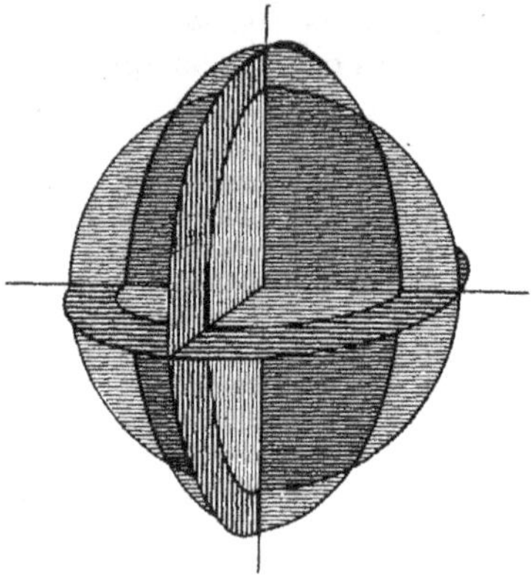

FIG. 6-22. Frente de onda en un cristal biáxico.

Si el cristal es positivo, el elipsoide es alargado y queda dentro de la esfera (Fig. 6-20 d); si es negativo, el elipsoide es achatado e incluye la esfera (Fig. 6-20 b).

En cristales biáxicos, la forma del frente de onda es más compleja. Si las tres direcciones características son paralelas a los ejes x, y y z, de un sistema de referencia cartesiano, la intersección de cada uno de los tres planos de coordenadas consiste en un círculo y una elipse. Esto se ilustra en las figuras 6-21 y 6-22. En este caso, el frente de onda no consiste en dos superficies separadas, sino en una continua que se intersecta de una manera complicada.

6-12. Ondas y rayos en cristales uniáxicos. Ahora estamos en condiciones de resolver cualquier problema de óptica geométrica en medios birrefringentes. Para simplificar, sólo consideraremos un detalle, cristales uniáxicos.

El primer problema está relacionado con la trayectoria de los rayos. Consideremos una onda plana, ordinaria o extraordinaria, que atraviesa en una dirección dada un cristal uniáxico. La dirección de propagación *de la onda* es, por definición, perpendicular al plano de la onda, y la velocidad de propagación es la distancia recorrida por los frentes de onda entre los instantes t y $t + \tau$ dividida por τ.

Pongamos a lo largo de la trayectoria de la onda y paralela a su plano una pantalla opaca con una abertura de dimensiones grandes comparadas con la longitud de onda, para que los fenómenos de difracción sean despreciables. Para estudiar la propagación de la onda, más allá de la abertura aplicamos el principio de Huygens; todos los puntos de la abertura, al ser alcanzados por el frente de onda que avanza, se convierten en emisores de ondas secundarias, cuya envolvente en cualquier instante posterior forma un nuevo frente de onda. La construcción gráfica se muestra en la figura 6-23, para las ondas ordinaria y extraordinaria; la envolvente, en ambos casos, es una porción de superficie paralela a la onda incidente. Los puntos de contacto entre esta superficie plana y las ondas que se originan en el borde de la abertura, forman el contorno del frente de onda. Más allá de la abertura la luz se propaga en un cilindro, cuya superficie lateral es tangente al contorno de la abertura. El eje de este cilindro, que determina la dirección del rayo, es paralelo a la línea que une el centro de una onda con el punto de contacto de esta onda y el plano que representa el frente de onda. En el caso de la onda ordinaria, las ondas secundarias son esféricas, y la dirección del rayo es perpendicular al frente de onda (Fig. 6-23 a). La onda ordinaria y el rayo ordinario viajan en la misma dirección, como los rayos y ondas en medios isótropos.

En el caso de la onda extraordinaria, en cambio, las ondas secundarias son elipsoides, y *la dirección de propagación del rayo es generalmente distinta de la onda* (Fig. 6-23 b). Las velocidades de propagación de la onda y el rayo son distintas. Es decir, que si Σ es el frente de onda en el instante t y Σ_1, el frente

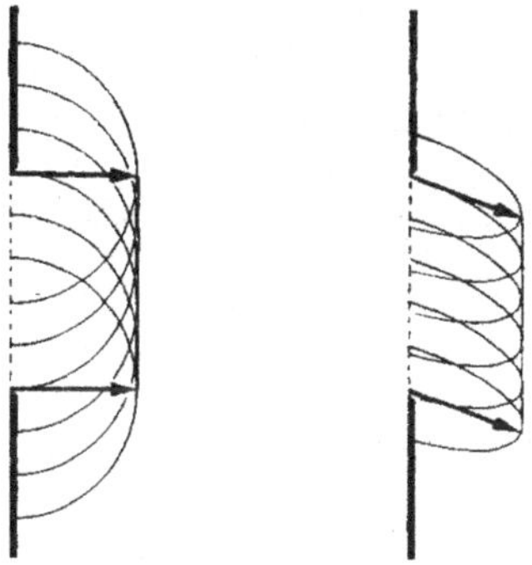

(a) (b)

FIG. 6-23. Propagación de ondas y rayos en cristales uniáxicos: (a) onda ordinaria, (b) onda extraordinaria.

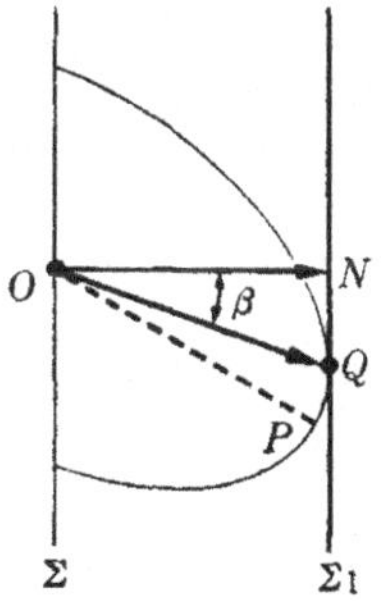

FIG. 6-24. Dirección de propagación de la onda extraordinaria (ON) y del rayo extraordinario (OQ) es un cristal uniáxico.

de onda en el instante $t + \tau$, la velocidad v de la onda es $\overline{ON}/\tau$, donde $\overline{ON}$ es la distancia entre Σ y Σ_1 (Fig. 6-24). La velocidad de propagación del rayo, que llamaremos u, es igual a $\overline{OQ}/\tau$, donde Q es el punto de contacto entre Σ_1 y las ondas con centro en O. Por lo tanto, si β es el ángulo entre las direcciones de propagación de la onda y el rayo, se cumple la siguiente ecuación

$$\frac{v}{\mu} = \cos \beta \tag{6-18}$$

Nótese que la dirección de propagación del rayo extraordinario, queda en el plano definido por el eje óptico OP del cristal, y la perpendicular ON a la superficie de onda. Este es el plano que definimos como la sección principal del cristal, y que elegimos como plano de dibujo en la figura 6-24. Como vimos, este plano, es también el de vibración del rayo extraordinario.

Para encontrar una expresión matemática para el ángulo β, consideremos además de Σ_1 otro frente de onda Σ'_1 tangente a la onda elipsoidal que se origina en O (Fig. 6-25). Supongamos que las direcciones de propagación ON y ON' de estas ondas son coplanares con el eje óptico y forman un ángulo pequeño entre sí. Sea R la intersección de Σ'_1 con Σ_1 y M la intersección de ON' con Σ_1. Sean χ y $\chi + d\chi$ los ángulos formados por *ON* y *ON'* con el eje óptico. De los triángulos semejantes *OMN* y *RN'M* obtenemos

$$\frac{\overline{OR}}{\overline{OM}}=\frac{\overline{MN'}}{\overline{MN}}$$

Si $d\chi$ es suficientemente pequeño, podemos escribir, despreciando términos proporcionales a $(d\chi)^2$,

$$\overline{MN'}=\overline{NO}-\overline{N'O}=-dv\cdot\tau$$

$$\overline{MN}=\overline{ON}\cdot d\chi=v\cdot\tau\, d\chi$$

donde v es la velocidad de la onda que se propaga en la dirección $\overline{ON}$ y $v+dv$ la de la onda que se propaga según *ON'*. Como a medida que $d\chi$ tiende a cero, *R* se aproxima a *Q* y *M* a *N*, tal que el cociente $\overline{RM}/\overline{OM}$ tiende a $\overline{QN}/\overline{ON}$, o sea se aproxima a tg β (Fig. 6-24). Obtenemos así

$$\text{tg}\ \beta=-\frac{1}{v}\frac{dv}{d\chi} \tag{6-19}$$

Usando la relación $v=c/n$ podemos reescribir la ecuación anterior

$$\text{tg}\ \beta=\frac{1}{n}\frac{dn}{d\chi} \tag{6-20}$$

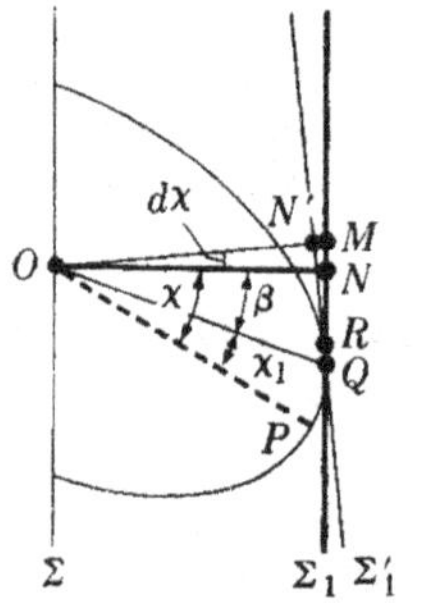

FIG. 6-25. Cálculo de β.

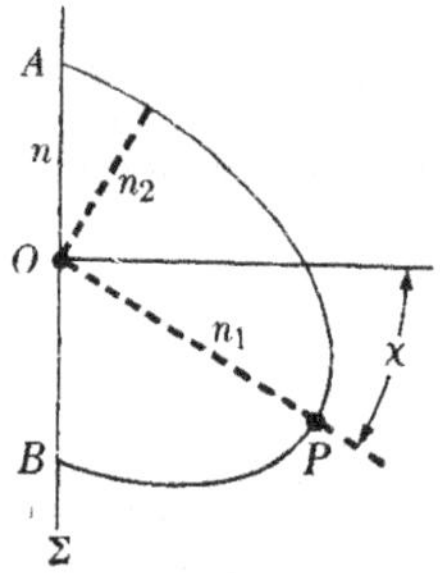

FIG. 6-26.

Consideremos ahora la intersección del elipsoide de Fresnel con el plano del dibujo: es una elipse cuyos ejes son paralelo y perpendicular al eje óptico, y tienen longitudes $2n_1$ y $2n_2$ respectivamente (Fig. 6-26). Sean *A* y *B* las intersecciones de Σ con esta elipse. $\overline{OA}=n$ representa el índice de refracción de la onda Σ, y el segmento $\overline{OA}$ forma un ángulo $\chi+\pi/2$ con el eje óptico. De la ecuación de la elipse en coordenadas polares obtenemos

$$\frac{1}{n^2}=\frac{\text{sen}^2\chi}{n_1^2}+\frac{\cos^2\chi}{n_2^2} \tag{6-21}$$

Diferenciando la ecuación anterior queda

$$-\frac{dn}{n^3}=\left(\frac{1}{n_1^2}-\frac{1}{n_2^2}\right)\text{sen}\ \chi\cos\chi\, d\chi$$

De esta ecuación, junto con (6-20) y (6-21), se deduce que

$$\operatorname{tg} \beta = \frac{(n_1^2 - n_2^2) \operatorname{tg} \chi}{n_1^2 + n_2^2 \operatorname{tg}^2 \chi} \tag{6-22}$$

Haremos uso de esta ecuación en la sección 8-13. Nótese que la ecuación (6-22) es correcta en magnitud y signo si χ_1 es el ángulo formado por el eje óptico con el rayo, y si definimos

$$\beta = \chi - \chi_1 \tag{6-23}$$

6-13. Refracción de ondas y rayos. Deseamos ahora estudiar la refracción de luz en la superficie de separación entre el aire y un cristal uniáxico. Por simplicidad, suponemos que la onda incidente es plana y que el contorno es una superficie plana.

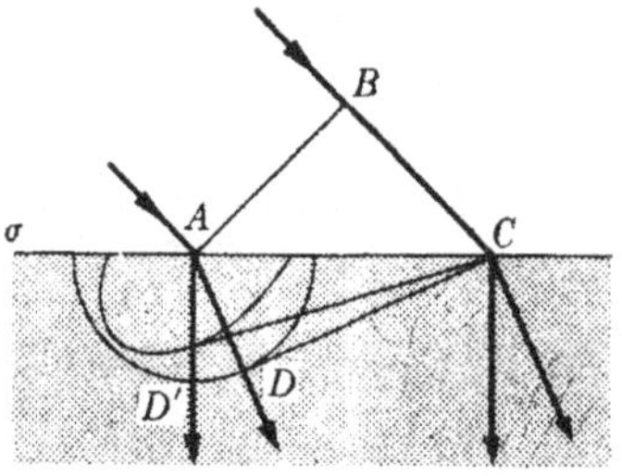

FIG. 6-27. Refracción de ondas y rayos en cristales uniáxicos.

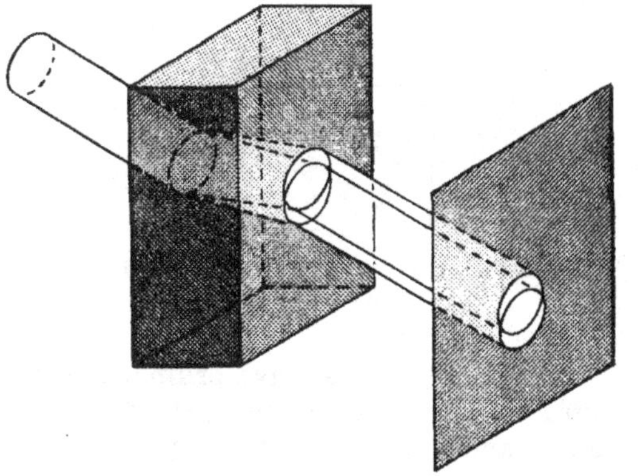

FIG. 6-28. Doble refracción.

En la figura 6-27, σ representa la intersección de la superficie límite y *AB* la intersección del frente de onda incidente, con un plano perpendicular al de la onda y a σ. Para determinar las ondas refractadas usamos un procedimiento análogo al usado en la solución en el caso de un medio isótropo (sec. 1-9). Consideremos el punto *A* de la superficie σ como centro de una perturbación secundaria y construyamos la onda que se origina en *A*, mientras que la onda plana incidente recorre la distancia *BC*. Esta onda consiste, como vimos, de dos superficies, una esférica y otra elipsoidal. Los dos frentes de onda refractados son los planos que pasan por *C*, perpendiculares al plano de incidencia y tangentes a la esfera y al elipsoide, respectivamente; la onda tangente a la esfera es la ordinaria y la tangente al elipsoide la extraordinaria.

Las direcciones de los rayos ordinarios y extraordinarios son las de las rectas desde *A* a los puntos de contacto de los frentes de onda planos, refractados, correspondientes, con las superficies de onda. Nótese que mientras el punto de contacto con la superficie esférica yace en el plano de incidencia, el punto de contacto con el elipsoide generalmente yace fuera de este plano. Así, a un haz paralelo de luz natural que incide sobre la superficie plana del cristal le corresponden dos haces refractados, linealmente polarizados, que se propagan en distintas direcciones dentro del cristal. Si el cristal es una placa con superficies paralelas, los dos haces salen del cristal en dirección paralela al haz incidente (Fig. 6-28). Si el espesor de la placa es suficientemente grande y el ancho del haz, pequeño, los dos haces emergentes estarán totalmente separados, o sea, que la placa del cristal divide al haz en dos haces linealmente polarizados. Esta propiedad peculiar dio origen al término «birrefringente», el cual es usado para describir a una sustancia anisótropa. Esto explica la imagen doble que se ve al mirar un objeto a través de ciertos cristales.

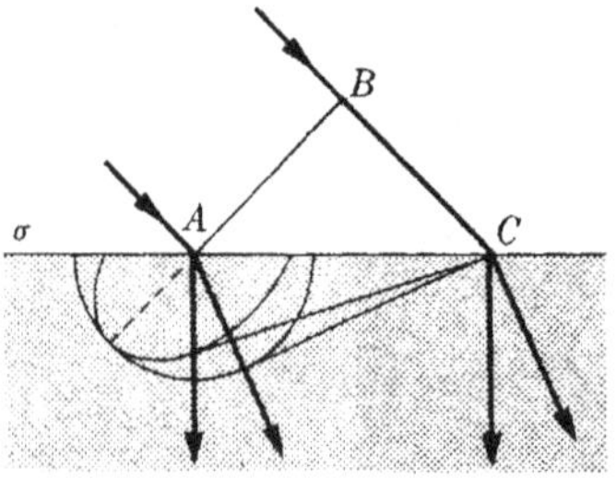

FIG. 6-29. Eje óptico en el plano de incidencia.

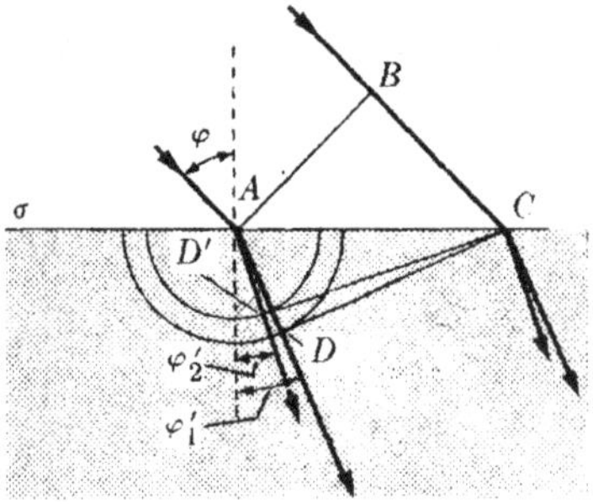

FIG. 6-30. Eje óptico perpendicular al plano de incidencia.

Es fácil ver que el rayo ordinario cumple la ley de Snell de la refracción; el extraordinario, no. El rayo extraordinario permanece en el plano de incidencia sólo cuando el eje óptico es paralelo o perpendicular a este plano. Las figuras 6-29 y 6-30 ilustran estos casos. Cuando el eje óptico es perpendicular al plano de incidencia, la intersección de la onda secundaria con el plano de incidencia, consiste en dos círculos, cuyos radios son proporcionales a c/n_2 y c/n_1 respectivamente. El primero corresponde a la porción de onda ordinaria, y el segundo a la extraordinaria. En este caso, ambos rayos siguen la ley de Snell, y si llamamos φ al ángulo de incidencia y φ'_2, φ'_1 a los ángulos de refracción de los rayos ordinarios y extraordinarios respectivamente, obtendremos de la figura

$$\overline{BC} = \overline{AC} \text{ sen } \varphi, \quad \overline{AD} = \overline{AC} \text{ sen } \varphi'_1, \quad \overline{AD'} = \overline{AC} \text{ sen } \varphi'_2$$

de donde se deduce

$$\frac{\text{sen } \varphi}{\text{sen } \varphi'_1} = \frac{\overline{BC}}{\overline{AD}} = n_1, \qquad \frac{\text{sen}}{\text{sen } \varphi'_2} = \frac{\overline{BC'}}{\overline{AD'}} = n_2$$

Consideremos el caso especial en que el frente de onda incidente es paralelo a la superficie σ del cristal. Los distintos puntos de σ son entonces alcanzados simultáneamente por la perturbación y las ondas secundarias que se originan en ellas, tienen todas las mismas direcciones, en cada instante. Las envolventes comunes de las ondas secundarias son dos superficies planas, paralelas a la onda incidente, que representan a las ondas ordinarias y extraordinarias refractadas. Esto se muestra en la figura 6-31, donde el plano del dibujo contiene el eje óptico del cristal y es perpendicular al frente de onda incidente. Vemos que el rayo ordinario continúa en la dirección del incidente y, en cambio, el extraordinario sufre, en general, una deflexión, pero permanece en el plano del dibujo. Si, en particular, el eje óptico es paralelo a la superficie límite, el rayo extraordinario no es deflectado, pero viaja con velocidad diferente de la del ordinario. Si el eje óptico es perpendicular a la superficie límite, no hay razón para distinguir el rayo ordinario del extraordinario, porque rayos con polarización arbitraria, atraviesan el cristal, con velocidades iguales y sin cambiar su dirección. La propagación de ondas y rayos en cristales biáxicos, no se discutirá en detalle. Sólo remarcaremos que en estos cristales ninguna de las dos ondas o de los dos rayos sigue, en general, las leyes de la óptica geométrica. Por lo tanto, ambas ondas y rayos son *extraordinarios*. Como ya dijimos en la sección 6-9, una onda plana que se propaga en la dirección de uno de los ejes ópticos no se divide en dos ondas. Aun en este caso, el cristal difiere de una sustancia ópticamente isótropa, porque a la onda plana simple que viaja en dirección del eje óptico, le corresponde un número infinito de rayos que forman un cono. La discusión de estos y otros fenómenos interesantes y curiosos de óptica de cristales está fuera del enfoque de este volumen.

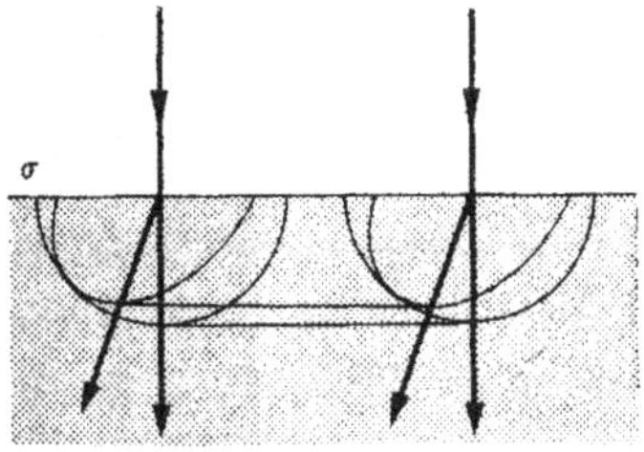

FIG. 6-31. Onda plana que incide perpendicularmente en un cristal uniáxico.

6-14. El prisma de Nicol. El fenómeno de doble refracción puede ser usado para producir luz linealmente polarizada. Como se vio en la sección anterior, una placa birrefringente de espesor suficientemente grande, divide a un haz delgado de luz natural en dos haces separados, linealmente polarizados.

En cambio, para obtener haces anchos de luz polarizada, con cristales de espesor razonable, es necesario recurrir a dispositivos especiales. Uno de los más conocidos es el del prisma de Nicol, hecho con espato de Islandia o calcita ($CaCO_3$), que es un cristal uniáxico, cuya forma natural es de un romboedro, con el eje óptico paralelo al eje de simetría triple; sus caras laterales son superficies de clivaje natural y las de los extremos (*ADBC* y *A'D'B'C'* en la Fig. 6-32) son cortadas artificialmente, paralelas entre sí y de forma tal que los ángulos *ABA* y *A'B'A'* sean de 68° (en los cristales naturales estos ángulos son de 71°). El cristal se corta luego a lo largo de un plano que pasa por *A* y *A'* y perpendicular a la diagonal menor de las caras de los extremos. Las dimensiones del prisma se eligen tal que este plano sea perpendicular al plano que contiene al eje óptico del cristal y a la normal de las caras de los extremos. Este último plano contiene también a la diagonal

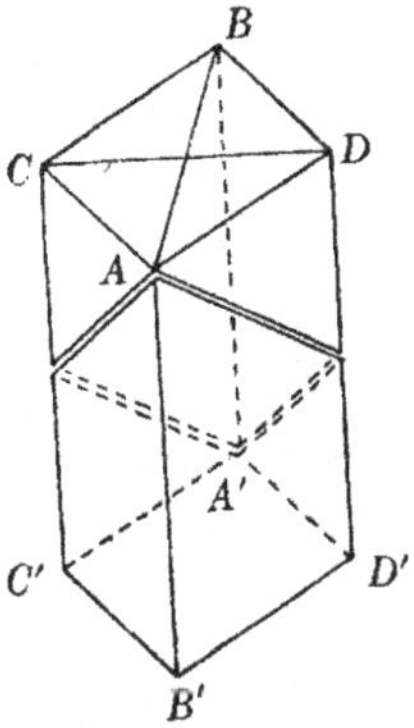

FIG. 6-32. Prisma Nicol.

menor de las caras de los extremos (*A'B* en la Fig. 6-32). Las dos mitades del cristal se pegan con una capa delgada de bálsamo de Canadá.

Un rayo de luz natural, que entra al prisma por una de las caras de los extremos, se divide en un rayo ordinario y otro extraordinario. El índice de refracción del bálsamo de Canadá, es mayor que el del rayo extraordinario, y menor que el del ordinario. Por eso, el rayo extraordinario, atraviesa el prisma, pero el ordinario, incide sobre el bálsamo de Canadá con un ángulo tal que es totalmente reflejado; por consecuencia, sólo el rayo extraordinario emerge del prisma

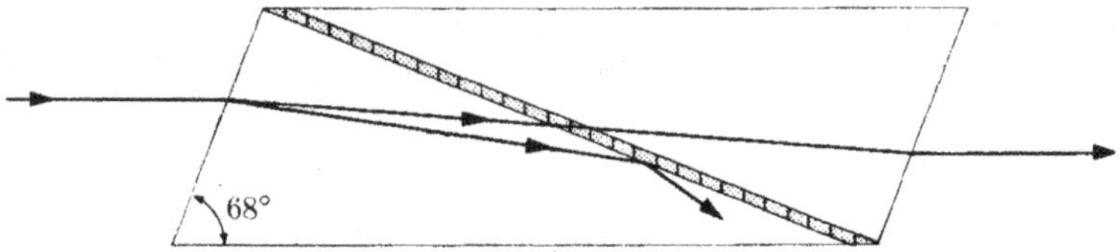

FIG. 6-33. Operación del prisma Nicol.

(Fig. 6-33). Como vimos, el plano de vibración del rayo extraordinario coincide con la sección principal del cristal y, por esto, contiene a la diagonal menor de las caras de los extremos.

6-15. Rotación del plano de vibración. Consideremos ahora, el dispositivo experimental de la figura 6-34. Un haz paralelo de rayos monocromáticos, atraviesa un polaroscopio formado por un polarizador P y un analizador A; se rota al analizador hasta que se extingue la luz. Si se coloca un tubo, cerrado por placas de vidrio de caras paralelas, que contiene una solución de azúcar en agua, entre el polarizador y el analizador, la luz reaparece, indicando que el haz que incide en el analizador, ya no está polarizado linealmente en la dirección perpendicular al eje de transmisión del analizador. Si rotamos el analizador, encontraremos otra posición para la cual la intensidad de luz transmitida es cero. O sea, que la luz que emerge de la solución de azúcar está linealmente polarizada, pero su plano de vibración ha rotado cierto ángulo. Para una solución de concentración dada, el ángulo de rotación es proporcional a la longitud del tubo. Deducimos entonces, que el plano de vibración rota progresivamente a medida que el haz luminoso atraviesa la solución.

Las sustancias que exhiben esta propiedad se llaman *ópticamente activas.* Se dividen en *dextrógiras* y *levógiras,* según que la rotación del plano de vibración sea en el sentido de las agujas del reloj o en sentido opuesto, respecto de un observador que mira *hacia* la fuente de luz.

Las soluciones de muchos compuestos orgánicos son ópticamente activas. La actividad, medida por el ángulo de rotación por unidad de longitud es, en general, proporcional a la concentración; así, la concentración de una solución de una sustancia ópticamente activa puede determinarse midiendo la rotación del plano de vibración en una longitud fija de solución.

La actividad óptica de soluciones depende de la distribución espacial de los átomos y moléculas de la sustancia disuelta; la forma de una molécula ópticamente activa difiere de su imagen especular, de la misma manera que un tirabuzón «derecho» difiere de uno «izquierdo». Esta propiedad de simetría se conoce como *enanciomorfismo.* En general, existen ambos estados enanciomórficos de una molécula, aun cuando pueden ocurrir compuestos orgánicos con uno

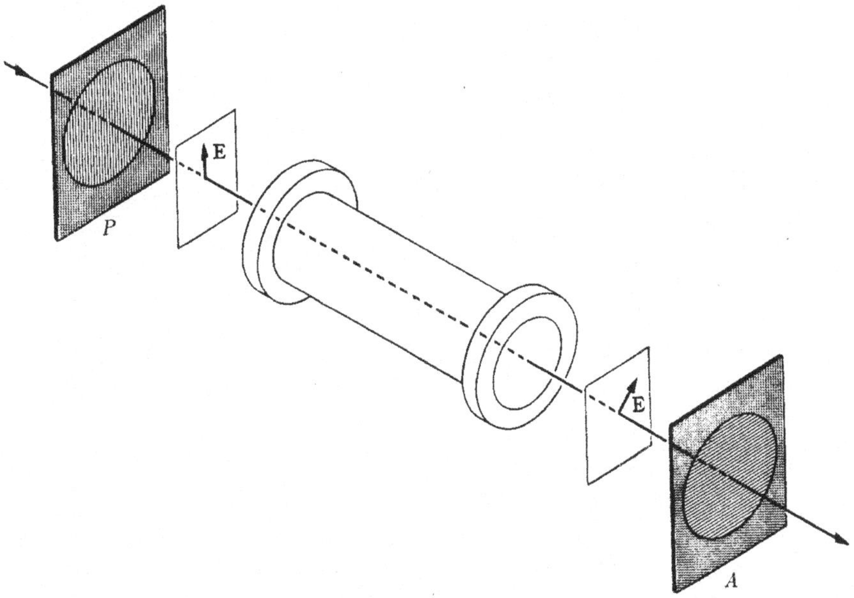

FIG. 6-34. Rotación del plano de vibración.

sólo de los estados. Las moléculas con estados enanciomórficos opuestos exhiben actividad óptica de signo opuesto. Por lo tanto, una solución que contiene igual número de moléculas «derechas» e «izquierdas» es ópticamente inactiva.

Algunos cristales naturales son activos. En este caso, la actividad óptica está relacionada con el enanciomorfismo en la estructura cristalina, que también se manifiesta en el aspecto del cristal. Un ejemplo es el cristal de cuarzo, que es uniáxico, y para el cual la luz se propaga en la dirección del eje óptico. En los cristales, la observación de la actividad óptica es generalmente complicada por la presencia de birrefringencia.

La actividad óptica de una sustancia dada depende de la longitud de onda y, en general, disminuye cuando ésta aumenta. En un haz de luz blanca polarizada linealmente que atraviesa una sustancia ópticamente activa, los rayos de las diferentes longitudes de onda del haz emergente tienen distintos planos de vibración. En estas condiciones, el analizador no puede extinguir simultáneamente todas las longitudes de onda, y la luz que pasa a través del polarizador aparecerá coloreada, cambiando el color a medida que se rota al analizador.

Se puede interpretar simplemente la actividad óptica suponiendo que en las sustancias activas *las ondas planas circularmente polarizadas que tienen sentidos de rotación opuestos, viajan con velocidades distintas.* Como se vio en la sección 6-2, dos ondas paralelas, circularmente polarizadas, de igual amplitud y frecuencia, pero de distintos sentidos de rotación, se combinan en una onda linealmente polarizada. O sea, que toda onda polarizada linealmente puede considerarse como la superposición de dos ondas circulares en sentidos opuestos.

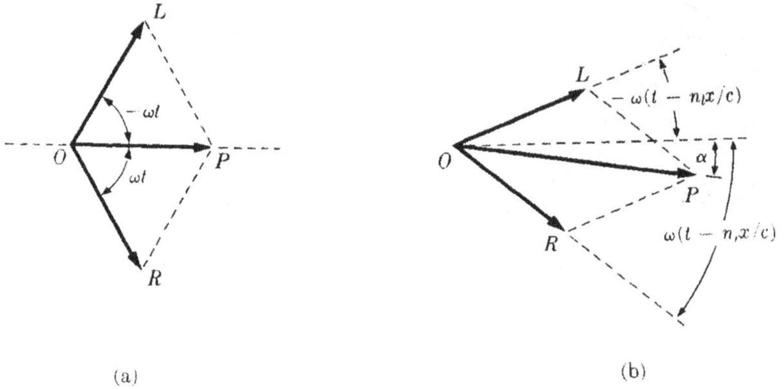

FIG. 6-35. Interpretación de la actividad óptica.

Consideremos una onda linealmente polarizada que incide en $x = 0$ sobre una sustancia ópticamente activa. Sean ψ_r y ψ_l los ángulos formados en un instante dado por los vectores ópticos de las componentes, circulares, que giran en sentido opuesto (*OR* y *OL* en la fig. 6-35), con *OP*, el vector óptico resultante de la sustancia ópticamente activa (Fig. 6-35 d) ψ_r y ψ_l están dados por

$$\psi_r = \omega t \qquad \psi_l = -\omega t$$

donde consideramos positiva una rotación en el sentido de las agujas del reloj, y negativa en una opuesta.

Sean n_r y n_l, los índices de refracción de las componentes de las ondas con polarización circular «derecha» e «izquierda» respectivamente. Las velocidades de propagación respectivas son c/n_r y c/n_l, y los tiempos necesarios para recorrer una distancia x en la sustancia ópticamente activa, son $n_r x/c$ y $n_l x/c$ respectivamente.

En el instante t y a la distancia x del punto de entrada, en el medio ópticamente activo, los ángulos ψ_r y ψ_l (que determinan las posiciones de los vectores ópticos de las dos ondas circularmente polarizadas) están dados por (véase Figura 6-35 b)

$$\psi_r(x, t) = \omega\left(t - \frac{n_r x}{c}\right) \qquad \psi_l(x, t) = -\omega\left(t - \frac{n_l x}{c}\right)$$

Dos vectores de igual longitud, que forman ángulos ψ_r y ψ_l con una dirección fija, tienen una resultante que forma un ángulo $(\psi_r + \psi_l)/2$ con la misma dirección. El ángulo α, formado por el vector óptico de la onda resultante con la dirección *OP* está dado por

$$\alpha = \frac{\psi_r + \psi_l}{2} = \frac{\omega (n_l - n_r) x}{2c}$$

o

$$\alpha = \pi (n_l - n_r) \frac{x}{\lambda_0} \qquad (6\text{-}24)$$

donde λ_0 es la longitud de onda en el vacío. Este ángulo es independiente de t, lo que significa que en cada punto del medio activo las dos ondas polarizadas circularmente se combinan en una linealmente polarizada. En cambio, α es proporcional a x, indicando que el plano de vibración de esta onda rota, a medida que la onda penetra en el medio activo. Si $n_l > n_r$, α es positivo, o sea la rotación es en el sentido de las agujas del reloj, con respecto a un observador que mira en la dirección de la fuente luminosa; o sea, la sustancia es dextrógira. Si $n_l < n_r$, es negativo, y la sustancia es levógira.

6-16. Birrefringencia temporal y actividad óptica. Sustancias normalmente isótropas e inactivas ópticamente pueden tornarse temporariamente birrefringentes u ópticamente activas, por influencia de agentes externos.

(a) *Birrefringencia mecánica.* Un bloque de vidrio o plástico transparente sujeto a compresión uniforme en dos superficies opuestas, adquiere las propiedades de un cristal uniáxico, *negativo* con el eje óptico en la dirección de compresión. Bajo una tensión uniforme, en cambio, adquiere las propiedades de cristal uniáxico positivo. En ambos casos, la diferencia entre los dos índices de refracción principales depende de la magnitud de la tensión. Por esto, si la tensión no es uniforme, la birrefringencia varía de punto a punto.

Este fenómeno forma las bases de un método (llamado análisis fotoelástico de tensiones), para el estudio de tensiones en estructuras mecánicas tales como puentes, varillas, etc. Un modelo hecho en escala de la estructura, de plástico transparente, se coloca entre filtros de polarización cruzado. La birrefringencia variable, debido a las tensiones mecánicas, hace que la luz aparezca con distinta intensidad en distintos puntos del modelo. El análisis de la polarización de la luz transmitida a información precisa sobre la magnitud y dirección de las tensiones internas que pueden producirse en el proceso de enfriamiento en la fabricación de vidrio.

(b) *El efecto Kerr fotoeléctrico.* Cuando se ubican en un campo eléctrico suficientemente intenso, la mayoría de las sustancias isotrópicas adquieren propiedades ópticas de cristales uniáxicos, con el eje paralelo a las líneas de fuerza. El nitrobenceno y el nitrotolueno están entre las sustancias en las que este efecto es notable.

La figura 6-37 muestra esquemáticamente una disposición experimental para el estudio de la birrefringencia eléctrica en líquidos. El líquido se pone en una celda de vidrio que contiene dos placas metálicas planas y paralelas que se ponen a distintos voltajes (celda de Kerr). Un haz de luz monocromática atra-

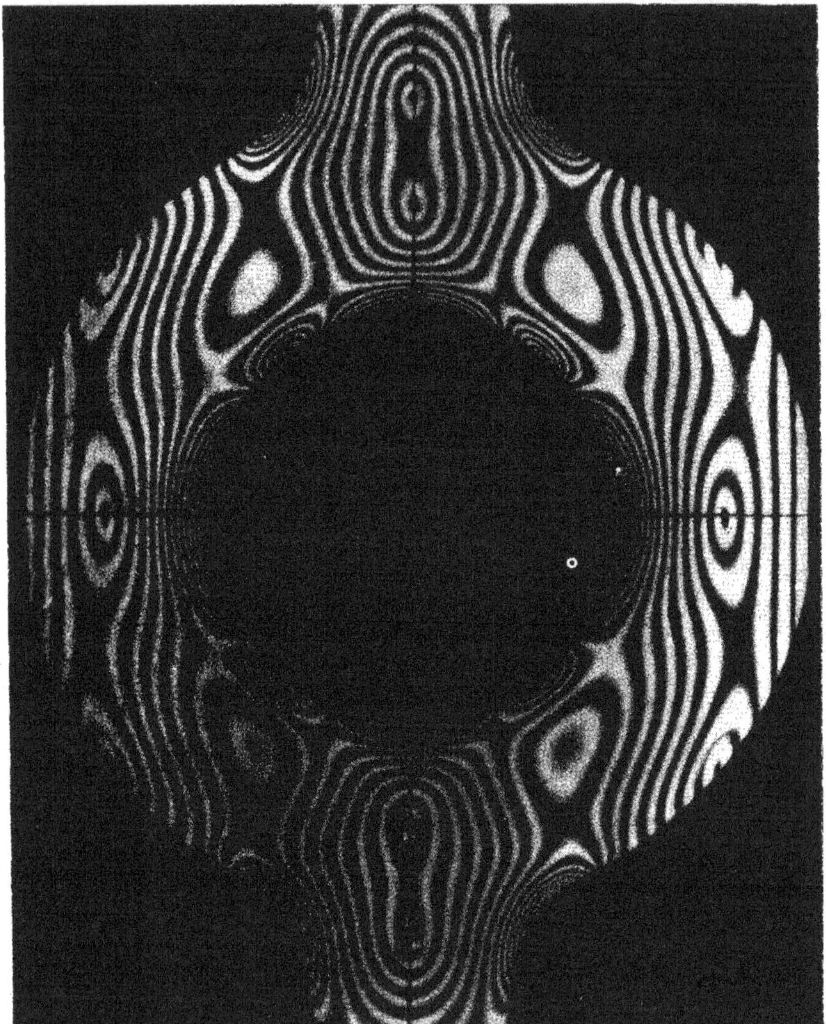

FIG. 6-36. Refracción doble debida a tensiones mecánicas.

viesa la celda de manera tal que pasa entre las placas formando ángulos rectos con la dirección de las líneas de campo eléctrico. Antes de entrar a la celda, el haz atraviesa un filtro de polarización con el eje de transmisión a 45° con la dirección del campo eléctrico. Después de pasar a través de la celda, el haz está elípticamente polarizado. Analizando la polarización elíptica por los métodos descritos en la sección 6-7, se obtienen los valores de la diferencia de fase entre los dos índices de refracción principales.

Una celda de Kerr ubicada entre dos filtros de polarización cruzados, actúa como un «obturador electroóptico», que sólo transmite luz si se establece un campo eléctrico entre las placas. Debido a su gran velocidad, la celda de Kerr tiene importantes aplicaciones. Por ejemplo, fue usada con éxito en mediciones de la velocidad de la luz (véase secc. 5-2). El efecto Kerr es debido a la aniso-

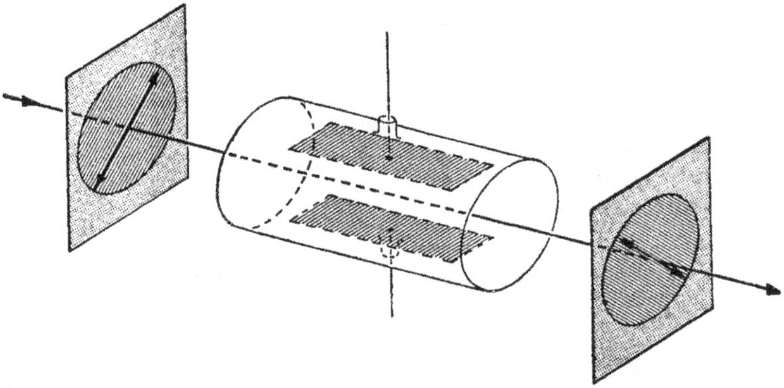

FIG. 6-37. Celda de Kerr entre filtros de polarización cruzados.

tropía de las moléculas individuales del líquido. En algunas sustancias, las moléculas son normalmente anisótropas, y el campo eléctrico produce un alineamiento parcial de las moléculas en dirección del campo; en otras sustancias, las moléculas son naturalmente isótropas y se hacen anisótropas por influencia del campo eléctrico.

(c) *El efecto magnetoóptico Cotton-Mouton.* Algunos líquidos se hacen birrefringentes si se ubican en un campo magnético. El nitrobenceno y el disulfuro de carbono están entre ellos. El efecto es por orientación de las moléculas en el campo magnético.

(d) *Efecto Faraday.* El vidrio y otras sustancias se hacen ópticamente activas si se ubican en un campo magnético. El plano de polarización de la onda luminosa cuya dirección de propagación es paralela al campo, rota en el sentido de las agujas del reloj o en el sentido contrario, dependiendo de que la onda viaje en dirección opuesta. La teoría de este efecto se discute en la sección 8-15.

Problemas

En todos los problemas siguientes, debe entenderse que las ondas luminosas viajan en la dirección positiva del eje x, *de un sistema de coordenadas directo. Si el medio es anisótropo, los ejes* y *y* z *serán paralelos a los planos de vibración de las dos ondas linealmente polarizadas, cuyos estados de polarización no cambian durante la propagación y* n_y, n_z *representarán los respectivos índices de refracción. Los datos numéricos necesarios para la solución de los problemas están en las tablas A-4 y A-5 del Apéndice.*

6-1. Describir el estado de polarización de las ondas representadas por las ecuaciones siguientes:

(a) $E_y = A \cos \omega \left(t - \frac{x}{v}\right)$

$E_z = A \operatorname{sen} \omega \left(t - \frac{x}{v}\right)$

(b) $E_y = A \cos \omega \left(t - \frac{x}{v}\right)$

$E_z = -A \cos \omega \left(t - \frac{x}{v}\right)$

(c) $E_y = A \cos \omega \left(t - \frac{x}{v}\right)$

$E_z = A \cos \left[\omega \left(t - \frac{x}{v}\right) - \frac{3}{4}\pi\right]$

(d) $E_y = A \cos \omega \left(t - \frac{x}{v}\right)$

$E_z = A \cos \left[\omega \left(t - \frac{x}{v}\right) + \frac{\pi}{4}\right]$

Aclarar el sentido de rotación del vector óptico.

6-2. Dos ondas coherentes, linealmente polarizadas, de amplitudes A y $\sqrt{2}\,A$, se propagan en la dirección x. El plano de vibración de la primera es paralelo al eje y, y el de la segunda onda forma un ángulo de 45° con el eje y; la segunda onda tiene un retraso de fase de 90° con respecto a la primera. Escribir las ecuaciones de la onda resultante y discutir el estado de polarización de la misma.

6-3. Escribir las ecuaciones que describen a las ondas siguientes:

(a) Una onda linealmente polarizada, cuyo plano de vibración forma un ángulo de 45° con el eje y. (b) Una onda linealmente polarizada cuyo plano de vibración forma un ángulo de 120° con el eje y. (c) Una onda con polarización circular positiva y con el eje mayor en la dirección y, siendo este eje igual al doble del eje menor.

6-4. Sea una onda polarizada elípticamente, descrita por

$$E_y = A_y \cos \omega t$$

$$E_z = A_z \cos (\omega t + \varphi)$$

Demostrar que los ángulos χ formados por los dos ejes de la elipse con el eje z satisfacen

$$\operatorname{tg} 2\chi = \frac{2 \cos \varphi}{\left(\frac{A_y}{A_z} - \frac{A_z}{A_y}\right)}$$

6-5. Dos ondas coherentes, circularmente polarizadas, de amplitud A y $2\,A$, se propagan en la dirección de x. Describir la onda resultante. (a) Suponiendo que ambas ondas están polarizadas positivamente. (b) Suponiendo que la onda de amplitud A es positiva y la de amplitud $2\,A$ es negativa.

6-6. Considerar la onda representada por:

$$E_y = A \cos 2\pi \left(\frac{t}{T} - \frac{x}{\lambda}\right)$$

$$E_z = A \cos 2\pi \left(\frac{t}{T} - \frac{x}{\lambda} + \frac{1}{8}\right)$$

Calcular el módulo del vector óptico y el ángulo formado por este vector y el eje y en los instantes $t = 0$ y $t = T/4$ en los puntos $x=0$, $x=\lambda/4$, $x=\lambda/2$, $x=3\lambda/4$, $x = \lambda$.

6-7. La onda descrita en el problema 6-6 incide perpendicularmente sobre una lámina polarizadora, ésta es rotada en su plano hasta que la intensidad transmitida sea máxima: (a) ¿En qué dirección está el eje de transmisión del polarizador? (b) Calcular el cociente de las intensidades transmitidas observadas con la lámina orientada así y orientada con su eje de transmisión en la dirección y.

6-8. Calcular los ángulos de polarización para vidrio crown ($n = 1{,}520$), para vidrio flint ($n = 1{,}650$) y para agua ($n = 1{,}33$).

6-9. Luz monocromática, linealmente polarizada, incide sobre una lámina cuarto de onda, el plano de vibración forma un ángulo ψ con el eje y. Supongamos $n_y < n_z$. Determinar el estado de polarización de la luz transmitida y la dirección de rotación del vector óptico, para los siguientes valores de ψ: (a) $\psi = \pi/4$, (b) $\psi = \pi/2$, (c) $\psi = 3\pi/4$.

6-10. Un haz de luz monocromática incide perpendicularmente sobre un filtro de polarización. Se observa que cuando el filtro de polarización rota en su plano, la intensidad transmitida cambia periódicamente pasando por dos máximos y dos mínimos, durante una vuelta completa. ¿Cómo se puede determinar si la luz está parcialmente polarizada o elípticamente polarizada?

6-11. Una lámina cuarto de onda y un filtro de polarización se colocan en la trayectoria de un haz de luz monocromática. Antes de incidir sobre la lámina cuarto de onda, la luz tiene polarización elíptica positiva; el cociente del eje mayor al eje menor es 4:1. El filtro de polarización no transmite luz. Muestre en un diagrama la orientación de los ejes de la lámina y de los ejes de transmisión del filtro respecto a los ejes de la elipse. Calcular el ángulo de transmisión del filtro con el eje y.

6-12. La mica tiene como superficies de clivaje a planos perpendiculares el eje x. Los índices de refracción n_2 y n_3 de las ondas que se propagan en la dirección de este eje están en la tabla A-4. Determinar el espesor de una lámina cuarto de onda de mica, obtenida por el clivaje para $\lambda = 5893$ Å.

6-13. Un haz de luz blanca linealmente polarizada incide perpendicularmente sobre una placa de cuarzo de 0,865 mm de espesor, cortada paralelamente al eje óptico. El plano de vibración forma un ángulo de 45° con los ejes de la placa. Los índices de refracción principales del cuarzo para luz de sodio están en la tabla A-4. Despreciar la variación de $n_2 - n_1$ con la longitud de onda: (a) ¿Cuáles longitudes de onda comprendidas entre 6000 y 7000 Å salen de la lámina polarizadas linealmente? (b) ¿Cuáles salen circularmente polarizadas? (c) Suponga que el haz que sale de la placa atraviesa un analizador cuyo eje de transmisión es perpendicular al plano de vibración de la luz incidente. ¿Qué longitudes de onda faltan en el haz transmitido?

6-14. Determinar los ejes y y z y calcular los correspondientes índices de refracción n_y y n_z de una lámina plano paralela de calcita (véase tabla A-4) suponiendo que las caras de la lámina son: (a) paralelas al eje óptico, (b) perpendiculares al eje óptico, y (c) forman un ángulo de 30° con el eje óptico.

6-15. Una fuente puntual S de luz amarilla se pone dentro de un cristal de calcita. Determinar la forma y calcular las dimensiones de los frentes de onda ordinaria y extraordinaria que salen de S al cabo de 10^{-10} seg.

6-16. Resolver el problema 6-15 para el caso de un cristal de cuarzo.

6-17. Se corta una lámina planoparalela de un cristal de calcita de 2 cm de espesor, su eje óptico está en el plano de la placa. Un haz paralelo de luz natural amarilla incide en la placa con un ángulo de 45°, el plano de incidencia es perpendicular al eje óptico: (a) Determinar la dirección de propagación en el cristal de las ondas ordinarias y extraordinarias; (b) calcular la separación y determinar el estado de polarización de los rayos ordinario y extraordinario, cuando salen de la lámina.

6-18. Un haz paralelo de luz natural amarilla incide perpendicularmente sobre un prisma de calcita (Fig. 6-38) cuyos bordes son paralelos al eje óptico. El ángulo de refracción es de 20°. Determinar las direcciones y estados de polarización de los dos rayos emergentes.

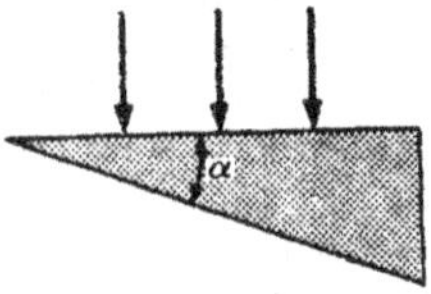

FIG. 6-38.

6-19. Se refiere al problema 6-18 y figura 6-38. Calcular los valores máximo y mínimo del ángulo de refracción α para el cual uno de los rayos sufre reflexión total y el otro no. Especificar el estado de polarización del rayo emergente.

6-20. En la figura 6-39, *ABC* es la sección transversal de un prisma, cortado de un cristal uniáxico, cuyo eje óptico es paralelo a *AB*. Un haz paralelo de luz limitado por un difragma incide sobre el prisma. El plano de incidencia es paralelo al plano del diagrama. Muestre en un esquema cómo se pueden determinar las direcciones de propagación de las ondas, y los rayos ordinarios y extraordinarios. Señale el camino del haz secundario en el cristal y las posiciones instantáneas de varios frentes de onda.

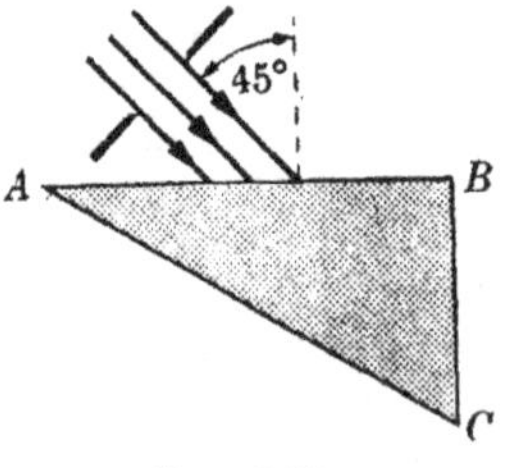

FIG. 6-39.

6-21. Se refiere al problema 6-20 y figura 6-39. Sea v la velocidad de la onda extraordinaria, u la velocidad del rayo extraordinario y φ el ángulo de incidencia del rayo sobre la cara de salida del prisma. Calcular el ángulo φ con que sale el rayo.

6-22. Los índices de refracción del cuarzo positivo para ondas luminosas con polarización circular positiva, y negativa que se propagan en la dirección del eje óptico, tienen los siguientes valores:

$\lambda = 3968$ Å	$n_r = 1{,}55810$	$n_l = 1{,}55821$
$\lambda = 7620$ Å	$n_r = 1{,}53914$	$n_l = 1{,}53920$

Calcular los ángulos que son rotados los planos de vibración de las ondas linealmente polarizadas de longitudes de onda $\lambda = 3968$ Å y $\lambda = 7620$ Å al atravesar una lámina de cuarzo de 2 mm de espesor cortada perpendicularmente al eje óptico.

6-23. La *rotación específica* de una sustancia ópticamente activa se define como la rotación producida por una columna de 10 cm de líquido que contiene 1 g de sustancia activa por cada cm³ de solución. Para soluciones diluidas, la rotación específica es aproximadamente independiente de la concentración. Los valores de la rotación específica de soluciones azucaradas para distintas longitudes de onda están en la tabla A-5. Calcular la diferencia entre los índices de refracción de una solución azucarada de concentración 10 % para ondas con polarización circular positiva, y negativa para las siguientes longitudes de onda:

$\lambda = 4358$ Å $\quad \lambda = 5461$ Å $\quad \lambda = 6703$ Å

6-24. Un haz angosto de luz monocromática linealmente polarizada incide sobre una pieza de cuarzo cortado, como se muestra en la figura 6-40. El eje óptico del cuarzo es paralelo al haz incidente y la normal a la cara de salida forma un ángulo de 37° con el eje. Determinar la separación angular de los dos haces que emergen del cuarzo.

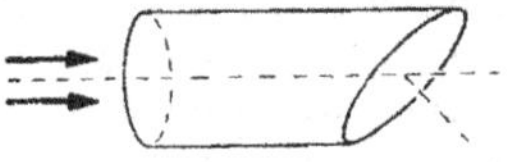

FIG. 6-40.

6-25. La diferencia Δn entre los índices de refracción principales de un líquido colocado en un campo eléctrico de intensidad E es $\Delta n = jE^2\lambda$, donde λ es la longitud de onda en el vacío. Si E se mide en volts/cm y λ en cm, la constante j tiene el valor $4{,}0 \times 10^{-12}$ para disulfuro de carbono, y $j = 400 \times 10^{-12}$ para el nitrobenceno. Se coloca una celda de Kerr entre los filtros de polarización cuyos ejes de transmisión son perpendiculares entre sí y forman un ángulo de 45° con el campo eléctrico. Las placas tienen 5 cm de longitud y distan 0,7 cm, y entre ellas se mantiene una diferencia de potencial de 10 000 volts. La celda se llena primero con disulfuro de carbono y luego con nitrobenceno. Calcular las fracciones de las intensidades que atraviesan los filtros de polarización y la celda en las dos experiencias (despreciar pérdidas por absorción y reflexión).

6-26. *Experiencia de Fresnel-Arago.* Considere la experiencia de interferencia de Young (véase problema 3-12) cuya posición se muestra esquemáticamente en la figura 6-41, donde S es una fuente puntual (o lineal) de luz monocromática no polarizada, S_1 y S_2 son dos pequeños agujeros (o ranuras, estrechas) que actúan como fuentes coherentes sincrónicas, y Σ es el plano sobre el cual se observan las figuras de interferencia. Sea P_0 la posición del máximo de interferencia de orden cero, y P_1 y P_{-1} las posiciones de los máximos de interferencia de primer orden.

(a) Se coloca un filtro de polarización F frente a la fuente. ¿Qué cambio, si hay alguno, se observará en la aparición de las figuras de interferencia?

(b) Se colocan dos filtros de polarización adicionales F_1 y F_2 enfrente de las aberturas S_1 y S_2; sus ejes de transmisión son perpendiculares entre sí y forman 45° con el eje de transmisión F. ¿Cuál es ahora la distribución de intensidades en el plano de observación? Describir el estado de polarización de la luz en P_0, en P_1 y en los tres puntos intermedios P', P'', P''' que dividen al segmento P_0P_1 en cuatro partes iguales.

(c) Se coloca un cuarto filtro de polarización F' frente al plano de observación Σ. Su eje de transmisión es paralelo al del filtro de polarización F. Comparar la figura de interferencia observada ahora con la observada sin los filtros de polarización F_1, F_2 y F'.

(d) El filtro F es rotado 90° en su plano. Describir el cambio correspondiente en la figura de interferencia observada en Σ.

(e) Ahora se saca el filtro de polarización F. ¿Aparecen figuras de interferencia en Σ?

6-27. Se refiere a la disposición experimental descrita en el problema 6-26.

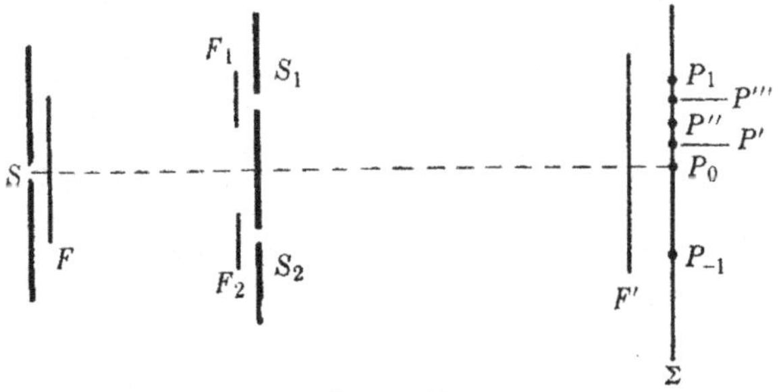

FIG. 6-41.

(a) Se coloca una lámina cuarto de onda frente a cada una de las aberturas S_1 y S_2. El eje z de una lámina es paralelo al eje y de la otra, y para ambas láminas $n_y < n_z$. Se coloca un filtro de polarización entre la fuente y las láminas cuarto de onda. Describir cómo cambia el aspecto de la figura de interferencia en Σ mientras se rota el filtro sobre sí mismo 360°.

(b) El eje de transmisión del filtro de polarización F forma un ángulo de 45° con los ejes y y z de las láminas cuarto de onda. ¿Cómo varía la intensidad y el estado de polarización cuando nos movemos de P_0 a P_1?

(c) Sin cambiar la orientación de F, ubicamos otro filtro de polarización F' frente al plano de observación Σ. El eje de transmisión de F' es paralelo al de F. Describa la figura de interferencia que se observa en Σ.

(d) ¿Cómo cambia la figura de interferencia si se rota al filtro de polarización F 90° sobre sí mismo?

(e) ¿Qué ocurre si sacamos el filtro F, manteniendo F' y la lámina cuarto de onda en su lugar?

(f) ¿Qué ocurre si también sacamos el filtro F'?

6-28. Se refiere a la disposición experimental del problema 6-26. Dos láminas cortadas perpendicularmente al eje óptico de un cristal positivo y negativo respectivamente, se colocan frente a las aberturas S_1 y S_2. El espesor de ambas placas es tal que rotan el plano de polarización de una onda linealmente polarizada 45°. Se coloca un filtro de polarización F, entre la fuente y las placas de cuarzo.

(a) Determine la intensidad y el estado de polarización de la luz en P_0, en P_1 y en los tres puntos intermedios P', P'', P''' que dividen al segmento P_0P_1 en cuatro partes iguales.

(b) Describa la figura de interferencia que se observa, cuando se coloca un segundo filtro de polarización F' con su eje de transmisión paralelo al de F frente a la pantalla de observación.

(c) ¿Qué ocurre si se rota F' en 45°?

(d) ¿Qué ocurre si se vuelve a rotar a F' en 45°, tal que su eje de transmisión es perpendicular al de F?

(e) ¿Qué ocurre si se sacan F y F'?

CAPÍTULO 7

TEORÍA ELECTROMAGNÉTICA DE LA LUZ

7-1. Naturaleza física de las ondas luminosas. A través del libro, hemos agrandado gradualmente la visión de nuestro estudio al ir considerando nuevos aspectos de los fenómenos luminosos, y simultáneamente nuestro concepto de ondas luminosas se ha aclarado.

Partimos de la hipótesis que las ondas luminosas consisten en una sucesión de pulsos muy cortos, que viajan con velocidades diferentes en medios distintos y son capaces de ser reflejados en la superficie de separación entre dos medios. Encontramos que esta suposición explica la propagación rectilínea de la luz en un medio isotrópico y homogéneo, y los demás fenómenos de la *óptica geométrica.* Luego, el análisis de los efectos de *interferencia* nos señaló que la perturbación óptica en una onda de luz monocromática es, en realidad, una función sinusoidal del tiempo. Con el concepto de ondas sinusoidales pudimos explicar cuantitativamente las desviaciones de las leyes de la óptica geométrica, por ejemplo, el fenómeno de difracción. Por último, el fenómeno de *polarización* y el estudio de la propagación de la luz en cristales nos llevó a la conclusión que la perturbación óptica es una magnitud vectorial y que, en medios isotrópicos, este vector es perpendicular a la dirección de propagación.

Pero, lo realizado es sólo una descripción detallada de las propiedades *cinemáticas* de las ondas luminosas. Todavía no intentamos relacionar estas propiedades y las propiedades dinámicas del medio que transporta a las ondas luminosas.

Como ya lo señalamos, la teoría ondulatoria de la luz fue sugerida por analogías mecánicas y podemos construir un modelo que describa a la luz como una onda elástica propagada por un medio (el «éter») con propiedades dinámicas similares a las de la materia ordinaria. Este modelo explica fácilmente los fenómenos de la óptica geométrica, interferencia y difracción, que son comunes a todos los movimientos ondulatorios. Pero el carácter transversal de las ondas luminosas, al que nos vemos obligados a recurrir para explicar el fenómeno de polarización, pone severas condiciones al modelo mecánico. Si el «éter» que penetra a todo el universo es una sustancia similar a la materia ordinaria, hay que considerarlo como un fluido muy tenue, ya que aparentemente no ofrece resistencia al movimiento de planetas y otros cuerpos celestes. Pero, por otra parte, los fluidos no pueden transmitir ondas transversales, sólo pueden hacerlo los sólidos; además, los sólidos ordinarios transmiten ondas transversales y longitudinales, y no parece existir componente longitudinal de las ondas luminosas. Otra dificultad es la alta velocidad de propagación de la luz, que sólo puede explicarse haciendo suposiciones extremas respecto a las propiedades elásticas y densidad del «éter».

Todas estas dificultades se resolvieron al sugerir Maxwell que la luz no era un fenómeno mecánico, sino electromagnético. En este capítulo delinearemos la teoría electromagnética de la luz y demostraremos cómo las propiedades cinemáticas de las ondas luminosas, pueden deducirse directamente de las propiedades dinámicas del campo electromagnético.

7-2. Leyes fundamentales del electromagnetismo. Para conveniencia del lector resumiremos brevemente las leyes fundamentales del electromagnetismo.

(a) *Campos eléctricos.* Son producidos por cargas eléctricas y por campos magnéticos variables. La intensidad eléctrica E, está determinada por dos leyes: la *ley de Gauss,* que establece que el flujo de la intensidad eléctrica, a través de una superficie cerrada S, es proporcional a la carga total encerrada por la superficie; y la *ley de Faraday* de inducción electromagnética, que establece que la integral de la intensidad eléctrica, a lo largo de un camino cerrado, es proporcional a la variación de flujo magnético delimitado por este camino.

Los factores numéricos que aparecen en la ecuación dependen de la elección del sistema de unidades. A continuación usaremos el MKS racionalizado.

(1) La ley de Gauss para el vacío está dada por

$$\epsilon_0 \int_S E_n \, dS = \int_V \rho \, dV \tag{7-1}$$

donde $\epsilon_0 = 8{,}85 \times 10^{12}$ faradios/m; E_n es la componente de $\mathbf{E}$ perpendicular al elemento de área dS (positiva si $\mathbf{E}$ apunta hacia afuera de la superficie cerrada S), V es el volumen encerrado por la superficie S, y ρ es la densidad de volumen de la carga eléctrica.

Si hay un dieléctrico, además del efecto de las cargas «libres», debe considerarse el efecto de *«polarización»* del dieléctrico. La polarización se describe por el *vector polarización* $\mathbf{P}$, definido como la resultante de los momentos dipolares eléctricos de las moléculas contenidas en la unidad de volumen. Puede demostrarse que el campo eléctrico producido por los dipolos moleculares es igual al campo producido por una carga distribuida con una densidad ρ_P que satisface la siguiente ecuación

$$\int_V \rho_P \, dV = -\int_S P_n \, dS \tag{7-2}$$

Si ahora llamamos ρ a la densidad de cargas «libres», debemos reemplazar la ecuación (7-1) por la siguiente

$$\epsilon_0 \int_S E_n \, dS = \int_V \rho \, dV + \int_V \rho_P \, dV$$

o

$$\epsilon_0 \int_S E_n \, dS = \int_V \rho \, dV - \int_S P_n \, dS \tag{7-3}$$

(2) La ley de inducción de Faraday se expresa con la ecuación

$$\oint_s E\, s\, ds = -\frac{d}{dt}\int_S B_n\, dS \qquad (7\text{-}4)$$

donde S es una superficie acotada por la línea cerrada s, B_n, es la componente del vector inducción magnética **B** perpendicular al elemento de área, dS, y $E\, s$ es la componente de **E** paralela al elemento de línea ds. La dirección positiva de la perpendicular a la superficie S y el sentido positivo de desplazamiento a lo largo de la línea s están en la misma relación que la dirección de avance y el sentido de rotación de un tirabuzón.

(3) Como no existe el equivalente magnético de la carga eléctrica, el flujo de **B** a través de cualquier *superficie cerrada* es siempre cero

$$\int_S B_n\, dS = 0 \qquad (7\text{-}5)$$

De este teorema se deduce que el flujo de **B** a través de dos superficies abiertas distintas que tienen el mismo contorno son iguales. Por lo tanto $\oint_s E_s\, ds$, como se da en (7-4), tiene un valor definido a pesar de la arbitrariedad en la elección de la superficie S.

(b) *Campos magnéticos*: Son producidos por corrientes eléctricas y por campos eléctricos variables.

(1) Los campos magnéticos debidos a corrientes eléctricas, obedecen a la *ley de Ampère* que establece que, en el vacío, la integral del vector inducción magnética **B** a lo largo de una línea cerrada es proporcional a la corriente total encerrada por esta línea. La ley de Ampère se expresa

$$\frac{1}{\mu_0}\oint_s B_s\, ds = \int_S j_n\, dS \qquad (7\text{-}6)$$

donde $\mu_0 = 4 \times 10^{-7}$ henri/m y j_n es la componente perpendicular a dS, del vector j que representa la densidad de corriente. En esta ecuación la convención de signos es la misma que en (7-4).

(2) Los efectos magnéticos de campos eléctricos variables pueden describirse diciendo que un campo eléctrico variable, es equivalente a una corriente eléctrica cuya densidad $\mathbf{j}_E$ es proporcional a la velocidad de variación del campo eléctrico. Más exactamente

$$\mathbf{j}_E = \epsilon_0 \frac{\partial \mathbf{E}}{\partial t} \qquad (7\text{-}7)$$

Cuando hay campos eléctricos variables y corrientes eléctricas la ley de Ampère debe modificarse así:

$$\frac{1}{\mu_0}\oint_s B_s\, ds = \int_S \left(j_n + \epsilon_0 \frac{\partial E_n}{\partial t}\right) dS \qquad (7\text{-}8)$$

Nótese que la integral de la derecha de esta ecuación tiene el mismo valor para todas las superficies S que tienen la misma línea de contorno s. En efecto, del teorema de Gauss y del principio de conservación de las cargas eléctricas, se deduce que el flujo del vector $\mathbf{j} + \epsilon_0 (\partial \mathbf{E}/\partial t)$ a través de cualquier superficie cerrada es cero.

(3) Si hay sustancias materiales, debemos considerar otras dos clases de corrientes, además de la corriente debida al movimiento de cargas libres.

En primer lugar, cualquier cambio en la polarización dieléctrica del medio, produce una corriente cuya densidad $\mathbf{j}_P$ es igual a la velocidad de variación del vector de polarización $\mathbf{P}$:

$$\mathbf{j}_P = \frac{\partial \mathbf{P}}{\partial t} \tag{7-9}$$

En segundo lugar, hay corrientes debidas al movimiento de electrones a lo largo de sus órbitas atómicas o moleculares, y a la rotación de los electrones alrededor de sus ejes (spin). Estas corrientes microscópicas son responsables de las propiedades magnéticas de la materia, las cuales son descritas usualmente por el vector magnetización $\mathbf{M}$. Excepto en el caso de sustancias ferromagnéticas, la magnetización es muy pequeña, y tiene un efecto despreciable sobre la propagación de las ondas electromagnéticas. Para evitar complicaciones innecesarias, despreciaremos aquí las corrientes microscópicas que dan lugar a la magnetización; entonces, la densidad de corriente en la ecuación (7-8) consta de dos términos: la corriente debida al movimiento de cargas «libres» solamente, y la corriente de polarización $\mathbf{j}_P$ dada por (7-9). Si llamamos $\mathbf{j}$ a la corriente «libre» (7-8) queda

$$\frac{1}{\mu_0} \oint_s B_s \, ds = \int_S \left(j_n + \frac{\partial P_n}{\partial t} + \epsilon_0 \frac{\partial E_n}{\partial t} \right) dS \tag{7-10}$$

Las ecuaciones (7-3), (7-4), (7-5) y (7-10) son las ecuaciones fundamentales del campo electromagnético (si puede ser despreciada la magnetización). Éstas se conocen como *ecuaciones de Maxwell* y son suficientes para determinar completamente el campo magnético si están dadas ρ y $\mathbf{j}$, y si se conocen las propiedades del medio, es decir, si está dada la relación entre $\mathbf{P}$ y $\mathbf{E}$.

Podemos expresar las ecuaciones de Maxwell en una forma más conveniente, definiendo dos vectores auxiliares, el desplazamiento eléctrico $\mathbf{D}$:

$$\mathbf{D} = \epsilon_0 \mathbf{E} + \mathbf{P} \tag{7-11}$$

y la intensidad magnética $\mathbf{H}$:

$$\mathbf{H} = \frac{\mathbf{B}}{\mu_0} \tag{7-12}$$

con estas notaciones obtenemos

$$\int_S D_n \, dS = \int_V \rho \, dV \tag{7-13}$$

$$\oint_s E_s \, d_s = -\int_S \frac{\partial B_n}{\partial t} dS \tag{7-14}$$

$$\int_S B_n \, dS = 0 \tag{7-15}$$

$$\oint_s H_s \, ds = \int_S \frac{\partial D_n}{\partial t} dS + \int_S j_n \, dS \tag{7-16}$$

las ecuaciones (7-13) a (7-16) tienen validez general y son válidas aun teniendo en cuenta la magnetización, en cuyo caso la ecuación (7-12) debe reemplazarse por

$$\mathbf{H} = \frac{\mathbf{B}}{\mu_0} - \mathbf{M} \tag{7-17}$$

En sustancias isotrópicas y para campos eléctricos constantes o que varían lentamente, los vectores **P** y **E** son generalmente paralelos y proporcionales entre sí. Luego el vector **D** es también proporcional a **E**, cumpliéndose la siguiente ecuación

$$\mathbf{D} = \epsilon \mathbf{E} \tag{7-18}$$

donde ϵ es un escalar independiente de **E**, llamado *permeabilidad dieléctrica* del medio. En medios no homogéneos, ϵ puede variar de un punto a otro. En el vacío se reduce a la constante ϵ_0 definida previamente. Las cantidades ϵ_0 y μ_0 se denominan permeabilidad eléctrica y permeabilidad magnética del vacío. La cantidad

$$\kappa = \frac{\epsilon}{\epsilon_0} \tag{7-19}$$

se llama *constante dieléctrica.*

(c) *Los campos electromagnéticos* son capaces de desarrollar calor y realizar trabajo contra las fuerzas mecánicas o químicas; esto significa que los campos electromagnéticos poseen energía. Esta energía está distribuida en el espacio con una densidad u dada por

$$u = \tfrac{1}{2} (\mathbf{E} \cdot \mathbf{D} + \mathbf{H} \cdot \mathbf{B}) \tag{7-20}$$

donde los puntos indican productos escalares.

Una carga puntual e que se mueve con velocidad en un campo electromagnético, experimenta una fuerza

$$\mathbf{F} = e (\mathbf{E} + \mathbf{w} \times \mathbf{B}) \tag{7-21}$$

donde **E** y **B** son, respectivamente, la intensidad eléctrica y la inducción magnética en el punto ocupado por la carga, y la cruz indica un producto vectorial. Nótese que en el cálculo de **E** y **B** los efectos electromagnéticos de la carga e son despreciables.

7-3. Ondas planas electromagnéticas en dieléctricos isotrópicos y homogéneos. Consideremos el campo electromagnético, en una región del espacio ocupada por un dieléctrico *isotrópico y homogéneo.*

Suponemos que la densidad de carga ρ y la densidad de corriente eléctrica **j**, son nulas en todo punto. Las ecuaciones (7-13) a (7-16) pueden reescribirse

$$\int_S E_n\, dS = 0 \tag{7-22}$$

$$\oint_s E_s\, ds = -\mu_0 \int_S \frac{\partial H_n}{\partial t}\, dS \tag{7-23}$$

$$\int_S H_n\, dS = 0 \tag{7-24}$$

$$\oint_s H_s\, ds = \epsilon \int_S \frac{\partial E_n}{\partial t}\, dS \tag{7-25}$$

En este caso, las ecuaciones de Maxwell son simétricas con respecto a **E** y **H** [excepto una diferencia de signo en (7-23) y (7-25)]. Elegimos un sistema arbitrario de coordenadas cartesianas rectangulares x, y, z, y nos proponemos demostrar que existe una solución de las ecuaciones anteriores, tal que *la intensidad eléctrica* **E** *y la intensidad magnética* **H** *dependen sólo del tiempo t y de la coordenada x.*

(1) Consideremos primero una superficie S paralela al plano (Fig. 7-1). Como de acuerdo con nuestra suposición, **E** es constante en el plano, la integral de **E** a lo largo del contorno de S se anula (si la magnitud y la dirección de una fuerza son las mismas en todos los puntos, el trabajo de la fuerza a lo largo de cualquier camino cerrado es cero). Por consiguiente, la ecuación (7-23) da

$$\int_S \frac{\partial H_x}{\partial t}\, dS = 0$$

como además, H_x tiene el mismo valor en todos los puntos de la superficie S, deducimos que

$$\frac{\partial H_x}{\partial t} = 0$$

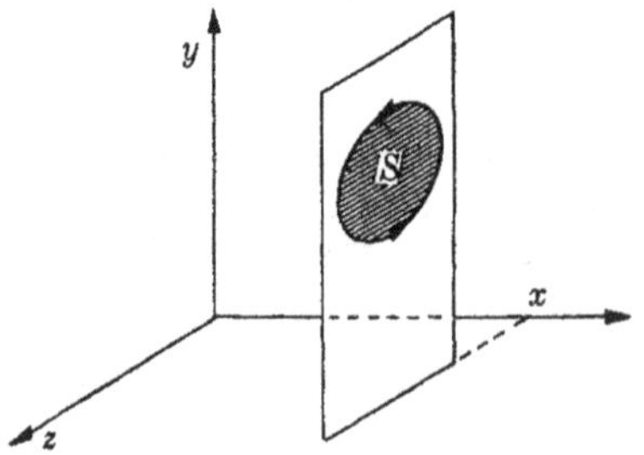

FIG. 7-1.

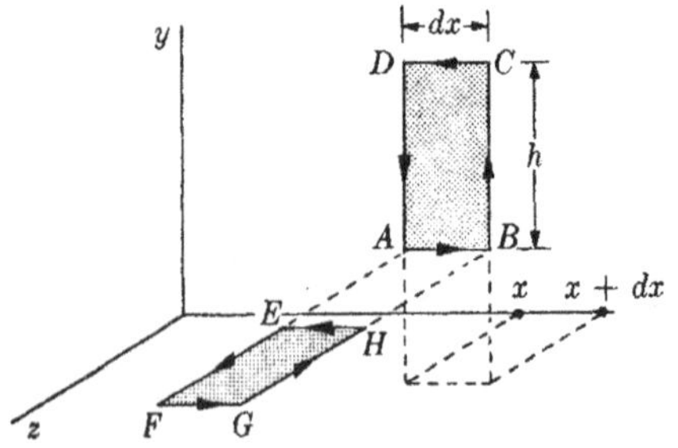

FIG. 7-2.

En forma similar, podemos demostrar [a partir de la ecuación (7-25)] que

$$\frac{\partial E_x}{\partial t}=0$$

(2) Ahora aplicamos la ley de inducción de Faraday como se expresó en la ecuación (7-23), a un rectángulo $ABCD$ (Fig. 7-2) formado por dos segmentos infinitesimales paralelos al eje x (AB, CD) y por dos segmentos de longitud h paralelos al eje y (CB y DA). Sea x la coordenada del segmento DA y $x+dx$ la del segmento BC. De acuerdo a nuestra superposición, **E** tiene un valor constante $\mathbf{E}(x)$ a lo largo del segmento DA y un valor constante diferente $\mathbf{E}(x+dx)$ a lo largo del segmento BC.

El término de la izquierda de (7-23), que representa la integral de **E** a lo largo de la línea $ABCD$, se reduce a la suma de cuatro términos, correspondientes a los lados del rectángulo $ABCD$.

Lado BC: $E_y(x+dx)\cdot h$ [yendo de B a C recorremos una distancia h en la dirección positiva del eje y; E_y tiene el valor constante $E_y(x+d)$ en el segmento BC].

Lado CD: $-\overline{E}_x\cdot dx$ ($\overline{E}_x$ es algún valor promedio de E_x sobre el segmento infinitesimal CD; el signo menos es porque yendo de B a C viajamos en la dirección negativa del eje x.

Lado DA: $-E_y(x)\cdot h$.

Lado AB: $\overline{E}_x\cdot dx$ ($\overline{E}_x$ tiene el mismo valor que en el término correspondiente al lado CD, porque E_x sólo depende de x). Los términos correspondientes a CD y AB se anulan y obtenemos

$$\oint_s E_s\,ds=h\,[E_y(x+dx)-E_y(x)]$$

o

$$\oint_s E_s\,ds=\frac{\partial E_y}{\partial x}h\,dx$$

La integral de la derecha de (7-23) que representa el flujo del vector $d\mathbf{H}/dt$ a través de la superficie $ABCD$, está dado por

$$\int_S \frac{\partial H_n}{\partial t}\,dS=\frac{\partial H_z}{\partial t}h\,dx$$

Por consiguiente, de (7-23), obtendremos

$$\frac{\partial E_y}{\partial x}=-\mu_0\frac{\partial H_z}{\partial t}$$

(3) En forma similar, considerando un rectángulo $EFGH$ con lados paralelos a los ejes z y x (Fig. 7-2) obtenemos:

$$\frac{\partial E_z}{\partial x}=\mu_0\frac{\partial H_y}{\partial t}$$

(4) De la ecuación (7-25) podemos derivar dos ecuaciones semejantes a las ya obtenidas, en las cuales ϵ reemplaza a $-\mu_0$ y los vectores **E** y **H** se intercambian.

(5) Podemos obtener dos ecuaciones adicionales de (7-22) y (7-24). Con este fin, elegimos una superficie cerrada **S** con la forma de un paralelepípedo *ABCD A'B'C'D'*, con lados paralelos a los ejes de coordenadas (Fig. 7-3). Sean x y $x+\partial x$ las coordenadas de los planos (*ABCD* y *A'B'C'D'*) perpendiculares al eje x (dx es una longitud infinitesimal). Sean h y k las longitudes de los lados paralelos a los ejes y y z, respectivamente. El flujo de **E** a través de *A'B'C'D'* es $E_x(x+dx)\,h\,k$. El flujo de **E** a través de *ABCD* es $-E_x(x)\,h\,k$. El flujo total que sale a través de las dos superficies opuestas del paralelepípedo, perpendiculares al eje x es:

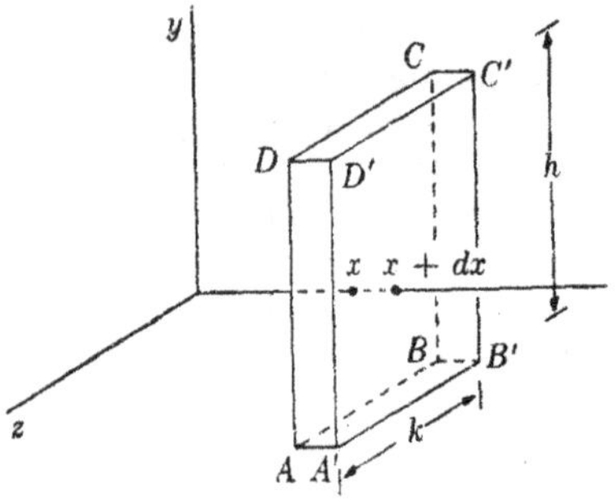

FIG. 7-3.

$$[E_x(x+dx)-E_x(x)]\,h\,k=\frac{\partial E_x}{dx}\,h\,k\,dx$$

Como **E** depende sólo de x, el flujo de **E** a través de las dos superficies *AA'B'B* y *DD'C'C* (las cuales son perpendiculares al eje z) son iguales en magnitud y opuestas en signo, y por consiguiente se anulan. Lo mismo es cierto para el flujo a través de las superficies *BCC'B'* y *ADD'A'*. Por consiguiente, (7-22) da el siguiente resultado

$$\frac{\partial E_x}{\partial x}=0$$

En forma similar, la ecuación (7-24) da

$$\frac{\partial H_x}{\partial x}=0$$

Como un resumen de los resultados anteriores podemos escribir el siguiente sistema de ecuaciones diferenciales

$$\begin{aligned}
&(a)\quad \frac{\partial H_x}{\partial x}=0 &&(b)\quad \frac{\partial E_x}{\partial x}=0\\
&(c)\quad \frac{\partial H_x}{\partial t}=0 &&(d)\quad \frac{\partial E_x}{\partial t}=0\\
&(e)\quad \mu_0\frac{\partial H_y}{\partial t}=\frac{\partial E_z}{\partial x} &&(f)\quad \epsilon\frac{\partial E_y}{\partial t}=-\frac{\partial H_z}{\partial x}\\
&(g)\quad \mu_0\frac{\partial H_z}{\partial t}=-\frac{\partial E_y}{\partial x} &&(h)\quad \epsilon\frac{\partial E_z}{\partial t}=\frac{\partial H_y}{\partial x}
\end{aligned}\qquad (7\text{-}26)$$

Las ecuaciones anteriores han sido obtenidas suponiendo que **E** y **H** son independientes de y y z. Con métodos esencialmente similares podemos deducir el caso más general en que **E** y **H** dependen de las tres coordenadas x, y y z. Copiamos el resultado, omitiendo la demostración:

$$\text{(a)} \quad \frac{\partial H_x}{\partial x} + \frac{\partial H_y}{\partial y} + \frac{\partial H_z}{\partial z} = 0 \qquad \text{(b)} \quad \frac{\partial E_x}{\partial x} + \frac{\partial E_y}{\partial y} + \frac{\partial E_z}{\partial z} = 0$$

$$\text{(c)} \quad -\mu_0 \frac{\partial H_x}{\partial t} = \frac{\partial E_z}{\partial y} - \frac{\partial E_y}{\partial z} \qquad \text{(d)} \quad \epsilon \frac{\partial E_x}{\partial t} = \frac{\partial E_z}{\partial y} - \frac{\partial E_y}{\partial z}$$

$$\text{(e)} \quad -\mu_0 \frac{\partial H_y}{\partial t} = \frac{\partial E_x}{\partial z} - \frac{\partial E_z}{\partial x} \qquad \text{(f)} \quad \epsilon \frac{\partial E_y}{\partial t} = \frac{\partial E_x}{\partial z} - \frac{\partial E_z}{\partial x} \qquad (7\text{-}27)$$

$$\text{(g)} \quad -\mu_0 \frac{\partial H_z}{\partial t} = \frac{\partial E_y}{\partial x} - \frac{\partial E_x}{\partial y} \qquad \text{(h)} \quad \epsilon \frac{\partial E_z}{\partial t} = \frac{\partial E_y}{\partial x} - \frac{\partial E_x}{\partial y}$$

Para comodidad del lector con experiencia en cálculo vectorial recalcamos que las ecuaciones (7-27) pueden escribirse más compactamente como sigue:

$$\operatorname{div} \mathbf{H} = 0 \qquad \operatorname{div} \mathbf{E} = 0$$

$$-\mu_0 \frac{\partial \mathbf{H}}{\partial t} = \operatorname{rot} \mathbf{E} \qquad \epsilon \frac{\partial \mathbf{E}}{\partial t} = \operatorname{rot} \mathbf{H} \qquad (7\text{-}28)$$

Volviendo al caso especial en el que el campo vectorial depende sólo de x, notamos que las ecuaciones (7-26 a, b, c, d) indican que los componentes x de **E** y **H** son constantes en el tiempo y el espacio. Como no estamos interesados aquí en campos estáticos eléctricos o magnéticos, podemos suponer que

$$E_x = 0, \qquad H_x = 0 \qquad (7\text{-}29)$$

De las cuatro ecuaciones restantes, dos contienen E_y y H_z y dos contienen E_z y H_y. O sea, que E_y y H_z son independientes de E_z y H_y y podemos considerar el comportamiento de las componentes E_y y H_z independientemente de las componentes E_z y H_y.

Las dos ecuaciones que contienen E_y y H_z son:

$$\mu_0 \frac{\partial H_z}{\partial t} = -\frac{\partial E_y}{\partial x}, \qquad \epsilon \frac{\partial E_y}{\partial t} = -\frac{\partial H_z}{\partial x} \qquad (7\text{-}30)$$

Para entender el significado físico de estas ecuaciones, consideremos dos planos perpendiculares al eje x y a una distancia infinitesimal dx entre sí. La primera de las ecuaciones (7-30) significa que la variación temporal de H_z en el espacio, entre los dos planos, depende de la diferencia entre los valores de E_y en estos planos. Similarmente, la segunda de las ecuaciones (7-30) significa que la variación temporal de E_y en el espacio entre los dos planos, depende de los valores de H_z en estos planos. Así, se puede decir que el campo eléctrico que existe en las inmediaciones de un punto dado es causado por los cambios que ocurren en la intensidad del campo magnético en este punto. Similarmente, el campo magnético existente en las proximidades de un punto dado es la causa de las variaciones de la intensidad eléctrica. Esto significa que la perturbación electromagnética se propaga de punto a punto, cada punto del medio es influenciado sólo por las condiciones existentes en sus inmediaciones.

Nos enfrentamos ahora con una situación muy similar a la que encontramos en el caso de ondas mecánicas. Por ejemplo, en una onda sonora la diferencia de presión entre los dos límites de una capa de aire, hace que la velocidad de esta capa varíe, y la presión en la capa varía porque las velocidades de las superficies límite son diferentes (véanse secciones 1-3, 1-5). Esta semejanza sugiere una relación semejante, aunque formal, entre la propagación de las perturbaciones electromagnéticas y la propagación de ondas mecánicas.

Para obtener una expresión matemática para la dependencia de E_y y H_z o de x y t, diferenciamos la primera de las ecuaciones (7-30) con respecto a x y la segunda con respecto a t

$$\mu_0 \frac{\partial^2 H_z}{\partial t\, \partial x} = -\frac{\partial^2 E_y}{\partial x^2}, \qquad \epsilon \frac{\partial^2 E_y}{\partial t^2} = -\frac{\partial^2 H_z}{\partial x\, \partial t}$$

Eliminando $\partial^2 H_z/\partial t\, \partial x = \partial^2 H_z/\partial x\, \partial t$ entre las dos ecuaciones de arriba obtenemos

$$\frac{\partial^2 E_y}{\partial x^2} = \epsilon \mu_0 \frac{\partial^2 E_y}{\partial t^2} \tag{7-31}$$

Esta es la conocida ecuación diferencial del movimiento ondulatorio en una dimensión (véase Apéndice 2, ec. (A 2-5). Podemos verificar fácilmente que cualquier función de la forma

$$E_y(x, t) = f_1\left(t - \frac{x}{v}\right) \tag{7-32}$$

satisface esta ecuación, siempre que la constante v sea convenientemente elegida. En efecto, por diferenciaciones sucesivas obtenemos:

$$\begin{aligned} \frac{\partial E_y}{\partial t} &= \dot{f}_1, & \frac{\partial E_y}{\partial x} &= -\frac{1}{v}\dot{f}_1 \\ \frac{\partial^2 E_y}{\partial t^2} &= \ddot{f}_1, & \frac{\partial^2 E_y}{\partial x^2} &= \frac{1}{v^2}\ddot{f}_1 \end{aligned} \tag{7-33}$$

donde hemos usado los símbolos $\dot{f}_1$ y $\ddot{f}_1$ para indicar respectivamente la primera y la segunda derivada de la función f_1 con respecto a su argumento $(t - x/v)$ (véase el Apéndice 2 para más detalles del procedimiento matemático).

La ecuación (7-31), junto con las últimas dos ecuaciones de las (7-33), ahora da

$$\frac{1}{v^2}\ddot{f}_1 = \epsilon \mu_0 \ddot{f}$$

Reconocemos a (7-32) como solución de (7-31) si v satisface

$$v=\frac{1}{\sqrt{\epsilon\mu_0}} \tag{7-34}$$

En la sección 1-3 discutimos en detalle el significado físico de una ecuación del tipo de (7-32). Hemos demostrado que esta ecuación representa una onda viajando en la dirección positiva de las x sin variar su forma y con velocidad v constante. En el caso en consideración, la velocidad de propagación está relacionada con las propiedades eléctricas y magnéticas del medio (7-34).

Si en la primera de las ecuaciones (7-30) introducimos la expresión para E_y dada por la segunda de las ecuaciones (7-33), obtenemos

$$\frac{\partial H_z}{\partial t}=\frac{1}{v\mu_0}\dot{f}_1\left(t-\frac{x}{v}\right)=\sqrt{\frac{\epsilon}{\mu_0}}\dot{f}_1\left(t-\frac{x}{v}\right)$$

Por lo tanto, despreciando un posible campo magnético constante, sacamos como conclusión que H_z está dado por

$$H_z(x,t)=\sqrt{\frac{\epsilon}{\mu_0}}f_1\left(t-\frac{x}{v}\right)=\sqrt{\frac{\epsilon}{\mu_0}}E_y(x,t) \tag{7-35}$$

Como ya dijimos anteriormente, E_y y H_z son independientes de E_z y H_y. Así, existe una solución de las ecuaciones de Maxwell en la cual E_z y H_y son cero en todo punto y E_y y H_z están dadas por las ecuaciones (7-32) y (7-35). *Esta solución describe una onda plana electromagnética viajando en la dirección positiva del eje x, tal que la intensidad eléctrica* **E** *es paralela al eje y en todo lugar y la intensidad magnética* **H** *es siempre paralela al eje z.* La onda está por lo tanto, *linealmente polarizada.* Las direcciones de **E** y **H** están relacionadas con el sentido de propagación por la regla del tirabuzón; el sentido de propagación y la dirección de la rotación, en el ángulo menor que hace **E** paralelo a **H** tienen entre sí la misma relación que el sentido de avance y la dirección de rotación de un tirabuzón «desecho» (Fig. 7-4).

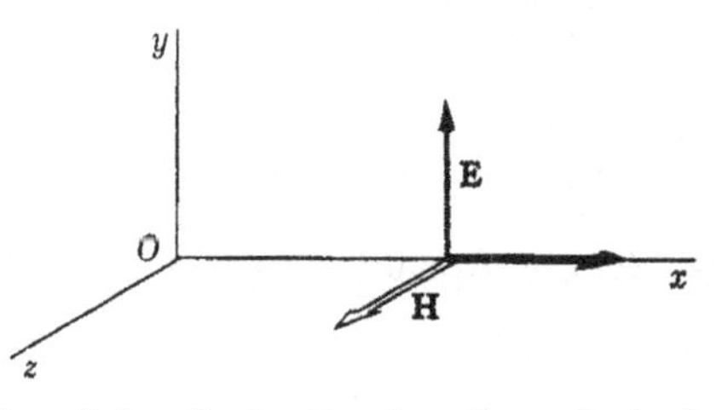

FIG. 7-4. Onda linealmente polarizada que se propaga en la dirección positiva del eje x, **E** es paralelo al eje y.

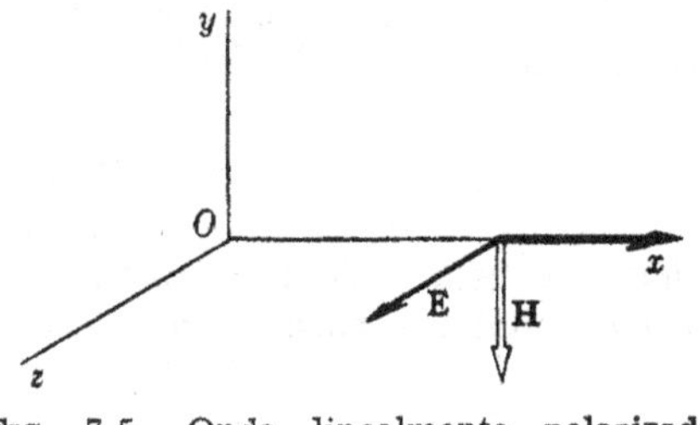

FIG. 7-5. Onda linealmente polarizada que se propaga en la dirección positiva del eje x, **E** es paralelo al eje z.

Las dos ecuaciones (7-26) que contienen a E_z y H_y pueden tratarse de manera semejante. La eliminación de H_y da la ecuación diferencial

$$\frac{\partial^2 E_z}{\partial x^2} = \epsilon \mu_0 \frac{\partial^2 E_z}{\partial t^2} \tag{7-36}$$

Esta ecuación admite una solución del tipo

$$E_z (x, t) = f_2 \left(t - \frac{x}{v} \right) \tag{7-37}$$

La expresión correspondiente para H_y es

$$H_y (x, t) = -\sqrt{\frac{\epsilon}{\mu_0}} f_2 \left(t - \frac{x}{v} \right) = -\sqrt{\frac{\epsilon}{\mu_0}} E_z (x, t) \tag{7-38}$$

Las ecuaciones (7-37) y (7-38) con $E_y = 0$ y $H_z = 0$ representan una *onda electromagnética plana, linealmente polarizada, que viaja en el sentido positivo del eje x, tal que* **E** *es paralelo al eje z y* **H** *es paralelo al eje y* (Fig. 7-5).

La solución más general correspondiente a una onda plana que viaja en la dirección positiva del eje x es una superposición de las dos soluciones ya discutidas. En esta onda, las componentes y y z de **E** y **H** son simultáneamente distintas de cero y están dadas por las ecuaciones (7-32), (7-35), (7-37) y (7-38). La dirección de **E** y **H** varía, en general, con el tiempo y la posición; por consiguiente, la onda no está linealmente polarizada. En cambio **E** y **H** en un punto dado y en instante dado son todavía perpendiculares entre sí, lo que se demuestra fácilmente probando que el producto escalar de **E** y **H** se anula:

$$\mathbf{E} \cdot \mathbf{H} = E_x H_x + E_y H_y + E_z H_z$$

$$= -\sqrt{\frac{\epsilon}{\mu_0}} f_1 \left(t - \frac{x}{v} \right) f_2 \left(t - \frac{x}{v} \right) + \sqrt{\frac{\epsilon}{\mu_0}} f_2 \left(t - \frac{x}{v} \right) f_1 \left(t - \frac{x}{v} \right) = 0$$

Se ve además que las direcciones de **E** y **H** y la dirección de propagación están aún relacionadas por la regla del tirabuzón.

Además de la solución representada por la ecuación (7-32) la (7-31) también tiene soluciones de la forma

$$E_y (x, t) = g_1 \left(t + \frac{x}{v} \right) \tag{7-39}$$

donde v está dado nuevamente por (7-34) (véase Apéndice 2). La expresión correspondiente para el campo magnético es

$$H_z (x, t) = -\sqrt{\frac{\epsilon}{\mu_0}} g_1 \left(t + \frac{x}{v} \right) = -\sqrt{\frac{\epsilon}{\mu_0}} E_y (x, t) \tag{7-40}$$

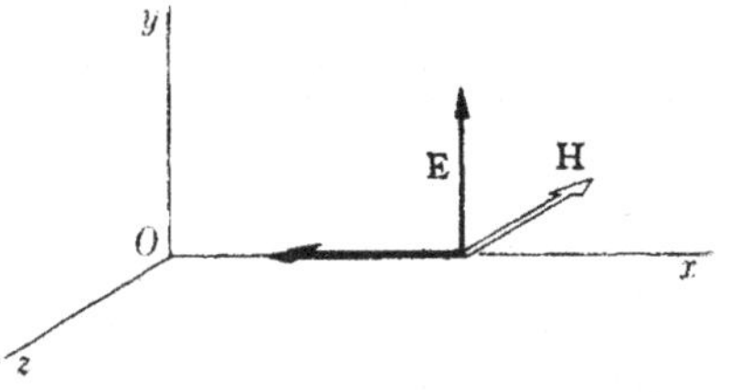

FIG. 7-6. Onda linealmente polarizada que se propaga en la dirección negativa del eje x, **E** es paralelo al eje y.

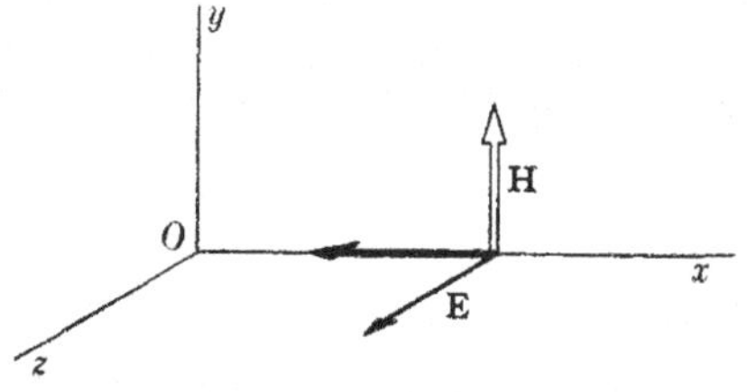

FIG. 7-7. Onda linealmente polarizada que se propaga en la dirección negativa del eje x, **E** es paralelo al eje z.

Las ecuaciones (7-39) y (7-40) describen *una onda plana linealmente polarizada que viaja en el sentido negativo de las* x (véase sec. 1-3) *tal que, la intensidad eléctrica* **E** *es siempre paralela al eje* y, *y la intensidad magnética* **H** *es siempre paralela al eje* z (Fig. 7-6). Similarmente, la ecuación (7-36) tiene soluciones de la forma:

$$E_z(x,t) = g_2\left(t + \frac{x}{v}\right) \qquad (7\text{-}41)$$

La expresión correspondiente para H_y es:

$$H_y(x,t) = \sqrt{\frac{\epsilon}{\mu_0}}\, g_2\left(t + \frac{x}{v}\right) = \sqrt{\frac{\epsilon}{\mu_0}}\, E_z(x,t) \qquad (7\text{-}42)$$

Las ecuaciones (7-41) y (7-42) representan *una onda plana linealmente polarizada viajando en la dirección de las* x *negativas tal que* **E** *es paralelo al eje* z *y* **H** *es paralelo al eje* y (Fig. 7-7).

La superposición de la onda representada por las ecuaciones (7-39) y (7-40) y la onda representada por (7-41) y (7-42) da la onda plana más general que viaja en la dirección negativa de las x.

Finalmente, la solución más general de las ecuaciones de Maxwell, en las cuales **E** y **H** dependen sólo de x y de t, corresponde a la superposición de dos ondas planas que viajan a lo largo del eje x en direcciones opuestas.

7-4. El vector de Poynting. En la sección 7-2 mencionamos el hecho que la energía de los campos electromagnéticos esté distribuida en el espacio con una densidad dada por la ecuación (7-20). Deseamos ahora investigar el flujo de energía electromagnética asociada con la propagación de ondas planas.

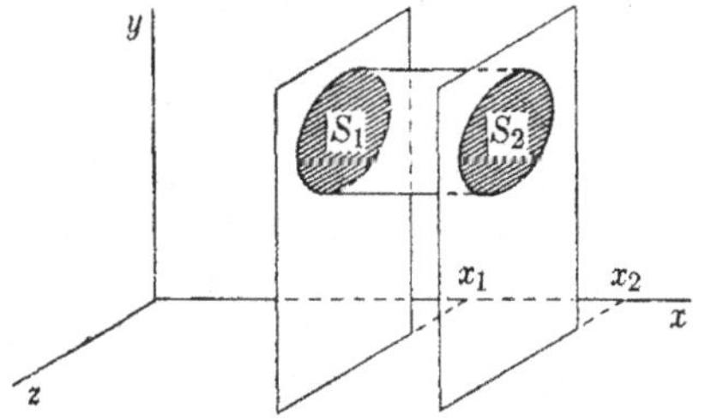

FIG. 7-8.

Para esto, consideremos un volumen acotado por una superficie cilíndrica cuyo eje es paralelo al eje x y por dos superficies planas S_1 y S_2 perpendiculares a este eje. Sea A el área común de S_1 y S_2 y sean x_1 y x_2 sus coordenadas x (Fig. 7-8). Por simplicidad supongamos que $E_z = 0$ y $H_y = 0$, esto es, consideremos una onda linealmente polarizada. Como E_y y H_z dependen sólo de x, la energía electromagnética total contenida en el volumen del cilindro es

$$U = A \int_{x_1}^{x_2} \frac{\epsilon E_y^2 + \mu_0 H_z^2}{2} dx$$

La variación de U en el tiempo está dada por:

$$\frac{dU}{dt} = A \int_{x_1}^{x_2} \left(\epsilon E_y \frac{\partial E_y}{\partial t} + \mu_0 H_z \frac{\partial H_z}{\partial t} \right) dx$$

Esta ecuación, junto con las ecuaciones (7-30) dan

$$\frac{dU}{dt} = A \int_{x_1}^{x_2} \left(-E_y \frac{\partial H_z}{\partial x} - H_z \frac{\partial E_y}{\partial x} \right) dx = -A \int_{x_1}^{x_2} \frac{\partial}{\partial x} (E_y H_z) \, dx$$

de donde obtenemos

$$\frac{dU}{dt} = A \left[(E_y H_z)_{x=x_1} - (E_y H_z)_{x=x_2} \right] \qquad (7\text{-}43)$$

Haremos la suposición de que la energía electromagnética de una onda electromagnética plana, viaja en la dirección de propagación de la onda. Así el flujo de energía a través de la superficie lateral del cilindro es cero, y el principio de conservación de la energía se satisface si la cantidad $E_y H_z$ se interpreta como el flujo de energía por unidad de área en la dirección de propagación. La ecuación (7-43) dice que la variación por unidad de tiempo de la energía contenida en el volumen cilíndrico es igual a la cantidad de energía que entra por unidad de tiempo a este volumen a través de la superficie plana S_1, en x_1 menos la cantidad de energía que abandona el volumen por unidad de tiempo a través de la superficie plana S_2 en x_2.

Así, si indicamos el flujo de energía por unidad de área como S_x obtenemos

$$S_x = E_y H_z \qquad (7\text{-}44)$$

Similarmente, en el caso de una onda cuyo vector eléctrico es paralelo al eje z y cuyo vector magnético es paralelo al eje y, obtenemos

$$S_x = -E_z H_y \qquad (7\text{-}45)$$

Una onda plana arbitraria que viaja en la dirección del eje x puede ser considerada como la superposición de dos ondas cuyos vectores eléctricos son paralelos al eje x y al eje z, respectivamente. En consecuencia, la expresión general para el flujo de energía por unidad de área en una onda que viaja a lo largo del eje x es:

$$S_x = E_y H_z - E_z H_y \qquad (7\text{-}46)$$

Nótese que las ecuaciones (7-44), (7-45) y (7-46) son válidas para ondas que viajan en la dirección positiva y para ondas que viajan en la dirección negativa. En el primer caso S_x es positivo, en el segundo es negativo.

Los resultados presentados anteriormente son un caso especial del teorema de Poynting que establece *que en un campo electromagnético, el flujo de energía por unidad de área está representado por un vector* **S** *llamado vector de Poynting, el cual está dado por*

$$\mathbf{S} = \mathbf{E} \times \mathbf{H} \tag{7-47}$$

donde la cruz indica el producto vectorial. Omitiremos la demostración general de este teorema.

7-5. La luz como onda electromagnética. Compararemos la descripción teórica de ondas electromagnéticas presentada en las secciones anteriores, con las propiedades experimentales de las ondas luminosas.

Es importante remarcar que, en el desarrollo de la teoría, hemos supuesto que **D** es, en todo instante, paralelo y proporcional a **E**, tal que podemos definir la permitividad dieléctrica ϵ por la ecuación $\mathbf{D} = \epsilon \mathbf{E}$. Esta suposición es correcta para el vacío, donde no aparecen efectos de polarización, pero puede no ser correcta para sustancias materiales, por lo menos cuando estamos trabajando con campos rápidamente variables.

Comenzaremos por considerar el comportamiento de ondas electromagnéticas y de luz en el vacío, e inmediatamente encontramos dos fuertes argumentos en favor de la suposición de que la luz consiste en ondas electromagnéticas: (1) En una onda plana electromagnética la intensidad eléctrica **E** y la intensidad magnética **H**, son perpendiculares a la dirección de propagación. Así, el carácter transversal de las ondas luminosas, que es difícil de explicar por una teoría elástica de la luz, se entiende fácilmente si las ondas luminosas son ondas electromagnéticas. (2) El segundo argumento es el excelente acuerdo entre los valores experimentales de la velocidad de la luz en el vacío, *c*, y el valor calculado de la velocidad de las ondas electromagnéticas en el vacío, $1/\sqrt{\epsilon_0 \mu_0}$. En la sección 5-2 la determinación óptica más precisa de la velocidad de la luz es

$$c = 299\,792{,}7 \pm 0{,}25 \text{ km/seg},$$

mientras que el mejor valor de $1/\sqrt{\epsilon_0 \mu_0}$, que se obtuvo de las mediciones electromagnéticas estáticas de las constantes ϵ_0 y μ_0 por Rosa y Dorsey, es:*

$$1/\sqrt{\epsilon_0 \mu_0} = 299\,784 \pm 10 \text{ km/seg}$$

Puede agregarse que mediciones directas precisas de la velocidad de propagación de ondas electromagnéticas en el rango de longitudes de onda de centímetros dan valores** que van de

$$c = 299\,789{,}3 \pm 0{,}8 \text{ km/seg}$$

a

$$c = 299\,792{,}7 \pm 0{,}25 \text{ km/seg}$$

* Véase R. T. Birge, *Rev. Mod. Phys.*, *13*, pág. 233 (1941).
** Véase J. F. Mulligan, *Am. J. Phys.*, *20*, pág. 165 (1952).

Adoptaremos entonces, el punto de vista de que las ondas luminosas son ondas electromagnéticas y procederemos a discutir algunos fenómenos ópticos sobre esta base.

Del estudio de interferencia (cap. 3) hemos llegado a la conclusión que, en una onda monocromática, la perturbación óptica es una función sinusoidal del tiempo. Así, en el vacío, las ecuaciones de una onda electromagnética plana que representa la luz monocromática, son de la siguiente forma

$$E_y = A_y \cos\left[\omega\left(t-\frac{x}{c}\right)+\varphi_y\right]$$

$$E_z = A_z \cos\left[\omega\left(t-\frac{x}{c}\right)+\varphi_z\right]$$

$$H_y = -\sqrt{\frac{\epsilon_0}{\mu_0}}\,A_z \cos\left[\omega\left(t-\frac{x}{c}\right)+\varphi_z\right] \tag{7-48}$$

$$= \sqrt{\frac{\epsilon_0}{\mu_0}}\,A_z \cos\left[\omega\left(t-\frac{x}{c}\right)+\varphi_z+\pi\right]$$

$$H_z = \sqrt{\frac{\epsilon_0}{\mu_0}}\,A_y \cos\left[\omega\left(t-\frac{x}{c}\right)+\varphi_y\right]$$

Estas ecuaciones son un caso especial de las ecuaciones más generales (7-32), (7-37), (7-38) y (7-35). Se ha supuesto aquí, que las ondas viajan en la dirección positiva del eje x. La componente y de **E** y la componente z de **H** están siempre en fase, mientras que la componente z de **E** y la componente y de **H** tienen fases opuestas. Entre la componente z y la componente y de **E** hay una diferencia de fase arbitraria $\varphi_z - \varphi_y$; la diferencia de fase correspondiente entre la componente y y la componente z de **H** es $\pi + \varphi_z - \varphi_y$. Recordando los resultados obtenidos en la sección 6-2 sobre la superposición de ondas sinusoidales coherentes que vibran en planos mutuamente perpendiculares, deducimos que, en general, los extremos de los vectores que representan a **E** y **H** describen curvas elípticas. Como en todas las ondas electromagnéticas planas, los vectores **E** y **H** son siempre mutuamente perpendiculares y perpendiculares a la dirección de propagación. De aquí que las ecuaciones (7-49) describen, en general, una onda plana monocromática elípticamente polarizada que viaja en la dirección positiva de las x.

Las polarizaciones lineal y circular, son casos especiales de polarización elíptica.

La onda está linealmente polarizada si $\varphi_z = \varphi_y$ o si $\varphi_z - \varphi_y$ es un múltiplo entero de π, y también si A_z o A_y son cero. Si por ejemplo, $A_z = 0$, entonces el vector eléctrico es siempre paralelo al eje y y el vector magnético es siempre paralelo al eje z (Fig. 7-9).

La onda está circularmente polarizada si $A_y = A_z$ y si $\varphi_z - \varphi_y$ es un múltiplo impar de $\pi/2$ (Fig. 7-10).

El cuadrado de la intensidad eléctrica en el instante t está dado por

$$E^2 = E_y^2 + E_z^2 = A_y^2 \cos^2 \left[\omega \left(t - \frac{x}{c} \right) + \varphi_y \right] + A_z^2 \cos^2 \left[\omega \left(t - \frac{x}{c} \right) + \varphi_z \right]$$

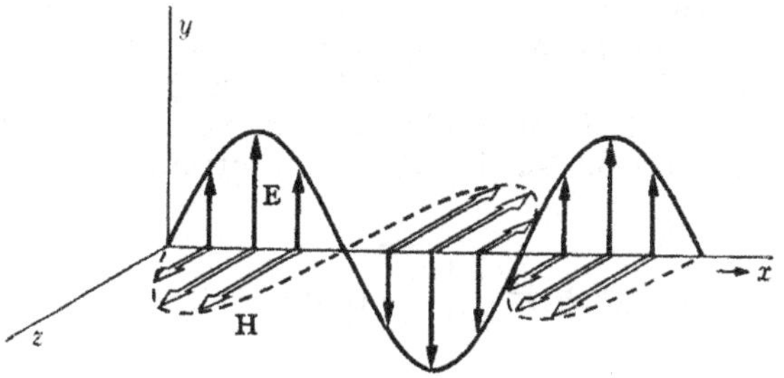

FIG. 7-9. Onda sinusoidal linealmente polarizada.

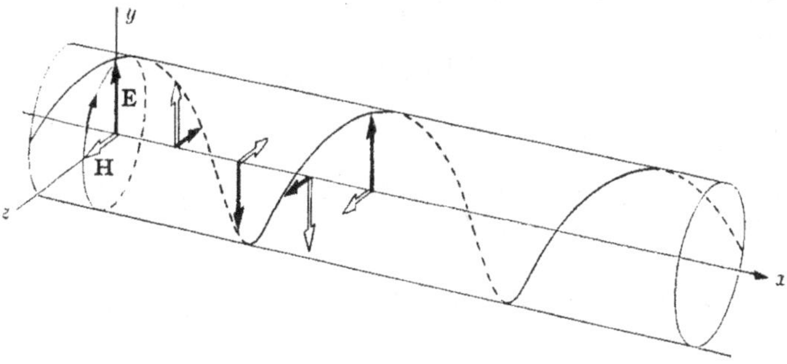

FIG. 7-10. Onda circularmente polarizada.

Recordando que el valor medio de las funciones $\cos^2$ calculado en un intervalo de tiempo largo comparado con el período de las ondas, es $\frac{1}{2}$ (sección 3-2), encontramos la siguiente expresión para el valor cuadrático medio de E:

$$(E^2)_{\text{pr}} = \tfrac{1}{2} (A_y^2 + A_z^2) \tag{7-49}$$

Análogamente, el valor cuadrático medio de $\mathbf{H}$ es

$$(H^2)_{\text{pr}} = \frac{\epsilon_0}{2\mu_0} (A_y^2 + A_z^2) \tag{7-50}$$

El vector de Poynting $\mathbf{S}$ está dirigido a lo largo del eje x y su magnitud está dada por

$$S = S_x = E_y H_z - E_z H_y \tag{7-51}$$

o

$$S_x = \sqrt{\frac{\epsilon_0}{\mu_0}} \left\{ A_y^2 \cos^2\left[\omega\left(t - \frac{x}{c}\right) + \varphi_y\right] + A_z^2 \cos^2\left[\omega\left(t - \frac{x}{c}\right) + \varphi_z\right] \right\} \tag{7-52}$$

En el caso de polarización circular, S_x tiene el valor constante $\sqrt{\epsilon_0/\mu_0}\, A_y^2$. En todos los otros casos, S_x es una función del tiempo rápidamente variable, cuyo valor instantáneo no puede ser observado experimentalmente. En cambio, el promedio temporal de S_x, es una cantidad medible. O sea, $(S_x)_{\text{pr}}$ es proporcional a la intensidad I de la onda electromagnética, de acuerdo con la definición de I dada en la sección 3-1. De (7-52) encontramos la siguiente expresión para $(S_x)_{\text{pr}}$:

$$(S_x)_{\text{pr}} = \frac{1}{2}\sqrt{\frac{\epsilon_0}{\mu_0}}\,(A_y^2 + A_z^2) \tag{7-53}$$

Comparando esta expresión con (7-49) y (7-50) vemos también que $(S_x)_{\text{pr}}$, y por lo tanto la intensidad de la onda, es proporcional al valor medio de E^2 o el valor medio de H^2.

La energía de una onda electromagnética está distribuida en el espacio con una densidad

$$u = \tfrac{1}{2}\,(\epsilon_0 E^2 + \mu_0 H^2)$$

o, de las ecuaciones (7-48)

$$u = \epsilon_0 \left\{ A_y^2 \cos^2\left[\omega\left(t - \frac{x}{c}\right) + \varphi_y\right] + A_z^2 \cos^2\left[\omega\left(t - \frac{x}{c}\right) + \varphi_z\right] \right\} \tag{7-54}$$

El valor promedio de u es, por consiguiente,

$$(u)_{\text{pr}} = \frac{\epsilon_0}{2}\,(A_y^2 + A_z^2) \tag{7-55}$$

Las ecuaciones (7-53) y (7-55) dan

$$(S_x)_{\text{pr}} = \frac{(u)_{\text{pr}}}{\sqrt{\epsilon_0 \mu_0}} = u_{\text{pr}}\, c \tag{7-56}$$

Hasta aquí hemos considerado ondas electromagnéticas planas que viajan en la dirección del eje x. Ahora deseamos encontrar la expresión para una onda plana que viaja en una dirección arbitraria. No podemos restringir el caso de una onda linealmente polarizada, sin perder generalidad, porque una onda arbitraria elípticamente polarizada, puede ser siempre considerada como la superposición de dos ondas linealmente polarizadas.

Sea **k** un vector de longitud unitaria que apunta en la dirección de propagación de la onda, y sean γ_x, γ_y, γ_z las componentes de **k** a lo largo de los ejes x,

y y z respectivamente. Estas cantidades son, por supuesto, los cosenos directores, es decir, los cosenos de los ángulos formados por la dirección de propagación con los tres ejes de coordenadas. Las ondas electromagnéticas planas están caracterizadas por la condición de que **E** y **H** son sólo funciones de t y de la distancia a un plano fijo. Para una onda que viaja en la dirección del eje x, el plano fijo es el plano yz, y la distancia a este plano es la coordenada x. En otras palabras, los planos de fase constante son aquellos para los cuales $x =$ const. Para una onda que viaja en la dirección del vector **k**, los planos de fase constante son aquellos perpendiculares a **k**. Así, **E** y **H** en un punto arbitrario P deben ser funciones de t y de la distancia P desde un plano fijo Σ_0 perpendicular a **k**. Sin perder generalidad, podemos suponer que este plano pasa por el origen O de nuestro sistema de coordenadas. Sea **r** el vector posición del punto P, o sea, el vector representado por el segmento OP (Fig. 7-11). Consideremos el plano z que pasa por P y es perpendicular a **k** (y, por lo tanto, paralelo a Σ_0). Sea Q la intersección de este plano P con la recta que pasa por O paralela a **k**. La distancia a P desde Σ_0 es igual a $\overline{OQ}$ y esta longitud es igual a $\mathbf{r}\cdot\mathbf{k}$, donde el punto indica producto escalar. Deducimos que, la expresión $t - x/c$ que aparece en las ecuaciones para una onda que viaja en la dirección del eje x, debe ahora reemplazarse por la expresión $t - (\mathbf{r}\cdot\mathbf{k}/c)$. Así, en una onda electromagnética plana sinusoidal, linealmente polarizada que viaja en la dirección del vector unitario **k**, el vector **E** está dado por una ecuación del siguiente tipo

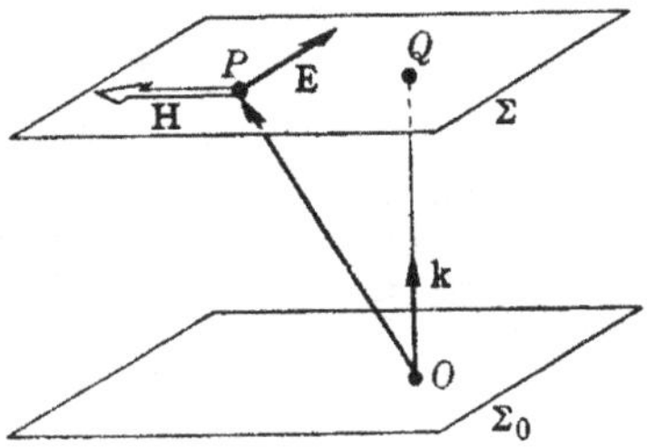

FIG. 7-11. Una onda plana propagándose en la dirección **k**.

$$E = \mathbf{A} \cos\left[\omega\left(t - \frac{\mathbf{r}\cdot\mathbf{k}}{c}\right) + \varphi\right] \tag{7-57}$$

En esta ecuación, **A** es un vector perpendicular a **k**. Como **r** tiene las componentes x, y, z y **k** tiene las componentes γ_x, γ_y y γ_z tenemos

$$\mathbf{r}\cdot\mathbf{k} = \gamma_x x + \gamma_y y + \gamma_z z \tag{7-58}$$

En algunos de los desarrollos matemáticos que siguen, es conveniente usar la representación compleja de las funciones sinusoidales y escribir (7-57) como

$$\mathbf{E} = \mathbf{A} \exp\left\{ i\left[\omega\left(t - \frac{\mathbf{r}\cdot\mathbf{k}}{c}\right) + \varphi\right]\right\} \tag{7-59}$$

o

$$\mathbf{E} = \mathbf{A} \exp(i\varphi) \exp(i\omega t) \exp\left(-2\pi i \frac{\mathbf{r}\cdot\mathbf{k}}{\lambda}\right) \tag{7-60}$$

donde $\lambda = 2\pi c/\omega$ es la longitud de onda.

Considerando las ecuaciones (7-48) y recordando que la dirección de propagación, la dirección de **E**, y la dirección de **H** mantienen entre sí la misma relación que los ejes x, y y z, en un sistema de coordenadas cartesianas directas obtenemos las siguientes ecuaciones

$$\mathbf{H}=\sqrt{\frac{\epsilon_0}{\mu_0}}\,\mathbf{k}\times\mathbf{E} \tag{7-61}$$

$$\mathbf{S}=\mathbf{E}\times\mathbf{H}=\sqrt{\frac{\epsilon_0}{\mu_0}}\,E^2\,\mathbf{k} \tag{7-62}$$

donde el símbolo $\times$ indica un producto vectorial. La expresión para el promedio del flujo de energía por unidad de área es

$$(S)_{\text{pr}}=\frac{1}{2}\sqrt{\frac{\epsilon_0}{\mu_0}}\,A^2 \tag{7-63}$$

TABLA 7-1

LÍMITES APROXIMADOS DE VARIAS PORCIONES DEL ESPECTRO ELECTROMAGNÉTICO

	Longitudes de onda en vacío		
	m	cm	A
	10^4		
Radiodifusión	10^3		
	10^2		
Ondas cortas	10		
	1	10^2	
	10^{-1}	10	
		1	
		10^{-1}	
Infrarrojo		10^{-2}	10^6
		10^{-3}	10^5
Visible		10^{-4}	10^4
Ultravioleta			10^3
			10^2
Rayos X y rayos γ			10
			1

La luz visible incluye sólo una pequeña porción del espectro electromagnético; se extiende aproximadamente desde una longitud de onda (en el vacío) de 8000 A (rojo extremo) hasta una longitud de onda de 4000 A (violeta extremo). Más allá del rojo extremo, en el orden de longitud de onda creciente, están los rayos infrarrojos, las microondas y las ondas de radio ordinarias. Después del violeta extremo, hacia las longitudes de onda decrecientes, están los rayos ultravioleta, los rayos X y los rayos γ (véase tabla 7-1). La clasificación de ondas electromagnéticas es algo arbitraria y está basada esencialmente en los distintos métodos utilizados para la producción y detección de las distintas radiaciones.

En este volumen trabajamos principalmente con luz visible. Muchas de las propiedades discutidas aquí se aplican también a ondas fuera del rango visible, pero el comportamiento de ondas electromagnéticas de longitud de onda mucho más corta o mucho más larga que la de la luz visible, es muy diferente en lo relacionado a sus interacciones con la materia, donde las dimensiones de los átomos establecen una escala natural de longitudes de onda.

7-6. Radiación de una carga acelerada. Hasta aquí hemos considerado la propagación de ondas electromagnéticas, y hemos ignorado la pregunta de cómo se producen en realidad estas ondas. Ahora trataremos este problema.

Las ondas electromagnéticas son campos electromagnéticos variables y, por consiguiente, está claro, deben originarse por cargas eléctricas en movimiento. En realidad, la perturbación electromagnética producida por un sistema dado de cargas en movimiento, puede calcularse resolviendo las ecuaciones de Maxwell, con la suposición que el vector $\mathbf{j}$ (que describe las corrientes provocadas por el movimiento de cargas eléctricas) es una función conocida del tiempo. Esta aproximación, en cambio, incluye una considerable dificultad matemática y seguiremos en cambio un método indirecto, sugerido originalmente por J. J. Thompson, el cual es al mismo tiempo más simple matemáticamente y más claro desde el punto de vista físico. El argumento estará basado en las dos premisas siguientes:

TEOREMA 1. *Las perturbaciones electromagnéticas se propagan con velocidad finita, la cual en el vacío es* $c = 1/\sqrt{\epsilon_0 \mu_0}$. Esto que se ha establecido, es un resultado directo de las ecuaciones de Maxwell. Hemos demostrado su validez en el caso especial de ondas planas; omitiremos aquí la prueba general, pero deseamos dar énfasis a una de sus consecuencias. Consideremos una carga puntual que se mueve en el vacío; sea O su posición instantánea y sea $r = \overline{OP}$ su distancia desde un punto fijo P (r es, por supuesto, función del tiempo). El campo electromagnético producido por la carga móvil en el punto P en el instante t está completamente determinado por la posición de la carga en el instante anterior t':

$$t' = t - r(t')/c \tag{7-64}$$

y por las cantidades que caracterizan el movimiento de la carga puntual en el mismo instante t'. En la ecuación de arriba, la cantidad $r(t')$ es la distancia a P desde O en el instante t' cuando la perturbación electromagnética abandona la carga, entonces $r(t')/c$ representa el tiempo que tarda la perturbación electromagnética en ir desde O hasta P. Como se supone que r es una función conocida del tiempo, la ecuación (7-64) determina t' implícitamente. En muchos casos de interés para nosotros, la carga se mantiene en la vecindad inmediata de un punto fijo; r puede considerarse como la distancia (constante) a este punto desde el punto de observación P.

TEOREMA 2. *El campo eléctrico producido por una carga puntual que se mueve en el vacío a lo largo de una recta y con velocidad constante pequeña comparada con la velocidad de la luz es prácticamente idéntica al campo eléctrico producido por la misma carga en reposo.* Una carga móvil, por supuesto, produce un campo eléctrico **E** y un campo magnético **H**. Lo establecido arriba significa que, si la carga pasa por el punto O en el instante t, podemos calcular **E** *en el instante t dado* y en todos los puntos del espacio suponiendo que la carga está en reposo en O. La demostración de esto, que ya fue mencionado, se aplica sólo a cargas que se mueven con *velocidad constante*, $w \ll c$, está en el Apéndice 3. Se demuestra allí que el campo eléctrico de la carga móvil difiere del campo eléctrico de la carga quieta en cantidades del orden de $(w/c)^2$.

Con la ayuda de los dos teoremas anteriores investigaremos ahora el siguiente problema. Una carga puntual q se ha movido durante algún tiempo en el vacío a lo largo de una recta con velocidad constante w ($w \ll c$). En un intervalo corto de tiempo Δt, que comienza en $t = t'$, la velocidad es aumentada por una aceleración constante a un nuevo valor $w + \Delta w$ y luego permanece constante. Consideraremos a Δw y Δt como cantidades infinitesimales del mismo orden, tal que la aceleración

$$a = \frac{\Delta w}{\Delta t} \tag{7-65}$$

es una cantidad finita. ¿Cuál es el campo electromagnético en el espacio que rodea a la carga?

Sean O y O' los puntos ocupados por la carga en los instantes t' y $t' + t$, respectivamente (Fig. 7-12). Despreciando cantidades infinitesimales de orden superior, tenemos

$$\overline{OO'} = w\,\Delta t \tag{7-66}$$

Para un valor dado de $t > t'$, consideremos una esfera con centro en O, de radio

$$r_0 = c\,(t - t') \tag{7-67}$$

y una esfera centrada en O', de radio $r_0 - \Delta r$ donde

$$\Delta r = c\,\Delta t \tag{7-68}$$

Como la velocidad de la carga es pequeña comparada con la velocidad de la luz, la distancia $\overline{OO'}$ entre los centros de las dos esferas es pequeña comparada con la diferencia Δr entre sus radios. En otras palabras, las dos esferas son prácticamente concéntricas. Consideremos primero la región fuera de la esfera de radio r_0. Una señal que viaja con velocidad c que alcanca un punto de esta región en el instante t ha dejado a la carga móvil en un instante anterior a t', o sea, en un instante en que la carga se movía aún con la velocidad constante w. Del teorema 1, deducimos que en el instante t, el campo eléctrico fuera de la

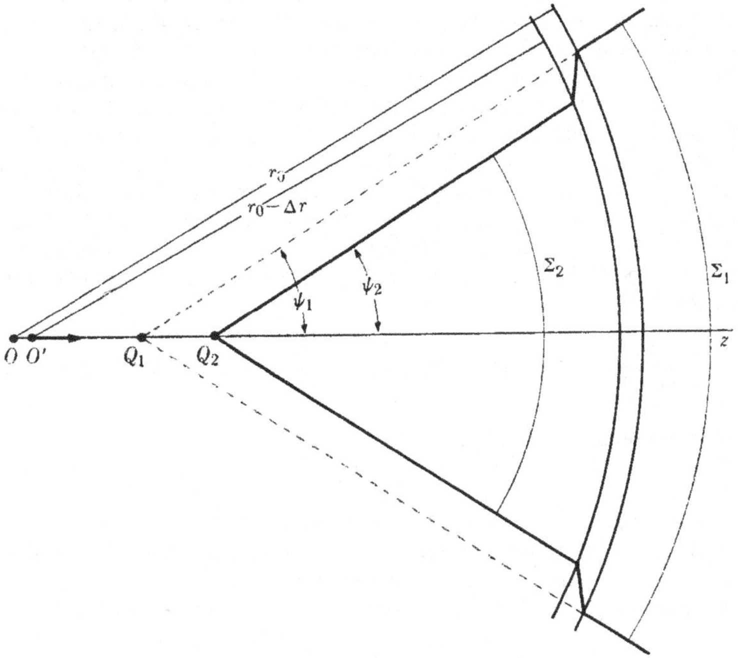

FIG. 7-12. Radiación de una carga acelerada.

esfera de radio r_0 es el mismo que si la carga estuviese aún moviéndose con la velocidad constante original w. Por el teorema 2 sabemos que el campo es prácticamente idéntico al de una carga estacionaria q colocada en el punto Q_1, donde la carga hubiese estado en el instante t, si no hubiese sido acelerada, las líneas de fuerza eléctricas fuera de la esfera de radio r_0 son líneas rectas que salen de Q_1 (Fig. 7-12).

Consideremos ahora, la región dentro de la esfera de radio $r_0 - \Delta r$. Una señal que viaja con velocidad c, que alcance un punto de esta región en el instante t, ha abandonado a la carga móvil en un instante en el que ésta ya se movía con la velocidad $w + \Delta w$. Del teorema 1 se deduce que en el instante t el campo, dentro de la esfera de radio $r_0 - \Delta r$ es el mismo que si la carga se hubiese movido siempre con velocidad $w + \Delta w$. El teorema 2 nos dice entonces que las líneas de fuerza dentro de la esfera de radio $r_0 - \Delta r$, son rectas que salen del punto Q_2, donde está en realidad la carga móvil en el instante t.

Nos queda por determinar el campo en el espacio comprendido entre las dos esferas; es decir, en la región del espacio desde la cual uno «ve» a la carga durante el proceso de aceleración. Para este propósito, sigamos una línea de fuerza originada en la carga con un ángulo ψ_2 con la dirección de movimiento [que de aquí en adelante llamaremos eje z, véase (fig. 7-12)]. Más allá de la esfera de radio r_0, esta línea de fuerza es una recta que pasa por Q_1. Sea ψ_1 el ángulo entre esta línea y el eje z. Para determinar la relación entre ψ_1 y ψ_2, consideremos la superficie de revolución descrita por la línea de fuerza cuando rota alrededor del eje z. Apliquemos entonces el teorema de Gauss al volumen encerrado por esta superficie y por dos porciones de superficies esféricas Σ_1 y Σ_2 centradas en Q_1 y Q_2 respectivamente, cuyos radios R_1 y R_2 son elegidos en forma tal que Σ_2 quede dentro de la esfera de radio $r_0 - \Delta r$ y Σ_1 quede fuera de la esfera de radio r_0 (Fig. 7-12). Como no hay cargas en este volumen, y como no hay flujo en la superficie lateral, el flujo que entra el volumen a través de Σ_2 es igual al flujo que abandona el volumen a través de Σ_1. Las áreas de Σ_1 y Σ_2 son $2\pi R_1^2 (1 - \cos\psi_1)$ y $2\pi R_2^2 (1 - \cos\psi_2)$. Las intensidades eléctricas en estas dos superficies son $q/(4\pi\epsilon_0 R_1^2)$ y $q/(4\pi\epsilon_0 R_2^2)$ respectivamente. La ley de Gauss da

$$\frac{q}{4\pi\epsilon_0 R_1^2} 2\pi R_1^2 (1 - \cos\psi_1) = \frac{q}{4\pi\epsilon_0 R_2^2} 2\pi R_2^2 (1 - \cos\psi_2)$$

De esta ecuación se ve que

$$\psi_2 = \psi_1$$

es decir, las dos porciones rectas, de las líneas de fuerza son paralelas entre sí.

Los resultados obtenidos pueden visualizarse como sigue: mediante un cierto número de líneas de fuerza, que divergen radialmente de la carga. Si la carga puntual se mueve con velocidad constante, las líneas de fuerza participan del movimiento como si fuesen alambres rígidos unidos a la carga. Si, en cambio, la carga cambia repentinamente su velocidad de w a $w + \Delta w$, aparece en cada línea en movimiento un doble cambio de dirección, que viaja a lo largo de la línea de fuerza con la velocidad de la luz (con respecto a un observador en reposo). Más allá del doble cambio de dirección las líneas de fuerza continúan moviéndose como un sistema rígido con la velocidad inicial w, ignorando la variación de la velocidad de la carga. Del lado de adentro del doble cambio de dirección, en cambio, las líneas divergen radicalmente, desde la carga puntual, y participan en su movimiento, viajando entonces con velocidad $w + \Delta w$.

Nótese que cuando t aumenta, la distancia entre Q_1 y Q_2 aumenta, y también aumenta la distancia lateral entre las dos porciones rectas de cada línea de fuerza. Pero el ancho de la zona donde aparece el doble cambio de dirección es constante, y después de un tiempo suficientemente largo los dos ángulos del doble cambio de dirección se hacen prácticamente rectos, tal que el campo eléctrico en la cáscara entre las esferas de radios r_0 y $r_0 - \Delta r$ está prácticamente a ángulos rectos con la dirección de propagación.

Tenemos ahora una solución gráfica del problema. Nos queda sólo dar una expresión analítica a nuestros resultados. De nuestro análisis previo se deduce que una variación *infinitesimal* de la velocidad Δw, que ocurre durante el intervalo de tiempo *infinitesimal* Δt, no produce una variación *finita* en el campo eléctrico, *excepto* en la cáscara infinitesimal comprendida entre las esferas de radio r_0 y $r_0 - \Delta r$. En este volumen en el cual «vemos» a la carga en el proceso de ser acelerada, el cambio infinitesimal de velocidad produce un cambio *finito* en el campo eléctrico. En cambio, tanto dentro como fuera de la cáscara, la componente del campo en la dirección radial con respecto a la posición instantánea de la carga no sufre un cambio de coordenadas esféricas con el centro en el punto O ocupado por la carga en el instante cero, y con el eje polar en la dirección del movimiento (Fig. 7-13). Sea ϑ el ángulo desde el eje polar a la dirección de movimiento, y sea φ el ángulo azimutal, medido desde un plano fijo, arbitrario que atraviesa al eje polar.

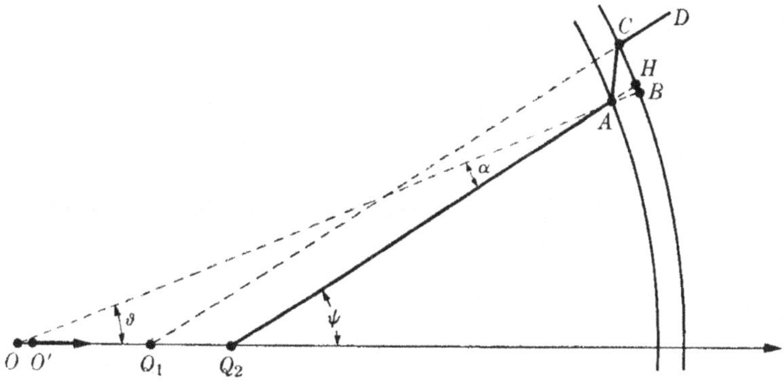

FIG. 7-13.

En la figura 7-13, $Q_2\,ACD$ representa una línea de fuerza en el instante t; AC es la porción de esta línea que queda dentro de la cáscara infinitesimal, desde la cual se ve a la carga en el proceso de ser acelerada. Sean B y H los puntos donde las líneas rectas OA y Q_2A intersectan la superficie exterior de la cáscara infinitesimal.

De la figura vemos que, como el campo eléctrico en la cáscara está en la dirección del segmento AC, las componentes ϑ y r de **E** satisfacen la ecuación

$$\frac{E_\vartheta}{E_r} = \frac{\overline{CB}}{\overline{AB}} \tag{7-69}$$

Si indicamos con α el ángulo OAQ_2 y despreciamos cantidades infinitesimales de orden superior al primero, tenemos

$$\overline{AB} = \Delta r \tag{7-70}$$

$$\overline{CH} = \overline{Q_1Q_2}\,\frac{\operatorname{sen}\psi}{\cos\alpha} \tag{7-71}$$

$$\overline{HB} = \Delta r \operatorname{tg}\alpha \tag{7-72}$$

$$\overline{Q_1Q_2} = \Delta w\,(t - t') = \frac{\Delta w}{c}\,r_0 \tag{7-73}$$

El ángulo es del orden de magnitud de w/c. Puesto que si en consecuencia son despreciables los términos del orden de $(w/c)^2$ podemos escribir

$$\cos\alpha = 1, \qquad \operatorname{tg}\alpha = \alpha$$

Las ecuaciones (7-71), (7-72) y (7-73) dan entonces

$$\overline{CB} = \overline{CH} + \overline{HB} = \frac{\Delta w}{c}\,r_0 \operatorname{sen}\psi + \Delta r\cdot\alpha$$

y en consecuencia

$$\frac{\overline{CB}}{\overline{AB}} = \frac{r_0 \operatorname{sen}\psi}{c^2}\,a + \alpha \tag{7-74}$$

donde hemos hecho uso de las ecuaciones $\Delta r = c\,\Delta t$ y $a = \Delta w/\Delta t$.

Por otro lado, si $R = \overline{Q_2A}$ es la distancia desde el punto de observación a la posición instantánea de la carga, tenemos

$$E_r = \frac{q}{4\pi\epsilon_0 R^2}\cos\alpha$$

poniendo $\cos\alpha = 1$

$$E_r = \frac{q}{4\pi\epsilon_0 R^2} \tag{7-75}$$

Las ecuaciones (7-69), (7-74) y (7-75) nos dan finalmente

$$E_\vartheta = \frac{q}{4\pi\epsilon_0 R^2}\left(\frac{r_0 \operatorname{sen}\psi}{c^2}\,a + \alpha\right) \tag{7-76}$$

Las ecuaciones (7-75) y (7-76) son correctas en el límite para $\Delta w = 0$ y siempre que w^2/c^2 sea despreciable comparado con la unidad. Para evitar complicaciones matemáticas suponemos ahora que no sólo w^2/c^2, sino también w/c es despreciable comparado con la unidad, y calculamos las ecuaciones de arriba en el límite de $w/c = 0$. En este límite, α se anula y ψ se hace igual a ϑ. R se hace igual a r_0, y obtenemos

$$E_r = \frac{q}{4\pi\epsilon_0 r_0^{\,2}}, \qquad E_\vartheta = \frac{q \operatorname{sen}\vartheta}{4\pi\epsilon_0 c^2 r_0}\,a \tag{7-77}$$

Estos resultados pueden extenderse al caso en el cual la carga experimenta aceleración durante intervalos de tiempo separados y, en el límite, al caso donde la carga se mueve con una aceleración arbitraria continua. Es decir, de acuerdo con el teorema 1, el campo en el punto P y en el instante t depende sólo de la posición, la velocidad, y la aceleración de la carga al tiempo $t' = t - r/c$, donde r es la distancia entre la carga y el punto de observación en el instante t'. Así, el campo en P en el instante t es el mismo que si la carga se hubiese estado moviendo con una velocidad constante w hasta casi el instante $t' = t - r/c$ y como si en el instante t' ésta hubiese estado en el proceso de ser acelerada de w a $w + a\Delta t$. Podemos, por lo tanto, aplicar las ecuaciones (7-77) directamente, a nuestro caso, reemplazando r_0 por r e interpretando a a como el valor instantáneo de la aceleración en el instante $t' = t - r/c$. Debe entenderse también que el origen del sistema polar de coordenadas está en el punto ocupado por la carga en el instante t'.

De las ecuaciones (7-77), vemos que E es proporcional a la aceleración y varía como la *inversa de la distancia* del punto de observación desde la carga; E_r, en cambio varía como la *inversa del cuadrado* de esta distancia. Así, para distancias suficientemente grandes, E_r se hace despreciable comparado con E y el campo eléctrico es descrito por las siguientes ecuaciones

$$
\begin{aligned}
E_r(r, \vartheta, \varphi, t) &= 0 \\
E_\vartheta (r, \vartheta, \varphi, t) &= \frac{q \operatorname{sen} \vartheta}{4\pi \epsilon_0 c^2 r} a_{t-r/c} \qquad (7\text{-}78) \\
E_\varphi (r, \vartheta, \varphi, t) &= 0
\end{aligned}
$$

Este es el *campo de radiación.* La última ecuación significa que la intensidad eléctrica queda en el plano que contiene el punto de observación y la trayectoria de la partícula, y el subíndice $t - r/c$ en la segunda ecuación indica que la aceleración debe calcularse en el instante $t - r/c$.

En el sistema de ecuaciones anterior reconocemos la descripción característica de una perturbación propagada por ondas esféricas con velocidad c, desde una fuente puntual (véase sec. 1-4). Vemos que la magnitud de la perturbación es inversamente proporcional a la distancia desde la fuente y es proporcional a una función de $t - r/c$. El vector eléctrico que representa la perturbación es siempre prependicular a la dirección de propagación, y para r y t dados, su magnitud varía como sen ϑ. Es entonces máxima en la dirección perpendicular al eje polar y cero en la dirección del eje polar.

Sobre un volumen de espacio suficientemente pequeño y suficientemente alejado de la fuente, el campo eléctrico descrito por las ecuaciones (7-78) es prácticamente idéntico al de una onda plana. Es natural que en el campo de radiación de una carga acelerada, el vector eléctrico y el magnético se mantengan entre sí en la misma relación que en una onda plana. Aceptamos aquí esta conclusión, omitiendo por simplicidad su demostración rigurosa. Se ve entonces, dado que en una onda plana la dirección de propagación y las direcciones de **E** y **H** son mutuamente perpendiculares, que en el campo de radiación de una carga acelerada sólo la componente de **H** es distinta de cero. Así, las líneas del vector **H** son círculos con sus centros en el eje polar. En una onda plana viajando en la dirección del eje x positivo de un sistema de referencias cartesiano de derecha, E_y y H_z tienen el mismo signo. Como en un sistema de referencia polar, los vectores que apuntan en las direcciones r, ϑ y φ

se mantienen entre sí en la misma relación que los vectores que apuntan en la dirección de los ejes x, y y z positivos, deducimos que H_φ y E_ϑ tienen los mismos signos (Fig. 7-14). Mas aún, la razón entre la magnitud de **H** y la magnitud de **E** es $\sqrt{\epsilon_0/\mu_0}$ como en una onda plana. Así, el campo magnético está descrito por el siguiente conjunto de ecuaciones

$$\begin{aligned} H_r(r, \vartheta, \varphi, t) &= 0 \\ H_\vartheta(r, \vartheta, \varphi, t) &= 0 \\ H_\varphi(r, \vartheta, \varphi, t) &= \sqrt{\frac{\epsilon_0}{\mu_0}}\, E\ (r, \vartheta, \varphi, t) \end{aligned} \tag{7-79}$$

Hasta este punto, en nuestra discusión hemos supuesto que la carga se mueve con una aceleración arbitraria a lo largo de una recta. Los resultados obtenidos son válidos, sin embargo, en el caso más general de una trayectoria curva, pero en este caso, debemos tomar el eje de nuestro sistema de coordenadas polares paralelo al vector aceleración, de tal manera que ϑ en (7-78) y (7-79) representa el ángulo entre la dirección de aceleración y la línea de observación.

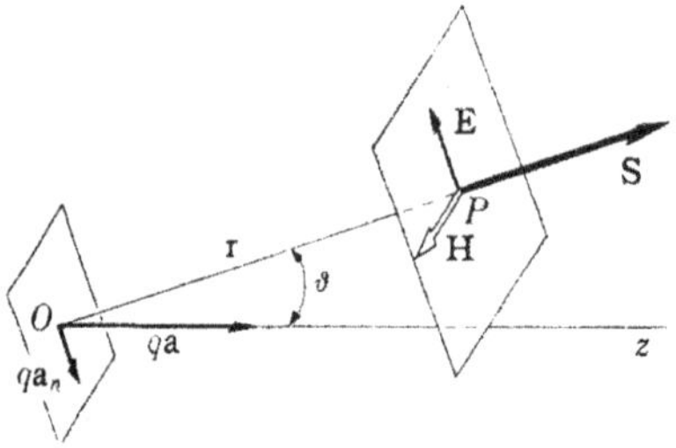

FIG. 7-14. Onda electromagnética producida por una carga acelerada.

Es interesante calcular el vector de Poynting $\mathbf{S} = \mathbf{E} \times \mathbf{H}$ que describe el de flujo de energía. Reconocemos inmediatamente, que en el campo de radiación, **S** apunta radialmente desde la carga acelerada, tal que sólo su componente r, S_r es distinta de cero. La magnitud de S_r está dada por

$$S_r = E_\vartheta H_\varphi = \frac{q^2 \operatorname{sen}^2 \vartheta}{(4\pi)^2 \epsilon_0 c^3 r^2} a^2_{t-r/c} \tag{7-80}$$

Si calculamos el flujo total de energía Φ a través de una esfera de radio r centrada en O, encontraremos

$$\Phi = \int_0^\pi S_r 2\pi r^2 \operatorname{sen} \vartheta\, d\vartheta = \frac{q^2 a^2_{t-r/c}}{8\pi \epsilon_0 c^3} \int_0^\pi \operatorname{sen}^3 \vartheta\, d\vartheta$$

o

$$\Phi = \frac{q^2 a^2_{t-r/c}}{6\pi \epsilon_0 c^3} \tag{7-81}$$

En (7-81) r aparece en la expresión $a_{t-r/c}$, lo cual significa que el flujo total de energía a través de una esfera de radio r en el instante t es igual al flujo total de energía a través de una esfera más grande de radio r_1 en el instante posterior t_1, tal que $r_1 - r = c\,(t_1 - t)$. Así la energía electromagnética de la onda se traslada en el espacio con velocidad c. Aunque está claro de lo ya dicho, señalamos explícitamente que Φ representa *la cantidad de energía radiante emitida por la carga acelerada por unidad de tiempo.*

Antes de cerrar esta sección, recapitulamos nuestras deducciones, usando una notación ligeramente distinta y más concisa. El problema es determinar el campo de radiación de una carga móvil q en un punto P y en el instante t.

Sea O la posición de la carga en el instante $t - r/c$ ($r = \overline{OP}$), y $\mathbf{a}_{t-r/c}$ la aceleración de la carga al mismo instante; consideramos el vector $q\,\mathbf{a}_{t-r/c}$ (Figura 7-14), que es paralelo o antiparalelo a $\mathbf{a}_{t-r/c}$ según que q sea positivo o negativo. Consideramos también la componente de este vector perpendicular a la línea de observación OP, que llamamos $q\,(\mathbf{a}_n)_{t-r/c}$, y el vector unidad $\mathbf{k}$ que va desde O hasta P sobre la línea de observación. Si ϑ es el ángulo entre el vector $q\,\mathbf{a}_{t-r/c}$ y la línea de observación, la magnitud del vector $q\,(\mathbf{a}_n)_{t-r/c}$ es $|q\,\mathbf{a}_{t-r/c}|$ sen ϑ. El campo eléctrico está representado por el vector

$$\mathbf{E} = -\frac{q\,(\mathbf{a}_n)_{t-r/c}}{4\,\pi\,\epsilon_0\,c^2\,r} \tag{7-82}$$

y es, por consiguiente, antiparalelo y proporcional en magnitud al vector $q\,(\mathbf{a}_n)_{t-r/c}$. El campo magnético $\mathbf{H}$ tiene la magnitud

$$|\mathbf{H}| = \sqrt{\frac{\epsilon_0}{\mu_0}}\,|\mathbf{E}| \tag{7-83}$$

y es perpendicular a $\mathbf{E}$ y a $\mathbf{k}$. Por lo tanto

$$\mathbf{H} = \sqrt{\frac{\epsilon_0}{\mu_0}}\,\mathbf{k} \times \mathbf{E} \tag{7-84}$$

El vector de Poynting es

$$\mathbf{S} = \mathbf{E} \times \mathbf{H}$$

o

$$\mathbf{S} = \frac{q^2\,(\mathbf{a}_n)^2_{t-r/c}}{4\,\pi^2\,\epsilon_0\,c^3\,r^2}\,\mathbf{k} \tag{7-85}$$

En el próximo capítulo veremos cómo los resultados generales obtenidos en esta sección, pueden ser aplicados al proceso de emisión luminosa por partículas cargadas en átomos y moléculas.

Problemas

7-1. Calcular el valor cuadrático medio de E a una distancia de 1 m de una lámpara de 100 wat. (Considerar la lámpara como una fuente puntual y suponer que la potencia emitida es solamente radiación electromagnética visible e invisible.)

7-2. El campo eléctrico de una onda electromagnética en el vacío está representada (en el sistema mks), por

$$E_x = 0$$
$$E_y = 0{,}5 \cos\left[2\pi \times 10^8\left(t - \frac{r}{c}\right)\right]$$
$$E_z = 0$$

(a) Determinar la longitud de onda, el estado de polarización y la dirección de propagación. (b) Calcular el campo magnético de la onda. (c) Calcular el valor instantáneo y el valor medio del flujo de energía por unidad de área.

7-3. Resolver (a), (b) y (c) del problema 7-2 para la onda representada por

$$E_x = 0$$
$$E_y = 0{,}5 \cos\left[4\pi \times 10^7\left(t - \frac{x}{c}\right)\right]$$
$$E_z = 0{,}5 \,\text{sen}\left[4\pi \times 10^7\left(t - \frac{x}{c}\right)\right]$$

7-4. Una onda plena sinusoidal, linealmente polarizada de longitud de onda $\lambda = 5000$ Å viaja en el vacío en la dirección del eje x. El flujo medio de energía por unidad de área es 0,1 wat/m^2 y el plano de vibración es paralelo al eje y. Escribir las ecuaciones que describen los campos eléctricos y magnéticos de esta onda.

7-5. Una onda plana sinusoidal, linealmente polarizada, de longitud de onda $\lambda = 5000$ Å, viaja en el vacío. El flujo medio de energía es 0,1 wat/m^2. La dirección de propagación está en el plano xy a 45° del eje x. El plano de vibración es paralelo al eje z. Escribir las ecuaciones que describen los campos eléctrico y magnético de esta onda.

7-6. Resolver el problema 7-5 suponiendo que el plano de vibración es perpendicular al eje z.

7-7. Considerar una onda plana, linealmente polarizada, que viaja en el vacío, representada por

$$E_y = A \exp\left[2\pi i\left(\frac{t}{T} - \frac{x}{\lambda}\right)\right]$$

y considerar un alambre rectangular de resistencia R, con dos lados de longitud a paralelos al eje y y dos lados de longitud b que forman un ángulo θ con el eje x: (a) Calcular la corriente sinusoidal i inducida en el rectángulo, como función de θ. (b) ¿Para qué valor de θ el valor cuadrático medio de la corriente es máximo? (Suponer que R es suficientemente grande tal que la perturbación del campo debida a i puede despreciarse.) Discutir separadamente los casos $b < \lambda/2$, $b > \lambda/2$.

7-8. En el problema 7-7, suponer que $(i)_{rms} = 10^{-6}$ amp, $a = 10$ m, $b = 5$ m, $R = 10^7$ ohms, $\theta = 0$, $\lambda = 40$ m. Calcular el flujo de energía de la onda en wat/m^2.

7-9. Dos ondas planas sinusoidales, linealmente polarizadas, ambas de frecuencia ν y amplitud A y que vibran en el mismo plano, viajan en direcciones opuestas en el espacio vacío. Tomar la dirección de propagación como eje x.

Calcular (como funciones de t y x): (a) El campo eléctrico resultante **E**. (b) El campo magnético resultante **H**. (c) La densidad de energía u. (d) El vector de Poynting **S**.

Calcular también (como función de x): (e) El promedio temporal de $\mathbf{E}^2$. (f) El promedio temporal de u. (g) El promedio temporal de $\mathbf{S}$.

7-10. Discutir el problema 7-9 con la suposición de que las dos ondas están polarizadas en planos mutuamente perpendiculares.

7-11. Dos ondas senoidales, ambas de frecuencia ν y amplitud A, viajan en el vacío en las direcciones del eje x y del eje y, respectivamente. Los campos eléctricos de ambas ondas son paralelos al eje z. Calcular: (a) las componentes del campo eléctrico $\mathbf{E}$; (b) las componentes del campo magnético $\mathbf{H}$; (c) la densidad de energía u; (d) las componentes del vector de Poynting $\mathbf{S}$; (e) los valores medios de u y $\mathbf{S}$. (f) Determinar los planos en los cuales el valor medio de $\mathbf{E}^2$ es máximo o mínimo; (g) determinar los planos en los cuales el vector $\mathbf{H}$ realiza oscilaciones circulares.

7-12. Discutir las partes (a), (b), (c), (d), (e) y (f) del problema 7-11 suponiendo que los campos magnéticos de las ondas son paralelos al eje z.

7-13. Discutir la experiencia de interferencia del espejo doble de Fresnel, sobre las bases de la teoría electromagnética de la luz. Se sugieren los siguientes pasos: suponer que la fuente luminosa consiste en un oscilador microscópico vibrando a lo largo de una línea paralela a la intersección de los dos espejos. Considerar las dos imágenes especulares de la fuente, S_1, S_2, como dos osciladores

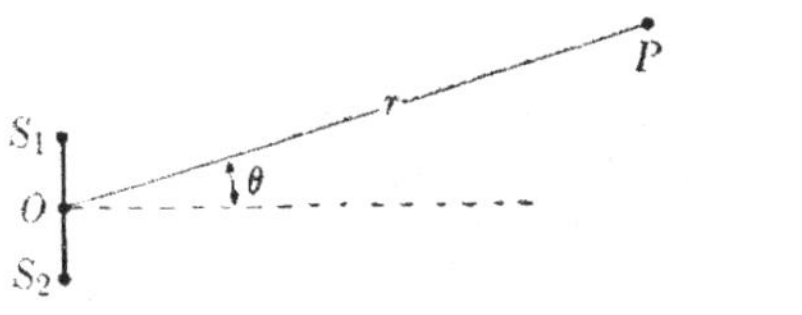

FIG. 7-15.

microscópicos coherentes. Considerar un punto P en el plano que contiene S_1, S_2, y perpendicular a la intersección de los espejos. Sea O el punto medio del segmento S_1S_2, r la distancia de P a O, y $\pi/2 - \theta$ el ángulo entre OP y S_1S_2 (Figura 7-15). Suponer que $r \gg \overline{S_1S_2}$. (a) Calcular el campo eléctrico resultante en P como una función de r, θ y $h = \overline{S_1S_2}$. (b) Calcular el campo magnético resultante. (c) Calcular el vector de Poynting resultante.

7-14. Un protón es inyectado en un campo magnético uniforme $\mathbf{B}$ con una velocidad $\mathbf{w}$ en ángulo recto con las líneas de fuerza. Despreciando primero la energía perdida por radiación encontramos que el protón describe una órbita circular con una velocidad ω independiente de w. Suponiendo $w \ll c$, calcular la fracción de energía perdida debida a radiación durante una vuelta. ¿Después de cuánto tiempo la energía del protón será $1/e$ de su valor inicial?

7-15. Resolver el problema 7-14 numéricamente suponiendo $B = 1$ weber/m^2 (masa del protón: $1{,}67 \times 10^{-27}$ kg; carga del protón: $1{,}6 \times 10^{-19}$ coul).

7-16. Electrones emitidos con velocidad cero desde un electrodo plano a potencial de tierra son acelerados en el vacío hacia otro electrodo plano paralelo al segundo y mantenido a un potencial V_0 positivo. Sea h la separación entre electrodos, y supongamos un campo eléctrico uniforme entre ellos. Después de alcanzar el electrodo positivo, los electrones llegan al reposo, con deceleración constante, en una distancia δ. Calcular las energía radiadas durante la aceleración y deceleración como fracciones de la energía con la cual los electrones golpearían el electrodo positivo en ausencia de radiación.

7-17. Resolver el problema 7-16 numéricamente suponiendo que

$$h = 10 \text{ cm} \qquad \delta = 10^{-8} \text{ cm} \qquad V_0 = 10^4 \text{ V}$$

(masa del electrón: $9{,}1 \times 10^{-31}$ kg; carga del electrón: $1{,}6 \times 10^{-19}$ coul).

7-18. Dos placas planas conductoras se colocan en una campana de vacío a una distancia $2h$ entre sí. Están a un potencial negativo $-V_0$ con respecto a una grilla plana paralela a las placas y colocada a la mitad de camino entre ellas. Un electrón inyectado con velocidad cero a una distancia x_0 de la grilla comenzará a oscilar en la dirección perpendicular a las placas. Determinar la fracción de energía perdida en una oscilación. Determinar el campo eléctrico, el campo magnético y el vector de Poynting del campo de radiación a una distancia $r \gg x_0$ del electrón, y en un ángulo θ de la dirección de movimiento del electrón (suponer un campo uniforme entre la grilla y cada una de las placas, suponer que la grilla y las placas tienen conductividad suficientemente baja tal que su presencia no perturbe apreciablemente el campo de radiación).

7-19. Una carga puntual q se ha estado moviendo con velocidad constante w a lo largo de una línea recta hasta el instante $t = t_0$. En el corto intervalo de tiempo desde $t = t_0$ hasta $t = t_0 + \Delta t$, una fuerza perpendicular a la trayectoria cambia la dirección de movimiento sin cambiar la magnitud de la velocidad. Después del tiempo $t_0 + \Delta t$, el electrón se mueve nuevamente con velocidad w a lo largo de una línea recta que forma un ángulo $\Delta\alpha$ con la trayectoria inicial. Calcular el campo de radiación siguiendo un procedimiento similar al usado en la sección 7-6.

RADIOASTRONOMÍA. *El desarrollo de receptores sensibles de microondas ha revelado una cantidad de ondas de radio que llegan a la Tierra del espacio exterior. Una fuente puntual de ondas de radio se llama una radio-estrella. Muchas radio-estrellas coinciden con los objetos celestes visibles (estrellas, galaxias distantes). Las ondas de radio se originan también por las nubes gaseosas (la mayoría de hidrógeno) que llenan nuestra galaxia. La radiación total que llega consiste en ondas monocromáticas superpuestas con un espectro continuo. Entre las primeras, las radiaciones de longitud de onda de 21 cm originadas en el hidrógeno atómico han sido extensamente investigadas. Un radiotelescopio típico consiste en un espejo parabólico con una antena receptora en el foco. El receptor puede ser sintonizado tal que responde sólo a frecuencias en un intervalo muy estrecho.*

7-20. Los radiotelescopios más grandes en existencia o en construcción en 1956 incluyen un telescopio de 250 pies de diámetro en Manchester, Inglaterra, un telescopio de 83 pies de diámetro en Holanda, un telescopio de 50 pies de diámetro en el Laboratorio Naval de Investigaciones de Washington, un telescopio de 60 pies de diámetro en la Universidad de Harvard en Cambridge, Massachusetts y un telescopio de 90 pies de diámetro en Buenos Aires. Calcular los límites de resolución de estos telescopios para ondas de radio de 1,5 m de longitud de onda.

7-21. Un radiotelescopio, a una altura h sobre el nivel del mar, apunta hacia el horizonte (Fig. 7-16). El receptor se sintoniza a una frecuencia de 200 megaciclos. Las ondas de radio procedentes de una estrella puntual cercana al horizonte alcanzan el detector de dos maneras, directamente y después de reflejarse en la superficie del agua. Calcular la intensidad de la radiación detectada por el telescopio como función del ángulo caracterizando la altura de la estrella sobre el horizonte. Suponer que la antena receptora es horizontal.

7-22. Suponer que el radiotelescopio en el problema anterior tiene un diámetro de 3 m y está situado a una altura $h = 3000$ m. Calcular el diámetro angular mínimo $\Delta\alpha$ de una fuente de radio

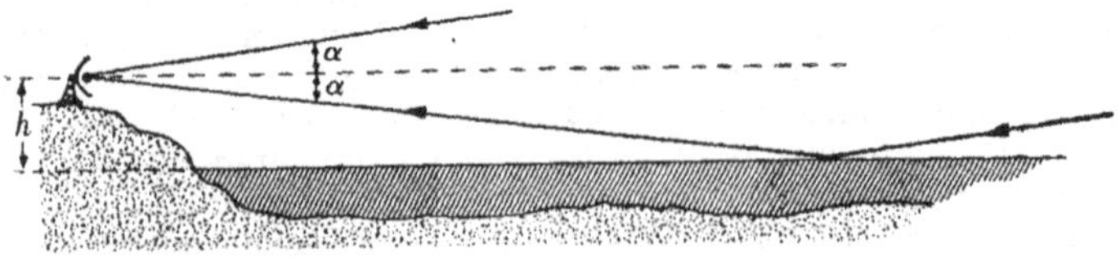

FIG. 7-16.

que puede distinguirse de una fuente puntual si la variación de tiempo de la señal recibida por el telescopio es registrada cuando la fuente se eleva encima del horizonte. Comparar con el límite de resolución del telescopio.

7-23. Un radiotelescopio construido por la organización del Mercado Común de Investigaciones Científicas y Técnicas de Sydney, Australia, consiste en 600 dipolos planos espaciados en orden formando una línea de 1500 pies de longitud. Con cables de igual longitud, las salidas de los 6000 dipolos son llevadas a un circuito adicional, dando una señal proporcional a 1 valor cuadrático medio de las sumas algebraicas de las longitudes del campo eléctrico en los lugares de los distintos dipolos. Supongamos que los receptores se sintonizan a una frecuencia de 300 megaciclos. Representar gráficamente la señal de salida, después de calcularla, del circuito adicional en función

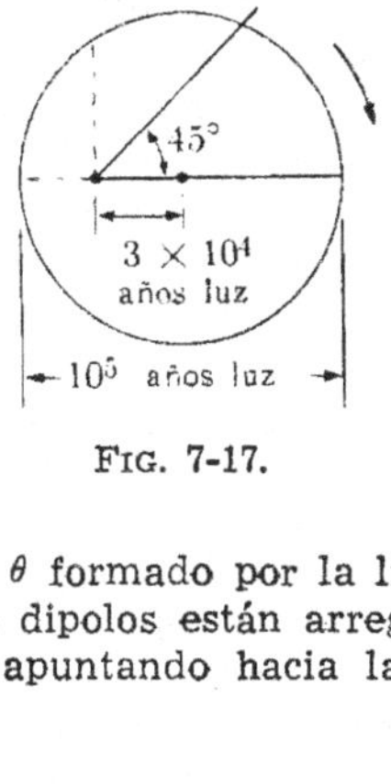

FIG. 7-17.

del ángulo θ formado por la línea sobre la cual los dipolos están arreglados con las líneas apuntando hacia la radio-estrella. Calcular el límite de resolución de la disposición.

7-24. El volumen galáctico es más o menos el de un disco plano de aproximadamente 100 000 años luz de diámetro,

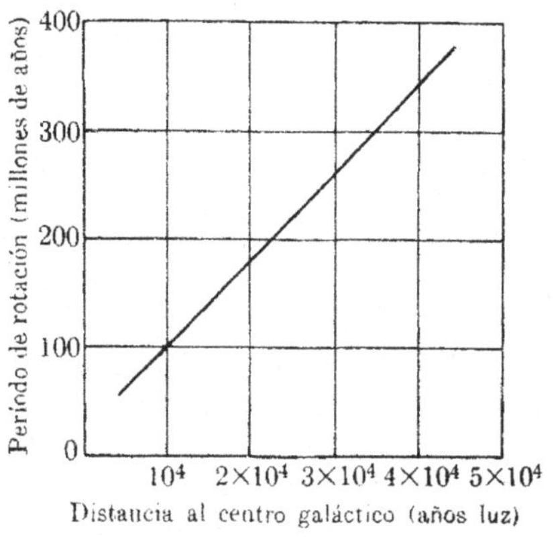

FIG. 7-18.

rotando alrededor de un eje que pasa por su centro (Fig. 7-17). El período de rotación crece gradualmente desde el centro a la periferia, como se muestra en la figura 7-18. La Tierra está alrededor de 30 000 años luz del centro de la galaxia. Un radiotelescopio apunta 45° de la dirección del centro de la galaxia en el plano galáctico (Fig. 7-18). Considerando efecto Doppler, graficar la frecuencia de la línea de hidrógeno de 21 cm detectada por el telescopio como función de la distancia de la fuente desde la tierra. (En la fig. 7-17, suponer rotación en el sentido de las agujas del reloj.)

CAPÍTULO 8

LUZ Y MATERIA

8-1. El proceso de emisión de luz. La luz es una consecuencia de los movimientos de las partículas eléctricamente cargadas que forman los átomos y las moléculas de la fuente luminosa. El movimiento de los electrones dentro de los átomos, las rotaciones rígidas de moléculas polares (es decir, de moléculas en las cuales los centros de gravedad de las cargas positivas y negativas no coinciden), y las vibraciones de átomos dentro de las moléculas contribuyen, en diferente medida, al proceso de emisión de luz y a otros fenómenos ópticos.

La Física clásica no puede describir adecuadamente el comportamiento de átomos y moléculas; la teoría rigurosa de las interaciones entre luz y materia es un problema de la Física cuántica. En este libro no intentamos trabajar con este problema, sino que deseamos presentar solamente lo que llamamos una «teoría modelo» de las propiedades ópticas de la materia.

Para este propósito reemplazaremos las moléculas reales por un conjunto de osciladores armónicos. Cada oscilador será un «dipolo eléctrico», formado por dos partículas materiales que llevan cargas de signo opuesto, igual en magnitud a la carga del electrón ($e = 1{,}602 \times 10^{-19}$ coulombios). Supondremos que las dos partículas se atraen entre sí con una fuerza proporcional a su separación. Por eso, si las partículas están separadas cierta distancia, y son sacadas del reposo, ejecutarán oscilaciones armónicas, una con respecto a la otra. Para calcular este movimiento no tomaremos en cuenta la interación coulombiana entre las dos partículas y no consideraremos el hecho que, de acuerdo con este modelo, las partículas chocarán dos veces durante cada oscilación completa.*

Consideraremos dos grupos distintos de osciladores, uno correspondiente a los movimientos de los electrones en los átomos («osciladores electrónicos»), y el otro correspondiente a las rotaciones rígidas y las vibraciones internas de las moléculas («osciladores moleculares»).

En los osciladores electrónicos la partícula negativamente cargada será un electrón, mientras que la partícula cargada positivamente tendrá una gran masa

* Podemos construir un modelo clásico en el que no surja esta dificultad, en el cual la atracción culombiana provee la fuerza restauradora necesaria. En este modelo sugerido por J. J. Thomson, se representa al oscilador como una esfera de carga positiva, uniformemente distribuida, que contiene una carga puntual negativa. La carga negativa está en equilibrio en el centro de la esfera, y si se desplaza de esta posición experimenta una fuerza proporcional al desplazamiento y dirigida hacia el centro.

comparada con la del electrón. En los osciladores moleculares las partículas positivas y las negativas tendrán ambas masas del orden de las masas atómicas y, por lo tanto, mucho más grandes que la masa del electrón. Para simplificar los cálculos supondremos que una masa de las dos partículas es mucho más pesada que la otra. Para ambas clases de osciladores es necesario considerar solamente el movimiento de la partícula más liviana, mientras que la partícula más pesada actúa fundamentalmente como centro de atracción fijo.

Se puede objetar el valor de una teoría basada en el modelo evidentemente muy aproximado descrito arriba. Lo cierto es que, mientras permanezcamos en el ámbito de la física clásica, este modelo, sugerido por los hechos experimentales, en particular, por la emisión de ondas luminosas casi perfectamente sinusoidales de gases luminiscentes, es válido. Es decir, de todos los sistemas clásicos, el oscilador armónico es el único cuya frecuencia es independiente de la amplitud y, por lo tanto, ningún otro modelo clásico puede conciliarse con las líneas espectrales perfectamente definidas emitidas por ciertas fuentes luminosas con el hecho de que, en cualquier instante de tiempo dado, las distintas moléculas de una fuente luminosa deben estar en distintos estados de excitación y que estos estados de excitación deben cambiar con el tiempo.

Se ve que el modelo clásico del oscilador armónico sirve para muchas observaciones experimentales y es muy útil para aclarar la relación entre fenómenos tan diferentes como la emisión, la absorción, la dispersión, la desviación, etc. Así, el estudio de la emisión de ondas electromagnéticas por osciladores armónicos eléctricos, y de la acción de ondas electromagnéticas sobre osciladores armónicos eléctricos, no sólo es un ejercicio formal; además, da una fundamentación intuitiva para la comprensión de los resultados más rigurosos de la teoría cuántica.

En lo que sigue enfocaremos nuestra atención sobre los osciladores electrónicos; pero los resultados serán también válidos para los osciladores moleculares, siempre que tengamos en cuenta la diferencia de masa de las partículas oscilantes en los dos sistemas.

Suponemos primero que en $t=0$ el electrón está en reposo a una distancia b del centro fijo de atracción. El movimiento subsiguiente del electrón ocurrirá entonces a lo largo de una recta que pasa por ese punto. Si

$$F=-kz \tag{8-1}$$

es la fuerza que actúa sobre el electrón cuando su distancia al centro de atracción es z, la ecuación de movimiento es

$$m\frac{d^2z}{dt^2}=-kz \tag{8-2}$$

Es sabido (y podemos comprobarlo por sustitución directa) que esta ecuación tiene la siguiente solución

$$z=b\cos\omega_0 t \tag{8-3}$$

donde hemos puesto

$$\omega_0=\sqrt{k/m} \tag{8-4}$$

y hemos hecho uso de las condiciones iniciales $z = b$ y $dz/dt = 0$ en $t = 0$. En el instante t el electrón y la carga positiva forman un dipolo cuyo momento está dado por

$$p = -e\,z = p_0 \cos \omega_0 t \tag{8-5}$$

donde

$$p_0 = -e\,b \tag{8-6}$$

Nótese que p es positivo o negativo dependiendo de que los puntos del momento dipolar estén en la dirección positiva o negativa de las z.

Si el electrón tiene inicialmente una cierta velocidad, y un cierto desplazamiento, y si la dirección de la velocidad no coincide con la dirección del desplazamiento, el movimiento subsiguiente del electrón no será a lo largo de una recta, sino en el plano que contiene el centro de atracción y la dirección inicial de la velocidad. Tomando a este plano como el plano $y\,z$ podemos escribir las ecuaciones diferenciales de movimiento como

$$m\frac{d^2y}{dt^2} = -k\,y, \qquad m\frac{d^2z}{dt^2} = -k\,z \tag{8-7}$$

La solución general de estas ecuaciones es:

$$y = b_1 \cos(\omega_0 t + \varphi_1), \qquad z = b_2 \cos(\omega_0 t + \varphi_2) \tag{8-8}$$

donde las amplitudes b_1, b_2 y las fases φ_1, φ_2 están determinadas por las coordenadas del electrón, y por las componentes de sus velocidades en el tiempo $t = 0$. Las componentes del momento dipolar son:

$$p_y = p_{0y} \cos(\omega_0 t + \varphi_1), \qquad p_z = p_{0z} \cos(\omega_0 t + \varphi_2) \tag{8-9}$$

donde

$$p_{0y} = -e\,b_1, \qquad p_{0z} = -e\,b_2 \tag{8-10}$$

De lo que hemos aprendido en la sección 6-2, deducimos que en este caso general el electrón se mueve en una órbita elíptica.

De acuerdo con nuestro modelo, en el estado de reposo el electrón está en su posición de equilibrio, la cual coincide con la posición de la carga positiva. La emisión de luz tiene lugar cuando el electrón es desplazado de su posición de equilibrio por un agente externo, tal como un choque debido a la agitación térmica o el impacto de una partícula moviéndose a altas velocidades. El electrón comienza entonces a oscilar y, en consecuencia, emite radiación electromagnética hasta que la energía adquirida en el proceso de excitación es completamente disipada o hasta que su movimiento es perturbado, por ejemplo, por otro choque. Como veremos en la próxima sección, la energía radiada durante una oscilación es una fracción pequeña de la energía presente en el dipolo oscilante. Además, en gases, los choques entre moléculas son relativamente raros por lo que un dipolo excitado, puede emitir un tren de ondas largo antes de que el movimiento sea perturbado. Por lo tanto, la luz emitida por fuentes gaseosas es altamente monocromática (véase sección 3-14). En la materia condensada, los movimientos oscilatorios de dipolos individuales son continuamente perturbados por la presencia de otros dipolos cercanos. En consecuencia, la luz emitida por un sólido o un líquido incandescentes exhibe un espectro continuo de longitudes de ondas.

En lo que sigue nos limitaremos a la emisión de luz por gases. En primera aproximación, podemos entonces despreciar todas las perturbaciones externas, así como el amortiguamiento debido al proceso de radiación.

Nótese que la amplitud de las oscilaciones es del orden de las dimensiones atómicas (es decir, del orden de 10^{-8} cm), y es, por lo tanto, muy pequeña comparada con la longitud de onda (del orden de $5 \cdot 10^{-5}$ cm, para luz visible). Por consiguiente, aplicando las fórmulas para el cálculo del campo de radiación (sección 7-6), podemos considerar el origen O de nuestro sistema de referencia coincidente con la carga positiva fija en lugar de con el electrón que se mueve.

De la expresión general para el campo eléctrico, de una carga acelerada (ec. 7-82), se deduce que $\mathbf{E}$ es proporcional a la componente del vector aceleración perpendicular a la línea de observación (el factor de proporcionalidad es negativo si la carga es positiva y positivo si la carga es negativa). Por otro lado, en un oscilador armónico el vector aceleración es proporcional en magnitud y opuesto en dirección del vector que representa el desplazamiento instantáneo desde la posición del equilibrio de la partícula móvil. Por lo tanto, deducimos que la línea descrita por el extremo del vector $\mathbf{E}$ tiene la misma forma que la proyección de la trayectoria del electrón en un plano perpendicular a la línea de observación. En otras palabras, *«la forma aparente de la órbita del electrón, vista desde un punto del espacio, representa el estado de polarización de la onda electromagnética recibida en ese punto»*. En el caso general, la órbita del electrón es una elipse. Como la proyección de una elipse sobre un plano es, generalmente, otra elipse, reconocemos que la onda luminosa está, en general, elípticamente polarizada. Las polarizaciones lineal y circular aparecen como casos especiales.

Nótese que para un electrón que realiza oscilaciones lineales o elípticas, los vectores que representan la aceleración $\mathbf{a}$ y el momento dipolar $\mathbf{p}$ están relacionados por

$$-e\,\mathbf{a} = \frac{d^2\mathbf{p}}{dt^2} \tag{8.11}$$

o, como las componentes de $\mathbf{p}$ son funciones sinusoidales del tiempo (ec. 8-9),

$$-e\,\mathbf{a} = -\omega_0^2\,\mathbf{p} \tag{8-12}$$

Con $q = -e$ la expresión general para $\mathbf{E}$ (ec. 7-82) ahora queda

$$\mathbf{E} = \frac{\omega_0^2}{4\pi\epsilon_0 c^2 r}(\mathbf{p}_n)_{t-r/c} \tag{8-13}$$

donde $(\mathbf{p}_n)_{t-r/c}$ representa la componente perpendicular a la línea de propagación del vector $\mathbf{p}$, en el instante $t - r/c$. Vemos que $\mathbf{E}$ es siempre *paralelo* al vector $(\mathbf{p}_n)_{t-r/c}$. Ahora deseamos considerar en detalle las ondas electromagnéticas producidas, (a) por un oscilador lineal, y (b) un oscilador circular.

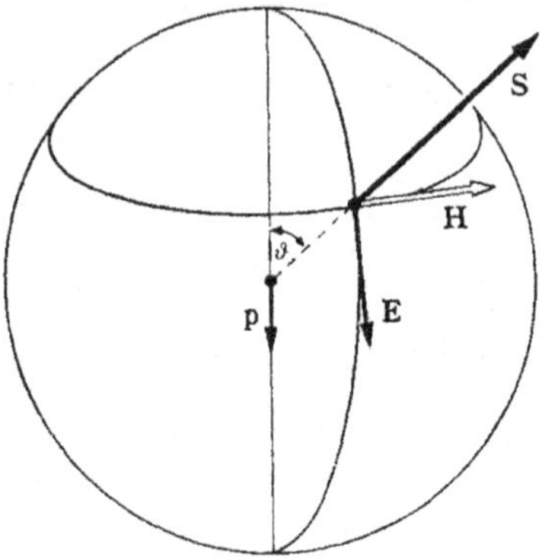

FIG. 8-1. Onda electromagnética generada por un oscilador lineal.

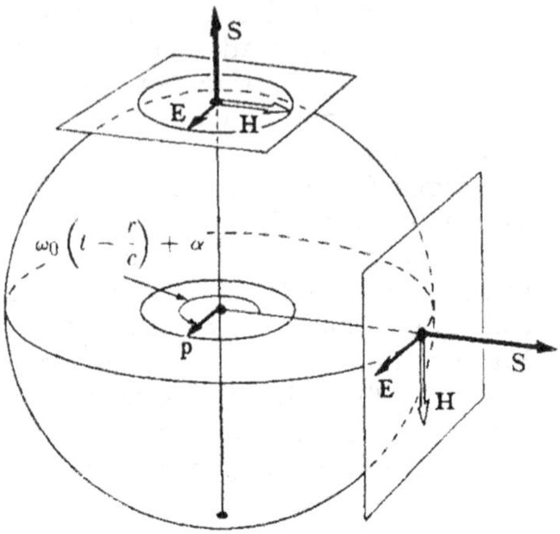

FIG. 8-2. Onda electromagnética generada por un oscilador circular.

(a) *Oscilador lineal.* Describimos el campo en un sistema de referencia polar con el eje z polar en la dirección de las oscilaciones (Fig. 8-1). El momento dipolar eléctrico es paralelo al eje z, **E** es tangente al círculo meridiano y **H** es tangente al círculo paralelo; por esto la onda está linealmente polarizada en todo lugar.

Si las oscilaciones del dipolo eléctrico están representados por la ecuación (8-5) y si ϑ es el ángulo de la línea de observación con el eje polar, la componente ϑ de **E** está expresada por

$$E = \frac{p_0\,\omega_0^2 \operatorname{sen}\vartheta}{4\pi\epsilon_0 c^2 r}\cos\omega_0\left(t - \frac{r}{c}\right) \tag{8-14}$$

Las otras componentes de **E** son cero.

La única componente del vector de Poynting distinta de cero es la componente r, dada por

$$S_r = \frac{p_0^2\,\omega_0^4 \operatorname{sen}^2\vartheta}{16\pi^2\epsilon_0 c^3 r^2}\cos^2\omega_0\left(t - \frac{r}{c}\right) \tag{8-15}$$

Como el valor promedio de $\cos^2\omega_0(t - r/c)$ es $\frac{1}{2}$, el valor medio de S_r a la distancia r del dipolo oscilante y a un ángulo ϑ a la dirección de oscilación es

$$(S_r)_{pr} = \frac{p_0^2\,\omega_0^4 \operatorname{sen}^2\vartheta}{32\pi^2\epsilon_0 c^3 r^2} \tag{8-16}$$

y vemos que la intensidad [que es proporcional a $(S_r)_{pr}$] es cero a lo largo del eje polar, es decir, en la dirección del eje del dipolo, y es máxima en el plano ecuatorial.

(b) *Oscilador circular.* En este caso, el momento dipolar eléctrico **p** tiene una magnitud constante p_0 y rota con velocidad angular constante, ω_0 (Fig. 8-2). En un punto dado del espacio la onda está, en general, elípticamente polarizada. *En el plano de la órbita* la elipse se reduce a un segmento, es decir, la onda está en el plano de la órbita. Así, en un sistema de referencia polar con el eje polar perpendicular al plano de la órbita, sólo la componente de **E** correspondiente al ángulo azumital Φ es distinta de cero. El ángulo formado por **p** con la línea de observación al tiempo t está representado por una expresión del tipo $\omega_0 t + \alpha$. Por eso E_Φ está dado por

$$E_\Phi = \frac{p_0\,\omega_0^2}{4\pi\epsilon_0 c^2 r}\,\text{sen}\left[\omega_0\left(t-\frac{r}{c}\right)+\alpha\right] \tag{8-17}$$

La magnitud del vector de Poynting es:

$$S_r = \frac{p_0^2\,\omega_0^4}{16\pi^2\epsilon_0 c^3 r^2}\,\text{sen}^2\left[\omega_0\left(t-\frac{r}{c}\right)+\alpha\right] \tag{8-18}$$

El valor medio del flujo de energía por unidad de área es:

$$(S_r)_{\text{pr}} = \frac{p_0^2\,\omega_0^4}{32\pi^2\epsilon_0 c^3 r^2} \tag{8-19}$$

A lo largo del eje de la órbita la elipse se convierte en un círculo. En este caso, **p** es perpendicular a la línea de observación. El vector eléctrico **E** está dado por

$$\mathbf{E} = \frac{\omega_0^2}{4\pi\epsilon_0 c^2 r}\,\mathbf{p}_{t-r/c} \tag{8-20}$$

El vector de Poynting es constante en el tiempo y su magnitud está dada por

$$S = \frac{p_0^2\,\omega_0^4}{16\pi^2\epsilon_0 c^3 r^2} \tag{8-21}$$

Los resultados descritos arriba son aplicables a ambos osciladores, el electrónico y el molecular. La diferencia principal entre los dos reside en los valores de la frecuencia característica ω_0, la cual es inversamente proporcional a la raíz cuadrada de la masa de la partícula oscilante (ec. 8-4), o sea, es mucho menos para los osciladores moleculares que para los osciladores electrónicos. Es decir, las frecuencias características de los osciladores moleculares están usualmente en el infrarrojo distante, mientras que las frecuencias características de los osciladores electrónicos están en el ultravioleta o más allá.

8-2. Amortiguamiento de los dipolos oscilantes. Como se señaló en la sección anterior, la pérdida de energía debido a la emisión de ondas electromagnéticas por un electrón oscilante causa un amortiguamiento gradual de las oscilaciones. Ahora nos proponemos calcular este efecto.

En el caso general de oscilaciones elípticas, la energía cinética del electrón al tiempo t está dada por

$$\frac{1}{2} m \left[\left(\frac{dy}{dt} \right)^2 + \left(\frac{dz}{dt} \right)^2 \right] = \frac{1}{2} m \omega_0^2 [b_1^2 \operatorname{sen}^2 (\omega_0 t + \varphi_1) + b_2^2 \operatorname{sen}^2 (\omega_0 t + \varphi_2)]$$

la energía potencial al mismo tiempo es:

$$\tfrac{1}{2} k (y^2 + z^2) = \tfrac{1}{2} m \omega_0^2 [b_1^2 \cos^2 (\omega_0 t + \varphi_1) + b_2^2 \operatorname{sen}^2 (\omega_0 t + \varphi_2)]$$

entonces la energía total es:

$$W = \tfrac{1}{2} m \omega_0^2 (b_1^2 + b_2^2) \tag{8-22}$$

En el caso especial de oscilaciones lineales ($b_2 = 0$, $b_1 = b$), la ecuación de arriba queda

$$W = \tfrac{1}{2} m \omega_0^2 b^2 \tag{8-23}$$

De acuerdo con la ecuación (7-81), la variación instantánea de energía perdida por radiación es:

$$\Phi = \frac{e^2}{6 \pi \epsilon_0 c^3} a^2$$

donde $a = |\mathbf{a}|$ es la magnitud del vector aceleración. Como

$$a^2 = \left(\frac{d^2y}{dt^2} \right)^2 + \left(\frac{d^2z}{dt^2} \right)^2 = \omega_0^4 [b_1^2 \cos^2 (\omega_0 t + \varphi_1) + b_2^2 \cos^2 (\omega_0 t + \varphi_2)]$$

obtenemos

$$\Phi = \frac{e^2 \omega_0^4}{6 \pi \epsilon_0 c^3} [b_1^2 \cos^2 (\omega_0 t + \varphi_1) + b_2^2 \cos^2 (\omega_0 t + \varphi_2)] \tag{8-24}$$

Como el valor promedio de la función $\cos^2$ es $\frac{1}{2}$, obtenemos de (8-24) la siguiente expresión para la energía promedio perdida por unidad de tiempo, es decir, para la potencia promedio radiada por los dipolos oscilantes:

$$(\Phi)_{\text{pr}} = \frac{e^2 (b_1^2 + b_2^2) \omega_0^4}{12 \pi \epsilon_0 c^3} \tag{8-25}$$

Introduciendo las amplitudes de oscilación de las componentes del momento dipolar magnético (ec. 8-10), podemos escribir (8-25) como:

$$(\Phi)_{\text{pr}} = \frac{(p_{0y}^2 + p_{0z}^2) \omega_0^4}{12 \pi \epsilon_0 c^3} \tag{8-26}$$

Si indicamos el período por T_0, la longitud de onda por λ_0 (es decir, si ponemos $\lambda_0 = c T_0 = 2 \pi c/\omega_0$, y definimos

$$r_e = \frac{e^2}{4\pi\epsilon_0 m c^2} \tag{8-27}$$

podemos también escribir (8-25) como

$$(\Phi)_{pr} = \frac{8\pi^2}{3}\frac{r_e}{\lambda_0}\frac{W}{T_0} \tag{8-28}$$

donde W está dada por (8-22). Nótese que la cantidad r_e tiene dimensiones de longitud. Si la partícula oscilante es un electrón, tenemos $e = 1{,}602 \times 10^{-19}$ coul, y $m = 9{,}105 \times 10^{-28}$ gm y la ecuación (8-27) da

$$r_e = 2{,}818 \times 10^{-13} \text{ cm}$$

Esta longitud desempeña un importante papel en muchos problemas de física atómica y a menudo se le llama *radio clásico del electrón.**

De (8-28), y recordando que para la luz visible es del orden de $5 \cdot 10^{-5}$ cm, encontramos que la fracción de energía perdida durante una oscilación

$$\frac{T_0}{W}\left(-\frac{dW}{dt}\right)_{pr} = \frac{T_0\,(\Phi)_{pr}}{W}$$

es del orden de $1{,}5 \cdot 10^{-7}$, y es por lo tanto un número muy pequeño, como se señaló en la sección anterior. Si ponemos

$$\tau_r = \frac{3}{8\pi^2}\frac{\lambda_0}{r_e}T_0 \tag{8-29}$$

obtenemos para la energía variable W del dipolo oscilante la siguiente ecuación diferencial:

$$-\frac{dW}{dt} = (\Phi)_{pr} = \frac{W}{\tau_r} \tag{8-30}$$

cuya solución es

$$W = W_0 \exp(-t/\tau_r) \tag{8-31}$$

donde t es el tiempo medido desde el instante en que ocurre la excitación y W_0 es el valor inicial de la energía de excitación. Es evidente que *la energía del dipolo oscilante decrece exponencialmente con el tiempo.* Su valor se reduce a $1/e$ del valor inicial después de un tiempo igual a τ_r.** La longitud del tren de ondas emitido durante ese tiempo es $\tau_r c$ y es del orden de 300 cm para luz

* Para justificar el nombre, nótese que la energía conservada en el campo eléctrico producida por una carga e, distribuida uniformemente en una superficie esférica de radio r_e es del orden de magnitud de la energía del electrón en reposo mc^2 (en realidad, es igual a $mc^2/2$).

** Nótese que la amplitud de oscilación es proporcional a la raíz cuadrada de la energía. Por esto, la amplitud b en el instante t está relacionado con la amplitud inicial b_0 por la ecuación $b(t) = b_0 \exp(-t/2\,\tau_r)$, y la amplitud se reduce a $1/e$ de su valor inicial en un tiempo igual a $2\,\tau_r$.

visible. Esta longitud es mayor que la longitud de los trenes de onda computada a partir de la falta de monocromaticidad observada en las fuentes de luz reales (sec. 3-14), lo que significa que generalmente la longitud de los trenes de onda emitidos por átomos excitados no está limitado por amortiguamiento de radiación, sino más bien por perturbaciones externas como choques con otros átomos.*

Podemos representar formalmente la amortiguación de los dipolos oscilantes debido a radiación y colisión introduciendo en las ecuaciones de movimiento (ec. 8-2 o ecs. 8-7) una *fuerza de fricción* ficticia, es decir, una fuerza proporcional y opuesta a la velocidad. Podemos considerar a esta fuerza como la suma de dos términos: $f_r = -h_r\,(dz/dt)$ correspondiente a amortiguación por radiación; y $f_c = -h_c\,(d^2/dt)$, correspondiente al amortiguamiento por choque. Para el caso del oscilador lineal, por ejemplo, en lugar de la ecuación (8-2) escribiremos,

$$m\frac{d^2z}{dt^2} = -k\,z - (h_r + h_c)\frac{dz}{dt} \tag{8-32}$$

Como la fracción de energía perdida durante una oscilación es pequeña, calculamos h_r, igualando el trabajo promedio realizado por la partícula oscilante contra la fuerza f_r por unidad de tiempo con el promedio de la variación de energía perdida por radiación, $(\Phi)_{pr}$ (ec. 8-28). El trabajo realizado contra la fuerza $f_r = -h_r\,(dz/dt)$ por unidad de tiempo es

$$-f_r\frac{dz}{dt} = h_r\left(\frac{dz}{dt}\right)^2 = h_r\,b^2\,\omega_0{}^2\,\mathrm{sen}^2\,\omega_0\,t$$

y recordando la ecuación (8-23), el valor promedio de esta cantidad es:

$$\left(-f_r\frac{dz}{dt}\right)_{pr} = \frac{h_r\,b^2\,\omega_0{}^2}{2} = \frac{h_r\,W}{m} \tag{8-33}$$

De la ecuación

$$\left(-f_r\frac{dz}{dt}\right)_{pr} = (\Phi)_{pr}$$

obtenemos

$$h_r = \frac{m\,(\Phi)_{pr}}{W}$$

y por la ecuación (8-30)

$$h_r = m/\tau_r \tag{8-34}$$

Similarmente obtenemos que el trabajo realizado contra la fuerza friccional f_c correspondiente al amortiguamiento por choque por unidad de tiempo

$$\left(-f_c\frac{dz}{dt}\right) = \frac{h_c\,W}{m} \tag{8-35}$$

* El efecto Doppler también contribuye a ensanchar las líneas espectrales; véase sección 5-4.

Así, si tomamos en cuenta ambas fuerzas friccionales f_r y f_c, la ecuación diferencial para la energía de oscilación W queda

$$-\frac{dW}{dt}=\frac{h_r+h_c}{m}W \tag{8-36}$$

cuya solución es:

$$W=W_0\,e^{-t/\tau}$$

donde

$$\tau=\frac{m}{h_r+h_c} \tag{8-37}$$

Nótese que el trabajo realizado contra la fuerza friccional f_c es transformado en calor, mientras que, como sabemos, el trabajo realizado contra la fuerza f_r se transforma en energía de radiación.

8-3. Oscilaciones forzadas de electrones atómicos. La presencia de materia afecta la propagación de la luz de muchas maneras. Los efectos más comunes y notables son los siguientes:

(1) La velocidad de propagación es menor en un medio material que en el espacio vacío, y es diferente en distintos medios. El cambio en la velocidad de la luz en la superficie de separación entre los medios da lugar al fenómeno de *reflexión* y al de *refracción,* como se discutió en detalle en el capítulo 2.

(2) Parte de la energía de la luz se transforma en calor, es decir, el haz de luz es parcialmente *absorbido.*

(3) La luz es parcialmente *dispersada,* es decir, cambiada su dirección de propagación.

La absorción y la dispersión producen una atenuación gradual del haz de luz, a medida que éste viaja por la materia. En las sustancias llamadas transparentes, la atenuación es pequeña, aunque el espesor atravesado por el haz de luz sea muy grande. Pero en todo medio material siempre hay absorción y dispersión en algún grado y, por consiguiente, no hay ningún medio, excepto el vacío absoluto, perfectamente transparente.

Los tres efectos ya mencionados dependen de la frecuencia. La dependencia de la frecuencia con el índice de refracción se conoce como *dispersión* (véase sección 2-14). La dependencia *de la absorción con la frecuencia* es la responsable del color de muchos objetos; por ejemplo, la luz blanca que pasa a través de un pedazo de rubí se hace roja, a raíz de que el rubí absorbe los rayos verdes y azules mucho más que los rojos. Un trozo de género rojo debe su color a un efecto similar, porque los rayos de luz penetran alguna distancia entre las fibras entrelazadas antes de ser difundido hacia atrás. A veces, sin embargo, el color de una superficie se debe a una reflexión selectiva más que a una absorción selectiva de ciertas longitudes de onda; esto es cierto en el caso de varios metales, por ejemplo, oro o cobre. La dependencia en frecuencia de la dispersión es la que da lugar al color azul del cielo.

En las secciones anteriores hemos interpretado la emisión de luz como un proceso de radiación de dipolos oscilando libremente. Aplicaremos ahora el mismo modelo de los dipolos microscópicos a la discusión de los fenómenos que acompañan el pasaje de luz a través de la materia. Veremos que podemos comprender este fenómeno considerando las *oscilaciones forzadas* de los dipolos en los campos eléctricos rápidamente variables de las ondas luminosas. La potencia requerida para mantener las oscilaciones forzadas la entrega la onda incidente, la cual, por consiguiente, se atenúa a medida que se propaga a través del medio material. La superposición incoherente de las ondas secundarias emitidas por los dipolos oscilantes, es responsable de los fenómenos de dispersión. La interferencia coherente de estas ondas secundarias con la onda incidente, da como resultado una disminución de la velocidad de propagación.

Como paso preliminar hacia la discusión cuantitativa de las ideas generales ya esbozadas, investigaremos el comportamiento de un oscilador aislado en el campo electromagnético de una onda sinusoidal.

La fuerza experimentada por la carga móvil en tal campo está dada por la expresión $\pm e\,(\mathbf{E} + \mathbf{w} \times \mathbf{B})$, donde el primer término representa el efecto del campo eléctrico y el segundo el del campo magnético; dejamos abierta la posibilidad de que la carga tenga cualquier signo. Para una onda electromagnética en el vacío, la magnitud de $\mathbf{B}$ es $1/c$ multiplicado por la magnitud de $\mathbf{E}$. Como la velocidad w de la carga móvil es siempre muy pequeña comparada con la velocidad c de la luz, el segundo término es muy pequeño comparado con el primero, y será despreciado en los cálculos posteriores.

Nos queda entonces el problema de estudiar el movimiento de una partícula cargada sobre la que actúa una fuerza eléctrica, restauradora (responsable de las oscilaciones libres), una fuerza friccional (responsable del amortiguamiento) y una fuerza sinusoidal externa (debida al campo eléctrico de la onda).

Las propiedades cualitativas de este movimiento son bien conocidas. Cuando la partícula inicialmente en reposo es alcanzada por la onda luminosa, atraviesa un período transitorio y eventualmente se quedará en un estado estacionario de oscilaciones forzadas. La frecuencia de las oscilaciones es idéntica a la frecuencia de la onda incidente. La amplitud de las oscilaciones depende de la diferencia entre la frecuencia de esta onda incidente y la frecuencia característica de las oscilaciones libres, y es un máximo cuando las dos frecuencias son iguales, es decir, cuando la onda incidente está en *resonancia* con la frecuencia natural de la carga oscilante. A frecuencias apreciablemente diferentes de la frecuencia resonante, una pequeña amortiguación no afecta apreciablemente la amplitud de las oscilaciones y en general puede ser despreciada. A la frecuencia de resonancia, en cambio, la amortiguación tiene siempre un papel importante, porque ella sola limita la amplitud de las oscilaciones forzadas. Para un estudio cuantitativo del fenómeno descrito, consideremos una onda plana, sinusoidal, linealmente polarizada viajando en la dirección del eje x y con el vector eléctrico en la dirección del eje z. Tomamos el origen de nuestro sistema de referencia en la posición de equilibrio de la partícula cargada. Las oscilaciones de la partícula cargada tendrán lugar a lo largo del eje z, y la ecuación de movimiento es de la siguiente forma:

$$m\frac{d^2z}{dt^2} = -hz - (h_r + h_c)\frac{dz}{dt} \pm e\,A\cos\omega t \qquad (8\text{-}38)$$

En el miembro de la derecha de esta ecuación, el primer término representa la fuerza elástica restauradora, el segundo representa la fuerza de fricción (debida a los efectos combinados del amortiguamiento de radiación y choques; véase sec. 8-2), y el tercero representa la fuerza debida al campo eléctrico de la onda luminosa (de amplitud A y frecuencia angular ω). Recordando la definición de ω_0 (ec. 8-4) y la de τ (ec. 8-37) e introduciendo como una nueva variante al movimiento dipolar eléctrico

$$p = \pm z e \tag{8-39}$$

podemos reescribir la ecuación (8-38) como

$$\frac{d^2p}{dt^2} + \frac{1}{\tau}\frac{dp}{dt} + \omega_0{}^2 p = \frac{e^2}{m} A \cos \omega t \tag{8-40}$$

Estamos sólo interesados en la solución de esta ecuación correspondiente al movimiento del estado estacionario, es decir, la solución que representa un movimiento sinusoidal de amplitud constante. Hemos mencionado antes que la frecuencia angular de este movimiento sinusoidal es igual a la frecuencia angular de la fuerza externa, entonces podemos escribir

$$p = p_0 \cos (\omega t - \varphi) \tag{8-41}$$

Ahora deseamos verificar que una función de este tipo satisface realmente la ecuación (8-40) y determinar los valores de las cantidades p_0 y φ. Podemos simplemente introducir la expresión para p dado por la ecuación (8-41) en la (8-40) y calcular los valores de p_0 y φ para los cuales la ecuación resultante se satisface para todos los valores de t. Pero podemos alcanzar el resultado deseado más directamente haciendo uso de la representación vectorial de funciones sinusoidales. En la figura 8-3 el vector de longitud p_0 representa el momento dipolar sinusoidalmente variable p. Como quiera que $dp/dt = -\omega p_0 \operatorname{sen} (\omega t - \varphi) = \omega p_0 \cos (\omega t - \varphi + \pi/2)$, la función dp/dt está representada por el vector de longitud ωp_0 rotado en la dirección positiva (es decir, en el sentido contrario a las agujas del reloj) en una cantidad $\pi/2$ con respecto al vector que representa la función p. Repitiendo el mismo argumento encontramos que la función d^2p/dt^2 está representada por el vector de longitud $\omega^2 p_0$ que apunta en la dirección opuesta a la del vector que representa la función p.

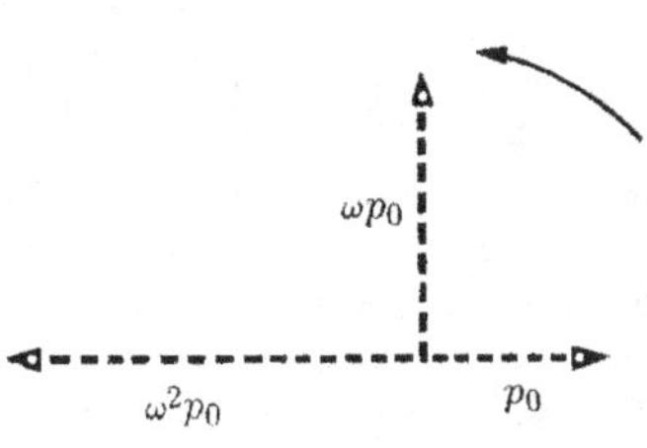

FIG. 8-3.

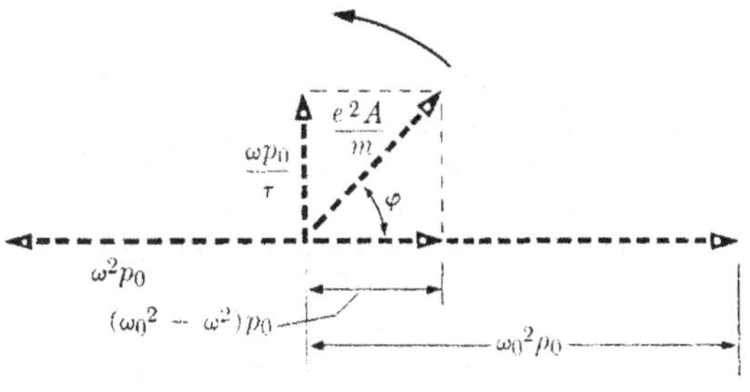

FIG. 8-4.

Considerando estos resultados, podemos transformar la ecuación diferencial (8-40) en una ecuación vectorial, como se muestra en la figura 8-4. Un vector de longitud $\omega_0^2\, p_0$ representa la función $\omega_0^2\, p$. Un vector de longitud $\omega^2\, p_0$ opuesto al primero, representa la función $d^2/p/dt^2$. El vector que representa la función $(1/\tau)\, dp/dt$ tiene una longitud $(\omega/\tau)\, p_0$ y está en ángulos rectos con los otros dos vectores. La resultante de los tres vectores tiene una magnitud

$$\sqrt{(\omega_0^2 - \omega^2)^2\, p_0^2 + (\omega/\tau)^2\, p_0^2}$$

De acuerdo con la ecuación (8-40), esta cantidad es igual a la longitud $(e^2/m)\, A$ del vector que representa a la función $(e^2/m)\, A \cos \omega t$. Obtenemos entonces

$$p_0 = \frac{(e^2/m)\, A}{\sqrt{(\omega_0^2 - \omega^2)^2 + \omega^2/\tau^2}} \tag{8-42}$$

que determina la amplitud de oscilación del momento dipolar eléctrico. De la figura 8-4 podemos también encontrar que la diferencia de fase φ entre las oscilaciones del momento dipolar y las del campo eléctrico obedece a la ecuación

$$\operatorname{tg} \varphi = \frac{\omega}{\tau\, (\omega_0^2 - \omega^2)} \tag{8-43}$$

Nótese que las oscilaciones del dipolo siempre están *atrasadas* con respecto a las del campo eléctrico.

La ecuación (8-42) muestra que p_0 es un máximo cuando $\omega = \omega_0$ como ya lo señaláramos. En $\omega = \omega_0$, p_0 toma el valor

$$(p_0)_{\text{máx}} = (e^2\, \tau/m\, \omega)\, A \tag{8-44}$$

y vemos que $(p_0)_{\text{máx}}$ se hace mayor a medida que la amortiguación se hace menor. Es decir, para una frecuencia dada $(p_0)_{\text{máx}}$ es proporcional a τ, que es el tiempo después del cual, la energía de un dipolo libremente oscilante se reduce a $1/e$ de su valor inicial.

En gases, el amortiguamiento es a menudo muy pequeño o sea, τ es grande. Así, a menos que ω esté muy cerca de ω_0, el término $(\omega/\tau)^2$ en (8-42) es despreciable comparado con el término $\omega_0^2 - \omega^2$, y esta ecuación queda

$$p_0 = \frac{(e^2/m)\, A}{|\, \omega_0^2 - \omega^2 \,|} \tag{8-45}$$

En otras palabras, cuando el amortiguamiento es pequeño la amplitud de las oscilaciones forzadas es prácticamente la misma que para un oscilador no amortiguado, excepto en las proximidades inmediatas de resonancia.

La ecuación (8-43) muestra que φ es menor que $\pi/2$ para frecuencias *debajo* de la frecuencia de resonancia, y mayores que $\pi/2$ para frecuencias *encima* de la frecuencia resonante. En el caso de amortiguamiento pequeño, el valor absoluto de $\operatorname{tg} \varphi$ es siempre muy pequeño excepto en las proximidades inmediatas de la frecuencia resonante. Así, el campo eléctrico y las oscilaciones del dipolo tiene prácticamente la misma fase cuando $\omega < \omega_0$ y prácticamente opuestas cuando $\omega > \omega_0$. Cuanto menor es el amortiguamiento más rápida es la transición de $\varphi = 0$ a $\varphi = \pi$. Como ilustración de los resultados anteriores, las figuras 8-5 y 8-6 muestran las cantidades p_0^2 y tg φ como funciones de $(\omega - \omega_0)/\omega$, para dos valores diferentes de τ.

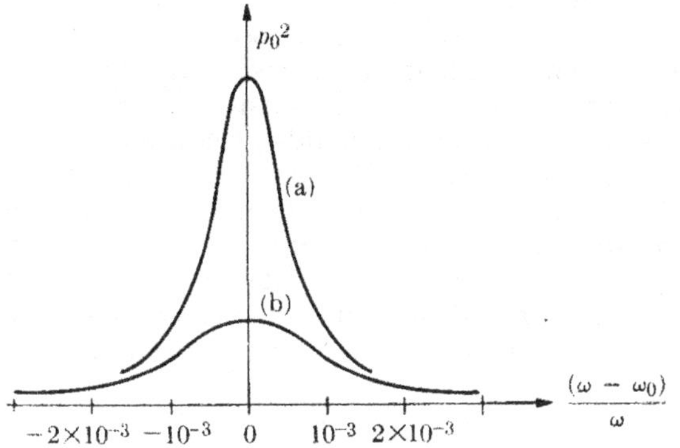

FIG. 8-5. p_0^2 en función de $(\omega - \omega_0)/\omega$ para dos valores distintos de τ: (a) $\tau = 1000/\omega_0$; (b) $\tau = 500/\omega_0$.

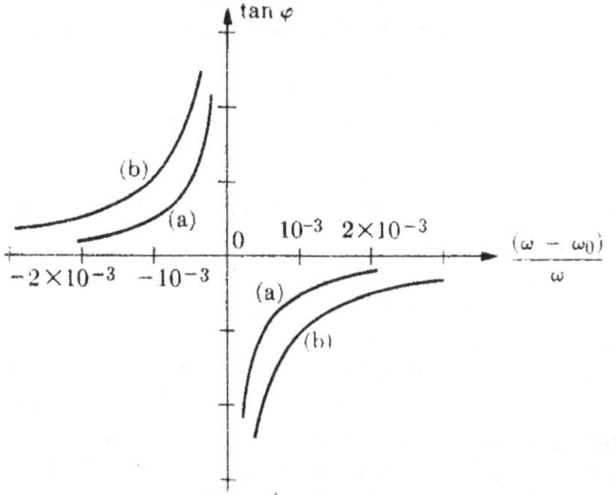

FIG. 8-6. tan φ en función de $(\omega - \omega_0)/\omega$ para dos valores distintos de τ: (a) $\tau = 1000/\omega_0$; (b) $\tau = 500/\omega_0$.

8-4. Propagación de ondas luminosas en dieléctricos homogéneos. Dispersión. La propagación de luz en sustancias materiales es en sí un fenómeno muy complejo. En efecto, la perturbación electromagnética en cualquier punto del medio, resulta de los efectos combinados de la onda primaria que viene de la fuente luminosa y las ondas secundarias debidas a las oscilaciones forzadas de los dipolos microscópicos. Sin embargo, muchos fenómenos ópticos pueden explicarse aún con una teoría simple en la cual las ondas secundarias no aparecen explícitamente.

En esta sección, consideraremos la propagación de ondas luminosas en un dieléctrico homogéneo, bajo la suposición de que el amortiguamiento de los osciladores microscópicos es pequeño, y su frecuencia característica está lejos de la frecuencia de la onda incidente. Entonces, como hemos visto en la sección anterior, las oscilaciones de los dipolos microscópicos, aparecen con una diferencia de fase de 0 o π con respecto a las oscilaciones del campo externo. En ambos casos, los momentos dipolares de las oscilaciones individuales son, en todo momento, proporcionales a la intensidad del campo externo, dependiendo del caso que la constante de proporcionalidad sea positiva o negativa. Se deduce entonces que el vector polarización **P** (que representa el momento dipolar resultante por unidad de volumen de dieléctrico) es también proporcional al campo eléctrico $\mathbf{E}_e$ que actúa sobre los dipolos.

Supongamos primero que todos los osciladores microscópicos son idénticos, y sea N su número por unidad de volumen. Considerando la ecuación (8-45) y recordando que φ es cero cuando $\omega < \omega_0$ y π cuando $\omega > \omega_0$ encontramos que

$$\mathbf{P} = \frac{N(e^2/m)}{\omega_0{}^2 - \omega^2}\mathbf{E}_e \tag{8-46}$$

da la magnitud y la dirección correctas de **P**.

Si, en cambio, el material en consideración contiene osciladores de varias frecuencias diferentes, ω_{0i}, la ecuación (8-46) debe reemplazarse por la siguiente

$$\mathbf{P} = \left(\Sigma \frac{N_i(e^2/m_i)}{\omega_{0i}^2 - \omega^2}\right)\mathbf{E}_e \tag{8-47}$$

donde N_i representa el número de osciladores de frecuencia característica ω_{0i} y masa m_i, por unidad de volumen.

Los resultados anteriores son completamente válidos sólo para gases. En el caso de líquidos o sólidos hay una posibilidad de que alguno de los osciladores microscópicos sea fuertemente amortiguado, aunque esta dificultad no es muy seria, porque los osciladores más efectivos, en el fenómeno aquí discutido, son los osciladores electrónicos, y éstos no son muy afectados por la presencia de moléculas vecinas aun en materia condensada.

Puede también surgir una cuestión, respecto del valor real del campo eléctrico $\mathbf{E}_e$ que actúa sobre los osciladores individuales. El llamado campo eléctrico **E** en un dieléctrico polarizado, es la resultante del campo externo y del campo producido por la polarización (secciones 7-2), pero **E** no es idéntico al campo $\mathbf{E}_e$ que actúa sobre un dipolo individual, porque al calcular $\mathbf{E}_e$ la contribución del dipolo debe ser despreciada. En los gases, donde el campo debido a la polarización es pequeño comparado con el campo externo, la diferencia entre $\mathbf{E}_e$ y **E** es despreciable. En la materia condensada se encuentra que $\mathbf{E}_e$ puede diferir apreciablemente de **E**, pero es siempre proporcional a **E**, entonces en las ecuaciones (8-46) y (8-47) pondremos $\mathbf{E}_e = \text{const} \times \mathbf{E}$. Pero un factor constante no nos interesa demasiado, desde que N y N_i son esencialmente constantes arbitrarias a ser determinadas por la experiencia. En lo que sigue, despreciaremos este factor, y reemplazaremos simplemente $\mathbf{E}_e$ por $\mathbf{E}$ en nuestro análisis.

Si el vector $\mathbf{P}$ y el vector $\mathbf{E}$ son proporcionales entre sí siempre, entonces el vector desplazamiento $\mathbf{D} = \epsilon_0 \mathbf{E} + \mathbf{P}$ es también proporcional a $\mathbf{E}$, y podemos definir una permeabilidad dieléctrica ϵ mediante la ecuación

$$\epsilon \mathbf{E} = \mathbf{D} = \epsilon_0 \mathbf{E} + \mathbf{P} \tag{8-48}$$

(véase sección 7-2). De esta ecuación, junto con (8-47), obtenemos

$$\epsilon = \epsilon_0 + \sum \frac{N_i (e^2/m_i)}{\omega_{0i}^2 - \omega^2} \tag{8-49}$$

Nótese que no podemos hablar de permeabilidad dieléctrica en el caso de un campo arbitrario rápidamente variable, sino sólo para un campo que varía sinusoidalmente en el tiempo, porque en el caso general el valor instantáneo de $\mathbf{P}$ no es proporcional al valor instantáneo de $\mathbf{E}$. Nótese también que en el caso de un campo que varía sinusoidalmente, *la permeabilidad resulta ser función de la frecuencia* ω.

De la teoría general desarrollada en la sección 7-3, se deduce ahora que existen soluciones de las ecuaciones de Maxwell que representan ondas planas sinusoidales, en el *medio material considerado aquí. En otras palabras, el medio propagará ondas planas sinusoidales, sin cambiar su forma, pero no propagará ondas planas de otra clase.*

La velocidad de propagación de las ondas sinusoidales está determinada por la permeabilidad eléctrica del medio (ec. 7-34). Introduciendo el índice de refracción $n = c/v$, tenemos

$$n = \sqrt{\epsilon/\epsilon_0} \tag{8-50}$$

y por lo tanto, de (8-49)

$$n^2 = 1 + \frac{e^2}{\epsilon_0} \sum_i \frac{N_i/m_i}{\omega_{0i}^2 - \omega^2} \tag{8-51}$$

Esta ecuación contiene la solución de nuestro problema. Como ya dijimos, esta solución ha sido obtenida bajo la suposición de que la frecuencia de la onda es apreciablemente diferente de las frecuencias características ω_{0i} de los osciladores microscópicos. La ecuación (8-51) muestra que cuando esto ocurre, el índice de refracción n crece gradualmente con la frecuencia. Este comportamiento se conoce como *dispersión normal.*

El comportamiento del índice de refracción en las proximidades de una de las frecuencias características será discutido más tarde. Aquí deseamos remarcar que cuando la frecuencia de la onda se hace mayor que todas las frecuencias características (lo que ocurre sólo a frecuencias más allá del rango visible), el índice de refracción n se hace *menor que 1,* lo cual significa, que la velocidad de fase de la onda se hace mayor que la velocidad de la luz en el vacío. Parecería que existiese una contradicción a la luz fundamental que establece que en la naturaleza no hay velocidad mayor que la velocidad de la luz en el vacío (véase sec. 5-3). La contradicción, por supuesto, es solamente aparente, ya que c/n representa la *velocidad de fase* de la onda, mientras que la velocidad de propagación de una señal electromagnética coincide con la *velocidad de grupo* (sec. 5-5). A frecuencias mayores que las frecuencias características la velocidad de grupo difiere considerablemente de la velocidad de fase a raíz de la rápida variación del índice de refracción con la frecuencia, y es siempre menor que la velocidad de la luz en el vacío.

A frecuencias suficientemente bajas, ω se hace despreciable comparada con todas las frecuencias características ω_{0i}, y n adquiere un valor independiente de ω dada por la ecuación

$$n^2 = 1 + \frac{e^2}{\epsilon_0} \sum_i \frac{N_i}{m_i\, \omega_{0i}^2} = 1 + \frac{e^2}{\epsilon_0} \sum_i \frac{N_i}{k_i} \tag{8-52}$$

donde hemos usado la ecuación $\omega_{0i}^2 = k_i/m_i$ (véase ec. 8-4). El valor de n^2 dado por (8-52) coincide con la constante dieléctrica estática ($k = \epsilon/\epsilon_0$) del medio.

A menudo, las sustancias ópticamente transparentes contienen dipolos cuyas frecuencias características están *fuera* del rango visible en dos grupos: uno localizado en el ultravioleta, que incluye las frecuencias propias de los osciladores eléctricos, y uno localizado en el infrarrojo, que incluye las frecuencias propias de los osciladores moleculares. La ecuación (8-51) muestra que para $\omega \gg \omega_{0i}$, la contribución de un dipolo oscilante dado varía como $1/m_i\,\omega^2$, y por esto decrece rápidamente para frecuencias crecientes. Por lo tanto, los dipolos moleculares de gran masa y frecuencia característica baja no contribuyen efectivamente al índice de refracción en el rango óptico, la razón física es que su gran inercia les impide seguir los campos rápidamente variables de las ondas luminosas. Por eso, el índice de refracción para la luz visible, está determinado principalmente por las propiedades de los osciladores electrónicos. En cambio, todos los dipolos, los de alta y los de baja frecuencia característica, contribuyen a la constante dieléctrica estática y al índice de refracción a bajas frecuencias (encima de las correspondientes en microondas o al espectro de infrarrojo). Éste explica la aparente contradicción entre el gran valor de la constante dieléctrica estática del agua ($\kappa \approx 80$) y el pequeño valor del índice de refracción del agua en el rango del visible ($n \approx 1{,}33$).

De nuestra discusión es claro el porqué sólo las ondas sinusoidales viajan sin deformarse; es que los átomos se comportan como osciladores armónicos eléctricos. Es la presencia de tales osciladores microscópicos, que permite a un prisma separar las distintas componentes monocromáticas en un haz de luz blanca.

El papel privilegiado que parecen tener las ondas sinusoidales, se afirma en el hecho que las oscilaciones libres de las cargas eléctricas en los átomos tienen carácter sinusoidal.*

8-5. Reflexión y refracción en la superficie de separación entre dos medios transparentes. Procederemos ahora a investigar, desde el punto de vista de la

* Para un modelo mecánico de un medio dispersante, véase Apéndice 2(d).

teoría electromagnética de la luz, el fenómeno de reflexión y refracción que tiene lugar en la superficie de separación entre dos dieléctricos.

Consideraremos ondas luminosas sinusoidales, tal que podamos asignar a cada dieléctrico una permeabilidad dieléctrica definida ϵ_1 y ϵ_2. Supondremos que los dos medios están separados por una superficie plana, y tomaremos esta superficie como el plano yz de un sistema de referencia cartesiano. Supondremos que la dirección negativa del eje x está en el medio de permeabilidad dieléctrica ϵ_1 y el eje x positivo en el medio de permeabilidad dieléctrica ϵ_2.

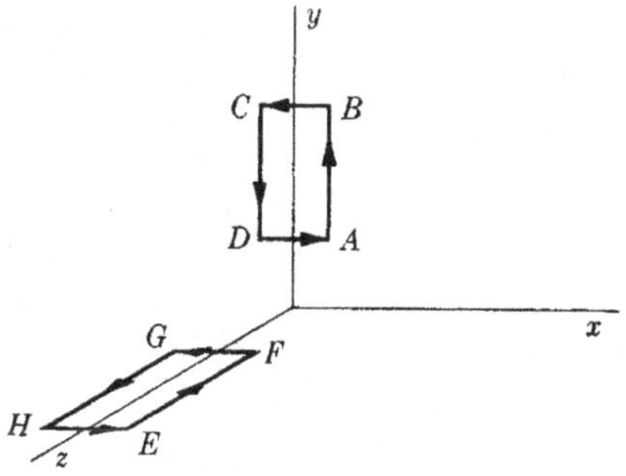

FIG. 8-7. Determinación de las condiciones de contorno.

Los campos electromagnéticos en los dos medios están relacionados entre sí por ciertas condiciones que deben satisfacerse en la superficie de separación entre los dos medios (es decir, en la superficie $x=0$). Para encontrar esas condiciones de contorno, consideremos el rectángulo *ABCD* mostrado en la figura 8-7, tal que los lados *BC*, *DA* son paralelos al eje x, mientras que los lados *AB*, *CD* son lados opuestos de la superficie límite paralelos al eje y. Sea Δy la longitud común de los segmentos *AB* y *CD* y Δx la longitud común de los lados *BC* y *DA*. Aplicamos ahora a este rectángulo la ley de inducción de Faraday, expresada por la ecuación (7-14):

$$\oint E_s \, ds = -\int \frac{\partial B_z}{\partial t} \, dS$$

En el límite para $\Delta x = 0$, el miembro de la derecha de esta ecuación tiende a cero porque el área de integración se anula y el integrando, $\partial B_z/\partial t$, es finito en todo punto. Supongamos que Δy es suficientemente pequeño tal que **E** no cambia apreciablemente a lo largo del segmento *AB* o a lo largo del segmento *CD*, y llamemos E_{2y} y E_{1y} respectivamente, a las componentes y de **E** en estos dos segmentos. Entonces, la integral de la izquierda se reduce a la suma de dos términos:

$$\oint E_s \, ds = -E_{1y} \Delta y + E_{2y} \Delta y$$

y obtenemos

$$-E_{1y} \Delta y + E_{2y} \Delta y = 0$$

o

$$E_{1y} = E_{2y} \tag{8-53}$$

Análogamente, la aplicación de la ley de circuito (ec. 7-16) al mismo rectángulo *ABCD* da

$$H_{1y} = H_{2y} \tag{8-54}$$

De la aplicación de las ecuaciones (7-14) y (7-16) al rectángulo *EFGH* surgen otras dos ecuaciones (véase fig. 8-7)

$$E_{1z} = E_{2z} \tag{8-55}$$

$$H_{1z} = H_{2z} \tag{8-56}$$

Las ecuaciones (8-53) a (8-56) demuestran que *las componentes de la intensidad eléctrica y de la intensidad magnética paralelas a la superficie de separación entre dos medios son continuas a través de esta superficie.*

El fenómeno de reflexión y refracción son consecuencias directas de las condiciones de contorno establecidas anteriormente. En cada uno de los dos medios existen soluciones de las ecuaciones de Maxwell que representan combinaciones arbitrarias de ondas planas sinusoidales, que viajan con velocidades características $v_1 = 1/\sqrt{\epsilon\mu_0}$ y $v_2 = 1/\sqrt{\epsilon_2\mu_0}$ respectivamente. Las condiciones de contorno, en cambio, restringuen las soluciones aceptables de tal forma que sólo una combinación definida de ondas planas en uno de los dos medios puede coexistir con una combinación dada de ondas planas en el segundo medio. En particular, como veremos, no podemos usualmente, satisfacer las condiciones de contorno suponiendo la existencia de una sola onda plana en el primer medio (onda incidente) y sólo una onda plana en el segundo medio (la onda refractada). Es decir, con algunas excepciones que discutiremos después, las condiciones de contorno requieren la presencia en el primer medio de dos ondas, la refractada y la reflejada. El problema aquí discutido es formalmente similar a la reflexión y transmisión de ondas mecánicas en puntos de discontinuidad [véase sec. 1-5 y Apéndice 2(f)].

Para una discusión matemática del problema, elegimos, como antes, la superficie de separación entre los dos medios como el plano yz y tomamos el eje y en el plano que contiene la dirección de propagación de la onda incidente. El plano xy coincide con el plano de incidencia. Si φ es el ángulo de incidencia, los cosenos de los ángulos que forman la dirección de propagación de la onda incidente con los ejes de coordenadas (Fig. 8-8) son:

$$\gamma_x = \cos\varphi, \qquad \gamma_y = \cos\left(\frac{\pi}{2} - \varphi\right) = \operatorname{sen}\varphi, \qquad \gamma_z = 0$$

Suponemos que la onda incidente está linealmente polarizada en un plano arbitrario. Recordando las ecuaciones (7-57) y (7-58), y usando la representación compleja de funciones sinusoidales, podemos escribir la siguiente expresión para la intensidad eléctrica **E** de esta onda

$$\mathbf{E} = \mathbf{A}\exp\left\{i\omega\left(t - \frac{x\cos\varphi + y\operatorname{sen}\varphi}{v_1}\right)\right\} \tag{8-57}$$

Si A_y y A_z son las componentes y y z del vector constante **A**, los componentes y y z de **E** tiene las siguientes expresiones

$$E_y = A_y \exp\left\{i\,\omega\left(t - \frac{x\cos\varphi + y\,\mathrm{sen}\,\varphi}{v_1}\right)\right\} \tag{8-58}$$

$$E_z = A_z \exp\left\{i\,\omega\left(t - \frac{x\cos\varphi + y\,\mathrm{sen}\,\varphi}{v_1}\right)\right\} \tag{8-59}$$

No deseamos hacer suposiciones *a priori* respecto de la amplitud, la dirección de propagación, o aun la frecuencia de las ondas refractada y la reflejada; entonces, escribimos las ecuaciones de las componentes y y z del vector **E** de estas ondas en la siguiente forma:*

onda refractada:

$$E'_y = A'_y \exp\left\{i\,\omega'\left(t - \frac{\gamma'_x x + \gamma'_y y + \gamma'_z z}{v_2}\right)\right\} \tag{8-60}$$

$$E'_z = A'_z \exp\left\{i\,\omega'\left(t - \frac{\gamma'_x x + \gamma'_y y + \gamma'_z z}{v_2}\right)\right\} \tag{8-61}$$

onda reflejada:

$$E''_y = A''_y \exp\left\{i\,\omega''\left(t - \frac{\gamma''_x x + \gamma''_y y + \gamma''_z z}{v_1}\right)\right\} \tag{8-62}$$

$$E''_z = A''_z \exp\left\{i\,\omega''\left(t - \frac{\gamma''_x x + \gamma''_y y + \gamma''_z z}{v_1}\right)\right\} \tag{8-63}$$

Como la componente y del campo eléctrico es $E_y + E''_y$ en el primer medio y E'_y en el segundo medio, la condición de contorno (8-53) da

$$\text{en } x = 0; \qquad E_y + E''_y = E'_y \tag{8-64}$$

Similarmente, obtenemos

$$\text{en } x = 0; \qquad E_z + E''_z = E'_z \tag{8-65}$$

Con la ayuda de la ecuación (8-56) a las ecuaciones (8-64) y (8-65) quedan

$$A_y \exp\left\{i\,\omega\left(t - \frac{y\,\mathrm{sen}\,\varphi}{v_1}\right)\right\} + A''_z \exp\left\{i\,\omega''\left(t - \frac{\gamma''_y y + \gamma''_z z}{v_1}\right)\right\}$$
$$= A'_y \exp\left\{i\,\omega'\left(t - \frac{\gamma'_y y + \gamma'_z z}{v_2}\right)\right\} \tag{8-66}$$

* Por simplicidad, en cambio, no introducimos factores de fase. Como veremos, éstos son innecesarios en el caso presente.

$$A_z \exp\left\{i\,\omega\left(t - \frac{y \operatorname{sen} \varphi}{v_1}\right)\right\} + A''_z \exp\left\{i\,\omega''\left(t - \frac{\gamma''_y y + \gamma''_z z}{v_1}\right)\right\}$$

$$= A'_z \exp\left\{i\,\omega'\left(t - \frac{\gamma'_y y + \gamma'_z z}{v_2}\right)\right\} \quad (8\text{-}67)$$

Para $t = 0$, $y = 0$, $z = 0$ las ecuaciones de arriba dan

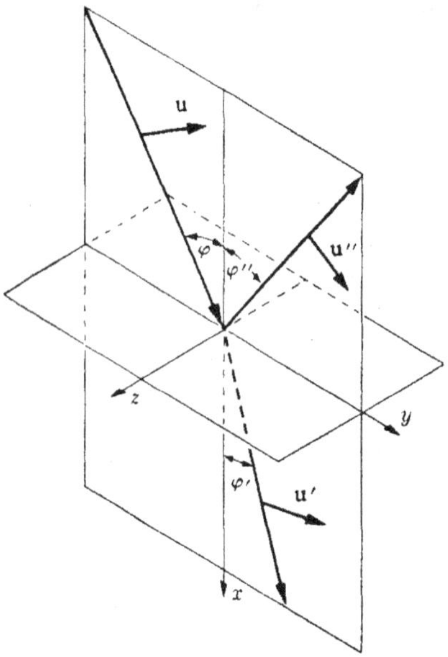

Fig. 8-8. Reflexión y refracción de ondas electromagnéticas en la superficie entre dos dieléctricos.

$$A_y + A''_y = A'_y \quad (8\text{-}68)$$

$$A_z + A''_z = A'_z \quad (8\text{-}69)$$

Como (8-66) y (8-61) deben satisfacer para todos los valores de las variables t, y y z deducimos que los coeficientes de cada variable en los exponentes de los distintos términos son idénticos. Obtenemos así las siguientes ecuaciones

$$\omega = \omega' = \omega'' \quad (8\text{-}70)$$

$$\operatorname{sen} \varphi = \frac{\gamma'_y}{v_2} = \frac{\gamma''_y}{v_1} \quad (8\text{-}71)$$

$$0 = \gamma'_z = \gamma''_z \quad (8\text{-}72)$$

Las ecuaciones (8-70) señalan que la frecuencia de la onda reflejada y refractada es idéntica a la de la onda incidente. La ecuación (8-72) muestra que la dirección de propagación de la onda reflejada y refractada están en el plano $x\,y$, es decir, en el plano de incidencia, de acuerdo con la ley enunciada en la sección 1-1. Si φ'' es el ángulo de reflexión y φ' el de refracción, tenemos las siguientes relaciones (Fig. 8-8)

$$\gamma'_x = \cos \varphi'$$

$$\gamma'_y = \cos\left(\frac{\pi}{2} - \varphi'\right) = \operatorname{sen} \varphi'$$

$$\gamma''_x = \cos(\pi - \varphi'') = -\cos \varphi''$$

$$\gamma''_y = \cos\left(\frac{\pi}{2} - \varphi''\right) = \operatorname{sen} \varphi''$$

Con la ayuda de estas ecuaciones, la (8-71) obtenemos

$$\frac{\operatorname{sen}\varphi}{v_1}=\frac{\operatorname{sen}\varphi'}{v_2}=\frac{\operatorname{sen}\varphi''}{v_1}$$

o

$$\varphi''=\varphi \tag{8-73}$$

$$\frac{\operatorname{sen}\varphi}{\operatorname{sen}\varphi'}=\frac{v_1}{v_2} \tag{8-74}$$

La ecuación (8-73) expresa la ley de reflexión y (8-74) la ley de refracción (ley de Snell; véanse secciones 1-1 y 1-9). Si n_1 y n_2 son los índices de refracción de los dos medios

$$n_1=\frac{c}{v_1}=\sqrt{\frac{\epsilon_1}{\epsilon_0}},\qquad n_2=\frac{c}{v_2}=\sqrt{\frac{\epsilon_2}{\epsilon_0}} \tag{8-75}$$

la ecuación (8-74) puede reescribirse como

$$\frac{\operatorname{sen}\varphi}{\operatorname{sen}\varphi'}=\frac{n_2}{n_1} \tag{8-76}$$

Nótese que las ecuaciones de la onda refractada y de la reflejada quedan ahora

$$\begin{aligned}
E'_y&=A'_y\ \exp\left\{i\,\omega\left(t-\frac{x\cos\varphi'+y\operatorname{sen}\varphi'}{v_2}\right)\right\}\\
E'_z&=A'_z\ \exp\left\{i\,\omega\left(t-\frac{x\cos\varphi'+y\operatorname{sen}\varphi'}{v_2}\right)\right\}\\
E''_y&=A''_y\ \exp\left\{i\,\omega\left(t+\frac{x\cos\varphi-y\operatorname{sen}\varphi}{v_1}\right)\right\}\\
E''_z&=A''_z\ \exp\left\{i\,\omega\left(t+\frac{x\cos\varphi-y\operatorname{sen}\varphi}{v_1}\right)\right\}
\end{aligned} \tag{8-77}$$

Como sen φ' no puede ser mayor que 1, la ecuación (8-74) se satisface sólo si

$$\frac{v_2}{v_1}\operatorname{sen}\varphi<1 \tag{8-78}$$

este es siempre el caso en que $v_2<v_1$. Si, en cambio, $v_2>v_1$, la condición anterior implica que el ángulo de incidencia φ debe ser menor que el ángulo límite φ_0 dado por

$$\operatorname{sen}\varphi_0=\frac{v_1}{v_2}=\frac{n_2}{n_1} \qquad \text{(8-79}$$

Cuando φ es mayor que φ_0, la onda refractada no existe, es decir, la onda incidente sufre una *reflexión total* (véase sec. 1-1).

Discutiremos el fenómeno de reflexión total en la próxima sección. Por ahora supondremos que la desigualdad (8-78) se satisface, y procederemos a investigar la relación entre las amplitudes y las intensidades de las ondas incidentes, reflejada y refractada.

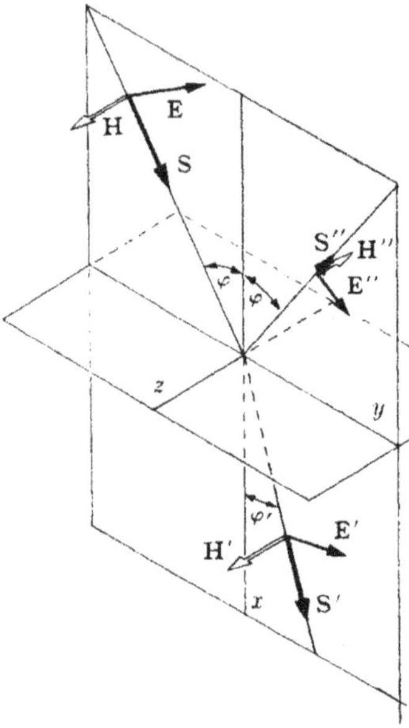

FIG. 8-9. Reflexión y refracción de ondas electromagnéticas; **E** en el plano de incidencia.

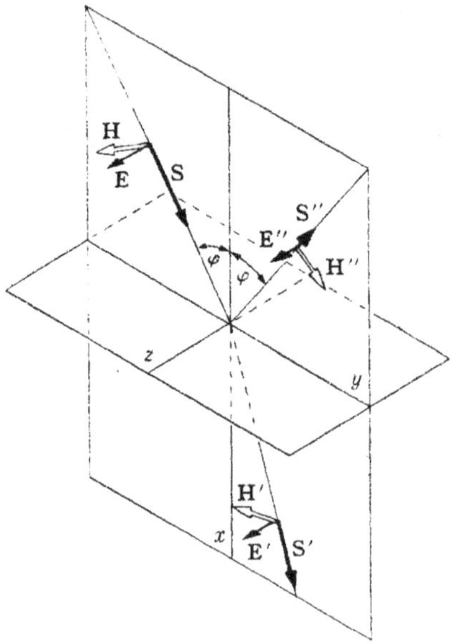

FIG. 8-10. Reflexión y refracción de ondas electromagnéticas; **E** perpendicular al plano de incidencia.

Discutiremos separadamente el caso en que los vectores eléctricos de las tres ondas están en el plano de incidencia (el plano xy, véase fig. 8-9), y cuando están en el plano perpendicular a él (el plano xz, véase fig. 8-10). El estudio de estos dos casos da la solución general de nuestro problema, ya que una onda arbitrariamente polarizada puede siempre considerarse como la superposición de dos ondas que vibran en los dos planos perpendiculares considerados arriba.

(a) *Vector* **E** *en el plano de incidencia*: Sean A, A' y A'' las magnitudes de los vectores amplitud **A**, **A**′ y **A**″ de las ondas incidentes, refractada y reflejada. Consideramos las cantidades A, A' y A'', positivas, si los vectores correspondientes están orientados como se indica con los vectores unitarios **u**, **u**′ y **u**″ de la figura 8-8 y negativas en el caso opuesto. Encontramos entonces que

$$A_y = A\cos\varphi, \qquad A'_y = A'\cos\varphi', \qquad A''_y = A''\cos\varphi \tag{8-80}$$

$$A_z = A'_z = A''_z = 0$$

La ecuación (8-68) da

$$A \cos \varphi + A'' \cos \varphi = A' \cos \varphi'$$

o

$$A + A'' \frac{\cos \varphi'}{\cos \varphi} A' \tag{8-81}$$

Los campos magnéticos de las ondas incidentes, refractada y reflejada son paralelos al eje z. Considerando la relación entre la dirección de **E**, la dirección de **H** y la dirección de propagación encontramos que si los vectores eléctricos de las tres ondas están en la dirección de los vectores **u**, **u**$'$ y **u**$''$ en la figura 8-8, el vector **H** está en la dirección positiva del eje z para la onda incidente y la refractada, y en la dirección negativa de z para la onda reflejada. Cumpliéndose las siguientes ecuaciones

$$\begin{aligned} H_z &= \sqrt{\frac{\epsilon_1}{\mu_0}} A \exp \left\{ i\omega \left(t - \frac{x \cos \varphi + y \operatorname{sen} \varphi}{v_1} \right) \right\} \\ H'_z &= \sqrt{\frac{\epsilon_2}{\mu_0}} A' \exp \left\{ i\omega \left(t - \frac{x \cos \varphi' + y \operatorname{sen} \varphi'}{v_2} \right) \right\} \\ H''_z &= -\sqrt{\frac{\epsilon_1}{\mu_0}} A'' \exp \left\{ i\omega \left(t + \frac{x \cos \varphi - y \operatorname{sen} \varphi}{v_1} \right) \right\} \end{aligned} \tag{8-82}$$

Las condiciones de contorno para el campo magnético

$$H_z + H''_z = H'_z \tag{8-83}$$

dan

$$\sqrt{\frac{\epsilon_1}{\mu_0}} A - \sqrt{\frac{\epsilon_1}{\mu_0}} A'' = \sqrt{\frac{\epsilon_2}{\mu_0}} A'$$

o

$$n_1 (A - A'') - n_2 A' \tag{8-84}$$

Tomando en cuenta la ley de Snell (ec. 8-76) la última ecuación puede también escribirse

$$A - A'' = \frac{\operatorname{sen} \varphi}{\operatorname{sen} \varphi'} A' \tag{8-85}$$

Las ecuaciones (8-81) y (8-85) pueden resolverse para A' y A'' y dan

$$A' = \frac{2 \operatorname{sen} \varphi' \cos \varphi}{\operatorname{sen} \varphi' \cos \varphi' + \operatorname{sen} \varphi \cos \varphi} A \tag{8-86}$$

$$A'' = \frac{\operatorname{sen} \varphi' \cos \varphi' - \operatorname{sen} \varphi \cos \varphi}{\operatorname{sen} \varphi' \cos \varphi' + \operatorname{sen} \varphi \cos \varphi} A \tag{8-87}$$

Es fácilmente verificable que estas ecuaciones son equivalentes a

$$A' = \frac{2 \operatorname{sen} \varphi' \cos \varphi}{\operatorname{sen}(\varphi + \varphi') \cos(\varphi - \varphi')} A \tag{8-88}$$

$$A'' = -\frac{\operatorname{tg}(\varphi - \varphi')}{\operatorname{tg}(\varphi + \varphi')} A \tag{8-89}$$

(b) *Vector* **E** *perpendicular al plano de incidencia.* En este caso los vectores eléctricos son paralelos al eje z y los vectores magnéticos están en el plano xy (Fig. 8-10). Sean A, A' y A'' las amplitudes de oscilación de los vectores eléctricos de las ondas incidentes refractada y reflejada. Consideremos estas cantidades positivas o negativas según que los vectores correspondiente $\mathbf{A}$, $\mathbf{A}'$ y $\mathbf{A}''$ están en la dirección de positiva o negativa. Así,

$$A_z = A, \qquad A'_z = A', \qquad A''_z = A'', \qquad A_y = A'_y = A''_y = 0 \tag{8-90}$$

y las condiciones de contorno para E_z (ec. 8-69) dan

$$A + A'' = A' \tag{8-91}$$

Las amplitudes de oscilación de los vectores magnéticos son $-\sqrt{\epsilon_1/\mu_0}\,A$, $-\sqrt{\epsilon_2/\mu_0}\,A''$ y $\sqrt{\epsilon_1/\mu_0}\,A'$. Aquí, las amplitudes positivas indican que los correspondientes vectores amplitud, están orientados en la dirección de los vectores $\mathbf{u}$, $\mathbf{u}'$ y $\mathbf{u}''$ (Fig. 8-8), amplitudes negativas indican la orientación opuesta. Las componentes y de los campos magnéticos son entonces

$$\begin{aligned} H_y &= -\sqrt{\frac{\epsilon_1}{\mu_0}} A \cos \varphi \exp \left\{ i\omega \left(t - \frac{x \cos \varphi + y \operatorname{sen} \varphi}{v_1} \right) \right\} \\ H'_y &= -\sqrt{\frac{\epsilon_2}{\mu_0}} A' \cos \varphi' \exp \left\{ i\omega \left(t - \frac{x \cos \varphi' + y \operatorname{sen} \varphi'}{v_2} \right) \right\} \\ H''_y &= \sqrt{\frac{\epsilon_1}{\mu_0}} A'' \cos \varphi \exp \left\{ i\omega \left(t + \frac{x \cos \varphi - y \operatorname{sen} \varphi}{v_1} \right) \right\} \end{aligned} \tag{8-92}$$

Las condiciones de contorno para el campo magnético

$$H_y + H''_y = H'_y \tag{8-93}$$

dan entonces

$$-\sqrt{\frac{\epsilon_1}{\mu_0}} \cos \varphi \cdot (A - A'') = -\sqrt{\frac{\epsilon_2}{\mu_0}} \cos \varphi' \cdot A'$$

o

$$n_1 \cos \varphi \cdot (A - A'') = n_2 \cos \varphi' \cdot A' \tag{8-94}$$

Esta ecuación puede escribirse también

$$A - A'' = \frac{\operatorname{sen} \varphi \cos \varphi'}{\operatorname{sen} \varphi' \cos \varphi} A' \tag{8-95}$$

Las ecuaciones (8-91) y (8-95) dan

$$A' = \frac{2 \operatorname{sen} \varphi' \cos \varphi}{\operatorname{sen} \varphi \cos \varphi' + \operatorname{sen} \varphi' \cos \varphi} A \tag{8-96}$$

$$A'' = \frac{\operatorname{sen} \varphi' \cos \varphi - \operatorname{sen} \varphi \cos \varphi'}{\operatorname{sen} \varphi \cos \varphi' + \operatorname{sen} \varphi' \cos \varphi} A \tag{8-97}$$

$$A' = \frac{2 \operatorname{sen} \varphi' \cos \varphi}{\operatorname{sen} (\varphi + \varphi')} A \tag{8-98}$$

$$A'' = -\frac{\operatorname{sen} (\varphi - \varphi')}{\operatorname{sen} (\varphi + \varphi')} A \tag{8-99}$$

Las ecuaciones (8-88), (8-89), (8-98) y (8-99) fueron obtenidas por primera vez por Fresnel, sobre las bases de una teoría elástica de la luz. Ellas contienen la solución completa de nuestro problema cuando existe rayo refractado, es decir, cuando se satisface la desigualdad (8-78).

Para el caso de incidencia perpendicular, $\varphi = 0$, $\varphi' = 0$ y las ecuaciones de Fresnel dan un resultado indeterminado. Para investigar este caso es más conveniente volver a las condiciones de contorno [ec. (8-81) y (8-84)], que quedan ahora

$$A + A'' = A', \qquad A - A'' = \frac{n_2}{n_1} A'$$

De estas ecuaciones obtenemos

$$A' = \frac{2 n_1}{n_1 + n_2} A, \qquad A'' = \frac{n_1 - n_2}{n_1 + n_2} A \tag{8-100}$$

La *reflectancia* ρ^2 es el cociente de las intensidades de la onda reflejada y la incidente. Como la intensidad es proporcional al cuadrado de la amplitud, tenemos

$$\rho^2 = \left(\frac{A''}{A} \right)^2 \tag{8-101}$$

Así, por ejemplo, en el caso de incidencia perpendicular obtenemos

$$\rho^2 = \left(\frac{n_1 - n_2}{n_1 + n_2} \right)^2 \tag{8-102}$$

8-6. Algunas consecuencias de las fórmulas de Fresnel. Identificación del vector óptico. Deseamos ahora discutir algunas de las consecuencias de las ecuaciones obtenidas en la sección precedente.

Las ecuaciones (8-88) y (8-89) muestran que A y A' tienen siempre el mismo signo. Deducimos entonces que los campos eléctricos de las ondas incidente y refractada están siempre *en fase* en la superficie de separación. Para discutir la relación de fase entre la onda incidente y la reflejada, debemos considerar separadamente los casos en que n_1 es menor o mayor que n_2 y los casos en que el vector eléctrico está en el plano de incidencia y en el plano perpendicular a él

(1a) $n_1 < n_2$, **E** *en el plano de incidencia.* En este caso $\varphi > \varphi'$ y la ecuación (8-89) muestra que A'' y A tienen signos opuestos cuando $\varphi + \varphi' < \pi/2$. En el primer caso, los campos eléctricos de la onda incidente y de la reflejada tienen fases opuestas en la superficie de separación; en el segundo tienen la misma fase.

(1b) $n_1 < n_2$, **E** *perpendicular al plano de incidencia.* La ecuación (8-99) muestra que en este caso A'' y A tiene siempre signos opuestos. Los campos eléctricos de la onda incidente y de la reflejada, tienen fase opuesta en la superficie de separación.

(2a) $n_1 > n_2$, **E** *en el plano de incidencia.* En este caso, los campos eléctricos de la onda incidente y de la reflejada tienen la misma fase si $\varphi + \varphi' < \pi/2$ y fase opuesta si $\varphi + \varphi' > \pi/2$.

(2b) $n_1 > n_2$, **E** *perpendicular al plano de incidencia.* En este caso los campos eléctricos de la onda incidente y de la reflejada están siempre en fase en la superficie de separación.

Como ilustración de las conclusiones anteriores los gráficos de las figuras 8-11 y 8-12 representan las cantidades A/A' y A''/A como funciones del ángulo de incidencia φ para los casos donde **E** es paralelo y perpendicular a los planos de incidencia calculados con la suposición de que $n_2/n_1 = 1{,}5$ y $n_2/n_1 = 1/1{,}5$ respectivamente.

Ya hemos considerado las relaciones de fase entre los campos eléctricos. Si examinamos las ecuaciones que describen los campos magnéticos [Ecs.(8-82) y (8-92)] encontramos que H_z y H''_z (o H_y y H''_y) tienen el mismo signo en la superficie límite cuando A y A'' tienen signos opuestos y viceversa. Por lo tanto, deducimos que cuando los campos eléctricos de las ondas incidente y reflejada tienen fase opuesta, los campos magnéticos están en fase, y que cuando los campos eléctricos están en fase, los campos magnéticos tienen fase opuesta.

Surge un caso singular, cuando $\varphi + \varphi' = \pi/2$. Entonces $\operatorname{tg}(\varphi + \varphi')$ tiende a infinito y ecuación (8-89) muestra que si **E** *está en el plano de incidencia,* la amplitud de la onda reflejada se anula. Así, la onda está *totalmente refractada.*

En este resultado encontramos una justificación teórica de la ley de Brewster presentada en la sección 6-4 como un hecho experimental. Recalcamos que de la condición de perpendicularidad entre el rayo reflejado y refractado, se deduce que el ángulo de Brewster φ_p satisface

$$\operatorname{tg} \varphi_p = \frac{n_2}{n_1} \tag{8-103}$$

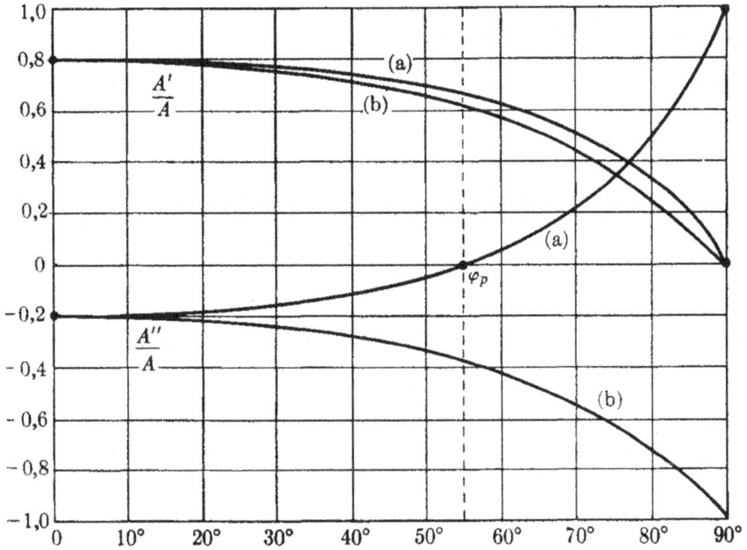

FIG. 8-11. Relaciones de las amplitudes refractada y reflejada a la amplitud incidente, calculadas para $n_2/n_1 = 1,5$. (a) **E** en el plano de incidencia. (b) **E** perpendicular al plano de incidencia.

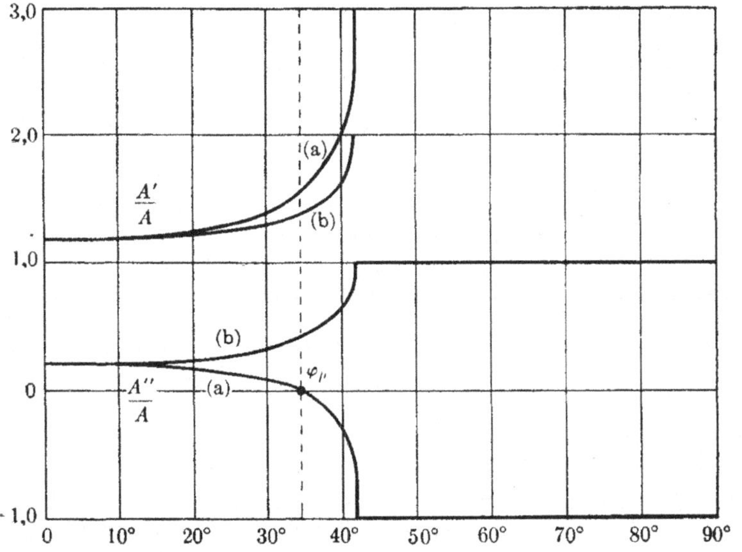

FIG. 8-12. Relaciones de las amplitudes refractada y reflejada a la amplitud incidente, calculadas para $n_2/n_1 = 1/1,5$. (a) **E** en el plano de incidencia; (b) **E** en el plano perpendicular al plano de incidencia.

En la sección 6-3 hemos descrito un experimento por medio del cual, se puede determinar la dirección del vector óptico de la onda luminosa. En la sección 6-4 hemos encontrado que la luz incidente con el ángulo de Brewster φ_p está totalmente refractada *cuando el vector óptico cae en el plano de incidencia.* Por otra parte, de la teoría desarrollada antes, hemos obtenido el resultado que una onda electromagnética incidente con el ángulo de Brewster está totalmente refractada cuando el vector eléctrico yace en el plano de incidencia. Llegamos así a la importante conclusión de que el *vector óptico debe ser identificado con el vector eléctrico* **E**. Esto significa, por supuesto, que los efectos mediante los cuales la luz se manifiesta (cambios químicos en una placa fotográfica, calentamiento en una termocupla, etc.), son debidos al campo eléctrico de la onda luminosa más que a su campo magnético.

Se deduce, en particular, que las relaciones de fase entre las perturbaciones ópticas de la onda incidente y la reflejada en la superficie límite, son idénticas a las relaciones de fase entre los vectores eléctricos para incidencia normal o aproximadamente normal, esté o no acompañada por una inversión de fase, dependiendo de que el índice de refracción del segundo medio, n_2, sea mayor o menor que el del primero, n_1. Hemos utilizado repetidamente esta propiedad en la interpretación de fenómenos de interferencia (véase sec. 3-8). Debe señalarse que, a menudo, los resultados habrían sido los mismos si el cambio de fase hubiese ocurrido cuando $n_2 < n_1$ en lugar de cuando $n_2 > n_1$. Por ejemplo, en la experiencia de los anillos de Newton (sec. 3-8) uno de los rayos que interfieren es reflejado en el límite entre aire y vidrio, el otro en el límite entre vidrio y aire. La posición de los anillos de interferencia no depende de que sea el primero o el segundo rayo el que sufre inversión de fase en la reflexión, sino sólo del hecho de que uno lo hace y el otro no.

***8-7. Reflexión total.** Hemos excluido específicamente de nuestras consideraciones previas, el caso en que el segundo medio tiene un índice de refracción menor que el primero y donde el ángulo de incidencia es mayor que el ángulo límite para la reflexión total, φ_0, dado por la ecuación (8-79). Cuando $\varphi > \varphi_0$, no existe una onda refractada en el sentido ordinario, porque no podemos encontrar un ángulo de refracción que satisfaga la ley de Snell (ec. 8-76).

En otras palabras, no podemos cumplir las condiciones de contorno en la superficie de separación entre los dos medios suponiendo que el campo eléctrico y el magnético en el segundo medio dependan de las coordenadas del tiempo y del espacio a través de una función del tipo

$$\exp\left\{i\,\omega\left(t - \frac{x\cos\varphi' + y\,\mathrm{sen}\,\varphi'}{v_2}\right)\right\}$$

(véanse ecs. 8-77).

Para eliminar la restricción de que φ sea menor que φ_0, debemos considerar una solución algo más general de las ecuaciones de Maxwell. Supondremos nuevamente que en el primer medio el campo electromagnético puede ser representado por la superposición de una onda sinusoidal incidente y otra reflejada. Así, por ejemplo, la componente y del vector eléctrico tiene la expresión $\mathbf{E}_y + E''_y$, donde

$$E_y = A_y \exp\left\{ i\,\omega\left(t - \frac{x\cos\varphi + y\,\mathrm{sen}\,\varphi}{v_1} \right)\right\}$$

$$E''_y = A''_y \exp\left\{ i\,\omega\left(t + \frac{x\cos\varphi - y\,\mathrm{sen}\,\varphi}{v_1} \right)\right\} \tag{8-104}$$

y la componente z del campo magnético tiene la expresión $H_z + H''_z$, donde

$$H_z = \sqrt{\frac{\epsilon_1}{\mu_0}}\,E_y, \qquad H''_z = -\sqrt{\frac{\epsilon_1}{\mu_0}}\,E''_y \tag{7-105}$$

Supondremos también que las componentes del campo eléctrico y el magnético del segundo medio, dependen de las coordenadas temporales y espaciales a través de una función del tipo

$$\exp\left\{ -i\,\omega\left(t - \frac{\gamma'_x x + \gamma'_y y}{v_2} \right)\right\}$$

y así escribiremos por ejemplo

$$E'_y = A'_y \exp\left\{ i\,\omega\left(t - \frac{\gamma'_x x + \gamma'\ y}{v_2} \right)\right\} \tag{8-106}$$

Pero *no* vamos a pedir que γ'_x y γ'_y sean respectivamente el seno y el coseno de un ángulo dado.

(a) Nuestro primer objetivo será investigar las propiedades de un campo electromagnético del tipo general descrito por la ecuación (8-106).

De esta ecuación encontramos

$$\begin{aligned}
\frac{\partial E'_y}{\partial t} &= i\,\omega\,E'_y, & \frac{\partial^2 E'_y}{\partial z^2} &= -\,\omega^2 E'_y \\
\frac{\partial E'_y}{\partial x} &= -\frac{i\,\omega\,\gamma'_x}{v_2} E'_y, & \frac{\partial^2 E'_y}{\partial x^2} &= -\frac{\omega^2 (\gamma'_x)^2}{v_2^{\,2}} E'_y \\
\frac{\partial E'_y}{\partial y} &= -\frac{i\,\omega\,\gamma'_y}{v_2} E'_y, & \frac{\partial^2 E'_y}{\partial y^2} &= -\frac{\omega^2 (\gamma'_y)^2}{v_2^{\,2}} E'_y \\
\frac{\partial E'_y}{\partial z} &= 0 & \frac{\partial^2 E'_y}{\partial t^2} &= 0
\end{aligned} \tag{8-107}$$

Se cumplen las relaciones similares para las otras componentes de los campos eléctrico y magnético.

De las ecuaciones de Maxwell en la forma diferencial (ec. 7-27), podemos demostrar fácilmente que las componentes del campo eléctrico y magnético satisfacen ecuaciones del tipo

$$\frac{\partial^2 E'_y}{\partial t^2} = v_2^2 \left(\frac{\partial^2 E'_x}{\partial x^2} + \frac{\partial^2 E'_y}{\partial y^2} + \frac{\partial^2 E'_z}{\partial z^2} \right) \tag{8-108}$$

Esta ecuación es una generalización de la ecuación de las ondas (7-31) al caso en que el campo eléctrico depende de las tres coordenadas x, y, z, en lugar de ser función de x solamente [véase Apéndice 8(h)].

La ecuación (8-108) junto con las ecuaciones (8-107) dan la siguiente ecuación

$$(\gamma'_x)^2 + (\gamma'_y)^2 = 1 \tag{8-109}$$

La ecuación (7-27b)

$$\frac{\partial E'_x}{\partial x} + \frac{\partial E'_y}{\partial y} + \frac{\partial E'_z}{\partial z} = 0$$

junto con la (8-107) dan la siguiente relación entre E'_x y E'_y:

$$\gamma'_x E'_x + \gamma'_y E'_y = 0 \tag{8-110}$$

La ecuación (7-27g)

$$\frac{\partial H'_z}{\partial t} = \frac{1}{\mu_0} \left[\frac{\partial E'_x}{\partial y} - \frac{\partial E'_y}{\partial x} \right]$$

junto con (8-107), da

$$H'_z = \frac{1}{\mu_0 v_2} [-\gamma'_y E'_x + \gamma'_x E'_y]$$

o, considerando (8-110),

$$H'_z = \frac{1}{\mu_0 v_2 \gamma'_x} [(\gamma'_x)^2 + (\gamma'_y)^2] E'_y$$

Recordando que $v_2 = 1/\sqrt{\epsilon_2 \mu_0}$ y usando (8-109) obtenemos finalmente

$$H'_z = \frac{1}{\gamma'_x} \sqrt{\frac{\epsilon_2}{\mu_0}} E'_y \tag{8-111}$$

Por un procedimiento similar encontramos

$$H'_y = -\gamma'_x \sqrt{\frac{\epsilon_2}{\mu_0}} E' \tag{8-112}$$

Las condiciones de contorno para las componentes y y z del campo eléctrico en $x = 0$ dan

$$\frac{\operatorname{sen}\varphi}{v_1}=\frac{\gamma'_y}{v_2}$$

o

$$\gamma'_y=\frac{n_1}{n_2}\operatorname{sen}\varphi \tag{8-113}$$

Si sen $\varphi<n_2/n_1$ (es decir, si $\varphi<\varphi_0$), entonces $\gamma'_y<1$, y la ecuación (8-109) muestra que γ'_x es un número real, y que podemos encontrar un ángulo φ' tal que $\gamma'_x=\cos\varphi'$, $\gamma'_y=\operatorname{sen}\varphi'$. Volvemos así al caso tratado en la sección 8-5: La ecuación (8-106) es entonces la ecuación de una onda sinusoidal; la (8-110) indica que el vector eléctrico es perpendicular a la dirección de propagación; las ecuaciones (8-111) y (8-112) se hacen equivalentes a la segunda de la ecuaciones (8-82) y a la segunda de las (8-92) respectivamente.

Si, en cambio, sen $\varphi>n_2/n_1$, entonces (8-109) muestra que γ'_x es un número imaginario

$$\gamma'_x=\pm\, i\,\sqrt{(\gamma'_y)^2-1} \tag{8-114}$$

Sustituyendo esta expresión para γ'_x en (8-106) encontramos

$$E'_y=A'_y\exp\left\{i\,\omega\left(t-\frac{\gamma'_y\,y}{v_2}\right)\right\}\ \exp\left\{\pm\frac{\omega}{v_2}\sqrt{(\gamma'_y)^2-1\,x}\right\} \tag{8-115}$$

Entonces E'_y varía *sinusoidalmente* en la dirección y, pero varía exponencialmente en la dirección x. Si x aumenta, éste aumenta o disminuye dependiendo de si se toma el signo + o — antes del radical en la (8-114). Si el segundo medio se extiende hasta el infinito en la dirección positiva de x, la primera alternativa queda eliminada por la condición de que E'_y debe ser finito en todo punto. *Debemos elegir el signo negativo* en (8-114) y (8-115) y podemos escribir la última ecuación como sigue

$$E'_y=A'_y\exp\left\{i\,\omega\left(t-\frac{\gamma'_y\,y}{v_2}\right)\right\}\exp\left(-\frac{x}{\xi}\right) \tag{8-116}$$

donde γ'_y está dado por (8-113) y ξ está dado por

$$\xi=\frac{v_2}{\omega\,\sqrt{(\gamma'_y)^2-1}} \tag{8-117}$$

Para otras componentes del vector eléctrico y magnético se cumplen ecuaciones similares a la (8-116) por ejemplo

$$E'_z=A'_z\exp\left\{i\,\omega\left(t-\frac{\gamma'_y}{v_2}\right)\right\}\exp\left(-\frac{x}{\xi}\right)$$

Si $\lambda_2 = 2\pi v_2/\omega$ es la longitud de onda en el segundo medio, la ecuación (8-117) queda

$$\xi = \frac{\lambda_2}{2\pi\sqrt{(\gamma'_y)^2 - 1}} \tag{8-118}$$

Esta cantidad tiene dimensiones de longitud, y representa la distancia a la superficie de separación para la cual las intensidades del campo magnético y del eléctrico se reducen a $1/e$ de sus valores en el contorno. Excepto para el caso en que γ'_y es aproximadamente uno, es decir, excepto en la vecindad inmediata al ángulo límite para reflexión total, ξ es del orden de λ. Deducimos que *el campo electromagnético penetra en el segundo medio, aunque sólo a una profundidad muy pequeña.*

(b) Procederemos ahora a determinar la amplitud de la onda reflejada, siguiendo paso a paso, el método utilizado en la sección 8-5.

Consideremos, primero, el caso en que el campo eléctrico de la onda incidente está en el plano de incidencia, es decir, en el plano xy. El campo magnético es entonces, paralelo a la dirección z. Sean A y A'', como antes, las amplitudes de oscilación de los campos eléctricos de la onda incidente y de la reflejada respectivamente, tal que $A_y = A\cos\varphi$; $A''_y = A''\cos\varphi$. Los correspondientes campos magnéticos son paralelos a la dirección z y sus amplitudes de oscilación son $\sqrt{\epsilon_1/\mu_0}\,A$ y $-\sqrt{\epsilon_1/\mu_0}\,A''$. Las condiciones de contorno

$$E_y + E''_y = E'_y, \qquad H_z + H''_z = H'_z, \qquad \text{en } x = 0$$

junto con las ecuaciones (8-111) y (8-115) dan

$$(A + A'')\cos\varphi = A'_y$$

$$\sqrt{\frac{\epsilon_1}{\mu_0}}(A - A'') = \frac{1}{\gamma'_x}\sqrt{\frac{\epsilon_2}{\mu_0}}A'_y$$

Eliminando A'_y y recordando que $\sqrt{\epsilon_2/\mu_0} = n_2/n_1$, obtenemos

$$A' = -A\,\frac{1 - (n_1/n_2)(\gamma'_x/\cos\varphi)}{1 + (n_1/n_2)(\gamma'_x/\cos\varphi)} \tag{8-119}$$

Si reemplazamos γ'_x por $\cos\varphi'$ la ecuación (8-119) se hace idéntica a la (8-87). En el caso que ahora consideramos, γ'_x es el número imaginario $-i\sqrt{(\gamma'_y)^2 - 1}$. Así podemos escribir

$$\frac{n_1}{n_2}\frac{\gamma'_y}{\cos\varphi} = -ih$$

donde h es el número real

$$h = \frac{n_1}{n_2}\frac{\sqrt{(\gamma'_y)^2 - 1}}{\cos\varphi} \tag{8-120}$$

y (8-119) queda

$$A'' = -A\,\frac{1+ih}{1-ih} \tag{8-121}$$

La ecuación (8-121) muestra que el cociente entre las amplitudes de la onda reflejada e incidente es un número complejo. Para entender el significado físico de ese resultado, escribimos el número complejo en forma polar, es decir ponemos

$$\frac{1+ih}{1-ih} = \frac{1-h^2+2ih}{1+h^2} = \rho\, e^{i\psi_1} \tag{8-122}$$

Vemos así que si el campo eléctrico de la onda incidente está representado por

$$E = A \exp\left\{ i\omega\left(t - \frac{x\cos\varphi + y\,\mathrm{sen}\,\varphi}{v_1} \right) \right\}$$

el de la onda reflejada está representado por

$$E'' = -\rho A \exp\left\{ i\left[\omega\left(t + \frac{x\cos\varphi - y\,\mathrm{sen}\,\varphi}{v_1} \right) + \psi_1 \right] \right\}$$

Contrariamente al caso considerado previamente, la onda incidente y la reflejada tienen ahora una diferencia de fase ψ_1, en la superficie de separación, la cual no es en general, ni 0 ni π. De (8-122) encontramos

$$\mathrm{tg}\,\psi_1 = \frac{2h}{1-h^2}$$

que es el equivalente a

$$\mathrm{tg}\,\frac{\psi_1}{2} = h$$

Esta ecuación junto con la definición de φ_0 (ec. 8-79) y con las (8-113) y (8-120) da, después de algunas transformaciones

$$\mathrm{tg}\,\frac{\psi_1}{2} = \frac{\sqrt{\mathrm{sen}^2\varphi - \mathrm{sen}^2\varphi_0}}{\mathrm{sen}^2\varphi_0 \cos\varphi} \tag{8-123}$$

El cociente entre las amplitudes de las ondas reflejada e incidente, está dado por ρ. De (8-122) encontramos

$$\rho^2 = \left(\frac{1+ih}{1-ih}\right)\left(\frac{1-ih}{1+ih}\right) = 1 \tag{8-124}$$

Así, la amplitud de la onda reflejada es idéntica a la de la onda incidente; la onda incidente es *totalmente reflejada.*

El hecho que toda la energía de la onda incidente se encuentre en la onda reflejada no contradice la existencia de un campo electromagnético en el segundo medio. Este campo no representa una onda electromagnética ordinaria, y no transporta energía a través de la superficie de separación. En otras palabras, este flujo de energía en la dirección perpendicular a esta superficie es cero, como podemos demostrar fácilmente, probando que el vector promedio de la componente x del vector de Poynting se anula.

El caso de una onda que vibra en el plano perpendicular al plano de incidencia puede tratarse en forma similar y para la amplitud de la onda reflejada obtenemos la siguiente expresión.

$$A'' = \frac{1 + ik}{1 - ik} A \tag{8-125}$$

donde

$$k = \frac{n_2}{n_1} \frac{\sqrt{(\gamma'_y)^2 - 1}}{\cos\varphi} \tag{8-126}$$

La ecuación (8-125) difiere de la (8-97) porque $\gamma'_x = -i\sqrt{(\gamma'_y)^2} - 1$ reemplaza a $\cos\varphi'$. Nuevamente encontramos que la onda incidente y la reflejada, tienen intensidades iguales, y que hay reflexión con un cierto cambio de fase ψ_2, de tal manera que, si el campo eléctrico de la onda incidente está representado por

$$E_z = A \exp\left\{ i\left[\omega\left(t - \frac{x\cos\varphi + y \operatorname{sen}\varphi}{v_1} \right) \right] \right\}$$

la onda reflejada, está representada por

$$E''_z = A \exp\left\{ i\left[\omega\left(t + \frac{x\cos\varphi - y \operatorname{sen}\varphi}{v_1} \right) + \psi_2 \right] \right\}$$

El ángulo de fase ψ_2 está dado por

$$\operatorname{tg}\frac{\psi_2}{2} = k = \frac{\sqrt{\operatorname{sen}^2\varphi - \operatorname{sen}^2\varphi_0}}{\cos\varphi} \tag{8-127}$$

Para un ángulo de incidencia dado, los cambios de fase dados por (8-123) y (8-127) son diferentes, y están relacionados por

$$\frac{\operatorname{tg}(\psi_2/2)}{\operatorname{tg}(\psi_1/2)} = \operatorname{sen}^2\varphi_0 = \left(\frac{n_2}{n_1}\right)^2$$

Consideremos ahora la reflexión total de una onda linealmente polarizada que vibra en un plano que no es ni coincidente ni perpendicular al plano de incidencia. Esta onda puede considerarse como la superposición de dos ondas en fase entre sí que vibran en el plano de incidencia y en el plano perpendicular a él, respectivamente. Las dos ondas sufren diferentes cambios de fase en la reflexión y, por lo tanto, se recombinan en una onda elípticamente polarizada. Así, en general la reflexión total cambia una onda linealmente polarizada en una onda elípticamente polarizada.

Como hemos visto, la teoría electromagnética de la luz predice que cuando ocurre la reflexión total, el campo electromagnético penetra una distancia pequeña en el segundo medio. Se han diseñado varias experiencias para demostrar la existencia de esa «onda penetrante». Podemos usar, por ejemplo, el prisma de vidrio de reflexión total, que describimos en la sección 1-1 y cubrir la cara sobre la que se produce reflexión total con una lámina delgada de negro de humo. Esta cara aparece entonces iluminada, porque cada partícula de carbón en el campo oscilante de la onda que entra, se convierte en el centro de una onda luminosa dispersada (véase sec. 8-8). La presencia de negro de humo, por supuesto, perturba algo al campo magnético; por esto, las ecuaciones derivadas previamente no se aplican exactamente. La onda reflejada, tiene ahora una intensidad levemente menor que la onda incidente, y la diferencia es pues la intensidad de la luz dispersada.

Hemos supuesto hasta aquí que el segundo medio se extiende hasta el infinito en la dirección positiva del eje x. En la práctica, nuestras deducciones se mantienen siempre que el espesor del segundo medio sea grande comparado con la longitud de onda. Si esto no ocurre, la teoría desarrollada arriba deja de ser válida, y encontramos que la reflexión total no ocurrirá.

Consideremos, por ejemplo, dos piezas de vidrio separadas por una capa de aire delgada. Una onda luminosa que incide sobre la capa de aire con un ángulo mayor que el ángulo crítico de reflexión total, será sin embargo transmitida parcialmente si el espesor del film de aire es comparable con la longitud de onda. Físicamente, la situación puede describirse como sigue: El campo electromagnético que penetra en la capa de aire tiene aún intensidad apreciable en la superficie más lejana de la capa; allí se transforma nuevamente en una onda ordinaria que viaja en el vidrio más allá del espacio de aire. Para la formulación matemática de nuestro problema, debemos recalcar que cuando hay refracción con $\varphi > \varphi_0$ en la superficie de una capa de aire de espesor limitado, el campo electromagnético que penetra en el aire no necesariamente es finito cuando x tiende a infinito. Así, su expresión matemática puede contener un término que *aumenta* exponencialmente con x, mientras que en el caso considerado previamente sólo aparece un término que decrece exponencialmente con x. Por otro lado, el campo electromagnético en la capa de aire debe ahora ajustar en ambas superficies con los campos electromagnéticos de dos ondas sinusoidales ordinarias.

No desarrollaremos en detalle la teoría delineada arriba, pero mencionaremos una experiencia simple que demuestra la transmisión parcial de una onda luminosa a través de la barrera de una capa delgada de aire. Este experimento usa dos prismas de reflexión total, uno de los cuales tiene la cara de la hipotenusa levemente convexa. Los dos prismas están dispuestos como se muestra en la figura 8-13, tal que las caras de la hipotenusa se tocan en un punto. Si miramos una fuente luminosa extensa a través de los dos prismas, vemos, centrado en el punto de contacto un punto luminoso rodeado de varios anillos de interferencia. En el centro por supuesto, la luz es transmitida sin atenuación porque un espacio de aire de espesor nulo es un espacio sin aire.

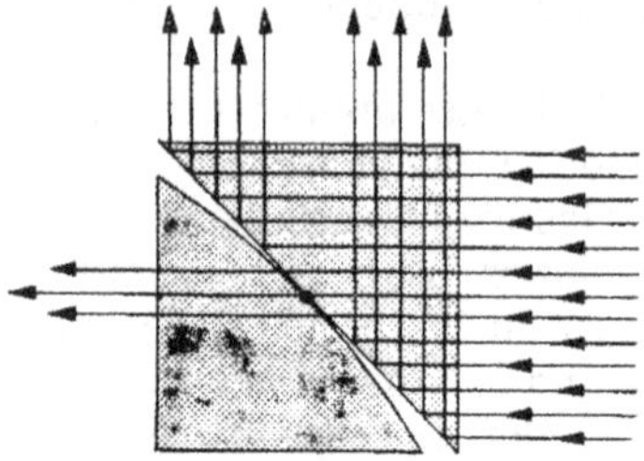

FIG. 8-13. El haz de luz no experimenta reflexión total, cerca del punto de contacto entre las superficies de la hipotenusa de los dos prismas.

El lector que conoce mecánica cuántica, encontrará algunas analogías interesantes, entre el fenómeno analizado aquí y los encontrados en la discusión del pasaje de una partícula material a través de una barrera de potencial.

8-8. Dispersión. Para discutir el fenómeno de dispersión debemos distinguir cuidadosamente entre medios homogéneos y heterogéneos. En medios heterogéneos la dispersión es a menudo un efecto notable y tiene una explicación relativamente trivial. Por ejemplo, el haz de luz que aparece cuando un rayo de sol entra en un cuarto oscuro a través de un agujero en las persianas se debe a la dispersión de la luz del sol por las partículas de polvo. Aproximadamente, estas partículas se comportan como pequeños obstáculos opacos distribuidos aleatoriamente.

La dispersión en materiales homogéneos es un efecto menos notable, pero mucho más interesante. Como se señaló en la sección 8-3 es una manifestación de las ondas secundarias que surgen de las oscilaciones forzadas de los dipolos eléctricos microscópicos.

Por simplicidad supondremos que la luz incidente está linealmente polarizada, por ejemplo, con el vector eléctrico en la dirección y. El momento eléctrico de cada dipolo microscópico será entonces paralelo a la dirección y, y en el estado estacionario su magnitud variará sinusoidalmente con una frecuencia angular igual a la de la onda incidente.

La onda electromagnética emitida por el dipolo oscilante tiene las propiedades descritas en la sección 8-1. Su intensidad es máxima en el plano ecuatorial del dipolo, es decir, en el plano perpendicular al vector eléctrico **E** de la onda incidente, y se anula en la dirección de **E**. Podemos calcular la potencia media radiada por el dipolo oscilante, $(\Phi_s)_{pr}$ mediante la ecuación (8-26), poniendo $\omega_0 = \omega$, $p_{0z} = 0$ (porque el momento dipolar es paralelo al eje y) y reemplazado p_{0y} por el valor dado por las ecuaciones (8-45) (suponemos aquí que el amortiguamiento es despreciable). Obtenemos así

$$(\Phi_s)_{pr} = \frac{e^4 \omega^4}{12 \pi \epsilon_0 c^3 m^2 (\omega_0{}^2 - \omega^2)^2} A^2 \qquad (8\text{-}128)$$

Nótese que en esta ecuación ω_0 es la frecuencia de resonancia del dipolo, y ω es la frecuencia de la onda incidente.

El cociente de $(\Phi_s)_{pr}$ al promedio del flujo de energía por unidad de área de la onda incidente $(S)_{pr}$ es una cantidad σ_s con dimensiones de área

$$\sigma_s = \frac{(\Phi_s)_{pr}}{(S)_{pr}} \qquad (8\text{-}129)$$

Llamamos a esta cantidad *sección eficaz de dispersión* del dipolo, porque la energía transferida de la onda incidente a la onda dispersada por el dipolo oscilante durante un intervalo de tiempo dado es igual a la energía de la onda incidente que llega sobre el área σ_s durante el mismo intervalo de tiempo. Si recordamos la expresión para el flujo de energía por unidad de área en una onda plana (ec. 7-53) y consideramos que en el presente caso $A_y = A$, $A_z = 0$, obtenemos

$$\sigma_s = \frac{e^4}{6\,\pi\,\epsilon_0{}^2\,c^4\,m^2\,(\omega_0{}^2/\omega^2 - 1)^2} \tag{8-130}$$

Esta ecuación muestra que la sección eficaz de dispersión disminuye, cuando la masa de la partícula cargada aumenta. Por lo tanto, las acciones eficaces de difracción de los pesados osciladores moleculares son despreciables comparados con los de los osciladores electrónicos. En otras palabras, sólo las oscilaciones forzadas de los electrones atómicos contribuyen apreciablemente al fenómeno de dispersión. Recordando la definición del radio clásico del electrón r_e (ec. 8-27), encontramos la siguiente expresión para la sección eficaz de dispersión de un oscilador electrónico

$$\sigma_s = \frac{8}{3}\,\frac{\pi\,r_e{}^2}{(\omega_0{}^2/\omega^2 - 1)^2} \tag{8-131}$$

Esta cantidad es del orden de magnitud de la «sección eficaz clásica» $\pi\,r_e{}^2$ del electrón, excepto cuando la frecuencia de la onda es aproximadamente la frecuencia de resonancia del dipolo.

En el campo de una onda plana linealmente polarizada, los electrones de las distintas moléculas de materia ejecutan oscilaciones forzadas a lo largo de líneas paralelas, con diferencias de fase definidas que dependen de la posición a lo largo de la dirección de propagación de la onda.

Las ondas secundarias emitidas por los distintos osciladores interfieren entre sí y la perturbación resultante en cualquier punto depende de la diferencia de fase entre estas ondas. Para tratar una cuestión importante que tiene conexión con la relación entre las fases de las ondas secundarias comenzamos por considerar dos osciladores idénticos A y B, separados por una pequeña distancia d, que son excitados por la onda que viene de una fuente distante S, y cuyas ondas secundarias se observan en un punto distante P (Fig. 8-14a). Si l es la diferencia entre los caminos geométricos SBP y SAP y λ es la longitud de onda, la diferencia de fase entre las dos ondas secundarias en P es $2\,\pi\,l/\lambda$. Para un valor dado de d, l depende del ángulo ϑ entre la dirección de los rayos incidentes y la dirección de observación, y de la orientación de la línea AB que une los dos osciladores atómicos. En particular, si $\vartheta = \pi/2$, l tiene un valor máximo igual a $\sqrt{2}\,l$, cuando A y B son coplanares con S y P, y la línea AB forma un ángulo de $\pi/4$ con la dirección de sus rayos incidentes (Fig. 8-14b).

Cuando ϑ decrece, el valor máximo de l decrece y se hace cero cuando ϑ se hace igual a cero, es decir, cuando las ondas secundarias son observadas en la misma dirección que inciden. En este caso, las ondas secundarias que se originen en A y B llegan a P con la misma fase, y esto, se cumple independientemente de la orientación de la línea AB (Fig. 8-14c).

Es ahora fácil visualizar el fenómeno que surgirá de la superposición de las ondas secundarias que se originan en un gran número de osciladores microscópicos.

En la misma dirección de incidencia, las ondas secundarias están en fase entre sí y mantienen una relación de fase definida con la onda primaria. La interferencia entre las ondas primarias y las secundarias produce, simplemente, un cambio en la velocidad de propagación. Hemos estudiado ya este efecto en la sección 8-4, y la investigaremos con más detalle más adelante (sec. 8-9).

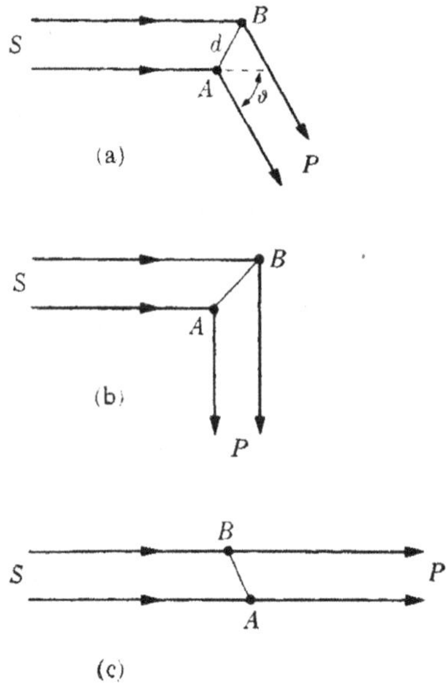

FIG. 8-14. Superposición de ondas originadas en dos centros de difracción A y B.

En otras direcciones, en cambio, la diferencia de fase entre las ondas secundarias depende de las posiciones relativas de los átomos. Consideraremos primero gases. Aquí los átomos están distribuidos aleatoriamente y, por lo tanto, *para direcciones de observación suficientemente lejanas de la dirección de incidencia,* esperaremos también una distribución aleatoria en la fase de las ondas secundarias que llegan a un punto dado desde los osciladores microscópicos individuales. Como se explicó en la sección 3-16, la superposición de un gran número de vibraciones sinusoidales con fases aleatoriamente distribuidas da lugar a una vibración, el cuadrado de cuya amplitud es igual a la suma de los cuadrados de las amplitudes de las vibraciones componentes. Así, *la intensidad total de la luz* dispersada en un ángulo suficientemente grande con respecto a la dirección del haz incidente, *es simplemente igual a la suma de las intensidades de las ondas individuales dispersadas.*

Por simplicidad supondremos que todos los osciladores microscópicos del gas en consideración son idénticos, tal que, todos ellos tienen la misma sección eficaz de dispersión, σ_s, para una frecuencia dada de la onda luminosa incidente. Consideremos ahora un haz de luz de sección transversal S, que atraviesa una capa de gas de espesor h. Si N es el número de osciladores por unidad de volumen, el número de osciladores atómicos en la porción iluminada de la capa de gas es NSh, y la energía por unidad de tiempo de la radiación dispersada que se origina en este volumen es $\sigma_s\, NShI$, donde I es la intensidad de la radiación incidente (ec. 8-129). Reconocemos que la cantidad

$$\mu_s = N\sigma_s \qquad (8\text{-}132)$$

representa la fracción de energía sacada al haz incidente y transferida a la radiación por unidad de longitud de trayectoria. Esta cantidad se llama *coeficiente de atenuación por difracción.*

En muchos gases, el amortiguamiento de los osciladores atómicos es suficientemente pequeño, tal que podemos usar para σ_s la expresión dada por (8-131), siempre que ω no sea demasiado próxima a ω_0. Además, la frecuencia natural ω_0, a menudo está en el ultravioleta, o sea que, para luz visible, $\omega < \omega_0$. De (8-131) vemos entonces que la intensidad de la luz dispersada *aumenta al aumentar la frecuencia.* Es decir, que si ω está suficientemente alejada de ω_0, $(\omega_0/\omega)^2$ es grande comparado con la unidad y (8-131) es aproximadamente equivalente a

$$\sigma_s = \frac{8}{3}\pi r_e^2 \left(\frac{\omega}{\omega_0}\right)^4 \tag{8-133}$$

En este caso, la intensidad de luz dispersada es proporcional a la cuarta potencia de la frecuencia, o sea, inversamente proporcional a la cuarta potencia de la longitud, de onda.

La dispersión por las moléculas de aire es responsable de la iluminación del cielo en los días sin nubes. En ausencia de dispersión, el cielo aparecería negro, como lo es a grandes alturas, donde la presión atmosférica residual, es una pequeña fracción de la existente cerca del nivel del mar. El color azul del cielo surge por la dispersión preferencial de las longitudes de ondas cortas, como ya se explicó, el mismo fenómeno ocurre con el color rojo de las puestas de sol y amaneceres. Cuando el sol está cerca del horizonte, los rayos solares alcanzan la superficie de la tierra después de atravesar un gran espesor de aire, y las longitudes de onda cortas son fuertemente atenuadas por dispersión.

La teoría acá desarrollada hace predicciones con respecto a la polarización y distribución de intensidades de la luz dispersada. Supongamos primero, que la luz incidente está linealmente polarizada. Los dipolos atómicos vibrarán entonces en la dirección paralela al vector de esta onda. La luz dispersada observada en cualquier dirección estará linealmente polarizada con el vector eléctrico en el plano que contiene la dirección de observación y el vector eléctrico de la onda incidente (Fig. 8-15a). Para un ángulo dado ϑ entre la dirección de propagación de la onda incidente y la dirección de observación, la intensidad de luz difractada es máxima cuando el vector eléctrico de la onda incidente **E**, es perpendicular al plano que contiene la dirección de propagación de esta onda y la dirección de observación (Fig. 8-15b), y un mínimo si **E** está en ese plano (Fig. 8-15c). En el último caso, la intensidad de la luz dispersada se anula si la dirección de observación es perpendicular al haz incidente.

Si la luz incidente no está polarizada, la luz dispersada aparecerá completamente polarizada, para un observador que mira en una dirección perpendicular al haz incidente. La intensidad, por supuesto, será la misma en todas las direcciones. Para todas las otras direcciones la ley dispersada aparecerá parcialmente polarizada. Las predicciones teóricas relacionadas con la polarización de luz dispersada pueden verificarse cualitativamente, mirando distintas regiones del cielo con un filtro de polarización.

Hasta aquí hemos limitado la discusión a gases. En líquidos y, más acentuadamente, en sólidos, las moléculas están distribuidas con cierta regularidad;

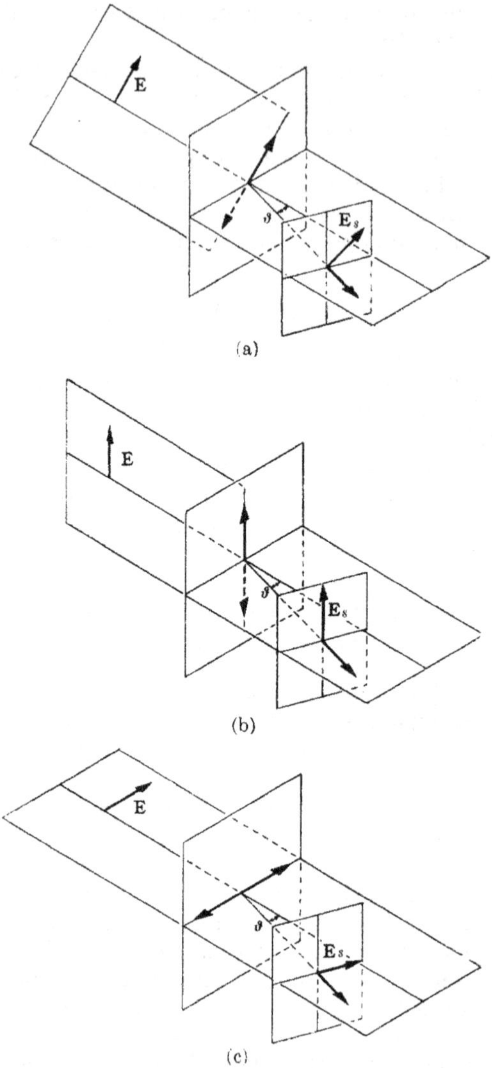

FIG. 8-15. Polarización de la luz dispersada.

por lo tanto, no se puede suponer una distribución aleatoria de las fases de las ondas secundarias que se originan en los osciladores individuales. La coherencia parcial de las ondas secundarias, que se observa en cierto ángulo con respecto al haz incidente implica una fuerte reducción de la luz dispersada.* Por

* Dedujimos en la sección 4-20 que un *cristal perfecto* es totalmente transparente a las longitudes de onda mucho mayores que la separación entre los centros difractores.

esto, los líquidos y sólidos, no dispersan más fuertemente que los gases a la luz, aunque el número de centros de difracción por unidad de volumen es mucho mayor en la materia condensada que en los gases. Este punto se aclarará en la discusión final de la sección siguiente.

***8-9. Función de las ondas secundarias en los fenómenos de reflexión y refracción.** Hemos señalado repetidas veces, que los distintos efectos observados cuando pasa luz a través de la materia, se deben a las ondas electromagnéticas secundarias que se originan en las oscilaciones forzadas de los dipolos microscopios. Pero, por ejemplo, al estudiar los fenómenos de reflexión y refracción, hemos usado un procedimiento que no considera explícitamente la función de las ondas secundarias. De esta manera, hemos obviado las dificultades matemáticas inherentes a la complejidad del problema en discusión, pero, simultáneamente, perdimos de vista al mecanismo físico responsable de este fenómeno. Es conveniente analizar algunos de los fenómenos ya discutidos, desde un punto de vista más directo.

(a) Comenzamos por considerar una lámina plana y delgada de materia que contiene cierto número de dipolos idénticos, y una onda plana electromagnética, linealmente polarizada, que incide perpendicularmente en la lámina. Indicamos con x e y la dirección de propagación y la de vibración, respectivamente. En el campo de la onda incidente los dipolos ejecutan oscilaciones forzadas en la dirección y. Si el espesor δx de la lámina es pequeño comparado con la longitud de onda λ, todas las oscilaciones de los dipolos, tienen aproximadamente la misma fase. Describiremos estas oscilaciones por

$$p = p_0 \cos \omega t \qquad (8\text{-}134)$$

que da el momento dipolar eléctrico de cada oscilador como función del tiempo. El campo eléctrico oscilante producido en P por un dipolo situado en el punto φ (Fig. 8-16), es perpendicular a PQ y está en el plano que atraviesa a PQ y es paralelo al eje y. Su amplitud es proporcional a la distancia $r = PQ$ y a sen ϑ, donde ϑ es el ángulo que forma QP con el eje y. La componente y de este campo, tiene entonces una amplitud proporcional a $\text{sen}^2\, \vartheta$.

Ahora nos proponemos calcular el campo eléctrico resultante, δE_s, producido en P por todos los dipolos oscilantes de la lámina en consideración.

Para esto, seguimos un procedimiento similar al usado en la discusión del fenómeno de difracción (véase sec. 4-2). Sea O el punto donde la perpendicular al plano de la lámina, que pasa por P, intersecta a este plano (Fig. 8-16) y sea x la distancia OP. Dibujamos en el plano de la lámina, una serie de círculos con centro O, cada círculo es tal, que su distancia del punto P da a la del círculo anterior una cantidad constante Δr. Suponemos que Δr es pequeño comparado con la longitud de onda. Así, subdividimos a la lámina de material en un disco central rodeado por zonas circulares. El área del disco central es

$$\Delta\sigma = \pi\,[(x + \Delta r)^2 - x^2]$$

o considerando que Δr es mucho menor que x

$$\Delta\sigma = 2\,\pi\, x\, \Delta r \qquad (8\text{-}135)$$

Las ondas secundarias que se originan en los distintos dipolos de una zona, que se extiende desde r hasta $r + \Delta r$, llegan a P esencialmente en fase entre sí. Su integración produce un campo eléctrico oscilante que, por razones de simetría, se ve que es paralelo al campo eléctrico de la onda incidente (o sea, paralelo al eje y). La amplitud del campo, es proporcional al valor medio de $\operatorname{sen}^2 \vartheta$ para la zona en consideración. Este valor medio es una función decreciente de r, y corresponde al *factor de oblicuidad* q considerado en la sec-

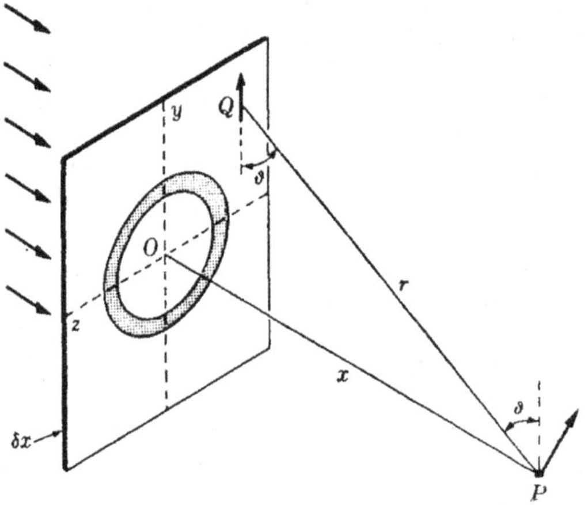

FIG. 8-16. Onda secundaria originada en una lámina delgada de centros de dispersión.

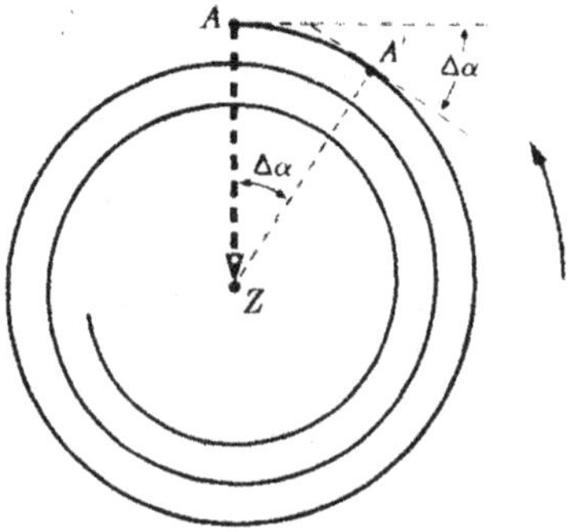

FIG. 8-17.

ción 4-2. Un argumento similar al desarrollado en la sección 4-2 muestra que la amplitud de la perturbación que se origina en las distintas zonas disminuye lentamente al crecer r. Vemos también que, los campos eléctricos producidos en P por dos zonas vecinas, tienen una diferencia de fase de $2\pi\Delta r/\lambda$.

Para encontrar el campo resultante producido en P, por todos los dipolos oscilantes, debemos sumar las contribuciones de las distintas zonas. Usando la representación vectorial de las funciones sinusoidales, dibujamos, uno a continuación de otro, segmentos de longitud lentamente decreciente, formando cada uno con el anterior un ángulo igual a $2\pi\Delta r/\lambda$. En el límite para $\Delta r = 0$ la línea quebrada se convierte en una espiral similar a la espiral de vibración discutida en la sección 4-2 (Fig. 8-17).

El campo resultante, σE_s, está representado por el vector AZ, donde A es el punto de partida y Z es el centro de la espiral. En la figura 8-17, sea A' el punto de la espiral de vibración que corresponde al contorno del disco central (para el cual $r_0 < r < r_0 + \Delta r$), tal que el vector infinitesimal AA' representa la perturbación que se origina en ese disco. El disco tiene un volumen igual a $\Delta\sigma \cdot \delta x$ y, si N es el número de osciladores por unidad de volumen, contiene $N\Delta\sigma \cdot \delta x$ osciladores. Recordando la ecuación que describe la onda de un oscilador lineal (ec. 8-14) y usando (8-135), encontramos que el campo eléctrico producido en P por los dipolos contenidos en el disco central tiene la expresión

$$\Delta\sigma\cdot\delta x\,\frac{N\,p_0\,\omega^2}{4\,\pi\,\epsilon_0\,c^2\,x}\cos\omega\left(t-\frac{x}{c}\right)=\Delta r\cdot\delta x\,\frac{P_0\,\omega^2}{2\,\epsilon_0\,c^2}\cos\omega\left(t-\frac{x}{c}\right)$$

donde P_0 representa la amplitud de oscilaciones de los dipolos individuales (ec. 8-134) y $P_0=N\,p_0$ representa la amplitud de oscilación del vector de polarización $\mathbf{P}=N\,\mathbf{p}$. Deducimos así, que la longitud del vector AA' es

$$\overline{AA'}=\frac{P_0\,\omega^2}{2\,\epsilon_0\,c^2}\,\Delta r\cdot\delta x \tag{8-136}$$

De la figura 8-17 vemos que

$$\frac{\overline{AA'}}{\overline{AZ}}=\Delta\alpha=2\,\pi\,\frac{\Delta r}{\lambda} \tag{8-137}$$

donde $\Delta\alpha$ es la diferencia de fase entre las ondas que llegan a P desde el borde, y desde el centro del disco. Desde (8-136) y (8-137) encontramos entonces que la longitud del vector AZ es:

$$\overline{AZ}=\frac{\overline{AA'}}{\Delta\alpha}=\frac{P_0\,\omega^2\,\lambda}{4\,\pi\,\epsilon_0\,c^2}\,\delta x$$

o como $\omega=2\,\pi\,c/\lambda$,

$$\overline{AZ}=\frac{\pi\,P_0}{\epsilon_0}\,\frac{\delta x}{\lambda} \tag{8-138}$$

Nótese que $\overline{AZ}$ es independiente de x, y también que el vector $\overline{AZ}$ es perpendicular al vector AA'. Por esto, el campo de la onda secundaria completa, δE_s, oscila con un retardo de fase de $\pi/2$ con respecto al campo de la onda que se origina en el disco central solamente. Recordando la expresión para este campo (ec. 8-14), obtenemos la siguiente expresión para δE_s:

$$\delta E_s=\frac{\pi\,P_0}{\epsilon_0}\,\frac{\delta x}{\lambda}\cos\left[\omega\left(t-\frac{x}{c}\right)-\frac{\pi}{2}\right] \tag{8-139}$$

Hemos supuesto hasta aquí que $x>0$; es decir, que el punto P está a la derecha de la lámina de dipolos oscilantes. Si $x<0$ obtenemos, exactamente por el mismo procedimiento

$$\delta E_s=\frac{\pi\,P_0\,\delta x}{\epsilon_0\,\lambda}\cos\left[\omega\left(t+\frac{x}{c}\right)-\frac{\pi}{2}\right] \tag{8-140}$$

Deducimos así que: La interferencia de las ondas secundarias que se originan en las oscilaciones coherentes de los dispolos en la lámina plana de material de espesor δx aquí considerada, produce dos ondas planas de igual amplitud que viajan en direcciones opuestas con velocidad c. Las dos ondas salen de la lámina con un retardo de fase de $\pi/2$ con respecto a las oscilaciones de los dipolos atómicos. Si la frecuencia característica de los dipolos es mayor que la frecuencia de la onda, y si el amortiguamiento es despreciable, los dipolos atómicos oscilan en fase con la onda incidente. Las ondas secundarias y la onda primaria tienen entonces una diferencia de fase de $\pi/2$ en la lámina.

La onda que viaja hacia atrás representa la onda *reflejada* por la lámina. Cuando el espesor de la lámina, δx, tiende a cero, la intensidad de la onda reflejada tiende a cero con $(\delta x)^2$. Obtendríamos los mismos resultados considerando la interferencia destructiva de las ondas reflejadas por las dos superficies de una lámina muy delgada (véase sección 3-8).

La onda que viaja hacia adelante, se combina con la onda incidente. Como los vectores que representan a las dos ondas son perpendiculares entre sí, y como la amplitud de la onda secundaria es muy pequeña comparada con la de la onda incidente, la onda resultante tiene prácticamente la misma amplitud que la onda incidente. Pero, está retardada con respecto a la onda incidente en un pequeño ángulo igual al cociente entre las amplitudes de las dos ondas (Figura 8-18).

Esto está, al menos cualitativamente, de acuerdo con nuestros resultados anteriores, demostrando que la velocidad de propagación de una onda electromagnética es menor en la materia que en el vacío. Este ejemplo no nos lleva, sin embargo, a un cálculo real de la velocidad en la materia, porque los fenómenos son complicados por las reflexiones múltiples en la lámina delgada.

(b) Fijaremos ahora nuestra atención en el fenómeno que tiene lugar cuando una onda plana linealmente polarizada incide perpendicularmente sobre la superficie plana de separación entre el vacío y un medio refractante. Para eliminar complicaciones que resultan de las reflexiones múltiples, supondremos que el medio material tiene un gran espesor y es ligeramente absorbente, tal que la onda se extingue prácticamente antes de alcanzar la segunda superficie. El punto de vista asumido en esta discusión nos lleva a la siguiente interpretación del fenómeno de reflexión y del de refracción.

La onda incidente viaja no perturbada en el medio material, con velocidad constante c. Las oscilaciones forzadas de los dipolos atómicos, producen ondas secundarias, las cuales viajan también con velocidad c e interfieren entre sí y con la onda incidente. La onda reflejada y la refractada son el resultado de este fenómeno de interferencia.

Si tratamos de discutir el problema cuantitativamente, encontramos una dificultad característica debida al hecho de que las oscilaciones de los dipolos están determinadas por el campo eléctrico total existente dentro del material y éste, a su vez, es afectado por las oscilaciones de los dipolos. Así, no podemos resolver el problema por cálculo directo, sino que debemos recurrir a un argumento indirecto.

Partimos de la suposición de que la interferencia de las ondas secundarias y primarias produce en el medio material una onda plana que viaja con velocidad constante $v = c/n$ la que dejamos indeterminada. Buscamos entonces, una ecuación que determine la velocidad y las relaciones de amplitud entre las ondas incidente, reflejada y refractada.

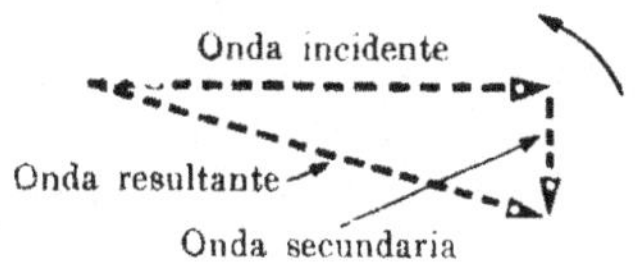

FIG. 8-18.

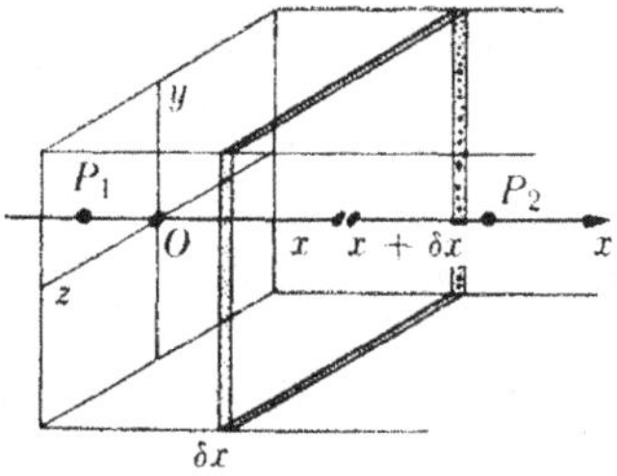

FIG. 8-19.

Elegimos un sistema de referencia cartesiano, con el origen en la superficie límite, y con el eje x en la dirección de propagación (Fig. 8-19). Indicamos con E, E' y E'' los campos eléctricos correspondientes a las ondas incidente, refractada y reflejada respectivamente. Sus expresiones son del tipo que sigue:

$$E = A \cos \omega \left(t - \frac{x}{c} \right)$$

$$E' = A' \cos \omega \left(t - \frac{x}{v} \right) \tag{8-141}$$

$$E'' = A'' \cos \omega \left(t + \frac{x}{c} \right)$$

Las constantes A y ω están dadas, pero v, A' y A'' son cantidades desconocidas.

Subdividimos ahora el medio material en láminas paralelas a la superficie límite, todas de igual espesor, $\delta x \ll \lambda$.

Consideramos primero un punto P_1 en el vacío. Si el medio fuese perfectamente transparente, todas las ondas secundarias que se originan en las distintas láminas tendrían la misma amplitud en P. Como supusimos que existe una pequeña absorción, la amplitud decrece muy lentamente con la distancia de la lámina individual a la superficie. Los dipolos atómicos oscilan en fase con la onda refractada, cuya velocidad de propagación es v, y, por lo tanto, las oscilaciones en una lámina dada aparecen con un retardo temporal promedio $\delta x/v$ con respecto a la de la lámina anterior. Como las ondas secundarias se propagan con velocidad c, el retardo temporal total, entre las ondas secundarias que llegan a P desde dos láminas vecinas es $\delta x/v + \delta x/c$. El correspondiente retardo de fase es:

$$\delta\alpha = 2\pi \frac{\delta x}{T} \left(\frac{1}{v} + \frac{1}{c} \right) = 2\pi (n + 1) \frac{\delta x}{\lambda} \tag{8-142}$$

donde hemos hecho uso de las identidades $\lambda = c\,T$ y $n = c/v$.

La onda reflejada es la resultante de las ondas secundarias aquí consideradas. Para encontrar esta resultante, construimos una línea quebrada formada por segmentos de longitud gradualmente decreciente, donde cada uno forma el mismo ángulo δx con el anterior. En el límite, $\delta x = 0$, la línea quebrada se convierte en una espiral (Fig. 8-20). Con el argumento usual deducimos que la onda resultante está representada por el vector LK, donde L es el punto de partida de la espiral y K es su centro.

Consideremos ahora el segmento infinitesimal LL' correspondiente a la lámina infinitesimal adyacente a la superficie límite. La longitud $\overline{LL'}$ representa la amplitud del campo eléctrico, δE_s, que se origina en esta lámina y es entonces igual a la cantidad $\overline{AZ}$ dada en la ecuación (8-38). Así, $\overline{LL'}$ está dada por

$$\overline{LL'} = \frac{\pi P_0}{\epsilon_0} \frac{\delta x}{\lambda} \tag{8-143}$$

De la figura 8-20 vemos que

$$\frac{\overline{LL'}}{\overline{LK}} = \delta\alpha \tag{8-144}$$

donde $\delta\alpha$ es la diferencia de fase entre las ondas que llegan a P desde los puntos $x = 0$ y $x = \delta x$ respectivamente, y está dado por (8-142). Encontramos entonces que la amplitud de la onda reflejada es

$$A'' = \overline{LK} \frac{\overline{LL'}}{\delta\alpha} = \frac{1}{2(n+1)} \frac{P_0}{\epsilon_0} \tag{8-145}$$

De las definiciones de **D** y ϵ [ecs. (7-11) y (7-18)], se deduce que el cociente entre la polarización y la intensidad del campo eléctrico es igual a la diferencia entre la permeabilidad dieléctrica del medio y la del vacío. Como las oscilaciones de los dipolos atómicos son causadas por el campo eléctrico de la onda refractada, cuya amplitud hemos llamado A' podemos escribir

$$P_0 = (\epsilon - \epsilon_0) A' \tag{8-146}$$

y la ecuación (8-145) se vuelve:

$$A'' = \left(\frac{\epsilon}{\epsilon_0} - 1\right) \frac{A'}{2(n+1)} \tag{8-147}$$

En la figura 8-20 notamos que los vectores LK y LL' son perpendiculares entre sí, lo cual demuestra que la onda reflejada tiene un retardo de fase de $\pi/2$ con

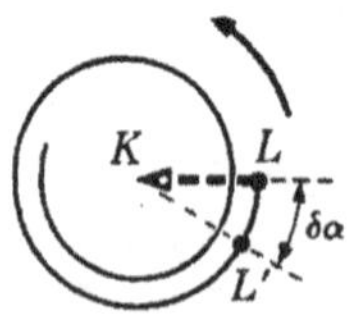

FIG. 8-20.

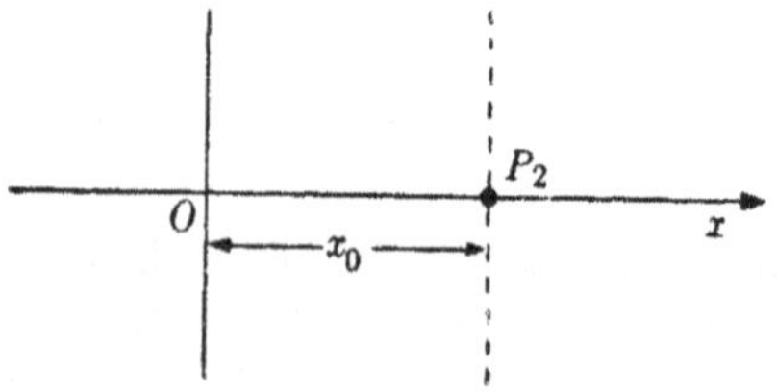

FIG. 8-21.

respecto a la onda secundaria que se origina en la lámina infinitesimal entre $x=0$ y $x=\delta x$. Ésta, a su vez, tiene un retardo de fase de $\pi/2$ con respecto a la onda refractada en $x=0$. De acuerdo con estos resultados, encontramos que las ondas reflejadas y refractadas tienen fases opuestas en la superficie.

Podemos usar un procedimiento análogo para calcular la perturbación secundaria en un punto P_2 del medio material (Figs. 8-19 y 8-21). Sea x_0 la abscisa de este punto. Consideramos separadamente la onda secundaria resultante que sale de los dipolos que están entre los planos $x=0$ y $x=x_0$; E_{1s} y E_{2s} son los campos eléctricos de estas dos ondas.

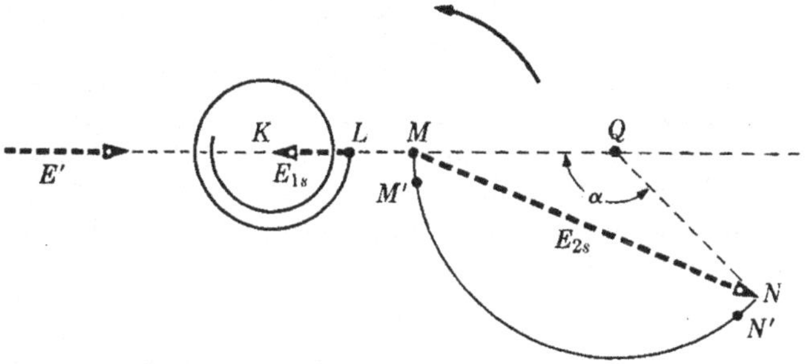

FIG. 8-22.

E_{1s} es igual al campo eléctrico de la onda reflejada considerada previamente. Su amplitud es, por lo tanto, la cantidad A'' dada por la ecuación (8-145) y su fase es opuesta a la de la onda refractada E' en $x=x_0$ (Fig. 8-22). Para encontrar la contribución E_{2s} de la porción del medio entre $x=0$ y $x=x_0$, debemos construir nuevamente la curva de vibración apropiada. Si x_0 no es muy grande, la absorción puede despreciarse, y podemos suponer que todas las perturbaciones que llegan a P_2 desde las diferentes láminas infinitesimales de igual espesor δx tienen la misma amplitud. La diferencia de fase entre las ondas originadas en dos láminas sucesivas es:

$$\delta\alpha = 2\pi (n-1)\frac{\delta x}{\lambda} \qquad (8\text{-}148)$$

La curva de vibración (Fig. 8-22) se convierte en un arco de círculo MN, donde M es el punto correspondiente al plano $x=x_0$ y N es el punto correspondiente al plano en $x=0$. La onda secundaria E_{2s} está representada en amplitud y fase por el vector MN.

Un argumento análogo al desarrollado previamente muestra que el radio del círculo es:

$$\overline{QM} = \left(\frac{\epsilon}{\epsilon_0}-1\right)\frac{A'}{2(n-1)} \qquad (8\text{-}149)$$

La onda secundaria que viene desde la lámina entre $x=x_0$ y $x=x_0-\delta x$ (representada por el segmento MM' de la curva de vibración), tiene un retardo de fase de $\pi/2$ con respecto a las ondas refractadas. Se retrasa con respecto a la onda que se origina en la lámina infinitesimal entre $x=0$ y $x=\delta x$ (representada por el segmento infinitesimal $N'N$ de la curva de vibración) en el ángulo de fase

$$\alpha = 2\pi(n-1)\frac{x_0}{\lambda} \tag{8-150}$$

Este ángulo representa el ángulo entre las tangentes de la curva de vibración en M y N respectivamente. También representa el ángulo subtendido en el centro por el arco MN. Para completar nuestro objetivo, debemos ahora resolver la ecuación

$$E' = E + E_{1s} + E_{2s} \tag{8-151}$$

que dice que la onda refractada resulta de la interferencia de la onda incidente con las ondas secundarias que se originan en los dipolos atómicos.

Con este fin, dibujemos desde un punto R un vector RS que representa la onda refractada E' (Fig. 8-23). Este vector tiene la longitud (desconocida) A'. A éste le sumamos un vector ST que representa $-E_{1s}$. El último vector es paralelo al primero, y su longitud es

$$\frac{(\epsilon/\epsilon_0)-1}{2(n+1)}A'$$

La función $E'-E_{1s}$ está representada por un vector RT de longitud

$$\left(1+\frac{(\epsilon/\epsilon_0)-1}{2(n+1)}\right)A'$$

Nótese que esta longitud es independiente de x_0. Por otra parte, para $x_0=0$, E_{2s} obviamente se anula, tal que $E'-E_{1s}$ es igual a E. Deducimos así que la longitud del vector que representa $E'-E_{1s}$ es igual a la longitud del vector que representa a E, o

$$\left(1+\frac{(\epsilon/\epsilon_0)-1}{2(n+1)}\right)A' = A \tag{8-152}$$

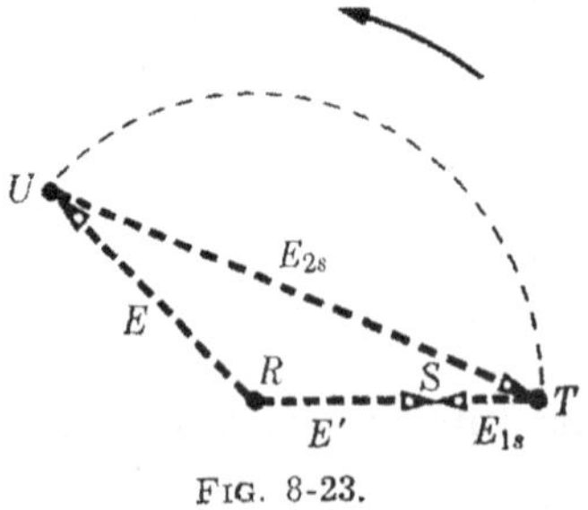

FIG. 8-23.

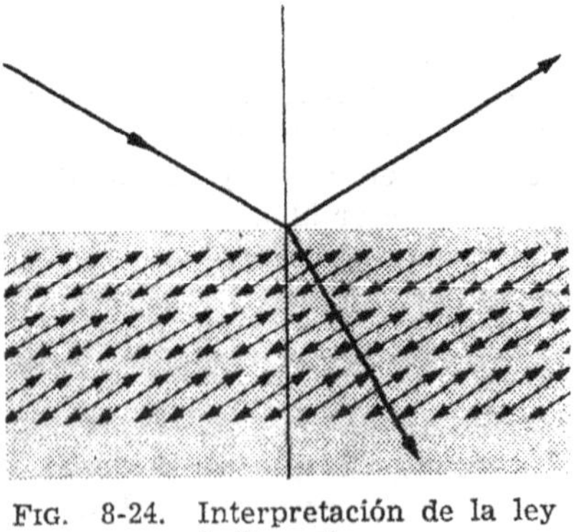

FIG. 8-24. Interpretación de la ley de Brewster.

En el caso general ($x_0 \neq 0$), el campo eléctrico de la onda incidente en x_0 está adelantado con respecto al campo eléctrico de la onda refractada en un ángulo de fase $\alpha = 2\pi(n-1)x_0/\lambda$. Por eso E está representada por un vector RU de longitud A rotado en la dirección positiva en un ángulo α con respecto al vector RS. El vector UT representa entonces a la función $E' - E_{1s} - E = E_{2s}$. Comparando las figuras 8-23 y 8-22 vemos que $RU = QM$ o (véase sec. 8-149)

$$\frac{(\epsilon/\epsilon_0) - 1}{2(n-1)} A' = A \tag{8-153}$$

De (8-152) y (8-153) obtenemos

$$n^2 = \frac{\epsilon}{\epsilon_0} \tag{8-154}$$

$$A' = \frac{2(n-1)}{n^2+1} A = \frac{2}{n+1} A \tag{8-155}$$

y (8-147) queda ahora

$$A'' = \frac{n-1}{2} A' = \frac{n-1}{n+1} A \tag{8-156}$$

Las ecuaciones anteriores, determinan la velocidad de propagación en el medio, así como las amplitudes de las ondas reflejadas y refractadas. Son idénticas a las ecuaciones obtenidas previamente [véanse ecs. (8-50) y (8-100)].

(c) Usando métodos similares, podríamos discutir la reflexión y la refracción de ondas incidentes en un ángulo oblicuo y un medio material a la superficie límite entre el vacío, pero no lo haremos aquí. Remarcaremos, en cambio, que el modelo de los dipolos oscilantes da una interpretación física sencilla de la ley de Brewster (véanse secc. 6-4 y 8-6). Cuando el ángulo de incidencia es igual al ángulo de Brewster, el ángulo entre el rayo refractado y el rayo reflejado (si el último existe) es $\pi/2$. Si la onda incidente vibra en el plano de incidencia, la onda refractada también lo hace, y las oscilaciones de los dipolos son en la dirección del rayo reflejado (véase fig. 8-24). Como la intensidad de la onda emitida por un oscilador lineal es cero en la dirección de oscilación, no existe onda reflejada en estas circunstancias.

Las consideraciones desarrolladas en esta sección nos permiten aclarar una paradoja aparente. Hemos deducido que en un dieléctrico perfecto una onda electromagnética se propaga sin atenuación; por otra parte, sabemos que siempre hay algo de dispersión, y esto produce atenuación. Pero parece, entonces, que los argumentos que llevan a la conclusión de que la onda refractada se propaga sin atenuarse, están basados en la suposición tácita de que los dipolos oscilantes están distribuidos con una densidad uniforme en el dieléctrico ya que en nuestro cálculo de ondas secundarias hemos despreciado la posibilidad de fluctuaciones locales en la densidad de los dipolos. En realidad, hay fluctuaciones, especialmente en gases, a raíz de la distribución aleatoria en el espacio de las moléculas. Estas fluctuaciones son las responsables de la difracción y, por esto, nuestro cálculo de la onda refractada no es riguroso. Se deduce a partir de la teoría estadística, que las fluctuaciones en el número de moléculas de gas contenidas en un elemento de volumen son proporcionales a la raíz cuadrada de la densidad. Uno debe esperar que la *amplitud* de la onda dispersada sea también proporcional a la raíz cuadrada de la densidad, y la *intensidad* de la onda dispersada sea proporcional a la densidad. Hemos visto que esto es lo que ocurre en el caso de gases.

8-10. Absorción, resonancia, dispersión anómala. Ya señalamos que, cuando una onda luminosa atraviesa materia, parte de su energía se transforma en radiación dispersada y, parte en calor (absorción verdadera). En ambos fenómenos, la pérdida de energía, puede atribuirse a fuerzas de fricción, en dirección opuesta al movimiento de la partícula oscilante y de magnitud proporcional a la velocidad. Las mismas fuerzas de fricción son responsables del amortiguamiento de las oscilaciones libres discutidas en la sección 8-2.

Vimos que el trabajo realizado contra las fuerzas de fricción durante una oscilación es proporcional al cuadrado de la amplitud de oscilación (ec. 8-33). En muchas sustancias, las fuerzas disipativas son pequeñas, y la absorción es chica, excepto cerca de una frecuencia característica, donde, como ya se señaló, la amplitud de las oscilaciones forzadas es muy grande, y la sustancia absorbe fuertemente. Este fenómeno se llama *absorción de resonancia,* por la semejanza con el fenómeno de resonancia acústica, donde un diapasón se pone a oscilar al ser alcanzado por una onda sonora de frecuencia igual a su frecuencia característica.

En la sección 8-3, encontramos una expresión general para la amplitud p_0, de las oscilaciones forzadas de un dipolo de frecuencia característica ω_0, en el campo de una onda de frecuencia ω (ec. 8-42). El comportamiento de p_0^2 en la vecindad de ω_0 se muestra en la figura 8-5, para dos valores distintos de la constante de amortiguamiento. Es evidente que, si el amortiguamiento decrece, el intervalo de frecuencias en el cual p_0^2 es grande y, por lo tanto, la absorción es fuerte, disminuye. Por eso, en sólidos y líquidos, donde el amortiguamiento es relativamente grande, las bandas de absorción son anchas; mientras que en gases, donde el amortiguamiento es generalmente pequeño, las bandas de absorción son angostas, y se reducen a *líneas de absorción.* Por ejemplo, las líneas negras de Fraunhofer, del espectro de radiación solar, se deben a la absorción de resonancia, por los gases de la atmósfera solar, del espectro continuo emitido por la superficie caliente del sol.

Cuando el amortiguamiento debido a choques entre moléculas es grande comparado con el amortiguamiento por radiación, la mayor parte de la energía absorbida calienta a la sustancia absorbente. Si, en cambio, el amortiguamiento por choque es pequeño, comparado con el amortiguamiento por radiación, la mayor parte de la energía se re-emite en forma de radiación (radiación de resonancia). Este fenómeno es frecuente en gases diluidos. Puede demostrarse fácilmente, por medio de un recipiente de vidrio en el que se hizo vacío, que contiene sodio metálico. Al calentar el sodio se libera vapor de sodio, que tiene una línea de absorción fuerte en el amarillo (en realidad, son dos líneas muy juntas). En un haz fuerte de luz blanca, el vapor de sodio se vuelve luminiscente, y emite luz amarilla de frecuencia correspondiente a su línea de absorción.

Cerca de una frecuencia característica, el índice de refracción tiene un comportamiento anómalo. A medida que la frecuencia de la onda luminosa crece desde un valor un poco menor a un valor ligeramente mayor que el de la frecuencia característica, el índice de refracción crece rápidamente, pasa por un máximo, luego cae repentinamente a un valor bajo y luego eventualmente crece (Fig. 8-25).

En la cercanía de una frecuencia característica, el índice de refracción *decrece* cuando la frecuencia aumenta en lugar de crecer como es lo común. Este comportamiento es conocido como *dispersión anómala*. Se explica físicamente, por el hecho de que cuando la frecuencia de la onda sobrepasa la frecuencia ca-

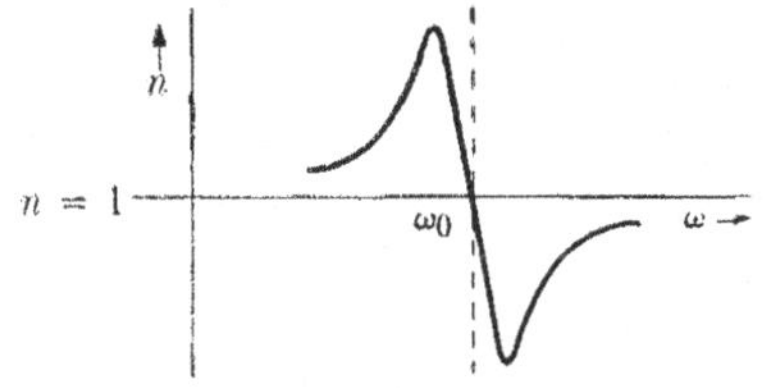

FIG. 8-25. Dispersión anómala en la proximidad de una frecuencia característica.

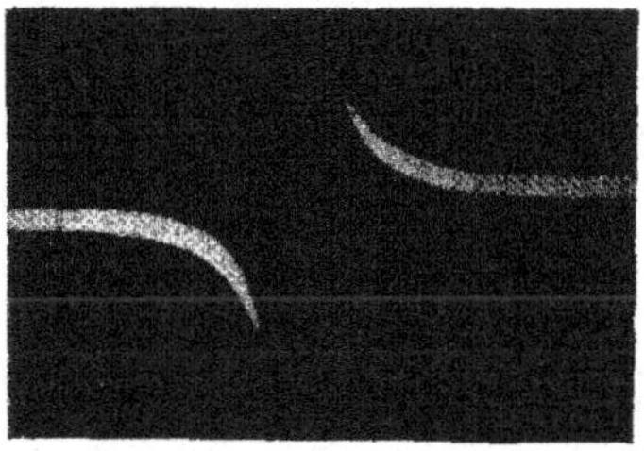

FIG. 8-26.

racterística, la diferencia de fase entre las oscilaciones de los dipolos atómicos y las del campo de la onda cambian rápidamente desde un valor cercano a cero a un valor cercano a π (véase sec. 8-3, Fig. 8-6). Cuando el amortiguamiento disminuye, el cambio se hace más rápido, y la curva de dispersión anómala se hace más abrupta. Para amortiguamiento cero habrá una discontinuidad matemática en la curva que representa n como función de ω; esta situación es aproximada en el caso de los gases, cuyas líneas de absorción son muy angostas.

La dispersión anómala puede demostrarse por la siguiente experiencia. Un haz estrecho de luz blanca pasa a través de un prisma de vidrio que abre el haz de luz incidente en forma de abanico con los rayos rojos en un extremo y los rayos violeta en el otro. Ponemos ahora en el camino de este haz un prisma de vidrio, hueco, lleno de solución de fucsina, con el borde refractante perpendicular al borde refractante del primer prisma, tal que los dos prismas deflectarán a los rayos luminosos en planos perpendiculares entre sí. La fucsina tiene una banda de absorción estrecha y fuerte en el espectro visible y exhibe dispersión anómala en las proximidades de esta banda. En una pantalla puesta más allá del segundo prisma, aparece una figura como la que muestra la figura 8-26. El lector notará que nuestra teoría, basada en el modelo de osciladores armónicos microscópicos, predice una estrecha correspondencia entre las propiedades de *emisión* y *absorción* de una sustancia dada. Las frecuencias características de los osciladores microscópicos determinan las frecuencias de las ondas luminosas que son fuertemente absorbidas por la sustancia y las de las ondas luminosas que la sustancia emite cuando sus moléculas son excitadas por algún agente externo.

Además, cuando el amortiguamiento de los osciladores microscópicos es pequeño, la teoría predice qué líneas de absorción y de emisión son angostas. En otras palabras, si la sustancia es capaz de emitir luz aproximadamente monocromática, sólo absorberá ondas luminosas en un intervalo de frecuencias estrecho. Por otra parte, un amortiguamiento grande de los osciladores microscópicos implica bandas de emisión y bandas de absorción anchas.

Estas predicciones surgieron de la experiencia. Por ejemplo, el vapor de sodio muestra una fuerte absorción a frecuencias idénticas a la de dos líneas estrechas de emisión en la región del amarillo del espectro. Hay excepciones en el sentido de que no *todas* las líneas de emisión aparecen también como líneas de absorción. Estas excepciones limitan la validez de nuestro modelo.

***8-11. Propiedades ópticas de los metales.** Las dos características ópticas más importantes de los metales son, su opacidad y el alto poder reflectante de sus superficies pulidas. Ambas propiedades son explicadas por el hecho que los metales son buenos conductores de la electricidad.

Consideremos, primero, el caso ideal de un conductor perfecto. Dentro del conductor, el campo eléctrico es cero, porque un campo eléctrico finito produciría una corriente eléctrica infinitamente grande. Para estudiar la reflexión de una onda luminosa en la superficie del conductor, seguimos el mismo procedimiento usado para estudiar la reflexión y la refracción en la superficie entre dos dieléctricos (véase sec. 8-5). Encontramos nuevamente, que las direcciones de propagación de las ondas incidentes y reflejadas están en el mismo plano que la perpendicular a la superficie reflectante, y forman ángulos iguales φ con esta perpendicular. Las condiciones de contorno para el campo eléctrico requieren ahora que, las componentes tangenciales de los campos eléctricos de las ondas incidente y reflejada, se anulen entre sí en la superficie límite. Usando la misma notación introducida en la sección 8-5 encontramos

$$A_y = -A''_y \qquad A_z = -A''_z \tag{8-157}$$

Si consideramos ahora que el vector eléctrico es perpendicular a la dirección de propagación y que los componentes x, y y z del vector unidad dirigido en la dirección de propagación son $\gamma_x = \cos\varphi$, $\gamma_y = \operatorname{sen}\varphi$, $\gamma_z = 0$ para la onda incidente, y $\gamma''_x = -\cos\varphi$, $\gamma''_y = \operatorname{sen}\varphi$, $\gamma''_z = 0$ para la onda reflejada, tenemos

$$A_x\gamma_x + A_y\gamma_y + A_z\gamma_z = 0, \qquad A''_x\gamma''_x + A''_y\gamma''_y + A''_z\gamma''_z = 0$$

o

$$A_x\cos\varphi + A_y\operatorname{sen}\varphi = 0, \qquad A''_x\cos\varphi - A''_y\operatorname{sen}\varphi = 0 \tag{8-158}$$

Estas ecuaciones junto con las (8-157) dan $A''_x = A_x$ por lo tanto

$$A_x^2 + A_y^2 + A_z^2 = A_x''^2 + A_y''^2 + A_z''^2$$

La amplitud de la onda reflejada, es igual a la amplitud de la onda incidente. En otras palabras, la superficie de un conductor perfecto actúa como reflector perfecto. Para investigar el comportamiento óptico de los metales reales, es necesario examinar más la naturaleza física de estas sustancias. La conductividad eléctrica de los metales se debe a la presencia de electrones de carga $-e$, que no están permanentemente ligados a átomos individuales, sino que pueden ir de un átomo a otro. Para representar a los electrones ligados, ya introducimos los osciladores armónicos electrónicos (sec. 8-1). Supondremos ahora que los electrones de conducción se comportan como *partículas materiales cargadas sumergidas en un medio viscoso.* O sea, un electrón que se mueve con velocidad $\mathbf{w}$ experimentará una fuerza de fricción $-h_e\,\mathbf{w}$, donde h_e es una constante. La ecuación de movimiento de un electrón de conducción, en un campo eléctrico externo $\mathbf{E}$ es entonces,

$$m\frac{d\mathbf{w}}{dt} + h_e\,\mathbf{w} = e\,\mathbf{E} \qquad (8\text{-}159)$$

Supongamos, por ejemplo, que $\mathbf{E}$ es el campo variable sinusoidal de una onda plana electromagnética, linealmente polarizada:

$$\mathbf{E} = \mathbf{A}\cos\omega t \qquad (8\text{-}160)$$

Después de un período inicial transitorio, cada electrón de conducción ejecutará oscilaciones lineales con frecuencia angular ω, y $\mathbf{w}$ será una función sinusoidal del tiempo, del tipo

$$\mathbf{w} = \mathbf{w}_0\cos(\omega t + \varphi) \qquad (8\text{-}161)$$

En este caso, (8-159) queda

$$-m\,\omega\,\mathbf{w}_0\,\text{sen}\,(\omega t + \varphi) + h_e\,\mathbf{w}_0\cos(\omega t + \varphi) = -e\,A\cos\omega t \qquad (8\text{-}162)$$

Mediante esta ecuación, o más simplemente usando la representación vectorial de las funciones sinusoidales, podemos determinar $\mathbf{w}_0$ y φ. Aquí sólo deseamos remarcar que el cociente entre las amplitudes de oscilación de los dos términos sinusoidales del lado izquierdo de (8-162) es $m\,\omega/h_e$. Si las fuerzas de fricción son suficientemente grandes y si la frecuencia no es demasiado alta, el primer término es despreciable comparado con el segundo. En este caso, la fuerza externa, $-e\,\mathbf{E}$, es siempre prácticamente igual a la fuerza de fricción $h_e\,\mathbf{w}$:

$$h_e\,\mathbf{w} = -e\,\mathbf{E} \qquad (8\text{-}163)$$

Por simplicidad supondremos en lo que sigue que se satisfacen las condiciones de validez de (8-163). Por definición la densidad de corriente, $\mathbf{j}$, está dada por

$$\mathbf{j} = -N_e\,e\,\mathbf{w} \qquad (8\text{-}164)$$

donde N_e es el número de electrones de conducción por unidad de volumen del metal. Vemos que si (8-163) se cumple, $\mathbf{j}$ es proporcional a $\mathbf{E}$, o sea, $\mathbf{j}$ obedece la ley de Ohm. Si σ es la conductividad, entonces

$$\mathbf{j} = \sigma\,\mathbf{E},$$

y obtenemos

$$\sigma = \frac{N_e\,e^2}{h_e} \qquad (8\text{-}165)$$

Recalcamos que cuando vamos de un dieléctrico a un conductor, las tres primeras ecuaciones de Maxwell [ecs. (7-22), (7-23) y (7-24)] no cambian, mientras que en la cuarta (ec 7-25), el vector $\epsilon\ (\delta \mathbf{E}/\delta t)$ debe ser reemplazado por el vector $\epsilon\ (\delta \mathbf{E}/\delta t) + \mathbf{j} = \epsilon\ (\delta \mathbf{E}/\delta t) + \sigma \mathbf{E}$.

Averigüemos la posibilidad de satisfacer las ecuaciones de Maxwell en un metal, con un conjunto de funciones E_x, E_y, E_z, H_x, H_y, H_z, que dependen solamente de la coordenada x y del tiempo. Por el mismo procedimiento seguido en el caso de un dieléctrico (véase sección 7-3), encontramos el siguiente sistema de ecuaciones

$$
\begin{aligned}
&\text{(a)}\quad \frac{\partial H_x}{\partial x} = 0 &&\text{(b)}\quad \frac{\partial E_x}{\partial x} = 0\\
&\text{(c)}\quad \frac{\partial H_x}{\partial t} = 0 &&\text{(d)}\quad \frac{\partial E_x}{\partial t} = 0\\
&\text{(e)}\quad \mu_0 \frac{\partial H_y}{\partial t} = \frac{\partial E_z}{\partial x} &&\text{(f)}\quad \epsilon \frac{\partial E_y}{\partial t} + \sigma E_y = -\frac{\partial H_z}{\partial x}\\
&\text{(g)}\quad \mu_0 \frac{\partial H_z}{\partial t} = -\frac{\partial E_y}{\partial x} &&\text{(h)}\quad \epsilon \frac{\partial E_z}{\partial t} + \sigma E_z = \frac{\partial H_y}{\partial x}
\end{aligned}
\tag{8-166}
$$

Estas ecuaciones son idénticas a las (7-26) excepto por los términos extra σE_y y σE_z que aparecen en (f) y (h). De (a), (b), (c) y (d) deducimos que los vectores **E** y **H** son perpendiculares al eje x. Encontramos también que de las cuatro ecuaciones donde aparecen E_y, E_z, H_y, H_z, dos sólo contienen a E_y y H_z y las otras dos sólo a E_z y H_y. Podemos encontrar una solución especial para la cual $E_z = 0$, $H_y = 0$, $E_y \neq 0$, $H_z \neq 0$.

Trataremos de satisfacer las dos ecuaciones que contienen E_y y H_z suponiendo que dependen de x y t a través de una función formalmente similar a la que aparece en la ecuación de una sinusoidal: es decir, tomamos

$$
E_y = A_y \exp\left\{ i\,\omega \left(t - \frac{n' x}{c} \right) \right\}
\tag{8-167}
$$

donde n' es una constante que debe elegirse apropiadamente. Una ecuación con un coeficiente distinto, pero al mismo término exponencial representará a H_z.

De la supuesta dependencia funcional de E_y y H_z en t y x, se deduce que

$$
\begin{aligned}
&\frac{\partial E_y}{\partial x} = -\frac{i\,\omega\, n'}{c} E_y &&\frac{\partial E_y}{\partial t} = i\,\omega\, E_y\\
&\frac{\partial H_z}{\partial x} = -\frac{i\,\omega\, n'}{c} H_z &&\frac{\partial H_z}{\partial t} = i\,\omega\, H_z
\end{aligned}
\tag{8-168}
$$

Con la ayuda de estas ecuaciones, (f) y (g) de la ecuación (8-166) quedan

$$\epsilon\, i\, \omega\, E_y + \sigma\, E_y = \frac{i\, \omega\, n'}{c} H_z$$

$$\mu_0\, i\, \omega\, H_z = \frac{i\, \omega\, n'}{c} E_y \qquad (8\text{-}169)$$

De la segunda de las ecuaciones anteriores (recordando que $c = 1/\sqrt{\epsilon_0\, \mu_0}$), obtenemos:

$$H_z = \frac{n'}{\mu_0\, c} E_y = \sqrt{\frac{\epsilon_0}{\mu_0}}\, n'\, E_y \qquad (8\text{-}170)$$

Reemplazando (8-170), en la primera de las ecuaciones (8-169) da

$$e\, i\, \omega\, E_y + \sigma\, E_y = i\, \omega\, \epsilon_0\, (n')^2\, E_y$$

o

$$(n')^2 = \frac{\epsilon}{\epsilon_0} + \frac{\sigma}{i\, \omega\, \epsilon_0} \qquad (8\text{-}171)$$

la cual muestra que, n' es una cantidad compleja. Si ponemos

$$n' = n\, (1 - i\, \eta) \qquad (8\text{-}172)$$

obtenemos

$$n^2\, (1 - \eta^2) = \frac{\epsilon}{\epsilon_0} \qquad (8\text{-}173)$$

$$2\, n^2\, \eta = \frac{\sigma}{\omega\, \epsilon_0} \qquad (8\text{-}174)$$

Reemplazando (8-172) en (8-167) da

$$E_y = A_y \exp\left\{ i\, \omega \left(t - \frac{n\, x}{c} \right) \right\} \exp\left(- \frac{\mu\, x}{2} \right) \qquad (8\text{-}175)$$

donde hemos escrito

$$\mu = \frac{2\, \omega\, n\, \eta}{c} \qquad (8\text{-}176)$$

Deduciremos que es posible encontrar soluciones de las ecuaciones de Maxwell en las cuales el campo eléctrico y el magnético sólo dependen de t y x. La solución particular dada por (8-175) y (8-170), junto con $E_z = 0$, $H_y = 0$, representan una onda transversal con el vector eléctrico en la dirección, y y el vector magnético en la dirección z. En cualquier punto dado, E_y y H_z varían sinusoidalmente con el tiempo, con frecuencia angular ω. En un instante dado, la dependencia en x está representada por el producto de una función sinusoidal ($e^{-i\omega nx/c}$) y una función exponencial con coeficiente negativo ($e^{-\mu x/2}$). Nuestras ecuaciones describen una onda sinusoidal que se atenúa gradualmente al viajar en la dirección x. La atenuación se debe al efecto Joule; la energía de la onda se transforma en el medio conductor en calor.

Como la intensidad I de la onda es proporcional al cuadrado de la amplitud, de (8-175) encontramos que I está dada por

$$I = I_0\, e^{-\mu x} \tag{8-177}$$

donde I_0 es la intensidad en $x = 0$. μ representa el *coeficiente de absorción*, o sea la inversa del espesor de una lámina de metal que reduce la intensidad a $1/e$ de su valor inicial.

La ecuación (8-170), junto con (8-172), muestra que el cociente entre las intensidades magnéticas y las eléctricas en cualquier punto, es una cantidad compleja, lo que significa que, en un metal, el campo magnético y el eléctrico oscilan con cierta diferencia de fase φ. O sea, (8-172) muestra que φ satisface

$$\operatorname{tg} \varphi = \eta$$

El lector recordará que en un dieléctrico, en cambio, las oscilaciones de los vectores eléctricos y magnético tienen fase igual u opuesta.

Las ecuaciones (8-173) y (8-174) determinan las constantes ópticas n y η en términos de las constantes eléctricas σ y ϵ. Eliminando n tenemos

$$\frac{2\eta}{1-\eta^2} = \frac{\sigma}{\omega\epsilon}$$

que tiene la solución

$$\eta = -\frac{\omega\epsilon}{\sigma} + \sqrt{\left(\frac{\omega\epsilon}{\sigma}\right)^2 + 1} \tag{8-178}$$

Esta ecuación junto con (8-174), da

$$n^2\eta^2 = \frac{1}{2}\left[-\frac{\epsilon}{\epsilon_0} + \sqrt{\left(\frac{\epsilon}{\epsilon_0}\right)^2 + \left(\frac{\sigma}{\omega\epsilon_0}\right)^2}\right] \tag{8-179}$$

Nótese que para $\sigma = 0$, η se anula y la ecuación (8-173) se convierte en (8-50). Así, la teoría de la propagación de las ondas electromagnéticas en un dieléctrico desarrollada en la sección 8-4 es un caso especial de la teoría más general desarrollada aquí. Investigaremos ahora la reflexión de ondas luminosas en la superficie de separación entre el vacío y un metal, limitándonos, por simplicidad, al caso de incidencia normal. Suponemos que la onda incidente está linealmente polarizada, con el vector eléctrico en la dirección y. Los campos eléctricos de las ondas incidente, refractada y reflejada están entonces representados por ecuaciones de la siguiente forma:

$$E_y = A \exp\left\{ i\omega\left(t - \frac{x}{c}\right)\right\}$$

$$E'_y = A' \exp\left\{ i\omega\left(t - \frac{n x}{c}\right)\right\} \exp\left(-\frac{\mu x}{2}\right) \tag{8-180}$$

$$E''_y = A'' \exp\left\{ i\omega\left(t + \frac{x}{c}\right)\right\}$$

La condición de contorno para el campo eléctrico da

$$A + A'' = A' \tag{8-181}$$

La condición de contorno para el campo magnético, con la ayuda de las ecuaciones (8-170) y (8-172) da

$$A - A'' = n(1 - i\eta) A' \tag{8-182}$$

De la eliminación de A' entre (8-181) y (8-182) obtenemos

$$A'' = \frac{1 - n + i n \eta}{1 + n - i n \eta} A \tag{8-183}$$

Así, el cociente entre las amplitudes de los campos eléctricos de la onda reflejada y la incidente, en la superficie de separación es un número complejo. Si escribimos este número como $\rho e^{i\alpha}$, o sea, si ponemos

$$\rho e^{i\alpha} = \frac{1 - n + i n \eta}{1 + n - i n \eta} \tag{8-184}$$

obtenemos

$$\rho^2 = \frac{(n-1)^2 + n^2 \eta^2}{(1+n)^2 + n^2 \eta^2} \tag{8-185}$$

y

$$\operatorname{tg} \alpha = \frac{2 n \eta}{1 - n^2 - n^2 \eta^2} \tag{8-186}$$

Nótese que como la intensidad de una onda es proporcional al cuadrado de la amplitud, ρ^2 representa el cociente de la intensidad reflejada y la incidente, o sea la reflectancia (véase sección 8-5).

No realizaremos el cálculo para el caso de incidencia oblicua. Sólo señalamos que la diferencia de fase entre la onda reflejada y la incidente depende no sólo del ángulo de incidencia, sino también de la dirección de vibración. Por lo tanto, en general, las reflexiones metálicas cambian una onda linealmente polarizada en una onda elípticamente polarizada.

Si usamos para σ la conductividad eléctrica del metal, determinada por los experimentos en corrientes estacionarias o lentamente variables, encontramos que la cantidad no dimensionada $\sigma/\omega\epsilon_0$ es un número grande comparado con la unidad aun para valores de ω tan grandes como las correspondientes a la luz visible. Por ejemplo, para cobre, $\sigma = 5{,}8 \times 10^7$ ohm^{-1} m^{-1}. Con $\epsilon_0 = 8{,}85 \times 10^{-12}$ faradio/m, y tomando $\omega = 3{,}2 \times 10^{15}$ seg^{-1} (correspondiendo a la luz amarilla de sodio de longitud de onda 5890 A) obtenemos $\sigma/\omega\epsilon_0 \approx 200$. Aun cuando la constante dieléctrica de metales, no puede medirse directamente, se puede suponer que para metales y para dieléctricos ϵ/ϵ_0 es del orden de la unidad, y es por lo tanto pequeño comparado con el valor de $\sigma/\omega\epsilon_0$ calculado. Por lo tanto, las ecuaciones (8-178) y (8-179) dan, con buena aproximación

$$\eta \approx 1 \quad \text{y} \quad n \approx \frac{\sigma}{2\,\omega\,\epsilon_0} \tag{8-187}$$

Por otro lado, n y η pueden determinarse experimentalmente, por ejemplo, de una medición del coeficiente de absorción μ (ec. 8-176) y de la reflectancia ρ^2 (ec. 8-185). Si usamos rayos infrarrojos u ondas electromagnéticas de longitud de onda aún mayor, encontramos que los valores experimentales de estas constantes están de acuerdo con los dados en las ecuaciones (8-187). Para longitudes de onda correspondientes con las de la región visible en cambio, los valores teóricos y experimentales difieren en un factor grande. En el caso del cobre, por ejemplo, el valor de $n\,\eta$ para la luz de sodio amarilla, deducido de la conductividad estática del metal es alrededor de 1000, mientras que el valor de la misma cantidad deducido del valor medido de la longitud de atenuación es 2,66.

La razón de este desacuerdo reside en el hecho que para frecuencias tan altas como las correspondientes a la luz visible, la inercia de los electrones de conducción no puede ser despreciada. Por lo tanto, la conductividad efectiva del metal no coincide ya con la conductividad estática, ni la corriente está en fase con el campo eléctrico, como supusimos al desarrollar la teoría.

Nótese que para muchos metales n es menor que la unidad, lo que significa que la velocidad de propagación de la onda c/n, es mayor que c, en contradicción con el postulado fundamental de la teoría de la relatividad. Encontramos una paradoja similar en la sección 8-4. Aquí desaparece nuevamente la dificultad, si consideramos que la velocidad de propagación de una señal luminosa no es la velocidad de fase, sino la velocidad de grupo.

8-12. Impulso y momento angular de ondas electromagnéticas. Vimos en la sección 7-4 que las ondas electromagnéticas llevan energía, y que el flujo de energía está representado por el vector de Poynting **S**. Esto significa que la energía es transferida de una onda electromagnética a cualquier objeto material que absorba la onda (parcial o completamente).

Una transferencia de energía mecánica es acompañada a menudo, por una transferencia de impulso. Por ejemplo, si se disparan balas sobre un blanco, el blanco absorberá energía y momento y, si puede moverse libremente, adquiere velocidad en la dirección de los proyectiles.

En algunos casos, una transferencia de energía mecánica está acompañada por una transferencia de *momento angular*. Esto sucede, por ejemplo, si las balas del ejemplo anterior están rotando alrededor de su eje longitudinal.

Cuando son frenadas por el blanco, las bolitas le transfieren sus momentos angulares. Si el blanco puede rotar libremente, adquirirá una velocidad angular, alrededor de un eje paralelo al eje de rotación de los proyectiles.

El problema es determinar si las ondas electromagnéticas transfieren una cierta cantidad de impulso, y de momento angular, a un objeto material por el cual son absorbidas o no. Si lo hacen, deduciremos que llevan impulso y momento angular además de energía.

Para investigar esto, desde un punto de vista teórico, usamos un absorbente idealizado, cuyas características físicas serán elegidas de tal manera que se simplifiquen los cálculos. Los resultados tendrán todavía una validez general, porque las propiedades del campo electromagnético son independientes de las propiedades del dispositivo que usemos para investigarlas.

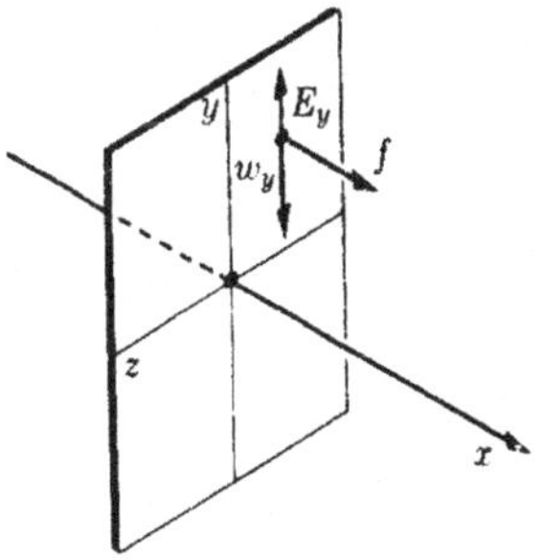

Fig. 8-27. Presión de radiación.

Consideremos una onda electromagnética plana que viaja en el vacío y una absorbente de forma de lámina plana, de material conductor de espesor pequeño comparado con la longitud de onda y de extensión lateral infinita, puesto perpendicularmente a la dirección de propagación de la onda. La lámina conductora reflejará, transmitirá y absorberá parcialmente la onda incidente. Elegimos un sistema de referencia de coordenadas cartesianas con el origen en la lámina conductora y el eje x en la dirección de propagación de la onda incidente (Fig. 8-27). Supondremos, por el momento, que la onda incidente está linealmente polarizada con el vector eléctrico en el plano xy. Las ondas reflejadas y transmitidas están similarmente polarizadas. En cada una de las tres ondas sólo dos son distintas de cero: la componente y del campo eléctrico y la componente z del campo magnético. En particular representamos la onda incidente por

$$E_y = A \cos \omega \left(t - \frac{x}{c} \right) \tag{8-188}$$

$$B_z = \mu_0 H_z = \frac{1}{c} E_y \tag{8-189}$$

De acuerdo con el modelo introducido en la sección anterior, suponemos que la conducción es debida a la presencia de electrones de carga $-e$ a cuyo movimiento se oponen fuerzas de viscosidad grandes, tal que la velocidad de un electrón individual $w_y = dy/dt$ es proporcional al valor instantáneo de la fuerza que actúa sobre él.

Por simplicidad, suponemos también que la conductividad es pequeña, tal que la lámina absorbe y refleja sólo una pequeña fracción de la energía incidente. En el cálculo de la reflexión y absorción, podemos tomar entonces el campo eléctrico en la lámina igual al de la onda incidente. O sea, si la onda incidente está representada por la ecuación (8-188), el campo eléctrico en la lámina ($x = 0$) es

$$E_y = A \cos \omega t \tag{8-190}$$

La correspondiente velocidad instantánea de los electrones es

$$w_y = -\frac{e}{h_e} E_y \tag{8-191}$$

(ec. 8-163). El *campo eléctrico* de la onda incidente realiza trabajo sobre cada electrón móvil

$$q = -e\, E_y\, \omega_y = \frac{e^2}{h_e} E_y^2 \tag{8-192}$$

por unidad de tiempo. Por otro lado, el campo magnético de la onda incidente actúa sobre cada electrón móvil con una fuerza

$$f = -e\, w_y\, B_z = -\frac{e}{c}\, w_y\, E_y \tag{8-193}$$

(ec. 8-189), o

$$f = \frac{e^2\, E_y^2}{h_e\, c} = \frac{q}{c} \tag{8-194}$$

Esta fuerza está en la dirección x, o sea, en la dirección de propagación de la onda incidente. Como el electrón no puede abandonar la lámina, la fuerza se transmite a la lámina.

Para resumir, si N es el número de electrones por unidad de área de la lámina, encontramos que la lámina absorbe energía de la onda con una velocidad $N q$ por unidad de área. Esta energía se convierte en calor de Joule. Al mismo tiempo, la lámina experimenta una fuerza igual a $N f$ por unidad de área. Si la lámina puede moverse adquirirá impulso en la dirección de las x positivas. Por la segunda ley de Newton, la cantidad $N f$ representa la velocidad de variación del impulso por unidad de área del absorbente y. deducimos que una transferencia de energía de la onda a la lámina conductora, está acompañada por una transferencia de impulso. Es natural interpretar este resultado diciendo que la onda electromagnética lleva en sí misma energía e impulso, y de las ecuaciones (8-192) y (8-194) vemos que *el cociente entre la energía y el impulso de la onda electromagnética es igual a la velocidad de la luz.*

De acuerdo con las ecuaciones (7-20), la energía de una onda electromagnética, está distribuida en el espacio con una densidad

$$u = \tfrac{1}{2}\,(\epsilon_0\, E^2 + \mu_0\, H^2) = \epsilon_0\, E^2 \tag{8-195}$$

por unidad de volumen. De aquí se deduce que el impulso de una onda electromagnética está distribuido con una densidad

$$p = \frac{u}{c} \tag{8-196}$$

y está dirigido en el sentido de propagación. Así el impulso por unidad de volumen, considerado como vector es paralelo al vector de Poynting $\mathbf{S} = \mathbf{E} \times \mathbf{H}$ y está relacionado con $\mathbf{S}$ por la ecuación

$$\mathbf{p} = \frac{\mathbf{S}}{c^2} \tag{8-197}$$

En las consideraciones anteriores hemos despreciado la onda reflejada, procedimiento que necesita justificación desde el momento que una onda reflejada de intensidad apreciable, llevaría un impulso apreciable, de dirección opuesta al de la onda incidente. Si la ecuación (8-196) es correcta deberíamos esperar que el momento transferido a la lámina conductora fuera igual a la energía absorbida *más dos veces la energía reflejada* dividida por la velocidad de la luz. Resulta que la reflexión puede ser despreciada en este caso porque, como demostraremos para una conductividad infinitesimal de la lámina, la energía absorbida es una cantidad infinitesimal de primer orden, mientras que la energía reflejada es una cantidad infinitesimal de segundo orden.

Podemos demostrar lo señalado arriba con el siguiente argumento. Primero reescribimos (8-191)

$$\frac{dy}{dt} = -\frac{e}{h_e} A \cos \omega t$$

Integrando esta ecuación, encontramos que cada electrón ejecuta oscilaciones armónicas alrededor de una posición fija en la dirección y, representada por

$$y - y_0 = -\frac{A e}{h_e \omega} \operatorname{sen} \omega t$$

o

$$y - y_0 = -\frac{A e}{h_e \omega} \cos \left(\omega t - \frac{\pi}{2} \right)$$

donde y_0 es el valor de y en $t = 0$.

Cada electrón oscilante irradia como un dipolo eléctrico con un momento

$$-e (y - y_0) = \frac{A e^2}{h_e \omega} \cos \left(\omega t - \frac{\pi}{2} \right) \tag{8-198}$$

Como se vio en la sección 8-9, los dipolos oscilantes producen dos ondas secundarias E_{ys} propagándose en direcciones opuestas, que parten de la lámina conductora con un retardo de fase de $\pi/2$ con respecto a las oscilaciones de los dipolos. Éstos, en cambio, tienen un retardo de fase de $\pi/2$ con respecto a la onda incidente [comparar ecuaciones (8-190) y (8-198)]. Por esto, en la lámina conductora cada una de las ondas secundarias tiene fase opuesta a la onda incidente. Las ecuaciones de las ondas secundarias son de la siguiente forma:

$$\text{para } x > 0: \quad E_{ys} = -A_s \cos \omega \left(t - \frac{x}{c} \right)$$

$$\text{para } x < 0: \quad E_{ys} = -A_s \cos \omega \left(t + \frac{x}{c} \right)$$

La onda secundaria que viaja hacia atrás ($x < 0$) representa la onda reflejada. Tiene una amplitud A_s y una intensidad proporcional a A_s^2.

La onda secundaria que viaja hacia adelante tiene en todo punto una fase opuesta a la de la onda incidente. La amplitud de la onda transmitida es $A - A_s$ y su intensidad es proporcional a $(A - A_s)^2$.

El cociente entre la energía *reflejada* y la energía incidente es, por lo tanto, $(A_s/A)^2$. Por otro lado, el cociente entre la energía *absorbida* y la incidente es

$$\frac{A^2 - (A - A_s)^2 - A_s^2}{A^2} = \frac{2\,A_s}{A} - \frac{2\,A_s^2}{A^2}$$

Se deduce que la energía reflejada varía como A_s^2, mientras que la energía absorbida varía como A_s.

El impulso de las ondas electromagnéticas se manifiesta como *presión de radiación* siempre que una onda electromagnética es (total o parcialmente) reflejada o absorbida.

La presión de radiación de fuentes terrestres es un pequeño efecto, que puede ser demostrado sólo con experiencias muy delicadas. En un fenómeno astrofísico, en cambio, la presión de radiación tiene un papel importante. Por ejemplo, se cree que la cola de un cometa se debe a la presión de radiación de la luz del sol, que aleja del sol los gases que rodean al cometa.

Hasta aquí hemos considerado sólo ondas linealmente polarizadas, pero, aparentemente, los efectos son los mismos con luz en estados de polarización arbitraria, o con luz natural. Además, ocurre otro efecto en luz elíptica o circularmente polarizada, porque, como veremos, la absorción de tales ondas está acompañada por la transferencia de una cierta cantidad de momento angular de la onda al absorbente.

Como antes, consideremos una lámina delgada de baja conductividad, perpendicular a la dirección de propagación de la onda; suponemos que la onda es sinusoidal y circularmente polarizada. El vector $\mathbf{E}$, tiene entonces magnitud constante y rota con velocidad angular constante ω en el plano de la onda. En la lámina conductora, sobre cada electrón actúa una fuerza $-e\,\mathbf{E}$. Como resultado de esta fuerza, y de las fuerzas de viscosidad que se oponen al movimiento, el electrón adquiere una velocidad

$$\mathbf{w} = -\frac{e}{h_e}\mathbf{E} \tag{8-199}$$

Como $\mathbf{E}$, $\mathbf{w}$ tiene magnitud constante y rota con velocidad angular constante ω. Un movimiento en el cual el vector velocidad es constante en magnitud y rota con velocidad angular constante en un plano es un movimiento circular. Sacamos así la conclusión de que cada carga describe un círculo cuyo radio r está determinado por

$$w = \frac{e}{h_e}E = \omega\,r$$

donde E es la magnitud de $\mathbf{E}$, y w la magnitud de $\mathbf{w}$. De esta ecuación obtenemos

$$r = \frac{e E}{h_e \omega} \tag{8-200}$$

Con respecto al centro del círculo, la fuerza eléctrica $-e\mathbf{E}$ que actúa sobre la carga $-e$ tiene una cupla $\boldsymbol{\vartheta}$ dada por

$$\boldsymbol{\vartheta} = -e\,\mathbf{r} \times \mathbf{E} \tag{8-201}$$

donde $\mathbf{r}$ es el vector desde el centro del círculo a la posición instantánea del electrón. La magnitud de esta cupla es

$$|\boldsymbol{\vartheta}| = e E r = \frac{e^2 E^2}{h_e \omega} \tag{8-202}$$

Puede demostrarse fácilmente que $|\boldsymbol{\vartheta}|$ representa también el promedio temporal de la cupla con respecto a cualquier otro punto de la lámina.

Deducimos que la absorción parcial de una onda circularmente polarizada implica una cupla en la lámina absorbente. Si la lámina absorbente puede rotar de un eje perpendicular a este plano, adquirirá un momento angular respecto de este eje. Con respecto a un observador que mira hacia la onda incidente, la rotación es en el sentido de las agujas de un reloj u opuesta según que la onda tenga polarización circular de derecha o de izquierda (véase sec. 6-2).

De los resultados anteriores, se deduce que una onda circularmente polarizada, tiene momento angular así como energía e impulso lineal, tal que para tal onda podemos definir un momento angular por unidad de volumen. El vector $\boldsymbol{\tau}$ es paralelo o antiparalelo a la dirección de propagación, según que la polarización circular sea izquierda o derecha. De las expresiones de $|\boldsymbol{\vartheta}|$ y q (ecs. 8-203 y 8-192) encontramos que el cociente entre la densidad de momento angular y la densidad de energía tiene el siguiente valor

$$\frac{|\boldsymbol{\tau}|}{u} = \frac{1}{\omega} \tag{8-203}$$

Nótese que las ondas linealmente polarizadas tienen momento angular nulo, porque bajo la acción de una onda linealmente polarizada, las cargas en la lámina conductora ejecutan oscilaciones lineales, y el promedio de la cupla de la fuerza que actúa sobre cada carga es cero.

***8-13. Ondas electromagnéticas en dieléctricos anisótropos.** Hemos estudiado aquí la propagación de ondas electromagnéticas, en sustancias isotrópicas, homogéneas. Para explicar las propiedades ópticas de cristales, debemos ahora investigar la propagación de ondas electromagnéticas en dieléctricos anisótropos homogéneos. La anisotropía eléctrica de los cristales surge del hecho de que la polarizabilidad es distinta en distintas direcciones. Un modelo simple nos ayudará a aclarar este punto. Supongamos que las cargas positivas ocupen posiciones fijas en la red cristalina, mientras que las cargas negativas están vinculadas a las positivas por fuerzas elástica. Supongamos que las fuerzas restauradoras son distintas en tres direcciones perpendiculares entre sí $O\xi$, $O\eta$, $O\zeta$. Un campo eléctrico paralelo a cada una de estas direcciones producirá una polarización paralela al campo, pero el cociente entre la polarización y el campo eléctrico es distinto para las tres direcciones

$$P_\xi = \chi_1 E_\xi \qquad P_\eta = \chi_2 E_\eta \qquad P_\zeta = \chi_3 E_\zeta \tag{8-204}$$

Un campo eléctrico actuando en una dirección diferente de cualquiera de las tres direcciones principales $O\xi$, $O\eta$ y $O\zeta$, puede descomponerse en sus tres componentes ortogonales, E_ξ, E_η, E_ζ. Cada componente produce la polarización correspondiente P_ξ, P_η, P_ζ, como se da en las ecuaciones (8-204). La resultante de estos tres vectores perpendiculares entre sí es el vector polarización resultante. En general, el *vector polarización* **P** *no es paralelo a la intensidad del campo eléctrico* **E**.

El desplazamiento eléctrico **D** es el vector suma de ϵ_0 **E** y **P**

$$\mathbf{D} = \epsilon_0 \mathbf{E} + \mathbf{P}$$

Deducimos así que en el dieléctrico en consideración **D**, es paralelo a **E** sólo si **E** está en una de las direcciones principales $O\xi$, $O\eta$ o $O\zeta$. En todos los demás casos, **D** y **E** tienen direcciones distintas.* Las tres componentes ortogonales de **D** están relacionadas a las componentes ortogonales de **E** por las siguientes ecuaciones

$$D_\xi = \kappa_1 \epsilon_0 E_\xi; \qquad D_\eta = \kappa_2 \epsilon_0 E_\eta; \qquad D_\zeta = \kappa_3 \epsilon_0 E_\zeta \tag{8-205}$$

donde

$$\kappa_1 = 1 + \frac{\chi_1}{\epsilon_0} \qquad \kappa_2 = 1 + \frac{\chi_2}{\epsilon_0} \qquad \kappa_3 = 1 + \frac{\chi_3}{\epsilon_0} \tag{8-206}$$

Las constantes κ_1, κ_2 y κ_3 se llaman constantes dieléctricas principales.

Es importante notar que *las propiedades eléctricas del modelo discutido antes, se aplican a todos los dieléctricos anisotrópicos que satisfacen las siguientes condiciones:* (1) *El desplazamiento es una función lineal de la intensidad del campo eléctrico,* lo cual significa que, si la intensidad del campo $\mathbf{E}_1$ produce el desplazamiento $\mathbf{D}_1$ y la intensidad del campo $\mathbf{E}_2$ produce el desplazamiento $\mathbf{D}_2$, entonces la intensidad del campo $\mathbf{E}_1 + \mathbf{E}_2$ produce el desplazamiento $\mathbf{D}_1 + \mathbf{D}_2$. (2) *La sustancia no muestra asimetría que permita distinguir una forma de derecha, de una forma de izquierda* (como se discutió en la sección 4-15, esta forma de asimetría está relacionada con la actividad óptica). En otras palabras, para todos los cristales que satisfacen las condiciones anteriores, podemos determinar tres direcciones principales perpendiculares entre $O\xi$, $O\eta$, $O\zeta$, y tres constantes dieléctricas principales correspondientes κ_1, κ_2 y κ_3, tal que las ecuaciones (8-205) se satisfacen. Este resultado, es una consecuencia de la teoría general de tensores; no daremos aquí su demostración matemática.

* Excepto que dos de las constantes χ_1, χ_2, χ_3 sean iguales.

Las ecuaciones de Maxwell (7-13, 7-14, 7-15, 7-16) son, por supuesto, válidas en medios anisótropos y en medios isotrópicos. La única diferencia entre los dos casos es la relación entre **D** y **E**.

Nos proponemos investigar ahora la propagación de ondas planas en dieléctricos de Maxwell en las cuales los vectores eléctrico y magnético sean sólo funciones de x y t. En este caso, como se vio en la sección 7-3, las ecuaciones de Maxwell quedan

$$\text{(a)}\quad \frac{\partial H_x}{\partial x}=0 \qquad \text{(b)}\quad \frac{\partial D_x}{\partial x}=0 \qquad \text{(c)}\quad \frac{\partial H_x}{\partial t}=0$$

$$\text{(d)}\quad \frac{\partial D_x}{\partial t}=0 \qquad \text{(e)}\quad \mu_0\frac{\partial H_y}{\partial t}=\frac{\partial E_z}{\partial x} \qquad \text{(f)}\quad \frac{\partial D_y}{\partial t}=-\frac{\partial H_z}{\partial x}$$

$$\text{(g)}\quad \mu_0\frac{\partial H_z}{\partial t}=-\frac{\partial E_y}{\partial x} \qquad \text{(h)}\quad \frac{\partial D_z}{\partial t}=\frac{\partial H_y}{\partial x} \tag{8-207}$$

Igual que el caso isotrópico deducimos que

$$D_x=0 \qquad H_x=0$$

Así, **D** y **H** son perpendiculares a la dirección de propagación, pero como **E** ya no es paralelo a **D**, el campo eléctrico tiene ahora una componente perpendicular al frente de onda.

Deseamos ahora averiguar si las ecuaciones (8-207) tienen soluciones que representan ondas linealmente polarizadas. Supongamos, por ejemplo, que el vector **H**, que es perpendicular a la dirección de propagación, está en la dirección z ($H_y=0$). Se deduce que, $\partial E_z/\partial x$ y $\partial D_z/\partial t$ son cero, E_z es independiente de x, y D_z es independiente de t. Como en una onda plana, E_z y D_z son funciones de $t-x/v$ o $t+x/v$, deducimos que E_z y D_z son constantes en el tiempo y en el espacio, y pueden tomarse como cero. Por lo tanto, **E** y **D** están en el plano xy. Similarmente, deducimos que si **H** está en la dirección y, E_y y D_y son cero, tal que **E** y **D** están en el plano xz. Así, (a) en una *onda linealmente polarizada, el vector* **E**, *el vector* **D**, *y la dirección de propagación son coplanares.*

Por simplicidad, seguiremos suponiendo ahora que dos constantes dieléctricas principales son iguales, por ejemplo:

$$\kappa_2=\kappa_3$$

Como veremos, esto corresponde al caso de cristales uniáxicos. Anticipando este resultado, nos referiremos al eje ξ como al eje óptico del cristal. Todas las direcciones perpendiculares al eje óptico son equivalentes y, por lo tanto, podemos elegir como ejes η y ξ y dos direcciones cualesquiera perpendiculares entre sí en el plano normal al eje ξ. En particular, dado el campo eléctrico **E**, podemos tomar el eje η o el eje ζ en el plano paralelo al eje óptico y la dirección instantánea del vector **E**. En el primer caso $E\ =0$, y de la ecuación (8-205),

$D_\zeta = 0$; en el segundo caso $E_\eta = 0$, $D_\eta = 0$. Por lo tanto, (b) *en cristales uniáxios, el vector* **E**, *el vector* **D** *y el eje óptico son coplanares.*

Para cualquier dirección de propagación dada, sólo hay dos ondas planas linealmente polarizadas que satisfacen ambas condiciones, (a) y (b).

(1) La onda cuyo vector eléctrico es perpendicular al eje óptico; en este caso **E** y **D** son paralelos y son así obviamente coplanares con cualquier otra dirección (Fig. 8-28). Esta es la onda que hemos llamado *onda ordinaria* en la sección 6-10.

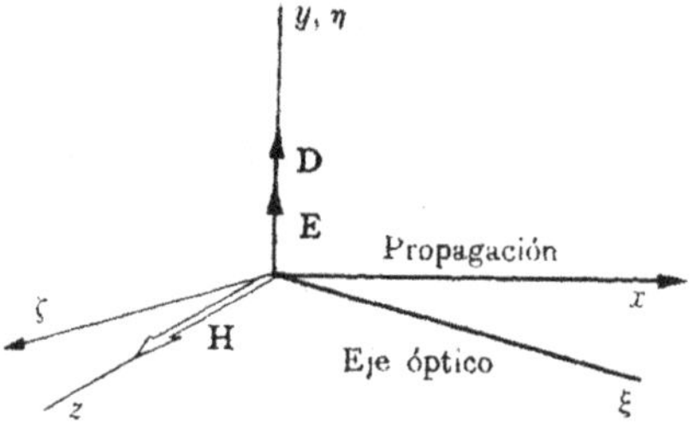

FIG. 8-28. **E**, **D** y **H**, en la onda ordinaria.

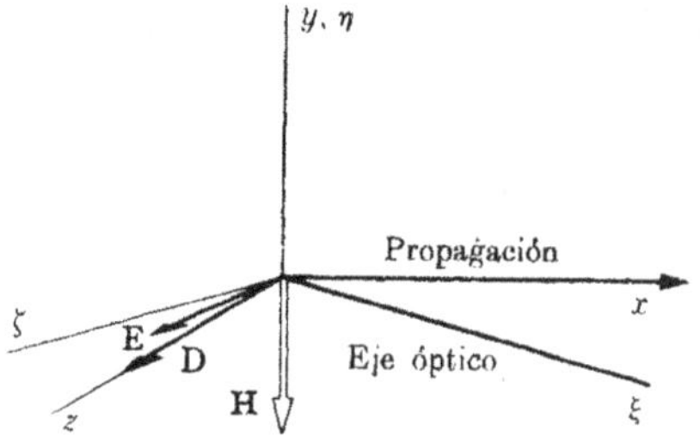

FIG. 8-29. **E**, **D** y **H** en la onda extraordinaria.

(2) La onda cuyo vector eléctrico está en el plano que contiene al eje óptico y la dirección de propagación (Fig. 8-29). Esta es la onda que hemos llamado *onda extraordinaria* en la sección 6-10.

Después de determinar los dos planos de vibración posibles de las ondas que viajan en una dirección dada, volvemos al problema de calcular sus velocidades de propagación.

Elegimos un sistema de referencia cartesiano con el eje x en la dirección de propagación, y tal que el plano xz contenga al eje del cristal. Entonces, la onda ordinaria vibra en el plano xy y la onda extraordinaria vibra en el plano xz. Suponemos también, que el eje η (que es una línea arbitraria perpendicular al eje óptico $O\xi$) coincide con el eje y (véanse figs. 8-28 y 8-29).

En el caso de la onda ordinaria (Fig. 8-28), $E_z = 0$, $D_z = 0$, $H_y = 0$, $H_x = 0$. $E_x = 0$ y $D_y = \kappa_2 \epsilon_0 E_y$. Las ecuaciones (8-207 f, g), quedan

$$\frac{\partial H_z}{\partial x} = -\kappa_2 \epsilon_0 \frac{\partial E_y}{\partial E}, \qquad \frac{\partial E_y}{\partial x} = -\mu_0 \frac{\partial H_z}{\partial E} \tag{8-208}$$

Eliminando H_z entre estas dos ecuaciones queda

$$\frac{\partial^2 E_y}{\partial x^2} = \kappa_2 \epsilon_0 \mu_0 \frac{\partial^2 E_y}{\partial t^2} \tag{8-209}$$

que es la ecuación de una onda que viaja con velocidad

$$v = \frac{1}{\sqrt{\kappa_2 \epsilon_0 \mu_0}} = \frac{c}{\sqrt{\kappa_2}} \tag{8-210}$$

Por lo tanto, obtenemos la siguiente expresión para el índice de refracción de la onda ordinaria

$$n_2 = \sqrt{\kappa_2} \tag{8-211}$$

En el caso de la onda extraordinaria (Fig. 8-29), $E_y = 0$, $D_y = 0$, $H_z = 0$, $H_x = 0$, $D_x = 0$, pero $E_x \neq 0$. Sólo las partes (c) y (h) de (8-207)

$$\frac{\partial E_z}{\partial x} = \mu_0 \frac{\partial H_y}{\partial t}, \qquad \frac{\partial H_y}{\partial x} = \frac{\partial D_z}{\partial t} \tag{8-212}$$

no son idénticamente nulas. Si definimos la cantidad κ mediante la ecuación

$$\kappa = \frac{D_z}{\epsilon_0 E_z} \tag{8-213}$$

obtenemos de (8-212)

$$\frac{\partial^2 E_z}{\partial x^2} = \kappa \epsilon_0 \mu_0 \frac{\partial^2 E_z}{\partial t^2} \tag{8-214}$$

Esta es la ecuación de una onda que viaja con velocidad

$$v = \frac{1}{\sqrt{\kappa \epsilon_0 \mu_0}} = \frac{c}{\sqrt{\kappa}} \tag{8-215}$$

Por lo tanto, el índice de refracción de la onda extraordinaria tiene el valor

$$n = \sqrt{\kappa} \tag{8-216}$$

Para calcular κ, señalemos que **D** es paralelo al eje z y que **E** y **D** están en el plano $\xi\zeta$ (Figs. 8-29 y 8-30). Podemos, por lo tanto, expresar el producto escalar de **E** y **D** en cualquiera de las siguientes formas:

$$\mathbf{E} \cdot \mathbf{D} = E_z D_z$$

o

$$\mathbf{E} \cdot \mathbf{D} = E_\xi D_\xi + E_\zeta D_\zeta$$

De estas ecuaciones y de (8-213), obtenemos

$$\frac{1}{\kappa} = \epsilon_0 \frac{E_z}{D_z} = \epsilon_0 \frac{E_z D_z}{D_z^2} = \epsilon_0 \frac{E_\xi D_\xi + E_\zeta D_\zeta}{|\mathbf{D}|^2}$$

o recordando las ecuaciones (8-205)

$$\frac{1}{\kappa} = \frac{1}{\kappa_1} \frac{D_\xi^2}{|\mathbf{D}|^2} + \frac{1}{\kappa_2} \frac{D_\xi^2}{|\mathbf{D}|^2} \tag{8-217}$$

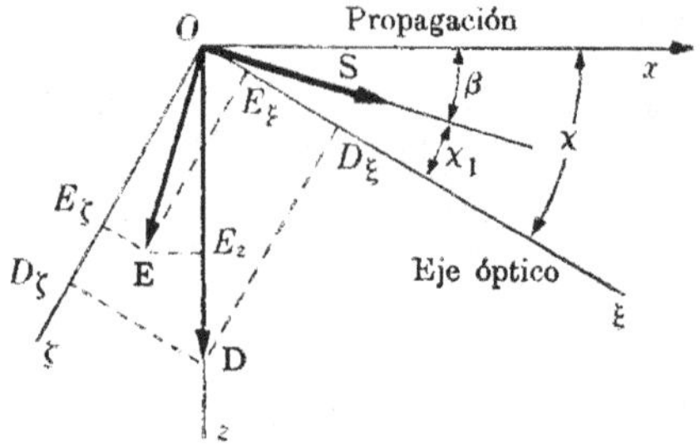

FIG. 8-30.

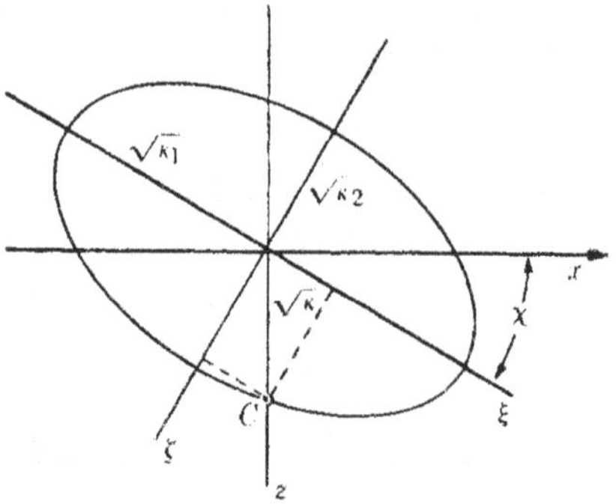

FIG. 8-31. Cálculo del índice de refracción de la onda extraordinaria.

Si indicamos con χ el ángulo entre el eje óptico (el eje ξ) y la dirección de propagación (el eje x; véase fig. 8-29) y dado que **D** es paralelo al eje z, tenemos

$$D_\xi = |\mathbf{D}| \operatorname{sen} \chi, \qquad D_\zeta = |\mathbf{D}| \cos \chi \tag{8-218}$$

y (8-217) queda

$$\frac{1}{\kappa} = \frac{\operatorname{sen}^2 \chi}{\kappa_1} + \frac{\cos^2 \chi}{\kappa_2} \tag{8-219}$$

que determina κ para cualquier dirección de propagación. Podemos dar una interpretación gráfica de este resultado simple. En el eje z dibujamos un punto C a la distancia $\sqrt{\kappa}$ desde el origen (Fig. 8-31), cuyas coordenadas ξ y ζ son

$$\xi = \operatorname{sen} \chi \sqrt{\kappa}, \qquad \zeta = \cos \chi \sqrt{\kappa}$$

De la ecuación (8-219), vemos entonces que ξ y ζ satisfacen la ecuación

$$\frac{\xi^2}{\kappa_1} + \frac{\zeta^2}{\kappa_2} = 1 \tag{8-220}$$

y deducimos que, cuando cambiamos la dirección de propagación, es decir, cuando cambiamos el ángulo χ, el punto C describe una elipse. Los semiejes de esta elipse, son paralelos a los ejes ξ y ζ respectivamente, y sus longitudes son κ_1 y κ_2. La elipse representada por (8-220) es la intersección con el plano xz (o el ξ-ζ) del elipsoide de revolución alrededor del eje ξ representado por

$$\frac{\xi^2}{\kappa_1} + \frac{\eta^2}{\kappa_2} + \frac{\zeta^2}{\kappa_2} = 1 \tag{8-221}$$

(Fig. 8-32). La intersección de este elipsoide con el plano perpendicular a la dirección de propagación (es decir, el plano yz) es una elipse cuyos semiejes son paralelos a las direcciones y y z, respectivamente, y cuyas longitudes son $\sqrt{\kappa_2}$ y $\sqrt{\kappa}$.

Estos resultados justifican plenamente el método introducido en la sección 6-10 para determinar los planos de vibración y las velocidades de propagación de las ondas ordinaria y extraordinaria en cristales uniáxicos. Es decir el elipsoide definido por la ecuación (8-221) es idéntico al elipsoide de Fresnel. El vector de Poyting de la onda extraordinaria $\mathbf{S} = \mathbf{E} \times \mathbf{H}$, no es perpendicular al plano de la onda porque $\mathbf{E}$ no está en este plano. El vector $\mathbf{S}$ representa el flujo de energía. Por lo tanto, se podría anticipar que la dirección de $\mathbf{S}$ coincide con la del rayo, como el determinado en la sección 6-12, y se ve realmente que este es el caso. En primer lugar, el rayo está en el plano que contiene al eje óptico, $OP = O\xi$, y la dirección de propagación de la onda, $Ox = ON$ (véanse figs. 6-25 y 8-31). Lo mismo ocurre para el vector $\mathbf{S}$, porque $\mathbf{S}$ es perpendicular a $\mathbf{H}$, y $\mathbf{H}$ es perpendicular a $O\xi$ y Ox. Además el ángulo entre Ox y $\mathbf{S}$ es igual al ángulo entre $\mathbf{D}$ y $\mathbf{E}$. Las componentes ξ y ζ de $\mathbf{D}$ están dadas por las ecuaciones (8-218) en términos del ángulo χ entre Ox y $O\xi$, por lo tanto, las componentes ξ y ζ de $\mathbf{E}$ son

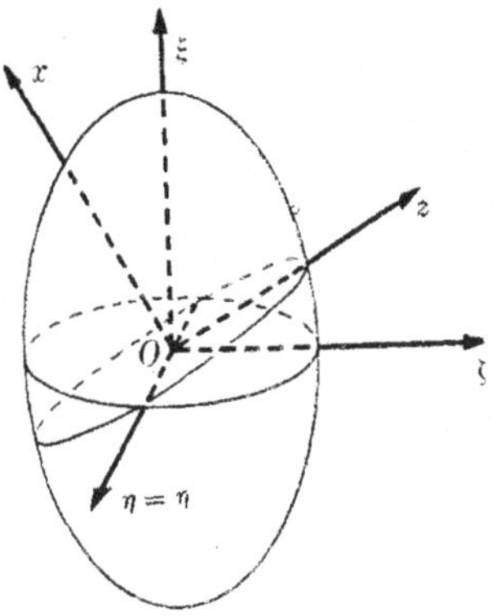

FIG. 8-32. El elipsoide de Fresnel.

$$E_\xi = \frac{|\mathbf{D}|}{\epsilon_0 \kappa_1} \operatorname{sen} \chi, \qquad E_\zeta = \frac{|\mathbf{D}|}{\epsilon_0 \kappa_2} \cos \chi \tag{8-222}$$

El ángulo χ, entre el eje óptico y el vector $\mathbf{S}$ (que es perpendicular a $\mathbf{E}$) está dado por

$$\operatorname{tg} \chi_1 = \frac{E_\xi}{E_\zeta} = \frac{\kappa_2}{\kappa_1} \operatorname{tg} \chi$$

y se deduce que

$$\operatorname{tg}(\chi - \chi_1) = \frac{\operatorname{tg}\chi - \operatorname{tg}\chi_1}{1 + \operatorname{tg}\chi \operatorname{tg}\chi_1}$$

$$= \frac{(\kappa_1 - \kappa_2) \operatorname{tg}\chi}{\kappa_1 + \kappa_2 \operatorname{tg}^2\chi}$$

Si $\beta = \chi - \chi_1$ es el ángulo entre $\mathbf{D}$ y $\mathbf{E}$, que es igual al ángulo entre Ox y $\mathbf{S}$, y si ponemos $\kappa_1 = n_1^2$; $\kappa_2 = n_2^2$, obtenemos

$$\operatorname{tg}\beta = \frac{(n_1^2 - n_2^2) \operatorname{tg}\chi}{n_1^2 - n_2^2 \operatorname{tg}\chi} \tag{8-223}$$

Esta ecuación es idéntica a (6-22) y da el ángulo entre ON y la dirección de propagación del rayo. Deducimos así, que el rayo es paralelo a $\mathbf{S}$.

8-14. Efecto Zeeman y efecto Stark. Si la luz es una perturbación electromagnética debida a los movimientos de las partículas cargadas de las que están compuestos las moléculas y los átomos, se predeciría, lógicamente, que las propiedades de una fuente luminosa son modificadas por la presencia de un campo magnético o un campo eléctrico. Esta predicción es confirmada por la experiencia. El efecto de un campo magnético en la emisión de líneas de gases, fue observado por primera vez por Zeeman, y el efecto correspondiente de un campo eléctrico fue descubierto por Stark y por Lo Surdo. Estos efectos confirman la teoría electromagnética de la luz y desempeñan un importante papel en el desarrollo de la física atómica.

Examinaremos el ejemplo del campo magnético en las bases de nuestro modelo. De acuerdo con esta teoría, cada átomo de la fuente luminosa contiene uno o más electrones atraídos hacia un centro fijo por fuerzas proporcionales a los desplazamientos. En ausencia de campos externos, los electrones describen órbitas elípticas. El movimiento elíptico de un electrón dado puede considerarse como la superposición de tres oscilaciones armónicas lineales, que tienen lugar a lo largo de los ejes, x, y y z de un sistema de referencia cartesiano, elegido arbitrariamente. Las oscilaciones a lo largo de los ejes y y z se combinan en un movimiento elíptico, el cual, a su vez, puede considerarse como la superposición de dos movimientos circulares de sentido opuesto y, en general, de amplitudes diferentes. Justificamos así el reemplazar cada oscilador con *tres osciladores coherentes, uno de los cuales ejecuta oscilaciones lineales a lo largo del eje x, mientras que los otros dos ejecutan oscilaciones circulares de sentido opuesto en el plano yz* (véase fig. 8-33).*

Por simplicidad, suponemos que, en ausencia de campo exterior, la fuente emite luz monocromática, lo cual significa que la constante de proporcionalidad k entre la fuerza elástica y el desplazamiento es la misma para todos los osciladores electrónicos. El valor de k está relacionado con la masa m del electrón y con la frecuencia angular ω_0 de las oscilaciones por

$$\omega_0 = \sqrt{\frac{k}{m}} \tag{8-224}$$

(véase ec. 8-4).

Para oscilaciones circulares, por ejemplo, para partículas moviéndose con velocidad angular constante ω_0 sobre círculos de radio r, la ecuación anterior puede deducirse directamente de las condiciones de igualdad entre la fuerza elástica kr y el producto de la masa m por la aceleración centripeta $\omega_0^2 r$

$$kr = m\,\omega_0^2\, r$$

Supongamos ahora, que la fuente luminosa es puesta en un campo magnético **B** paralelo al eje x y apuntando en la dirección de las x positivas. El campo

* Para dar un argumento más riguroso, se debe señalar también que el campo electromagnético de la onda producido por dos o más cargas de magnitudes iguales, moviéndose con aceleraciones $\mathbf{a}_1\, \mathbf{a}_2, \ldots$ en una región del espacio de dimensiones pequeñas comparadas con la longitud de onda, es idéntico al campo de la onda producido por una sola carga de la misma magnitud, cuya aceleración es el vector suma de $\mathbf{a}_1, \mathbf{a}_2 \ldots$

magnético actúa sobre cada electrón móvil (de carga $-e$ y velocidad **w**) con una fuerza $\mathbf{F}_B$ dada por

$$\mathbf{F}_B = -e\,\mathbf{w} \times \mathbf{B} \tag{8-225}$$

(véase ec. 7-21).

Esta fuerza se anula si **w** es paralelo a **B**, es decir, paralelo al eje x. De aquí deducimos que los electrones que vibran en la dirección del eje x no son afectados por el campo magnético, y continúan efectuando oscilaciones lineales con su frecuencia característica ω_0.

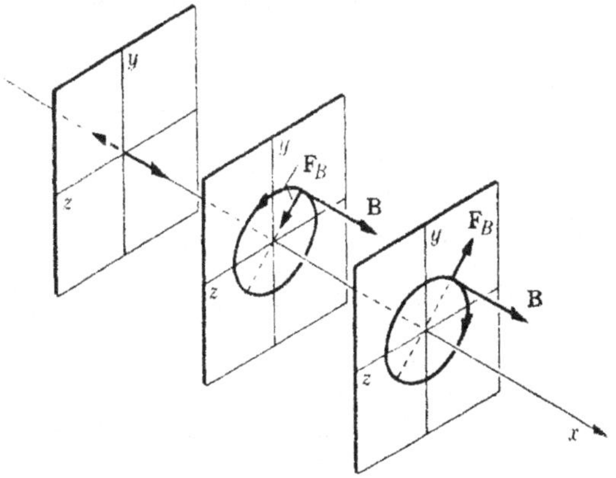

FIG. 8-33. Interpretación del efecto Zeeman.

Los movimientos de los electrones que describen órbitas circulares en el plano yz, en cambio, son modificados. Verificaremos ahora que estos electrones se moverán todavía a lo largo de órbitas circulares, pero con velocidades angulares diferentes de ω_0.

Consideremos un electrón rotando en el sentido contrario al de las agujas del reloj, con respecto a la dirección positiva de las x (Fig. 8-33). Sea r el radio del círculo, ω_1 la velocidad angular, y, por lo tanto, $|\mathbf{w}| = \omega_1 r$ la velocidad lineal. Si B es la magnitud del vector **B**, el campo magnético actúa sobre el electrón con una fuerza de magnitud $e B \omega_1 r$ apuntando hacia el centro del círculo. La resultante de esta fuerza y la fuerza elástica kr es una fuerza centrípeta de magnitud $kr + e B \omega_1 r$. Como la fuerza resultante es igual a la masa por la aceleración centrípeta, podemos escribir

$$kr + e B \omega_1 r = m \omega_1^2 r$$

o recordando la ecuación (8-224)

$$e B \omega_1 = m (\omega_1^2 - \omega_0^2) \tag{8-226}$$

Similarmente, si ω_2 es la velocidad angular de un electrón que rota en el sentido de las agujas del reloj con respecto al eje x (Fig. 8-33), la fuerza centrípeta resultante que actúa sobre este electrón es $kr - eB\omega_2 r$ y obtenemos

$$kr - eB\omega_2 r = m\omega_2^2 r$$

o

$$eB\omega_2 = m(\omega_0^2 - \omega_2^2) \tag{8-227}$$

Las ecuaciones (8-226) y (8-227) determinan las nuevas velocidades angulares de los dos conjuntos de osciladores electrónicos. Vemos que, $\omega_1 > \omega_0$ y $\omega_2 < \omega_0$. Si B es suficientemente pequeño las diferencias $\omega_1 - \omega_0$ y $\omega_0 - \omega_2$ se hacen pequeñas comparadas con ω_0. Despreciando cantidades del orden de $(\omega_1 - \omega_0)^2/\omega_0^2$ y $(\omega_0 - \omega_2)^2/\omega_0^2$, tenemos

$$\omega_1^2 - \omega_0^2 = 2\omega_1(\omega_1 - \omega_0),$$

$$\omega_0^2 - \omega_2^2 = 2\omega_2(\omega_0 - \omega_2),$$

y podemos reescribir (8-226) y (8-227)

$$\omega_1 - \omega_0 = \omega_0 - \omega_2 = \frac{eB}{2m} \tag{8-228}$$

Así vemos que, el campo magnético aumenta la velocidad angular de los electrones que rotan en el sentido contrario al de las agujas del reloj con respecto a la dirección del campo magnético en una cantidad

$$\Delta\omega = \frac{eB}{2m} \tag{8-229}$$

y disminuye la velocidad angular de los electrones que rotan en el sentido de las agujas del reloj en la misma cantidad.

Supongamos ahora que analizamos con un espectroscopio la luz emitida por la fuente. En ausencia de campo, observamos, en todas las direcciones, luz no polarizada de una sola frecuencia ω_0. En presencia del campo, en cambio, obtenemos diferentes resultados para diferentes direcciones de observación.

(a) Si miramos en una dirección *perpendicular* al campo magnético, por ejemplo, en la dirección z (véase Fig. 8-33), vemos tres líneas espectrales. La línea central es debida a las ondas luminosas de frecuencia angular ω_0 emitida por los electrones oscilando en la dirección del eje x. Esta luz está linealmente polarizada con el plano de vibración paralelo al campo magnético. Las otras dos líneas son debidas a las ondas luminosas de frecuencias angulares $\omega_0 + \Delta\omega$ y $\omega_0 - \Delta\omega$ emitidas por los electrones que rotan en el sentido contrario a las agujas del reloj en un plano perpendicular al campo magnético. Estas ondas están linealmente polarizadas, con el plano de vibración perpendicular al campo magnético.

(b) Supongamos ahora que miramos en el sentido del campo magnético, por ejemplo, con el vector **B** apuntando hacia nosotros. Como los osciladores lineales no irradian en la dirección de movimiento, veremos sólo las dos líneas espectrales debidas a los electrones que rotan en sentido contrario y en el sentido de las agujas del reloj, en el plano yz. La línea de frecuencia angular $\omega_0 + \Delta\omega$ mostrará polarización circular negativa, y la línea de frecuencia angular $\omega_0 - \Delta\omega$ mostrará polarización circular positiva.

La teoría desarrollada aquí es sólo parcialmente corroborada por la experiencia. Cuando la fuente se pone en un campo magnético, algunas líneas espectrales se dividen en un triplete, como se predice teóricamente, y las separaciones de las componentes y sus estados de polarización coinciden con los resultados de nuestra teoría (efecto Zeeman normal). Muchas líneas espectrales, en cambio, se comportan de forma anómala dividiéndose a menudo en complicados multipletes bajo la influencia de un campo magnético (efecto Zeeman anómalo). Este desacuerdo entre la teoría y la experiencia se debe a la limitación fundamental de nuestro modelo, y puede removerse sólo con un tratamiento exacto del fenómeno mecánico-cuántico.

El efecto de un campo eléctrico en las líneas de emisión de gases es cualitativamente similar a la de un campo magnético. Aquí, también una línea espectral simple se divide en un multiplete consistente en componentes característicamente polarizadas. En cambio, una discusión de este efecto sobre las bases de nuestro modelo no es una demostración útil y omitiremos por lo tanto más detalles.

8-15. Efecto Faraday. Como fue mencionado en la sección 6-16, sustancias ópticamente inactivas se convierten en activas, al ser puestas en un campo magnético paralelo a la dirección de propagación de la onda luminosa (efecto Faraday). La teoría de este efecto está estrechamente relacionada con la teoría del efecto Zeeman desarrollada en la sección anterior.

Por simplicidad, supondremos nuevamente que todos los osciladores electrónicos tienen la misma frecuencia angular, ω_0. Consideremos entonces una onda monocromática circularmente polarizada de frecuencia angular ω que viaja en la dirección del eje x de un sistema de referencia cartesiano. En ausencia de campo magnético, las fuerzas que actúan sobre un electrón son las fuerzas elásticas y la fuerza $-e\mathbf{E}$ debida al campo eléctrico $\mathbf{E}$ de la onda. Como $\mathbf{E}$ permanece constante en magnitud y rota con velocidad angular constante ω, el electrón en el estado estacionario estará forzado a describir una órbita circular con la misma velocidad angular ω. El radio r de esta órbita está determinado por la condición de que la fuerza resultante iguale al producto de la masa por la aceleración centrípeta. Si $\mathbf{r}$ es el vector desde el centro del círculo a la posición instantánea del electrón, la fuerza elástica es $-k\mathbf{r}$ y la aceleración centrípeta es $-m\omega^2\mathbf{r}$. Obtenemos así la ecuación

$$-e\mathbf{E} - k\mathbf{r} = -m\omega^2\mathbf{r} \tag{8-230}$$

o, recordando la expresión para ω_0 (ec. 8-224)

$$\mathbf{r} = -\frac{e/m}{\omega_0^2 - \omega^2}\mathbf{E}$$

El momento dipolar eléctrico de cada oscilador tiene la expresión

$$\mathbf{p} = -e\,\mathbf{r} = \frac{e^2/m}{\omega_0^2 - \omega^2}\,\mathbf{E} \tag{8-231}$$

Si N es el número de osciladores por unidad de volumen, el vector polarización está dado por

$$\mathbf{P} = N\,\mathbf{p} = \frac{N\,e^2/m}{\omega_0^2 - \omega^2}\,\mathbf{E} \tag{8-232}$$

Esta ecuación, como podíamos haber anticipado es idéntica a la relación entre **P** y **E** para una onda linealmente polarizada (ec. 8-46).

Supongamos ahora, que la sustancia se pone en un campo magnético **B** paralelo al eje x; por ejemplo, en la dirección positiva. Sobre cada electrón móvil, el campo magnético ejercerá una fuerza dirigida a lo largo del radio de la órbita circular, e igual a $-e\,B\,\omega\,\mathbf{r}$ si el electrón rota en el sentido contrario al de las agujas del reloj (es decir, si la onda luminosa tiene polarización negativa) o a $+e\,B\,\omega\,\mathbf{r}$ si la rotación es en el sentido de las agujas del reloj. En lugar de (8-230), tenemos ahora

$$-e\,\mathbf{E} \mp e\,B\,\omega\,\mathbf{r} - k\,\mathbf{r} = -m\,\omega^2\,\mathbf{r}$$

la cual da

$$\mathbf{r} = -\frac{e/m}{\omega_0^2 - \omega^2 \pm e\,B\,\omega/m}\,\mathbf{E}$$

y, por lo tanto,

$$\mathbf{P} = \frac{N\,e^2/m}{\omega_0^2 - \omega^2 \pm e\,B\,\omega/m} \tag{8-233}$$

$$\mathbf{D} = \epsilon_0\,\mathbf{E} + \mathbf{P} = \epsilon_0\,\mathbf{E} + \frac{N\,e^2/m}{\omega_0^2 - \omega^2 \pm e\,B\,\omega/m} \tag{8-234}$$

En (8-233) y (8-234) el signo $+$ se refiere a la polarización negativa, el signo $-$ a polarización positiva. En ambos casos, la onda luminosa se supone que viaja en la dirección del campo magnético. Para ondas luminosas que viajan en el sentido opuesto los signos deben ser invertidos.

La ecuación (8-234) muestra que en presencia o en ausencia de campo magnético, **D** es siempre proporcional y paralelo a **E**. Podemos definir una permeabilidad mediante la ecuación $\mathbf{D} = \epsilon\,\mathbf{E}$, y obtenemos

$$\epsilon = \epsilon_0 + \frac{N\,e^2/m}{\omega_0^2 - \omega^2 \pm e\,B\,\omega/m} \tag{8-235}$$

De esta ecuación encontramos que los índices de refracción correspondientes a polarización negativa y positiva, n_l y n_r están dados por

$$n_r^2 = 1 + \frac{N e^2/\epsilon_0 m}{\omega_0^2 - \omega^2 + e B \omega/m}$$
$$n_l^2 = 1 + \frac{N e^2/\epsilon_0 m}{\omega_0^2 - \omega^2 - e B \omega/m} \qquad (8\text{-}236)$$

mientras que, el índice de refracción n del medio en ausencia de campo magnético está dado por

$$n^2 = 1 + \frac{N e^2/\epsilon_0 m}{\omega_0^2 - \omega^2} \qquad (8\text{-}237)$$

De (8-236) y (8-237) obtenemos

$$\frac{1}{n_l^2 - 1} - \frac{1}{n^2 - 1} = \frac{1}{n^2 - 1} - \frac{1}{n_r^2 - 1} = \frac{\epsilon_0 B \omega}{N e}$$

Como $n - n_l \ll n$ y $n_r - n \ll n$ tenemos con buena aproximación

$$\frac{1}{n_l^2 - 1} - \frac{1}{n^2 - 1} = \frac{n^2 - n_l^2}{(n^2 - 1)^2} = \frac{2n}{(n^2 - 1)^2} (n - n_l)$$

y análogamente

$$\frac{1}{n^2 - 1} - \frac{1}{n_r^2 - 1} = \frac{2n}{n^2 - 1} (n_r - n)$$

De aquí obtenemos

$$n - n_l = n_r - n = \frac{(n^2 - 1)^2}{2n} \frac{\epsilon_0 B \omega}{N e} \qquad (8\text{-}238)$$

A partir de estos resultados, reconocemos que las ondas circularmente polarizadas, negativa o positivamente viajan en la dirección del campo magnético con distintas velocidades. Como se explicó en la sección 6-15, esta es la propiedad característica de sustancias ópticamente activas. Las ecuaciones (8-238) muestran que el índice de refracción de la onda circularmente polarizada negativa es menor que el de la onda positiva si, como hemos supuesto, la luz viaja en el sentido del campo magnético. Para la dirección de propagación opuesta, el índice de refracción de la onda negativa se hace mayor que el de la onda positiva. Deducimos así que la sustancia se comporta como medio levógiro para una onda que viaja en la dirección del campo magnético, y como medio dextrógiro para una onda que viaja en la dirección opuesta al campo. Este resultado se confirma por la experiencia (véase sec. 6-16). Debe notarse que las sustancias naturalmente activas no cambian de levógiros a dextrógiros o viceversa, cuando la dirección de propagación de la onda se invierte.

Problemas

8-1. Una fuente gaseosa emite luz de longitud de onda 5000 Å. Suponiendo que cada molécula contiene un oscilador atómico lineal y que la amplitud de oscilación es 10^{-8} cm, calcular el promedio de potencia de salida de cada molécula. Si la potencia total de salida de la fuente es 1 wat, ¿cuántas moléculas están emitiendo simultáneamente? Si el gas tiene una presión de 10^{-5} atm, una temperatura de 70°C y ocupa un volumen de 10 cm³, ¿cuál es la fracción de moléculas excitadas? El número de Loschmidt (número de moléculas por cm³ de gas a 1 atm y 0°C) es $2{,}68 \times 10^{19}$.

8-2. Supongamos que cada molécula de cierto gas contiene dos osciladores microscópicos. Para ambos osciladores, el cociente entre la fuerza restauradora y el desplazamiento es $k = 3 \times 10^5$ g seg^{-2}. Una de las partículas oscilantes es un electrón (masa $m_e = 9 \times 10^{-28}$ g); la otra es un protón (masa $= 1836\ m_e$). Para cada oscilador, calcular la frecuencia característica ν_0, la correspondiente longitud de onda y la constante de tiempo τ_r que describe la radiación de amortiguamiento.

8-3. Supongamos que cada molécula de cierto gas contiene un electrón oscilante de frecuencia característica ν_0 y un protón oscilante de frecuencia característica ν_0' correspondiente al mismo valor de k. Tener en cuenta el amortiguamiento de la radiación, pero no otras formas de amortiguamiento. Calcular las amplitudes relativas y las fases de las oscilaciones forzadas del electrón y el protón en el campo de una onda electromagnética cuyo campo eléctrico en el punto ocupado por la molécula está representado por $E = A\, e^{2\pi i \nu t}$. Considerar separadamente los siguientes casos:

(a) $\nu = \nu_0$

(b) $\nu = \nu_0 + \dfrac{1}{4\pi\, (\tau_r)_{\text{electron}}}$

(c) $\nu_0 \gg \nu \gg \nu_0'$.

8-4. Se refiere al problema 8-3. Calcular numéricamente las amplitudes de oscilación del electrón y del protón, tomando para ν_0, ν_0' y τ_r los valores obtenidos de la solución del problema 8-2 suponiendo $A = 1$ voltio/cm.

8-5. Despreciando el amortiguamiento, calcular el índice de refracción (a temperatura y presión normal) del gas descrito en el problema 8-2 para las longitudes de onda $\lambda = 5000$ Å y $\lambda = 1$ cm.

8-6. El índice de refracción del hidrógeno gaseoso a 0° y 1 atm de presión es $n = 1 + 1{,}400 \times 10^{-4}$ para $\lambda = 5460$ Å y $n = 1 + 1{,}547 \times 10^{-4}$ para $\lambda = 2540$ Å. Suponiendo que existe una sola frecuencia de resonancia, calcular esta frecuencia y el número de osciladores electrónicos por unidad de volumen. Comparar con el número de moléculas por unidad de volumen. Para $\lambda = 400$ Å, calcular el índice de refracción de hidrógeno gaseoso a 10 atm de presión.

8-7. De acuerdo con un antiguo modelo, el átomo de hidrógeno se asemeja a un «sistema planetario», es decir, consiste en un electrón puntual que rota alrededor de un protón puntual, bajo la acción de la fuerza coulombiana. Suponer que el protón está fijo en el espacio y que el electrón describe una órbita circular de radio r. Demostrar que la energía cinética más la potencial del electrón es

$$W = -e^2/8\pi\epsilon_0 r$$

(si la energía del electrón en reposo a una distancia infinita del protón se toma como cero). Suponer $r = 10^{-8}$ cm en $t = 0$. Calcular: (a) la frecuencia inicial y la longitud de onda correspondiente; (b) el tiempo durante el cual r disminuye de 10^{-8} a $0,8 \times 10^{-8}$ como consecuencia de pérdidas por radiación, y (c) la variación de longitud de onda durante este tiempo.

8-8. El modelo «planetario» del átomo de hidrógeno discutido en el problema 8-7 hace predicciones definitivas respecto a las propiedades ópticas del hidrógeno, algunas de las cuales están en desacuerdo con la experiencia. Señalar las respuestas a las siguientes preguntas, partiendo del modelo «planetario», y compararlas con los hechos experimentales.

(a) ¿Emite el hidrógeno ondas monocromáticas?

(b) ¿Cuál es el orden de magnitud de la longitud de onda de la radiación emitida, si las dimensiones lineales del átomo de hidrógeno son del orden de 10^{-8} centímetros?

(c) ¿Viaja una onda sinusoidal linealmente polarizada a través del hidrógeno gaseoso sin cambiar su estado de polarización?

(d) Para una frecuencia dada, ¿depende la velocidad de propagación de la onda circularmente polarizada de su amplitud?

(e) El principio de superposición establece que dos ondas circularmente polarizadas positivas de amplitud A viajando con velocidad v en una dirección dada, se suman en una sola onda circularmente polarizada positiva de amplitud $2A$ que viaja con velocidad v en la misma dirección. ¿Está de acuerdo el principio de superposición con el modelo «planetario»?

(*Nota:* Calcular el estado estacionario del electrón moviéndose en el campo de una onda circularmente polarizada, suponiendo una órbita circular.)

8-9. De acuerdo con la mecánica cuántica, el electrón de un átomo de hidrógeno no está exactamente localizado en el espacio. Un modelo clásico que se aproxima a la verdadera descripción cuántica, representa al átomo de hidrógeno como una nube esférica rígida de carga negativa de masa total m_e y radio R con una carga puntual positiva m_p dentro de ella (m_e es la masa del electrón y m_p la masa del protón). Calcular el movimiento *relativo* de la carga positiva y la nube negativa, suponiendo m_p infinitamente grande comparada con m_e. Recordando que el campo de radiación depende sólo de este movimiento relativo, demostrar que el modelo explica el carácter sinusoidal de las ondas emitidas por el átomo excitado. Expresar la longitud de onda λ de la onda emitida en términos de R y del radio clásico del electrón r_e. Calcular λ para $R = 10^{-8}$ cm.

8-10. Usando el modelo del átomo de hidrógeno discutido en el problema 8-9, determinar el valor de R que dará el valor correcto para el índice de refracción del hidrógeno gaseoso molecular en $\lambda = 5460$ Å ($n = 1 + 1400 \times 10^{-4}$ a 0°C y 1 atm de presión).

8-11. Calcular el índice de refracción n de un gas ionizado que contiene N electrones libres por cm^3 (despreciar la contribución de iones positivos y de moléculas no ionizadas, y expresar los resultados en términos de N, r_e y λ). Determinar la longitud de onda λ_m para la cual $n = 0$ (λ_m es la longitud de onda máxima que puede ser propagada por el gas ionizado, porque cuando $n < 0$ no existe solución para las ecuaciones de Maxwell que representan a las ondas propagándose).

8-12. La máxima densidad de ionización en la ionosfera corresponde a $N = 10^5$ electrones libres por cm^3. Usando los resultados del problema anterior, calcular la longitud de onda máxima de una onda electromagnética que puede atravesar la ionosfera.

8-13. Calcular la reflectancia para incidencia normal para luz amarilla, del vidrio crown ($n = 1,520$) y vidrio flint ($n = 1,650$).

8-14. Deducir las ecuaciones (3-13) y (3-14) (cap. 3) a partir de las fórmulas de Fresnel.

8-15. Una onda luminosa plana, linealmente polarizada, incide desde el aire en una superficie de agua. Determinar las amplitudes y las fases de las ondas refractadas y reflejadas respecto de la onda incidente para los siguientes casos:

Ángulo de incidencia	*Ángulo entre el plano de incidencia y el de vibración*
20°	0°
20°	90°
75°	0°
75°	90°

8-16. Una onda luminosa plana y linealmente polarizada que se origina bajo el agua es refractada en la superficie límite entre agua y aire. Determinar las amplitudes y las fases de las ondas refractadas y reflejadas relativas a las de la onda incidente, para los siguientes casos:

Ángulo de incidencia	*Ángulo entre el plano de incidencia y el de vibración*
20°	0°
20°	90°
40°	0°
40°	90°

8-17. Un haz de luz circularmente polarizada incide desde el aire sobre una superficie de vidrio en un ángulo de 45°. Describir en detalle el estado de polarización del haz reflejado y del haz refractado. El índice de refracción del vidrio es 1,52.

8-18. Un haz de luz linealmente polarizado que se origina en una fuente bajo el agua, es refractado en la superficie de separación entre agua y aire. El ángulo de incidencia es 40° y el plano de vibración forma un ángulo de 45° con el plano de incidencia. Calcular los ángulos que forman los planos de vibración de los rayos reflejado y refractado con el plano de incidencia.

8-19. La luz del sol aparece parcialmente polarizada para un observador ubicado bajo el agua. Sean I_1 e I_2 las intensidades de la luz solar observada bajo el agua a través de un filtro de polarización perpendicular al rayo refractado cuyo eje de transmisión es: (a) perpendicular, y (b) paralelo al plano vertical que pasa a través del sol. Determinar el cociente I_1/I_2 como función del ángulo azimutal θ del sol.

8-20. Una onda luminosa plana incide perpendicularmente desde el aire sobre la superficie plana de un bloque de vidrio. Calcular los vectores de Poynting de la onda refractada (**S'**) y de la onda reflejada (**S''**) en términos del vector de Poynting de la onda incidente (**S**) y del índice de refracción n del vidrio. Demostrar que $|\mathbf{S}'|_{prom} + |\mathbf{S}''|_{prom} = |\mathbf{S}|_{prom}$.

8-21. Una onda luminosa plana linealmente polarizada incide desde el aire sobre una superficie de agua con el ángulo de Brewster. El vector eléctrico de la onda incidente está sobre el plano de incidencia; su amplitud de oscilación es A. Calcular: (a) el vector de Poynting **S** de la onda incidente; (b) la amplitud A' de la onda refractada, y (c) el vector de Poynting **S'** de la onda refractada. Demostrar que $|\mathbf{S}'|_{prom} \neq |\mathbf{S}|_{prom}$ y explicar este resultado.

8-22. Una onda sinusoidal de longitud de onda λ incide perpendicularmente desde el aire sobre una superficie plana de vidrio cubierta con una lámina delgada transparente de espesor h. El índice de refracción del vidrio es n y el de la lámina es n_0. ¿Para qué valores de h y n_0 la intensidad reflejada se anula? Considerar sólo las dos primeras ondas reflejadas y despreciar la variación de intensidad en la refracción.

8-23. Resolver el problema 8-22 rigurosamente, tomando en cuenta interferencia múltiple de ondas (véase sec. 3-10).

8-24. Una onda plana sinusoidal, linealmente polarizada, representada por

$$E_y = A \exp i[\omega t - 2\pi x/\lambda_0]$$

incide perpendicularmente sobre una placa de vidrio plana de caras paralelas de índice de refracción n que se extiende desde $x = 0$ hasta $x = h$. Ésta da lugar a una onda reflejada (en la región del espacio definida por $x < 0$) y a una onda transmitida (en la región del espacio definida por $x > h$), mientras que en el espacio entre $x = 0$ y $x = h$ el campo electromagnético corresponde al de dos ondas que viajan en direcciones opuestas. Escribir las condiciones de contorno en $x = 0$ y $x = h$ y usar estas condiciones para determinar las amplitudes de la onda reflejada y de la transmitida. Comparar con los resultados obtenidos de la consideración de la interferencia de ondas múltiplemente reflejadas (ecs. 3-50 y 3-54).

8-25. Considerar un haz de luz de longitud de onda 4500 Å (en el vacío) la cual es deflectada en 90° por un prisma de reflexión total, de índice de refracción $n = 1{,}6$ (Fig. 8-34). Calcular a qué distancia del otro lado de la hipotenusa del prisma el valor cuadrático medio de E será $1/e$ del valor cuadrático medio de E en la lámina de aire adyacente a esta superficie.

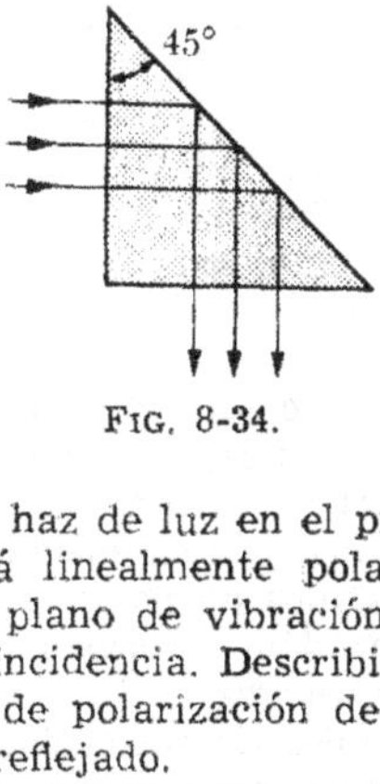

FIG. 8-34.

8-26. El haz de luz en el problema anterior está linealmente polarizado, formando el plano de vibración 45° con el plano de incidencia. Describir en detalle el estado de polarización de un haz totalmente reflejado.

8-27. (a) Calcular la sección eficaz de difracción de las moléculas de gas descritas en el problema 8-2 para $\lambda = 7000$ angstroms y $\lambda = 3500$ Å. (b) Suponer que el gas está a presión y temperatura normales. Determinar la fracción de energía perdida por la difracción de dos haces luminosos de las longitudes de onda anteriores, que atraviesan una lámina gaseosa de 10 m de espesor.

8-28. Un haz paralelo de: (a) luz linealmente polarizada, y (b) luz circularmente polarizada, pasa a través de un gas. Describir el estado de polarización de la luz dispersada en las distintas direcciones, (1) a 90°, (2) a 45° del haz.

8-29. Dos osciladores electrónicos, S_1 y S_2, de la misma frecuencia natural ν_0 están a una distancia h entre sí sobre

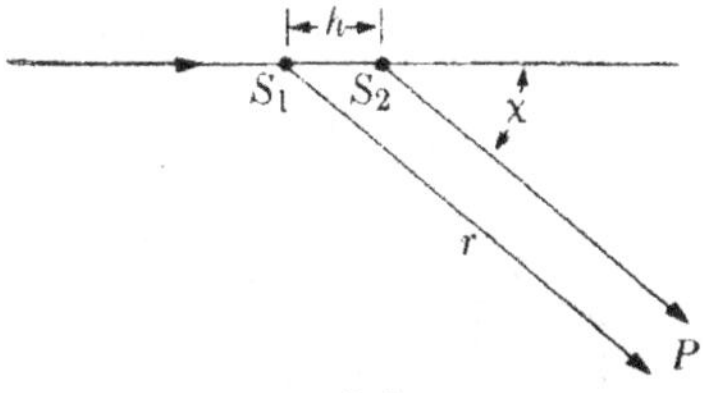

FIG. 8-35.

una línea paralela a la dirección de propagación de la onda linealmente polarizada de longitud de onda λ (Fig. 8-35) e intensidad I. La radiación dispersada resultante se observa en un punto P en el plano perpendicular al plano de vibración de la onda incidente. La distancia r de P a S_1 es muy grande comparada con h. Sea χ el ángulo entre la dirección de propagación de la onda incidente y la dirección de observación.

(a) Escribir la ecuación que da la intensidad dispersada resultante I_s como función de I, r, h, λ y χ.

(b) Hacer un gráfico de la intensidad en función de h para $\chi = 90°$, $\chi = 60°$ y $\chi = 25{,}8$, haciendo variar h entre 0 y 5λ.

(c) Suponer que uno de los osciladores está fijo en el espacio y que el otro se mueve ida y vuelta entre dos puntos en $h = 0$ y $h = \lambda$, con una velocidad w constante en valor absoluto y suficientemente pequeña tal que $\lambda/w \gg 2\pi/\omega$. La intensidad *promedio* de la radiación dispersada puede entonces obtenerse promediando el resultado de (a) con respecto a h. Calcular este promedio para $\chi = 90°$, $\chi = 60°$, $\chi = 25{,}8°$.

8-30. Considerar una disposición de N^2 osciladores electrónicos idénticos que forman una red bidimensional con lados paralelos a los ejes y y z (Fig. 8-36). Sea h la distancia característica de la red. Una onda plana linealmente polarizada de amplitud A y longitud de onda λ incide sobre la red en la dirección x y su plano de vibración es paralelo al eje y. (a) Calcular el valor medio del vector de Poynting de la radiación difractada a una distancia r del origen en los planos xy

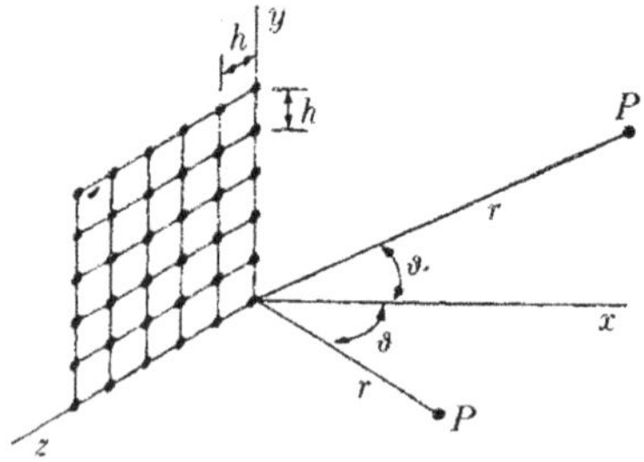

FIG. 8-36.

y xz como función del ángulo θ con respecto al eje x. Suponer que r es grande comparado con las dimensiones de la red. (b) Discutir el ejemplo: $h = 5$ angstroms, $\lambda = 5000$ Å, $N = 10^8$, y compararlo con el caso de un solo centro de difracción.

8-31. Suponer que un cierto gas tiene una sola línea de absorción y de emisión en la longitud de onda $\lambda_0 = 1612$ Å. Su índice de refracción en $\lambda = 5890$ Å es $1 + 1{,}32 \times 10^{-4}$. Calcular el coeficiente de atenuación por dispersión en $\lambda = 5890$ Å.

8-32. Calcular la presión de radiación sobre una superficie reflectante, distante 1 m de una lámpara incandescente de 1000 vatios.

8-33. Calcular la presión de la radiación solar en la superficie de la Tierra, suponiendo absorción completa, y comparar la repulsión total debida a la presión de radiación con la atracción gravitatoria. El flujo de energía de la radiación solar en la Tierra es $1{,}34 \times 10^3$ vatios/m², el radio de la Tierra es $6{,}36 \times 10^6$ m, la masa de la Tierra es $5{,}97 \times 10^{24}$ kg, la masa del Sol es $1{,}99 \times 10^{30}$ kg, la distancia Tierra-Sol es $1{,}495 \times 10^{11}$ m, y la constante gravitatoria es $6{,}67 \times 10^{-5}$ m^3 seg^{-2} kg^{-1}.

8-34. Una onda plana elípticamente polarizada incide perpendicularmente sobre una lámina conductora delgada como la considerada en la sección 8-12. En el plano de la lámina, el campo eléctrico de la onda está representada por $E_y = A_y$ coseno ωt, $E_z = A_z$ sen ωt. (a) Determinar el movimiento de los electrones en la lámina conductora; (b) calcular la cupla de la fuerza que actúa sobre cada electrón individual; (c) demostrar que la densidad de momento angular en el campo de la onda elípticamente polarizada es $\epsilon_0 A_y A_z/\omega$.

8-35. Una onda plana linealmente polarizada incide perpendicularmente sobre una placa cuarto de onda y cuyos ejes forman 45° con el plano de vibración. Calcular la cupla que actúa sobre la placa cuarto de onda en términos del flujo medio de energía por unidad de área, S_{prom}, de la onda incidente.

8-36. Una fuente luminosa tiene una línea de emisión de longitud de onda $\lambda = 4000$ Å que exhibe efecto Zeeman «normal». Calcular la separación de las componentes del triplete observado a 90° en un campo magnético de 0,1 weber/m² (1000 gauss). Estimar el número mínimo de líneas de una red de difracción que puede resolver tal triplete en el primer orden.

8-37. En un campo magnético **B** hay átomos excitados que contienen osciladores de una sola frecuencia ν_0. Determinar las frecuencias, las intensidades relativas y los estados de polarización de las líneas de emisión observadas a 30″ de las líneas de fuerza.

8-38. El índice de refracción de cierto material transparente para $\lambda = 5000$ Å es 1,5. Los átomos de material contienen osciladores electrónicos de una sola frecuencia, correspondiente a la longitud de onda $\lambda = 2000$ Å. El material es puesto en un campo magnético de 1 weber/m². Calcular la rotación del plano de polarización de luz linealmente polarizada de longitud de onda de 5000 Å que atraviesan 1 cm de material en la dirección del campo magnético.

CAPÍTULO 9

CUANTOS DE LUZ

9-1. El efecto fotoeléctrico. La teoría desarrollada en los dos capítulos anteriores, explica en forma natural las dos propiedades fundamentales de la luz, que son, el carácter transversal de las ondas luminosas y el valor numérico de la velocidad de la luz en el vacío. También explica satisfactoriamente varios fenómenos ópticos, y predice correctamente relaciones entre propiedades ópticas y eléctricas de la materia.

En realidad, el acuerdo entre las predicciones teóricas y los datos experimentales de la interacción de la luz con la materia no es siempre perfecto.

Podemos tentarnos a explicar esas inconsistencias aparentemente menores, con el argumento que, al desarrollar la teoría, hemos usado un modelo muy simplificado de la materia. Podemos así, sentirnos justificados de pensar que obtuvimos una respuesta final a nuestra pregunta de cuál es la verdadera naturaleza de la luz; la respuesta es, por supuesto, que la luz es una onda electromagnética.

Un hecho experimental simple, no incluido entre los ya discutidos, basta para destruir nuestra complacencia y recordarnos, una vez más, la validez limitada de nuestras concepciones físicas. Para evitar posibles malentendidos, ya establecimos que no encontraremos causas para cuestionar el carácter electromagnético de la luz. Lo que necesitará una revisión drástica es la descripción ondulatoria de las perturbaciones electromagnéticas, y la conclusión, implícita en esta descripción, de que la energía electromagnética está distribuida en forma continua en el espacio.

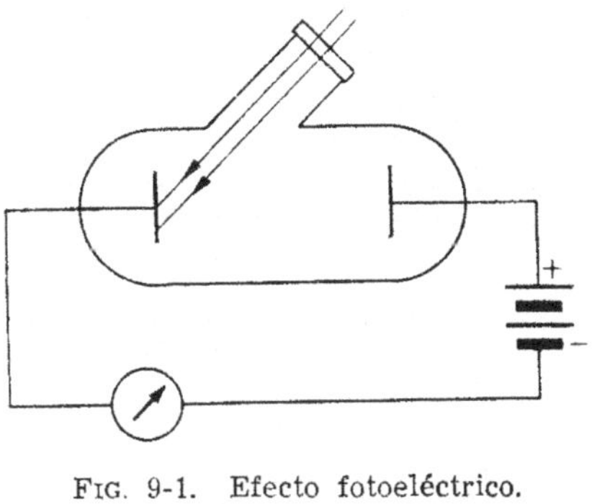

FIG. 9-1. Efecto fotoeléctrico.

El fenómeno a que nos referíamos es el *efecto fotoeléctrico,* que fue descubierto por Hertz en 1897 y que tuvo muchas aplicaciones en la tecnología moderna por medio de los fototubos. Podemos demostrar el efecto fotoeléctrico y estudiar sus características con el dispositivo experimental mostrado en la figura 9-1. Dos placas de metal limpias y aisladas están montadas dentro de un tubo en el que se hizo vacío y conectadas a través de un galvanómetro a una fuente de tensión variable. Luz de una longitud de onda apropiada entra al tubo a través de una ventana de cuarzo (que es transparente a rayos visibles y ultravioletas) y golpea a una de las placas. Con diferencia de potencial cero entre placas, el galvanómetro marca una cierta corriente, que aumenta hasta un valor de saturación, a medida que la tensión de la placa iluminada se hace *negativa* respecto del de la otra placa, y decrece gradualmente mientras la placa iluminada se lleva a un potencial positivo. El potencial necesario para frenar completamente a la corriente fotoeléctrica es usualmente del orden de varios voltios.

La interpretación obvia del efecto fotoeléctrico es que la luz que golpea una superficie metálica extrae de él partículas eléctricamente cargadas. Como la corriente aumenta cuando la placa iluminada está a un potencial negativo respecto de la otra, deducimos que las partículas llevan carga negativa.

Es entonces natural identificar tales partículas con los electrones de conducción.

Para verificar esta suposición, podemos determinar el cociente e/m de la carga a la masa de las partículas en cuestión, acelerándolas a través de una diferencia de potencial adecuada, y midiendo entonces la curvatura de sus trayectorias en un campo magnético. Encontramos para este cociente un valor igual al característico de los electrones.

Los electrones de conducción no escapan espontáneamente de un metal, aun cuando se mueven libremente dentro de él y es evidente que en la vecindad inmediata de la superficie del metal, un electrón experimenta una fuerza dirigida hacia el metal. Para escapar del metal, el electrón, debe tener una energía mayor que cierta cantidad mínima, y la luz suministra la energía necesaria para que escape. Los electrones abandonan la placa iluminada con velocidades y direcciones diferentes. Sin diferencia de potencial entre las placas, algunos de los electrones alcanzan la placa colectora, estableciéndose así una corriente eléctrica en el circuito.

Si se eleva la placa colectora a un potencial *positivo* con respecto a la placa iluminada, más electrones son atraídos a la placa colectora, y la corriente crece, hasta que todos los electrones emitidos por la placa iluminada alcanzan la placa colectora. Cuando esto sucede, un aumento de la diferencia de potencial no puede producir un aumento de la corriente: la corriente habrá alcanzado su valor de saturación.

Si, en cambio, se lleva la placa colectora a un potencial *negativo* elevado con respecto a la placa iluminada, menos electrones alcanzarán la placa colectora, y la corriente decrecerá. Eventualmente, sólo los electrones emitidos con velocidad muy alta serán capaces de vencer el potencial retardador, y la corriente caerá a cero para un valor V_m del voltaje de retardo tal que $e\,V_m$ representa la máxima energía E_m de los fotoelectrones.

Obtenemos resultados muy importantes variando la *intensidad* y la *frecuencia* de la luz incidente e investigando la variación correspondiente en el número de electrones eyectados por unidad de tiempo (medidos por la corriente de saturación) y la variación de su energía máxima E_m (medida por el potencial de retardo mínimo necesario para frenar la corriente fotoeléctrica). Operando con luz de una frecuencia dada, encontramos que la *máxima energía* de los electrones *es independiente de la intensidad luminosa* y que su *número* es *proporcional a la intensidad.* Estos resultados contradicen las predicciones de la teoría electromagnética, de acuerdo con la cual el campo eléctrico de la onda incidente, que actúa sobre los electrones cercanos a la superficie del metal, es el que les suministra la energía necesaria para escapar del metal. La amplitud de oscilación del campo eléctrico es proporcional a la raíz cuadrada de la intensidad y, por lo tanto, puede esperarse que, a medida que la intensidad aumenta, los electrones salgan de la superficie del metal con energías cada vez mayores. La contradicción es más manifiesta si notamos que la emisión fotoeléctrica comienza sin retardo apreciable, cuando la luz golpea el metal. Es decir, si existe un retardo, éste es tan corto que el electrón debe ser capaz de absorber la energía que llega a una superficie enormemente mayor que la sección eficaz de un átomo para escapar del metal con la velocidad observada.

Si variamos ahora la frecuencia ν de la luz incidente, observamos lo siguiente: para cada metal, el efecto fotoeléctrico aparece sólo cuando es *mayor* que cierto valor característico ν_0, llamado frecuencia umbral. Por ejemplo, la frecuencia umbral para el tungsteno corresponde a una longitud de onda de aproximadamente 2800 A (luz ultravioleta), y la frecuencia umbral para el cesio corresponde a una longitud de onda de alrededor de 6500 A (luz visible). La máxima energía E_m de los electrones arrancados por luz de una frecuencia dada $\nu > \nu_0$ es proporcional a la diferencia entre ν y ν_0:

$$E_m = h\,(\nu - \nu_0) \tag{9-1}$$

La constante de proporcionalidad h tiene el valor

$$h = 6{,}623 \times 10^{-34} \text{ joule segundo} \tag{9-2}$$

y se conoce como *constante de Planck.* La teoría electromagnética de la luz no da explicación a esta relación entre la frecuencia de la luz y la energía del electrón.

9-2. Fotones. El efecto Compton. Los resultados experimentales descritos en la sección anterior son inmediatamente comprensibles si suponemos cómo fue sugerido por primera vez por Einstein en 1905, que luz de una frecuencia dada ν consiste en partículas discretas y que cada una lleva una energía

$$E = h\nu \tag{9-3}$$

Estas partículas, se conocen como *cuantos de luz* o *fotones.*

Un fotón que cae sobre una superficie metálica puede desaparecer, transfiriendo toda su energía E a un electrón de conducción. Si esta energía es suficientemente grande el electrón puede escapar del metal. Los electrones dentro de los metales se mueven con distintas energías cinéticas, por eso electrones diferentes que absorben fotones de la misma energía, escaparán del metal con energías cinéticas diferentes. La máxima energía cinética será

$$E_m = E - E_0 \tag{9-4}$$

donde E_0 es la energía mínima que debe absorber un electrón antes de poder abandonar el metal. Obviamente, los electrones del metal con mayor energía cinética emergen del mismo con energía cinética mayor. E_0 representa también la energía mínima de los fotones capaces de arrancar electrones del metal. La frecuencia correspondiente ν_0, dada por

$$E_0 = h\nu_0 \tag{9-5}$$

es entonces la «frecuencia» umbral definida anteriormente. Las ecuaciones (9-3), (9-4) y (9-5) dan la ecuación (9-1) que expresa las relaciones empíricas entre la frecuencia de la luz y la energía de los fotoelectrones.

Será más conveniente medir las energías en *electrón volts* que en joules. Un electrón volt (1 eV) es la energía cinética de un electrón acelerado desde el reposo, a través de una diferencia de potencial de un volt. La relación entre electrón volt y joules es:

$$1 \text{ eV} = 1{,}6 \times 10^{-19} \text{ joule} \tag{9-6}$$

Nótese que la máxima energía de fotoelectrones medida en eV es numéricamente igual al voltaje retardador V_0 necesario para frenar la corriente fotoeléctrica.

Deseamos ahora investigar con más detalle las propiedades de los fotones, no considerando por ahora la aparente contradicción entre el carácter corpuscular de la luz, implícito en la hipótesis del fotón, y el carácter ondulatorio de la luz que está ampliamente demostrado por innumerables fenómenos, tales como los de interferencia y vibración.

La energía E de un fotón de frecuencia ν está dado por (9-3). En términos de la longitud de onda $\lambda = c/\nu$, E tiene la expresión

$$E = \frac{ch}{\lambda} \tag{9-7}$$

o, si E está medida en eV y λ en angstroms

$$E\,(\text{eV}) = \frac{12\,394}{\lambda\,(\text{A})} \tag{9-8}$$

Vemos que los fotones de luz visible (para los cuales λ es del orden de varios miles de angstroms) tienen energías del orden de algunos electrón volts.*

Hemos visto en la sección 8-12 que la luz tiene momento y energía, como se

* Como la frecuencia umbral para muchos metales está en el ultravioleta o en la región visible, deducimos que la energía E_0 requerida para extraer electrones de metales es del orden de varios electrón volts. Por otro lado, las estadísticas clásicas predicen que los electrones de metales a temperaturas normales tienen una energía cinética promedio de alrededor de $2{,}10^{-2}$ eV, y que su distribución en energía es de acuerdo a una función que tiende a cero cuando la energía aumenta. Si es así no podemos hablar de *energía cinética máxima* de los electrones en el metal y es difícil entender por qué se encuentra en forma experimental un umbral fotoeléctrico fuertemente definido. La explicación de esta contradicción está en la malograda teoría estadística clásica aplicada a los metales. Es conocido que los electrones en los metales obedecen a la estadística de Fermi, y esta teoría predice una distribución de energías que cae abruptamente a cero para una energía crítica dada.

demuestra experimentalmente observando la presión luminosa. El cociente entre la energía y el momento es igual a la velocidad de la luz en el vacío, c. Si la luz consiste en una corriente de fotones, debemos adjudicar a cada electrón de energía $E = h\nu$ un momento p dado por

$$p = \frac{h\nu}{c} = \frac{h}{\lambda} \tag{9-9}$$

En la sección 8-12 demostramos también que la luz circularmente polarizada tiene un momento angular, igual a la energía dividida por la frecuencia angular $\omega = 2\pi\nu$. El momento angular puede representarse mediante un vector «axial», paralelo al eje de rotación, cuya dirección tiene con la dirección de rotación la misma relación, que la dirección de avance a la dirección de rotación de un tirabuzón. Así, como ya fue mencionado, el vector que representa el momento angular de un haz de luz circularmente polarizada es paralelo o antiparalelo a la dirección de propagación, según que la polarización sea positiva o negativa. Si suponemos que todos los fotones correspondientes a luz de una frecuencia dada son idénticos debemos deducir que cada fotón de energía $E = h\nu$ lleva un momento angular intrínseco o *spin* $\mathbf{s}$ de magnitud $|\mathbf{s}| = h\nu/2\pi\nu$, o sea,

$$|\mathbf{s}| = \frac{h}{2\pi} \tag{9-10}$$

Debemos también suponer que el vector $\mathbf{s}$ tiene sólo dos orientaciones posibles, paralela o antiparalela a la dirección de movimiento del fotón. Como un haz de luz lineal o elípticamente polarizada, puede considerarse como la superposición de dos haces de luz, con polarizaciones circulares opuestas supondremos que, un haz de luz linealmente o elípticamente polarizado, consiste en fotones con spins orientados en las dos direcciones posibles. Más tarde volveremos a tratar este punto.

Mencionaremos aquí, que de acuerdo con la teoría de la relatividad, la energía cinética E y el momento p de una partícula de masa m en reposo y velocidad ω está dada por

$$E = \frac{mc^2}{\sqrt{1-\omega^2/c^2}} - mc^2 \tag{9-11}$$

$$p = \frac{m\omega}{\sqrt{1-\omega^2/c^2}} \tag{9-12}$$

de donde se deduce que,

$$p = \frac{\omega}{c^2}(E + mc^2) \tag{9-13}$$

Como la velocidad de los fotones (en el vacío) es igual a c, vemos de (9-11) y (9-12) que un fotón puede tener una energía finita y un momento finito sólo si $m = 0$. Por eso debemos asignar a los fotones *masa en reposo cero*. Nótese que con $\omega = c$ y $m = 0$, la ecuación (9-13) da $p = E/c$, de acuerdo con (9-9).

Entre los hechos experimentales que más claramente demuestran la existencia de los fotones, está el *efecto Compton*, el cual puede ser descrito como el choque de un fotón de energía $h\nu$, con un electrón en reposo. En el choque, el electrón adquiere una cierta cantidad de energía y momento, y el fotón sale con una energía reducida $h\nu'$ en una dirección diferente de la del fotón incidente (Fig. 9-2). Las mediciones muestran que, en este proceso, tanto la energía como el momento se conservan si las ecuaciones (9-3) y (9-9), (9-11) y (9-12) son las expresiones correctas para la energía y el momento del fotón y del electrón, respectivamente.

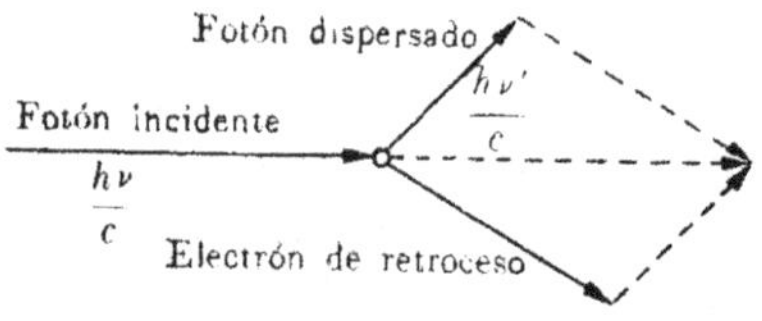

FIG. 9-2. Efecto Compton.

El efecto Compton ocurre de la simple manera descrita arriba, sólo si la energía del fotón es considerablemente mayor que la energía de ligadura de los electrones en los átomos, porque si no los electrones no se comportan como partículas libres. Como las energías de ligadura de los electrones en las capas externas de los átomos son del orden de algunos electrón volts, el efecto Compton, no puede ser demostrado experimentalmente, mediante luz visible o ultravioleta, sino sólo mediante rayos X o rayos γ. Los detalles de tales experiencias se omiten aquí.

Debe mencionarse que la hipótesis del fotón no está basada exclusivamente en el efecto fotoeléctrico y en el efecto Compton; esta hipótesis da la interpretación más natural para muchos de los procesos usados para la detección de luz. Muy importante entre éstos es el proceso fotográfico, en el cual la absorción de un solo cuanto de luz por una de las moléculas en un grano de emulsión, produce un cambio químico por el cual el grano es «revelado» cuando la emulsión es puesta luego en una solución apropiada. Mediante la técnica fotográfica o mediante fototubos sensibles es perfectamente posible detectar el arribo de fotones individuales y obtener así una prueba directa del carácter corpuscular de la luz.

9-3. El principio de incerteza. Estamos ahora enfrentados al problema de conciliar dos hechos aparentemente contradictorios: (a) En su propagación a través del espacio, la luz se comporta como una onda, y (b) en los fenómenos tales como el efecto fotoeléctrico y el proceso fotográfico, la luz se comporta como un haz de partículas puntuales.

Para comenzar recalquemos que desde un punto de vista puramente lógico, lo establecido en (a) y (b) no es incompatible. Es decir, aceptando ambos hechos podemos hacer predicciones concretas y estas predicciones estarán de acuerdo con observaciones experimentales. Específicamente dada una fuente luminosa de una frecuencia ν y un conjunto de pantallas, espejos, etc. calcularemos la distribución de la intensidad de la luz I, mediante la teoría electromagnética de la luz. Estableceremos entonces, que el valor de I en un lugar dado y en un momento dado es proporcional a la probabilidad de que un fotón de energía $h\nu$ se manifieste en ese lugar y en ese momento (por ejemplo, arrancando a un fotoelectrón de una superficie metálica).

¿Cuál es entonces la naturaleza de la dificultad?

Consideremos un ejemplo concreto. Se pone una pantalla opaca con dos rendijas estrechas A y B, separados por una pequeña distancia, frente a una fuente puntual S de luz monocromática (Fig. 9-3), a una cierta distancia del otro lado de la pantalla, ponemos una placa metálica de la cual la luz incidente puede arrancar electrones. Se encuentra que los electrones son arrancados más abundantemente de la placa metálica en aquellos puntos en que la teoría de interferencia predice un máximo de intensidad de luz, y en los puntos en que la teoría de interferencia predice intensidad cero, no hay efecto fotoeléctrico. Cubriendo una de las rendijas, la situación cambia totalmente. En particular, con una sola rendija abierta, los fotones podrán alcanzar puntos de la superficie fotosensitiva, donde no se observan cuando ambas rendijas están abiertas.

Nosotros podemos pensar que tal vez, en el espacio detrás de las rendijas, los fotones que han pasado por la abertura A interactúan con los que han pasado por la B, y que en tales interacciones las trayectorias de los fotones sufren cierta deflexión. Debemos tratar de explicar la distribución observada en los puntos de llegada de los fotones sobre la superficie fotosensitiva, como consecuencia de estas deflexiones.

Un argumento experimental muy simple, muestra que la interpretación dada arriba es equivocada. Porque las probabilidades *relativas* de llegada de los fotones a distintos puntos de la superficie fotosensitiva son completamente independientes de la intensidad luminosa. En particular, permanecen inalterados cuando la intensidad luminosa se reduce a un valor tan bajo que hay prácticamente un solo fotón, en cada instante en el espacio entre las rendijas y la superficie fotosensitiva. Por consiguiente, no podemos invocar la interacción entre los distintos fotones, para explicar los fenómenos de interferencia.

Pero ahora llegamos a la siguiente paradoja. Sea C un punto de la superficie fotosensitiva donde la teoría de interferencia predice intensidad cero. Con A o B abierta, los fotones llegarán a C desde la fuente. Con «ambas» A y B abiertas, no llegarán fotones a C. Un fotón que ha atravesado A será capaz de alcanzar C si B está abierta. Esta conclusión es absurda, porque la distancia entre las rendijas es enormemente mayor que las *dimensiones* que razonablemente le asignaríamos a los fotones; por eso, un fotón que ha salido de A, no tiene cómo saber si B está abierta o cerrada.

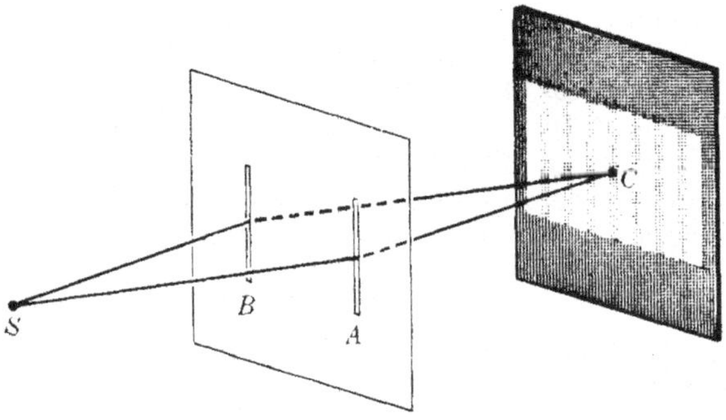

Fig. 9-3. Discusión del principio de incerteza.

La solución de la dificultad es muy simple, pero tiene consecuencias de mayor alcance y requiere el repudiar algunas nociones que hasta ahora fueron consideradas como necesidades lógicas. Puede formularse como sigue. Los fotones x comportan en *algunos* aspectos como partículas puntuales; por ejemplo, un fotón es capaz de transferir toda su energía a un electrón instantáneamente. En cambio, los fotones no poseen *todas* las propiedades que intuitivamente le asignaríamos a las partículas. En particular, *un fotón no tiene una posición definida en el espacio excepto en el instante en que interactúa con la materia* (por ejemplo, cuando es absorbido por efecto fotoeléctrico). Por eso, lo previamente establecido, *un fotón que ha salido de A puede alcanzar C si B está cerrado, pero no puede alcanzar C si B está abierto,* no tiene significado físico. Como el fotón no tiene una posición definida en el espacio hasta que arranca un electrón de la superficie fotosensitiva, no podemos decir si ha pasado por A o por B.

Deseamos discutir ahora algunas consecuencias cuantitativas del punto de vista presentado aquí.

Consideremos primero un haz paralelo de luz monocromática que entra al cuarto de observación a través de un agujero de dimensiones suficientemente grandes, como para que los fenómenos de difracción sean despreciables. El haz luminoso puede considerarse entonces, como una corriente de fotones, todos de la misma energía $h\nu$ que se mueven a lo largo de líneas paralelas, digamos en la dirección x. Supongamos, por simplicidad, que el haz es muy débil. Tratamos ahora de aislar un fotón individual mediante un obturador muy veloz, que deja el agujero abierto durante un intervalo de tiempo corto Δt. Desde el punto de vista del modelo ondulatorio de la luz, hemos dejado entrar en el recinto de observación un tren de ondas de longitud $c\,\Delta t$ que viaja con velocidad c. Supongamos que detectamos la luz con una fotocélula. En un instante dado, un fotoelectrón puede ser arrancado de la superficie fotosensitiva si la superficie está localizada en el volumen cilíndrico de longitud $c\,\Delta t$ ocupado por el tren de ondas. El cuadrado de la amplitud de la onda determina la probabilidad que haya fotoemisión, podemos entonces decir que hay una incerteza

$$\Delta x = c\,\Delta t \tag{9-14}$$

en la posición del fotón en cualquier instante de tiempo.

Supongamos ahora que hacemos pasar la luz que penetra en el recinto, a través de un espectroscopio, para determinar su frecuencia y, por consiguiente, la energía de los fotones. Encontramos que la luz no es monocromática porque (secs. 3-14 y 3-15), un tren de ondas de duración finita es equivalente a la superposición de un número infinito de ondas sinusoidales con frecuencias distribuidas dentro de un intervalo finito $\Delta\nu$. Este intervalo de frecuencias está relacionado con la duración del tren de ondas, Δt, por

$$\Delta t \cdot \Delta\nu \approx 1 \tag{9-15}$$

(véase ec. 3-72). Se deduce que ahora existe una «incerteza» ΔE en la energía del fotón, y que ΔE está dado por

$$\Delta E = h\,\Delta\nu \approx h/\Delta t \tag{9-16}$$

Es entonces evidente que si un fotón del haz de luz originalmente monocromática y paralelo ha sido admitido en el recinto de observación, durante el intervalo de tiempo Δt, conoceremos en todos los instantes posteriores su coordenada x con una incerteza Δx dada por (9-14) y su energía con una incerteza ΔE dada por (9-16). El momento del fotón será paralelo a la dirección del haz incidente (es decir, al eje x), y su magnitud será conocida con una incerteza

$$\Delta p_x = \frac{\Delta E}{c} = \frac{h\,\Delta \nu}{c} \approx \frac{h}{c\,\Delta t}$$

Recordando que $c\,\Delta t = \Delta x$, obtenemos la siguiente relación entre Δx y Δp_x:

$$\Delta x \cdot \Delta p_x \approx h \tag{9-17}$$

Vemos ahora que mientras podamos determinar *ya sea* la posición o el momento de un fotón con cualquier grado de aproximación deseado, no podemos determinar ambas cantidades simultáneamente con una aproximación arbitraria. Si en un esfuerzo para reducir la incerteza de la posición disminuimos el intervalo de tiempo Δt durante el cual el agujero está abierto, aumentamos simultáneamente la incerteza en el momento de tal forma que el producto de las dos incertezas permanece constante. Obtenemos el mismo resultado si tratamos de localizar un fotón en una dirección perpendicular a la dirección del haz, que llamaremos la dirección y. Para este propósito podemos admitir a los fotones en el recinto de observación a través de una rendija estrecha en lugar de usar un agujero ancho. La incerteza de la coordenada y de cada fotón cuando entra al recinto es igual al ancho Δy de la rendija. Pero ahora tienen lugar fenómenos de difracción. En una pantalla distante aparecerán una serie de anillos brillantes y oscuros. Gran parte de la luz estará concentrada en el anillo central que subtiende desde la rendija un ángulo

$$\vartheta = \frac{\lambda}{\Delta y} \tag{9-18}$$

(véase sec. 4-14).

Con el agujero ancho, todos los fotones se movían en la dirección del eje x tal que la componente y de sus momentos era cero. En cambio, los fotones que han pasado a través de la rendija angosta ya no viajan en una sola dirección. Como la mayoría de ellos llegará al anillo central, podemos decir que, en promedio, sus trayectorias forman un ángulo con el eje x del orden de ϑ, como está dado en (9-18). Por eso, la componente y del momento de un fotón que ha pasado por la rendija tiene una incerteza

$$\Delta p_y \approx \frac{p\,\lambda}{\Delta y}$$

donde p es el momento total del fotón. De esta ecuación, junto con la (9-9) obtenemos,

$$\Delta y \cdot \Delta p_y \approx h \tag{9-19}$$

La incerteza en la componente y de su momento es del orden de magnitud de la constante de Planck h. Un argumento análogo aplicado a una rendija paralela a la dirección z da la relación

$$\Delta z \cdot \Delta p_z \approx h \tag{9-20}$$

Se ve que las relaciones del orden de magnitud (9-17), (9-19) y (9-20) tienen validez general, tal que una coordenada espacial de un fotón y la componente correspondiente de su momento nunca se conocen simultáneamente con una seguridad ilimitada. El producto de la incerteza en el valor de la coordenada y la incerteza en el valor de la componente del momento es siempre *del orden de magnitud de h o mayor*. Este principio se conoce como *principio de incerteza*. Es interesante establecer explícitamente que esto no impone limitación a la seguridad que puede ser obtenida de medidas simultáneas de dos coordenadas espaciales distintas (digamos x e y), o dos componentes distintos del momento (digamos p_x y p_y), o una coordenada espacial y la componente del momento correspondiente a una coordenada distinta (digamos x y p_y).

9-4. Complementaridad. Las evidencias experimentales nos hacen conocer el hecho que la luz es un ente físico relacionado con *algunas* de las propiedades que ordinariamente adjudicamos a las partículas y con *algunas* de las propiedades que ordinariamente adjudicamos a las ondas.

La luz consiste en fotones individuales, cada uno lleva una cantidad definida de energía, como, por ejemplo, se evidencia en el efecto fotoeléctrico. Pero, los fotones, no son partículas en el sentido ordinario de la palabra, porque es imposible definir simultáneamente la posición y el momento de un fotón.

La luz es un fenómeno ondulatorio, como se demuestra por la aparición de efectos de interferencia y difracción. Pero las ondas luminosas no son ondas en el sentido ordinario de la palabra porque es imposible considerar la energía de la luz distribuida en forma continua en el espacio.*

Así, tanto el modelo corpuscular como el modelo ondulatorio de la luz, tienen limitaciones definidas. A raíz de estas limitaciones, los dos modelos no son exclusivos, sino que son *complementarios*. Cada uno de ellos nos permite visualizar un aspecto diferente del fenómeno de la luz. El principio de incerteza es una consecuencia del carácter dual de la luz. Nos dice hasta donde podemos usar el modelo corpuscular sin entrar en conflictos con el aspecto ondulatorio de la luz.

Debe señalarse que de los dos aspectos complementarios de la luz, el aspecto corpuscular se hace dominante a altas energías (o frecuencias) y el aspecto ondulatorio se hace dominante en bajas energías (o frecuencias) ya que, cuando la frecuencia aumenta, los fenómenos de difracción e interferencia se hacen menos y menos notables. Al mismo tiempo, la energía de los fotones crece y, por lo tanto, las interacciones de los fotones individuales se hacen más evidentes. Así los rayos γ, por ejemplo, se comportan prácticamente como partículas.

Por otro lado, cuando la frecuencia decrece, los fenómenos de difracción e interferencia se hacen más pronunciados. Al mismo tiempo, la energía de los fotones decrece y se hace más difícil detectar los efectos de los fotones individuales. Por ejemplo, la luz infrarroja no puede producir efecto fotoeléctrico

* Realmente, las partículas y ondas «en el sentido ordinario de las palabras» no existen en la naturaleza. Véase sección 9-6.

en el sentido ordinario, aunque, al menos en principio, un electrón puede adquirir energía suficiente para escapar de la superficie del metal si absorbe, en rápida sucesión, varios cuantos de luz infrarroja. Esto sólo sería posible con una iluminación excesivamente fuerte, y así tanto el número como la energía promedio de los electrones aumentaría al aumentar la intensidad. Esto es exactamente lo que predice la teoría ondulatoria, como se vio en la sección 9-1.

9-5. El «estado» de un fotón. Deseamos discutir en más detalle el concepto de *estado* de un fotón, y compararlo con el concepto de estado de una partícula en mecánica clásica.

Para definir el estado de una partícula en mecánica clásica, es necesario especificar su *posición* y su *momento* en un instante dado. Si la partícula se mueve en un campo de fuerzas conocido, es posible determinar la posición y el momento de la partícula en cualquier otro instante de tiempo.

Los conceptos mecánicos de posición y momento tienen significado también en el caso de los fotones, porque la posición y el momento de un fotón puede determinarse experimentalmente, al menos en principio, con un grado de seguridad arbitrario. En cambio, hemos visto que si se determina completamente el momento de un fotón, su posición queda completamente indeterminada. Un fotón de momento dado, corresponde por supuesto, a una onda plana sinusoidal; para la cual la frecuencia y la dirección de propagación están exactamente determinadas, y para las cuales la intensidad es la misma en todas partes. Por eso, para un fotón, el conocimiento preciso del momento define completamente un estado; esto representa *la mayor cantidad de información*. Hay, en cambio, estados del fotón en que el momento no está exactamente determinado, pero donde se tiene alguna información relacionada con su posición. Por ejemplo, los estados representados por un tren de ondas de longitud finita o por una onda de amplitud variable. En el primer caso, el fotón en un instante dado, puede estar sólo en una cierta región del espacio, en el último caso el fotón tiene una probabilidad mayor de estar en ciertas regiones del espacio que en otras.

Como ejemplo simple, consideremos una onda de amplitud periódicamente variable que resulta de la superposición de dos ondas sinusoidales de frecuencias ligeramente distintas. Si analizamos la onda mediante un espectroscopio, encontraremos dos líneas, correspondientes a las dos frecuencias de las ondas componentes. Las intensidades de las líneas serán proporcionales a los cuadrados de las amplitudes de estas dos ondas. Los cuadrados de las amplitudes representan entonces las probabilidades de que el fotón pueda encontrarse en uno u otro de los dos estados del momento. Nótese que en este caso, nuevamente, el estado del fotón puede definirse completamente en términos del momento sin referencia explícita a la posición. Para una definición completa del estado no es suficiente dar las probabilidades para los dos valores posibles del momento. Es también necesario dar la *diferencia de fase* entre las dos ondas correspondientes a un punto dado en un instante dado, ya que es obvio que la distribución de probabilidad para la posición del fotón en cualquier instante depende de esta diferencia de fase.

Llegamos a una conclusión similar si analizamos el estado de un fotón en relación a su spin.

Hemos visto que un haz de luz circularmente polarizado puede ser descrito como una corriente de fotones con sus spins paralelos o antiparalelos a la dirección de propagación dependiendo de que la polarización sea positiva o negativa. En otras palabras, un fotón que pertenece a un haz de luz circularmente polarizada tiene un spin con orientación definida.

Cualquier dispositivo experimental que distinga polarización circular positiva o negativa puede considerarse como un aparato capaz de separar fotones con orientaciones opuestas de spin. Una lámina de cuarto de onda seguida por un analizador con los ejes de vibración en una de las dos direcciones perpendiculares 45° de los ejes de la placa es uno de tales aparatos. Este sistema actúa como filtro completamente opaco a luz circularmente polarizada de una clase, y completamente transparente a luz circularmente polarizada de la otra clase; la selección está determinada por la dirección del audizador (véase sec. 6-7).

Un haz de luz linealmente polarizada puede considerarse como la superposición de dos haces circularmente polarizados de igual intensidad y sentidos de rotación opuestos. Así, un fotón de luz linealmente polarizada está en un estado para el cual la orientación del spin no está determinada. Esto no significa que algunos de los fotones tengan sus spins paralelos y otros antiparalelos a la dirección de movimiento. Esto significa que cada fotón está simultáneamente y con igual probabilidad en ambos estados de spin opuesto. Esto no define el estado del fotón completamente. Para este propósito es necesario especificar también la diferencia de fase entre las dos ondas circularmente polarizadas que representan los dos estados componentes. Si cambiamos esta diferencia de fase, cambiamos también las orientaciones del plano de vibración de la onda que representa al fotón.

El estado de un fotón que pertenece a un haz de luz elípticamente polarizado puede ser también considerado como la superposición de los dos estados con orientación de spin definida. Aquí, en cambio, la probabilidad de los dos estados no son iguales, como lo son en el caso de luz linealmente polarizada. En efecto, una onda elípticamente polarizada puede siempre descomponerse en dos ondas circularmente polarizadas de sentido de rotación opuesto y diferentes amplitudes (véase sección 6-2).

En conclusión, reconocemos que en un haz de luz polarizada, independientemente de que la polarización sea circular, lineal, o elíptica, todos los fotones están en un estado simple, completamente determinado. Sólo en el caso de luz circularmente polarizada, el estado está caracterizado por una orientación definida del spin.

9-6. Mecánica ondulatoria. Hemos visto que el aspecto ondulatorio y el aspecto corpuscular de la luz son compatibles sólo si no hay ninguna experiencia concebible, mediante la cual pueden determinarse simultáneamente la posición y el momento de un fotón. Para ilustrar las consecuencias de este pedido consideremos el siguiente hecho.

Un fotón de un haz paralelo monocromático de rayos X choca con un electrón en reposo en un punto dado del espacio. Sabemos que el choque ha ocurrido porque, en un cierto instante, vemos que el electrón adquiere un cierto momento. Antes del choque el fotón tiene un momento perfectamente determinado y una posición completamente indeterminada. Inmediatamente después del choque parece que la posición del fotón está perfectamente determinada porque conocemos la posición del electrón con el cual ha chocado. Parece que también podemos determinar exactamente el momento del fotón mediante el conocimiento de su momento inicial y la medición del momento del electrón chocado.

Esta conclusión contradice el principio de incerteza para fotones, y debe ser por consiguiente errónea si nuestro resultado anterior es correcto. Examinando el resultado expresado arriba, reconoceremos que está basado en la hipótesis de que tanto la posición como el momento de un electrón pueden determinarse exactamente. Para asegurar la validez del principio de incerteza para fotones debemos suponer que tal determinación es físicamente imposible. En otras palabras, debemos suponer que los electrones tanto como los fotones están sujetos a un principio de incerteza que limita la precisión de medidas simultáneas de posición y momento. Por el mismo argumento podemos demostrar que el principio de incerteza debe mantenerse para todas las partículas materiales, y debe ser una ley general de la naturaleza.

Esto significa, que la mecánica clásica no puede ser rigurosamente correcta y que, en particular, no se aplica a sistemas microscópicos como los átomos, porque el principio de incerteza hace que el concepto de trayectoria de un electrón en un átomo carezca de significado.

El principio de incerteza para fotones es una consecuencia del carácter dual de la luz. Como hemos encontrado que el mismo principio de incerteza se mantiene para partículas materiales, es natural suponer que las partículas materiales tienen también algunas de las propiedades asociadas con las ondas. Más concretamente debemos suponer que el movimiento de un fotón, puede describirse en términos de una ecuación ondulatoria. Que esta idea es correcta fue probado por el éxito de la mecánica ondulatoria al explicar fenómenos atómicos.

Además, las propiedades ondulatorias de las partículas han sido demostradas por la observación de difracción de electrones en cristales.

En un tren de ondas la longitud Δx y la dispersión en frecuencia $\Delta\nu$ están relacionadas por

$$\Delta x \cdot \Delta\nu \approx c \tag{9-21}$$

la cual surge inmediatamente de la ecuación (9-15). Δx representa la incerteza en la posición de la partícula representada por el tren de ondas. De acuerdo con el principio de incerteza, la incerteza correspondiente en el momento Δp satisface la ecuación:

$$\Delta x \cdot \Delta p \approx h \tag{9-22}$$

Las ecuaciones (9-21) y (9-22) son iguales si tomamos

$$p = \frac{\nu h}{c} = \frac{h}{\lambda}$$

Así llegamos a relacionar el momento p de una partícula con una onda de longitud de onda

$$\lambda = \frac{h}{p} \tag{9-23}$$

Esta relación entre el momento y la longitud de onda de una partícula se conoce como *ecuación de De Broglie*. Es idéntica a la relación entre el momento y la longitud de onda de un fotón (ec. 9-9).

Para partículas con velocidades suficientemente pequeñas, pueden despreciarse las correcciones relativísticas y podemos escribir

$$p = \sqrt{2\,m\,E}$$

donde E es la energía cuántica de la partícula. La ecuación (9-23) queda entonces,

$$\lambda = \frac{h}{\sqrt{2\,m\,E}} \tag{9-24}$$

Por otro lado, la longitud de onda correspondiente a un fotón de energía $E = h\,\nu$ es

$$\lambda = \frac{h\,c}{E} \tag{9-25}$$

La relación entre las longitudes de onda λ_{part} y λ_{fot}, correspondientes a una partícula y a un fotón de la misma energía

$$\frac{\lambda_{\text{part}}}{\lambda_{\text{fot}}} = \sqrt{\frac{E}{m\,c^2}} \tag{9-26}$$

La cantidad $m\,c^2$ tiene las dimensiones de la energía y se llama energía de la partícula en reposo. Para el electrón, que es la más liviana de todas las partículas materiales conocidas $m\,c^2 = 0{,}51 \times 10^6$ eV.

Los fotones de luz visible, como hemos visto, tienen energías del orden de varios eV y longitudes de onda de varios miles de angstroms. La ecuación (9-26) muestra que los electrones de energía de varios eV tienen longitud de onda varios cientos de veces menor que fotones de la misma energía, es decir, tienen longitud de onda del orden de sólo 10 angstroms. Las partículas más pesadas que los electrones tienen longitud de onda aún menor. Es por esto que el carácter ondulatorio de las partículas materiales es menos evidente que el carácter ondulatorio de los fotones. Las propiedades ondulatorias de la materia, aunque pueden no ser tan evidentes como las propiedades ondulatorias de la luz, dan una explicación natural a muchos fenómenos sorprendentes. Por ejemplo, uno de los importantes resultados de la mecánica ondulatoria (que estableceremos sin demostrar) es que la energía de los átomos no puede variar en forma continua, sino que sólo puede adquirir valores discretos. La cuantificación de la energía de los átomos tiene, por supuesto, una relación directa con la existencia de cuantos de luz discretos. La transición de un estado cuántico de energía E_1 a un estado cuántico de menor energía E_2 puede dar lugar a un fotón de energía

$E = E_1 - E_2$ y de frecuencia $\nu = (E_1 - E_2)/h$. Inversamente, si el átomo está en el estado cuántico de energía menor E_2 puede ser llevado al estado de energía superior E_1 por absorción de un fotón de energía $E_1 - E_2$.

El desarrollo cuantitativo de las ideas generales presentadas en esta sección y en particular, sus aplicaciones a la interpretación del espectro atómico, está fuera del propósito del presente volumen.

Nuestro objeto era demostrar cómo la naturaleza dual de la luz implica una naturaleza dual de la materia y nos obliga a una revisión drástica de los conceptos de la mecánica clásica.

Problemas

9-1. Calcular en ergios y en electrónvolts las energías de los fotones para las siguientes longitudes de onda: $\lambda = 10$ cm (onda corta de radio), $\lambda = 10^{-3}$ cm (infrarrojo), $\lambda = 5000$ Å (visible), $\lambda = 500$ Å (ultravioleta), $\lambda = 1$ Å (rayos X).

9-2. Una fuente luminosa de frecuencia ν que se mueve con una velocidad $w \ll c$, emite un fotón, (a) en la dirección de movimiento, o (b) en la dirección opuesta. Usando los principios de conservación de la energía y momento, calcular la energía y la frecuencia correspondiente del fotón, con respecto a un observador en reposo. Comparar los resultados con la fórmula que describe el efecto Doppler.

9-3. El umbral fotoeléctrico del sodio es 6800 Å. Hallar el voltaje retardador mínimo para frenar la corriente fotoeléctrica en una fotocélula con cátodo de sodio iluminado con luz monocromática de longitud de onda $\lambda = 4000$ Å.

9-4. Aplicando las leyes de conservación de la energía y momento, demostrar que un fotón dispersado en un ángulo θ por choque con un electrón (efecto Compton), cambia su longitud de onda en una cantidad

$$\Delta\lambda = (h/m\,c)\,(1 - \cos\,\theta)$$

donde m es la masa del electrón.

9-5. En el texto se demostró que los efectos de interferencia son compatibles con el concepto del fotón sólo si no hay forma de determinar el camino real de un fotón individual. En el caso del interferómetro de Michelson (sec. 3-12 y figura 3-31) parecería posible determinar si el fotón ha sido reflejado por el espejo M o por el espejo M' observando la variación de momento del espejo en el cual se ha realizado la reflexión. Usando el principio de incerteza, demostrar que si el experimento se realiza de tal forma que se conserve la coherencia de los dos haces, es intrínsecamente imposible determinar qué camino ha seguido el fotón.

9-6. El siguiente argumento lleva a la conclusión aparente de que el concepto de fotón es autocontradictorio. Demostrar que la falla de los argumentos reside en la suposición implícita de que es posible determinar simultáneamente la posición angular y el momento angular de un objeto con precisión ilimitada y que la contradicción desaparece si tomamos en cuenta el hecho de que el error en la posición angular $\Delta\varphi$ y el error en el momento angular ΔJ están relacionados por la relación de incerteza

$$\Delta\varphi \cdot \Delta J \approx h$$

(a) El momento angular de un fotón puede ser paralelo o antiparalelo a la dirección de propagación. En la absorción el fotón entregará su momento angular al absorbente. Es posible, al menos idealmente, determinar el sentido del momento angular de un fotón cuando el fotón es absorbido.

(b) Considerar un haz de luz linealmente polarizada y un haz de luz natural. Cada haz puede ser considerado como la superposición de dos haces circularmente polarizados de igual amplitud y sentido de rotación opuesto. Usando la descripción corpuscular, podemos decir que el haz de luz natural consiste en fotones, de los cuales la mitad tiene sus momentos angulares paralelos y la otra mitad antiparalelos a la dirección de propagación. En el haz linealmente polarizado, en cambio, el momento angular de cada fotón tiene una orientación indeterminada hasta que el fotón es absorbido. Las diferencias entre el comportamiento de luz linealmente polarizada y la de la luz natural son compatibles con el concepto de fotón sólo porque es intrínsecamente imposible determinar la orientación del momento angular de un fotón de luz linealmente polarizada sin absorber el fotón o sin destruir el estado de polarización.

(c) Supongamos ahora que un haz de luz linealmente polarizada pasa a través de una placa de media onda cuyos ejes están a 45° del plano de vibración del haz incidente. El haz emergente está linealmente polarizado y su plano de vibración está a 90° del plano de vibración del haz incidente. Si consideramos el haz incidente como la superposición de dos haces circularmente polarizados hallamos que la placa de media onda ha cambiado al haz negativo en un haz positivo y viceversa. Si tenemos en cuenta que el haz consiste en fotones como partículas, podemos decir que el momento angular de cada fotón que atraviesa la placa ha cambiado de signo. Midiendo el cambio en el momento angular de la placa debido al pasaje de un fotón individual podemos determinar la orientación del momento angular de cada fotón que emerge de la placa en contradicción con lo requerido en (b).

APÉNDICE 1

FÓRMULAS MATEMÁTICAS

(a) Vectores. Consideremos dos vectores **u** y **v** de componentes cartesianas u_x, u_y, u_z y v_x, v_y, v_z, respectivamente, que forman entre sí un ángulo ϑ (Fig. A1-1) sean

$$|\mathbf{u}| = \sqrt{u_x^2 + u_y^2 + u_z^2}$$

$$|\mathbf{v}| = \sqrt{v_x^2 + v_y^2 + v_z^2}$$

sus módulos.

El producto escalar de **u** y **v** escrito **u·v**, es el número definido por

$$\mathbf{u}\cdot\mathbf{v} = |\mathbf{u}|\,|\mathbf{v}|\cos\vartheta \qquad \text{(A1-1)}$$

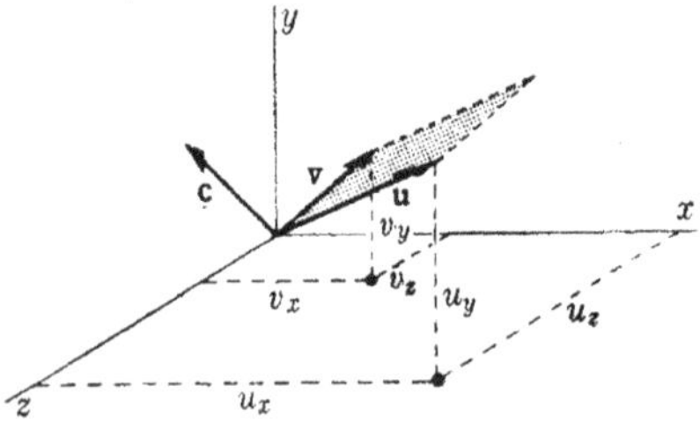

FIG. A1-1. Producto escalar de dos vectores u y v.

o por la ecuación equivalente

$$\mathbf{u}\cdot\mathbf{v} = u_x v_x + u_y v_y + u_z v_z \qquad \text{(A1-2)}$$

El producto vectorial o cruzado de **u** y **v**, se escribe **u** × **v**, es el vector **c** de magnitud

$$|\mathbf{u}\times\mathbf{v}| = |\mathbf{u}|\,|\mathbf{v}|\,\mathrm{sen}\,\vartheta \qquad \text{(A1-3)}$$

Este vector está en dirección perpendicular al plano de los vectores **u** y **v**. Para determinar su sentido, consideremos que rotamos un tirabuzón en un ángulo menor que π, hasta que el vector **u** se superpone al vector **v**. El sentido de avance del tirabuzón determina el sentido del vector **u** × **v**. Nótese que

$$\mathbf{v}\times\mathbf{u} = -\mathbf{u}\times\mathbf{v} \qquad \text{(A1-4)}$$

Las componentes de **u** × **v** son:

$$\begin{aligned} c_x &= (\mathbf{u}\times\mathbf{v})_x = u_y v_z - v_y u_z \\ c_y &= (\mathbf{u}\times\mathbf{v})_y = u_z v_x - v_z u_x \\ c_z &= (\mathbf{u}\times\mathbf{v})_z = u_x v_y - v_x u_y \end{aligned} \qquad \text{(A1-5)}$$

Consideremos una función $f(x, y, z)$, o sea una cantidad escalar con valor definido en todos los puntos de una cierta región en el espacio. En general, por cada punto P de esta región se puede trazar una superficie, sobre la cual la función f tiene un valor constante.

$$f(P) = f(x, y, z) = \text{const.} \tag{A1-6}$$

(Fig. A1-2). Podemos entonces definir en el punto P un vector, llamado ***gradiente de f***, indicado por el símbolo grad f, con la siguiente convención: el vector grad f es perpendicular en P a la superficie $f = \text{const.}$ en P, apunta en la dirección en la cual f crece y su módulo está dado por

$$|\text{grad } f| = \lim_{\delta s = 0} \frac{f(P') - f(P)}{\delta s} \tag{A1-7}$$

donde P' es un punto a distancia infinitesimal δs desde P a lo largo de la perpendicular a la superficie $f = \text{const.}$ Las coordenadas cartesianas de grad f son

$$(\text{grad } f)_x = \frac{\partial f}{\partial x} \qquad (\text{grad } f)_y = \frac{\partial f}{\partial y} \qquad (\text{grad } f)_z = \frac{\partial f}{\partial z} \tag{A1-8}$$

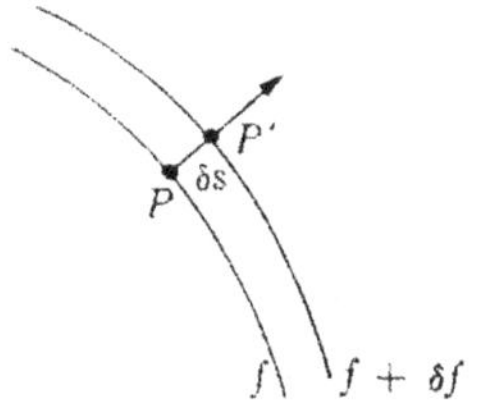

FIG. A1-2. Definición de grad f.

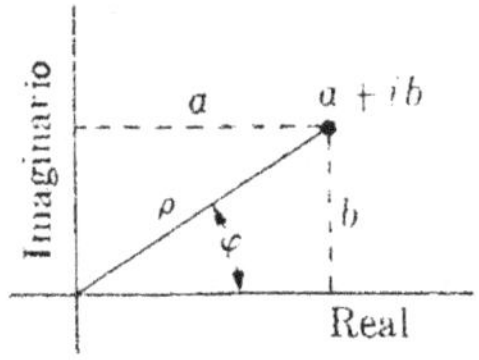

FIG. A1-3. Números complejos.

(b) Números complejos. Un número complejo $a + i\,b$, puede representarse por un punto en el plano complejo, con la convención que la parte real a, se representa como abscisa y el coeficiente de la parte imaginaria b como ordenada (Fig. A1-3). La cantidad

$$\rho = \sqrt{a^2 + b^2} \tag{A1-9}$$

se llama *valor absoluto* del número complejo; representa la longitud del vector de componentes cartesianas a y b. El ángulo φ definido por

$$\text{tg } \varphi = \frac{b}{a} \tag{A1-10}$$

se llama *argumento* o *fase* del número complejo. Representa el ángulo formado por el vector de componentes a, b con el eje real.

La suma de varios números complejos $a_1 + i\,b_1$, $a_2 + i\,b_2$, $a_3 + i\,b_3$, ... se define como

$$\begin{aligned}(a_1 + i\,b_1) + (a_2 + i\,b_2) + (a_3 + i\,b_3) + \ldots \\ = (a_1 + a_2 + a_3 + \ldots) + i\,(b_1 + b_2 + b_3 + \ldots)\end{aligned} \tag{A1-11}$$

En el plano complejo, el vector que representa esta suma es el vector suma de los vectores que representan los números individuales.

El producto de dos números complejos es:

$$(a_1 + i\,b_1)\,(a_2 + i\,b_2) = (a_1\,a_2 - b_1\,b_2) + i\,(a_1\,b_2 + a_2\,b_1) \tag{A1-12}$$

El número $a - i\,b$, se llama *complejo conjugado* de $a + i\,b$, cumpliéndose la siguiente ecuación:

$$(a + i\,b)\,(a - i\,b) = a^2 + b^2 = \rho^2 \tag{A1-13}$$

De las expansiones en series de Taylor,

$$e^{i\varphi} = 1 + i\,\varphi - \frac{\varphi^2}{2} - \frac{i\,\varphi^3}{3!} + \ldots$$

$$\cos\varphi = 1 - \frac{\varphi^2}{2} + \ldots$$

$$\operatorname{sen}\varphi = \varphi - \frac{\varphi^3}{3!} + \ldots$$

obtenemos

$$e^{i\varphi} = \cos\varphi + i\operatorname{sen}\varphi \tag{A1-14}$$

o cambiando φ por $-\varphi$,

$$e^{-i\varphi} = \cos\varphi - i\operatorname{sen}\varphi \tag{A1-15}$$

Las ecuaciones (A1-14) y (A1-15) dan

$$\cos\varphi = \frac{e^{i\varphi} - e^{-i\varphi}}{2} \tag{A1-16}$$

$$\operatorname{sen}\varphi = \frac{e^{i\varphi} - e^{-i\varphi}}{2\,i} \tag{A1-17}$$

A partir de

$$\rho\,e^{i\varphi} = \rho\cos\varphi + i\,\rho\operatorname{sen}\varphi \tag{A1-18}$$

se deduce que cualquier número complejo $a + i\,b$, puede escribirse de la forma $\rho\,e^{i\varphi}$, si elegimos ρ y φ tal que satisfagan

$$a = \rho\cos\varphi, \qquad b = \rho\operatorname{sen}\varphi$$

Estas ecuaciones son equivalentes a las ecuaciones (A1-9) y (A1-10).

El complejo conjugado del número $\rho\,e^{i\varphi}$ es $\rho\,e^{-i\varphi}$. El producto de los números complejos $\rho_1\,e^{i\varphi_1}$, $\rho_2\,e^{i\varphi_2}$, $\rho_3\,e^{i\varphi_3}$, ... es

$$(\rho_1\,e^{i\varphi_1})\,(\rho_2\,e^{i\varphi_2})\,(\rho_3\,e^{i\varphi_3})\ldots = (\rho_1\,\rho_2\,\rho_3\ldots)\,e^{i(\varphi_1+\varphi_2+\varphi_3+\ldots)} \tag{A1-19}$$

(c) Suma de series geométricas. Consideremos una serie geométrica de números reales o complejos

$$a,\ ac,\ ac^2,\ ac^3,\ \ldots,\ ac^n$$

y sea

$$S = a + ac + ac^2 + \ldots + ac^n \tag{A1-20}$$

su suma. Para calcular S, multiplicamos (A1-20) por c y obtenemos

$$cS = ac + ac^2 + \ldots + ac^n + ac^{n+1} \tag{A1-21}$$

Restando (A1-20) de (A1-21), obtenemos

$$(c-1)\,S = a\,(c^{n+1}-1),$$

o bien,

$$S = a\,\frac{c^{n+1}-1}{c-1} \tag{A1-22}$$

Si en particular $c < 1$ y $n = \infty$, S toma el valor

$$S = \frac{a}{1-c} \tag{A1-23}$$

(d) Teorema del ángulo inscrito. Sea AA' el diámetro de un círculo (Figura A1-4), H un punto arbitrario de este círculo, y K el pie de la perpendicular AA' que pasa por H. AHA' es un ángulo recto. Por esto, $\angle HAK = \angle A'HK$, porque ambos ángulos son complementarios a $\angle AHK$, y los triángulos HAK y $A'HK$ son semejantes. Se deduce que

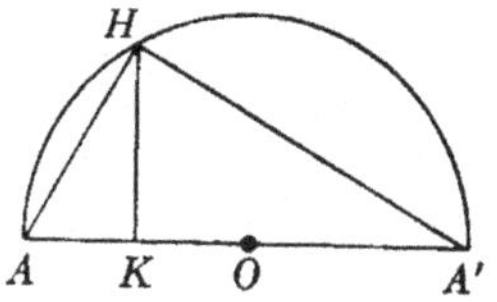

FIG. A1-4. Teorema del ángulo inscrito.

$$\overline{AK} : \overline{HK} = \overline{HK} : \overline{KA'}$$

y por lo tanto

$$\overline{HK}^2 = \overline{AK}\cdot\overline{KA'} \tag{A1-24}$$

APÉNDICE 2

ONDAS MECÁNICAS

(a) Ondas en una cuerda. Como en la sección 1-3 (a), sea x la abscisa de un punto arbitrario P de la cuerda, T la tensión (constante) de la cuerda, y $s(x,t)$ el desplazamiento del punto P en el instante t. Suponemos que el desplazamiento en todo punto es suficientemente pequeño tal que los ángulos formados por los distintos elementos de la cuerda con una línea recta que representa la posición no perturbada de la cuerda son fracciones pequeñas de un radián. En lenguaje matemático esto significa que

$$\frac{\partial s}{\partial x} \ll 1 \tag{A2-1}$$

donde, por supuesto, la derivada parcial $\partial s/\partial x$ significa que la derivada de s con respecto a x, está calculada para un valor fijo del tiempo. Por esto, en todos nuestros cálculos donde hay términos que contienen la primera potencia de $\partial s/\partial x$, despreciamos los términos que contienen potencias de $\partial s/\partial x$ de orden superior al primero. Para hallar la ecuación diferencial, satisfecha por s, notemos que la porción de cuerda que está a la derecha de P actúa sobre la porción de cuerda que está a la izquierda con una fuerza igual a T, tangente a la cuerda y apuntando hacia la derecha (véase Fig. A2-1). Si α es el ángulo que forma la tangente con el eje x, la componente de esta fuerza en la dirección perpendicular de la cuerda es

$$T_y = T \operatorname{sen} \alpha$$

A raíz de la suposición que hicimos, podemos escribir

$$\operatorname{sen} \alpha \approx \operatorname{tg} \alpha = \frac{\partial s}{\partial x}$$

así obtenemos

$$T_y = T \frac{\partial s}{\partial x} \tag{A2-2}$$

La porción de cuerda que está a la izquierda de P actúa sobre la porción de cuerda a la derecha de este punto con una fuerza que es obviamente igual y opuesta a la descrita anteriormente.

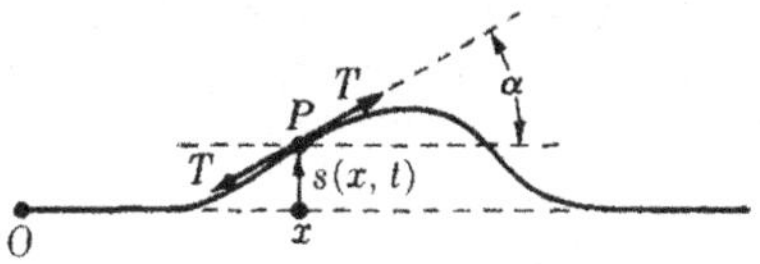

FIG. A2-1. Ondas en una cuerda.

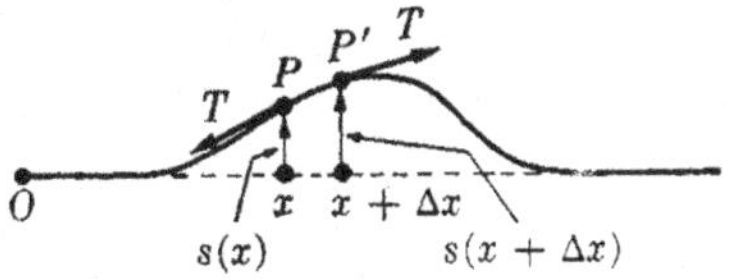

FIG. A2-2.

Aislamos ahora, idealmente, un segmento muy corto de cuerda que se extiende entre x y $x + \Delta x$ (Fig. A2-2). Las dos fuerzas que actúan en los dos extremos de este segmento tienen una resultante en la dirección perpendicular al eje x igual a

$$\Delta T_y = (T_y)_{x+\Delta x} - (T_y)_x = \left(\frac{\partial T_y}{\partial x}\right)\Delta x$$

o de la ecuación (A2-2)

$$AT_y = T\frac{\partial^2 s}{\partial x^2}\Delta x \tag{A2-3}$$

Como la cuerda es inextensible, y como consideramos sólo perturbaciones pequeñas, podemos suponer que cada punto de la cuerda se mueve en una dirección perpendicular al eje x. Así, la aceleración de un punto de la cuerda es igual a $\partial^2 s/\partial t^2$. Además, podemos tomar a la longitud del segmento de cuerda entre dos abscisas x y $x + \Delta x$ como igual a Δx. Si μ es la masa de la cuerda por unidad de longitud, y si despreciamos las fuerzas gravitatorias, la segunda ley de la mecánica da la siguiente ecuación

$$\mu\frac{\partial^2 s}{\partial t^2}\Delta x = \Delta T_y \tag{A2-4}$$

De esta ecuación, recordando (A2-3), obtenemos

$$\frac{\partial^2 s}{\partial t^2} = \frac{T}{\mu}\frac{\partial^2 s}{\partial x^2} \tag{A2-5}$$

Esta es la *ecuación diferencial de movimiento ondulatorio en una dimensión.*

Procederemos ahora a encontrar las soluciones de (A2-5). Para este propósito indicamos con v una constante apropiada, cuyo valor será determinado después, y definimos la cantidad

$$t' = t - \frac{x}{v} \tag{A2-6}$$

Consideremos entonces una función arbitraria de t':

$$f(t') = f\left(t - \frac{x}{v}\right)$$

Si x *se mantiene constante,* f es función de t a través de la variable auxiliar t'. De acuerdo con una regla conocida, su derivada con respecto a t es igual a la derivada de f con respecto a t' por la derivada de t' con respecto a t:

$$\frac{\partial f}{\partial t}=\frac{\partial f}{\partial t'}\frac{\partial t'}{\partial t}$$

Esta ecuación junto con la (A2-6) da

$$\frac{\partial f}{\partial t}=\frac{\partial f}{\partial t'} \tag{A2-7}$$

Similarmente, *si mantenemos t constante,* f es una función de x a través de la variable auxiliar t'. Obtenemos así

$$\frac{\partial f}{\partial x}=\frac{\partial f}{\partial t'}\frac{\partial t'}{\partial x}$$

o, considerando (A2-6)

$$\frac{\partial f}{\partial t}=\frac{1}{v}\frac{\partial f}{\partial t'} \tag{A2-8}$$

Reemplazando la función f por la función df/dt' en (A2-7) y (A2-8), obtenemos las siguientes ecuaciones adicionales

$$\frac{\partial}{\partial t}\left(\frac{\partial f}{\partial t'}\right)=\frac{\partial^2 f}{\partial t'^2}$$

$$\frac{\partial}{\partial x}\left(\frac{\partial f}{\partial t'}\right)=-\frac{1}{v}\frac{\partial^2 f}{\partial t'^2}$$

o como

$$df/dt'=\partial f/\partial t=-v\,\partial f/\partial x$$

$$\frac{\partial^2 f}{\partial t^2}=\frac{d^2 f}{dt'^2} \qquad \frac{\partial^2 f}{\partial x^2}=\frac{1}{v^2}\frac{d^2 f}{dt'^2} \tag{A2-9}$$

Si ponemos ahora:

$$s\,(x,t)=f\left(t-\frac{x}{v}\right) \tag{A2-10}$$

y usamos (A2-9) obtenemos de (A2-5)

$$\frac{d^2 f}{dt'^2}=\frac{1}{v^2}\frac{T}{\mu}\frac{d^2 f}{dt'^2}$$

Esta ecuación se transforma en una identidad si elegimos para v el valor

$$v=\sqrt{\frac{T}{\mu}} \tag{A2-11}$$

Deducimos así que la función s definida por (A2-10) *es una solución de la ecuación diferencial de la onda* (A2-5).

El significado físico de esta solución está discutida en la sección 1-3 (a) donde se ve que (A2-10) representa a una onda que se propaga con velocidad v en la dirección creciente de x.

En forma similar encontramos que si $g\,(t+x/v)$ representa una función del argumento $t+x/v$, la ecuación

$$s\,(x,t)=g\left(t+\frac{x}{v}\right) \tag{A2-12}$$

da otra solución de la ecuación diferencial de las ondas (A2-5). Esta solución representa una onda que se propaga con velocidad v en la dirección decreciente de x.

De acuerdo con la teoría de las ecuaciones diferenciales parciales, la solución de la ecuación (A2-5) debe contener dos funciones arbitrarias. Esta solución general, tiene la forma

$$s\,(x,t)=f\left(t-\frac{x}{v}\right)+g\left(t+\frac{x}{v}\right) \tag{A2-13}$$

y representa como vemos la superposición de dos ondas que viajan en sentido contrario.

Sea u la *velocidad transversal* de un punto arbitrario de la cuerda; u está dada por la ecuación

$$u\,(x,t)=\frac{\partial s}{\partial t} \tag{A2-14}$$

Es necesario decir, que esta cantidad no debe confundirse con la *velocidad v de propagación de la onda* dada por (A2-11). Nótese que si diferenciamos (A2-2) respecto de t, recordando que

$$\frac{\partial^2 s}{\partial x\,\partial t}=\frac{\partial^2 s}{\partial t\,\partial x}=\frac{\partial u}{\partial x}$$

obtenemos

$$\frac{\partial T_y}{\partial t}=T\frac{\partial u}{\partial x} \tag{A2-15}$$

Nótese también que (A2-4) se puede escribir como sigue

$$\frac{\partial u}{\partial t}=\frac{1}{\mu}\frac{\partial T_y}{\partial x} \tag{A2-16}$$

De (A2-15) y (A2-16) podemos verificar fácilmente que u y T_y satisfacen una ecuación diferencial idéntica a la satisfecha por s (ec. A2-5), y están representadas entonces por funciones de x y de t similares a las funciones que representan el desplazamiento. Este resultado sale también de inmediato de (A2-2) y (A2-14). Por ejemplo, en el caso de una onda viajando en la dirección positiva estas ecuaciones dan

$$T_y = -\frac{T}{v} \dot{f}\left(t - \frac{x}{v}\right)$$

$$u = \dot{f}\left(t - \frac{x}{v}\right) \qquad \text{(A2-17)}$$

donde el símbolo $\dot{f}$ significa df/dt' la derivada de la función f con respecto a su argumento $t' = t - x/v$.

(b) Ondas sonoras en un tubo. Como en la sección 1-3 (b), sea x la abscisa de un elemento arbitrario del fluido en condiciones de no perturbación, s el desplazamiento longitudinal de este elemento en el tiempo t y p la diferencia entre la presión real y la presión en condiciones de no perturbación. Nos restringimos nuevamente a considerar el caso de pequeñas perturbaciones, es decir, suponemos que el cambio de presión p es pequeño comparado con la presión p_0 en condiciones de no perturbación.

Consideremos una porción del fluido que, en las condiciones de no perturbación, está entre las secciones del tubo x y $x + \Delta x$ respectivamente (Fig. A2-3). Si A es la sección transversal del tubo, el volumen encerrado entre estas secciones es $A\ \Delta x$. En un instante t dado, sea $s\,(x, t)$ el desplazamiento en x y $s\,(x + \Delta x, t)$ el desplazamiento en $x + \Delta x$. El volumen del gas es, ahora

$$A\,[x + \Delta x + s\,(x + \Delta x, t) - x - s\,(x, t)] = A\,[\Delta x + s\,(x + \Delta x, t) - s\,(x, t)]$$

Con respecto al estado no perturbado ha habido una variación de volumen dada por

$$\Delta V = A\,[\Delta x + s\,(x + \Delta x, t) - s\,(x, t)] - A\,\Delta x = A\,[s\,(x + \Delta x, t) - s\,(x, t)]$$

El cociente de esta cantidad al volumen no perturbado $V_0 = A\,\Delta x$ o sea la fracción de variación de volumen es:

$$\frac{\Delta V}{V_0} = \frac{s\,(x + \Delta x, t) - s\,(x, t)}{\Delta x}$$

o si Δx es suficientemente pequeño

$$\frac{\Delta V}{V_0} = \frac{\partial s}{\partial x}$$

A un aumento de volumen corresponde una disminución de la presión y viceversa. A raíz de nuestra suposición la fracción de variación de volumen $\Delta V/V_0$ es pequeña comparada con la unidad, por eso, la variación correspondiente de presión p puede tomarse proporcional a $\Delta V/V_0$, y se cumple la siguiente ecuación

$$p = -\frac{1}{K}\frac{\partial s}{\partial x} \qquad \text{(A2-18)}$$

donde K es la compresibilidad del gas.

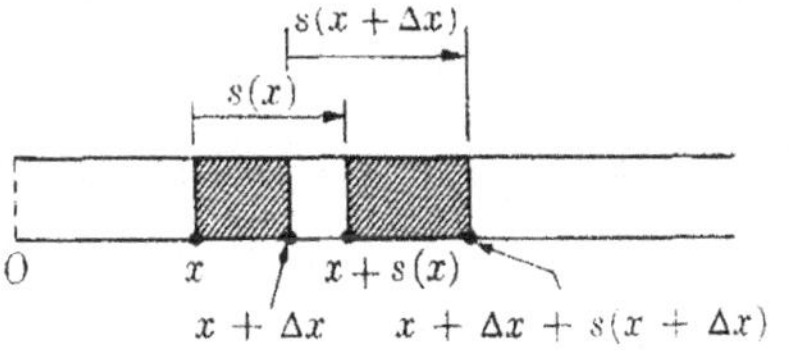

FIG. A2-3. Ondas en un tubo.

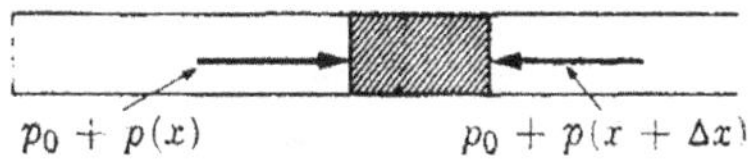

FIG. A2-4.

Si despreciamos la fricción y la gravedad, las únicas fuerzas que debemos tomar en cuenta son aquellas debidas a la presión. Éstas actúan en dirección opuesta sobre las dos superficies extremas del volumen de gas que hemos considerado y su resultante es

$$\Delta F = -A\,\Delta p$$

donde Δp es la diferencia entre los valores de p en $x + \Delta x + s\,(x + \Delta x, t)$ y en $x + s\,(x, t)$ (véase fig. A2-4). Como Δx es una longitud pequeña, ΔF queda:

$$\Delta F = -A\frac{\partial p}{\partial x}\,[x + \Delta x + s\,(x + \Delta x, t) - x - s\,(x, t)]$$

$$= -A\frac{\partial p}{\partial x}\left[1 + \frac{\partial s}{\partial x}\right]\Delta x$$

$\partial p/\partial x$ y $\partial s/\partial x$ son cantidades pequeñas; por eso su producto puede ser despreciado y obtenemos

$$\Delta F = -A\frac{\partial p}{\partial x}\Delta x$$

Por otro lado, la masa del volumen de gas que consideramos es $\rho_0 A\,\Delta x$, donde ρ_0 es la densidad del gas en condiciones de no perturbación. Así, si indicamos nuevamente por $u = \delta s/\delta t$ a las velocidades de las partículas del fluido*

* Es innecesario decir, que la velocidad u se refiere al movimiento macroscópico de un pequeño volumen de fluido y no debe ser confundida con la velocidad térmica de las moléculas individuales.

y con $\partial u/\partial t$ sus aceleraciones, la segunda ley de la dinámica de la siguiente ecuación

$$\rho_0 A \frac{\partial u}{\partial t} \Delta x = \Delta F = -A \frac{\partial p}{\partial x} \Delta x$$

o

$$\frac{\partial u}{\partial t} = -\frac{1}{\rho_0} \frac{\partial p}{\partial x} \qquad \text{(A2-19)}$$

que es similar a (A2-16).

Si diferenciamos (A2-18) con respecto a t, obtenemos

$$\frac{\partial p}{\partial t} = -\frac{1}{K} \frac{\partial u}{\partial x} \qquad \text{(A2-20)}$$

que es similar a (A2-15). Podemos ahora eliminar u entre (A2-19) y (A2-20), diferenciando la primera con respecto a x y la segunda con respecto a t. Obtenemos así

$$\frac{\partial^2 p}{\partial t^2} = \frac{1}{K \rho_0} \frac{\partial^2 p}{\partial x^2} \qquad \text{(A2-21)}$$

que tiene exactamente la misma forma que (A2-5) con la constante $1/K \rho_0$ reemplazando la constante T/μ. Deducimos así que (A2-21) tiene soluciones de la forma

$$p(x, t) = F\left(t - \frac{x}{v}\right) \qquad \text{(A2-22)}$$

y

$$p(x, t) = G\left(t + \frac{x}{v}\right) \qquad \text{(A2-23)}$$

donde F y G son funciones arbitrarias de los argumentos $(t - x/v)$ y $(t + x/v)$ respectivamente, y v está dada por la ecuación

$$v = \sqrt{\frac{1}{K \rho_0}} \qquad \text{(A2-24)}$$

La ecuación (A2-22) representa una onda de presión viajando con velocidad v en la dirección positiva de las x, y (A2-23) representa una onda de presión viajando con la misma velocidad en la dirección de las x negativas. La solución general (A2-21) es

$$p(x, t) = F\left(t - \frac{x}{v}\right) + G\left(t + \frac{x}{v}\right) \qquad \text{(A2-25)}$$

Es fácilmente verificable que las funciones que representan el desplazamiento $s(x, t)$ y la velocidad $u(x, t)$ en una onda dada tienen una forma similar a la de la función que representa el cambio de presión correspondiente $p(x, t)$. En el caso de una onda viajando en la dirección positiva, por ejemplo, podemos representar s y u mediante ecuaciones del tipo

$$s = f\left(t - \frac{x}{v}\right) \tag{A2-26}$$

$$u = \dot{f}\left(t - \frac{x}{v}\right) \tag{A2-27}$$

De (A2-18) obtenemos

$$p = \frac{1}{Kv}\dot{f} = \frac{u}{Kv} \tag{A2-28}$$

(c) Energía de las ondas. Consideremos una onda que se propaga a lo largo de una cuerda y descrita por la ecuación

$$s(x, t) = f\left(t - \frac{x}{v}\right) \tag{A2-29}$$

Suponemos que la onda ha sido producida por un agente externo actuando sobre el extremo de la cuerda en $x = 0$. El movimiento de este punto se representa por la ecuación

$$s(0, t) = f(t) \tag{A2-30}$$

La fuerza externa que actúa en el extremo de la cuerda tiene una componente T_y perpendicular a la cuerda dada por

$$-T_y = -T\frac{\partial s}{\partial x} \tag{A2-31}$$

(véase ec. A2-2).

Si usamos como antes el símbolo $u(x, t) = \partial s/\partial t$ para indicar la velocidad transversal en el instante t, de un punto de la cuerda de abscisa x, encontramos que en el intervalo de tiempo desde t_0 a $t_0 + dt$ el punto en $x = 0$ sufre un desplazamiento transversal $ds = u(0, t_0)\,dt$. Por consiguiente, el trabajo realizado por las fuerzas externas en este tiempo es:

$$-T_y\,ds = -T\frac{ds}{dx}u(0, t_0)\,dt = \frac{T}{v}u^2(0, t_0)\,dt$$

donde hemos hecho uso de la ecuación

$$\frac{\partial s}{\partial x} = -\frac{1}{v}\frac{\partial s}{\partial t} = -\frac{1}{v}u$$

obtenida de (A2-29).

En el instante $t > t_0$, la perturbación originada en 0 en el instante t_0 ha alcanzado el punto de abscisa

$$x = v(t - t_0) \tag{A2-32}$$

mientras que la perturbación originada en 0 al tiempo $t_0 + dt$ ha alcanzado el punto de abscisa $x - dx$ donde

$$dx = v\,dt \tag{A2-33}$$

Así la energía $(T/v)\,u^2\,(0, t_0)\,dt$ entregada a la cuerda en el intervalo de tiempo entre t_0 y $t_0 + dt$ está distribuida en el instante t en el segmento que va desde $x - dx$ hasta x. Durante el intervalo subsiguiente dt, la misma energía pasa por el punto de abscisa x. Así, si $U\,(x, t)$ y con $\Phi\,(x, t)$ al flujo de energía por unidad de tiempo en x y t, obtenemos las ecuaciones:

$$U\,(x, t)\,dx = \Phi\,(x, t)\,dt = \frac{T}{v}\,u^2\,(0, t_0)\,dt \tag{A2-34}$$

Señalamos ahora, que la velocidad $u\,(x, t)$ y el desplazamiento $s\,(x, t)$ son funciones de $t - x/v$, tal que, si x, t y t_0 satisfacen la ecuación (A2-32) entonces

$$u\,(0, t_0) = u\,(x, t)$$

Considerando (A2-33) y recordando que $v^2 = T/\mu$, obtenemos entonces de (A2-34)

$$U\,(x, t) = \mu\,u^2\,(x, t) \tag{A2-35}$$

$$\Phi\,(x, t) = v\,U\,(x, t) \tag{A2-36}$$

En cualquier instante, la energía de la onda es en parte energía potencial y en parte energía cinética. Como la energía cinética, de un elemento dx es igual a $\frac{1}{2}\,\mu\,u^2\,dx$, la ecuación (A2-35) muestra que la energía total es dos veces la energía cinética, o que la energía cinética y la potencial son iguales.

En forma similar podemos computar la densidad de energía y el flujo de energía en una onda sonora que viaja en un tubo. Podemos pensar a esta onda como producida por un pistón que se mueve hacia adelante y hacia atrás en las vecindades del punto $x = 0$. Si p_0 es la presión del gas no perturbado, la presión real es $p_0 + p$. Por esto recordando la ecuación (A2-18) obtenemos que la fuerza que ejerce el pistón sobre el fluido es

$$(p_0 + p)\,A = p_0\,A - \frac{A}{K}\,\frac{\partial s}{\partial x}$$

El trabajo realizado por esta fuerza durante el tiempo dt es:

$$\left(p_0\,A - \frac{A}{K}\,\frac{\partial s}{\partial x}\right) ds = p_0\,A\,ds - \frac{A}{K}\,\frac{\partial s}{\partial x}\,u\,(0, t)\,dt$$

o como $\partial s/\partial x = -(1/v)\,\partial s/\partial t = -(u/v)$,

$$\left(p_0\,A - \frac{A}{K}\,\frac{\partial s}{\partial x}\right) ds = p_0\,A\,ds + \frac{A}{K\,v}\,u^2\,(0, t)\,dt$$

En la expresión de arriba, el primer término es positivo cuando el pistón se mueve hacia atrás; la contribución de este término se anula si el pistón vuelve a su posición original. El segundo término es siempre positivo, y representa la energía transmitida por el pistón a la onda. Como en el ejemplo anterior, se deduce entonces que la energía U por unidad de longitud y el flujo de energía Φ están dados por las ecuaciones,

$$U(x,t) = \frac{A}{K v^2} u^2(x,t) = \rho_0 A u^2(x,t) \tag{A2-37}$$

$$\Phi(x,t) = \frac{A}{K v} u^2(x,t) = v\, U(x,t) \tag{A2-38}$$

Como en el ejemplo anterior, U es dos veces la energía cinética por unidad de longitud.

Con la ayuda de la ecuación (A2-28), U y Φ pueden expresarse en función de la variación de presión, como sigue:

$$U(x,t) = K A\, p^2(x,t) \tag{A2-39}$$

$$\Phi(x,t) = K v A\, p^2(x,t) \tag{A2-40}$$

Nótese que en ambos ejemplos, si la expresión de la perturbación se multiplica por una constante, las expresiones de la densidad de energía y el flujo de energía están multiplicados por la misma constante. Con este sentido, se puede decir que la densidad de energía y el flujo de energía en una onda son proporcionales al *cuadrado de la amplitud* de la perturbación. Este importante resultado, se aplica a todos los fenómenos ondulatorios.

(d) Modelo de ondas con velocidad dependiente de la frecuencia. Consideremos nuevamente una cuerda de masa μ por unidad de longitud sujeta a una tensión uniforme T. Además, ahora suponemos a la cuerda sostenida por un gran número de pequeños resortes(como se ve en la fig. A2-5), los que dan una fuerza restauradora, proporcional al desplazamiento y opuesta a él. Como la fuerza restauradora es también proporcional a la longitud Δx del elemento, se la puede expresar como $-k\, s\, \Delta x$, donde k es un factor de proporcionalidad adecuado. La fuerza restauradora, se suma a la fuerza debido a la tensión: $T(\delta^2 s/\delta x^2)\Delta x$ (ec. A2-3). Por eso, la ecuación de movimiento del elemento x es:

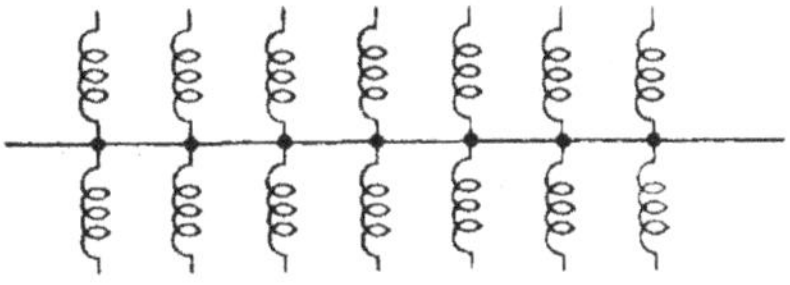

FIG. A2-5. Modelo mecánico de un medio dispersivo.

$$\mu \frac{\partial^2 s}{\partial t^2} \Delta x = T \frac{\partial^2 s}{\partial x^2} \Delta x - k\, s\, \Delta x$$

o

$$\frac{\partial^2 s}{\partial t^2} = \frac{T}{\mu} \frac{\partial^2 s}{\partial x^2} - \frac{k}{\mu} s \tag{A2-41}$$

Esta ecuación difiere de la ecuación de la onda (A2-5) en el término adicional $-k\, s/\mu$.

Las ecuaciones (A2-10) y (A2-12), con f y g funciones arbitrarias, *no* son soluciones de la ecuación de ondas modificada (A2-41). Por eso, una deformación de forma arbitraria, ya no viajará a lo largo de la cuerda sin cambiar; es fácil demostrar que sí lo hacen ondas de formas especiales. Supongamos que f en (A2-10) es una función *sinusoidal,* de frecuencia angular arbitraria ω, amplitud A, y fase φ; o sea tomemos:

$$s = A\cos\left[\omega\left(t-\frac{x}{v}\right)+\varphi\right] \tag{A2-42}$$

obtenemos

$$\frac{\partial s}{\partial t} = -\omega A\operatorname{sen}\left[\omega\left(t-\frac{x}{v}\right)+\varphi\right]$$

$$\frac{\partial^2 s}{\partial t^2} = -\omega^2 A\cos\left[\omega\left(t-\frac{x}{v}\right)+\varphi\right]$$

$$\frac{\partial s}{\partial x} = \frac{\omega}{v} A\operatorname{sen}\left[\omega\left(t-\frac{x}{v}\right)+\varphi\right]$$

$$\frac{\partial s}{\partial x^2} = -\frac{\omega^2}{v^2} A\cos\left[\omega\left(t-\frac{x}{v}\right)+\varphi\right]$$

Reemplazando en (A2-41) da

$$-\omega^2 A\cos\left[\omega\left(t-\frac{x}{v}\right)+\varphi\right] = -\frac{\omega^2}{v^2}\frac{T}{\mu} A\cos\left[\omega\left(t-\frac{x}{v}\right)+\varphi\right] - \frac{k}{\mu} A\cos\left[\omega\left(t-\frac{x}{v}\right)+\varphi\right]$$

con la notación

$$\frac{T}{\mu} = c^2 \tag{A2-43}$$

$$\frac{k}{\mu} = \omega_0^{\,2} \tag{A2-44}$$

las ecuaciones anteriores dan

$$\omega^2 = \omega^2\frac{c^2}{v^2} + \omega_0^{\,2}$$

o

$$v = \frac{c}{\sqrt{1-(\omega_0^{\,2}/\omega^2)}} \tag{A2-45}$$

Esta ecuación da un valor real de v, sólo si $\omega > \omega_0$ indicando que las soluciones del tipo representadas por (A2-42) sólo existen para frecuencias mayores que un límite inferior característico.

La ecuación (A2-42) representa una *onda sinusoidal* que viaja en la *dirección positiva del eje x,* con velocidad v. Puede demostrarse fácilmente que una función como

$$s(x,t) = A \cos \omega \left[\left(t + \frac{x}{v} \right) + \varphi \right] \qquad \text{(A2-46)}$$

que representa una onda sinusoidal que viaja en la *dirección negativa del eje x,* es también una solución de la ecuación (A2-41).

En conclusión, el sistema físico descrito en esta sección, es capaz de propagar sin deformar ondas sinusoidales de *cualquier frecuencia* $\omega > \omega_0$. La velocidad de propagación, es independiente de la amplitud; pero depende de la frecuencia, como lo demuestra la ecuación (A2-45).

(e) Un modelo de ondas transversales con velocidad dependiente del plano de vibración. Consideremos un resorte en tensión y sostenido por *dos* conjuntos de pequeños resortes colocados en dos planos perpendiculares que podemos llamar: planos xy y xz (véase fig. A2-6). Supongamos que esos dos conjuntos de resortes son diferentes, dando lugar así a dos distintas fuerzas restauradoras haciendo que el desplazamiento ocurra en la dirección del eje y o del eje z. Sea $-k_y s_y \Delta x$ cuando éste se desplaza una cantidad s_y en la dirección y y sea $-k_z s_z \Delta x$ la fuerza restauradora que actúa sobre el mismo segmento cuando éste se desplaza una cantidad s_z en la dirección z. Luego la ecuación diferencial de una onda vibratoria en el plano xy es

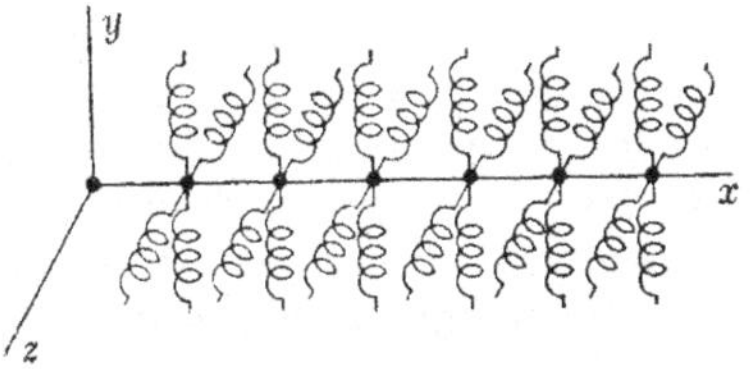

FIG. A2-6. Modelo mecánico de un medio birrefringente.

$$\frac{\partial^2 s_y}{\partial t^2} = \frac{T}{\mu} \frac{\partial^2 s_y}{\partial x^2} - \frac{k_y}{\mu} s_y \qquad \text{(A2-47)}$$

y la de una onda vibratoria en el plano xz es:

$$\frac{\partial^2 s_z}{\partial t^2} = \frac{T}{\mu} \frac{\partial^2 s_z}{\partial x^2} - \frac{k_z}{\mu} s_z \qquad \text{(A2-48)}$$

Estas dos ecuaciones tienen soluciones de la forma:

$$s_y = A_y \cos \left[\omega \left(t - \frac{x}{v_y} \right) + \varphi_y \right]$$

$$s_z = A_z \cos \left[\omega \left(t - \frac{x}{v_z} \right) + \varphi_z \right] \qquad \text{(A2-49)}$$

donde v_y y v_z tienen los valores

$$v_y = \frac{c}{\sqrt{1 - (\omega_{0y}^2/\omega^2)}}, \qquad v_z = \frac{c}{\sqrt{1 - (\omega_{0z}^2/\omega^2)}} \qquad \text{(A2-50)}$$

En las ecuaciones de arriba c es la constante, $\sqrt{T/\mu}$ (véase ec. A2-43) y las cantidades ω_{0y} y ω_{0z} están definidas por las ecuaciones

$$\omega_{0y}=\sqrt{\frac{k_y}{\mu}} \qquad \omega_{0z}=\sqrt{\frac{k_z}{\mu}} \tag{A2-51}$$

(véase ec. A2-44).

Vemos que el sistema aquí considerado propagará sin deformar a cualquier onda sinusoidal de frecuencia $\omega > \omega_{0y}$ que vibra en el plano xy, o a cualquier onda sinusoidal de frecuencia $\omega > \omega_{0z}$ que vibra en el plano xz. Para una frecuencia dada, la velocidad de propagación de las ondas que vibran en los dos planos distintos serán diferentes.

Supongamos ahora que excitamos el resorte aplicando en un extremo un movimiento sinusoidal en una dirección *diferente* a las direcciones preferenciales, y o z. La onda que viaja a lo largo del resorte no será una onda linealmente polarizada. Los puntos en diferentes posiciones a lo largo del resorte describirán diferentes trayectorias y en general no se moverán a lo largo de líneas rectas. Podemos calcular la perturbación real, considerándola como la *superposición* de dos ondas, una vibrando en el plano xy y otra en el plano xz, que viajan con velocidades diferentes, como está dado por las ecuaciones (A2-50). Se encuentra que cada punto del resorte describe en general, una trayectoria elíptica (véase sección 6-2).

(f) Reflexión y transmisión de ondas en puntos de discontinuidad. Consideremos como en la sección 1-3 (e) dos pedazos de resorte de masas diferentes por unidad de longitud, unidos entre sí en un punto O y mantenidos bajo tensión constante T (fig. A2-7). Sea x la distançia desde O, considerada positiva a la derecha de O y negativa a la izquierda. En el primer resorte (es decir, para $x < 0$) el desplazamiento satisface la siguiente ecuación diferencial (véase ecuación A2-5):

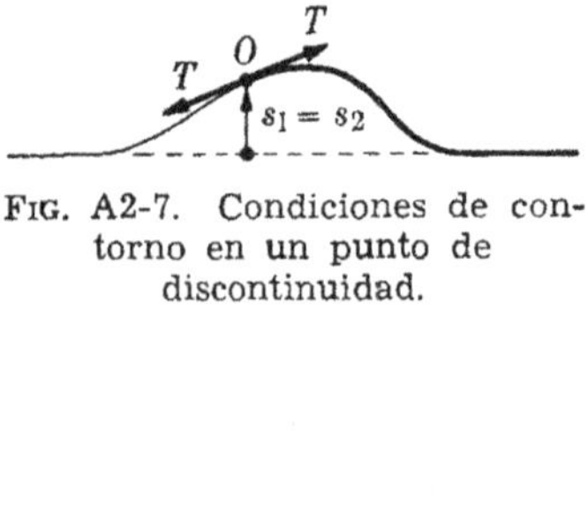

FIG. A2-7. Condiciones de contorno en un punto de discontinuidad.

$$\frac{\partial^2 s}{\partial t^2}=\frac{T}{\mu_1}\frac{\partial^2 s}{\partial x^2} \tag{A2-52}$$

mientras que en el segundo resorte (es decir, para $x > 0$) el desplazamiento, satisface la ecuación

$$\frac{\partial^2 s}{\partial t^2}=\frac{T}{\mu_2}\frac{\partial^2 s}{\partial x^2} \tag{A2-53}$$

Sea s_1 (x, t) la solución de la ecuación (A2-52) (válida para $x < 0$) y s_2 (x, t) solución de (A2-53) (válida para $x > 0$). Las dos funciones s_1 y s_2 representan una situación físicamente posible sólo si satisfacen ciertas *condiciones de contorno*. Primero, en el punto donde se unen los dos resortes, el desplazamiento de los dos resortes debe ser el mismo. Matemáticamente, esto significa que para $x=0$, $s_1\ (x, t)$ y $s_2\ (x, t)$ deben ser iguales para todo tiempo

$$s_1\ (0, t) = s_2\ (0, t) \tag{A2-54}$$

Segundo, en los puntos de unión, la fuerza ejercida por el primer resorte sobre el segundo debe ser igual y de dirección opuesta a la fuerza ejercida por el segundo resorte sobre el primero. Cada fuerza es igual en magnitud a la tensión T, la que es la misma en los dos resortes, y está dirigida a lo largo de la tangente al resorte. Sacamos como conclusión, que no puede haber una discontinuidad en la dirección de la tangente, en $x=0$. Matemáticamente esto significa que

$$\left(\frac{\partial s_1}{\partial x}\right)_{x=0} = \left(\frac{\partial s_2}{\partial x}\right)_{x=0} \tag{A2-55}$$

Las ecuaciones (A2-54) y (A2-55) representan las condiciones de contorno que deben ser satisfechas por las funciones s_1 y s_2.

Para aplicar los resultados anteriores a nuestro problema, comenzamos por considerar el hecho que en el segundo resorte haya solamente una onda viajando desde O en la dirección positiva. Así, si v_2 es la velocidad de propagación en el segundo medio

$$v_2 = \sqrt{\frac{T}{\mu_2}}$$

$s_2\ (x, t)$ debe tener la siguiente forma

$$s_2\ (x, t) = f_2\left(t - \frac{x}{v_2}\right) \tag{A2-56}$$

La perturbación en el primer resorte debe satisfacer la ecuación (A2-52) cuya solución general es:

$$s_1\ (x, t) = f_1\left(t - \frac{x}{v_1}\right) + g_1\left(t + \frac{x}{v_1}\right) \tag{A2-57}$$

donde

$$v_1 = \sqrt{\frac{T}{\mu_1}}$$

es la velocidad de propagación en el primer medio. Las condiciones de contorno (A2-54) y (A2-55) dan las siguientes relaciones entre las funciones f_1, g_1 y f_2

$$f_1\ (t) + g_1\ (t) = f_2\ (t) \tag{A2-58}$$

$$\frac{1}{v_1}\,[\dot{f}_1\ (t) - \dot{g}_1\ (t)] = \frac{1}{v_2}\,\dot{f}_2\ (t) \tag{A2-59}$$

donde $\dot{f}_1$, $\dot{g}_1$ y $\dot{f}_2$ indican las derivadas de las funciones f_1, g_1 y f_2, con respecto a sus argumentos.

Integrando (A2-59) obtenemos

$$v_2 [f_1 (t) - g_1 (t)] = v_1 f_2 (t) \tag{A2-60}$$

donde la constante de integración se ha tomado igual a cero, porque para valores suficientemente pequeños o suficientemente grandes de t se sabe que las funciones f_1, g_1 y f_2 son cero.

La función f_1 representa la onda incidente y debe considerarse por lo tanto como dato del problema. La función g_1 representa la onda reflejada, y f_2 la onda transmitida. Si $v_1 \neq v_2$, las ecuaciones (A2-58) y (A2-60) muestran que ambas g_1 y f_1 son distintas de cero. En otras palabras, las condiciones de contorno en $x = 0$ *requieren la existencia de una onda reflejada además de una onda transmitida*. Las soluciones de (A2-58) y (A2-60) con respecto a g_1 y f_2 dan:

$$g_1 (t) = \frac{v_2 - v_1}{v_2 + v_1} f_1 (t)$$

$$f_2 (t) = \frac{2 v_2}{v_2 + v_1} f_1 (t)$$

Como g_1 es una función de $t + x/v_1$ y f_2 una función de $t - x/v_2$, las ecuaciones de arriba dan

$$g_1 \left(t + \frac{x}{v_1} \right) = \frac{v_2 - v_1}{v_2 + v_1} f_1 \left(t - \frac{x}{v_1} \right) \tag{A2-61}$$

$$f_2 \left(t - \frac{x}{v_2} \right) = \frac{2 v_2}{v_2 + v_1} f_1 \left(t - \frac{x}{v_2} \right) \tag{A2-62}$$

De estas ecuaciones vemos que las ondas reflejadas, y transmitidas tiene la misma forma que la onda incidente. Las funciones f_1 y f_2 tienen siempre el mismo signo. Las funciones g_1 y f_1 tienen signos iguales u opuestos dependiendo de que v_2 sea mayor o menor que v_1. Así la reflexión ocurre con o sin el cambio de signo dependiendo de que la velocidad en el segundo medio sea menor o mayor que en el primero.

La ecuación (A2-61) da

en el límite para $\mu_2 = \infty$ (o sea, para $v_2 = 0$):

$$g_1 \left(t + \frac{x}{v_1} \right) = - f_1 \left(t - \frac{x}{v_1} \right) \tag{A2-63}$$

en el límite para $\mu_2 = 0$ (o sea, para $v_2 = \infty$):

$$g_1 \left(t + \frac{x}{v_1} \right) = f_1 \left(t - \frac{x}{v_1} \right) \tag{A2-64}$$

La suposición que el segundo resorte es infinitamente pesado significa físicamente que el extremo O del primer resorte está rígidamente unido a un soporte inmóvil. La ecuación (A2-63) indica que en este caso las ondas incidentes y reflejadas tienen igual amplitud y distinto signo. La suposición de que el segundo resorte no tiene masa corresponde a la situación física que el extremo O del primer resorte puede moverse libremente en la dirección perpendicular al resorte. La ecuación (A2-64) indica que en este caso las ondas incidentes y reflejadas tienen amplitudes iguales y el mismo signo.

Podemos verificar fácilmente que nuestros resultados son consistentes con el principio de conservación de la energía. La energía llevada por la onda incidente al punto O en el intervalo de tiempo t a $t + dt$ es

$$\Phi_1\, dt = \frac{T}{v_1} \dot{f}_1^{\,2}(t)\, dt$$

[véase ec. (A2-34)]. Durante el mismo intervalo de tiempo las cantidades de energía llevadas desde O por las ondas transmitidas y reflejadas son

$$\Phi'_1\, dt = \frac{T}{v_1} \dot{g}_1^{\,2}(t)\, dt$$

y

$$\Phi_2\, dt = \frac{T}{v_1} \dot{f}_2^{\,2}(t)\, dt$$

respectivamente. De las ecuaciones de arriba y de (A2-61) y (A2-62), obtenemos

$$\Phi'_1 + \Phi_2 = T\left[\frac{1}{v_1}\left(\frac{v_2 - v_1}{v_2 + v_1}\right)^2 + \frac{1}{v_2}\left(\frac{2v_2}{v_2 + v_1}\right)^2\right] \dot{f}_1^{\,2}(t)$$

$$= \frac{T}{v_1}\frac{(v_2 - v_1)^2 + 4v_1 v_2}{(v_2 + v_1)^2} \dot{f}_1^{\,2}(t) = \frac{T}{v_1} \dot{f}_1^{\,2} = \Phi_1$$

(g) Ondas esféricas en un fluido. Nos proponemos primero encontrar las ecuaciones diferenciales satisfechas por el cambio de presión p y los desplazamientos s en una onda sonora esférica [véase sec. 1-4 (b)]. Para este propósito consideremos la capa de líquido que, en condiciones de no perturbación, queda ante las esferas de radio r y $r + \Delta r$, donde Δr es una cantidad infinitesimal (Fig. A2-8). Sean $s(r, t)$ y $s(r + \Delta r, t)$ los desplazamientos en el instante t de los puntos del fluido que están originalmente a distancias r y $r + \Delta r$ de O. En el instante t, el radio de la esfera interior se ha hecho $r + s(r, t)$ y el radio de la esfera exterior $r + \Delta r + s(r + \Delta r, t)$. Suponemos, como antes, que el desplazamiento s es una cantidad pequeña y consideramos sólo valores de r muy grandes comparados con s. Los cambios de volumen de las dos esferas son entonces

$4\pi r^2 (r, t)$	para la esfera interior
$4\pi (r + \Delta r)^2 s(r + \Delta r, t)$	para la esfera exterior

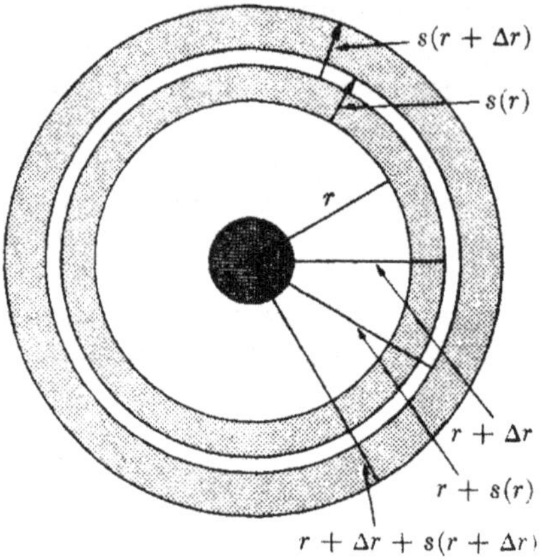

FIG. A2-8. Onda esférica.

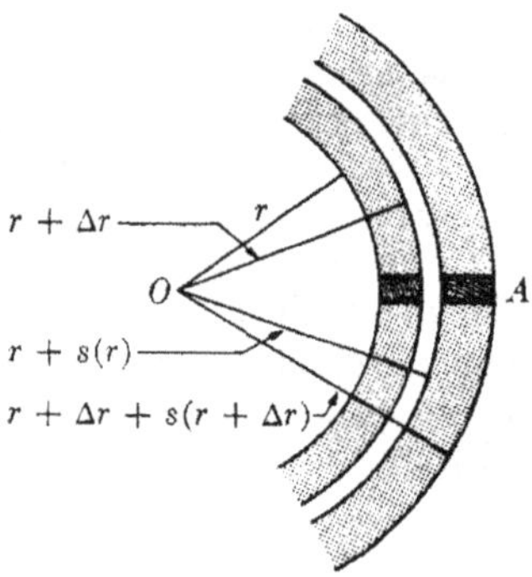

FIG. A2-9.

El volumen ocupado por el fluido en consideración ha cambiado por lo tanto en la cantidad:

$$\Delta V = 4\pi\,[(r+\Delta r)^2\, s\,(r+\Delta r, t) - r^2\, s\,(r, t)] = 4\pi \frac{\partial (r^2 s)}{\partial r} \Delta r$$

Como el volumen original era $4\pi r^2 \Delta r$, el cambio relativo de volumen es

$$\frac{\Delta V}{V_0} = \frac{4\pi\,[\partial(r^2 s)/\partial r]\,\Delta r}{4\pi\,(r^2 \Delta r)} = \frac{1}{r^2}\frac{\partial(r^2 s)}{\partial r}$$

Si K es la compresibilidad del fluido, el correspondiente cambio de presión p está dado por

$$K p = -\frac{1}{r^2}\frac{\partial(r^2 s)}{\partial r}$$

o

$$K p = -\frac{\partial s}{\partial r} - \frac{2s}{r} \tag{A2-65}$$

Consideremos un elemento de volumen del fluido, de forma cilíndrica, de sección transversal A con su eje en la dirección radial. En la condición no perturbada, el elemento se extiende desde r a $r + \Delta r$ (Fig. A2-9). El volumen es entonces, $A\,\Delta r$ y la masa correspondiente es $\rho_0 A\,\Delta r$, donde ρ_0 es la densidad del fluido no perturbado.

La fuerza que actúa sobre el elemento de volumen es la resultante de la presión aplicada a los distintos puntos de su superficie. En el instante t, el volumen se extiende desde $r + s\,(r)$, a $r + \Delta r + s\,(r + \Delta r)$. Como en el caso unidimensional, no haremos un error apreciable si despreciamos el desplazamiento del elemento de volumen en el cálculo de la fuerza. La fuerza debida a la presión aplicada a la superficie lateral del cilindro es cero por razones de simetría. La fuerza aplicada a la superficie extrema en r es igual a la presión en r por la sección transversal A del cilindro y actúa en la dirección positiva r. La fuerza aplicada a la superficie extrema en $r + \Delta r$ es igual a A veces la presión en $r + \Delta r$ y actúa en la dirección negativa de r. Por eso, la fuerza neta aplicada al elemento bajo consideración es

$$\Delta F = -\frac{\partial p}{\partial r} A \, \Delta r$$

Si ahora establecemos esta fuerza igual al producto de la masa $\rho_0 A \, \Delta r$ y la aceleración, $\partial^2 s/\partial t^2$, obtenemos

$$\frac{\partial p}{\partial r} = -\rho_0 \frac{\partial^2 s}{\partial t^2} \tag{A2-66}$$

Para eliminar s entre las ecuaciones (A2-65) y (A2-66), diferenciamos (A2-65) dos veces con respecto a t:

$$K \frac{\partial^2 p}{\partial t^2} = -\frac{\partial^3 s}{\partial r \, \partial t^2} - \frac{2}{r} \frac{\partial^2 s}{\partial t^2} \tag{A2-67}$$

y diferenciamos (A2-66) una vez respecto a r

$$\frac{\partial^2 p}{\partial r^2} = -\rho_0 \frac{\partial^3 s}{\partial t^2 \, \partial r} \tag{A2-68}$$

La eliminación de s entre (A2-66), (A2-67) y (A2-68) de

$$K \frac{\partial^2 p}{\partial t^2} = \frac{1}{\rho_0} \frac{\partial^2 p}{\partial r^2} + \frac{2}{\rho_0 r} \frac{\partial p}{\partial r}$$

o

$$r \frac{\partial^2 p}{\partial t^2} = \frac{1}{K \rho_0} \left(r \frac{\partial^2 p}{\partial r^2} + 2 \frac{\partial p}{\partial r} \right)$$

Esta ecuación puede reescribirse como sigue

$$\frac{\partial^2 (rp)}{\partial t^2} = \frac{1}{K \rho_0} \frac{\partial^2 (rp)}{\partial r^2} \tag{A2-69}$$

Vemos entonces que la cantidad rp (considerada función de r y t) satisface la ecuación diferencial exactamente en la misma forma que la ecuación satisfecha por $p\,(x, t)$ en el caso de una onda unidimensional (ec. A2-21). Como esta ecuación se cumple para cualquier función arbitraria de $t - x/v$, se deduce que (A2-69) tiene una solución de la forma

$$r p = F\left(t - \frac{r}{v} \right)$$

o

$$p = \frac{F\,(t - r/v)}{r} \tag{A2-70}$$

donde

$$v = \sqrt{\frac{1}{K\rho_0}} \tag{A2-71}$$

y F es una función arbitraria del argumento $t - r/v$. Examinando la ecuación (A2-70) se ve que las curvas que representan p como función de t para dos valores distintos r_1 y r_2 de r difieren en un factor de escala igual a r_1/r_2 y están corridas una con respecto a la otra en una cantidad $\Delta t = (r_2 - r_1)/v$ a lo largo del eje temporal. De aquí se puede decir que (A2-70) representa una onda de presión que diverge de O con velocidad v, cuya amplitud varía en proporción inversa a la distancia desde O.

Notamos que el desplazamiento s en una onda sonora esférica tiene una expresión de la forma

$$s = \frac{f\,(t - r/v)}{r^2} + \frac{\dot{f}\,(t - r/v)}{v\,r} \tag{A2-72}$$

El lector puede verificar fácilmente que las ecuaciones (A2-70) y (A2-72) satisfacen ambas (A2-65) y (A2-66) si v está dada por (A2-71) y si las funciones F y f están relacionadas entre sí por la ecuación

$$\ddot{f} = K\,v^2\,F = \frac{F}{\rho_0} \tag{A2-73}$$

Diferenciando la ecuación (A2-72) con respecto a t da

$$u = \frac{\partial s}{\partial t} = \frac{\dot{f}\,(t - r/v)}{r^2} + \frac{\ddot{f}\,(t - r/v)}{v\,r} \tag{A2-74}$$

Las ecuaciones (A2-72) y (A2-74) muestran que en una onda sonora esférica el desplazamiento s y la velocidad u no están representadas por funciones del mismo tipo que la función que representa el cambio de presión p. A diferencia de las expresiones para p, las expresiones para s y u contienen dos términos de los cuales uno varía como $1/r$ y el otro como $1/r^2$. Para valores suficientemente grandes de r, el término proporcional a $1/r^2$ se hace despreciable frente al término proporcional a $1/r$. En este límite, las amplitudes del desplazamiento y la velocidad de las ondas son inversamente proporcionales a la distancia desde el origen y las ecuaciones (A2-70), (A2-71), (A2-73) y (A2-74) dan la siguiente relación entre p y u

$$p = \rho_0\,v\,u\,\frac{u}{K\,v} \tag{A2-75}$$

Esta ecuación es idéntica a (A2-28) la cual da la relación entre p y u para una onda sonora unidimensional.

(h) La ecuación diferencial general de ondas sonoras en un fluido. Para encontrar la *ecuación diferencial general* satisfecha por la presión en una onda sonora, consideremos un volumen infinitesimal del fluido, que en las condiciones de no perturbación ocupa un paralelepípedo de lados Δx, Δy, Δz paralelos a los ejes coordenados (véase fig. A2-10). En el instante t sean s_x (x, y, z, t), s_y (x, y, z, t) y s_z (x, y, z, t) las componentes cartesianas del desplazamiento de este punto del fluido que en las condiciones de no perturbación era el punto de coordenadas x, y, z. Un argumento similar al desarrollado en la sección A2 (b) muestra que en este instante la dimensión del elemento de volumen paralelo al eje x ha cambiado de Δx a $\Delta x + (\partial s/\partial x)\,\Delta x = (1 + \partial s/\partial x)\,\Delta x$. Similarmente, las dimensiones paralelas a los ejes y y z han cambiado de Δy a $(1 + \partial s_y/\partial y)\,\Delta y$ y de Δz a $(1 + \partial s_z/\partial z)\,\Delta z$ respectivamente. El cambio fraccionario del elemento de volumen es, por lo tanto,

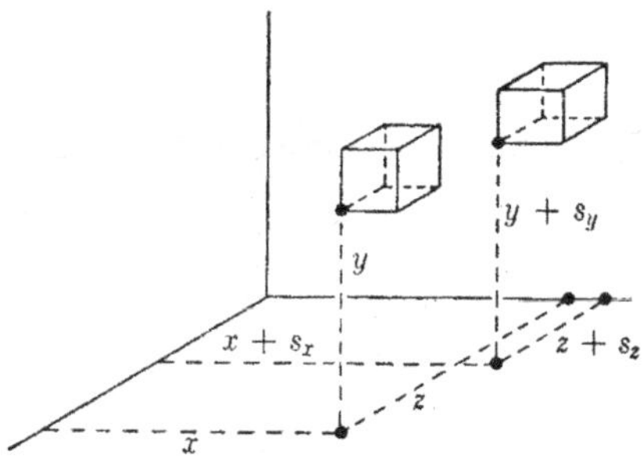

FIG. A2-10. Ecuación de las ondas en tres dimensiones.

$$\frac{\Delta V}{V_0} = \frac{(1 + \partial s_x/\partial x)\,\Delta x \times (1 + \partial s_y/\partial y)\,\Delta y \times (1 + \partial s_z/\partial z)\,\Delta z - \Delta x\,\Delta y\,\Delta z}{\Delta x\,\Delta y\,\Delta z}$$

o despreciando productos de cantidades infinitesimales,

$$\frac{\Delta V}{V_0} = \frac{\partial s_x}{\partial x} + \frac{\partial s_y}{\partial y} + \frac{\partial s_z}{\partial z}$$

De esta ecuación y de la definición de la compresibilidad K, obtenemos

$$K p = -\left(\frac{\partial s_x}{\partial x} + \frac{\partial s_y}{\partial y} + \frac{\partial s_z}{\partial z} \right) \tag{A2-76}$$

o diferenciando dos veces con respecto a t

$$K \frac{\partial^2 p}{\partial t^2} = -\left(\frac{\partial^3 s_x}{\partial x\,\partial t^2} + \frac{\partial^3 s_y}{\partial y\,\partial t^2} + \frac{\partial^3 s_z}{\partial z\,\partial t^2} \right) \tag{A2-77}$$

Notamos, ahora que la componente x de la fuerza que actúa sobre el elemento de volumen en consideración es la resultante de la presión aplicada en las dos caras perpendiculares al eje x y tiene el valor

$$\Delta F_x = -\,\Delta y\,\Delta z \frac{\partial p}{\partial x}\,\Delta x$$

La componente x de la aceleración está dada, por lo tanto, por la ecuación

$$\rho_0 \,\Delta x\,\Delta y\,\Delta z\,\frac{\partial^2 s_x}{\partial t^2} = -\frac{\partial p}{\partial x}\,\Delta x\,\Delta y\,\Delta z$$

o

$$\frac{\partial^2 s_x}{\partial t^2} = -\frac{1}{\rho_0}\frac{\partial p}{\partial x} \tag{A2-78}$$

[Comparar con la ecuación (A2-19)]. Similarmente obtenemos

$$\frac{\partial^2 s_y}{\partial t^2} = -\frac{1}{\rho_0}\frac{\partial p}{\partial y} \tag{A2-79}$$

$$\frac{\partial^2 s_z}{\partial t^2} = -\frac{1}{\rho_0}\frac{\partial p}{\partial z} \tag{A2-80}$$

Diferenciando las ecuaciones de arriba con respecto a x, y y z respectivamente y sustituyendo en (A2-77), da

$$\frac{\partial^2 p}{\partial t^2} = \frac{1}{K\rho_0}\left(\frac{\partial^2 p}{\partial x^2} + \frac{\partial^2 p}{\partial y^2} + \frac{\partial^2 p}{\partial z^2}\right) \tag{A2-81}$$

Por definición, en una onda plana p es una función de x y t solamente, y (A2-81) se reduce a

$$\frac{\partial^2 p}{\partial t^2} = \frac{1}{K\rho_0}\frac{\partial^2 p}{\partial x^2} \tag{A2-82}$$

Esta ecuación es idéntica a la ecuación diferencial satisfecha por la onda de presión en un tubo (ec. A2-21).

APÉNDICE 3

EL CAMPO ELECTROMAGNÉTICO DE UNA CARGA PUNTUAL MÓVIL MOVIÉNDOSE EN LÍNEA RECTA CON VELOCIDAD CONSTANTE

Tomamos la trayectoria de una carga puntual q como el eje z, y sea O la posición instantánea de la carga, w su velocidad. Por razones de simetría, las líneas de fuerza magnéticas son círculos, con sus centros en el eje z. Aplicamos la ecuación (8-16) a uno de estos círculos y a la proporción S de superficie plana acotada por él (véase fig. A3-1) suponiendo que la carga q no está en este plano en el instante en consideración. Obtenemos

$$\oint H_s\, ds = 2\pi R H_\varphi = \epsilon_0 \int \frac{\partial E_z}{\partial t}\, dS \tag{A3-1}$$

donde R es el radio del círculo, E_z la componente de $\mathbf{E}$ paralela al eje z y H_φ es la magnitud del campo magnético.

Para calcular la integral de la derecha de (A3-1) consideremos que como la carga se mueve con velocidad constante w, E_z debe ser una función de $t - z/w$:

$$E_z = f\left(t - \frac{z}{w}\right)$$

Se deduce que

$$\left(\frac{\partial E_z}{\partial t}\right)_z = -w\left(\frac{\partial E_z}{\partial z}\right)_t \tag{A3-2}$$

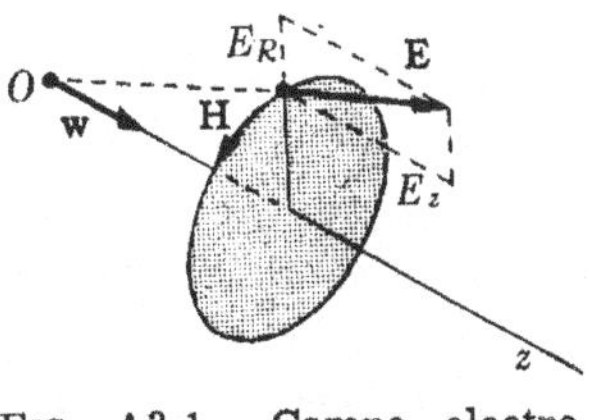

FIG. A3-1. Campo electromagnético de una carga en movimiento.

donde $(\partial E_z/\partial t)_z$ indica la derivada de E_z con respecto a t para z constante y $(\partial E_z/\partial z)_t$ la derivada de E_z con respecto a z para t constante. Así, la ecuación (A3-1) queda

$$2\pi R H_\varphi = -\epsilon_0 w \int \frac{\partial E_z}{\partial z}\, dS \tag{A3-3}$$

Ahora tomamos un volumen con forma de pastilla cilíndrica cuyas bases son círculos de radio R localizados en planos perpendiculares al eje z en z y $z + dz$

respectivamente (véase fig. A3-2). La aplicación del teorema de Gauss a ese volumen de la ecuación

$$(\int E_z\, dS)_{z+dz} - (\int E_z\, dS)_z + 2\,\pi\, R\, dz\, E_R = 0 \qquad \text{(A3-4)}$$

donde los dos primeros términos representan el flujo que atraviesa las bases del cilindro y el tercer término representa el flujo a través de la superficie lateral. En este término E_R indica la componente de **E** perpendicular al eje z.

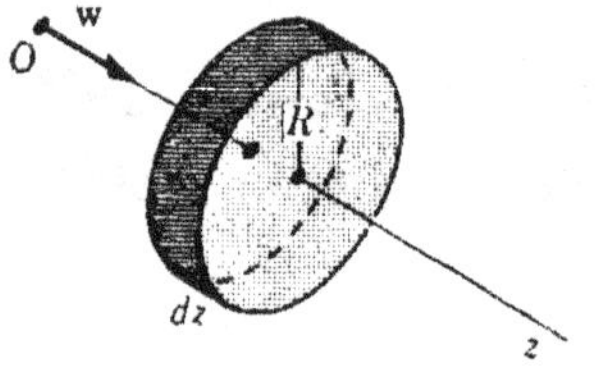

FIG. A3-2.

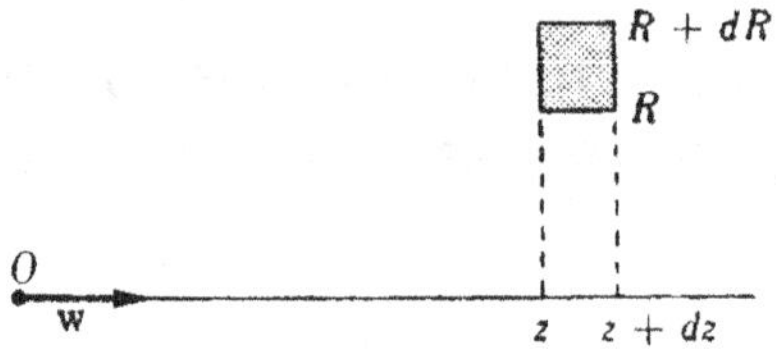

FIG. A3-3.

La ecuación (A3-4) puede escribirse como sigue:

$$\int \frac{\partial E_z}{\partial z}\, dS = -2\,\pi\, R\, E_R \qquad \text{(A3-5)}$$

la cual junto con (A3-3) da,

$$H_\varphi = \epsilon_0\, w\, E_R, \qquad B_\varphi = \frac{w}{c^2}\, E_R \qquad \text{(A3-6)}$$

Consideremos ahora un rectángulo infinitesimal de lados dz y dR en un plano que contenga al eje z (Fig. A3-3). Aplicamos la ley de inducción de Faraday:

$$\oint E_s\, ds = -\int \frac{\partial B_n}{\partial t}\, dS$$

al perímetro de este rectángulo. Considerando que el campo eléctrico yace en el plano del rectángulo y el campo magnético es perpendicular a él, obtenemos,

$$E_z\,(R)\, dz + E_R\,(z + dz)\, dR - E_z\,(R + dR)\, dz - E_R\,(z)\, dR = -\frac{\partial B_\varphi}{\partial t}\, dR\, dz$$

o

$$\frac{\partial E_R}{\partial z} - \frac{\partial E_z}{\partial R} = -\frac{\partial B_\varphi}{\partial t}$$

El campo magnético como el campo eléctrico, es una función de $t - z/w$, y por lo tanto,

$$\frac{\partial B_\varphi}{\partial t} = -w\, \frac{\partial B_\varphi}{\partial z}$$

Considerando las ecuaciones (A3-6) obtenemos,

$$\frac{\partial E_R}{\partial z} - \frac{\partial E_z}{\partial R} = \frac{w^2}{c^2}\frac{\partial E_R}{\partial z} \qquad \text{(A3-7)}$$

Por otro lado, las componentes del campo eléctrico $\mathbf{E}_0$ producido por la carga q en reposo ($w = 0$) obedece a la ecuación

$$\frac{\partial E_R}{\partial z} - \frac{\partial E_z}{\partial R} = 0 \qquad \text{(A3-8)}$$

Las ecuaciones (A3-7) y (A3-8) son idénticas si w^2/c^2 es despreciable comparado con la unidad. Estas ecuaciones, junto con la ley de Gauss (que establece que el flujo de $\mathbf{E}$ a través de una superficie cerrada es q/ϵ_0 o cero dependiendo de que la superficie encierre o no la carga q) determinan el campo eléctrico completamente. Así deducimos que el campo eléctrico de la carga móvil difiere del campo eléctrico de la carga estática en cantidades del orden de w^2/c^2.

APÉNDICE 4

DATOS NUMÉRICOS

TABLA A4-1

LONGITUDES DE ONDA (en angstroms) DE ALGUNAS LÍNEAS ESPECTRALES

Varias de las líneas de la lista aparecen como líneas de absorción en el espectro solar (líneas de Fraunhofer); se las designa, como de costumbre, con letras mayúsculas desde C hasta K.

Hidrógeno	*Helio*	*Sodio*	*Calcio (ionizado)*
6562,82 (C)	6678,15	5895,92 } (D)	3968,47 (H)
4861,33 (F)	5875,62	5889,95 } (D)	3933,67 (K)
4340,46	5047,74		
4101,74	5015,67		
	4921,93		
	4713,14		
	4471,48		
	4437,55		
	4387,93		

Cadmio	*Hierro*	*Mercurio*
6438,47	5269,54 (E)	5790,65
5085,82	4307,91 (G)	5769,59
4799,92		5460,74
4678,16		4916,04
		4358,35
		4077,81
		4046,56

TABLA A4-2

ÍNDICES DE REFRACCIÓN DE VARIAS SUSTANCIAS PARA LUZ DE SODIO ($\lambda = 5893$ Å)

Sustancia		Índice de refracción, n
Cuarzo (fundido)		1,458 (a 20 °C)
Vidrio	zinc crown	1,517 »
	crown de alta dispersión	1,520 »
	flint liviano	1,575 »
	flint pesado	1,650 »
	el flint más pesado	1,890 »
Agua		1,333 »
Alcohol etílico		1,361 »
Disulfuro de carbono		1,625 »
Solución de sacarosa en agua	10 % azúcar	1,348 »
	20 % azúcar	1,364 »
	40 % azúcar	1,400 »
	60 % azúcar	1,442 »
	85 % azúcar (saturado)	1,503 »
Aire		1,0002926 (a 0 °C y 760 mm Hg)
Dióxido de carbono		1,000448 - 1,000454 (a 0 °C y 760 mm Hg)

TABLA A4-3

DEPENDENCIA DEL ÍNDICE DE REFRACCIÓN CON LA LONGITUD DE ONDA, PARA VARIAS CLASES DE VIDRIO A 20 °C

Longitud de onda (angstroms)	*Índice de refracción*		
	Crown de alta dispersión	*Flint ligero*	*Flint pesado*
3610	1,546	1,614	1,705
4340	1,533	1,594	1,675
5890	1,520	1,575	1,650
6560	1,517	1,571	1,644
7680	1,514	1,567	1,638

TABLA A4-4

ÍNDICES PRINCIPALES DE REFRACCIÓN DE VARIOS CRISTALES PARA LUZ DE SODIO ($\lambda = 5893$ Å)

(Para cristales uniáxicos, n_1 es el índice de refracción extraordinario, y n_2 el ordinario.)

	n_1	n_2	n_3
Cristales uniáxicos			
Apatita	1,64172	1,64607	
Calcita	1,4864	1,6583	
Cuarzo	1,5533	1,5442	
Zirconio	1,9682	1,9239	
Cristales biáxicos			
Aragonita	1,5301	1,6816	1,6859
Yeso	1,5206	1,5227	1,5297
Mica	1,5692	1,6049	1,6117
Topacio	1,6155	1,6181	1,6250

TABLA A4-5

LA ROTACIÓN ESPECÍFICA DEL CUARZO (el ángulo de rotación en 1 mm de espesor) Y LA ROTACIÓN ESPECÍFICA DE UNA SOLUCIÓN DE SACAROSA EN AGUA (el ángulo de rotación producido por una columna de 10 dm de solución que contiene 1 g de sacarosa por centímetro cúbico) PARA DISTINTAS LONGITUDES DE ONDA

Longitud de onda (angstroms)	*Rotación específica*	
	Cuarzo, grados/mm	*Solución de sacarosa, grados/dm*
4358	41,55	128,49
4861	32,76	—
5086	29,78	91,16
5461	25,53	78,16
5893	21,72	66,45
6438	18,02	55,04
6708	16,53	50,51
7281	13,92	—

SOLUCION A LOS PROBLEMAS IMPARES

CAPÍTULO 1

1-1. (a) $\left(\frac{R_2}{D_2}\right) < \left(\frac{R_1}{D_1}\right)$; (b) 93 mi, 4300 mi.

1-5. (b) 0,145°.

1-7. Pirámide cuadrada cuyo vértice se halla ubicado 4,35 pies debajo del centro de la balsa.

1-9. (a) $n' = \frac{n\,x}{\sqrt{x^2 + y^2}}$; (b) $n' = \sqrt{n^2 - 1}$.

1-11. 18° 32′, 32° 4′, 42° 55′, 48° 30′.

1-13. (a) Disco circular cuyo diámetro subtiende un ángulo de 0,4°; (b) disco aplastado, diámetro mayor 0,4°, diámetro menor 0,36°; (c) disco aplastado, diámetro mayor 0,4°, diámetro menor 0,1°; (d) disco aplastado, diámetro mayor 0,4°, diámetro menor 0,0028°.

1-15. $\mu\, u^2\, v = 0{,}4\, \pi^2 \operatorname{sen}^2 \left[200\, \pi \left(t - \frac{1}{10}\right)\right]$ vatios.

1-17. $p(r_2, t) = p_0 + p_1 \frac{r_1}{r_2} \operatorname{sen} \left[\omega \left(t - \frac{r_2 - r_1}{v}\right)\right]$.

1-19. (a) $E_P = \frac{2\,\pi\, R\, \Delta R}{x_0\, v\, t_1} \operatorname{sen} \left[\frac{2\,\pi}{t_1}\left(t - \frac{x_0}{v} - \frac{1}{2}\frac{R^2}{x_0\, v}\right)\right]$;

(b) $E_P = \frac{\pi}{4} 10^{-6} \operatorname{sen} \left[\frac{2\,\pi}{t_1}(t - 10^4\, t_1)\right]$

[para $10^4\, t_1 < t < (10^4 + \frac{1}{2})\, t_1$];

$E_P = 0$

[para $(10^4 + \frac{1}{2})\, t_1 < t < (10^4 + 1)\, t_1$];

$E_P = \frac{\pi}{4} 10^{-6} \left\{\operatorname{sen} \frac{2\,\pi}{t_1}\left[t - (10^4 + \frac{1}{2})\, t_1\right]\right\}$

[para $(10^4 + 1)\, t_1 < t < (10^4 + \frac{3}{2})\, t_1$].

1-21. $E_P = 0 \qquad \left(\text{para } t < \frac{x_0}{v} + \frac{R^2}{2\,x_0\,v} \right);$

$$E_P = 1 - \cos \frac{2\pi}{t_1}\left(t - \frac{x_0}{v} - \frac{R^2}{2\,x_0\,v} \right)$$

$$\left(\text{para } \frac{x_0}{v} + \frac{R^2}{2\,x_0\,v} < t < \frac{x_0}{v} + \frac{R^2}{2\,x_0\,v} + t_1 \right);$$

$$E_P = 0 \qquad \left(\text{para } t > \frac{x_0}{v} + \frac{R^2}{2\,x_0\,v} + t_1 \right).$$

1-23. (a) $E_P(t) = E\left(t - \frac{x_0}{v} - t_1 \right) \qquad \left(\text{para } \frac{x_0}{v} + t_1 < t < \frac{x_0}{v} + 2\,t_1 \right)$

$$E_P(t) = -E\left(t - \frac{x_0}{v} - 2\,t_1 \right)$$

$$\left(\text{para } \frac{x_0}{v} + 2\,t_1 < t < \frac{x_0}{v} + 3\,t_1 \right)$$

(b) $E_P(t) = \frac{1}{2}E\left(t - \frac{x_0}{v} - t_1 \right) \qquad \left(\text{para } \frac{x_0}{v} + t_1 < t < \frac{x_0}{v} + 2\,t_1 \right)$

$$E_P(t) = \frac{1}{2}E\left(t - \frac{x_0}{v} - 2\,t_1 \right)$$

$$\left(\text{para } \frac{x_0}{v} + 2\,t_1 < t < \frac{x_0}{v} + 3\,t_1 \right)$$

(c) $E_P(t) = E\left(t - \frac{x_0}{v} \right) \qquad \left(\text{para } \frac{x_0}{v} < t < \frac{x_0}{v} + t_1 \right)$

$$E_P(t) = -\frac{1}{2}E\left(t - \frac{x_0}{v} - t_1 \right)$$

$$\left(\text{para } \frac{x_0}{v} + t_1 < t < \frac{x_0}{v} + 2\,t_1 \right)$$

$$E_P(t) = -\frac{1}{2}E\left(t - \frac{x_0}{v} - 2\,t_1 \right)$$

$$\left(\text{para } \frac{x_0}{v} + 2\,t_1 < t < \frac{x_0}{v} + 3\,t_1 \right)$$

(d) $E_P(t) = \frac{2A}{t_1}\left(t - \frac{x_0}{v} \right) \qquad \left(\text{para } \frac{x_0}{v} < t < \frac{x_0}{v} + \frac{t_1}{2} \right)$

$$E_P(t) = \frac{A}{t_1}\left[\frac{5}{2}t_1 - 3\left(t - \frac{x_0}{v}\right)\right]$$

$$\left(\text{para}\, \frac{x_0}{v} + \frac{t_1}{2} < t < \frac{x_0}{v} + t_1\right)$$

$$E_P(t) = -\frac{A}{2} \qquad \left(\text{para}\, \frac{x_0}{v} + t_1 < t < \frac{x_0}{v} + \frac{3\,t_1}{2}\right)$$

$$E_P(t) = -\frac{A}{t_1}\left[2\,t_1 - \left(t - \frac{x_0}{v}\right)\right]$$

$$\left(\text{para}\, \frac{x_0}{v} + \frac{3\,t_1}{2} < t < \frac{x_0}{v} + 2\,t_1\right)$$

CAPÍTULO 2

2-1. (a) $\Delta\theta = 0{,}00029\,\frac{p}{p_0}\frac{T_0}{T}\,\text{tg}\,\theta$; (b) 1′.

2-3. $n^2 = \frac{n_0^2 B^2}{A^2 + B^2}\left[1 + \frac{A^2}{B^2}\cos^2\left(\frac{y}{B}\right)\right]$.

2-7. 1,8 pulg.

2-11. (a) 1 m detrás de M_2; (b) $\frac{1}{2}$ m delante de M_2; (c) 0,3 m delante de M_1.

2-13. 5,32 pies.

2-17. 0,6 cm desde el centro, aumento 1,2; 1 cm del centro, 2 aumentos.

2-19. 30 cm a la derecha, 20 cm a la izquierda de la primera superficie; 60 cm a la izquierda, 40 cm a la derecha de la segunda superficie.

2-21. (a) 200 cm, conv.; (b) 133 cm, conv.; (c) —500 cm, div.; (d) 400 cm, conv.; (e) —300 cm, div.

2-23. $s' = -0{,}375$ m, 1,5 mm, virt.,
$s' = -0{,}6$ m, 1,2 mm, virt.,
$s' = -1$ m, 0,66 mm, virt.

2-25. 46° 16′

2-27. 0,02°; —0,05°.

2-31. (c) $\Delta l/\epsilon = 0$.

2-33. $l = r - \sqrt{R^2 + (x')^2 - 2\,R\,x'\cos\varphi} + n\sqrt{R^2 + x^2 - 2\,R\,x\cos\varphi}$.

CAPÍTULO 3

3-1. $A = \sqrt{A_1^2 + A_2^2 + 2\,A_1\,A_2\,\cos(\alpha_1 - \alpha_2)}$;

$$\operatorname{tg}\alpha = \frac{A_1\,\operatorname{sen}\alpha_1 + A_2\,\operatorname{sen}\alpha_2}{A_1\,\cos\alpha_1 + A_2\,\cos\alpha_2}.$$

3-3. $(A_2 + 2\,A_1\,\cos\alpha_1)\cos\omega t$.

3-5. $A = 2\,A_1\left[\cos\left(\frac{\alpha_1}{2}\right) + \cos\left(\frac{3\,\alpha_1}{2}\right)\right]$; $\alpha = \frac{3}{2}\,\alpha_1$.

3-7. $\Delta x = 1{,}625$ mm; $\Delta x = 1{,}125$ mm.

3-9. $\alpha = 10^{-3}$ rad.

3-11. 0,3 mm.

3-13. (a) $\lambda = 5320$ Å; (b) $\lambda = 6650$ Å, $\lambda = 4433$ Å.

3-15. $I_r = 4\,I\,\rho^2\,\operatorname{sen}^2\left(\frac{2\,\pi\,n\,d}{\lambda}\right)$; $I_r \approx \frac{16\,\pi^2\,n^2}{\lambda^2}\,\rho^2\,d^2 I$.

3-17. 1110 Å.

3-19. (a) $0{,}19\sqrt{k}$ cm; (b) 110.

3-21. $I \approx \text{const.} \times \left[1 - \cos 4\pi\left(\frac{d_0}{\lambda} + \frac{r^2}{2\,R\,\lambda}\right)\cdot\cos\left(\frac{2\,\pi\,d_0\,\Delta\lambda}{\lambda^2}\right)\right]$; las franjas desaparecen para $d_0\,\Delta\lambda/\lambda^2 = (2k+1)/4$.

3-23. (a) Rectas, equidistantes, a lo largo de líneas de espesor constante; (b) 2×10^{-4} cm.

3-25. $I(\lambda) = I_0(\lambda)\,2\,\rho^2\left[1 - \cos\frac{4\,\pi\,d\sqrt{n^2 - \operatorname{sen}^2\theta}}{\lambda}\right]$.

3-27. (a) 10^5; (b) $4{,}45 \times 10^{-3}$, $\sqrt{2} \times 4{,}45 \times 10^{-3}$
$\sqrt{3} \times 4{,}45 \times 10^{-3}$ rad; (c) $4{,}49 \times 10^{-4}$ rad.

3-29. $1{,}6 \times 10^{-4}$ rad.

3-31. $\lambda_1 - \lambda = \lambda - \lambda_2 = 0{,}04\,\lambda$.

3-33. Las franjas se contraen o expanden según se haya evacuado el brazo más largo o más corto; la intensidad en el centro pasa por un mínimo 193 veces.

CAPÍTULO 4

4-1. (a) Mínimos: $r_0 = 2/2\,k$; máximos: $r_0 = 8/(2\,k + 1)$; (b) 4 m.

4-3. 0,09 cm.

4-5. 2 metros de la placa.

4-7. (a) $\frac{3}{2}A$, $\frac{9}{4}I$; (b) 0.

4-9. Mínimos: 1,21, 1,77, ... mm; máximos: 0,80, 1,52, ... mm del borde de la sombra geométrica.

4-11. (a) Máximos en Y = 0, 1,24, 1,92, ... mm; intensidades relativas: 1, 0,093, 0,032, ...; mínimos en Y = 1,13, 1,81, ... mm; intensidades relativas: 0,0074, 0,0072; (b) máximos en Y = 0,280, 0,565, ... mm; intensidades relativas: 1,76, 194, ...; mínimos en Y = 0, 0,396 mm; intensidades relativas: 1, 164.

4-13. (a) Ranura central: de 0,9 a —0,9 mm; ranuras laterales: de 1,35 a 1,68 mm, de 1,94 a 2,2 mm, de —1,35 a —1,68 mm, de —1,94 a —2,2 mm; (b) 5,1.

4-15. Prácticamente igual a lo que se observa sin alambre, si $h \ll$ diámetro de la lente.

4-19. Intensidad $\frac{\text{sen}^2\,\alpha}{\alpha^2}$; fase $= \alpha$ para sen $\alpha > 0$,

$= \alpha + \pi$ para sen $\alpha < 0$.

4-21. $\frac{1}{Y^2\,Z^2}\,[\text{sen}\,(10\,c\,Y)\,\text{sen}\,(10\,c\,Z) - \text{sen}\,(2\,c\,Y)\,\text{sen}\,(c\,Z)]^2$; $\left(c = \frac{\pi}{2{,}4}\,\text{mm}^{-1}\right)$.

4-23. $7{,}9 \times 10^{-7}$ rad, $4{,}9 \times 10^{-4}$ rad; $7{,}9 \times 10^{-4}$ cm, $4{,}9 \times 10^{-4}$ cm.

4-25. (a) $3{,}9 \times 10^{-5}$ rad; (b) 0,82 Å.

4-27. $1{,}25 \times 10^{-3}$ cm, 5×10^{-3} cm.

4-29. $I = (I_0/100\,\alpha^2\,\beta^2)$

$$[\text{sen}^2\,\alpha\,\text{sen}^2\,\beta + \text{sen}^2\,(3\,\alpha)\,\text{sen}^2\,(3\,\beta) + 2\,\text{sen}\,\alpha\,\text{sen}\,(3\,\alpha)\,\text{sen}\,\beta \times \text{sen}\,(3\,\beta)\,\cos\,(8\,\alpha)],$$

$(\alpha = \pi\,a\,Y/f\,\lambda,\ \beta = \pi\,a\,Z/f\,\lambda,\ I_0 =$ intensidad para $Y = Z = 0)$.

4-31. (a) $Y_0 = 0$, $Y_1 = \lambda f/h$, $Y_2 = 2\lambda f/h$, ...;
(b) $Y_0 = D f \delta/h$, $Y_1 = Y_0 + \lambda f/h$, $Y_2 = Y_0 + 2\lambda f/h$, ...

4-33. Las franjas van siendo cada vez más difusas, desaparecen para $D \backsim \lambda/\delta$.

4-35. $I = \frac{I_0}{16} \frac{\text{sen}^2\, \alpha}{\alpha^2} \frac{\text{sen}^2\, (16\,\alpha)}{\text{sen}^2\, (4\,\alpha)}$; $\left(\alpha = \frac{\pi a}{\lambda} \text{ sen } \theta\right)$.

4-37. (a) Ancho de ranura menor de 10^{-3} cm; orientación correcta dentro de 10^{-3} radianes.

4-39. $I = \text{const.} \times \left[\frac{\text{sen } (3N+1)\,\delta}{\text{sen } \delta} - \frac{\text{sen } 3\,(N+1)\,\delta}{\text{sen } 3\,\delta}\right]^2$. Máximos en $\delta = k\pi$, intensidad 4; máximos en $\delta = \frac{3k+1}{3}\pi$, $\delta = \frac{3k+2}{3}\pi$, intensidad 1 ($\delta$ definida por ec. 4-73).

4-41. 430.

4-43. Imagen de una red lineal paralela al eje y o al eje z.

CAPÍTULO 5

5-1. 420.

5-3. (a) $\Delta\nu/\nu = 1 \times 10^{-5}$; (b) $\Delta\nu/\nu = 0{,}9 \times 10^{-5}$. ($\Delta\,\nu$ = diferencia de frecuencia para átomos que se mueven desde y hacia el observador, con la velocidad cuadrática media correspondiente a una temperatura dada.)

5-5. $1{,}97 \times 10^8$ m/seg; $1{,}71 \times 10^8$ m/seg.

CAPÍTULO 6

6-1. (a) Circular, izquierda; (b) lineal, plano de vibración a 135° del eje y; (c) elíptica, izquierda, eje mayor a 135° del eje y; (d) elíptica, derecha, eje mayor a 45° del eje y.

6-3. (a) $E_y = E_z = A \cos \omega\, [(t - (x/v)]$; (b) $E_y = -A \cos \omega\, [t - (x/v)]$, $E_z = \sqrt{3}\, A \cos \omega\, [t - (x/v)]$; (c) $E_y = A \cos \omega\, [t - (x/v)]$, $E_z = -A \text{ sen } \omega\, [t - (x/v)]$; (d) $E_y = 2\, A \cos \omega\, [t - (x/v)]$, $E_z = -A \text{ sen } \omega\, [t - (x/v)]$.

6-5. (a) Polarización circular, derecha, de amplitud $3A$; (b) polarización elíptica izquierda, ejes A y $3A$.

6-7. (a) A 45° del eje y; (b) 1,707.

6-9. (a) circular izquierda; (b) lineal; (c) circular derecha.

6-11. 76° o 14°.

6-13. (a) 6050 A, 6300 A, 6560 A, 6840 A; (b) 6170 A, 6420 A, 6700 A, 7000 A; (c) 6050 A; 6560 A.

6-15. Onda ordinaria: esfera de 1,809 cm de radio; onda extraordinaria: elipsoide achatado, semieje menor 1,809 cm, sección ecuatorial 2,018 cm de radio.

6-17. (a) Ambos rayos refractados en el plano de incidencia; ángulos de refracción de 25° 14′ para la onda y el rayo ordinarios, y 28° 24′ para la onda y rayo extraordinarios; (b) 1 mm; ambos rayos linealmente polarizados; el rayo ordinario vibra en el plano de incidencia, el rayo extraordinario vibra en un plano perpendicular a él.

6-19. $37° 5' < \alpha < 42° 18'$; el plano de vibración contiene el eje óptico.

6-21. $\operatorname{sen} \varphi' = (c/u) \operatorname{sen} \varphi$.

6-23. $3{,}10 \times 10^{-7}$, $2{,}37 \times 10^{-7}$, $1{,}88 \times 10^{-7}$.

6-25. $0{,}8 \times 10^{-4}$, 0,46.

6-27. (a) Las franjas tienen máxima nitidez cuando el eje de transmisión de F es paralelo a uno de los ejes de la placa; las franjas desaparecen cuando el eje de transmisión de F forma un ángulo de 45° con los ejes de las placas; (b) intensidad constante. El plano de vibración gira 360°; (c) igual que sin filtro o lámina cuarto de onda, excepto en el valor absoluto de la intensidad; (d) máximos y mínimos intercambiados; (e) las franjas desaparecen; (f) no hay franjas.

CAPÍTULO 7

7-1. 54,8 voltios/m.

7-3. (a) $\lambda = 15$ m; polarización circular izquierda; dirección x;

(b) $H_x = 0$; $H_y = -1{,}33 \times 10^{-3} \operatorname{sen} \{4\pi \times 10^7 [t - (x/c)]\}$;

$H_z = 1{,}33 \times 10^{-3} \cos \{4\pi \times 10^7 [t - (x/c)]\}$;

(c) $6{,}64 \times 10^{-4}$ vatios/m²; $6{,}64 \times 10^{-4}$ vatios/m².

7-5. $E_x = 0;\ E_y = 0;\ E_z = 8{,}7 \cos \left\{ 12\,\pi \times 10^{14} \left[t - \frac{0{,}707}{c}(x+y) \right] \right\}$

$$H_x = -H_y = 0{,}016 \cos \left\{ 12\,\pi \times 10^{14} \left[t - \frac{0{,}707}{c}(x+y) \right] \right\} \quad H_z = 0.$$

7-7. (a) $i = \frac{2\,a\,A}{R} \operatorname{sen} \frac{\pi\, b \cos\theta}{\lambda} \operatorname{sen} \left\{ 2\,\pi \left[\frac{t}{T} - \frac{x}{\lambda} \right] \right\}$

(x es la abscisa del centro de la espira);

(b) para $b < \frac{\lambda}{2}$, $\theta = 0$; para $b > \frac{\lambda}{2}$, $\cos\theta = \frac{\lambda}{2b}$

7-9. (a) $E_x = 0$, $E_y = 2\,A \cos\,[2\,\pi\,(x/\lambda)] \cos\,(2\,\pi\,\nu\,t)$, $E_z = 0$ $(\lambda = c/\nu)$;

(b) $H_x = 0$, $H_y = 0$, $H_z = 2\,\sqrt{\epsilon_0/\mu_0} \operatorname{sen} \left(2\,\pi \frac{x}{\lambda} \right) \operatorname{sen}\,(2\,\pi\,\nu\,t)$;

(c) $u = 2\,\epsilon_0\,A^2\,\{\cos^2\,[2\,\pi\,(x/\lambda)] \cos^2\,(2\,\pi\,\nu\,t) + \operatorname{sen}^2\,[2\,\pi\,(x/\lambda)] \operatorname{sen}^2\,(2\,\pi\,\nu\,t)\}$;

(d) $S_x = \sqrt{\epsilon_0/\mu_0}\,A^2 \operatorname{sen}\,[4\,\pi\,(x/\lambda)] \operatorname{sen}\,(4\,\pi\,\nu\,t)$, $S_y = 0$, $S_z = 0$;

(e) $(E^2)_{\text{pr}} = 2\,A^2 \cos^2\,[2\,\pi\,(x/\lambda)]$; (f) $(u)_{\text{pr}} = \epsilon_0\,A^2$; (g) $(\mathbf{S})_{\text{pr}} = 0$.

7-11. (a) $E_x = 0$, $E_y = 0$, $E_z = A\,\{\cos 2\,\pi\,[\nu\,t - (x/\lambda)] + \cos 2\,\pi\,[\nu\,t - (y/\lambda)]\}$,

$(\lambda = c/\nu)$; (b) $H_x = \sqrt{\epsilon_0/\mu_0}\,A \cos 2\,\pi\,[\nu\,t - (y/\lambda)]$,

$H_y = -\sqrt{\epsilon_0/\mu_0}\,A \cos 2\,\pi\,[\nu\,t - (x/\lambda)]$, $H_z = 0$;

(c) $u = \epsilon_0\,A^2\,\{\cos^2 2\,\pi\,[\nu\,t - (x/\lambda)] + \cos^2 2\,\pi\,[\nu\,t - (y/\lambda)]$

$+ \tfrac{1}{2} \cos\,[2\,\pi\,(x - y)/\lambda] + \tfrac{1}{2} \cos 2\,\pi\,[2\,\nu\,t - (x + y)/\lambda]\}$;

(d) $S_x = -E_z\,H_y$, $S_y = E_z\,H_x$, $S_z = 0$;

(e) $(u)_{\text{pr}} = \epsilon_0\,A^2\,\{1 + \tfrac{1}{2} \cos\,[2\,\pi\,(x - y)/\lambda]\}$,

$(S_x)_{\text{pr}} = (S_y)_{\text{pr}} = \tfrac{1}{2}\,\sqrt{\epsilon_0\,\mu_0}\,A^2\,\{1 + \cos\,[2\,\pi\,(x - y)/\lambda]\}$,

$(S_z)_{\text{pr}} = 0$;

(f) máximos: $x - y = k\,\lambda$, mínimos: $x - y = (k + \tfrac{1}{2})\,\lambda$, ($k$ = núm. entero);

(g) $x - y = (2\,k + 1)\,\frac{\lambda}{4}$.

7-13. (a) $E = 2\,A \cos \left(\frac{\pi\,h \operatorname{sen}\theta}{\lambda} \right) \cos 2\,\pi \left(\frac{t}{T} - \frac{r}{\lambda} \right)$;

(b) $H = 2\,A\,\sqrt{\epsilon_0/\mu_0} \cos\,(\pi\,h \operatorname{sen}\theta/\lambda) \cos 2\,\pi\,[(t/T) - (r/\lambda)]$;

(c) $S = 4\,\sqrt{\epsilon_0/\mu_0}\,A^2 \cos^2\,(\pi\,h \operatorname{sen}\theta/\lambda) \cos^2 2\,\pi\,[(t/T) - (r/\lambda)]$.

7-15. (a) $4{,}1 \times 10^{-18}$; (b) $1{,}6 \times 10^{10}$ seg.

7-17. (a) $3{,}72 \times 10^{-15}$; (b) $3{,}72 \times 10^{-6}$.

7-19. Ecuaciones (7-82), (7-83) con $|\mathbf{a}| = w\,(\Delta\alpha/\Delta t)$.

7-21. $I = \text{const.} \times \{1 + \rho^2 - 2\,|\rho|\,\cos\,[(4\,\pi\,h/\lambda)\ \text{sen}\ \alpha]\}$; ($\lambda = 1{,}5$ m, $\rho^2 =$ reflectancia).

7-23. Const. $\times \left| \dfrac{\text{sen}\ (600\,\alpha)}{\text{sen}\ \alpha} \right|$, ($\alpha = 0{,}76\,\pi\,\cos\,\theta$); límite de resolución: $\Delta\theta \approx 1/450$.

CAPÍTULO 8

8-1. $5{,}7 \times 10^{-12}$ watt; $1{,}74 \times 10^{11}$ moléculas; $8{,}1 \times 10^{-7}$.

8-3. (a) Relación de amplitud: $\dfrac{3 \times 1836}{4\,\pi}\,\dfrac{\lambda_0}{r_e}$; diferencia de fase: $\dfrac{\pi}{2}$;

(b) relación de amplitud: $\dfrac{3 \times 1836}{4\,\sqrt{2}\,\pi}\,\dfrac{\lambda_0}{r_e}$; diferencia de fase: $\dfrac{\pi}{4}$;

(c) relación de amplitud: $1836 \left(\dfrac{\nu}{\nu_0}\right)^2$; diferencia de fase: π.

8-5. $n = 1 + 1{,}3 \times 10^{-4}$; $n = 1 + 2{,}6 \times 10^{-4}$.

8-7. (a) $\nu = 2{,}527 \times 10^{15}\ \text{seg}^{-1}$; $\lambda = 1187$ Å; (b) $1{,}15 \times 10^{-10}$ seg; (c) $\Delta\lambda = 342$ Å.

8-9. $\lambda = 2\,\pi\,R\,\sqrt{R/r_e}$; para $R = 10^{-8}$ cm, $\lambda = 1187$ Å.

8-11. $n^2 = 1 - (N r_e \lambda^2/\pi)$; $\lambda_m = \sqrt{\pi/N r_e}$.

8-13. $\rho^2 = 0{,}042$; $\rho^2 = 0{,}060$.

8-15.

Caso	*Onda refractada*		*Onda reflejada*	
	Amplitud	*Fase*	*Amplitud*	*Fase*
20°, 0°	0,85	0	0,13	π
20°, 90°	0,84	0	0,16	π
75°, 0°	0,50	0	0,33	π
75°, 90°	0,44	0	0,56	0

8-17. Polarización elíptica; rayo reflejado, eje mayor perpendicular al plano de incidencia, relación de ejes 3,20; rayo refractado; eje mayor en el plano incidencia, relación de ejes 1,05.

8-19. $I_1/I_2 = \cos^2(\theta - \theta')$, donde sen $\theta' =$ sen $\theta/1{,}33$.

8-21. (a) $|\mathbf{S}|_{pr} = \frac{1}{2}\sqrt{\epsilon_0/\mu_0}\,A^2$; (b) $A' = A/n$; (c) $|\mathbf{S}'|_{pr} = (1/n)\,|\mathbf{S}|_{pr}$; las secciones transversales de los rayos incidente y refractado están en la relación $1/n$.

8-23. $n_0 = \sqrt{n}, \quad h = \dfrac{2k+1}{4}\,\dfrac{\lambda}{n_0}.$

8-25. 190 A.

8-27. (a) $3{,}23 \times 10^{-28}$, $5{,}98 \times 10^{-27}$ cm^2; (b) $8{,}7 \times 10^{-6}$, $1{,}6 \times 10^{-4}$.

8-29. (a) $I_s = 4\,I_{s1}\cos^2\left(2\pi\dfrac{h}{\lambda}\,\text{sen}^2\dfrac{\chi}{2}\right)$ con $I_{s1} = \dfrac{r_e^2}{r^2}\left(\dfrac{\nu_0^2}{\nu_0^2 - \nu^2}\right)^2 I$;

(c) $\chi = 90°$: $(I_s)_{pr} = 2\,I_{s1}$; $\chi = 60°$: $(I_s)_{pr} = 2\,I_{s1}$;
$\chi = 25{,}8°$: $(I_s)_{pr} = 3{,}88\,I_{s1}$.

8-31. $\mu = 4{,}5 \times 10^{-8}$ cm^{-1}.

8-33. Presión de radiación: $4{,}5 \times 10^{-6}$ newton/m^2; repulsión de radiación $= 1{,}6 \times 10^{-20}$ veces la atracción gravitatoria.

8-35. $\mathbf{S}_{pr}/\omega$.

8-37. Línea de frecuencia ν_0, linealmente polarizada, intensidad relativa 2, líneas de frecuencia $\nu_0 \pm eB/4\pi m_e$, elípticamente polarizada, intensidad relativa 7.

CAPÍTULO 9

9-1. $1{,}987 \times 10^{-17}$, $1{,}987 \times 10^{-13}$, $3{,}975 \times 10^{-12}$, $3{,}975 \times 10^{-11}$, $1{,}987 \times 10^{-8}$ erg; $1{,}24 \times 10^{-5}$, 0,124, 2,48, 24,8, $1{,}24 \times 10^4$ eV.

9-3. 1,28 voltios.

9-5. La incertidumbre en la posición del espejo debe ser $\ll \lambda$; por lo tanto, la incertidumbre en su momento será $\gg h/\lambda$, es decir, pequeño con respecto al momento del fotón.

INDICE ALFABETICO

ÍNDICE ANALÍTICO

Las secciones que llevan asterisco pueden suprimirse sin perder la continuidad

CAPÍTULO 3. INTERFERENCIA

CAPÍTULO 4. DIFRACCIÓN

CAPÍTULO 5. LA VELOCIDAD DE LA LUZ